Mecânica para Engenharia

Estática
Volume 1

Nona Edição

O GEN | Grupo Editorial Nacional – maior plataforma editorial brasileira no segmento científico, técnico e profissional – publica conteúdos nas áreas de ciências exatas, humanas, jurídicas, da saúde e sociais aplicadas, além de prover serviços direcionados à educação continuada e à preparação para concursos.

As editoras que integram o GEN, das mais respeitadas no mercado editorial, construíram catálogos inigualáveis, com obras decisivas para a formação acadêmica e o aperfeiçoamento de várias gerações de profissionais e estudantes, tendo se tornado sinônimo de qualidade e seriedade.

A missão do GEN e dos núcleos de conteúdo que o compõem é prover a melhor informação científica e distribuí-la de maneira flexível e conveniente, a preços justos, gerando benefícios e servindo a autores, docentes, livreiros, funcionários, colaboradores e acionistas.

Nosso comportamento ético incondicional e nossa responsabilidade social e ambiental são reforçados pela natureza educacional de nossa atividade e dão sustentabilidade ao crescimento contínuo e à rentabilidade do grupo.

Mecânica para Engenharia

Estática

Volume 1

Nona Edição

J. L. MERIAM
L. G. KRAIGE
Virginia Polytechnic Institute and State University

J. N. BOLTON
Bluefield State College

Tradução

Leydervan de Souza Xavier, D. C.
(Capítulos 6 e 7, Apêndices A a D, Problemas e Respostas dos Problemas)

Professor Titular do Departamento de Ciências Aplicadas
(Departamento de Ensino Superior) do Centro Federal de
Educação Tecnológica Celso Suckow da Fonseca – Cefet/RJ

Pedro Manuel Calas Lopes Pacheco, D. Sc
(Capítulos 1 a 5)

Professor Titular do Departamento de Engenharia Mecânica do
Centro Federal de Educação Tecnológica Celso Suckow da Fonseca – Cefet/RJ

Revisão Técnica

Leydervan de Souza Xavier, D.C.

Professor Titular do Departamento de Ciências Aplicadas
(Departamento de Ensino Superior) do Centro Federal de
Educação Tecnológica Celso Suckow da Fonseca – Cefet/RJ

- Os autores deste livro e a editora empenharam seus melhores esforços para assegurar que as informações e os procedimentos apresentados no texto estejam em acordo com os padrões aceitos à época da publicação, *e todos os dados foram atualizados pelos autores até a data de fechamento do livro.* Entretanto, tendo em conta a evolução das ciências, as atualizações legislativas, as mudanças regulamentares governamentais e o constante fluxo de novas informações sobre os temas que constam do livro, recomendamos enfaticamente que os leitores consultem sempre outras fontes fidedignas, de modo a se certificarem de que as informações contidas no texto estão corretas e de que não houve alterações nas recomendações ou na legislação regulamentadora.

- Data do fechamento do livro: 20/12/2021

- Os autores e a editora se empenharam para citar adequadamente e dar o devido crédito a todos os detentores de direitos autorais de qualquer material utilizado neste livro, dispondo-se a possíveis acertos posteriores, caso, inadvertida e involuntariamente, a identificação de algum deles tenha sido omitida.

- **Atendimento ao cliente: (11) 5080-0751 | faleconosco@grupogen.com.br**

- Traduzido de
  ENGINEERING MECHANICS, VOLUME 1: STATICS, SI VERSION, NINTH EDITION
  Copyright © 2018, 2020 John Wiley & Sons, Inc.
  All Rights Reserved. This translation published under license with the original publisher John Wiley & Sons Inc.
  ISBN: 978-1-1196-5040-9

- Direitos exclusivos para a língua portuguesa
  Copyright © 2022 by
  LTC | Livros Técnicos e Científicos Editora Ltda.
  Uma editora integrante do GEN | Grupo Editorial Nacional
  Travessa do Ouvidor, 11
  Rio de Janeiro – RJ – 20040-040
  www.grupogen.com.br

- Reservados todos os direitos. É proibida a duplicação ou reprodução deste volume, no todo ou em parte, em quaisquer formas ou por quaisquer meios (eletrônico, mecânico, gravação, fotocópia, distribuição pela Internet ou outros), sem permissão, por escrito, da LTC | Livros Técnicos e Científicos Editora Ltda.

- Capa: Wendy Lai/Wiley
- Imagem de capa: © Novarc Images/Alamy Stock Photo
- Editoração eletrônica: Arte & Ideia

- Ficha catalográfica

CIP-BRASIL. CATALOGAÇÃO NA PUBLICAÇÃO
SINDICATO NACIONAL DOS EDITORES DE LIVROS, RJ

M532m
9. ed.
v. 1

    Meriam, J. L. (James L.)

    Mecânica para engenharia : estática / J. L. Meriam, L. G. Kraige, J. N. Bolton ; tradução Pedro Manuel Calas Lopes Pacheco ; tradução e revisão técnica Leydervan de Souza Xavier. - 9. ed. - Rio de Janeiro : LTC, 2022.
    il. ; 28 cm.

    Tradução de: Engineering mechanics : statics

    Apêndice
    Inclui índice
    ISBN 978-85-216-3781-3

    1. Engenharia mecânica. I. Kraige, L. G. (L. Glenn). II. Bolton, J. N. (Jeffrey N.). III. Pacheco, Pedro Manuel Calas Lopes. IV. Xavier, Leydervan de Souza. V. Título.

21-72549   CDD: 621
                              CDU: 621

Camila Donis Hartmann - Bibliotecária - CRB-7/6472

Introdução

Esta série de livros-texto foi iniciada em 1951 pelo falecido Dr. James L. Meriam. Naquela época, estes livros representaram uma transformação revolucionária no ensino de Mecânica para a graduação. Tornaram-se os principais livros-texto pelas décadas seguintes, assim como modelos para outros textos de Engenharia Mecânica que surgiram posteriormente. Publicada com títulos ligeiramente diferentes antes das primeiras edições de 1978, esta série sempre se caracterizou por ter uma organização lógica, apresentação clara e rigorosa da teoria, exemplos de problemas instrutivos e rica coleção de problemas da vida real, todos com ilustrações de elevado padrão. Além das versões em unidades do sistema inglês, os livros foram publicados em versões SI e traduzidos para muitos idiomas. Coletivamente, esses livros representam um padrão internacional para os textos de graduação em Mecânica.

As inovações e contribuições do Dr. Meriam (1917—2000) no campo da Engenharia Mecânica não podem ser subestimadas. Ele foi um dos principais educadores de Engenharia da segunda metade do século XX. Dr. Meriam obteve seu bacharelado (B.E.), mestrado (M.Eng.) e doutorado (Ph.D.) pela Yale University. Logo cedo, adquiriu experiência industrial na Pratt and Whitney Aircraft e na General Electric Company. Durante a Segunda Guerra Mundial, serviu na Guarda Costeira dos EUA. Foi Professor da University of California, em Berkeley, Decano de Engenharia na Duke University, Professor da California Polytechnic State University, em San Luis Obispo, e Professor Visitante na University of California, em Santa Barbara, aposentando-se em 1990. O Professor Meriam sempre colocou grande ênfase no ensino, e essa característica foi reconhecida por seus alunos em todos os lugares em que lecionou. Ele recebeu diversos prêmios de ensino, incluindo o Benjamin Garver Lamme Award, que é o mais importante prêmio anual de âmbito nacional da American Society of Engineering Education (ASEE).

Dr. L. Glenn Kraige, coautor da série *Mecânica para Engenharia* desde o início dos anos 1980, também forneceu contribuições significativas para a educação em Mecânica. Dr. Kraige obteve o bacharelado (B.S.), mestrado (M.S.) e doutorado (Ph.D.) na University of Virginia, com ênfase em Engenharia Aeroespacial e, atualmente, é Professor Emérito de Ciências da Engenharia e Mecânica na Virginia Polytechnic Institute and State University. Durante os meados dos anos 1970, tive o prazer de presidir a banca de pós-graduação do Professor Kraige e tenho particular orgulho pelo fato de ele ter sido o primeiro dos meus cinquenta e quatro orientandos de doutorado. O Professor Kraige foi convidado pelo Professor Meriam a se juntar a ele e, com isso, garantir que o legado de excelência na autoria de livros-texto de Meriam fosse levado adiante para futuras gerações de engenheiros.

Além de suas amplamente reconhecidas pesquisas e publicações no campo da dinâmica aeroespacial, o Professor Kraige dedicou sua atenção ao ensino da Mecânica tanto nos níveis introdutórios como nos avançados. Sua destacada atuação no ensino tem sido profusamente reconhecida, o que o levou a receber prêmios de ensino em níveis de departamento, faculdade, universidade, além de prêmios em níveis estadual, regional e nacional. Esses prêmios incluem o Outstanding Educator Award from the State Council of Higher Education for the Commonwealth of Virginia. Em 1996, a Divisão de Mecânica da ASEE concedeu-lhe o Archie Higdon Distinguished Educator Award. A Carnegie Foundation for the Advancement of Teaching e o Council for Advancement and Support of Education conferiram-lhe, em 1997, a distinção de Professor do Ano da Virginia. Em seus cursos, o Professor Kraige valoriza o desenvolvimento de capacidade analítica, juntamente com o aprofundamento do discernimento físico e da razão crítica em Engenharia. Desde o início dos anos 1980, trabalhou no projeto de *softwares* para computadores pessoais visando aperfeiçoar o processo de ensino/aprendizagem em Estática, Dinâmica, Resistência dos Materiais e áreas especializadas de Dinâmica e Vibrações.

Dr. Jeffrey N. Bolton, Professor Associado de Engenharia Mecânica e Tecnologia e Diretor de Ensino Digital no Bluefield State College, continua como coautor nesta edição. Dr. Bolton recebeu o seu bacharelado (B.S.), mestrado (M.S.) e doutorado (Ph.D.) em Engenharia Mecânica da Virginia Polytechnic Institute and State University. Suas áreas de atuação em pesquisa incluem o balanceamento automático de rotores em suportes elásticos com seis graus de liberdade. Ele também possui vasta experiência em ensino, inclusive na Virginia Tech, onde recebeu o Sporn Teaching Award for Engineering Subjects, cuja escolha é efetuada primordialmente pelos alunos. Em 2014, o Professor Bolton recebeu o Outstanding Faculty Award do Bluefield State College. Foi selecionado como o Professor do Ano de 2016 da West Virginia pela Faculty Merit Foundation. Ele possui a incomum habilidade de estabelecer níveis elevados de rigor e desempenho em sala de aula e ao mesmo tempo desenvolver um excelente relacionamento com os seus alunos.

A nona edição de *Mecânica para Engenharia* mantém o padrão elevado estabelecido pelas edições anteriores e acrescenta novos recursos de ajuda e estímulo aos estudantes, além de conter uma vasta coleção de problemas interessantes e instrutivos. O corpo docente e os alunos privilegiados em ensinar ou aprender através da série Meriam/Kraige/Bolton *Mecânica para Engenharia* irão se beneficiar de várias décadas de investimento por três educadores altamente talentosos. Seguindo o padrão das edições anteriores, este livro-texto destaca a aplicação da teoria em situações reais de Engenharia e, nesta importante tarefa, ele continua sendo o melhor.

JOHN L. JUNKINS
Distinguished Professor de Engenharia Aeroespacial
Titular da Cátedra Royce E. Wisebaker '39
de Inovação em Engenharia
Texas A&M University
College Station, Texas

Prefácio

A Engenharia Mecânica constitui a base e a estrutura para a maior parte dos ramos da Engenharia. Muitos dos temas em diversas áreas, como Civil, Mecânica, Aeroespacial e Engenharia Agronômica e, obviamente, a Engenharia Mecânica em si, se baseiam em assuntos de Estática e Dinâmica. Mesmo em uma área como a Engenharia Elétrica, profissionais, em uma situação prática, ao considerarem os componentes elétricos de um dispositivo robótico ou um processo de fabricação, podem ter que lidar primeiramente com a mecânica envolvida.

Assim, a sequência da Engenharia Mecânica é crucial em currículos de Engenharia. Não apenas esta sequência é necessária por si, mas os cursos de Engenharia Mecânica também servem para solidificar a compreensão, pelo estudante, de outros temas importantes, incluindo matemática aplicada, física e representação gráfica. Além disso, esses cursos servem como ambientes excelentes para fortalecer a habilidade de resolução de problemas.

Filosofia

O objetivo fundamental do estudo da Engenharia Mecânica é desenvolver a capacidade de prever os efeitos de forças e movimentos enquanto se desenvolvem as funções criativas de projeto de Engenharia. Essa capacidade requer mais do que o simples conhecimento dos princípios físicos e matemáticos da Mecânica; também é necessária a habilidade de visualizar configurações físicas em termos de materiais reais, restrições verdadeiras e limitações práticas que regem o comportamento de máquinas e estruturas. Um dos principais objetivos em um curso de Mecânica é ajudar o estudante a desenvolver essa habilidade de visualização, que é vital para a formulação dos problemas. De fato, a construção de um modelo matemático significativo é frequentemente uma experiência mais importante do que a sua solução. O progresso máximo é alcançado quando os princípios e suas limitações são aprendidos juntos no contexto da aplicação em Engenharia.

Frequentemente na apresentação da Mecânica existe uma tendência de que os problemas sejam principalmente utilizados como um veículo para ilustrar a teoria, em vez de desenvolver a teoria com o objetivo de resolver problemas. Quando a primeira visão é predominante, os problemas tendem a ficar exageradamente idealizados e sem relação com a Engenharia, tornando os exercícios maçantes, acadêmicos e desinteressantes. Esse enfoque priva o estudante da valiosa experiência da formulação de problemas e, portanto, de descobrir a necessidade e o significado da teoria. O segundo tipo de visão proporciona, de longe, o motivo mais forte para o aprendizado da teoria, e leva a um melhor equilíbrio entre teoria e aplicação. O papel crucial desempenhado pelo interesse e o propósito em fornecer o motivo mais forte possível para o aprendizado não pode ser enfatizado em excesso.

Além disso, como educadores em Mecânica, devemos reforçar a compreensão de que, na melhor das hipóteses, a teoria só pode aproximar o mundo real da Mecânica, em vez da visão de que o mundo real se aproxima da teoria. Essa diferença de filosofia é, na verdade, básica e distingue a *engenharia* da Mecânica da *ciência* da Mecânica.

Ao longo das últimas décadas ocorreram diversas tendências inadequadas no ensino de Engenharia. Primeiramente, a ênfase nos significados geométrico e físico dos pré-requisitos matemáticos parece haver diminuído. Em segundo lugar, houve uma redução significativa e mesmo a eliminação do ensino da representação gráfica que, no passado, fortalecia a visualização e a representação de problemas em Mecânica. Em terceiro lugar, com a evolução do nível matemático de nosso tratamento da Mecânica, ocorreu uma tendência de permitir que a manipulação da notação em operações vetoriais mascarasse ou substituísse a visualização geométrica. A Mecânica é, inerentemente, um assunto que depende da percepção geométrica e física e deveríamos aumentar nossos esforços para desenvolver essa habilidade.

Uma nota especial sobre o uso de computadores se faz necessária. A experiência na formulação de problemas, em que o raciocínio e o julgamento são desenvolvidos, é muito mais importante para o estudante do que o exercício de manipulação para chegar à solução. Por essa razão, o uso do computador deve ser cuidadosamente controlado. As atividades de construção de diagramas de corpo livre e de formulação das equações que regem o problema são mais bem desenvolvidas com lápis e papel. Por outro lado, existem situações nas quais a *solução* das equações que regem o problema pode ser obtida e apresentada de uma forma melhor através do uso do computador. Problemas para resolução com auxílio do computador devem ser genuínos no sentido de que existe uma condição de projeto ou de criticalidade a ser encontrada, em vez de problemas "braçais" nos quais algum parâmetro é variado sem uma razão aparente, a não ser forçar o uso artificial do computador. Esses pensamentos foram considerados durante o desenvolvimento dos problemas a serem resolvidos com o auxílio do computador na nona edição. A fim de se reservar tempo adequado para a formulação de problemas, sugere-se que seja atribuído ao estudante apenas um número limitado de problemas para resolução com auxílio de computador.

Como em edições anteriores, esta nona edição de *Mecânica para Engenharia* foi escrita tendo como base a filosofia apresentada. Ela é direcionada prioritariamente para o primeiro curso de Engenharia em Mecânica, normalmente ensinado no segundo ano de estudo. *Mecânica para Engenharia* é um livro escrito em estilo ao mesmo tempo conciso e amigável. A principal ênfase está nos princípios e métodos básicos, não em uma infinidade de casos especiais. Um grande esforço tem sido feito para mostrar a coesão das relativamente poucas ideias fundamentais e a grande variedade de problemas que essas poucas ideias resolverão.

Organização

No Capítulo 1, são estabelecidos os conceitos fundamentais necessários para o estudo de Mecânica.

No Capítulo 2, as propriedades de forças, momentos, binários e resultantes são desenvolvidas de forma que o estudante possa seguir diretamente para o equilíbrio de sistemas de forças não concorrentes no Capítulo 3, sem aprofundar de maneira desnecessária o problema relativamente trivial do equilíbrio de forças concorrentes atuando em uma partícula.

Tanto no Capítulo 2 como no Capítulo 3, a análise de problemas bidimensionais é apresentada na Seção A antes que problemas tridimensionais sejam tratados na Seção B. Com esse arranjo, o professor pode cobrir todo o Capítulo 2 antes de começar o Capítulo 3 sobre equilíbrio, ou pode cobrir os dois capítulos na ordem 2A, 3A, 2B, 3B. Essa última ordem trata os sistemas de forças e o equilíbrio em duas dimensões para, em seguida, tratar esses tópicos em três dimensões.

A aplicação dos princípios do equilíbrio a treliças simples e a estruturas e máquinas é apresentada no Capítulo 4, com atenção básica dada aos sistemas bidimensionais. Um número suficiente de exemplos tridimensionais é incluído para permitir que os estudantes exercitem ferramentas mais gerais da análise vetorial.

Os conceitos e as categorias de forças distribuídas são introduzidos no começo do Capítulo 5, com o restante do capítulo dividido em duas seções principais. A Seção A trata de centroides e centros de massa; exemplos detalhados são apresentados para ajudar os estudantes a dominar aplicações de cálculo em problemas físicos e geométricos. A Seção B inclui os tópicos especiais de vigas, cabos flexíveis e forças em fluidos, que podem ser omitidos sem perda de continuidade dos conceitos básicos.

O Capítulo 6, sobre atrito, é dividido na Seção A, sobre o fenômeno do atrito a seco, e na Seção B, sobre aplicações selecionadas em máquinas. Embora a Seção B possa ser omitida se houver limitação de tempo, este material proporciona uma valiosa experiência ao estudante que irá lidar com forças de atrito, tanto concentradas quanto distribuídas.

O Capítulo 7 apresenta uma introdução consolidada sobre o trabalho virtual, com aplicações limitadas a sistemas com um único grau de liberdade. Dá-se ênfase especial à vantagem do método do trabalho virtual e da energia em sistemas interligados e na determinação da estabilidade. O trabalho virtual oferece uma excelente oportunidade para convencer o estudante do poder da análise matemática na Mecânica.

Momentos e produtos de inércia de áreas são apresentados no Apêndice A. Este tópico ajuda a unir os assuntos de Estática e Mecânica dos Sólidos. O Apêndice C contém uma revisão resumida de tópicos selecionados em matemática elementar, assim como diversas técnicas numéricas que o estudante deve estar preparado para usar em problemas resolvidos com auxílio de computador. Tabelas úteis de constantes físicas, centroides, momentos de inércia, e fatores de conversão são apresentados no Apêndice D.

Características Pedagógicas

A estrutura básica deste livro-texto consiste em uma seção que trata rigorosamente do assunto específico em questão, a qual é seguida por um ou mais exemplos de problemas. Para a nona edição, todos os problemas propostos foram movidos para um capítulo especial de Problemas, localizado após o Apêndice D e próximo ao final do livro. Há uma Revisão ao final de cada capítulo, que resume os principais pontos desse capítulo, e uma seção de Problemas de Revisão dentro do capítulo de Problemas.

Problemas

Os 89 Exemplos de Problema estão dispostos em páginas próprias, especialmente diagramadas. As soluções de problemas típicos de Estática são apresentadas em detalhe. Além disso, notas explicativas e de alerta (Dicas Úteis) são numeradas e relacionadas com a apresentação principal.

Existem 898 exercícios propostos. Os conjuntos de problemas são divididos em *Problemas Introdutórios* e *Problemas Representativos*. A primeira seção consiste em problemas simples e sem dificuldades, destinados a ajudar o estudante a ganhar confiança com o novo assunto, enquanto a maioria dos problemas da segunda seção é de dificuldade e extensão médias. Os problemas estão geralmente organizados em ordem de dificuldade crescente. Exercícios mais difíceis aparecem próximos ao final dos *Problemas Representativos* e são marcados com o símbolo ▶. Os *Problemas para Resolução com Auxílio do Computador*, marcados com um asterisco, aparecem em uma seção especial na conclusão do capítulo dos Problemas. As respostas para todos os problemas são dadas em um capítulo especial próximo ao final do livro.

As unidades SI são usadas em todo o livro, exceto em um número limitado de áreas introdutórias nas quais as unidades inglesas são mencionadas com o propósito de generalização e de comparação com as unidades SI.

Uma característica notável da nona edição, assim como de todas as edições anteriores, é a riqueza de problemas interessantes e importantes que são aplicáveis a projetos de Engenharia. Independentemente de serem ou não identificados de forma direta como tais, virtualmente todos os problemas lidam com princípios e procedimentos inerentes ao projeto e à análise de estruturas de Engenharia e de sistemas mecânicos.

Ilustrações

É importante destacar que as ilustrações são utilizadas de forma consistente para a identificação das grandezas empregadas na obra.

Todos os elementos fundamentais de ilustrações técnicas que têm sido parte essencial desta série de livros-texto em *Mecânica para Engenharia* foram mantidos. Os autores desejam reafirmar a convicção de que um alto padrão de ilustração é crítico para qualquer trabalho escrito na área de Mecânica.

Características Especiais

Mantivemos os seguintes recursos marcantes das edições anteriores:

- Todas as partes de teoria são constantemente revisadas de modo a maximizar rigor, clareza, legibilidade e nível de acessibilidade.
- As áreas de Conceitos-Chave dentro da apresentação da teoria estão especialmente marcadas e destacadas.
- As Revisões do Capítulo estão destacadas e apresentam tópicos resumidos.
- Todos os Exemplos de Problemas estão dispostos em páginas especialmente diagramadas para rápida identificação.
- Dentro dos capítulos, são incluídas fotografias com o objetivo de fornecer uma conexão adicional com situações reais nas quais a Estática desempenha papel principal.

Agradecimentos

Um reconhecimento especial é devido ao Dr. A. L. Hale, que trabalhou anteriormente na Bell Telephone Laboratories, pela sua contínua contribuição na forma de sugestões valiosas e na revisão precisa do manuscrito. Dr. Hale prestou serviços semelhantes em todas as versões anteriores desta série de livros de Mecânica, desde os anos 1950. Fez a revisão de todos os aspectos dos livros, incluindo todos os textos e figuras, novos e antigos, desenvolveu uma solução independente para cada novo exercício e forneceu aos autores sugestões e correções necessárias às soluções. Dr. Hale é reconhecido por ser extremamente preciso em seu trabalho, e seu conhecimento refinado da língua inglesa é uma grande vantagem, que ajuda cada usuário deste livro-texto.

Gostaríamos de agradecer aos professores do Department of Engineering Science and Mechanics da VPI&SU, que oferecem regularmente sugestões construtivas. Entre eles, Saad A. Ragab, Norman E. Dowling, Michael W. Hyer (já falecido), J. Wallace Grant e Jacob Grohs. Destacamos que Scott L. Hendricks foi especialmente eficaz e preciso em sua extensa revisão do manuscrito. Agradecemos a Michael Goforth, do Bluefield State College, pela sua significativa contribuição para os materiais suplementares do livro-texto. Nosso reconhecimento a Nathaniel Greene, da Bloomfield State University of Pennsylvania, pela sua cuidadosa leitura e sugestões para aprimoramento.

As contribuições da equipe da John Wiley & Sons, Inc. refletem o elevado grau de competência profissional e são devidamente reconhecidas. Entre os membros da equipe, citamos a Editora Executiva Linda Ratts, a Editora Associada de Desenvolvimento Adria Gattino, a Assistente Editorial Adriana Alecci, o Editor de Produção Sênior Ken Santor, a Designer Sênior Wendy Lay e o Editor de Fotografia Sênior Billy Ray. Desejamos agradecer especialmente os esforços de produção de longa data de Christine Cervoni, da Camelot Editorial Services, LLC, assim como a edição de Helen Walden. Os talentosos ilustradores da Lachina continuam a manter um elevado padrão de excelência nas ilustrações.

Finalmente, desejamos destacar a contribuição extremamente significativa de nossas famílias, pela paciência e suporte ao longo das muitas horas da preparação dos manuscritos. Em particular Dale Kraige, que administrou a produção do manuscrito para a nona edição e foi peça-chave na checagem de todos os estágios das provas.

Estamos extremamente satisfeitos por participar do prolongamento do tempo de duração desta série de livros-texto para além da marca de sessenta e cinco anos. No interesse de fornecer a você o melhor material educacional possível nos próximos anos, encorajamos e agradecemos todos os comentários e sugestões.

L. Glenn Kraige
Blacksburg, Virginia

Princeton, West Virginia

Material Suplementar

Este livro conta com os seguintes materiais suplementares:

- Exemplos Resolvidos: amostras de problemas para os Capítulos 1 a 7 (restrito a docentes cadastrados).
- Ilustrações da obra em formato de apresentação (restrito a docentes cadastrados).

O acesso ao material suplementar é gratuito. Basta que o leitor se cadastre e faça seu *login* em nosso *site* (www.grupogen.com.br), clicando em GEN-IO, no *menu* superior do lado direito.

O acesso ao material suplementar online fica disponível até seis meses após a edição do livro ser retirada do mercado.

Caso haja alguma mudança no sistema ou dificuldade de acesso, entre em contato conosco (gendigital@grupogen.com.br).

GEN-IO (GEN | Informação Online) é o ambiente virtual de aprendizagem do GEN | Grupo Editorial Nacional

Sumário

1 Introdução à Estática 1

- 1/1 Mecânica 1
- 1/2 Conceitos Básicos 2
- 1/3 Escalares e Vetores 2
- 1/4 Leis de Newton 4
- 1/5 Unidades 4
- 1/6 Lei da Gravitação 7
- 1/7 Precisão, Limites e Aproximações 7
- 1/8 Solução de Problemas em Estática 8
- 1/9 Revisão do Capítulo 10

2 Sistemas de Forças 13

- 2/1 Introdução 13
- 2/2 Força 13
- **Seção A** Sistemas de Forças Bidimensionais 16
- 2/3 Componentes Retangulares 16
- 2/4 Momento 20
- 2/5 Binário 24
- 2/6 Resultantes 26
- **Seção B** Sistemas de Forças Tridimensionais 29
- 2/7 Componentes Retangulares 29
- 2/8 Momento e Binário 32
- 2/9 Resultantes 38
- 2/10 Revisão do Capítulo 43

3 Equilíbrio 45

- 3/1 Introdução 45
- **Seção A** Equilíbrio em Duas Dimensões 45
- 3/2 Isolamento do Sistema e Diagrama de Corpo Livre 45
- 3/3 Condições de Equilíbrio 53
- **Seção B** Equilíbrio em Três Dimensões 60
- 3/4 Condições de Equilíbrio 60
- 3/5 Revisão do Capítulo 67

4 Estruturas 68

- 4/1 Introdução 68
- 4/2 Treliças Planas 68
- 4/3 Método dos Nós 71
- 4/4 Método das Seções 76
- 4/5 Treliças Espaciais 79
- 4/6 Pórticos e Máquinas 82
- 4/7 Revisão do Capítulo 87

5 Forças Distribuídas 89

- 5/1 Introdução 89
- **Seção A** Centros de Massa e Centroides 91
- 5/2 Centro de Massa 91
- 5/3 Centroides de Linhas, Áreas e Volumes 92
- 5/4 Corpos Compósitos e Figuras; Aproximações 98
- 5/5 Teoremas de Pappus 102
- **Seção B** Tópicos Especiais 103
- 5/6 Vigas – Efeitos Externos 103
- 5/7 Vigas – Efeitos Internos 106
- 5/8 Cabos Flexíveis 111
- 5/9 Estática dos Fluidos 117
- 5/10 Revisão do Capítulo 125

6 Atrito 126

- 6/1 Introdução 126
- **Seção A** Fenômenos que Envolvem Atrito 126
- 6/2 Tipos de Atrito 126
- 6/3 Atrito a Seco 127
- **Seção B** Aplicações de Atrito em Máquinas 134
- 6/4 Cunhas 134
- 6/5 Elementos de Máquinas com Roscas 135
- 6/6 Mancais Radiais 137
- 6/7 Mancais de Escora; Atrito em Discos 138
- 6/8 Correias Flexíveis 140
- 6/9 Resistência ao Rolamento 140
- 6/10 Revisão do Capítulo 143

7 Trabalho Virtual 144

- 7/1 Introdução 144
- 7/2 Trabalho 144
- 7/3 Equilíbrio 146
- 7/4 Energia Potencial e Estabilidade 152
- 7/5 Revisão do Capítulo 159

APÊNDICE A Momentos de Inércia de Área 160
- A/1 Introdução 160
- A/2 Definições 160
- A/3 Áreas Compostas 166
- A/4 Produtos de Inércia e Rotação de Eixos 168

APÊNDICE B Momentos de Inércia de Massa 173

APÊNDICE C   Tópicos Selecionados de Matemática   174
- C/1   Introdução   174
- C/2   Geometria Plana   174
- C/3   Geometria Sólida   175
- C/4   Álgebra   175
- C/5   Geometria Analítica   176
- C/6   Trigonometria   176
- C/7   Operações Vetoriais   177
- C/8   Séries   179
- C/9   Derivadas   180
- C/10 Integrais   180
- C/11 Método de Newton para Resolução de Equações Intratáveis   183
- C/12 Técnicas Selecionadas para Integração Numérica   184

APÊNDICE D   Tabelas Úteis   186
- TABELA D/1   Propriedades Físicas   186
- TABELA D/2   Constantes do Sistema Solar   187
- TABELA D/3   Propriedades de Figuras Planas   188
- TABELA D/4   Propriedades de Sólidos Homogêneos   190
- TABELA D/5   Fatores de Conversão; Unidades SI   194

PROBLEMAS   196

RESPOSTAS DOS PROBLEMAS   381

ÍNDICE ALFABÉTICO   393

CAPÍTULO 1

Introdução à Estática

VISÃO GERAL DO CAPÍTULO

1/1 **Mecânica**
1/2 **Conceitos Básicos**
1/3 **Escalares e Vetores**
1/4 **Leis de Newton**
1/5 **Unidades**
1/6 **Lei da Gravitação**
1/7 **Precisão, Limites e Aproximações**
1/8 **Solução de Problemas em Estática**
1/9 **Revisão do Capítulo**

Estruturas que suportam grandes esforços devem ser projetadas considerando os princípios da Mecânica. Nesta vista de Sidney, Austrália, podem ser observados exemplos dessas estruturas.

1/1 Mecânica

Mecânica é o ramo das ciências físicas que lida com o efeito das forças sobre os objetos. Na análise de problemas de engenharia, nenhum outro tema possui maior importância do que a Mecânica. Embora os princípios da Mecânica sejam poucos, eles têm ampla aplicação na Engenharia. Os princípios da Mecânica são centrais para pesquisa e desenvolvimento nos campos de vibrações, estabilidade e resistência de estruturas e máquinas, robótica, projeto de foguetes e espaçonaves, controle automático, desempenho de motores, escoamento de fluidos, máquinas e aparatos elétricos, e o comportamento molecular, atômico e subatômico. Uma compreensão precisa desse tema é pré-requisito essencial para o trabalho nestes e em muitos outros campos.

A Mecânica é a mais antiga das ciências físicas. A história inicial deste tema está diretamente ligada aos primórdios da Engenharia. Os registros escritos mais antigos na área de mecânica são atribuídos a Arquimedes (287-212 a.C.), que estabeleceu os princípios da alavanca e do empuxo. Um progresso substancial ocorreu mais tarde com a formulação das leis de composição vetorial de forças por Stevinus (1548-1642), que também formulou a maioria dos princípios da Estática. A primeira investigação de um problema dinâmico é creditada a Galileu (1564-1642) pelo seu experimento sobre a queda de pedras. A formulação precisa das leis de movimento, assim como a lei da gravitação,

Sir Isaac Newton

foi desenvolvida por Newton (1642-1727), que também concebeu a ideia do infinitesimal na análise matemática. Outras contribuições significativas ao desenvolvimento da Mecânica foram feitas por Da Vinci, Varignon, Euler, D'Alembert, Lagrange, Laplace e outros.

2 CAPÍTULO 1 | Introdução à Estática

Neste livro, trataremos tanto do desenvolvimento dos princípios da Mecânica como de suas aplicações. Os princípios da Mecânica, como ciência, são rigorosamente expressos em termos matemáticos e, dessa forma, a Matemática exerce um papel importante na aplicação desses princípios na solução de problemas práticos.

O tema de mecânica é dividido de forma lógica em duas partes: *Estática*, que trata do equilíbrio de corpos submetidos à ação de forças, e *Dinâmica*, que trata do movimento dos corpos. A série *Mecânica para Engenharia* é dividida nestas duas partes: *Vol. 1 Estática* e *Vol. 2 Dinâmica*.

1/2 Conceitos Básicos

Os conceitos e definições apresentados a seguir são básicos no estudo de mecânica, e devem ser entendidos desde o início.

Espaço é a região geométrica ocupada pelos corpos cujas posições são descritas por medidas lineares e angulares, tomadas em relação a um sistema de coordenadas. Para problemas tridimensionais, são necessárias três coordenadas independentes. Para problemas bidimensionais, somente duas coordenadas são necessárias.

Tempo é a medida da sucessão de eventos e é uma grandeza básica em Dinâmica. O tempo não está diretamente envolvido na análise de problemas estáticos.

Massa é a medida da inércia de um corpo, que é a sua resistência à mudança da velocidade. A massa também pode ser entendida como a quantidade de matéria em um corpo. A massa de um corpo afeta a força de atração gravitacional entre ele e outros corpos. Esta força está presente em muitas aplicações em estática.

Força é a ação de um corpo sobre outro. Uma força tende a mover um corpo na direção da linha de sua ação. A ação de uma força é caracterizada pela sua *intensidade*, pela *direção* da sua ação e pelo seu *ponto de aplicação*. Assim, força é uma grandeza vetorial, e suas propriedades são discutidas em detalhe no Capítulo 2.

Uma *partícula* é um corpo de dimensões desprezíveis. Do ponto de vista matemático, uma partícula é um corpo cujas dimensões são aproximadamente nulas, de modo que podemos analisá-la como uma massa concentrada em um ponto. Frequentemente escolhemos uma partícula como elemento diferencial de um corpo. Podemos tratar um corpo como uma partícula quando suas dimensões são irrelevantes para a descrição da sua posição ou para a ação de forças aplicadas sobre ele.

Corpo rígido. Um corpo é considerado rígido quando a variação da distância entre dois de quaisquer de seus pontos for desprezível para os propósitos em questão. Por exemplo, o cálculo da tração no cabo que suporta a lança de um guindaste móvel sob carregamento praticamente não é afetado pelas pequenas deformações internas nos membros estruturais do guindaste. Dessa forma, para a determinação das forças externas que atuam sobre a lança, podemos tratá-la como um corpo rígido. A Estática trata do cálculo das forças externas que agem sobre corpos rígidos em equilíbrio. A determinação das deformações internas faz parte do estudo da mecânica dos corpos deformáveis, que normalmente segue a Estática no currículo.

1/3 Escalares e Vetores

Em Mecânica, usamos dois tipos de grandezas – escalares e vetores. As *grandezas escalares* são aquelas que estão associadas somente à intensidade. Tempo, volume, massa específica, módulo da velocidade, energia e massa são exemplos de grandezas escalares. Por outro lado, além de intensidade, as *grandezas vetoriais* possuem direção e devem obedecer à lei de adição do paralelogramo, conforme será descrito mais tarde nesta seção. Deslocamento, velocidade, aceleração, força, momento e quantidade de movimento são exemplos de grandezas vetoriais. O módulo da velocidade é um escalar. É a intensidade da velocidade que é um vetor. Assim, a velocidade é definida por uma direção, assim como uma intensidade.

Os vetores que representam as grandezas físicas podem ser classificados como livre, deslizante ou fixo.

Um *vetor livre* é aquele cuja ação não está confinada ou associada a uma única linha no espaço. Por exemplo, se um corpo se move sem rotação, então o movimento ou deslocamento de qualquer ponto do corpo pode ser tomado como um vetor. Este vetor descreve igualmente bem a direção e a intensidade do deslocamento de todos os pontos do corpo. Assim, podemos representar o deslocamento desse corpo através de um vetor livre.

Um *vetor deslizante* possui uma única linha de ação no espaço, mas não possui um único ponto de aplicação. Por exemplo, quando uma força externa age sobre um corpo rígido, a força pode ser aplicada em qualquer ponto que se situe sobre a sua linha de ação sem modificar o seu efeito sobre o corpo como um todo* e, dessa forma, é um vetor deslizante.

Um *vetor fixo* é aquele para o qual um único ponto de aplicação é especificado. A ação de uma força sobre um corpo deformável ou não rígido precisa ser especificada através de um vetor fixo no ponto de aplicação da força. Nesta situação, as forças e as deformações internas no corpo dependem do ponto de aplicação da força, assim como da sua intensidade e linha de ação.

Convenções para Equações e Diagramas

Uma grandeza vetorial **V** é representada por um segmento de reta, **Fig. 1/1**, que tem a direção do vetor e possui uma seta para indicar o seu sentido. O comprimento do segmento de reta representa, considerando uma escala conveniente, a intensidade |**V**| do vetor, a qual é denotada pelo símbolo *V* em tipo itálico. Podemos escolher, por exemplo, uma escala de modo que uma seta com dois centímetros e meio de comprimento representa a força de duas libras-força.

---

* Este é o *princípio da transmissibilidade*, que será discutido na Seção 2/2.

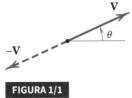

FIGURA 1/1

FIGURA 1/3

Nas equações escalares, e frequentemente em diagramas em que apenas a intensidade do vetor é representada, o símbolo irá aparecer no tipo itálico. O tipo negrito é utilizado para grandezas vetoriais sempre que o aspecto direcional fizer parte da representação matemática. Ao escrever equações vetoriais, *sempre* tenha o cuidado de preservar a distinção matemática entre vetores e escalares. Em todos os trabalhos manuscritos utilize uma marca específica para cada grandeza vetorial, como o sublinhado, $\underline{V}$, ou uma seta sobre o símbolo, $\vec{V}$, para substituir o tipo negrito.

Trabalhando com Vetores

A direção do vetor **V** pode ser medida através de um ângulo θ em relação a uma direção de referência conhecida, conforme mostrado na **Fig. 1/1**. O negativo de **V** é o vetor –**V**, que possui a mesma intensidade de **V** mas orientado no sentido oposto a **V**, conforme mostrado na **Fig. 1/1**.

Os vetores devem obedecer à lei de combinação do paralelogramo. Esta lei estabelece que dois vetores $\mathbf{V}_1$ e $\mathbf{V}_2$, considerados como vetores livres, **Fig. 1/2a**, podem ser substituídos por um vetor equivalente **V**, que é a diagonal do paralelogramo cujos lados são formados por $\mathbf{V}_1$ e $\mathbf{V}_2$, conforme mostrado na **Fig. 1/2b**. Esta combinação é chamada de *soma vetorial* e é representada pela equação vetorial

$$\mathbf{V} = \mathbf{V}_1 + \mathbf{V}_2$$

em que o sinal de mais, quando utilizado com grandezas vetoriais (em negrito), representa uma adição *vetorial* e não uma adição *escalar*. A soma escalar das intensidades dos dois vetores é escrita da forma usual como $V_1 + V_2$. A geometria do paralelogramo mostra que $V \neq V_1 + V_2$.

Os dois vetores $\mathbf{V}_1$ e $\mathbf{V}_2$, novamente considerados como vetores livres, também podem ser somados usando a lei do triângulo, conforme mostrado na **Fig. 1/2c**, para obter a mesma soma vetorial **V**. Do diagrama, é possível ver que a ordem de adição dos vetores não afeta a sua soma, de modo que $\mathbf{V}_1 + \mathbf{V}_2 = \mathbf{V}_2 + \mathbf{V}_1$.

A diferença $\mathbf{V}_1 - \mathbf{V}_2$ entre os dois vetores é facilmente obtida adicionando-se $-\mathbf{V}_2$ a $\mathbf{V}_1$, conforme mostrado na **Fig. 1/3**, em que podem ser usados tanto o procedimento do triângulo quanto o do paralelogramo. A diferença **V'** entre os dois vetores é dada pela equação vetorial

$$\mathbf{V}' = \mathbf{V}_1 - \mathbf{V}_2$$

em que o sinal de menos denota uma *subtração vetorial*.

Quaisquer dois ou mais vetores cuja soma seja igual a um determinado vetor **V** são denominados *componentes* desse vetor. Dessa forma, os vetores $\mathbf{V}_1$ e $\mathbf{V}_2$ na **Fig. 1/4a** são as componentes de **V** nas direções 1 e 2, respectivamente. Com frequência, é mais conveniente tratar com componentes de vetores que sejam mutuamente perpendiculares; estas são chamadas de *componentes retangulares*. Os vetores $\mathbf{V}_x$ e $\mathbf{V}_y$, na **Fig. 1/4b**, são as componentes x e y de **V**, respectivamente. De maneira análoga, na **Fig. 1/4c**, $\mathbf{V}_{x'}$ e $\mathbf{V}_{y'}$ são as componentes x' e y' de **V**. Quando expressa em componentes retangulares, a direção do vetor em relação ao eixo x, por exemplo, é claramente especificada pelo ângulo θ, em que

$$\theta = \tan^{-1}\frac{V_y}{V_x}$$

Um vetor **V** pode ser expresso matematicamente multiplicando-se a sua intensidade V por um vetor $\boldsymbol{n}$ cuja intensidade seja igual a um e cuja orientação coincida com a do vetor **V**. O vetor $\boldsymbol{n}$ é chamado de *vetor unitário*. Assim,

$$\mathbf{V} = V\mathbf{n}$$

Dessa forma, tanto a intensidade quanto a direção do vetor podem ser convenientemente apresentadas em uma expressão matemática. Em muitos problemas, particularmente nos tridimensionais, é conveniente expressar as componentes de **V**, **Fig. 1/5**, em termos dos vetores unitários **i**, **j** e **k**, os quais são vetores nas direções x, y e z, respectivamente, com intensidades unitárias. Uma vez

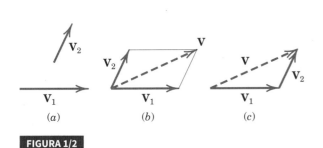

FIGURA 1/2

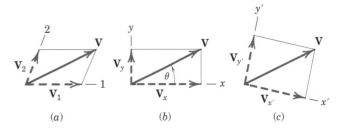

FIGURA 1/4

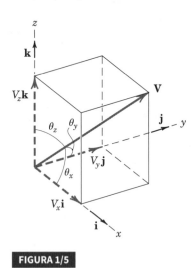

FIGURA 1/5

que **V** é o vetor soma das componentes em x, y e z, podemos expressar **V** da seguinte forma:

$$\mathbf{V} = V_x\mathbf{i} + V_y\mathbf{j} + V_z\mathbf{k}$$

Agora faremos uso dos *cossenos diretores* l, m e n, que são definidos por

$$l = \cos\theta_x \quad m = \cos\theta_y \quad n = \cos\theta_z$$

Assim, podemos escrever as intensidades das componentes de **V** como

$$V_x = lV \quad V_y = mV \quad V_z = nV$$

em que, através do teorema de Pitágoras,

$$V_2 = V_x^2 + V_y^2 + V_z^2$$

Observe que esta relação implica que $l^2 + m^2 + n^2 = 1$.

1/4 Leis de Newton

Sir Isaac Newton foi o primeiro a estabelecer corretamente as leis básicas que governam o movimento de uma partícula e a demonstrar sua validade.* Adaptadas à terminologia moderna, essas leis podem ser enunciadas da seguinte forma:

Primeira Lei. Uma partícula permanece em repouso ou continua a se mover com *velocidade uniforme* (em uma linha reta com velocidade constante) se não existir nenhuma força em desequilíbrio agindo sobre ela.

Segunda Lei. A aceleração de uma partícula é proporcional à soma vetorial das forças atuando sobre ela e possui a mesma direção desta soma vetorial.

---

* As formulações originais de Newton podem ser encontradas na tradução do seu *Principia* (1687), revisado por F. Cajori, University of California Press, 1934.

Terceira Lei. As forças de ação e reação entre corpos que interagem são iguais em intensidade, opostas em sentido e *colineares* (atuam ao longo de uma mesma linha).

A validade dessas leis tem sido verificada através de inúmeras medições físicas precisas. A segunda lei de Newton forma a base da maioria das análises em Dinâmica. Aplicada a uma partícula de massa m, esta lei pode ser estabelecida como

$$\mathbf{F} = m\mathbf{a} \quad (1/1)$$

em que **F** é a soma vetorial das forças que agem sobre a partícula e **a** é a aceleração resultante. Esta é uma equação *vetorial*, uma vez que a direção de **F** deve coincidir com a direção de **a**, e as intensidades de **F** e $m\mathbf{a}$ devem ser iguais.

A primeira lei de Newton contém o princípio de equilíbrio das forças, o qual é o principal tópico de interesse em estática. Na realidade, essa lei é uma consequência da segunda, uma vez não existe aceleração quando a força é nula, e a partícula está em repouso ou está movendo-se com velocidade uniforme. A primeira lei não adiciona nada de novo à descrição do movimento, mas é aqui incluída por fazer parte dos enunciados clássicos de Newton.

A terceira lei é básica para o nosso entendimento sobre força. Ela estabelece que a força sempre ocorre em pares de forças iguais e opostas. Assim, a força para baixo exercida sobre a mesa por um lápis é acompanhada por uma força para cima de igual intensidade exercida sobre o lápis pela mesa. Este princípio é válido para todas as forças, variáveis ou constantes, independentemente de sua fonte, valendo para qualquer instante de tempo durante o qual as forças são aplicadas. A falta de atenção cuidadosa a esta lei básica é a causa de erros frequentes entre os iniciantes.

Na análise de corpos sob a ação de forças, é absolutamente necessário ter clareza sobre qual é a força de cada par ação-reação que está sendo considerada. Antes de tudo, é necessário *isolar* o corpo em estudo e, então, considerar somente a única força do par que atua *sobre* o corpo em questão.

1/5 Unidades

Em Mecânica, utilizamos quatro quantidades fundamentais chamadas de *grandezas*. Estas são o comprimento, a massa, a força e o tempo. As unidades utilizadas para medir estas grandezas não podem ser escolhidas de forma independente, uma vez que devem ser consistentes com a segunda lei de Newton, Eq. 1/1. Embora existam diferentes sistemas de unidades, somente os dois sistemas mais comumente utilizados em ciência e tecnologia serão utilizados neste texto. As quatro grandezas fundamentais e as suas unidades e símbolos, nesses dois sistemas de coordenadas, estão resumidos na tabela a seguir.

Grandeza	Símbolo Dimensional	Unidades SI		Unidades Inglesas	
		Unidade	Símbolo	Unidade	Símbolo
Massa	M	Unidades básicas { quilograma	kg	Unidades básicas { slug	—
Comprimento	L	metro	m	pé	ft
Tempo	T	segundo	s	segundo	sec
Força	F	newton	N	libra	lb

Unidades SI

O Sistema Internacional de Unidades, abreviado por SI (do francês, Système International d'Unités), é aceito nos Estados Unidos e em todo o mundo, e é uma versão moderna do sistema métrico. Por um acordo internacional, estabeleceu-se que, ao longo do tempo, as unidades SI irão substituir os outros sistemas. Conforme mostrado na tabela, no SI, as unidades de quilograma (kg) para a massa, de metro (m) para o comprimento e de segundo (s) para o tempo são selecionadas com as unidades básicas, e a unidade de newton (N), para a força, é derivada das três anteriores a partir da Eq. 1/1. Assim, a força (N) = massa (kg) × aceleração (m/s²), ou

$$N = kg \cdot m/s^2$$

Dessa forma, 1 newton é a força necessária para proporcionar a uma massa de 1 kg uma aceleração de 1 m/s².

Considere um corpo de massa m que é colocado em queda livre nas proximidades da superfície da Terra. Com apenas a força gravitacional agindo sobre o corpo, ele cai com uma aceleração g na direção do centro da Terra. Essa força gravitacional é o *peso* W do corpo, que pode ser obtido a partir da Eq. 1/1:

$$W \text{ (N)} = m \text{ (kg)} \times g \text{ (m/s}^2\text{)}$$

Unidades Inglesas

O sistema de unidades inglesas, também chamado de sistema pé-libra-segundo (FPS – do inglês, *foot-pound-second*), tem sido o sistema usual nos negócios e na indústria em países de língua inglesa. Embora, ao longo do tempo, este sistema esteja sendo substituído pelo sistema SI, ainda por muitos anos os engenheiros devem ser capazes de trabalhar com ambos os sistemas de unidades: SI e FPS.

Conforme mostrado na tabela, no sistema de unidades inglesas, ou sistema FPS, as unidades de pés (ft), para o comprimento, de segundos (sec), para o tempo, e de libras (lb), para a força, são as unidades básicas selecionadas, e a unidade de slug, para a massa, é derivada da Eq. 1/1. Assim, força (lb) = massa (slugs) × aceleração (ft/sec²), ou

$$\text{slug} = \frac{\text{lb-sec}^2}{\text{ft}}$$

Dessa forma, 1 slug é a massa que adquire uma aceleração de 1 ft/sec², quando é submetida à ação de uma força de 1 lb. Se W é a força gravitacional ou o peso, e g é a aceleração da gravidade, a Eq. 1/1 fornece

$$m \text{ (slugs)} = \frac{W \text{ (lb)}}{g \text{ (ft/sec}^2\text{)}}$$

Observe que a abreviação de segundos é s no sistema SI e *sec* no FPS.

No sistema de unidades inglesas, a libra também pode ser utilizada como uma unidade de massa, especialmente para especificar propriedades térmicas de líquidos e gases. Em situações nas quais a distinção entre as duas unidades é necessária, a unidade de força é frequentemente denotada como lbf e a unidade de massa como lbm. Neste livro, utiliza-se quase que exclusivamente a unidade de força, a qual é escrita simplesmente como lb. Outras unidades comuns de força no sistema de unidades inglesas são *quilolibra* (kip – do inglês, *kilopound*), que equivale a 1000 lbf, e *ton*, que equivale a 2000 lb.

O Sistema Internacional de Unidades (SI) é chamado de sistema *absoluto*, uma vez que a medida da grandeza básica massa é independente do meio. Por outro lado, o sistema de unidades inglesas (FPS) é denominado sistema *gravitacional*, uma vez que a sua grandeza básica força é definida como a atração gravitacional (peso) atuando sobre uma massa-padrão sob determinadas condições especificadas (nível do mar e 45° de latitude). Uma libra-padrão também é a força necessária para proporcionar aceleração de 32,1740 ft/sec² a uma massa de uma libra.

No sistema SI, o quilograma é utilizado *exclusivamente* como unidade de massa – *nunca* de força. No sistema gravitacional MKS (metro-quilograma-segundo – do inglês, *meter-kilogram-second*), que tem sido usado por muitos anos em diversos países de língua não inglesa, o quilograma, assim como a libra, tem sido utilizado tanto como unidade de força quanto de massa.

Padrões Primários

Padrões primários para medidas de massa, comprimento e tempo foram estabelecidos através de acordos internacionais, e são os seguintes:

Massa. O quilograma é definido como a massa de determinado cilindro de platina-irídio, que é mantido no Departamento Internacional de Pesos e Medidas (*International Bureau of Weights and Measures*) próximo a Paris, França. Uma cópia precisa desse cilindro é mantida nos Estados Unidos no Instituto Nacional de Padrões e Tecnologia (*National Institute of Standards and Technology* – NIST), antigo Departamento Nacional de Padrões

O quilograma-padrão

(*National Bureau of Standards*), e serve como o padrão de massa para os Estados Unidos.

Comprimento. O metro, originalmente definido como um décimo milionésimo da distância entre o polo e o equador ao longo do meridiano que passa por Paris, foi mais tarde definido como o comprimento de determinada barra de platina-irídio mantida no *International Bureau of Weights and Measures*. As dificuldades para acessar a barra e reproduzir medidas precisas levaram à adoção de padrões de medida mais precisos e reprodutíveis para o metro, o qual é atualmente definido como a distância percorrida pela luz no vácuo em 1/299.792.458 de segundo.

Tempo. O segundo foi originalmente definido como a fração 1/86.400 do dia solar médio. Contudo, irregularidades na rotação da Terra introduziram dificuldades ao uso dessa definição, e um padrão mais preciso e reprodutível foi adotado. Atualmente, o segundo é definido como a duração de 9.192.631.770 períodos da radiação de determinado estado do átomo de césio-133.

Para a maioria dos trabalhos de engenharia, e para o nosso propósito no estudo de mecânica, a precisão desses padrões está muito além das nossas necessidades. O valor-padrão para a aceleração da gravidade g é o seu valor no nível do mar e na latitude de 45°. Nos dois sistemas, esses valores são

Unidades SI $\quad g = 9{,}806\,65$ m/s^2

Unidades Inglesas $\quad g = 32{,}1740$ ft/sec^2

Os valores aproximados de 9,81 m/s^2 e 32,2 ft/sec^2, respectivamente, são suficientemente precisos para a grande maioria dos cálculos de engenharia.

Conversão de Unidades

A Tabela D/5 do Apêndice D mostra a lista das unidades SI utilizadas em Mecânica, junto com as conversões numéricas entre o sistema de unidades inglesas e o sistema SI. Embora essa tabela seja útil para obter uma noção sobre o tamanho relativo entre as unidades SI e inglesas, com o tempo os engenheiros acharão essencial pensar diretamente em termos das unidades SI sem convertê-las das unidades inglesas. Em Estática, o nosso interesse principal está voltado para as unidades de comprimento e força, sendo a massa somente necessária para calcular a força gravitacional, conforme explicado na Seção 1/6. Para a maioria dos problemas deste livro, a conversão de unidades não é necessária.

A **Fig. 1/6** ilustra exemplos de força, massa e comprimento nos dois sistemas de unidades, e ajuda a ter uma noção das suas intensidades relativas.

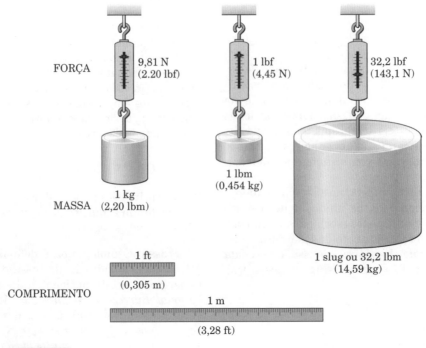

FIGURA 1/6

1/6 Lei da Gravitação

Em Estática, assim como em Dinâmica, frequentemente precisamos calcular o peso de um corpo, que é a força gravitacional atuando sobre ele. Este cálculo depende da *lei da gravitação*, a qual também foi formulada por Newton. A lei da gravitação pode ser expressa pela seguinte equação

$$F = G \frac{m_1 m_2}{r^2} \quad (1/2)$$

em que F = força de atração mútua entre duas partículas
G = uma constante universal conhecida como *constante de gravitação*
m_1, m_2 = a massa das duas partículas
r = a distância entre os centros das partículas

As forças mútuas, F, obedecem à lei de ação e reação, uma vez que são iguais e opostas, e atuam ao longo da linha que une os centros das partículas, como mostrado na **Fig. 1/7**. Resultados experimentais indicam que $G = 6,673 \ (10^{-11}) \ m^3/(kg \cdot s^2)$.

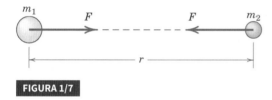

FIGURA 1/7

Atração Gravitacional da Terra

Forças gravitacionais estão presentes entre todos os pares de corpos. Na superfície da Terra, a única força gravitacional de intensidade apreciável é a força devida à atração da Terra. Considerando, por exemplo, duas esferas de ferro de 100 mm de diâmetro, cada uma delas é atraída para a Terra com uma força gravitacional de 37,1 N, o que é o seu peso. Por outro lado, a força de atração mútua entre as esferas, se elas estiverem apenas se tocando, é de 0,0000000951 N. Esta força é claramente desprezível quando comparada com a força de atração da Terra, que é de 37,1 N. Desta forma, a força de atração da Terra é a única força gravitacional que precisamos considerar na maioria das aplicações em engenharia na superfície da Terra.

A atração gravitacional da Terra sobre um corpo (o seu peso) existe independentemente se o corpo estiver em repouso ou em movimento. Uma vez que essa atração é uma força, o peso de um corpo deve ser expresso em newtons (N) no sistema de unidades SI e em libras (lb) no sistema de unidades inglesas. Infelizmente, na prática comum, a unidade de massa quilograma (kg) tem sido frequentemente utilizada como medida de peso. Este uso deverá desaparecer com o tempo, à medida que as unidades SI se tornem mais utilizadas, uma vez que nas unidades SI o quilograma é utilizado exclusivamente para massa, enquanto o newton é utilizado para força, incluindo o peso.

A força gravitacional que a Terra exerce sobre a Lua (em primeiro plano) é um fator-chave no movimento da Lua.

Para um corpo de massa m próximo à superfície da Terra, a atração gravitacional F sobre o corpo é especificada pela Eq. 1/2. Usualmente, denotamos a intensidade desta força gravitacional, ou peso, pelo símbolo W. Uma vez que o corpo cai com aceleração g, a Eq. 1/1 fornece

$$W = mg \quad (1/3)$$

O peso W estará em newtons (N) quando a massa m estiver em quilogramas (kg) e a aceleração da gravidade, g, estiver em metros por segundo ao quadrado (m/s^2). No sistema de unidades inglesas, o peso W estará em libras (lb) quando a massa m estiver em slugs e g em pés por segundo ao quadrado. Os valores-padrão para g de 9,81 m/s^2 e 32,2 ft/sec^2 serão suficientemente precisos para os nossos cálculos em estática.

O peso verdadeiro (atração da gravidade) e o peso aparente (medido por uma balança de mola) são ligeiramente diferentes. A diferença, a qual é devida à rotação da Terra, é bastante pequena e pode ser desprezada. Este efeito será discutido no *Vol. 2 Dinâmica*.

1/7 Precisão, Limites e Aproximações

O número de algarismos significativos em uma resposta nunca deve ser maior do que o número de algarismos que possa ser justificado pela precisão dos dados fornecidos. Por exemplo, suponha que o lado de 24 mm de um quadrado foi medido até o milímetro mais próximo, de modo a conhecermos o comprimento do lado até dois algarismos significativos. Elevando-se o comprimento do lado ao quadrado, obtém-se uma área de 576 mm^2. No entanto, de acordo com a nossa regra, devemos escrever a área como 580 mm^2, utilizando apenas dois algarismos significativos.

Quando os cálculos envolvem pequenas diferenças de valores grandes, é necessária maior precisão dos dados para que seja possível obter resultados com determinada precisão. Assim, por exemplo, é necessário conhecer os números 4,2503 e 4,2391 com uma precisão de cinco algarismos significativos para que seja possível expressar a diferença entre eles, 0,0112, com uma precisão de três algarismos significativos. Frequentemente, em cálculos longos torna-se difícil determinar, de início, quantos algarismos significativos são necessários nos dados originais para garantir determinado nível de precisão na resposta. Uma precisão de três algarismos significativos é considerada satisfatória para a maioria dos cálculos em engenharia.

Aqui, as respostas serão normalmente fornecidas com três algarismos significativos, exceto quando a resposta iniciar com o número 1, quando serão considerados quatro algarismos significativos. Para fins de cálculo, considere que todos os dados fornecidos neste livro são exatos.

Diferenciais

A *ordem* das grandezas diferenciais é um assunto que, frequentemente, causa compreensão inadequada na derivação das equações. Diferenciais de ordem superior podem sempre ser desprezadas em comparação com diferenciais de ordem inferior quando se toma o limite matemático. Por exemplo, o elemento de volume ΔV de um cone circular de altura h e raio da base r pode ser tomado como uma fatia circular localizada a uma distância x do seu vértice e com espessura Δx. A expressão para o volume do elemento é

$$\Delta V = \frac{\pi r^2}{h^2}[x^2 \Delta x + x(\Delta x)^2 + \frac{1}{3}(\Delta x)^3]$$

Note que, quando tomamos o limite ao passar de ΔV para dV e de Δx para dx, os termos contendo $(\Delta x)^2$ e $(\Delta x)^3$ são eliminados, permanecendo somente

$$dV = \frac{\pi r^2}{h^2} x^2 \, dx$$

o que resulta na expressão exata após a integração.

Aproximações para Ângulos Pequenos

Quando lidamos com ângulos pequenos, normalmente podemos utilizar aproximações simplificadoras. Considere o triângulo retângulo da **Fig. 1/8** no qual o ângulo θ, expresso em radianos, é relativamente pequeno. Admitindo uma hipotenusa unitária, podemos observar, pela geometria da figura, que o comprimento do arco $1 \times \theta$ e sen θ são aproximadamente iguais. Também cos θ é aproximadamente igual à unidade. Além disso, sen θ e tan θ possuem aproximadamente os mesmos valores. Portanto, para ângulos pequenos podemos escrever

$$\text{sen } \theta \cong \tan \theta \cong \theta \qquad \cos \theta \cong 1$$

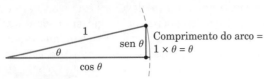

FIGURA 1/8

desde que os ângulos sejam expressos em radianos. Essas aproximações podem ser obtidas retendo-se apenas os primeiros termos da expansão em série para as três funções. Como exemplo dessas aproximações, para um ângulo de 1°

$$1° = 0{,}017\ 453 \text{ rad} \qquad \tan 1° = 0{,}017\ 455$$
$$\text{sen } 1° = 0{,}017\ 452 \qquad \cos 1° = 0{,}999\ 848$$

Para se obter uma expressão mais precisa, os dois primeiros termos podem ser mantidos, resultando em

$$\text{sen } \theta \cong \theta - \theta^3/6 \qquad \tan \theta \cong \theta + \theta^3/3 \qquad \cos \theta \cong 1 - \theta^2/2$$

em que os ângulos precisam ser expressos em radianos. (Para converter graus em radianos, multiplique o ângulo em graus por $\pi/180°$.) O erro de substituir o seno pelo ângulo de 1° (0,0175 rad) é somente de 0,005 %. Para 5° (0,0873 rad), o erro é de 0,13 % e para 10° (0,1745 rad), o erro é de somente 0,51 %. À medida que o ângulo tende a zero, as seguintes relações são verdadeiras no limite matemático:

$$\text{sen } d\theta = \tan d\theta = d\theta \qquad \cos d\theta = 1$$

em que o ângulo diferencial $d\theta$ deve ser expresso em radianos.

1/8 Solução de Problemas em Estática

Estudamos Estática para obter uma descrição quantitativa de forças que agem sobre estruturas de engenharia em equilíbrio. A Matemática estabelece as relações entre as diversas grandezas envolvidas e nos permite predizer os efeitos a partir destas relações. Utilizamos um pensamento dual na solução de problemas de estática: Pensamos tanto na situação física e como na descrição matemática correspondente. Na análise de todos os problemas, fazemos a transição entre a situação física e a matemática. Um dos objetivos mais importantes para os estudantes é desenvolver a habilidade de fazer essa transição sem esforço.

Fazendo as Hipóteses Apropriadas

Devemos reconhecer que a formulação matemática de um problema físico representa uma descrição ideal, ou *modelo*, a qual se aproxima, mas nunca se iguala à situação física real. Quando construímos um modelo matemático idealizado para determinado problema de engenharia, algumas aproximações sempre estarão envolvidas. Algumas dessas aproximações podem ser matemáticas, enquanto outras serão físicas.

Por exemplo, frequentemente é necessário desprezar distâncias, ângulos ou forças pequenas quando comparados com distâncias, ângulos ou forças grandes. Suponha que uma força esteja distribuída sobre uma pequena área do corpo no qual ela age. Podemos considerá-la uma força concentrada quando as dimensões da área envolvida são pequenas em comparação com outras dimensões pertinentes.

Podemos desprezar o peso de um cabo de aço se a tensão no cabo for muitas vezes maior do que o seu peso total. No entanto, se precisamos calcular a deflexão ou a flecha de um cabo suspenso sob a ação do seu próprio peso, não podemos ignorar o peso do cabo.

Dessa forma, o que podemos assumir depende da informação desejada e da precisão exigida. Devemos estar sempre alertas para as diversas hipóteses adotadas na formulação dos problemas reais. A habilidade de entender e de fazer uso de hipóteses apropriadas na formulação e na solução de problemas de engenharia certamente é uma das características mais importantes de um engenheiro de sucesso. Um dos maiores objetivos deste livro é o de providenciar várias oportunidades para desenvolver essa habilidade, através da formulação e análise de vários problemas práticos envolvendo os princípios da Estática.

Utilizando Gráficos

Os gráficos são uma importante ferramenta analítica, por três motivos:

1. Usamos gráficos para representar um sistema físico no papel, através de um esboço ou diagrama. Representar geometricamente um problema nos ajuda na sua interpretação física, especialmente quando precisamos visualizar problemas tridimensionais.
2. Muitas vezes, podemos obter mais facilmente uma solução gráfica para problemas do que através de uma solução matemática direta. As soluções gráficas fornecem uma forma prática de obter resultados e nos ajudam no nosso processo de elaboração. Uma vez que os gráficos representam simultaneamente a situação física e a sua expressão matemática, eles nos ajudam na transição entre os dois.
3. Diagramas ou gráficos são uma ajuda valiosa para representar resultados de uma forma fácil de entender.

Diagrama de Corpo Livre

Surpreendentemente, o tema de estática é baseado em poucos conceitos fundamentais e envolve principalmente a aplicação dessas relações básicas em diversas situações. Nessa aplicação, o *método* de análise é de grande importância. Ao se resolver um problema, é essencial que as leis que se aplicam sejam cuidadosamente assimiladas e que esses princípios sejam aplicados literalmente e de modo exato. Ao aplicarmos tais princípios da Mecânica para analisar as forças agindo sobre um corpo, é essencial que *isolemos* o corpo em questão de todos os outros corpos, de modo que a contribuição completa e precisa de todas as forças agindo sobre esse corpo seja considerada. Este *isolamento* deve ser concebido mentalmente e deve ser representado no papel. O diagrama desse corpo isolado, com a representação de *todas* as forças externas que agem *sobre* ele, é chamado de *diagrama de corpo livre*.

O método do diagrama de corpo livre é a chave para o entendimento da Mecânica. Isto ocorre porque o *isolamento* de um corpo é a ferramenta através da qual *causa* e *efeito* são claramente separados, e pela qual a nossa atenção é claramente focada na aplicação de um princípio da Mecânica. A técnica de construção de diagramas de corpo livre é coberta no Capítulo 3, no qual são usados pela primeira vez.

Conceitos-Chave **Formulando Problemas e Obtendo Soluções**

Em Estática, assim como em todos os problemas de engenharia, precisamos utilizar um método preciso e lógico para formular problemas e obter as suas soluções. Formulamos cada problema e desenvolvemos a sua solução realizando os passos a seguir.

1. Formule o problema:
    (a) Estabeleça os dados fornecidos.
    (b) Estabeleça os resultados desejados.
    (c) Estabeleça as suas hipóteses e aproximações.
2. Desenvolva a solução:
    (a) Desenhe todos os diagramas que precisar para entender as relações.
    (b) Estabeleça os princípios básicos a serem aplicados à sua solução.
    (c) Faça os seus cálculos.

(d) Garanta que seus cálculos sejam consistentes com a precisão justificada pelos dados.
(e) Esteja certo de que tenha utilizado unidades consistentes ao longo dos seus cálculos.
(f) Garanta que as suas respostas sejam razoáveis em termos de intensidades, direções, bom senso etc.
(g) Tire conclusões.

Manter seu trabalho claro e organizado irá ajudar no seu trabalho ao longo do processo de raciocínio e ajudará outras pessoas a entender o seu trabalho. Ter disciplina ao realizar de forma ordenada o trabalho irá ajudá-lo a desenvolver habilidades na formulação e na análise. Problemas que parecem ser complicados em um primeiro momento, frequentemente, se tornam claros se você os abordar com lógica e disciplina.

Valores Numéricos *versus* Símbolos

Ao aplicarmos as leis da Estática, podemos usar valores numéricos para representar as grandezas, ou podemos utilizar símbolos algébricos e deixar a resposta como uma fórmula. Quando valores numéricos são usados, a intensidade de cada grandeza expressa nas suas unidades particulares fica evidente em cada etapa do cálculo. Isto é útil quando precisamos conhecer a intensidade de cada termo.

No entanto, a solução simbólica possui diversas vantagens sobre a solução numérica. Em primeiro lugar, o uso dos símbolos ajuda a focar a nossa atenção sobre a conexão entre a situação física e a sua descrição matemática relacionada. Em segundo lugar, podemos usar a solução simbólica repetidamente para obtermos respostas em um mesmo tipo de problema, mas com diferentes unidades e valores numéricos. Em terceiro lugar, uma solução simbólica permite que possamos efetuar uma checagem dimensional em cada etapa, o que é mais difícil de fazer quando valores numéricos são utilizados. Para qualquer equação que represente uma situação física, as dimensões de cada um dos termos de cada lado da equação devem ser as mesmas. Esta propriedade é chamada de *homogeneidade dimensional*.

Assim, é essencial ter facilidade de lidar tanto com a forma numérica quanto com a simbólica.

Métodos de Solução

As soluções para os problemas de estática podem ser obtidas através de um ou mais dos seguintes métodos:

1. Obtenha as soluções matemáticas manualmente, utilizando ou símbolos algébricos ou valores numéricos. Podemos resolver a maioria dos problemas desta forma.
2. Obtenha as soluções gráficas para determinados problemas.
3. Resolva os problemas com o uso de computador. Isto é útil quando é necessário resolver um número elevado de equações, quando é necessário estudar a variação de um parâmetro, ou quando uma equação que não possui solução analítica precisa ser resolvida.

Muitos problemas podem ser resolvidos por dois ou mais desses métodos. O método a ser utilizado parcialmente depende das preferências do engenheiro e parcialmente do tipo de problema a ser resolvido. A escolha do método de solução mais ágil é um aspecto importante da experiência a ser adquirida a partir do trabalho em problemas. Existe um número de problemas no *Vol.1 Estática* que é designado como *Problemas Orientados para Computador*. Esses problemas estão localizados no final da seção de Problemas de Revisão e foram selecionados para ilustrar o tipo de problema para o qual a solução por computador oferece uma clara vantagem.

1/9 Revisão do Capítulo

Este capítulo introduziu os conceitos, definições e unidades utilizados em Estática e forneceu uma visão geral do procedimento utilizado para formular e resolver problemas de estática. Agora que terminou o capítulo, você deve ser capaz de:

1. Expressar vetores na forma de vetores unitários e componentes perpendiculares, e efetuar adições e subtrações de vetores.
2. Postular as leis de movimento de Newton.
3. Desenvolver cálculos usando unidades SI e unidades inglesas, utilizando precisão apropriada.
4. Expressar as leis de gravitação e calcular o peso de um objeto.
5. Aplicar simplificações baseadas em aproximações diferenciais e de pequenos ângulos.
6. Descrever a metodologia utilizada para formular e resolver problemas de estática.

EXEMPLO DE PROBLEMA 1/1

Determine o peso em newtons de um carro cuja massa é de 1400 kg. Converta a massa do carro para slugs e, então, determine o seu peso em libras.

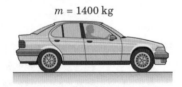

$m = 1400$ kg

Solução. Da relação 1/3, temos

$$W = mg = 1400(9{,}81) = 13\ 730\text{ N} \quad ①$$ *Resp.*

Pelos fatores de conversão presentes na Tabela D/5 do Apêndice D, podemos ver que 1 slug é igual a 14,594 kg. Assim, a massa do carro em slugs é

$$m = 1400\text{ kg}\left[\frac{1\text{ slug}}{14{,}594\text{ kg}}\right] = 95{,}9\text{ slugs} \quad ②$$ *Resp.*

DICAS ÚTEIS

① A nossa calculadora indica um resultado de 13 734 N. Utilizando as regras para algarismos significativos apresentadas neste livro, arredondamos o resultado

EXEMPLO DE PROBLEMA 1/1 (continuação)

Finalmente, o seu peso em libras é

$$W = mg = (95{,}9)(32{,}2) = 3090 \text{ lb} \quad \text{③} \qquad Resp.$$

Outro caminho para obter o último resultado consiste em converter de kg para lbm. Mais uma vez, usando a Tabela D/5, temos

$$m = 1400 \text{ kg} \left[\frac{1 \text{ lbm}}{0{,}45359 \text{ kg}}\right] = 3090 \text{ lbm}$$

O peso em libras associado à massa de 3090 lbm é 3090 lbf, conforme calculado acima. Lembramos que 1 lbm representa a quantidade de massa que, em condições-padrão, tem um peso de 1 lbf de força. Nesta série de livros-texto, raramente nos referimos à unidade inglesa de massa lbm; em seu lugar, usamos o slug para massa. O uso apenas do slug, em vez do emprego desnecessário de duas unidades para a massa, se mostrará poderoso e simples – especialmente em Dinâmica.

③ Observe que estamos usando um resultado previamente calculado (95,9 slugs). Precisamos ter certeza de que, quando um número calculado é necessário em cálculos subsequentes, ele permanece na calculadora com a sua exatidão total, (95,929834 . . .), até que não seja mais necessário. Isto pode exigir seu armazenamento em um registro após seu cálculo inicial para que possa ser recuperado mais tarde.

escrito para quatro algarismos significativos, ou 13 730 N. Se o número começasse por qualquer outro dígito diferente de 1, o arredondamento seria feito para três algarismos significativos.

② Uma boa prática com a conversão de unidades consiste em multiplicar por um fator como $\left[\dfrac{1 \text{ slug}}{14{,}594 \text{ kg}}\right]$, o qual possui o valor unitário, uma vez que o numerador e o denominador são equivalentes. Certifique-se de que o cancelamento das unidades leve às unidades desejadas; aqui as unidades de kg se cancelam, resultando nas unidades desejadas de slug.

Não podemos apenas digitar 95,9 na nossa calculadora e proceder com a multiplicação por 32,2 – esta prática irá resultar na perda de precisão numérica. Algumas pessoas gostam de colocar uma pequena indicação do registro de armazenamento utilizado na margem direita da folha de cálculo, diretamente ao lado do número armazenado.

EXEMPLO DE PROBLEMA 1/2

Utilize a lei universal da gravitação para calcular o peso de uma pessoa de 70 kg que está em pé sobre a superfície da Terra. Em seguida, repita o cálculo utilizando $W = mg$ e compare os seus resultados. Utilize a Tabela D/2 quando necessário.

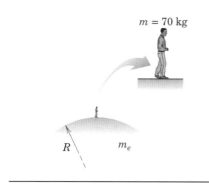

Solução. Os dois resultados são

$$W = \frac{Gm_e m}{R^2} = \frac{(6{,}673 \cdot 10^{-11})(5{,}976 \cdot 10^{24})(70)}{[6371 \cdot 10^3]^2} = 688 \quad \text{①} \qquad Resp.$$

$$W = mg = 70(9{,}81) = 687 \text{ N} \qquad Resp.$$

A diferença se deve ao fato de que a lei universal de gravitação não leva em consideração a rotação da Terra. Por outro lado, o valor $g = 9{,}81$ m/s² utilizado na segunda equação leva em conta a rotação da Terra. Observe que, se tivéssemos usado o valor mais preciso $g = 9{,}80665$ m/s² (o qual da mesma forma leva em consideração a rotação da Terra) na segunda equação, a discrepância seria maior (o resultado seria de 686 N).

DICA ÚTIL

① A distância efetiva entre os centros das massas dos dois corpos envolvidos é o raio da Terra.

EXEMPLO DE PROBLEMA 1/3

Para os vetores $\mathbf{V}_1$ e $\mathbf{V}_2$ mostrados na figura,

(a) determine a intensidade S da sua soma vetorial $\mathbf{S} = \mathbf{V}_1 + \mathbf{V}_2$.

(b) determine o ângulo α entre $\mathbf{S}$ e o eixo x positivo.

(c) escreva $\mathbf{S}$ como um vetor em termos dos vetores unitários $\mathbf{i}$ e $\mathbf{j}$. Em seguida, escreva um vetor unitário $\mathbf{n}$ ao longo do vetor $\mathbf{S}$ a soma vetorial.

(d) determine o vetor diferença $\mathbf{D} = \mathbf{V}_1 - \mathbf{V}_2$.

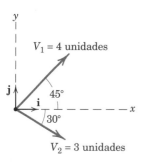

EXEMPLO DE PROBLEMA 1/3 (continuação)

Solução. (a) Construímos em escala o paralelogramo mostrado na Fig. a para adicionar V_1 e V_2. Utilizando a lei dos cossenos, temos

$$S^2 = 3^2 + 4^2 - 2(3)(4) \cos 105°$$

$$S = 5{,}59 \text{ unidades} \qquad Resp.$$

(b) Utilizando a lei dos senos para o triângulo inferior, temos ①

$$\frac{\operatorname{sen} 105°}{5{,}59} = \frac{\operatorname{sen}(\alpha + 30°)}{4}$$

$$\operatorname{sen}(\alpha + 30°) = 0{,}692$$

$$(\alpha + 30°) = 43{,}8° \qquad \alpha = 13{,}76° \qquad Resp.$$

(c) Conhecendo tanto S como α, podemos escrever o vetor $\mathbf{S}$ como

$$\mathbf{S} = S[\mathbf{i} \cos \alpha + \mathbf{j} \operatorname{sen} \alpha]$$

$$= 5{,}59 \,[\mathbf{i} \cos 13{,}76° + \mathbf{j} \operatorname{sen} 13{,}76°] = 5{,}43\mathbf{i} + 1{,}328\mathbf{j} \text{ unidades} \qquad Resp.$$

Então

$$\mathbf{n} = \frac{\mathbf{S}}{S} = \frac{5{,}43\mathbf{i} + 1{,}328\mathbf{j}}{5{,}59} = 0{,}971\mathbf{i} + 0{,}238\mathbf{j} \quad ② \qquad Resp.$$

(d) O vetor diferença $\mathbf{D}$ é

$$\mathbf{D} = \mathbf{V}_1 - \mathbf{V}_2 = 4(\mathbf{i} \cos 45° + \mathbf{j} \operatorname{sen} 45°) - 3(\mathbf{i} \cos 30° - \mathbf{j} \operatorname{sen} 30°)$$

$$= 0{,}230\mathbf{i} + 4{,}33\mathbf{j} \text{ unidades} \qquad Resp.$$

O vetor $\mathbf{D}$ é mostrado na Fig. b como $\mathbf{D} = \mathbf{V}_1 + (-\mathbf{V}_2)$.

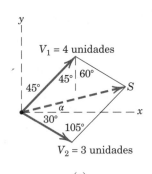

(a)

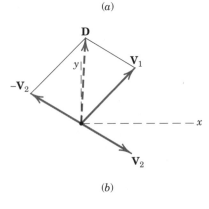

(b)

DICAS ÚTEIS

① Em Mecânica, você irá utilizar frequentemente as leis dos cossenos e senos. Veja a Seção C/6 do Apêndice C para uma revisão sobre estes importantes princípios geométricos.

② Um vetor unitário sempre pode ser obtido dividindo-se o vetor pela sua intensidade. Observe que um vetor unitário é adimensional.

CAPÍTULO 2

Sistemas de Forças

VISÃO GERAL DO CAPÍTULO

2/1 **Introdução**

2/2 **Força**

2/3 **Componentes Retangulares**

SEÇÃO A Sistemas de Forças Bidimensionais

2/4 **Momento**

2/5 **Binário**

2/6 **Resultantes**

SEÇÃO B Sistemas de Forças Tridimensionais

2/7 **Componentes Retangulares**

2/8 **Momento e Binário**

2/9 **Resultantes**

2/10 **Revisão do Capítulo**

2/1 Introdução

Neste capítulo e nos seguintes, estudamos os efeitos das forças que agem sobre estruturas e mecanismos de engenharia. A experiência aqui adquirida irá auxiliar você no estudo da Mecânica e em outros tópicos como análise de tensões, projeto de estruturas e máquinas, e escoamento de fluidos. Este capítulo estabelece os fundamentos para uma compreensão básica, não somente da Estática como também de todo o assunto de Mecânica, e você deve dominar por completo este material.

2/2 Força

Antes de lidar com um conjunto ou *sistema* de forças, é necessário examinar as propriedades de uma única força com algum detalhe. Uma força foi definida no Capítulo 1 como uma ação de um corpo sobre outro. Em Dinâmica, veremos que uma força é definida como uma ação que tende a causar aceleração de um corpo. Uma força é

As propriedades dos sistemas de força devem ser completamente entendidas pelos engenheiros que projetam sistemas como estes guindastes de construção.

uma *grandeza vetorial*, porque seu efeito depende da direção assim como da intensidade da ação. Assim, forças podem ser combinadas de acordo com a lei do paralelogramo para adição vetorial.

A ação da tração no cabo sobre o suporte na **Fig. 2/1a** está representada na vista lateral, **Fig. 2/1b**, pelo vetor força **P**, de intensidade P. O efeito desta ação sobre o suporte depende de P, do ângulo θ e da posição do ponto de aplicação A. A variação de qualquer um desses três

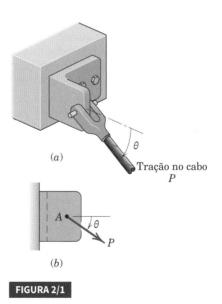

FIGURA 2/1

parâmetros irá alterar o efeito sobre o suporte, tal como a força em um dos parafusos que fixam o suporte à base, ou a força interna e a deformação em qualquer ponto do material do suporte. Assim, a especificação completa da ação de uma força deve incluir a sua *intensidade*, *direção* e *ponto de aplicação* e, deste modo, devemos tratá-la como um vetor fixo.

Efeitos Externos e Internos

Podemos separar a ação de uma força sobre um corpo em dois efeitos, *externo* e *interno*. Para o suporte da **Fig. 2/1**, os efeitos de **P** externos ao suporte são as forças reativas (não mostradas) exercidas no suporte pela base e pelos parafusos, devido à ação de **P**. Forças externas a um corpo podem ser *forças aplicadas* ou *forças reativas*. Os efeitos de **P** internos ao suporte são as forças e deformações internas resultantes distribuídas por todo o material do suporte. A relação entre forças internas e deformações internas depende das propriedades do material do corpo e é estudada em resistência dos materiais, elasticidade e plasticidade.

Princípio de Transmissibilidade

No estudo da mecânica de um corpo rígido, ignoramos as deformações no corpo e nos preocupamos apenas com os efeitos externos resultantes das forças externas. Em tais casos, a experiência nos mostra que não é necessário restringir a ação de uma força aplicada a determinado ponto. Por exemplo, a força **P** atuando na placa rígida na **Fig. 2/2** pode ser aplicada em *A* ou em *B*, ou em qualquer outro ponto posicionado sobre a sua linha de ação, e os efeitos externos de **P** sobre o suporte não se alterarão. Os efeitos externos são a força exercida sobre a placa pelo mancal em *O* e a força exercida sobre a placa pelo suporte deslizante em *C*.

Esta conclusão é resumida pelo *princípio da transmissibilidade*, que diz que a força pode ser aplicada em qualquer ponto sobre sua linha de ação sem alterar os efeitos resultantes da força *externa* ao corpo *rígido* no qual ela atua. Assim, sempre que estivermos interessados apenas nos efeitos externos resultantes de uma força, a força pode ser tratada como um vetor *móvel*, e precisamos especificar apenas *intensidade*, *direção* e *linha de ação* da força e não o seu *ponto de aplicação*. Como este livro lida essencialmente com a mecânica de corpos rígidos, trataremos quase todas as forças como vetores móveis em relação ao corpo rígido no qual elas atuam.

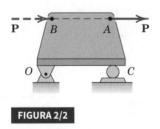

FIGURA 2/2

As forças associadas com este guindaste devem ser cuidadosamente identificadas, classificadas e analisadas, a fim de se fornecer um ambiente de trabalho seguro e eficaz.

Classificação das Forças

As forças são classificadas como forças de *contato* ou de *corpo*. Uma força de contato é produzida por contato físico direto; um exemplo é a força exercida sobre um corpo por uma superfície de apoio. Por outro lado, uma força de corpo é gerada em virtude da posição de um corpo dentro de um campo de forças, tal como os campos gravitacional, elétrico ou magnético. Um exemplo de força de corpo é o seu peso.

As forças podem ainda ser classificadas como *concentradas* ou *distribuídas*. Toda força de contato é na verdade aplicada sobre uma área finita e, deste modo, é realmente uma força distribuída. Entretanto, quando as dimensões da área são muito pequenas em comparação com as outras dimensões do corpo, podemos considerar a força como concentrada em um ponto, com perda desprezível de exatidão. Uma força pode ser distribuída sobre uma *área*, como no caso do contato mecânico, sobre um *volume*, quando for uma força de corpo, tal como o peso está atuando, ou sobre uma *linha*, como no caso do peso de um cabo suspenso.

O *peso* de um corpo é a força de atração gravitacional distribuída sobre o seu volume e pode ser considerada uma força concentrada atuando no seu centro de gravidade. A posição do centro de gravidade é frequentemente óbvia se o corpo for simétrico. Se a posição não for óbvia, então um cálculo separado, explicado no Capítulo 5, será necessário para localizar o centro de gravidade.

Uma força pode ser medida tanto por meio da comparação com outras forças conhecidas, usando uma balança mecânica, quanto pelo movimento calibrado de um elemento elástico. Todas estas comparações ou calibrações têm como base um padrão primário. A unidade-padrão de força em unidades SI é o newton (N), enquanto no sistema inglês é a libra (lb), conforme discutido na Seção 1/5.

Ação e Reação

De acordo com a terceira lei de Newton, a ação de uma força é sempre acompanhada por uma *reação igual* e *contrária*. É essencial distinguir entre a ação e a reação em um par de forças. Para fazer isto, primeiramente *isolamos* o corpo em questão e então identificamos a força exercida *sobre* esse corpo (não a força exercida *pelo* corpo). É muito fácil nos enganarmos e usarmos a força errada do par, a menos que sejamos capazes de distinguir cuidadosamente entre ação e reação.

Forças Concorrentes

Duas ou mais forças são ditas *concorrentes em um ponto* se suas linhas de ação se interceptam neste ponto. As forças F_1 e F_2 mostradas na **Fig. 2/3a** têm um ponto comum de aplicação e são concorrentes no ponto A. Assim, elas podem ser adicionadas aplicando a lei do paralelogramo em seu plano comum para obter sua soma ou *resultante* R, conforme mostrado na **Fig. 2/3a**. A resultante se situa no mesmo plano que F_1 e F_2.

Suponha que duas forças concorrentes estão situadas no mesmo plano, mas são aplicadas em dois pontos diferentes como na **Fig. 2/3b**. Pelo princípio da transmissibilidade, podemos movê-las ao longo de suas linhas de ação e completar sua soma vetorial R no ponto de concorrência A, como mostrado na **Fig. 2/3b**. Podemos substituir F_1 e F_2 pela resultante R sem alterar os efeitos externos sobre o corpo no qual elas atuam.

Podemos usar também a lei do triângulo para obter R, mas precisamos mover a linha de ação de uma das forças, como mostrado na **Fig. 2/3c**. Se adicionamos essas mesmas duas forças, como mostrado na **Fig. 2/3d**, preservamos corretamente a intensidade e a direção de R, mas perdemos a linha de ação correta, porque R obtido desta maneira não passa por A. Portanto, este tipo de combinação deve ser evitado.

Podemos expressar matematicamente a soma de duas forças pela equação vetorial

$$R = F_1 + F_2$$

Componentes Vetoriais

Além de combinar forças para obter sua resultante, frequentemente precisamos substituir uma força por seus *componentes vetoriais* nas direções que sejam convenientes para dada aplicação. A soma vetorial dos componentes deve ser igual ao vetor original. Assim, a força R na **Fig. 2/3a** pode ser substituída por, ou *decomposta* em, dois vetores componentes F_1 e F_2 com as direções especificadas, completando-se, conforme mostrado, o paralelogramo para obter as intensidades de F_1 e F_2.

A relação entre uma força e seus componentes vetoriais ao longo de eixos dados não deve ser confundida com a relação entre uma força e suas projeções perpendiculares* sobre os mesmos eixos. A **Fig. 2/3e** mostra as projeções perpendiculares F_a e F_b de uma força R sobre os eixos a e b, paralelos aos componentes vetoriais F_1 e F_2 da **Fig. 2/3a**. A **Fig. 2/3e** mostra que os componentes de um vetor não são necessariamente iguais às projeções do vetor nos mesmos eixos. Além disso, a soma vetorial das projeções F_a e F_b não é o vetor R, uma vez que a lei do paralelogramo da adição vetorial deve ser usada para obter a soma. Os componentes e projeções de R são iguais apenas quando os eixos a e b são perpendiculares.

Um Caso Especial de Adição Vetorial

Para obtermos a resultante quando as duas forças F_1 e F_2 são paralelas, como na **Fig. 2/4**, usamos um caso especial da adição. Os dois vetores são combinados adicionando-se primeiramente duas forças opostas, iguais e colineares F e $-F$ com uma intensidade conveniente escolhida, que, consideradas em conjunto, não produzem efeito externo no corpo. Adicionando-se R_1, obtida da soma de F_1 com F, a R_2, obtida da soma de F_2 com $-F$, obtém-se a resultante R, que apresenta intensidade, direção e linha de ação corretas. Este procedimento também é útil para obter a combinação gráfica de duas forças que possuam um ponto de concorrência inconveniente por serem quase paralelas.

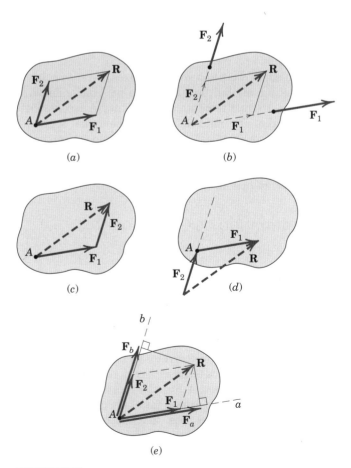

FIGURA 2/3

---

*As projeções perpendiculares também são chamadas de projeções *ortogonais*.

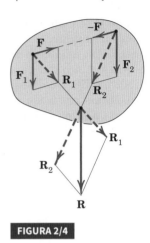

FIGURA 2/4

É conveniente dominar a análise de sistemas de forças em duas dimensões antes de abordar a análise em três dimensões. Dessa forma, o restante do Capítulo 2 é subdividido nessas duas categorias.

SEÇÃO A Sistemas de Forças Bidimensionais

2/3 Componentes Retangulares

A decomposição mais usual de um vetor força é em suas componentes retangulares. A partir da regra do paralelogramo, o vetor **F** da **Fig. 2/5** pode ser escrito como

$$\mathbf{F} = \mathbf{F}_x + \mathbf{F}_y \quad (2/1)$$

em que $\mathbf{F}_x$ e $\mathbf{F}_y$ são os *componentes vetoriais* de **F** nas direções x e y. Cada um dos dois componentes vetoriais pode ser escrito como um escalar multiplicado pelo vetor unitário apropriado. Em termos dos vetores unitários **i** e **j** da **Fig. 2/5**, $\mathbf{F}_x = F_x \mathbf{i}$ e $\mathbf{F}_y = F_y \mathbf{j}$, e assim podemos escrever

$$\mathbf{F} = F_x \mathbf{i} + F_y \mathbf{j} \quad (2/2)$$

em que os escalares F_x e F_y são os *componentes escalares* x e y do vetor **F**.

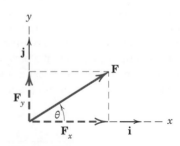

FIGURA 2/5

Os componentes escalares podem ser positivos ou negativos, dependendo do quadrante para o qual **F** aponta. Para o vetor força da **Fig. 2/5**, os componentes escalares x e y são ambos positivos e estão relacionados à intensidade e à direção de **F** por

$$\begin{aligned} F_x &= F \cos\theta & F &= \sqrt{F_x^2 + F_y^2} \\ F_y &= F \,\text{sen}\,\theta & \theta &= \tan^{-1}\frac{F_y}{F_x} \end{aligned} \quad (2/3)$$

Convenções para Descrever os Componentes dos Vetores

Em um texto, a intensidade de um vetor é representada com tipo itálico; ou seja, $|\mathbf{F}|$ é representada por F, uma quantidade que é sempre *não negativa*. Entretanto, os componentes escalares, também denotados pelo tipo itálico sem negrito, incluirão a informação do sinal. Veja os Exemplos de Problemas 2/1 e 2/3 para amostras numéricas que envolvem tanto componentes escalares positivos quanto negativos.

Quando tanto uma força quanto seus componentes vetoriais aparecem em um diagrama, é desejável mostrar os componentes vetoriais da força em linhas tracejadas, como na **Fig. 2/5**, e mostrar a força como uma linha contínua, ou vice-versa. Com qualquer uma dessas convenções, sempre ficará claro que uma força e seus componentes estão sendo representados, e não três forças separadas como implicaria o uso de três vetores representados por linhas cheias.

Problemas reais não vêm com eixos de referência, de modo que sua atribuição é escolhida por conveniência, e a escolha é frequentemente do estudante. A escolha lógica é normalmente indicada no modo pelo qual a geometria do problema está especificada. Quando as dimensões principais de um corpo são dadas nas direções horizontal e vertical, por exemplo, você normalmente escolherá os eixos de referência nestas direções.

Determinando os Componentes de uma Força

As dimensões nem sempre são fornecidas nas direções horizontal e vertical, os ângulos não precisam ser medidos no sentido anti-horário a partir do eixo x, e a origem das coordenadas não precisa estar na linha de ação de uma força. Assim, é essencial que sejamos capazes de determinar os componentes corretos de uma força, independentemente de como os eixos estão orientados ou de como os ângulos são medidos. A **Fig. 2/6** mostra alguns exemplos típicos de decomposição vetorial em duas dimensões.

A memorização das Eqs. 2/3 não é um substituto para a compreensão da lei do paralelogramo nem para a decomposição correta de um vetor sobre um eixo de referência. Um esboço cuidadosamente desenhado sempre ajuda a tornar mais clara a geometria e evitar erros.

CAPÍTULO 2 | Sistemas de Forças   17

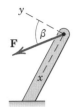
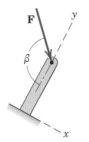

$F_x = F \operatorname{sen} \beta$
$F_y = F \cos \beta$

$F_x = F \operatorname{sen}(\pi - \beta)$
$F_y = -F \cos(\pi - \beta)$

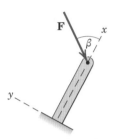
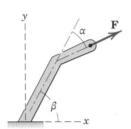

$F_x = -F \cos \beta$
$F_y = -F \operatorname{sen} \beta$

$F_x = F \cos(\beta - \alpha)$
$F_y = F \operatorname{sen}(\beta - \alpha)$

FIGURA 2/6

O termo ΣF_x significa "a soma algébrica das componentes escalares de x". Para o exemplo mostrado na **Fig. 2/7**, observe que a componente escalar F_2 deve ser negativa.

Os elementos estruturais em primeiro plano transmitem forças concentradas para os suportes em ambas as extremidades.

Componentes retangulares são convenientes para determinar a soma ou a resultante **R** de duas forças que são concorrentes. Considere duas forças $\mathbf{F}_1$ e $\mathbf{F}_2$ que são originalmente concorrentes em um ponto O. A **Fig. 2/7** mostra a linha de ação de $\mathbf{F}_2$ deslocada de O para a extremidade de $\mathbf{F}_1$, de acordo com a regra do triângulo da **Fig. 2/3**. Ao somar os vetores força $\mathbf{F}_1$ e $\mathbf{F}_2$, podemos escrever

$$\mathbf{R} = \mathbf{F}_1 + \mathbf{F}_2 = (F_{1_x}\mathbf{i} + F_{1_y}\mathbf{j}) + (F_{2_x}\mathbf{i} + F_{2_y}\mathbf{j})$$

ou

$$R_x\mathbf{i} + R_y\mathbf{j} = (F_{1_x} + F_{2_x})\mathbf{i} + (F_{1_y} + F_{2_y})\mathbf{j}$$

Daí concluímos que

$$Rx = F_{1_x} + F_{2_x} = \Sigma F_x \qquad (2/4)$$
$$R_y = F_{1_y} + F_{2_y} = \Sigma F_y$$

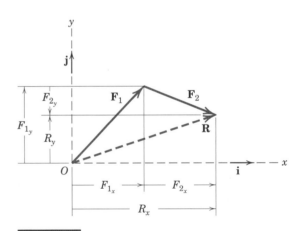

FIGURA 2/7

EXEMPLO DE PROBLEMA 2/1

As forças $\mathbf{F}_1$, $\mathbf{F}_2$ e $\mathbf{F}_3$, todas atuando no ponto A do suporte, são especificadas de três formas diferentes. Determine as componentes escalares em x e y de cada uma destas três forças.

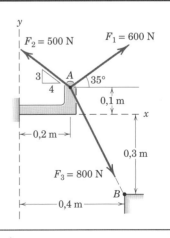

Solução   As componentes escalares de F_1, da Fig. a, são

$$F_{1_x} = 600 \cos 35° = 491 \text{ N} \qquad \textit{Resp.}$$
$$F_{1_y} = 600 \operatorname{sen} 35° = 344 \text{ N} \qquad \textit{Resp.}$$

As componentes escalares de $\mathbf{F}_2$, da Fig. b, são

$$F_{2_x} = -500(\tfrac{4}{5}) = -400 \text{ N} \qquad \textit{Resp.}$$
$$F_{2_y} = 500(\tfrac{3}{5}) \quad 300 \text{ N} \qquad \textit{Resp.}$$

EXEMPLO DE PROBLEMA 2/1 (continuação)

Observe que o ângulo que orienta a força $\mathbf{F}_2$ em relação ao eixo x não foi calculado em nenhum momento. O cosseno e o seno do ângulo estão disponíveis por meio da inspeção do triângulo 3-4-5. Por inspeção, observe também que a componente escalar em x de $\mathbf{F}_2$ é negativa.

A componente escalar de $\mathbf{F}_3$ pode ser obtida calculando inicialmente o ângulo α da Fig. c.

$$\alpha = \tan^{-1}\left[\frac{0{,}2}{0{,}4}\right] = 26{,}6$$

Então,

$$F_{3x} = F_3 \operatorname{sen} \alpha = 800 \operatorname{sen} 26{,}6° = 358 \text{ N} \quad ① \qquad Resp.$$

$$F_{3y} = -F_3 \cos \alpha = -800 \cos 26{,}6° = -716 \text{ N} \qquad Resp.$$

De forma alternativa, as componentes escalares de $\mathbf{F}_3$ podem ser obtidas escrevendo $\mathbf{F}_3$ como o produto da intensidade por um vetor unitário $\mathbf{n}_{AB}$ na direção do segmento de reta AB. Assim,

$$\mathbf{F}_3 = F_3 \mathbf{n}_{AB} = F_3 \frac{\overrightarrow{AB}}{\overline{AB}} = 800\left[\frac{0{,}2\mathbf{i} - 0{,}4\mathbf{j}}{\sqrt{(0{,}2)^2 + (-0{,}4)^2}}\right] \quad ②$$

$$= 800\,[0{,}447\mathbf{i} - 0{,}894\mathbf{j}]$$

$$= 358\mathbf{i} - 716\mathbf{j} \text{ N}$$

As componentes escalares desejadas são, então,

$$F_{3x} = 358 \text{ N} \qquad Resp.$$

$$F_{3y} = -716 \text{ N} \qquad Resp.$$

o que está de acordo com os resultados obtidos anteriormente.

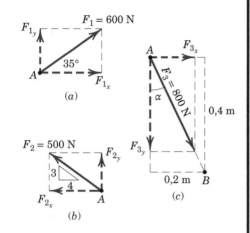

DICAS ÚTEIS

① Você deve examinar cuidadosamente a geometria de cada problema de determinação de componentes e não confiar no uso cego de equações como $F_x = F \cos \theta$ e $F_y = F \operatorname{sen} \theta$.

② Um vetor unitário pode ser obtido por meio da divisão de um vetor *qualquer*, como o vetor posição $\overrightarrow{AB}$, por sua intensidade. Aqui, utilizou-se a seta acima das letras para denotar o vetor que une os pontos A e B e uma barra acima das letras para determinar a distância entre A e B.

EXEMPLO DE PROBLEMA 2/2

Combine as duas forças $\mathbf{P}$ e $\mathbf{T}$, as quais atuam sobre o ponto B da estrutura fixa, em uma única força equivalente $\mathbf{R}$.

Solução Gráfica O paralelogramo para o vetor de adição das forças T e P é construído conforme mostrado na Fig. a. ① A escala aqui usada é de 1 cm = 800 N; uma escala de 1 cm = 200 N seria mais adequada para um papel de tamanho normal e forneceria maior precisão. Observe que o ângulo α deve ser determinado antes da construção do paralelogramo. A partir da figura dada

$$\tan \alpha = \frac{\overline{BD}}{\overline{AD}} = \frac{6 \operatorname{sen} 60°}{3 + 6 \cos 60°} = 0{,}866 \qquad \alpha = 40{,}9°$$

A medição do comprimento R e da direção θ da força resultante $\mathbf{R}$ leva aos resultados aproximados

$$R = 525 \text{ N} \qquad \theta = 49° \qquad Resp.$$

Solução Geométrica O triângulo para a adição vetorial de T e P é mostrado na Fig. b. ② O ângulo α é calculado conforme realizado anteriormente. A lei dos cossenos fornece

$$R^2 = (600)^2 + (800)^2 - 2(600)(800)\cos 40{,}9° = 274\,300$$

$$R = 524 \text{ N} \qquad Resp.$$

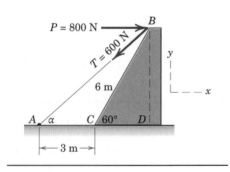

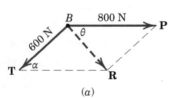

(a)

EXEMPLO DE PROBLEMA 2/2 (*continuação*)

A partir da lei dos senos, podemos determinar o ângulo θ que orienta **R**. Assim,

$$\frac{600}{\text{sen }\theta} = \frac{524}{\text{sen }40,9°} \qquad \text{sen }\theta = 0,750 \qquad \theta = 48,6° \qquad Resp.$$

Solução Algébrica Utilizando o sistema de coordenadas *x-y* mostrado na figura, podemos escrever

$$R_x = \Sigma F_x = 800 - 600 \cos 40,9° = 346 \text{ N}$$

$$R_y = \Sigma F_y = -600 \text{ sen } 40,9° = -393 \text{ N}$$

A intensidade e a direção da força resultante **R**, conforme mostrado na Fig. *c*, são dadas por

$$R = \sqrt{R_x{}^2 + R_y{}^2} = \sqrt{(346)^2 + (-393)^2} = 524 \text{ N} \qquad Resp.$$

$$\theta = \tan^{-1}\frac{|R_y|}{|R_x|} = \tan^{-1}\frac{393}{346} = 48,6° \qquad Resp.$$

A resultante **R** também pode ser escrita em notação vetorial como

$$\mathbf{R} = R_x\mathbf{i} + R_y\mathbf{j} = 346\mathbf{i} - 393\mathbf{j} \text{ N} \qquad Resp.$$

DICAS ÚTEIS

① Observe o reposicionamento de **P** para permitir o uso do paralelogramo de adição em *B*.

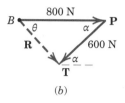

(*b*)

② Observe o reposicionamento de **T** de modo a preservar a linha de ação correta da resultante **R**.

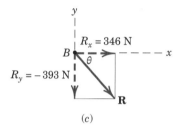

(*c*)

EXEMPLO DE PROBLEMA 2/3

A força **F** de 500 N é aplicada a um poste vertical, conforme mostrado. (1) Escreva **F** em termos dos vetores unitários **i** e **j** e identifique as suas componentes vetoriais e escalares. (2) Determine as componentes escalares do vetor força **F** ao longo dos eixos *x'* e *y'*. (3) Determine as componentes escalares do vetor força **F** ao longo dos eixos *x* e *y'*.

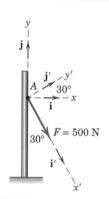

Solução *Parte (1)*. A partir da Fig. *a* podemos escrever **F** como

$$\mathbf{F} = (F \cos \theta)\mathbf{i} - (F \text{ sen } \theta)\mathbf{j}$$

$$= (500 \cos 60°)\mathbf{i} - (500 \text{ sen } 60°)\mathbf{j}$$

$$= (250\mathbf{i} - 433\mathbf{j}) \text{ N} \qquad Resp.$$

As componentes escalares são $F_x = 250$ N e $F_y = -433$ N. As componentes vetoriais são $\mathbf{F}_x = 250\mathbf{i}$ N e $\mathbf{F}_y = -433\mathbf{j}$ N.

Parte (2). A partir da Fig. *b* podemos escrever **F** como $\mathbf{F} = 500\mathbf{i}'$ N, de modo que as componentes escalares são

$$Fx' = 500 \text{ N} \qquad Fy' = 0 \qquad Resp.$$

Parte (3). As componentes de **F** nas direções *x–* e *y'* são não retangulares e são obtidas completando o paralelogramo conforme mostrado na Fig. *c*. As intensidades das componentes vetoriais podem ser calculadas a partir da lei dos senos. Assim,

$$\frac{|F_x|}{\text{sen }90°} = \frac{500}{\text{sen }30°} \qquad |F_x| = 1000 \text{ N} \quad ①$$

$$\frac{|F_{y'}|}{\text{sen }60°} = \frac{500}{\text{sen }30°} \qquad |F_{y'}| = 866 \text{ N}$$

As componentes escalares desejadas são, então,

$$Fx = 1000 \text{ N} \qquad Fy' = -866 \text{ N} \qquad Resp.$$

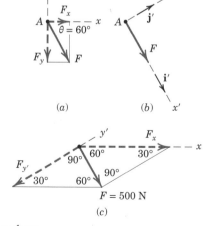

DICA ÚTIL

① Obtenha F_x e $F_{y'}$ graficamente, e compare os seus resultados com os valores calculados.

EXEMPLO DE PROBLEMA 2/4

As forças F_1 e F_2 atuam em um suporte conforme mostrado na figura. Determine a projeção F_b da sua resultante R sobre o eixo b.

Solução. A adição de F_1 e F_2 por meio da regra do paralelogramo é mostrada na figura. Utilizando a lei dos cossenos, obtemos

$$R^2 = (80)^2 + (100)^2 - 2(80)(100)\cos 130° \qquad R = 163{,}4 \text{ N}$$

A figura também mostra a projeção ortogonal F_b de R sobre o eixo b. O seu comprimento é

$$F_b = 80 + 100 \cos 50° = 144{,}3 \text{ N} \qquad Resp.$$

Note que as componentes de um vetor são, de modo geral, diferentes das suas projeções sobre o mesmo eixo. Se o eixo a fosse perpendicular ao eixo b, então as projeções e componentes de R seriam iguais.

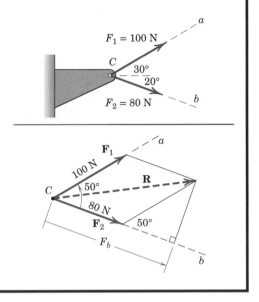

2/4 Momento

Além da tendência de mover um corpo na direção de sua aplicação, uma força pode também tender a girar um corpo em relação a um eixo. O eixo pode ser qualquer linha, que não intercepte ou não seja paralela à linha de ação da força. Esta tendência à rotação é conhecida como o *momento* **M** da força. O momento é também denominado *torque*.

Como exemplo familiar do conceito de momento, considere a chave de grifo da **Fig. 2/8a**. Um efeito da força, aplicada perpendicularmente ao cabo da chave, é a tendência de girar o tubo em torno do seu eixo vertical. A intensidade dessa tendência depende tanto da intensidade F da força, quanto do comprimento efetivo d do cabo da chave. O senso comum mostra que puxar em uma direção que não seja perpendicular ao cabo da chave é menos efetivo que puxar em um ângulo reto, como mostrado.

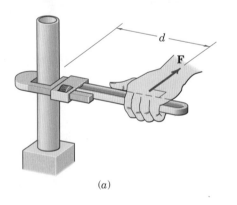
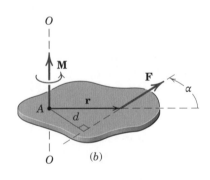

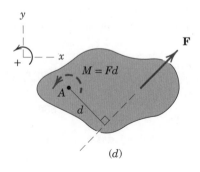

FIGURA 2/8

Momento em Torno de um Ponto

A **Fig. 2/8b** mostra um corpo bidimensional submetido a uma força **F**, atuando em seu plano. A intensidade do momento, ou a tendência da força de girar o corpo em torno do eixo *O-O* perpendicular ao plano do corpo, é proporcional à intensidade da força e ao *braço de alavanca d*, que é a distância perpendicular do eixo até a linha de ação da força. Assim, a intensidade do momento é definida como

$$\boxed{M = Fd} \quad (2/5)$$

O momento é um vetor **M** perpendicular ao plano do corpo. O sentido de **M** depende da direção na qual **F** tende a girar o corpo. A regra da mão direita, **Fig. 2/8c**, é usada para identificar este sentido. Representamos o momento de **F** em torno de *O-O* como um vetor que aponta na direção do polegar, com os dedos curvados na direção da tendência da rotação.

O momento **M** obedece a todas as leis de combinação vetorial e pode ser considerado um vetor deslizante, com uma linha de ação coincidente com o eixo do momento. A unidade básica de momento no sistema SI é newton-metro (N · m) e no sistema de unidades inglesas é libra-pé (lb-ft).

Quando se lida com forças que atuam todas em um plano, falamos costumeiramente do momento *em relação a um ponto*. Com isso, estamos nos referindo ao momento obtido em relação a um eixo normal ao plano e que passa pelo ponto. Assim, o momento da força **F** em relação ao ponto *A* mostrado na **Fig. 2/8d** possui intensidade $M = Fd$ e sentido anti-horário.

As direções dos momentos podem ser consideradas usando uma convenção de sinais estabelecida, tais como um sinal (+) para momentos no sentido anti-horário e um sinal (−) para momentos no sentido horário, ou vice-versa. A consistência de sinais em determinado problema é essencial. Para a convenção de sinal da **Fig. 2/8d**, o momento de **F** em torno do ponto *A* (ou em relação ao eixo *z* que passa pelo ponto *A*) é positivo. A seta curva da figura é uma maneira conveniente de representar momentos em uma análise bidimensional.

O Produto Vetorial

Em alguns dos problemas bidimensionais e em muitos dos problemas tridimensionais a serem considerados, é conveniente utilizar uma abordagem vetorial para o cálculo dos momentos. O momento de **F** em relação ao ponto *A* da **Fig. 2/8b** pode ser representado pela expressão do produto vetorial

$$\boxed{\mathbf{M} = \mathbf{r} \times \mathbf{F}} \quad (2/6)$$

em que **r** é um vetor posição medido desde o ponto de referência do momento *A* até *qualquer* ponto sobre a linha de ação de **F**. A intensidade desta expressão é dada por*

$$M = Fr \operatorname{sen} \alpha = Fd \quad (2/7)$$

---
* Veja o item 7 na Seção C/7 do Apêndice C para informações adicionais sobre o produto vetorial.

que está de acordo com a intensidade de momento dada pela Eq. 2/5. Observe que o braço de alavanca $d = r \operatorname{sen} \alpha$ não depende do ponto particular sobre a linha de atuação de **F** para o qual o vetor **r** está direcionado. Estabelecemos a direção e o sentido de **M** aplicando a regra da mão direita para a sequência **r** × **F**. Se os dedos da mão direita estiverem curvados na direção da rotação, do sentido positivo de **r** para o sentido positivo de **F**, então o polegar aponta no sentido positivo de **M**.

Devemos manter a sequência **r** × **F**, porque a sequência **F** × **r** produziria um vetor com o sentido oposto ao do momento correto. De modo similar à abordagem com escalares, o momento **M** pode ser entendido como o momento em torno do ponto *A* ou como o momento em relação à linha *O-O* que passa pelo ponto *A* e é perpendicular ao plano contendo os vetores **r** e **F**. Quando avaliamos o momento de uma força em relação a determinado ponto, a escolha entre usarmos o produto vetorial e a expressão escalar depende de como a geometria do problema está especificada. Se conhecermos ou se pudermos facilmente determinar a distância perpendicular entre a linha de ação da força e o centro do momento, então a abordagem escalar será geralmente mais simples. Se, por outro lado, **F** e **r** não forem perpendiculares, e puderem ser facilmente expressos em notação vetorial, então a expressão do produto vetorial será, com frequência, mais conveniente.

Na Seção B deste capítulo veremos como a formulação vetorial do momento de uma força é especialmente útil para a determinação do momento de uma força em relação a um ponto em situações tridimensionais.

Teorema de Varignon

Um dos princípios mais úteis da Mecânica é o *teorema de Varignon*, que estabelece que o momento de uma força em relação a qualquer ponto é igual à soma dos momentos das componentes da força em relação ao mesmo ponto.

Para provar esse teorema, considere a força **R** atuando em um plano do corpo mostrado na **Fig. 2/9a**. As forças **P** e **Q** representam quaisquer dois componentes não retangulares de **R**. O momento de **R** em relação ao ponto *O* é

$$\mathbf{M}_O = \mathbf{r} \times \mathbf{R}$$

Uma vez que **R** = **P** + **Q**, podemos escrever

$$\mathbf{r} \times \mathbf{R} = \mathbf{r} \times (\mathbf{P} + \mathbf{Q})$$

Utilizando a propriedade distributiva para o produto vetorial, temos

$$\mathbf{M}_O = \mathbf{r} \times \mathbf{R} = \mathbf{r} \times \mathbf{P} \times \mathbf{r} \times \mathbf{Q} \quad (2/8)$$

que mostra que o momento de **R** em relação a *O* é igual à soma dos momentos de suas componentes **P** e **Q** em relação a *O*. Isto prova o teorema.

O teorema de Varignon não precisa ser limitado ao caso de duas componentes, sendo aplicável igualmente bem a três ou mais componentes. Assim, poderíamos ter usado qualquer número de componentes concorrentes de **R** na prova anterior.*

A **Fig. 2/9b** ilustra a utilidade do teorema de Varignon. O momento de **R** em relação ao ponto O é Rd. Entretanto, se d for mais difícil de determinar do que p e q, poderemos projetar **R** nas suas componentes **P** e **Q** e calcular o momento como

$$M_O = Rd = -pP + qQ$$

em que consideramos o sentido horário do momento como positivo.

O Exemplo de Problema 2/5 mostra como o teorema de Varignon pode nos ajudar a calcular momentos.

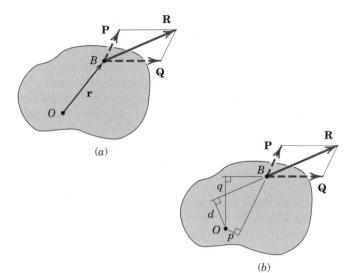

(a)

(b)

FIGURA 2/9

* Como inicialmente previsto, o teorema de Varignon foi limitado para o caso de duas componentes concorrentes de dada força. Veja *The Science of Mechanics*, de Ernst Mach, originalmente publicado em 1883.

EXEMPLO DE PROBLEMA 2/5

Para a força de 600 N, calcule a intensidade do momento em relação ao ponto O da base, de cinco maneiras diferentes.

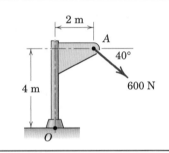

Solução. (**I**) O braço de alavanca da força de 600 N é

$$d = 4 \cos 40° + 2 \text{ sen } 40° = 4,35 \text{ m}$$

Como $M = Fd$, o momento está no sentido horário e possui a seguinte intensidade ①

$$M_O = 600(4,35) = 2610 \text{ N} \cdot \text{m} \qquad Resp.$$

(**II**) Substitua a força por suas componentes retangulares em A

$$F_1 = 600 \cos 40° = 460 \text{ N}, \qquad F_2 = 600 \text{ sen } 40° = 386 \text{ N}$$

Pelo teorema de Varignon, o momento será

$$M_O = 460(4) + 386(2) = 2610 \text{ N} \cdot \text{m} \quad ② \qquad Resp.$$

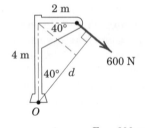

(**III**) Pelo princípio da transmissibilidade, mova a força de 600 N ao longo da sua linha de ação até o ponto B, o que elimina o momento da componente F_2. O braço de alavanca de F_1 será

$$d_1 = 4 + 2 \tan 40° = 5,68 \text{ m}$$

e o momento é

$$M_O = 460(5,68) = 2610 \text{ N} \cdot \text{m} \qquad Resp.$$

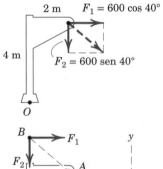

(**IV**) Movendo-se a força até o ponto C, elimina-se o momento da componente F_1. ③ O braço de alavanca será

$$d_2 = 2 + 4 \cot 40° = 6,77 \text{ m}$$

e o momento é

$$M_O = 386(6,77) = 2610 \text{ N} \cdot \text{m} \qquad Resp.$$

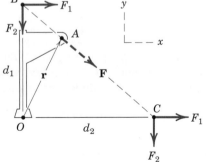

EXEMPLO DE PROBLEMA 2/5 (continuação)

(V) Utilizando a expressão vetorial para um momento, e utilizando o sistema de coordenadas indicado na figura em conjunto com os procedimentos para calcular produtos vetoriais, temos

$$\mathbf{M}_O = \mathbf{r} \times \mathbf{F} = (2\mathbf{i} + 4\mathbf{j}) \times 600(\mathbf{i}\cos 40° - \mathbf{j}\,\text{sen}\,40°) \quad ④$$

$$= -2610\mathbf{k}\ \text{N}\cdot\text{m}$$

O sinal de menos indica que o vetor está no sentido negativo de z. A intensidade da expressão vetorial será

$$M_O = 2610\ \text{N}\cdot\text{m} \qquad Resp.$$

DICAS ÚTEIS

① A geometria necessária aqui e em outros problemas semelhantes não deve causar dificuldades se o esboço for cuidadosamente desenhado.

② Este procedimento frequentemente é a abordagem mais rápida.

③ O fato de os pontos B e C não pertencerem ao corpo não deve causar preocupação, uma vez que o cálculo matemático do momento de uma força não requer que ela esteja no corpo.

④ As escolhas alternativas para o vetor posição $\mathbf{r}$ são $\mathbf{r} = d_1\mathbf{j} = 5{,}68\mathbf{j}$ m e $\mathbf{r} = d_2\mathbf{i} = 6{,}77\mathbf{i}$ m.

EXEMPLO DE PROBLEMA 2/6

A porta do alçapão OA é erguida pelo cabo AB, o qual passa pelas pequenas polias guia livres de atrito em B. A tração em qualquer ponto do cabo é igual a T, e essa tração aplicada em A promove um momento M_O em relação à dobradiça em O. Faça um gráfico da grandeza M_O/T em função do ângulo de elevação da porta θ para a faixa $0 \le \theta \le 90°$ e indique os valores mínimos e máximos. Qual é o significado físico desta razão?

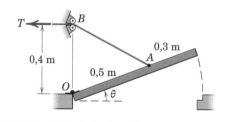

Solução Começamos construindo a figura que mostra a força de tração $\mathbf{T}$ agindo diretamente sobre a porta, representada para uma posição angular arbitrária θ. Deve ficar claro que a direção de $\mathbf{T}$ irá variar com θ. De modo a representar esta variação, escrevemos um vetor unitário $\mathbf{n}_{AB}$ o qual "aponta" na mesma direção de $\mathbf{T}$:

$$\mathbf{n}_{AB} = \frac{\mathbf{r}_{AB}}{r_{AB}} = \frac{\mathbf{r}_{OB} - \mathbf{r}_{OA}}{r_{AB}} \quad ①$$

Utilizando as coordenadas x-y da nossa figura, podemos escrever

$$\mathbf{r}_{OB} = 0{,}4\mathbf{j}\ \text{m} \qquad \mathbf{r}_{OA} = 0{,}5(\cos\theta\,\mathbf{i} + \text{sen}\,\theta\,\mathbf{j})\ \text{m} \quad ②$$

$$\mathbf{r}_{AB} = \mathbf{r}_{OB} - \mathbf{r}_{OA} = 0{,}4\mathbf{j} - (0{,}5)(\cos\theta\,\mathbf{i} + \text{sen}\,\theta\,\mathbf{j})$$

$$= -0{,}5\cos\theta\,\mathbf{i} + (0{,}4 - 0{,}5\,\text{sen}\,\theta)\mathbf{j}\ \text{m}$$

Assim,

$$r_{AB} = \sqrt{(0{,}5\cos\theta)^2 + (0{,}4 - 0{,}5\,\text{sen}\,\theta)^2}$$

$$= \sqrt{0{,}41 - 0{,}4\,\text{sen}\,\theta}\ \text{m}$$

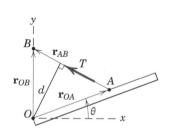

O vetor unitário desejado é

$$\mathbf{n}_{AB} = \frac{\mathbf{r}_{AB}}{r_{AB}} = \frac{-0{,}5\cos\theta\,\mathbf{i} + (0{,}4 - 0{,}5\,\text{sen}\,\theta)\mathbf{j}}{\sqrt{0{,}41 - 0{,}4\,\text{sen}\,\theta}}$$

O nosso vetor de tração pode ser escrito como

$$\mathbf{T} = T\mathbf{n}_{AB} = T\left[\frac{-0{,}5\cos\theta\,\mathbf{i} + (0{,}4 - 0{,}5\,\text{sen}\,\theta)\mathbf{j}}{\sqrt{0{,}41 - 0{,}4\,\text{sen}\,\theta}}\right]$$

O momento de $\mathbf{T}$ em relação ao ponto O, como um vetor, é $\mathbf{M}_O = \mathbf{r}_{OB} \times \mathbf{T}$, em que $\mathbf{r}_{OB} = 0{,}4\mathbf{j}$ m, ou ③

$$\mathbf{M}_O = 0{,}4\mathbf{j} \times T\left[\frac{-0{,}5\cos\theta\,\mathbf{i} + (0{,}4 - 0{,}5\,\text{sen}\,\theta)\mathbf{j}}{\sqrt{0{,}41 - 0{,}4\,\text{sen}\,\theta}}\right]$$

$$= \frac{0{,}2T\cos\theta}{\sqrt{0{,}41 - 0{,}4\,\text{sen}\,\theta}}\mathbf{k}$$

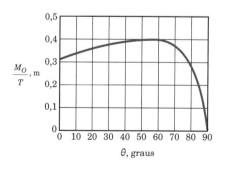

EXEMPLO DE PROBLEMA 2/6 *(continuação)*

A intensidade de $\mathbf{M}_O$ é

$$M_O = \frac{0{,}2T\cos\theta}{\sqrt{0{,}41 - 0{,}4\,\text{sen}\,\theta}}$$

e a razão pedida é

$$\frac{M_O}{T} = \frac{0{,}2\cos\theta}{\sqrt{0{,}41 - 0{,}4\,\text{sen}\,\theta}} \qquad Resp.$$

a qual é representada no gráfico da página anterior. A expressão M_O/T é o braço de alavanca d (em metros) que vai de O até à linha de ação de $\mathbf{T}$. Possui um valor máximo de 0,4 m para $\theta = 53{,}1°$ (para o qual $\mathbf{T}$ está na horizontal) e um valor mínimo de 0 para $\theta = 90°$ (para o qual $\mathbf{T}$ está na vertical). A expressão será válida mesmo se T variar.

DICAS ÚTEIS

① Lembre-se de que qualquer vetor unitário pode ser escrito como um vetor dividido pela sua intensidade. Neste caso, o vetor no numerador é um vetor posição.

② Lembre-se de que qualquer vetor pode ser escrito como uma intensidade multiplicada por um vetor unitário que "aponta" na mesma direção.

③ Na expressão $\mathbf{M} = \mathbf{r} \times \mathbf{F}$, o vetor posição $\mathbf{r}$ vai *do* centro de momento *para* qualquer ponto sobre a linha de ação de $\mathbf{F}$. Aqui, $\mathbf{r}_{OB}$ é mais conveniente do que $\mathbf{r}_{OA}$.

2/5 Binário

O momento produzido por duas forças não colineares, iguais e opostas é chamado de *binário*. Binários têm determinadas propriedades particulares e aplicações importantes em mecânica.

Considere a ação de duas forças iguais e opostas $\mathbf{F}$ e $-\mathbf{F}$, separadas por uma distância d, conforme mostrado na **Fig. 2/10a**. Essas duas forças não podem ser combinadas em uma única força, porque sua soma em todas as direções é nula. Seu único efeito é produzir uma tendência à rotação. O momento combinado das duas forças em relação a um eixo normal ao seu plano e que passa por qualquer ponto desse plano, tal como O, é o binário $\mathbf{M}$. Este binário tem uma intensidade

$$M = F(a + d) - Fa$$

Ou

$$M = Fd$$

Para o caso ilustrado, sua direção é anti-horária quando visto de cima. Observe, especialmente, que a intensidade do binário é independente da distância a que localiza as forças em relação ao centro do momento O. Dessa forma, conclui-se que o momento devido a um binário tem o mesmo valor para todos os centros de momento.

Método da Álgebra Vetorial

Podemos também expressar o momento devido a um binário usando álgebra vetorial. Com a notação do produto vetorial da Eq. 2/6, o momento combinado das forças que formam o binário da **Fig. 2/10b** em relação ao ponto O é

$$\mathbf{M} = \mathbf{r}_A \times \mathbf{F} + \mathbf{r}_B \times (-\mathbf{F}) = (\mathbf{r}_A - \mathbf{r}_B) \times \mathbf{F}$$

em que $\mathbf{r}_A$ e $\mathbf{r}_B$ são vetores de posição, que vão do ponto O até aos pontos arbitrários A e B sobre as linhas de ação de $\mathbf{F}$ e $-\mathbf{F}$, respectivamente. Uma vez que $\mathbf{r}_A - \mathbf{r}_B = \mathbf{r}$, podemos expressar $\mathbf{M}$ como

$$\mathbf{M} = \mathbf{r} \times \mathbf{F}$$

Aqui, mais uma vez, a expressão do momento não faz referência ao centro do momento O e, deste modo, é a mesma para todos os centros de momento. Assim, podemos representar $\mathbf{M}$ por um vetor livre, como mostrado na **Fig. 2/10c**, em que a direção de $\mathbf{M}$ é normal ao plano do binário, e o sentido de $\mathbf{M}$ é estabelecido pela regra da mão direita.

Uma vez que o vetor $\mathbf{M}$ do binário é sempre perpendicular ao plano das forças que formam o binário, na análise bidimensional podemos representar o sentido do vetor do binário como horário ou anti-horário por meio de uma das convenções mostradas na **Fig. 2/10d**. Posteriormente,

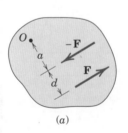
(a)

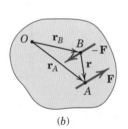
(b)

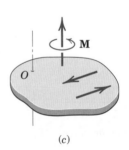
(c)

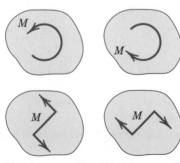

Binário no sentido anti-horário   Binário no sentido horário

(d)

FIGURA 2/10

quando lidarmos com vetores de binários em problemas tridimensionais, faremos uso integral da notação vetorial para representá-los, e seus sentidos serão dados diretamente pelo cálculo matemático.

Binários Equivalentes

Mudar os valores de F e d não altera um binário, enquanto o produto Fd permanecer o mesmo. Da mesma forma, um binário não é afetado se as forças atuam em um plano diferente, porém paralelo. A **Fig. 2/11** mostra quatro diferentes configurações do mesmo binário **M**. Em cada um dos quatro casos, os binários são equivalentes e são descritos pelo mesmo vetor livre, que representa as tendências idênticas de rotação dos corpos.

Sistemas Força-Binário

O efeito de uma força agindo sobre um corpo é a tendência de empurrar ou puxar o corpo na direção da força, e de girar o corpo em relação a qualquer eixo fixo que não intercepte a linha da força. Podemos representar este efeito dual mais facilmente substituindo a força dada por uma força igual e paralela, e por um binário que compense a mudança no momento devido à força original.

A substituição de uma força por uma força e um binário está ilustrada na **Fig. 2/12**, em que a força dada **F**, atuando no ponto A, é substituída por uma força igual **F** em um ponto B qualquer e pelo binário anti-horário $M = Fd$. A transferência está mostrada na figura do meio, em que forças iguais e opostas **F** e **−F** são somadas no

FIGURA 2/11

EXEMPLO DE PROBLEMA 2/7

O elemento estrutural rígido está submetido a um binário composto por duas forças de 100 N. Substitua este binário por um binário equivalente, composto por duas forças **P** e **−P**, cada uma com intensidade de 400 N. Determine o ângulo θ.

Solução. O binário original está no sentido anti-horário quando o plano das forças é visto de cima, e a sua intensidade é

$$[M = Fd] \qquad M = 100(0,1) = 10 \text{ N} \cdot \text{m}$$

As forças **P** e **−P** produzem um binário no sentido anti-horário

$$M = 400(0,040) \cos \theta$$

Igualando as duas expressões, temos ①

$$10 = (400)(0,040) \cos \theta$$

$$\theta = \cos^{-1} \frac{10}{16} = 51,3° \qquad \textit{Resp.}$$

DICA ÚTIL

① Uma vez que os dois binários são vetores livres paralelos, as únicas dimensões relevantes são aquelas associadas às distâncias perpendiculares entre as forças dos binários.

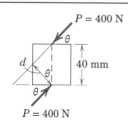

FIGURA 2/12

ponto B, sem introduzir nenhum efeito externo sobre o corpo. Vemos agora que a força original aplicada em A e a força igual e de sinal oposto aplicada em B formam um binário $M = Fd$, que possui sentido anti-horário para o exemplo escolhido, conforme mostrado na parte direita da figura. Assim, substituímos a força original em A pela mesma força atuando em um ponto diferente B e por um binário, sem alterar os efeitos externos da força original sobre o corpo. A combinação da força com o binário na parte direita da **Fig. 2/12** é denominada *sistema força-binário*.

Invertendo esse processo, podemos combinar um determinado binário com uma força que se situe no plano do binário (normal ao vetor do binário) para produzir uma única força equivalente. A substituição de uma força por um sistema força-binário equivalente e o procedimento inverso têm muitas aplicações em mecânica e devem ser bem conhecidos.

EXEMPLO DE PROBLEMA 2/8

Substitua a força horizontal de 400 N atuando na alavanca por um sistema equivalente composto por uma força atuando em O e um binário.

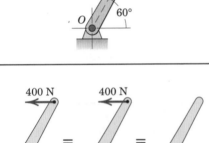

Solução. Aplicamos duas forças iguais e opostas de 400 N em O e identificamos o binário no sentido anti-horário

$$[M = Fd] \qquad M = 400(0{,}200 \text{ sen } 60°) = 69{,}3 \text{ N·m} \qquad Resp.$$

Desse modo, a força original é equivalente à força de 400 N em O e ao binário de 69,3 N·m, conforme mostrado na terceira das três figuras equivalentes. ①

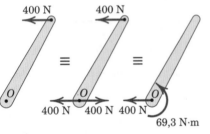

DICA ÚTIL

① O inverso deste problema é frequentemente encontrado, ou seja, a substituição de uma força e de um binário por uma única força. O procedimento inverso consiste em substituir o binário por duas forças, uma das quais é igual e oposta à força de 400 N em O. O braço de alavanca da segunda força seria $M/F = 69{,}3/400 = 0{,}1732$ m, que é igual a 0,2 sen 60°, determinando, assim, a linha de ação da única força resultante de 400 N.

2/6 Resultantes

As propriedades de força, de momento e binário foram desenvolvidas nas quatro seções anteriores. Agora estamos prontos para descrever a ação resultante de um grupo ou *sistema* de forças. A maioria dos problemas em mecânica lida com um sistema de forças, e, normalmente, é necessário reduzir o sistema à sua forma mais simples, para descrever sua ação. A *resultante* de um sistema de forças é a combinação mais simples de forças que pode substituir as forças originais sem alterar o efeito externo sobre o corpo rígido ao qual as forças são aplicadas.

O *equilíbrio* de um corpo é a condição na qual a resultante de todas as forças atuando sobre o corpo é nula. Essa condição é estudada em Estática. Quando a resultante de todas as forças em um corpo não é nula, a aceleração do corpo é obtida igualando-se a força resultante ao produto da massa pela aceleração do corpo. Esta condição é estudada em Dinâmica. Assim, a determinação das resultantes é fundamental tanto para Estática quanto para Dinâmica.

O tipo mais comum de sistema de forças ocorre quando as forças atuam todas em um único plano, digamos o plano x-y, como ilustrado pelo sistema de três forças $\mathbf{F}_1$, $\mathbf{F}_2$ e $\mathbf{F}_3$ na **Fig. 2/13a**. Obtemos a intensidade e a direção da força resultante $\mathbf{R}$ formando o *polígono de forças* mostrado na parte b da figura, em que as forças podem ser somadas em qualquer sequência. Assim, para qualquer sistema de forças coplanares, podemos escrever

$$\mathbf{R} = \mathbf{F}_1 + \mathbf{F}_2 + \mathbf{F}_3 + \cdots = \Sigma \mathbf{F}$$
$$R_x = \Sigma F_x \qquad R_y = \Sigma F_y \qquad R = \sqrt{(\Sigma F_x)^2 + (\Sigma F_y)^2}$$
$$\theta = \tan^{-1} \frac{R_y}{R_x} = \tan^{-1} \frac{\Sigma F_y}{\Sigma F_x}$$

(2/9)

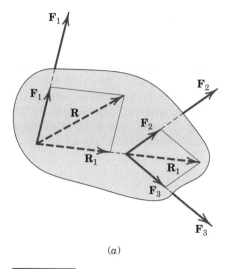
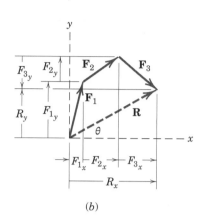

(a) (b)

FIGURA 2/13

Em termos gráficos, a linha de ação correta de **R** pode ser obtida preservando-se as linhas de ação corretas das forças e adicionando-as pela lei do paralelogramo. Isso é visto na parte *a* da figura, para o caso de três forças, em que a soma $\mathbf{R}_1$ de $\mathbf{F}_2$ e $\mathbf{F}_3$ é adicionada a $\mathbf{F}_1$ para obter **R**. O princípio da transmissibilidade foi usado neste caso.

Método Algébrico

Podemos usar álgebra para obter a força resultante e sua linha de ação como se segue:

1. Escolha um ponto de referência conveniente e mova todas as forças para esse ponto. Este processo está ilustrado para um sistema de três forças nas **Figs. 2/14a** e **2/14b**, em que M_1, M_2 e M_3 são os momentos resultantes da transferência das forças $\mathbf{F}_1$, $\mathbf{F}_2$ e $\mathbf{F}_3$ de suas respectivas linhas de ação originais para linhas de ação passando por O.

2. Some todas as forças em O para obter a força resultante **R** e some todos os binários para obter o momento M_O. Temos, agora, o sistema força-binário único, como mostrado na **Fig. 2/14c**.

3. Na **Fig. 2/14d**, encontre a linha de ação de **R** de modo que **R** tenha um momento M_O em relação a O. Observe que os sistemas de forças das **Figs. 2/14a** e **2/14d** são equivalentes e que $\Sigma(Fd)$ na **Fig. 2/14a** é igual a R_d na **Fig. 2/14d**.

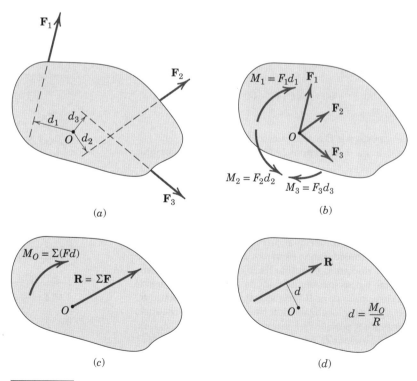

FIGURA 2/14

Princípio dos Momentos

Este processo está resumido na forma de equações por

$$R = \Sigma F$$
$$M_O = \Sigma M = \Sigma(Fd) \quad (2/10)$$
$$Rd = M_O$$

As duas primeiras Eqs. 2/10 reduzem dado sistema de forças a um sistema força-binário em um ponto O arbitrariamente escolhido, mas conveniente. A última equação especifica a distância d do ponto O à linha de ação de $\mathbf{R}$ e estabelece que o momento da resultante de forças em relação a qualquer ponto O é igual à soma dos momentos das forças originais do sistema em relação ao mesmo ponto. Isso estende o teorema de Varignon ao caso de sistemas de forças *não concorrentes*; chamamos esta extensão de *princípio dos momentos*.

Para um sistema de forças concorrentes em que as linhas de ação de todas as forças passam por um ponto comum O, o somatório dos momentos ΣM_O em relação a esse ponto é nulo. Assim, a linha de ação da resultante $\mathbf{R} = \Sigma \mathbf{F}$, determinada pela primeira das Eqs. 2/10, passa pelo ponto O. Para um sistema de forças paralelas, selecione um eixo coordenado na direção das forças. Se a força resultante $\mathbf{R}$ para um sistema de forças for nulo, a resultante não será necessariamente nula, uma vez que a resultante pode ser um binário. As três forças na **Fig. 2/15**, por exemplo, têm força resultante nula, mas possuem um binário resultante no sentido horário $M = F_3 d$.

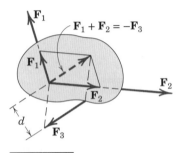

FIGURA 2/15

EXEMPLO DE PROBLEMA 2/9

Determine a resultante das quatro forças e do binário que atua sobre a placa, conforme mostrado.

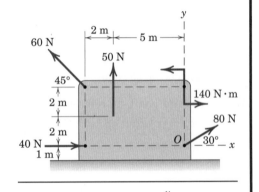

Solução. O ponto O é selecionado como um ponto de referência conveniente para o sistema força-binário utilizado para representar o sistema dado.

$[R_x = \Sigma F_x]$ $R_x = 40 + 80 \cos 30° - 60 \cos 45° = 66{,}9$ N

$[R_y = \Sigma F_y]$ $R_y = 50 + 80 \sin 30° + 60 \cos 45° = 132{,}4$ N

$[R = \sqrt{R_x^2 + R_y^2}]$ $R = \sqrt{(66{,}9)^2 + (132{,}4)^2} = 148{,}3$ N   *Resp.*

$\left[\theta = \tan^{-1} \dfrac{R_y}{R_x}\right]$ $\theta = \tan^{-1} \dfrac{132{,}4}{66{,}9} = 63{,}2°$ *Resp.*

$[M_O = \Sigma(Fd)]$ $M_O = 140 - 50(5) + 60 \cos 45°(4) - 60 \sin 45°(7)$ ①
$= -237$ N·m

O sistema força-binário composto por $\mathbf{R}$ e M_O é mostrado na Fig. *a*.

Determinamos, agora, a linha de ação final de $\mathbf{R}$, de modo que $\mathbf{R}$, sozinho, represente o sistema original.

$[Rd = |M_O|]$ $148{,}3 d = 237$ $d = 1{,}600$ m   *Resp.*

Assim, a resultante $\mathbf{R}$ pode ser aplicada a qualquer ponto na linha de ação que faça um ângulo de $63{,}2°$ com o eixo x e seja tangente ao ponto A de um círculo com $1{,}600$ m de raio e centro em O, conforme mostrado na parte *b* da figura. Aplicamos a equação $Rd = M_O$ considerando os seus valores absolutos (ignorando qualquer sinal de M_O) e deixamos o sentido físico da situação, conforme ilustrado na Fig. *a*, determine o posicionamento final de $\mathbf{R}$. Se M_O tivesse sido anti-horário, a linha de ação correta para $\mathbf{R}$ teria sido a tangente no ponto B.

A resultante $\mathbf{R}$ também pode ser localizada determinando-se sua distância b ao ponto C, o qual representa a posição que intercepta o eixo x, Fig. *c*. Com R_x e R_y atuando por meio de C, apenas R_y exerce um momento em relação a O, de modo que

$R_y b = |M_O|$ e $b = \dfrac{237}{132{,}4} = 1{,}792$ m

(a)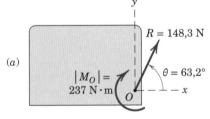

(b)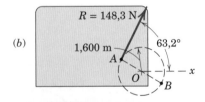

(c)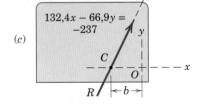

EXEMPLO DE PROBLEMA 2/9 (continuação)

De forma alternativa, a interseção em y poderia ter sido obtida, observando-se que o momento em relação a O seria somente devido a R_x.

Uma abordagem mais formal na determinação da linha de ação final de $\mathbf{R}$ consiste em usar a expressão vetorial

$$\mathbf{r} \times \mathbf{R} = \mathbf{M}_O$$

em que $\mathbf{r} = x\mathbf{i} + y\mathbf{j}$ é o vetor posição que vai do ponto O até outro ponto qualquer sobre a linha de ação de $\mathbf{R}$. Substituindo a expressão vetorial para $\mathbf{r}$, $\mathbf{R}$ e $\mathbf{M}_O$, e efetuando o produto vetorial, obtemos

$$(x\mathbf{i} + y\mathbf{j}) \times (66,9\mathbf{i} + 132,4\mathbf{j}) = -237\mathbf{k}$$

$$(132,4x - 66,9y)\mathbf{k} = -237\mathbf{k}$$

Assim, a linha de ação desejada, Fig. c, é dada por

$$132,4x - 66,9y = -237$$

Fazendo $y = 0$, obtemos $x = -1,792$ m, o que está de acordo com nosso cálculo anterior para a distância b. ②

DICAS ÚTEIS

① Observamos que a escolha do ponto O como o centro dos momentos elimina quaisquer momentos devidos às duas forças que passam por O. Se a convenção de sinais horária tivesse sido adotada, M_O seria $+237$ N·m, com o sinal de mais indicando um sentido que está de acordo com a convenção de sinais. Obviamente, qualquer convenção de sinais deve levar à conclusão de que o momento M_O tem sentido horário.

② Observe que a abordagem vetorial gera automaticamente a informação dos sinais, enquanto a abordagem escalar está mais orientada ao sentido físico. Você precisa dominar ambos os métodos.

SEÇÃO B Sistemas de Forças Tridimensionais

2/7 Componentes Retangulares

Muitos problemas em mecânica requerem a análise em três dimensões e, para estes problemas, frequentemente é necessário projetar uma força em suas três componentes mutuamente perpendiculares. A força $\mathbf{F}$ atuando em um ponto O na **Fig. 2/16** tem as *componentes retangulares* F_x, F_y, F_z, em que

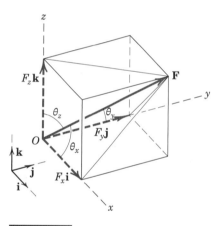

FIGURA 2/16

$$\boxed{\begin{aligned} F_x &= F \cos \theta_x & F &= \sqrt{F_x^2 + F_y^2 + F_z^2} \\ F_y &= F \cos \theta_y & \mathbf{F} &= F_x\mathbf{i} + F_y\mathbf{j} + F_z\mathbf{k} \\ F_z &= F \cos \theta_z & \mathbf{F} &= F(\mathbf{i}\cos\theta_x + \mathbf{j}\cos\theta_y + \mathbf{k}\cos\theta_z) \end{aligned}}$$

(2/11)

Os vetores unitários $\mathbf{i}$, $\mathbf{j}$ e $\mathbf{k}$ estão nas direções x, y e z, respectivamente. Usando os cossenos diretores de $\mathbf{F}$, que são $l = \cos\theta_x$, $m = \cos\theta_y$ e $n \cos\theta_z$, em que $l^2 + m^2 + n^2 = 1$, podemos escrever a força como

$$\boxed{\mathbf{F} = F(l\mathbf{i} + m\mathbf{j} + n\mathbf{k})} \quad (2/12)$$

Podemos interpretar o termo à direita da Eq. 2/12 como a intensidade da força F multiplicada por um vetor unitário $\mathbf{n}_F$ que caracteriza a direção de $\mathbf{F}$, ou

$$\mathbf{F} = F\mathbf{n}_F$$

Fica claro, a partir das Eqs. 2/12 e 2/12a, que $\mathbf{n}_F = l\mathbf{i} + m\mathbf{j} + n\mathbf{k}$, que os componentes escalares do vetor unitário $\mathbf{n}_F$ são os cossenos diretores da linha de ação de $\mathbf{F}$.

Na resolução de problemas tridimensionais, é usual determinar as componentes escalares x, y e z de uma força. Na maioria dos casos, a direção de uma força é descrita (a) por meio de dois pontos sobre a linha de ação da força ou (b) por meio de dois ângulos que orientam a linha de ação.

(a) Especificação por meio de dois pontos na linha de ação da força. Se as coordenadas dos pontos A e B da **Fig. 2/17** são conhecidas, a força $\mathbf{F}$ pode ser escrita como

$$\mathbf{F} = F\mathbf{n}_F = F\frac{\overrightarrow{AB}}{\overline{AB}} = F\frac{(x_2 - x_1)\mathbf{i} + (y_2 - y_1)\mathbf{j} + (z_2 - z_1)\mathbf{k}}{\sqrt{(x_2 - x_1)^2 + (y_2 - y_1)^2 + (z_2 - z_1)^2}}$$

Assim, as componentes escalares x, y e z de $\mathbf{F}$ são os coeficientes escalares dos vetores unitários $\mathbf{i}, \mathbf{j}$ e $\mathbf{k}$, respectivamente.

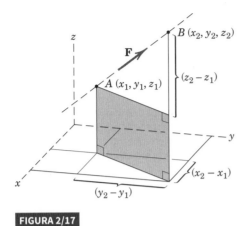

FIGURA 2/17

(b) **Especificação por meio de dois ângulos que orientam a linha de ação da força.** Considere a geometria da **Fig. 2/18**. Suponha que os ângulos θ e ϕ são conhecidos. Primeiramente, projete **F** em suas componentes horizontal e vertical.

$$F_{xy} = F \cos \phi$$
$$F_z = F \operatorname{sen} \phi$$

Em seguida, projete a componente F_{xy} nas componentes x e y.

$$Fx = Fxy \cos \theta = F \cos \phi \cos \theta$$
$$Fy = Fxy \operatorname{sen} \theta = F \cos \phi \operatorname{sen} \theta$$

As grandezas F_x, F_y e F_z são as componentes escalares desejadas de **F**.

A escolha da orientação do sistema de coordenadas é arbitrária, tendo como consideração primária a conveniência. No entanto, devemos usar um conjunto de eixos orientado de acordo com a regra da mão direita para manter consistência com a definição da regra da mão direita do produto vetorial. Quando giramos do eixo x para o eixo y de um ângulo de 90°, a direção positiva para o eixo z em um sistema orientado de acordo com a regra da mão direita é a mesma que a de um parafuso girado no mesmo sentido. Isto é equivalente à regra da mão direita.

Produto Escalar

Podemos expressar os componentes retangulares de uma força **F** (ou qualquer outro vetor) com o auxílio da operação vetorial conhecida como *produto escalar* (consulte o item 6 na Seção C/7 do Apêndice C). O produto escalar de dois vetores **P** e **Q**, **Fig. 2/19a**, é definido como o produto de suas intensidades multiplicado pelo cosseno do ângulo α entre eles. O produto escalar é escrito como

$$\mathbf{P} \cdot \mathbf{Q} = PQ \cos \alpha$$

Podemos interpretar este produto como a projeção ortogonal $P \cos \alpha$ de **P** na direção de **Q** multiplicado por Q, ou como a projeção ortogonal $Q \cos \alpha$ de **Q** na direção de **P** multiplicado por P. Em ambos os casos, o produto escalar dos dois vetores é uma quantidade escalar. Assim, por exemplo, podemos expressar o componente escalar $F_x = F \cos \theta_x$ da força **F** na Fig. 2/16 como $F_x = \mathbf{F} \cdot \mathbf{i}$, em que **i** é o vetor unitário na direção x.

Em termos mais gerais, se **n** é um vetor unitário em determinada direção, a projeção de **F** na direção **n**, **Fig. 2/19b**, possui a intensidade $F_n = \mathbf{F} \cdot \mathbf{n}$. Se desejamos expressar a projeção na direção **n** como uma quantidade vetorial, multiplicamos a sua componente escalar, expressa por $\mathbf{F} \cdot \mathbf{n}$, pelo vetor unitário **n** para obter $\mathbf{F}_n = (\mathbf{F} \cdot \mathbf{n})\mathbf{n}$. Podemos escrever esta expressão como $\mathbf{F}_n = \mathbf{F} \cdot \mathbf{nn}$ sem ambiguidade, uma vez que o termo **nn** não é definido e, portanto, a expressão completa não pode ser interpretada equivocadamente como $\mathbf{F} \cdot (\mathbf{nn})$.

Se os cossenos diretores de **n** são α, β e γ, então podemos escrever **n** na forma de componentes vetoriais, como qualquer outro vetor, assim:

$$\mathbf{n} = \alpha \mathbf{i} + \beta \mathbf{j} + \gamma \mathbf{k}$$

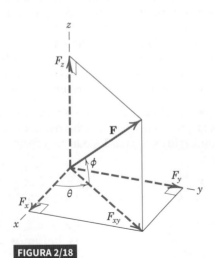

FIGURA 2/18

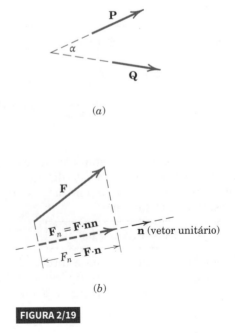

FIGURA 2/19

em que, neste caso, o seu módulo é unitário. Se os cossenos diretores de **F** em relação aos eixos de referência x-y-z são l, m e n, então a projeção de **F** na direção **n** é dada por

$$F_n = \mathbf{F} \cdot \mathbf{n} = F(l\mathbf{i} + m\mathbf{j} + n\mathbf{k}) \cdot (\alpha\mathbf{i} + \beta\mathbf{j} + \gamma\mathbf{k})$$
$$= F(l\alpha + m\beta + n\gamma)$$

uma vez que

$$\mathbf{i} \cdot \mathbf{i} = \mathbf{j} \cdot \mathbf{j} = \mathbf{k} \cdot \mathbf{k} = 1$$

e

$$\mathbf{i} \cdot \mathbf{j} = \mathbf{j} \cdot \mathbf{i} = \mathbf{i} \cdot \mathbf{k} = \mathbf{k} \cdot \mathbf{i} = \mathbf{j} \cdot \mathbf{k} = \mathbf{k} \cdot \mathbf{j} = 0$$

Os dois últimos conjuntos de equações são verdadeiros, uma vez que **i**, **j** e **k** possuem comprimento unitário e são mutuamente perpendiculares.

Ângulo entre Dois Vetores

Se o ângulo entre a força **F** e a direção especificada pelo vetor unitário **n** é θ, então, a partir da definição de produto escalar, temos $\mathbf{F} \cdot \mathbf{n} = F_n \cos\theta = F \cos\theta$, em que $|\mathbf{n}| = n = 1$. Assim, o ângulo entre **F** e **n** é dado por

$$\theta = \cos^{-1}\frac{\mathbf{F} \cdot \mathbf{n}}{F} \qquad (2/13)$$

De forma geral, o ângulo entre dois vetores quaisquer **P** e **Q** é

$$\theta = \cos^{-1}\frac{\mathbf{P} \cdot \mathbf{Q}}{PQ} \qquad (2/13a)$$

Se uma força **F** for perpendicular a uma linha cuja direção é especificada pelo vetor unitário **n**, então $\cos\theta = 0$ e $\mathbf{F} \cdot \mathbf{n} = 0$. Note que esta relação não implica que **F** ou **n** sejam nulos, como seria o caso de uma multiplicação escalar em que $(A)(B) = 0$ requer que A ou B (ou ambos) sejam zero.

A relação do produto escalar se aplica tanto a vetores que não se interceptam como aos que se interceptam. Assim, o produto escalar dos vetores **P** e **Q**, que não se interceptam, na **Fig. 2/20**, é igual a Q multiplicado pela projeção de **P'** sobre **Q**, ou $P'Q \cos\alpha = PQ \cos\alpha$ porque **P'** e **P** são iguais quando tratados como vetores livres.

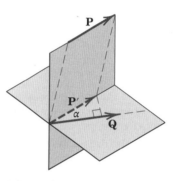

FIGURA 2/20

EXEMPLO DE PROBLEMA 2/10

Uma força **F** de módulo 100 N é aplicada na origem O dos eixos x-y-z, conforme mostrado. A linha de ação de **F** passa por um ponto A cujas coordenadas são 3 m, 4 m e 5 m. Determine (a) as componentes escalares x, y e z de **F**, (b) a projeção F_{xy} de **F** no plano x-y, e (c) a projeção F_{OB} de **F** ao longo da linha OB.

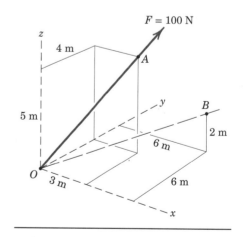

Solução **Parte (a)**. Iniciamos escrevendo o vetor força F por meio do produto da sua intensidade pelo vetor unitário $\mathbf{n}_{OA}$.

$$\mathbf{F} = F\mathbf{n}_{OA} = F\frac{\overrightarrow{OA}}{OA} = 100\left[\frac{3\mathbf{i} + 4\mathbf{j} + 5\mathbf{k}}{\sqrt{3^2 + 4^2 + 5^2}}\right]$$
$$= 100[0{,}424\mathbf{i} + 0{,}566\mathbf{j} + 0{,}707\mathbf{k}]$$
$$= 42{,}4\mathbf{i} + 56{,}6\mathbf{j} + 70{,}7\mathbf{k} \text{ N}$$

Assim, as componentes escalares são

$$F_x = 42{,}4 \text{ N} \qquad F_y = 56{,}6 \text{ N} \qquad F_z = 70{,}7 \text{ N} \quad ① \qquad Resp.$$

Parte (b). O cosseno do ângulo θ_{xy} entre **F** e o plano x-y é

$$\cos\theta_{xy} = \frac{\sqrt{3^2 + 4^2}}{\sqrt{3^2 + 4^2 + 5^2}} = 0{,}707$$

de modo que $F_{xy} = F \cos\theta_{xy} = 100(0{,}707) = 70{,}7$ N *Resp.*

32 CAPÍTULO 2 | Sistemas de Forças

EXEMPLO DE PROBLEMA 2/10 (continuação)

Parte (c). O vetor unitário $\mathbf{n}_{OB}$ ao longo de OB é

$$\mathbf{n}_{OB} = \frac{\overrightarrow{OB}}{OB} = \frac{6\mathbf{i} + 6\mathbf{j} + 2\mathbf{k}}{\sqrt{6^2 + 6^2 + 2^2}} = 0{,}688\mathbf{i} + 0{,}688\mathbf{j} + 0{,}229\mathbf{k}$$

A projeção escalar de $\mathbf{F}$ sobre OB é

$$F_{OB} = \mathbf{F} \cdot \mathbf{n}_{OB} = (42{,}4\mathbf{i} + 56{,}6\mathbf{j} + 70{,}7\mathbf{k}) \cdot (0{,}688\mathbf{i} + 0{,}688\mathbf{j} + 0{,}229\mathbf{k}) \; ②$$

$$= (42{,}4)(0{,}688) + (56{,}6)(0{,}688) + (70{,}7)(0{,}229)$$

$$= 84{,}4 \text{ N} \hspace{3cm} Resp.$$

Se desejarmos expressar a projeção como um vetor, podemos escrever

$$\mathbf{F}_{OB} = \mathbf{F} \cdot \mathbf{n}_{OB}\mathbf{n}_{OB}$$

$$= 84{,}4(0{,}688\mathbf{i} + 0{,}688\mathbf{j} + 0{,}229\mathbf{k})$$

$$= 58{,}1\mathbf{i} + 58{,}1\mathbf{j} + 19{,}35\mathbf{k} \text{ N}$$

DICAS ÚTEIS

① Neste exemplo, todas as componentes são positivas. Esteja preparado para uma situação na qual um cosseno diretor, e consequentemente a componente escalar, seja negativo.

② O produto escalar define, automaticamente, a projeção ou a componente escalar de $\mathbf{F}$ sobre a linha OB, conforme mostrado.

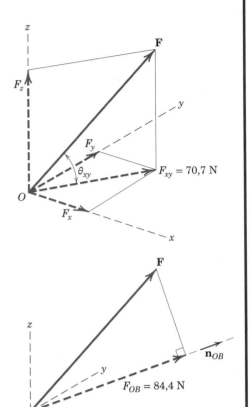

2/8 Momento e Binário

Em análises bidimensionais, frequentemente é conveniente determinar a intensidade de um momento por meio da multiplicação por um escalar, usando a regra do braço de alavanca. Em um contexto tridimensional, no entanto, a determinação da distância perpendicular entre um ponto ou linha e a linha de ação da força pode ser um cálculo tedioso. Neste caso, torna-se vantajoso o uso de uma abordagem vetorial que utilize o produto vetorial.

Momentos em Três Dimensões

Considere uma força $\mathbf{F}$, com determinada linha de ação, atuando em um corpo, **Fig. 2/21a**, e qualquer ponto O que esteja fora dessa linha. O ponto O e a linha de $\mathbf{F}$ estabelecem um plano A. O momento $\mathbf{M}_O$ de $\mathbf{F}$ em relação a um eixo que passa por O e é perpendicular ao plano tem uma intensidade $M_O = Fd$, em que d é a distância perpendicular de O à linha de $\mathbf{F}$. Esse momento também é referido como o momento de $\mathbf{F}$ em relação ao *ponto O*.

O vetor $\mathbf{M}_O$ é normal ao plano e está direcionado ao longo do eixo que passa por O. Podemos descrever tanto a intensidade quanto a direção de $\mathbf{M}_O$ pelo produto vetorial introduzido na Seção 2/4. (Consulte o item 7 na

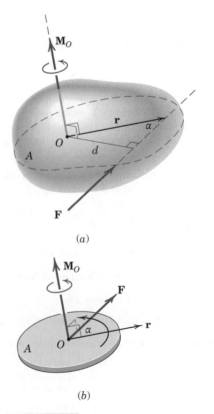

FIGURA 2/21

Seção C/7 do Apêndice C.) O vetor **r** vai de O até um ponto *qualquer* sobre a linha de ação de **F**. Conforme descrito na Seção 2/4, o produto vetorial de **r** e **F** é escrito como **r** × **F** e tem intensidade $(r\,\text{sen}\,\alpha)F$, que é igual a Fd, a intensidade de $\mathbf{M}_O$.

A direção e o sentido corretos do momento são estabelecidos pela regra da mão direita, descrita anteriormente nas Seções 2/4 e 2/5. Assim, com **r** e **F** tratados como vetores livres partindo de O, **Fig. 2/21b**, o polegar aponta na direção de $\mathbf{M}_O$ se os dedos da mão direita se curvam na direção da rotação de **r** para **F** por meio de um ângulo α. Portanto, podemos escrever o momento de **F** em relação ao eixo que passa por O como

$$\boxed{\mathbf{M}_O = \mathbf{r} \times \mathbf{F}} \tag{2/14}$$

A ordem **r** × **F** dos vetores *deve* ser mantida porque **F** × **r** produziria um vetor com sentido oposto ao de $\mathbf{M}_O$; isto é, **F** × **r** = $-\mathbf{M}_O$.

Avaliando o Produto Vetorial

A expressão do produto vetorial para $\mathbf{M}_O$ pode ser escrita na forma do determinante

$$\boxed{\mathbf{M}_O = \begin{vmatrix} \mathbf{i} & \mathbf{j} & \mathbf{k} \\ r_x & r_y & r_z \\ F_x & F_y & F_z \end{vmatrix}} \tag{2/15}$$

(Consulte o item 7 na Seção C/7 do Apêndice C se você ainda não está familiarizado com a representação do produto vetorial na forma de um determinante.) Observe a simetria e a ordem dos termos, e note que deve ser usado um sistema de coordenadas com orientação de acordo com a *regra da mão direita*. A expansão do determinante fornece

$$\mathbf{M}_O = (r_y F_z - r_z F_y)\mathbf{i} + (r_z F_x - r_x F_z)\mathbf{j} + (r_x F_y - r_y F_x)\mathbf{k}$$

Para adquirir mais confiança com as relações do produto vetorial, examine as três componentes do momento de uma força quanto a um ponto, conforme obtido da **Fig. 2/22**. Esta figura mostra as três componentes de uma força **F** atuando em um ponto A localizado em relação a O por meio do vetor **r**. As intensidades escalares dos momentos dessas forças em relação aos eixos positivos x-y-z que passam por O podem ser obtidas através da regra do braço de alavanca, e são dadas por

$$M_x = r_y F_z - r_z F_y \quad M_y = r_z F_x - r_x F_z \quad M_z = r_x F_y - r_y F_x$$

que está de acordo com os respectivos termos da expansão do determinante para o produto vetorial **r** × **F**.

Momento em Relação a um Eixo Arbitrário

Podemos agora obter uma expressão para o momento $\mathbf{M}_\lambda$ de **F** em relação a *qualquer* eixo λ que passa por O, conforme mostrado na **Fig. 2/23**. Se **n** é um vetor unitário na direção λ, então podemos usar a expressão do produto escalar para a componente de um vetor conforme descrito na Seção 2/7, para obter $\mathbf{M}_O \cdot \mathbf{n}$, a componente de $\mathbf{M}_O$ na direção de λ. Este escalar é a intensidade do momento $\mathbf{M}_\lambda$ de **F** em relação a λ.

Para obter a expressão vetorial para o momento $\mathbf{M}_\lambda$ de **F** em relação a λ, multiplique a intensidade pelo vetor unitário direcional **n**, o que resulta em

$$\boxed{\mathbf{M}_\lambda = (\mathbf{r} \times \mathbf{F} \cdot \mathbf{n})\mathbf{n}} \tag{2/16}$$

em que **r** × **F** substitui $\mathbf{M}_O$. A expressão **r** × **F** · **n** é conhecida como o *produto escalar triplo* (consulte o item 8 na Seção C/7 do Apêndice C). Não é necessário escrever (**r** × **F**) · **n** porque um produto vetorial não pode ser formado por um vetor e um escalar. Assim, a associação **r** × (**F** · **n**) não teria sentido.

O produto escalar triplo pode ser representado pelo determinante

$$\boxed{|\mathbf{M}_\lambda| = M_\lambda = \begin{vmatrix} r_x & r_y & r_z \\ F_x & F_y & F_z \\ \alpha & \beta & \gamma \end{vmatrix}} \tag{2/17}$$

em que α, β, γ são os cossenos diretores do vetor unitário **n**.

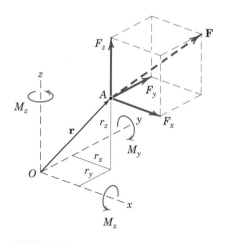

FIGURA 2/22

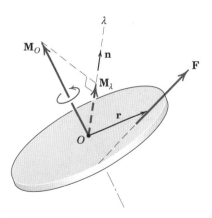

FIGURA 2/23

Teorema de Varignon em Três Dimensões

Na Seção 2/4 introduzimos o teorema de Varignon em duas dimensões. O teorema é facilmente estendido para três dimensões. A **Fig. 2/24** mostra um sistema de forças concorrentes $\mathbf{F}_1, \mathbf{F}_2, \mathbf{F}_3, \ldots$ O somatório dos momentos dessas forças em relação a O é

$$\mathbf{r} \times \mathbf{F}_1 + \mathbf{r} \times \mathbf{F}_2 + \mathbf{r} \times \mathbf{F}_3 + \cdots = \mathbf{r} \times (\mathbf{F}_1 + \mathbf{F}_2 + \mathbf{F}_3 + \cdots)$$
$$= \mathbf{r} \times \Sigma \mathbf{F}$$

em que usamos a propriedade distributiva para produtos vetoriais. Usando o símbolo $\mathbf{M}_O$ para representar a soma dos momentos no lado esquerdo da equação anterior, temos

$$\boxed{\mathbf{M}_O = \Sigma(\mathbf{r} \times \mathbf{F}) = \mathbf{r} \times \mathbf{R}} \qquad (2/18)$$

Esta equação estabelece que a soma dos momentos de um sistema de forças concorrentes em relação a determinado ponto é igual ao momento de sua soma em relação ao mesmo ponto. Conforme mencionado na Seção 2/4, esse princípio tem muitas aplicações em mecânica.

Binários em Três Dimensões

O conceito do binário foi apresentado na Seção 2/5 e é facilmente estendido a três dimensões. A **Fig. 2/25** mostra duas forças iguais e em sentidos opostos, $\mathbf{F}$ e $-\mathbf{F}$, atuando em um corpo. O vetor $\mathbf{r}$ vai de *qualquer* ponto B na linha de ação de $-\mathbf{F}$ para *qualquer* ponto A na linha de ação de $\mathbf{F}$. Os pontos A e B são localizados pelos vetores de posição $\mathbf{r}_A$ e $\mathbf{r}_B$ a partir de um ponto *qualquer* O. O momento combinado das duas forças em relação a O é

$$\mathbf{M} = \mathbf{r}_A \times \mathbf{F} + \mathbf{r}_B \times (-\mathbf{F}) = (\mathbf{r}_A - \mathbf{r}_B) \times \mathbf{F}$$

No entanto, $\mathbf{r}_A - \mathbf{r}_B = \mathbf{r}$, de modo que todas as referências ao centro de momento O desaparecem e o momento do binário se torna

$$\boxed{\mathbf{M} = \mathbf{r} \times \mathbf{F}} \qquad (2/19)$$

Assim, o momento de um binário é o *mesmo em relação a todos os pontos*. A intensidade de $\mathbf{M}$ é $M = Fd$, em que d é a distância perpendicular entre as linhas de ação das duas forças, conforme descrito na Seção 2/5.

O momento de um binário é um *vetor livre*, enquanto o momento de uma força em relação a um ponto (que é também o momento em relação a um eixo definido que passa pelo ponto) é um *vetor móvel* cuja direção está ao longo do eixo que passa pelo ponto. Assim como no caso de duas dimensões, um binário tende a promover uma rotação pura do corpo em torno de um eixo normal ao plano das forças que formam o binário.

Os vetores de um binário obedecem a todas as regras que governam quantidades vetoriais. Assim, na **Fig. 2/26**, o vetor do binário $\mathbf{M}_1$ devido a $\mathbf{F}_1$ e $-\mathbf{F}_1$ pode ser somado, conforme mostrado, ao vetor do binário $\mathbf{M}_2$, devido a $\mathbf{F}_2$ e $-\mathbf{F}_2$, para produzir o binário $\mathbf{M}$ que, por sua vez, pode ser produzido a partir de $\mathbf{F}$ e $-\mathbf{F}$.

Na Seção 2/5 aprendemos como substituir uma força por seu sistema força-binário equivalente. Você também deve ser capaz de fazer essa substituição em três dimen-

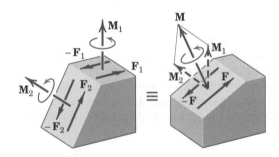

FIGURA 2/26

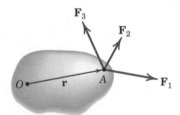

FIGURA 2/24

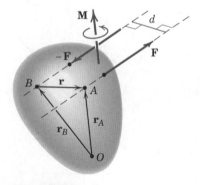

FIGURA 2/25

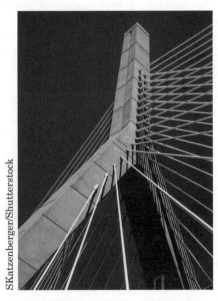

A tridimensionalidade do sistema de cabos na Ponte Leonard P. Zakim Bunker Hill é evidente nesta vista.

sões. O procedimento está representado na **Fig. 2/27**, em que a força **F**, que atua em um corpo rígido no ponto *A*, é substituída por uma força idêntica aplicada no ponto *B* e o binário **M** = **r** × **F**. Somando as forças iguais e opostas **F** e −**F** em *B*, obtemos um binário composto por −**F** e a força original **F**. Assim, vemos que o vetor binário é, simplesmente, o momento da força original em relação ao ponto ao qual a força está sendo movida. Enfatizamos que **r** é um vetor que vai de *B* até um ponto *qualquer* na linha de ação da força original que passa por *A*.

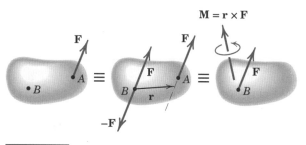

FIGURA 2/27

Outra vista da Ponte Zakim Bunker Hill, em Boston.

EXEMPLO DE PROBLEMA 2/11

Determine o momento da força **F** em relação ao ponto *O* (*a*) por inspeção e (*b*) pela definição formal do produto vetorial, $\mathbf{M}_O = \mathbf{r} \times \mathbf{F}$.

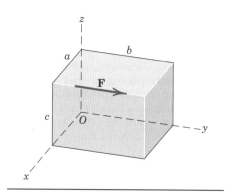

Solução (*a*) Como **F** é paralela ao eixo *y*, **F** não causa momento em relação a esse eixo. Deve ficar claro que o braço de alavanca entre o eixo *x* e a linha de ação de **F** é *c* e que o momento de **F** em relação ao eixo *x* é negativo. De forma semelhante, o braço de alavanca entre o eixo *z* e a linha de ação de **F** é *a* e o momento de **F** em relação ao eixo *z* é positivo. Assim, temos

$$\mathbf{M}_O = -cF\mathbf{i} + aF\mathbf{k} = F(-c\mathbf{i} + a\mathbf{k}) \qquad \textit{Resp.}$$

(*b*) Pela definição formal,

$$\mathbf{M}_O = \mathbf{r} \times \mathbf{F} = (a\mathbf{i} + c\mathbf{k}) \times F\mathbf{j} = aF\mathbf{k} - cF\mathbf{i} \quad ①$$

$$= F(-c\mathbf{i} + a\mathbf{k}) \qquad \textit{Resp.}$$

DICA ÚTIL

① Mais uma vez, destacamos que **r** vai *desde* o centro de momento até a linha de ação de **F**. Outro vetor de posição possível, porém menos conveniente, é dado por $\mathbf{r} = a\mathbf{i} + b\mathbf{j} + c\mathbf{k}$.

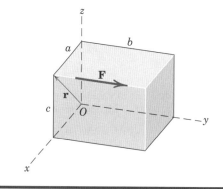

EXEMPLO DE PROBLEMA 2/12

O esticador é apertado até que a tração no cabo AB seja de 2,4 kN. Determine o momento em relação ao ponto O promovido pela força no cabo atuando no ponto A e a intensidade desse momento.

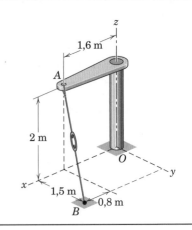

Solução Começamos escrevendo a força descrita como um vetor.

$$\mathbf{T} = T\mathbf{n}_{AB} = 2{,}4 \left[\frac{0{,}8\mathbf{i} + 1{,}5\mathbf{j} - 2\mathbf{k}}{\sqrt{0{,}8^2 + 1{,}5^2 + 2^2}} \right]$$

$$= 0{,}731\mathbf{i} + 1{,}371\mathbf{j} - 1{,}829\mathbf{k} \text{ kN}$$

O momento desta força em relação ao ponto O é

$$\mathbf{M}_O = \mathbf{r}_{OA} \times \mathbf{T} = (1{,}6\mathbf{i} + 2\mathbf{k}) \times (0{,}731\mathbf{i} + 1{,}371\mathbf{j} - 1{,}829\mathbf{k})$$

$$= -2{,}74\mathbf{i} + 4{,}39\mathbf{j} + 2{,}19\mathbf{k} \text{ kN} \cdot \text{m} \quad ① \qquad Resp.$$

Este vetor tem uma intensidade

$$M_O = \sqrt{2{,}74^2 + 4{,}39^2 + 2{,}19^2} = 5{,}62 \text{ kN} \cdot \text{m} \qquad Resp.$$

DICA ÚTIL

① O estudante deve verificar, por inspeção, os sinais das componentes do momento.

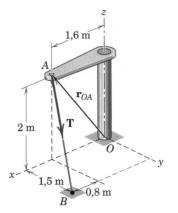

EXEMPLO DE PROBLEMA 2/13

Uma força trativa $\mathbf{T}$ de 10 kN de intensidade é aplicada ao cabo preso na extremidade A do mastro rígido e preso ao chão em B. Determine o momento M_z de $\mathbf{T}$ em relação ao eixo z que passa pela base O.

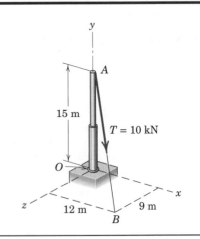

Solução (a) O momento solicitado pode ser obtido por meio da determinação da componente ao longo do eixo z do momento $\mathbf{M}_O$ de $\mathbf{T}$ em relação ao ponto O. O vetor $\mathbf{M}_O$ é normal ao plano definido por $\mathbf{T}$ e pelo ponto O, conforme mostrado na figura. Usando a Eq. 2/14 para encontrar $\mathbf{M}_O$, o vetor $\mathbf{r}$ é um vetor qualquer que vai do ponto O à linha de ação de $\mathbf{T}$. ① A escolha mais simples é o vetor que vai de O até A, e é escrito como $\mathbf{r} = 15\mathbf{j}$ m. A expressão vetorial para $\mathbf{T}$ é

$$\mathbf{T} = T\mathbf{n}_{AB} = 10 \left[\frac{12\mathbf{i} - 15\mathbf{j} + 9\mathbf{k}}{\sqrt{(12)^2 + (-15)^2 + (9)^2}} \right]$$

$$= 10(0{,}566\mathbf{i} - 0{,}707\mathbf{j} + 0{,}424\mathbf{k}) \text{ kN}$$

Da Eq. 2/14,

$$[\mathbf{M}_O = \mathbf{r} \times \mathbf{F}] \qquad \mathbf{M}_O = 15\mathbf{j} \times 10(0{,}566\mathbf{i} - 0{,}707\mathbf{j} + 0{,}424\mathbf{k})$$

$$= 150(-0{,}566\mathbf{k} + 0{,}424\mathbf{i}) \text{ kN} \cdot \text{m}$$

O valor de M_z do momento a ser determinado é a componente escalar de $\mathbf{M}_O$ na direção z, ou $M_z = \mathbf{M}_O \cdot \mathbf{k}$. Assim,

$$M_z = 150(-0{,}566\mathbf{k} + 0{,}424\mathbf{i}) \cdot \mathbf{k} = -84{,}9 \text{ kN} \cdot \text{m} \qquad Resp.$$

O sinal de menos indica que o vetor $\mathbf{M}_z$ está na direção negativa de z. Expresso como um vetor, o momento é $\mathbf{M}_z = -84{,}9\mathbf{k}$ kN $\cdot$ m. ②

DICAS ÚTEIS

① Poderíamos ter usado também o vetor de O até B como $\mathbf{r}$ e obter o mesmo resultado, mas utilizar o vetor OA é mais simples.

② É sempre útil representar suas operações vetoriais com um esboço dos vetores de forma a manter uma visualização clara da geometria do problema.

③ Esboce a vista de x-y do problema e mostre d.

EXEMPLO DE PROBLEMA 2/13 (continuação)

Solução (b) A força de intensidade **T** é projetada nas componentes T_z e T_{xy} no plano x-y. Como T_z é paralela ao eixo z, ela não pode exercer momento em relação a esse eixo. O momento M_z é, portanto, devido somente a T_{xy} e é $M_z = T_{xy}d$, em que d é a distância perpendicular entre T_{xy} e O. ③ O cosseno do ângulo entre T e T_{xy} é $\sqrt{15^2 + 12^2}/\sqrt{15^2 + 12^2 + 9^2} = 0{,}906$ e, portanto,

$$T_{xy} = 10(0{,}906) = 9{,}06 \text{ kN}$$

O braço de alavanca d é igual a $\overline{OA}$ multiplicado pelo seno do ângulo entre T_{xy} e AO, ou

$$d = 15\,\frac{12}{\sqrt{12^2 + 15^2}} = 9{,}37 \text{ m}$$

Assim, o momento de **T** em relação ao eixo z tem a intensidade

$$M_z = 9{,}06(9{,}37) = 84{,}9 \text{ kN} \cdot \text{m} \qquad Resp.$$

e está no sentido horário quando observado no plano x-y.

Solução (c) A componente T_{xy} é decomposta em suas componentes T_x e T_y. Está claro que T_y não exerce momento em relação ao eixo z, uma vez que passa pelo eixo, de forma que o momento solicitado se deve apenas a T_x. O cosseno diretor de **T** em relação ao eixo x é $12/\sqrt{9^2 + 12^2 + 15^2} = 0{,}566$, de forma que $T_x = 10\,(0{,}566) = 5{,}66$ kN. Assim,

$$M_z = 5{,}66(15) = 84{,}9 \text{ kN} \cdot \text{m} \qquad Resp.$$

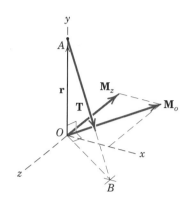

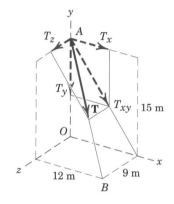

EXEMPLO DE PROBLEMA 2/14

Determine a intensidade e a direção do binário **M** que substituirá os dois binários dados e ainda produzirá o mesmo efeito externo sobre o bloco. Especifique as duas forças **F** e **−F** aplicadas nas duas faces do bloco, paralelas ao plano y-z, que podem substituir as quatro forças dadas. As forças de 30 N atuam paralelas ao plano y-z.

Solução O binário devido às forças de 30 N tem a intensidade $M_1 = 30(0{,}06) = 1{,}80$ N · m. A direção de M_1 é normal ao plano definido pelas duas forças, e o sentido, mostrado na figura, é estabelecido pela regra da mão direita. O binário, devido às forças de 25 N, tem intensidade $M_2 = 25(0{,}10) = 2{,}50$ N · m, com a direção e o sentido mostrados na mesma figura. Os dois vetores dos binários se combinam nas seguintes componentes:

$$M_y = 1{,}80 \text{ sen } 60° = 1{,}559 \text{ N} \cdot \text{m}$$

$$M_z = -2{,}50 + 1{,}80 \cos 60° = -1{,}600 \text{ N} \cdot \text{m}$$

Assim, $\qquad M = \sqrt{(1{,}559)^2 + (-1{,}600)^2} = 2{,}23 \text{ N} \cdot \text{m} \qquad$ ① $\qquad Resp.$

com $\qquad \theta = \tan^{-1}\dfrac{1{,}559}{1{,}600} = \tan^{-1} 0{,}974 = 44{,}3° \qquad Resp.$

As forças **F** e **−F** estão em um plano normal ao binário **M**, e seus braços de alavanca, conforme pode ser visto na figura de cima, são iguais a 100 mm. Portanto, cada força tem a intensidade

$$[M = Fd] \qquad\qquad F = \frac{2{,}23}{0{,}10} = 22{,}3 \text{ N} \qquad Resp.$$

e a direção $\theta = 44{,}3°$.

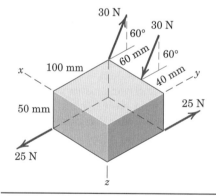

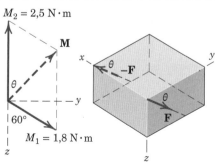

DICA ÚTIL

① Esteja ciente de que os vetores binários são *vetores livres* e, portanto, não possuem uma única linha de ação.

EXEMPLO DE PROBLEMA 2/15

Uma força de 400 N é aplicada em A na manivela da alavanca de controle que está conectada ao eixo rígido OB. Ao determinar o efeito da força sobre o eixo, em uma seção transversal como em O, podemos substituir a força por uma força equivalente em O e por um binário. Descreva este binário como um vetor $\mathbf{M}$.

Solução O binário pode ser expresso em notação vetorial como $\mathbf{M} = \mathbf{r} \times \mathbf{F}$, em que $\mathbf{r} = \overline{OA} = 0{,}2\mathbf{j} + 0{,}125\mathbf{k}$ m e $\mathbf{F} = -400\mathbf{i}$ N. Assim,

$$\mathbf{M} = (0{,}2\mathbf{j} + 0{,}125\mathbf{k}) \times (-400\mathbf{i}) = -50\mathbf{j} + 80\mathbf{k} \ \text{N} \cdot \text{m}$$

De forma alternativa, vemos que mover a força de 400 N por uma distância $d = \sqrt{0{,}125^2 + 0{,}2^2} = 0{,}236$ m para uma posição paralela que passa por O requer a adição de um conjugado $\mathbf{M}$ cuja intensidade é

$$M = Fd = 400(0{,}236) = 94{,}3 \ \text{N} \cdot \text{m} \qquad \text{Resp.}$$

O vetor do binário é perpendicular ao plano para o qual a força foi deslocada e seu sentido é o do momento da força dada em relação a O. A direção de $\mathbf{M}$ no plano y-z é dada por

$$\theta = \tan^{-1}\frac{125}{200} = 32{,}0° \qquad \text{Resp.}$$

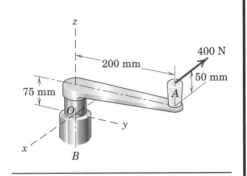

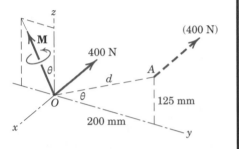

2/9 Resultantes

Na Seção 2/6 definimos a resultante como a combinação mais simples de forças, que pode substituir dado sistema de forças, sem alterar o efeito externo sobre o corpo rígido no qual as forças atuam. Encontramos a intensidade e a direção da força resultante para o sistema vetor de forças bidimensional por meio de um somatório vetorial de forças, Eq. 2/9, e localizamos a linha de ação da força resultante pela aplicação do princípio dos momentos, Eq. 2/10. Esses mesmos princípios podem ser estendidos para o contexto tridimensional.

Na seção anterior, mostramos que uma força pode ser movida para uma posição paralela pela adição de um binário correspondente. Portanto, para o sistema de forças $\mathbf{F}_1, \mathbf{F}_2, \mathbf{F}_3 \dots$ atuando sobre um corpo rígido na **Fig. 2/28a**, podemos mover uma força de cada vez para o ponto arbitrário O, desde que também introduzamos um binário para cada força transferida. Assim, por exemplo, podemos mover a força $\mathbf{F}_1$ para O, desde que introduzamos o conjugado $\mathbf{M}_1 = \mathbf{r}_1 \times \mathbf{F}_1$, em que $\mathbf{r}_1$ é um vetor de O até qualquer ponto na linha de ação de $\mathbf{F}_1$. Quando todas as forças são deslo-

Uma das duas torres do Jubileu de Ouro em Londres, Inglaterra, adjacentes à ponte Hungerford. Os cabos dessa ponte exercem um sistema tridimensional de forças concentradas em cada torre da ponte.

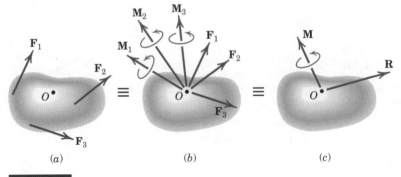

FIGURA 2/28

cadas para *O* desta maneira, temos um sistema de forças concorrentes em *O* e um sistema de vetores de binário, conforme representado na parte *b* da figura. As forças concorrentes podem, então, ser somadas vetorialmente para produzir uma força resultante **R** e os binários podem também ser somados para produzir um binário resultante **M**, **Fig. 2/28c**. O sistema geral de forças é, então, reduzido a

$$\mathbf{R} = \mathbf{F}_1 + \mathbf{F}_2 + \mathbf{F}_3 + \cdots = \Sigma \mathbf{F}$$
$$\mathbf{M} = \mathbf{M}_1 + \mathbf{M}_2 + \mathbf{M}_3 + \cdots = \Sigma(\mathbf{r} \times \mathbf{F})$$

(2/20)

Os vetores de binário são mostrados passando pelo ponto *O*, mas, como eles são vetores livres, podem ser representados em quaisquer posições paralelas. As intensidades das resultantes e suas componentes são

$$R_x = \Sigma F_x \qquad R_y = \Sigma F_y \qquad R_z = \Sigma F_z$$
$$R = \sqrt{(\Sigma F_x)^2 + (\Sigma F_y)^2 + (\Sigma F_z)^2}$$
$$\mathbf{M}_x = \Sigma(\mathbf{r} \times \mathbf{F})_x \quad \mathbf{M}_y = \Sigma(\mathbf{r} \times \mathbf{F})_y \quad \mathbf{M}_z = \Sigma(\mathbf{r} \times \mathbf{F})_z$$
$$M = \sqrt{M_x^2 + M_y^2 + M_z^2}$$

(2/21)

O ponto *O* selecionado como o ponto de concorrência das forças é arbitrário e a intensidade e direção de **M** dependem do ponto *O* específico selecionado. A intensidade e a direção de **R**, no entanto, são as mesmas independentemente do ponto selecionado.

Em geral, qualquer sistema de forças pode ser substituído por sua força resultante **R** e seu binário resultante **M**. Em Dinâmica, normalmente escolhemos o centro de massa como o ponto de referência. A mudança no movimento linear do corpo é determinada pela força resultante e a mudança no movimento angular do corpo é determinada pelo binário resultante. Em Estática, o corpo está em *completo equilíbrio* quando a força resultante **R** é zero e o binário resultante **M** também é zero. Assim, a determinação das resultantes é fundamental tanto em Estática como em Dinâmica.

Examinaremos agora as resultantes para vários sistemas de forças especiais.

Forças Concorrentes. Quando as forças são concorrentes em um ponto, apenas a primeira das Eqs. 2/20 precisa ser utilizada, uma vez que não existem momentos em relação ao ponto de concorrência.

Forças Paralelas. Para um sistema de forças paralelas, nem todas no mesmo plano, a intensidade da força paralela resultante **R** é simplesmente a soma algébrica das intensidades das forças dadas. A posição de sua linha de ação é obtida pelo princípio dos momentos exigindo-se que $\mathbf{r} \times \mathbf{R} = \mathbf{M}_O$. Aqui, **r** é um vetor posicional que se estende do ponto de referência da força-binário *O* à linha de ação final de **R**, e $\mathbf{M}_O$ é a soma dos momentos das forças individuais em relação a *O*. Veja o Exemplo 2/17 para uma análise de sistemas de forças paralelas.

Forças Coplanares. A Seção 2/6 foi dedicada a este sistema de forças.

Torsor. Quando o vetor binário resultante **M** é paralelo à força resultante **R**, conforme mostrado na **Fig. 2/29**, a resultante é chamada de *torsor*. Por definição, um torsor é positivo se os vetores do binário e da força apontam no mesmo sentido, e negativo se eles apontam em sentidos opostos. Um exemplo comum de torsor positivo é encontrado no uso de uma chave de fenda para girar um parafuso com rosca direita. Qualquer sistema geral de forças pode ser representado por um torsor aplicado ao longo de uma linha de ação única. Esta redução é ilustrada na **Fig. 2/30**, na qual a parte *a* da figura representa, para o sistema geral de forças, a força resultante **R** atuando em algum ponto *O* e o torque resultante correspondente ao binário **M**. Embora **M** seja um vetor livre, por conveniência ele foi representado como atuando através de *O*.

Na parte *b* da figura, **M** está projetado nas componentes $\mathbf{M}_1$, ao longo da direção de **R**, e $\mathbf{M}_2$, normal a **R**. Na parte *c* da figura, o binário $\mathbf{M}_2$ é substituído por suas duas forças equivalentes **R** e −**R**, separadas por uma distância $d = M_2/R$ com −**R** aplicado em *O* para cancelar a força **R** original. Este passo deixa a resultante **R**, que atua ao longo de uma nova e única linha de ação, e o binário paralelo $\mathbf{M}_1$, que é um vetor livre, conforme mostrado na parte *d* da figura. Assim, as resultantes do sistema geral de forças original foram transformadas em um torsor (positivo, neste exemplo) com seu eixo único definido pela nova posição de **R**.

Vemos, a partir da **Fig. 2/30**, que o eixo da resultante do torsor está em um plano que passa por *O* e é normal ao plano definido por **R** e **M**. O torsor é a forma mais simples na qual pode ser expressa a resultante de um sistema geral de forças. Entretanto, esta forma da resultante tem aplicação limitada, uma vez que, normalmente, é mais conveniente utilizar como ponto de referência algum ponto *O* tal como o centro de massa do corpo ou outra origem de coordenadas conveniente fora do eixo do torsor.

Torsor positivo

Torsor negativo

FIGURA 2/29

40 CAPÍTULO 2 | Sistemas de Forças

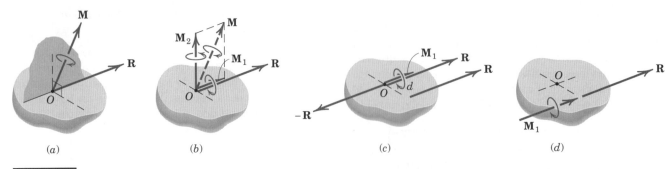

(a) (b) (c) (d)

FIGURA 2/30

Outra vista da Ponte do Jubileu de Ouro em Londres.

EXEMPLO DE PROBLEMA 2/16

Determine a resultante do sistema de forças e binário que atua no sólido retangular.

Solução Escolhemos o ponto O como ponto de referência conveniente para a etapa inicial de reduzir as forças para um sistema força-binário. A força resultante é

$$\mathbf{R} = \Sigma \mathbf{F} = (80 - 80)\mathbf{i} + (100 - 100)\mathbf{j} + (50 - 50)\mathbf{k} = \mathbf{0} \text{ N} \quad ①$$

A soma dos momentos em relação a O é

$$\mathbf{M}_O = [50(1,6) - 70]\mathbf{i} + [80(1,2) - 96]\mathbf{j} + [100(1) - 100]\mathbf{k}$$

$$= 10\mathbf{i} \text{ N} \cdot \text{m} \quad ②$$

Assim, a resultante consiste em um binário, que, é claro, pode ser aplicado em qualquer ponto do corpo ou prolongamento do corpo.

DICAS ÚTEIS

① Como o somatório das forças é zero, concluímos que a resultante, se ela existir, tem que ser um binário.

② Os momentos associados aos pares de força são obtidos facilmente usando a regra $M = Fd$ e atribuindo a direção do vetor unitário por inspeção. Em muitos problemas tridimensionais, isto pode ser mais simples do que a abordagem $\mathbf{M} = \mathbf{r} \times \mathbf{F}$.

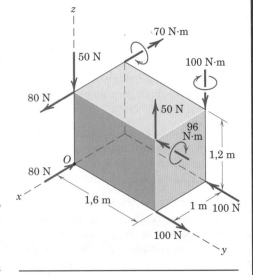

EXEMPLO DE PROBLEMA 2/17

Determine a resultante do sistema de forças e binário que atua na placa. Resolva por meio de uma abordagem vetorial.

Solução A transferência de todas as forças para o ponto O resulta em um sistema força-binário

$$\mathbf{R} = \Sigma\mathbf{F} = (200 + 500 - 300 - 50)\mathbf{j} = 350\mathbf{j} \text{ N}$$

$$\mathbf{M}_O = [50(0{,}35) - 300(0{,}35)]\mathbf{i} + [-50(0{,}50) - 200(0{,}50)]\mathbf{k}$$

$$= -87{,}5\mathbf{i} - 125\mathbf{k} \text{ N} \cdot \text{m}$$

O posicionamento de $\mathbf{R}$, de modo que ele represente, sozinho, o sistema força-binário anterior, é determinado por meio do princípio de momentos na forma vetorial

$$\mathbf{r} \times \mathbf{R} = \mathbf{M}_O$$

$$(x\mathbf{i} + y\mathbf{j} + z\mathbf{k}) \times 350\mathbf{j} = -87{,}5\mathbf{i} - 125\mathbf{k}$$

$$350x\mathbf{k} - 350z\mathbf{i} = -87{,}5\mathbf{i} - 125\mathbf{k}$$

A partir dessa equação vetorial, podemos obter as duas equações escalares

$$350x = -125 \quad \text{e} \quad -350z = -87{,}5$$

Portanto, $x = -0{,}357$ m e $z = 0{,}250$ m são as coordenadas por onde deve passar a linha de ação de $\mathbf{R}$. O valor de y pode, obviamente, ser qualquer valor, conforme estabelece o princípio da transmissibilidade. Assim, conforme esperado, a variável y é excluída da análise vetorial anterior. ①

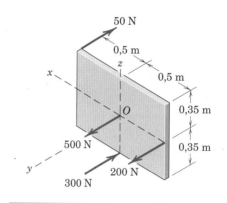

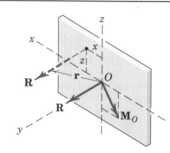

DICA ÚTIL

① Você deve também desenvolver uma solução escalar para este problema.

EXEMPLO DE PROBLEMA 2/18

Substitua as duas forças e o torsor negativo por uma força única $\mathbf{R}$ aplicada em A e o binário correspondente $\mathbf{M}$.

Solução A força resultante possui as componentes

$$[R_x = \Sigma F_x] \quad R_x = 500 \text{ sen } 40° + 700 \text{ sen } 60° = 928 \text{ N}$$

$$[R_y = \Sigma F_y] \quad R_y = 600 + 500 \cos 40° \cos 45° = 871 \text{ N}$$

$$[R_z = \Sigma F_z] \quad R_z = 700 \cos 60° + 500 \cos 40 \text{ sen } 45° = 621 \text{ N}$$

Então, $$\mathbf{R} = 928\mathbf{i} + 871\mathbf{j} + 621\mathbf{k} \text{ N}$$

e $$R = \sqrt{(928)^2 + (871)^2 + (621)^2} = 1416 \text{ N} \qquad Resp.$$

O binário a ser adicionado como resultado do deslocamento da força de 500 N é

$$[\mathbf{M} = \mathbf{r} \times \mathbf{F}] \quad \mathbf{M}_{500} = (0{,}08\mathbf{i} + 0{,}12\mathbf{j} + 0{,}05\mathbf{k}) \times 500(\mathbf{i} \text{ sen } 40°$$

$$+ \mathbf{j} \cos 40° \cos 45° + \mathbf{k} \cos 40° \text{ sen } 45°) \text{ ①}$$

em que $\mathbf{r}$ é o vetor de A até B.

A expansão termo a termo, ou determinante, resulta em

$$M_{500} = 18{,}95\mathbf{i} - 5{,}59\mathbf{j} - 16{,}90\mathbf{k} \text{ N} \cdot \text{m}$$

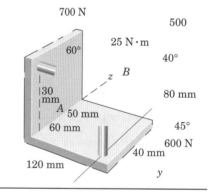

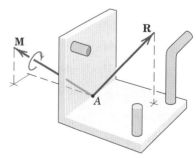

DICAS ÚTEIS

① *Sugestão*: Confira os resultados do produto vetorial, avaliando os momentos em relação a A das componentes da força de 500 N, diretamente do esboço.

EXEMPLO DE PROBLEMA 2/18 (continuação)

O momento da força de 600 N em relação a A é escrito a partir da inspeção de suas componentes x e z, obtendo-se ②

$$\mathbf{M}_{600} = (600)(0,060)\mathbf{i} + (600)(0,040)\mathbf{k}$$
$$= 36,0\mathbf{i} + 24,0\mathbf{k} \text{ N} \cdot \text{m}$$

O momento da força de 700 N em relação a A é facilmente obtido a partir dos momentos das componentes x e z da força. O resultado é

$$\mathbf{M}_{700} = (700 \cos 60°)(0,030)\mathbf{i} - [(700 \text{ sen } 60°)(0,060)$$
$$+ (700 \cos 60°)(0,100)]\mathbf{j} - (700 \text{ sen } 60°)(0,030)\mathbf{k}$$
$$= 10,5\mathbf{i} - 71,4\mathbf{j} - 18,19\mathbf{k} \text{ N} \cdot \text{m}$$

Da mesma forma, o binário do torsor pode ser escrito ③

$$\mathbf{M}' = 25,0(-\mathbf{i} \text{ sen } 40° - \mathbf{j} \cos 40° \cos 45° - \mathbf{k} \cos 40° \text{ sen } 45°)$$
$$= -16,07\mathbf{i} - 13,54\mathbf{j} - 13,54\mathbf{k} \text{ N} \cdot \text{m}$$

Portanto, o binário resultante é obtido a partir da soma os termos $\mathbf{i}$, $\mathbf{j}$ e $\mathbf{k}$ dos quatro **M**s, que dá

$$\mathbf{M} = 49,4\mathbf{i} - 90,5\mathbf{j} - 24,6\mathbf{k} \text{ N} \cdot \text{m} \text{ ④}$$

e $\qquad M = \sqrt{(49,4)^2 + (90,5)^2 + (24,6)^2} = 106,0 \text{ N} \cdot \text{m}$ *Resp.*

② Para as forças de 600 N e 700 N, é mais fácil obter as componentes de seus momentos em relação às direções coordenadas que passam por A, por meio da inspeção da figura, do que montar as relações dos produtos vetoriais.

③ O vetor do binário de 25 N · m do *torsor* aponta na direção oposta à da força de 500 N e devemos decompô-lo em suas componentes x, y e z para adicioná-las às outras componentes dos vetores binários.

④ Apesar de o vetor binário resultante **M** estar mostrado no esboço das resultantes passando por A, reconhecemos que um vetor binário é um vetor livre e, portanto, não possui uma linha de ação específica.

EXEMPLO DE PROBLEMA 2/19

Determine o torsor resultante das três forças atuando no suporte. Calcule as coordenadas do ponto P no plano x-y pelo qual atua a força resultante do torsor. Encontre, também, a intensidade do binário **M** do torsor.

Solução   Os cossenos diretores do binário **M** do torsor devem ser os mesmos que os da força resultante R, assumindo que o torsor é positivo. ① A força resultante é

$$\mathbf{R} = 20\mathbf{i} + 40\mathbf{j} + 40\mathbf{k} \text{ N} \qquad R = \sqrt{(20)^2 + (40)^2 + (40)^2} = 60 \text{ N}$$

e seus cossenos diretores são

$$\cos \theta_x = 20/60 = 1/3 \qquad \cos \theta_y = 40/60 = 2/3 \qquad \cos \theta_z = 40/60 = 2/3$$

O momento do torque deve ser igual à soma dos momentos das forças dadas em relação do ponto P, através do qual passa **R**. Os momentos destas três forças em relação a P são

$$(\mathbf{M})_{R_x} = 20y\mathbf{k} \text{ N} \cdot \text{mm}$$
$$(\mathbf{M})_{R_y} = -40(60)\mathbf{i} - 40x\mathbf{k} \text{ N} \cdot \text{mm}$$
$$(\mathbf{M})_{R_z} = 40(80 - y)\mathbf{i} - 40(100 - x)\mathbf{j} \text{ N} \cdot \text{mm}$$

e o momento total é

$$\mathbf{M} = (800 - 40y)\mathbf{i} + (-4000 + 40x)\mathbf{j} + (-40x + 20y)\mathbf{k} \text{ N} \cdot \text{mm}$$

Os cossenos de direção de **M** são

$$\cos \theta_x = (800 - 40y)/M$$
$$\cos \theta_y = (-4000 + 40x)/M$$
$$\cos \theta_z = (-40x + 20y)/M$$

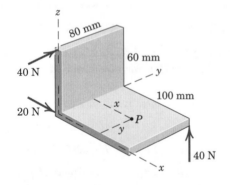

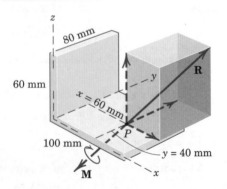

DICA ÚTIL

① Assumimos inicialmente que o torque é positivo. Se o valor de M se tornar negativo, então o sentido do vetor binário será oposto ao da força resultante.

EXEMPLO DE PROBLEMA 2/19 (continuação)

em que M é a intensidade de **M**. Igualar os cossenos diretores de **R** e de **M** resulta em

$$800 - 40y = \frac{M}{3}$$

$$-4000 + 40x = \frac{2M}{3}$$

$$-40x + 20y = \frac{2M}{3}$$

A solução das três equações fornece

$$M = -2400 \text{ N} \cdot \text{mm} \qquad x = 60 \text{ mm} \qquad y = 40 \text{ mm} \qquad \textit{Resp.}$$

Vemos que M deve ser negativo, o que significa que o vetor do binário está apontando na direção oposta à de **R**, o que torna o torsor negativo.

2/10 Revisão do Capítulo

No Capítulo 2 estabelecemos as propriedades de forças, momentos e binários, e os procedimentos corretos para representar seus efeitos. O domínio desse material é essencial para nosso estudo do equilíbrio apresentado nos capítulos a seguir. A falha na utilização correta dos procedimentos apresentados no Capítulo 2 é uma causa comum para erros na aplicação dos princípios do equilíbrio. Quando surgirem dificuldades, você deve usar este capítulo como referência, para ter certeza de que forças, momentos e binários estão representados corretamente.

Forças

Frequentemente, é necessário representar forças vetorialmente, para projetar uma força única em suas componentes ao longo de direções desejadas, e para combinar duas ou mais forças concorrentes em uma força resultante equivalente. Especificamente, você deve ser capaz de:

1. Projetar dado vetor de força em suas componentes ao longo de direções dadas e expressar o vetor em termos de vetores unitários ao longo de determinado conjunto de eixos.
2. Expressar uma força como vetor quando são conhecidas sua intensidade e informações sobre sua linha de ação. Estas informações podem estar na forma de dois pontos ao longo de uma linha de ação ou por meio de ângulos que orientam a linha de ação.
3. Usar o produto escalar para calcular a projeção de um vetor sobre uma linha especificada e o ângulo entre dois vetores.
4. Calcular a resultante de duas ou mais forças concorrentes em um ponto.

Momentos

A tendência de uma força de girar um corpo em relação a um eixo é descrita por um momento (ou torque), que é uma grandeza vetorial. Vimos que a determinação do momento de uma força, frequentemente, é facilitada pela combinação dos momentos das componentes da força. Quando estiver trabalhando com vetores de momento, você deverá ser capaz de:

1. Determinar um momento pela regra do braço de alavanca.
2. Usar o produto vetorial para calcular um vetor de momento em termos de vetor de força e um vetor de posição que localiza a linha de ação da força.
3. Utilizar o teorema de Varignon para simplificar o cálculo de momentos, nas formas escalar e vetorial.
4. Usar o produto escalar triplo para calcular o momento de um vetor de força em relação a determinado eixo passando por um ponto.

Binários

Um binário corresponde ao momento combinado de duas forças iguais, opostas e não colineares. O único efeito de um binário é produzir uma torção pura ou rotação, independentemente de onde as forças estão localizadas. O binário é útil na substituição de uma força atuando em um ponto por um sistema força-binário em um ponto diferente. Para resolver problemas envolvendo binários, você deve ser capaz de:

1. Calcular o momento de um binário, conhecidas as forças do binário e também a distância de separação entre elas ou quaisquer vetores de posição que localizem suas linhas de ação.
2. Substituir uma força dada por um sistema força-binário equivalente, e vice-versa.

Resultantes

Podemos reduzir um sistema arbitrário de forças e binários a uma força resultante única aplicada em um ponto arbitrário e a um binário resultante correspondente. Podemos, ainda, combinar esta força resultante e o binário em um torsor para obter uma única força resultante ao longo de uma linha de ação, também única, juntamente com um vetor binário paralelo. Para resolver problemas envolvendo resultantes, você deve ser capaz de:

1. Calcular a intensidade, a direção e a linha de ação da resultante de um sistema de forças coplanares, se essa resultante for uma força; caso contrário, calcular o momento do binário resultante.

2. Aplicar o princípio dos momentos para simplificar o cálculo do momento de um sistema de forças coplanares em relação a determinado ponto.

3. Substituir dado sistema geral de forças por um torsor ao longo de determinada linha de ação específica.

Equilíbrio

Você usará os conceitos e métodos apresentados quando estudar equilíbrio nos próximos capítulos. Vamos resumir o conceito de equilíbrio:

1. Quando a força resultante em um corpo é nula ($\Sigma \mathbf{F} = \mathbf{0}$), o corpo está em equilíbrio translacional. Isto significa que seu centro de massa está em repouso ou está se movendo em uma linha reta com velocidade constante.

2. Além disso, se o momento resultante for nulo ($\Sigma \mathbf{M} = \mathbf{0}$), o corpo estará em equilíbrio rotacional, quando não apresentar movimento de rotação ou quando estiver girando com velocidade angular constante.

3. Quando ambas as resultantes são nulas, o corpo está em equilíbrio completo.

CAPÍTULO 3

Equilíbrio

VISÃO GERAL DO CAPÍTULO

3/1 Introdução

SEÇÃO A   Equilíbrio em Duas Dimensões

3/2 Isolamento do Sistema e Diagrama de Corpo Livre
3/3 Condições de Equilíbrio

SEÇÃO B   Equilíbrio em Três Dimensões

3/4 Condições de Equilíbrio
3/5 Revisão do Capítulo

Em muitas aplicações da Mecânica, a soma das forças que atuam sobre um corpo é nula ou próxima a zero, e assume-se a existência de um estado de equilíbrio. Este dispositivo é projetado para manter a carroceria de um automóvel em equilíbrio em um considerável conjunto de orientações durante a fabricação do veículo. Mesmo quando está em movimento, é lento e estável com uma aceleração mínima, de modo que a hipótese de equilíbrio pode ser adotada durante o projeto do dispositivo.

3/1 Introdução

A Estática lida, principalmente, com a descrição das condições necessárias e suficientes para manter o equilíbrio em estruturas de engenharia. Dessa forma, este capítulo sobre equilíbrio constitui a parte mais importante da Estática, e os procedimentos desenvolvidos aqui formam a base para a resolução de problemas tanto em Estática quanto em Dinâmica. Faremos uso contínuo dos conceitos desenvolvidos no Capítulo 2 envolvendo forças, momentos, binários e resultantes, à medida que aplicarmos os princípios de equilíbrio.

Quando um corpo está em equilíbrio, a resultante de *todas* as forças atuando sobre ele é nula. Assim, a força resultante **R** e o binário resultante **M** são nulos, e temos as equações de equilíbrio

$$\mathbf{R} = \Sigma \mathbf{F} = \mathbf{0} \qquad \mathbf{M} = \Sigma \mathbf{M} = \mathbf{0} \qquad (3/1)$$

Estes requisitos são condições necessárias e suficientes para o equilíbrio.

Todos os corpos físicos são tridimensionais, mas podemos tratar muitos deles como bidimensionais, quando as forças, às quais eles estão submetidos, atuam em um único plano ou podem ser projetadas em um único plano. Quando essa simplificação não é possível, o problema deve ser tratado como tridimensional. Seguiremos a metodologia usada no Capítulo 2 e discutiremos na Seção A o equilíbrio de corpos submetidos a sistemas de forças bidimensionais e, na Seção B, o equilíbrio de corpos submetidos a sistemas de forças tridimensionais.

SEÇÃO A   Equilíbrio em Duas Dimensões

3/2 Isolamento do Sistema e Diagrama de Corpo Livre

Antes de aplicarmos as Eqs. 3/1, devemos definir, sem qualquer ambiguidade, o corpo ou o sistema mecânico específico a ser analisado e representar, de forma clara e completa, *todas* as forças que atuam *no* corpo. A omissão de uma força que atua *no* corpo em questão, ou a inclusão de uma força que não atua *no* corpo, levará a resultados errados.

Um *sistema mecânico* é definido como um corpo ou grupo de corpos que podem ser conceitualmente isolados de todos os outros corpos. Um sistema pode ser um único corpo ou uma combinação de corpos conectados. Os corpos podem ser rígidos ou deformáveis. O sistema pode ser também uma massa fluida identificável, tanto líquida quanto gasosa, ou uma combinação de fluidos e sólidos. Em Estática, estudamos principalmente forças que atuam sobre corpos rígidos em repouso, embora estudemos também forças atuando sobre fluidos em equilíbrio.

46 CAPÍTULO 3 | Equilíbrio

Uma vez que decidimos qual corpo ou conjunto de corpos analisar, tratamos, então, esse corpo ou conjunto de corpos como um único corpo *isolado* de todos os outros corpos vizinhos. Esse isolamento é obtido por intermédio do **diagrama de corpo livre**, que é uma representação esquemática do sistema isolado, tratado como um único corpo. O diagrama mostra todas as forças aplicadas ao sistema por contato mecânico com outros corpos, presumindo que eles tenham sido removidos. Se forças de corpo apreciáveis estiverem presentes, tal como a força da gravidade ou atração magnética, então essas forças também devem ser representadas no diagrama de corpo livre do sistema isolado. Somente após este diagrama ter sido cuidadosamente construído é que as equações de equilíbrio devem ser escritas. Em função da sua importância crítica, enfatizamos aqui que

> **o diagrama de corpo livre é o passo mais importante na solução de problemas na Mecânica.**

Antes de tentarmos construir um diagrama de corpo livre, devemos relembrar as características básicas de uma força. Essas características foram descritas na Seção 2/2, dando especial atenção às propriedades vetoriais da força. Forças podem ser aplicadas tanto por contato físico direto como por ação remota. Forças podem ser tanto internas quanto externas ao sistema sob consideração. A aplicação de uma força é acompanhada por uma força de reação, e tanto as forças aplicadas quanto as reativas podem ser concentradas ou distribuídas. O princípio da transmissibilidade permite o tratamento da força como um vetor móvel, enquanto seus efeitos externos sobre um corpo rígido estiverem sendo considerados.

Usaremos agora essas características das forças para desenvolver modelos conceituais para sistemas mecânicos isolados. Esses modelos nos permitem escrever as equações de equilíbrio apropriadas, que podem, então, ser analisadas.

Modelando a Ação de Forças

A **Fig. 3/1** mostra os tipos comuns de aplicação de forças em sistemas mecânicos para análise em duas dimensões. Cada exemplo mostra a força exercida *no* corpo a ser *isolado*, *pelo* corpo a ser *removido*. A terceira lei de Newton, que estabelece a existência de uma reação igual e oposta para toda ação, deve ser cuidadosamente observada. A força exercida *no* corpo em questão *por* um elemento de contato ou de apoio está sempre no sentido de se opor ao movimento do corpo isolado, o qual ocorreria se o corpo de contato ou de apoio fosse removido.

MODELOS PARA A AÇÃO DE FORÇAS NA ANÁLISE BIDIMENSIONAL	
Tipo de Contato e Origem da Força	Ação sobre o Corpo a Ser Isolado
1. Cabo flexível, correia, corrente ou corda Peso do cabo desprezível Peso do cabo não desprezível	A força exercida por um cabo flexível é sempre uma tração apontando para fora do corpo e na direção do cabo.
2. Superfícies lisas	A força de contato é compressiva e é normal à superfície.
3. Superfícies rugosas	Superfícies rugosas são capazes de suportar uma componente tangencial F (força de atrito), assim como uma componente normal N da força de contato resultante R.
4. Suporte deslizante	Os suportes deslizantes de rolete, de esfera ou de setor de rolete transmitem uma força de compressão normal à superfície de apoio.
5. Guia deslizante	Colar ou cursor livres para se mover ao longo de guias lisas; somente podem suportar forças normais à guia.

FIGURA 3/1   *continua*

MODELOS PARA A AÇÃO DE FORÇAS NA ANÁLISE BIDIMENSIONAL (*cont.*)	
Tipo de Contato e Origem da Força	Ação sobre o Corpo a Ser Isolado
6. Conexão com pino 	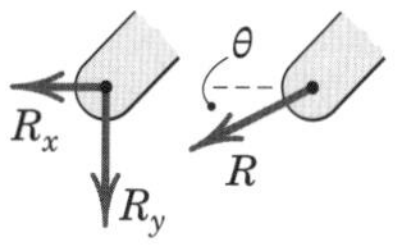 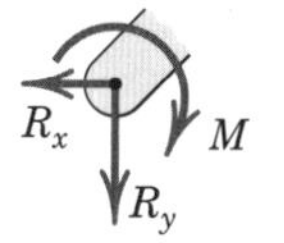 **Pino livre para girar** — Uma conexão com pino, livremente articulada, é capaz de suportar uma força em qualquer direção no plano normal ao eixo do pino. Podemos representá-la através de duas componentes R_x ou R_y, ou uma intensidade R e direção θ. Uma conexão com pino que não está livre para girar também suporta um binário M. **Pino sem liberdade para girar**
7. Engaste ou suporte fixo 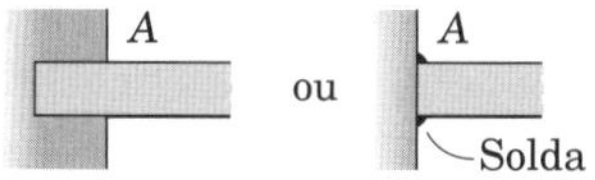 (ou Solda)	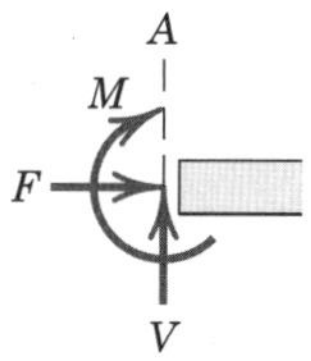 Um engaste ou suporte fixo é capaz de suportar uma força axial F, uma força transversal V (força cortante) e um binário M (momento fletor) para evitar a rotação.
8. Atração gravitacional 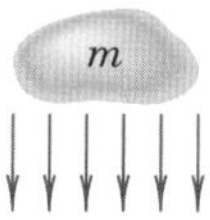	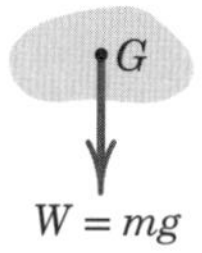 A resultante da atração gravitacional em todos os elementos de um corpo de massa m é o peso $W = mg$, que age em direção ao centro da Terra, através do centro de massa do corpo G.
9. Ação de mola 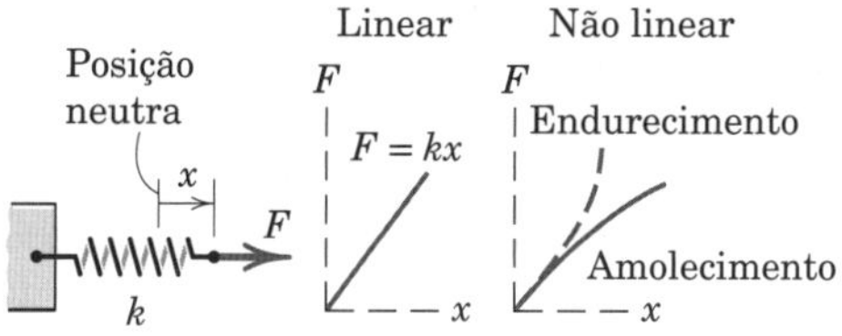 (Linear $F = kx$; Não linear: Endurecimento, Amolecimento)	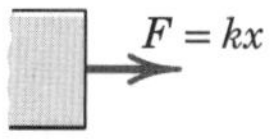 $F = kx$. A força da mola será de tração se a mola estiver distendida e de compressão se estiver comprimida. Para uma mola elástica linear, a rigidez k representa a força necessária para deformar a mola de uma unidade de distância.
10. Ação de mola de torção 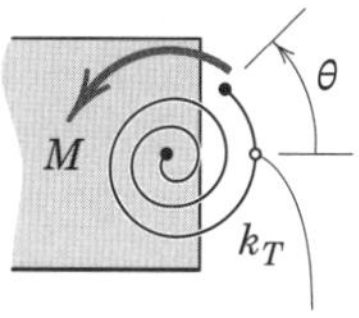	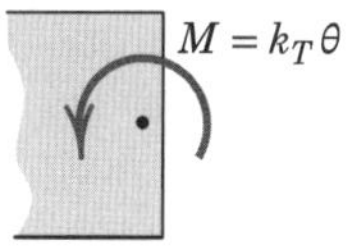 $M = k_T \theta$. Para uma mola linear de torção, o binário aplicado M é proporcional à deflexão angular θ medida desde a sua posição neutra. A rigidez k_T representa o binário necessário para deformar a mola de um radiano.

FIGURA 3/1 *(continuação)*

Na **Fig. 3/1**, o Exemplo 1 mostra a ação de um cabo flexível, de uma correia, corda ou corrente sobre o corpo ao qual ele está preso. Devido à sua flexibilidade, uma corda ou um cabo é incapaz de oferecer qualquer resistência à flexão, ao cisalhamento ou à compressão e, assim, exerce apenas uma força de tração, em uma direção tangente ao cabo, no seu ponto de conexão. A força exercida *pelo* cabo *no* corpo ao qual ele está preso está sempre atuando no sentido *de se afastar* do corpo. Quando a força trativa T é grande em comparação com o peso do cabo, podemos supor que o cabo forma uma linha reta. Quando o peso do cabo não é desprezível em comparação com a força trativa, a curvatura do cabo se torna importante, e a força trativa no cabo muda de direção e de intensidade ao longo de seu comprimento.

Quando as superfícies lisas de dois corpos estão em contato, como no Exemplo 2, a força exercida por um corpo no outro é *normal* ao plano tangente às superfícies e é compressiva. Embora nenhuma superfície real seja perfeitamente lisa, para propósitos práticos podemos adotar essa consideração em muitas situações.

Quando as superfícies de corpos que se tocam são rugosas, como no Exemplo 3, a força de contato não é necessariamente normal à tangente às superfícies, mas pode ser decomposta em uma *componente tangencial*, ou *de atrito F*, e em uma *componente normal N*.

48 CAPÍTULO 3 | Equilíbrio

Outro tipo de dispositivo para levantamento de veículos a ser considerado conjuntamente com o mostrado na fotografia de abertura do capítulo.

O Exemplo 4 ilustra diversas formas de apoios mecânicos que efetivamente eliminam forças tangenciais de atrito. Nesses casos, a reação resultante é normal à superfície de apoio.

O Exemplo 5 mostra a ação de uma guia lisa sobre o corpo que ela sustenta. Não existe nenhuma resistência paralela à guia.

O Exemplo 6 ilustra a ação de uma conexão com um pino. Tal tipo de conexão pode sustentar uma força em qualquer direção normal ao eixo do pino. Normalmente, representamos essa ação em termos de duas componentes retangulares. O sentido correto dessas componentes em determinado problema depende de como o elemento está carregado. Quando o sentido não for conhecido inicialmente, ele é arbitrariamente especificado e as equações de equilíbrio são então escritas. Se a solução dessas equações levar a um sinal algébrico positivo para a componente de força, o sentido atribuído estava correto. Um sinal negativo indica que o sentido é o oposto àquele inicialmente assumido.

Se a junta for livre para girar em torno do pino, a conexão pode suportar apenas a força R. Se a junta não for livre para girar, a conexão pode suportar também um binário resistente M. O sentido de M mostrado aqui é arbitrário, e o sentido físico correto depende da forma como o elemento está carregado.

O Exemplo 7 mostra as resultantes da distribuição mais complexa de esforços que ocorre na seção transversal de uma barra esbelta, ou de uma viga, na região do engaste ou de um suporte fixo. O sentido das reações F e V e do binário M em determinado problema vai depender, obviamente, de como o elemento está carregado.

Um dos tipos de força mais comuns é aquele devido à atração gravitacional, Exemplo 8. Essa força afeta todos os elementos de massa em um corpo e é, portanto, distribuída ao longo dele. A resultante das forças gravitacionais em todos os elementos é o peso $W = mg$ do corpo, que passa pelo centro de massa G e é direcionada para o centro do planeta, para as estruturas presentes na Terra. A posição de G é frequentemente óbvia a partir da geometria do corpo, particularmente quando existe simetria. Quando não é possível determinar a localização de forma direta, ela deve ser determinada experimentalmente ou através de cálculos.

Considerações semelhantes se aplicam à ação remota de forças magnéticas e elétricas. Essas forças de ação remota têm o mesmo efeito geral em um corpo rígido de forças de intensidade e direção iguais, aplicadas por contato externo direto.

O Exemplo 9 ilustra a ação de uma mola *linear* elástica e de uma mola *não linear* com características de endurecimento ou de amolecimento. A força exercida por uma mola linear, em tração ou em compressão, é dada por $F = kx$, em que k é a *rigidez* da mola e x é a sua deflexão, medida a partir da posição neutra ou não deformada.

No Exemplo 10 podemos ver a ação de uma mola de torção (ou de relógio). É mostrada uma versão linear; conforme sugerido no Exemplo 9 para molas de extensão, molas de torção não lineares também existem.

As representações na **Fig. 3/1** *não* são diagramas de corpo livre; são apenas elementos utilizados para a construção de diagramas de corpo livre. Estude essas dez condições e identifique-as nos problemas, de modo que você possa construir os diagramas de corpo livre corretos.

Conceitos-Chave Construção de Diagramas de Corpo Livre

O procedimento completo para desenhar um diagrama de corpo livre que isola um corpo ou um sistema consiste nos seguintes passos.

Passo 1. Decida qual é o sistema a ser isolado. O sistema escolhido deve, normalmente, envolver uma ou mais das grandezas incógnitas que se deseja determinar.

Passo 2. Em seguida, isole o sistema escolhido desenhando um diagrama que represente de forma *completa o seu contorno externo*. Esse contorno define o isolamento do sistema de *todos* os outros corpos em contato ou que exercem atração, os quais serão considerados removidos.

Este passo é, frequentemente, o mais crucial de todos. Tenha certeza de que você *isolou completamente* o sistema antes de prosseguir com o próximo passo.

Passo 3. Identifique todas as forças que atuam *no* sistema isolado aplicadas *pelos* corpos removidos que exercem contato ou atração, e as represente em suas posições adequadas no diagrama do sistema isolado. Faça uma análise sistemática em todo o contorno para identificar todas as forças de contato. Inclua forças de corpo, como os pesos, quando forem relevantes. Represente todas as forças conhecidas por vetores, indicando para cada um a intensidade, a direção e o sentido adequados. Cada força desconhecida deve ser representada por um vetor com a intensidade ou a direção desconhecida indicada por símbolos. Se o sentido do vetor for também desconhecido, você deve atribuir um sentido arbitrário. Os cálculos subsequentes utilizando as equações de equilíbrio fornecerão um valor positivo, se o sentido correto tiver sido atribuído, e um valor negativo, se o sentido incorreto tiver sido considerado. Durante todos os cálculos, é necessário ser *consistente* com as características atribuídas às forças incógnitas. Se você for consistente, a solução das equações de equilíbrio revelará os sentidos corretos.

Passo 4. Mostre a escolha dos eixos coordenados diretamente no diagrama. Por conveniência, dimensões pertinentes podem também ser representadas. Observe, entretanto, que o diagrama de corpo livre serve ao propósito de focalizar a atenção na ação das forças externas e, portanto, o diagrama não deve ser carregado com excesso de informação. Distinga claramente os vetores das forças de setas representando outras quantidades diferentes. Cores podem ser usadas com esse propósito.

A execução dos quatro passos anteriores produzirá um diagrama de corpo livre correto para ser utilizado em conjunto com a aplicação das equações que governam o problema, tanto em Estática quanto em Dinâmica. Seja cuidadoso para não omitir do diagrama de corpo livre certas forças que, à primeira vista, podem parecer desnecessárias aos cálculos. Somente através do isolamento *completo* e de uma representação sistemática de *todas* as forças externas é possível realizar uma análise confiável dos efeitos de todas as forças aplicadas e reativas. Frequentemente, uma força que à primeira vista pode parecer não influenciar um resultado desejado pode ter influência importante. Assim, o único procedimento seguro é incluir no diagrama de corpo livre todas as forças cujas intensidades não sejam obviamente desprezíveis.

Exemplos de Diagramas de Corpo Livre

A **Fig. 3/2** apresenta quatro exemplos de mecanismos e estruturas conjuntamente com seus diagramas de corpo livre corretos. Dimensões e intensidades são omitidas por questões de clareza. Em cada caso, tratamos todo o sistema como um único corpo, de modo que as forças

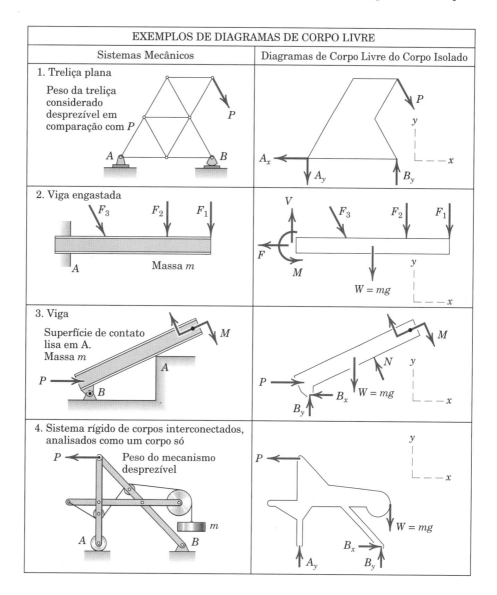

FIGURA 3/2

internas não são mostradas. As características dos vários tipos de forças de contato ilustradas na **Fig. 3/1** são usadas, quando aplicáveis, nos quatro exemplos.

No Exemplo 1, a treliça é composta por elementos estruturais que, considerados em conjunto, constituem uma estrutura rígida. Assim, podemos remover toda a treliça de sua fundação de apoio tratando-a como um único corpo rígido. Além da força externa aplicada P, o diagrama de corpo livre deve incluir as reações na treliça em A e B. O suporte deslizante em B pode suportar apenas uma força vertical, e essa força é transmitida à estrutura em B (Exemplo 4 da **Fig. 3/1**). A conexão com pino em A (Exemplo 6 da **Fig. 3/1**) é capaz de suportar componentes de força tanto horizontais como verticais na treliça. Se o peso total dos elementos da treliça for apreciável em comparação com P e com as forças em A e B, então os pesos dos elementos devem ser incluídos no diagrama de corpo livre como forças externas.

Neste exemplo relativamente simples, está claro que a componente vertical A_y deve estar direcionada para baixo de modo a impedir que a treliça gire no sentido horário em torno de B. Da mesma forma, a componente horizontal A_x estará direcionada para a esquerda a fim de impedir que a treliça se mova para a direita, sob a influência da componente horizontal de P. Assim, na construção do diagrama de corpo livre para esta treliça simples, podemos perceber facilmente o sentido correto de cada um dos componentes de força exercidos *na* treliça *pela* fundação em A, e podemos, portanto, representar no diagrama seus sentidos físicos corretos. Quando o sentido físico correto de uma força ou de seus componentes não é facilmente identificado por observação direta, ele deve ser arbitrariamente atribuído, sendo o acerto ou erro no sentido atribuído determinado através do sinal algébrico dos seus valores calculados.

No Exemplo 2, a viga em balanço está engastada à parede e submetida a três cargas aplicadas. Quando isolamos a parte da viga à direita da seção em A, devemos incluir as forças de reação aplicadas *na viga pela* parede. As resultantes dessas forças de reação são mostradas atuando na seção da viga (Exemplo 7 da **Fig. 3/1**). Uma força vertical V, para contrabalançar a força aplicada para baixo, é mostrada, e uma força trativa F, para equilibrar as forças aplicadas para a direita, deve também ser incluída. Então, para prevenir que a viga gire em torno de A, um binário anti-horário M também é necessário. O peso mg da viga deve ser representado passando pelo seu centro de massa (Exemplo 8 da **Fig. 3/1**).

No diagrama de corpo livre do Exemplo 2 representamos o sistema de forças um tanto complexo, que atua na seção transversal da viga através de um sistema equivalente força-binário, no qual a força é decomposta na sua componente vertical V (força cortante) e em sua componente horizontal F (força trativa). O binário M é o momento fletor na viga. O diagrama de corpo livre está agora completo e mostra a viga em equilíbrio sob a ação de seis forças e um binário.

No Exemplo 3, o peso $W = mg$ é mostrado atuando através do centro de massa da viga, cuja posição é considerada conhecida (Exemplo 8 da **Fig. 3/1**). A força exercida pela extremidade A sobre a viga é normal à superfície lisa da viga (Exemplo 2 da **Fig. 3/1**). Para perceber essa ação mais claramente, visualize uma ampliação do ponto de contato A, que deve ser ligeiramente arredondado, e considere a força exercida por esse vértice arredondado na superfície reta da viga, que é considerada lisa. Se as superfícies de contato no vértice não fossem lisas, uma componente de força de atrito tangencial poderia existir. Além da força aplicada P e do binário M, existe o pino de conexão em B, que exerce sobre a viga componentes de força, tanto em x quanto em y. Os sentidos positivos dessas componentes estão arbitrariamente atribuídos.

No Exemplo 4, o diagrama de corpo livre do mecanismo isolado como um conjunto contém três forças incógnitas, caso as cargas mg e P sejam conhecidas. Qualquer uma das muitas configurações internas possíveis para fixar o cabo que prende a massa m seria possível, sem alterar a resposta externa do mecanismo como um todo, e esse fato é realçado pelo diagrama de corpo livre. Esse exemplo hipotético é usado para mostrar que as forças internas a um conjunto de elementos rígidos não influenciam os valores das reações externas.

Usamos o diagrama de corpo livre para escrever as equações de equilíbrio, que são discutidas na próxima seção. Quando essas equações são resolvidas, algumas das intensidades calculadas para as forças podem ser nulas. Isso indicaria que essas forças assumidas não existem. No Exemplo 1 da **Fig. 3/2**, qualquer uma das reações A_x, A_y ou B_y pode ser nula para configurações específicas da geometria da treliça e da intensidade, direção e sentido da carga aplicada P. Uma força de reação nula é frequentemente difícil de identificar por inspeção, mas pode ser determinada resolvendo as equações de equilíbrio.

Comentários semelhantes se aplicam para intensidades de forças que são negativas. Tal resultado indica que o sentido real é o oposto ao que foi assumido. Os sen-

Sistemas complexos de polias podem ser facilmente analisados através de uma análise de equilíbrio sistemática.

CAPÍTULO 3 | Equilíbrio 51

tidos positivos assumidos para B_x e B_y no Exemplo 3 e para B_y no Exemplo 4 são mostrados nos diagramas de corpo livre. A confirmação ou a não confirmação dessas suposições vai depender se os sinais algébricos das forças calculadas, obtidos a partir dos cálculos desenvolvidos para um problema real, são positivos ou negativos.

O isolamento do sistema mecânico sob consideração é um passo crucial na formulação do modelo matemático. O aspecto mais importante para a construção correta do sempre importante diagrama de corpo livre é uma decisão clara e sem ambiguidades sobre o que deve ser incluído e o que deve ser excluído. Esta decisão somente se tornará clara quando o contorno do diagrama de corpo livre representar um percurso completo que envolva todo o corpo ou sistema de corpos a ser isolado, começando em algum ponto arbitrário no contorno e retornando a esse mesmo ponto. O sistema dentro desse contorno fechado é o corpo livre isolado, e todas as forças de contato e todas as forças de corpo transmitidas ao sistema por meio do contorno devem ser consideradas.

Os exercícios a seguir fornecem uma experiência prática na construção de diagramas de corpo livre. Esta prática é útil para o uso desses diagramas na aplicação dos princípios de equilíbrio de forças na próxima seção.

Exercícios sobre Diagramas de Corpo Livre

3/A Em cada um dos cinco exemplos a seguir, o corpo a ser isolado está mostrado no diagrama da parte esquerda, e um diagrama de corpo livre (DCL) *incompleto* do corpo isolado está mostrado à direita. Acrescente as forças necessárias, em cada um dos casos, de modo a formar um diagrama de corpo livre completo. Os pesos dos corpos são desprezíveis, a menos que seja indicado o contrário. Por simplicidade, as dimensões e os valores numéricos foram omitidos.

	Corpo	DCL incompleto
1. Alavanca em ângulo suportando uma massa m com um pino de suporte em A.	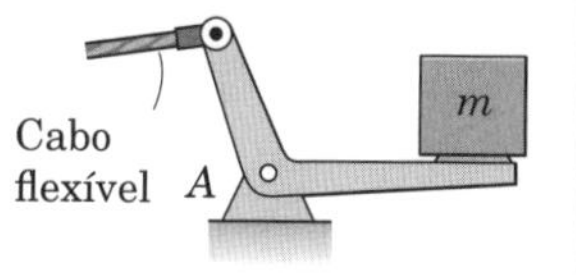	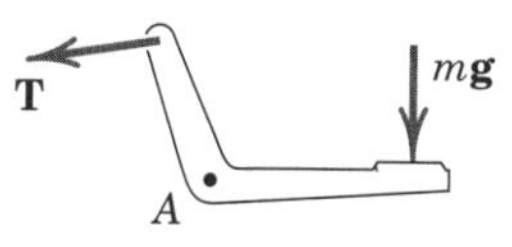
2. Alavanca de controle aplicando um torque no eixo em O.	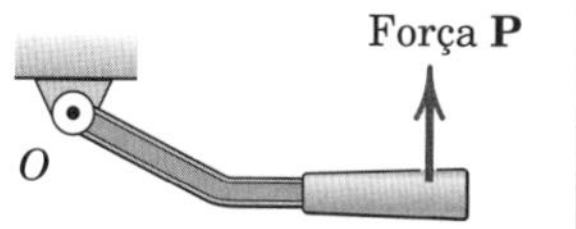	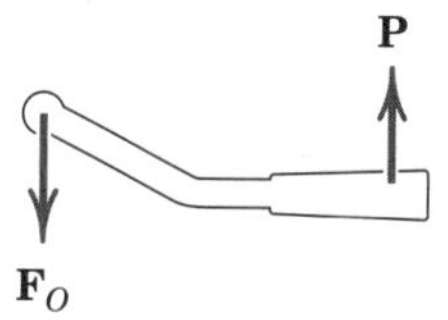
3. Lança OA, de massa desprezível em comparação com a massa m. Lança articulada em O e suportada pelo cabo de içamento em B.	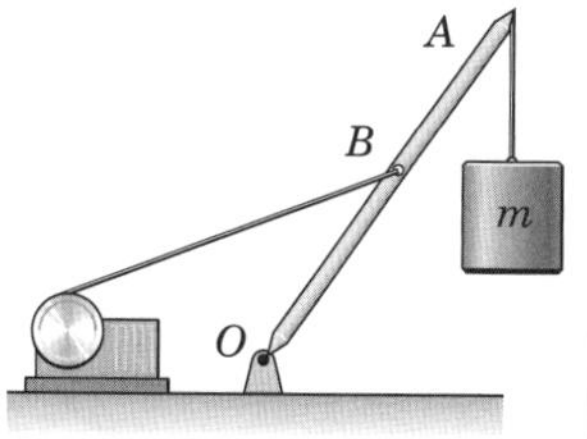	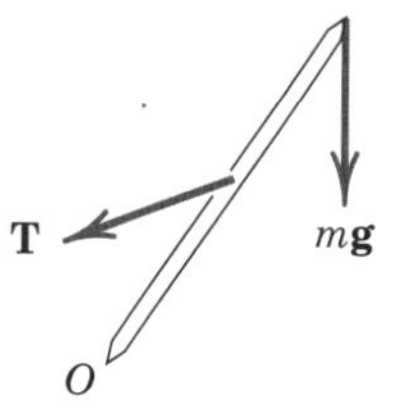
4. Caixote uniforme de massa m apoiado contra a parede vertical lisa e suportado por uma superfície horizontal rugosa.	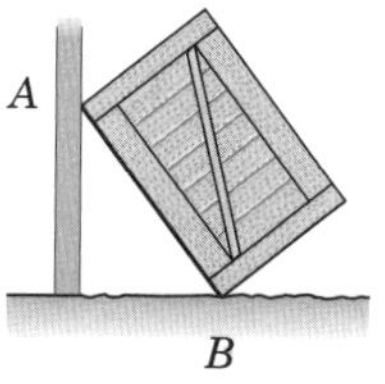	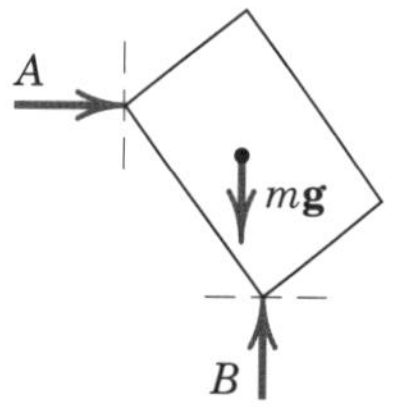
5. Suporte carregado sustentado pela conexão no pino A e pelo pino fixo B posicionado em um rasgo liso.	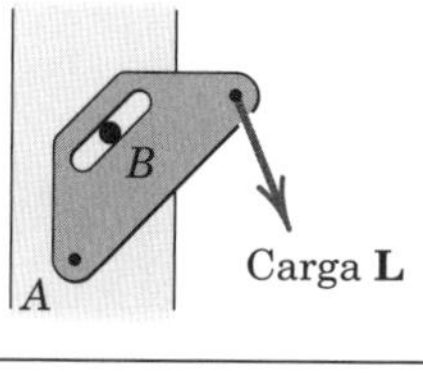	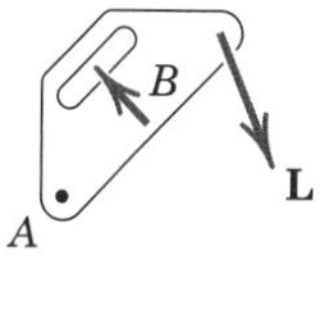

PROBLEMA 3/A

3/B Em cada um dos cinco exemplos a seguir, o corpo a ser isolado está mostrado no diagrama da esquerda e um diagrama de corpo livre (DCL) *errado* ou *incompleto* está mostrado à direita. Faça as mudanças ou acréscimos que achar necessários, em cada caso, de modo a criar um diagrama de corpo livre correto e completo. Os pesos dos corpos são desprezíveis, a menos que seja indicado o contrário. Para simplificar, as dimensões e os valores numéricos foram omitidos.

	Corpo	DCL incompleto
1. Cilindro do rolo de um cortador de grama de massa m sendo empurrado para cima com uma inclinação θ.		
2. Barra erguendo o corpo A que possui uma superfície horizontal lisa. Barra apoiada em superfície horizontal rugosa.		
3. Poste uniforme de massa m que está sendo içado através de uma manivela. A superfície horizontal que o apoia possui um entalhe para evitar o deslizamento do poste.		
4. Estrutura articulada conectada por pinos.		
5. Haste dobrada soldada ao suporte em A e submetida a duas forças e um binário.		

PROBLEMA 3/B

3/C Desenhe um diagrama de corpo livre correto e completo para cada um dos corpos designados nas descrições. Os pesos dos corpos são significativos quando a massa é declarada. Todas as forças, conhecidas e desconhecidas, devem ser identificadas. (*Nota*: O sentido de algumas componentes da reação nem sempre pode ser determinado sem um cálculo numérico.)

1. Barra horizontal uniforme de massa m suspensa por um cabo vertical em A e suportado por uma superfície rugosa inclinada em B.

2. Roda de massa m na iminência de rolar para cima do meio-fio ao ser puxada por uma força P.

3. Treliça carregada suportada por uma conexão por pino em A e um cabo em B.

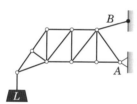

4. Barra uniforme de massa m acoplada a um rolete de massa m_0. Submetida a um binário M e suportada conforme mostrado. O rolete está livre para girar.

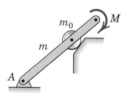

5. Roda uniforme de massa m, com rasgo, apoiada em uma superfície rugosa e suportada pela ação de um cabo horizontal.

6. Barra, inicialmente horizontal, mas fletida sob a ação da carga L. Fixada a apoio rígido em cada extremidade.

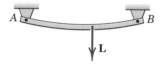

7. Placa de peso uniforme e massa m apoiada em um plano vertical através do cabo C e do apoio A.

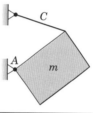

8. Conjunto composto por armação, polias e cabos acoplados que devem ser isolados como um único corpo.

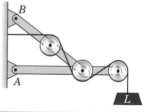

PROBLEMA 3/C

3/3 Condições de Equilíbrio

Na Seção 3/1, definimos equilíbrio como a condição na qual a resultante de todas as forças e momentos atuando em um corpo é nula. Enunciado de outro modo, um corpo está em equilíbrio se ocorre o balanço de todas as forças e momentos aplicados nele. Esses requisitos estão contidos nas equações vetoriais de equilíbrio, Eqs. 3/1, que para duas dimensões podem ser escritas na forma escalar como

$$\Sigma F_x = 0 \qquad \Sigma F_y = 0 \qquad \Sigma M_O = 0 \qquad (3/2)$$

A terceira equação representa o somatório nulo dos momentos de todas as forças em relação a qualquer ponto O no corpo ou fora dele. As Eqs. 3/2 são as condições necessárias e suficientes para o equilíbrio completo em duas dimensões. Elas são condições necessárias porque, se não forem satisfeitas, não poderá existir equilíbrio de força ou de momento. Elas são suficientes porque, uma vez satisfeitas, não pode existir desequilíbrio e o equilíbrio está assegurado.

As equações que relacionam força e aceleração para o movimento de corpos rígidos são desenvolvidas no *Vol. 2 Dinâmica*, a partir da segunda lei de Newton do movimento. Essas equações mostram que a aceleração do centro de massa de um corpo é proporcional à força resultante $\Sigma\mathbf{F}$ atuando no corpo. Consequentemente, se um corpo se move com velocidade constante (aceleração nula), a força resultante sobre ele deve ser nula, e o corpo pode ser tratado como em estado de equilíbrio translacional.

Para o equilíbrio completo em duas dimensões, todas as três Eqs. 3/2 devem ser satisfeitas. Entretanto, essas condições são independentes e uma pode ser satisfeita sem que a outra o seja. Considere, por exemplo, um corpo que desliza ao longo de uma superfície horizontal com velocidade crescente submetido à ação de forças aplicadas. As equações de equilíbrio das forças serão satisfeitas na direção vertical na qual a aceleração é nula, mas não na direção horizontal. Da mesma forma, um corpo, tal como um volante de inércia de um motor, que gira em torno de seu centro de massa fixo com velocidade angular crescente não está em equilíbrio rotacional, mas as duas equações de equilíbrio relativas às forças serão satisfeitas.

Categorias de Equilíbrio

Aplicações das Eqs. 3/2 podem ser, naturalmente, divididas em diversas categorias facilmente identificáveis. As categorias dos sistemas de força atuando sobre corpos em equilíbrio em um contexto bidimensional estão resumidas na **Fig. 3/3** e são explicadas em mais detalhe a seguir.

Categoria 1, o equilíbrio de forças colineares requer, claramente, apenas uma equação de força na direção das forças (direção x), pois todas as outras equações estão automaticamente satisfeitas.

Categoria 2, o equilíbrio de forças que estão em um plano (plano x-y) e são concorrentes em um ponto O, requer apenas as duas equações de força, pois o somatório dos momentos em relação a O, ou seja, dos momentos em torno de um eixo z que passa por O, é necessariamente igual a zero. Nessa categoria está incluído o caso do equilíbrio de uma partícula.

Categoria 3, o equilíbrio de forças paralelas, que estejam em um plano, requer a equação de forças na direção das forças (direção x) e uma equação de momentos em relação a um eixo (eixo z) normal ao plano das forças.

Categoria 4, o equilíbrio de um sistema geral de forças em um plano (x-y) requer as duas equações de força no plano e uma equação de momento em relação a um eixo (eixo z) normal ao plano.

Elementos de Duas e Três Forças

O leitor deve ficar atento a duas situações de equilíbrio que ocorrem com frequência. A primeira situação é o equilíbrio de um corpo sob a ação de apenas duas forças. Dois exemplos estão mostrados na **Fig. 3/4**, e vemos que, para um *elemento de duas forças* como esse estar em equilíbrio, é necessário que as forças sejam *iguais*, *opostas* e *colineares*. A forma do elemento não afeta essa condição simples. Nas ilustrações citadas, consideramos que os pesos dos elementos são desprezíveis em comparação com as forças aplicadas.

CATEGORIAS DE EQUILÍBRIO EM DUAS DIMENSÕES		
Sistema de Forças	Diagrama de Corpo Livre	Equações Independentes
1. Colineares	$\mathbf{F}_1$, $\mathbf{F}_2$, $\mathbf{F}_3$ ao longo do eixo x	$\Sigma F_x = 0$
2. Concorrentes em um ponto	$\mathbf{F}_1$, $\mathbf{F}_2$, $\mathbf{F}_3$, $\mathbf{F}_4$ concorrentes em O	$\Sigma F_x = 0$ $\Sigma F_y = 0$
3. Paralelas	$\mathbf{F}_1$, $\mathbf{F}_2$, $\mathbf{F}_3$, $\mathbf{F}_4$ paralelas ao eixo x	$\Sigma F_x = 0$ $\Sigma M_z = 0$
4. Geral	$\mathbf{F}_1$, $\mathbf{F}_2$, $\mathbf{F}_3$, $\mathbf{F}_4$ com momento M	$\Sigma F_x = 0$ $\Sigma M_z = 0$ $\Sigma F_y = 0$

FIGURA 3/3

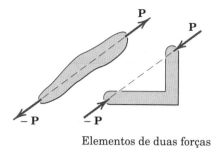

Elementos de duas forças

FIGURA 3/4

A segunda situação é um *elemento de três forças*, que é um corpo sob a ação de três forças, **Fig. 3/5a**. Vemos que o equilíbrio requer que as linhas de ação das três forças sejam *concorrentes*. Se elas não fossem concorrentes, então uma das forças exerceria um momento resultante em torno do ponto de interseção das outras duas, o que violaria a condição do momento de ser nulo em relação a todos os pontos. A única exceção ocorre quando as três forças são paralelas. Nesse caso podemos considerar que o ponto de concorrência está no infinito.

O princípio da concorrência de três forças em equilíbrio tem um uso importante na elaboração de uma solução gráfica das equações de força. Nesse caso o polígono de forças é desenhado como um circuito fechado, como mostrado na **Fig. 3/5b**. Frequentemente, um corpo em equilíbrio sob a ação de mais de três forças pode ser reduzido a um elemento de três forças pela combinação de duas ou mais das forças conhecidas.

Equações de Equilíbrio Alternativas

Além das Eqs. 3/2, existem outros dois modos de expressar as condições gerais para o equilíbrio de forças em duas dimensões. O primeiro modo está ilustrado na **Fig. 3/6**, partes (a) e (b). Para o corpo mostrado na **Fig. 3/6a**, se $\Sigma M_A = 0$, então a resultante, se ela ainda existir, não pode ser um binário, mas deve ser uma força **R** passando por A. Se, agora, a equação $\Sigma F_x = 0$ for válida, em que a direção x é arbitrária, observa-se da **Fig. 3/6b** que a força resultante **R**, se ela ainda existir, não só deve passar por A, mas também deve ser perpendicular à direção x, conforme mostrado. Agora, se $\Sigma M_B = 0$, em que B é um ponto qualquer de modo que a linha AB não é perpendicular

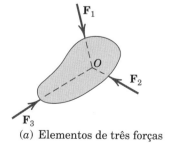

(a) Elementos de três forças

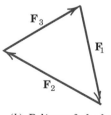

(b) Polígono fechado satisfaz $\Sigma \mathbf{F} = 0$

FIGURA 3/5

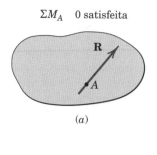

(a)

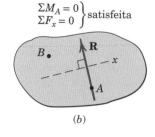

(b)

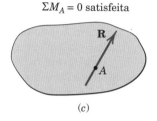

(c)

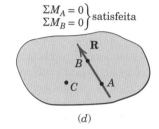

(d)

FIGURA 3/6

à direção x, observa-se que **R** deve ser nulo e, assim, o corpo está em equilíbrio. Desse modo, um conjunto alternativo de equações de equilíbrio é

$$\Sigma F_x = 0 \qquad \Sigma M_A = 0 \qquad \Sigma M_B = 0$$

em que os dois pontos A e B não podem estar situados em uma linha perpendicular à direção x.

Uma terceira formulação das condições de equilíbrio pode ser feita para um sistema de forças coplanares. Esse caso está ilustrado na **Fig. 3/6**, partes (c) e (d). Novamente, se $\Sigma M_A = 0$ para qualquer corpo, como o mostrado na **Fig. 3/6c**, a resultante, se existir, deve ser uma força **R** passando por A. Além disso, se $\Sigma M_B = 0$, a resultante, se ainda existir alguma, deve passar por B, como mostrado na **Fig. 3/6d**. Entretanto, uma força não poderá existir se $\Sigma M_C = 0$, em que C não é colinear com A e B. Assim, podemos escrever as equações de equilíbrio como

$$\Sigma M_A = 0 \qquad \Sigma M_B = 0 \qquad \Sigma M_C = 0$$

em que A, B e C são três pontos quaisquer que não estejam sobre a mesma linha reta.

Quando as equações de equilíbrio são escritas de modo que não sejam independentes, informações redundantes são obtidas, e uma solução correta das equações levará a 0 = 0. Por exemplo, para um problema geral em duas dimensões com três incógnitas, três equações de momento, escritas em relação a três pontos que se situem sobre a mesma linha reta, não são independentes. Tais equações irão conter informações duplicadas e a solução de duas delas pode determinar no máximo duas incógnitas, com a terceira equação verificando, meramente, a identidade 0 = 0.

Restrições e Determinação Estática

As equações de equilíbrio desenvolvidas nesta seção são condições necessárias e suficientes para estabelecer o equilíbrio de um corpo. Entretanto, elas não fornecem, necessariamente, todas as informações necessárias para determinar todas as forças incógnitas que podem atuar em um corpo em equilíbrio. Se as equações são adequadas ou não para determinar todas as incógnitas, isso depende das características das restrições impostas pelos suportes contra um possível movimento do corpo. Por *restrições* entendemos como um impedimento ao movimento.

No Exemplo 4 da **Fig. 3/1** o suporte de rolete, de esfera ou de setor de rolete proporciona uma restrição normal à superfície de contato, mas nenhuma restrição tangente à superfície. Assim, uma força tangencial não pode ser suportada. Para o colar e o cursor do Exemplo 5, somente existe restrição normal à guia. No Exemplo 6 a conexão com pino proporciona restrições em ambas as direções, mas não oferece resistência à rotação em torno do pino, a menos que o pino não esteja livre para girar. O suporte fixo do Exemplo 7, entretanto, oferece restrição contra rotação, assim como ao movimento lateral.

Se o apoio deslizante que suporta a treliça do Exemplo 1 da **Fig. 3/2** fosse substituído por uma conexão com pinos, como em A, existiria uma restrição adicional, além daquelas necessárias para sustentar uma configuração de equilíbrio sem liberdade para o movimento. As três condições escalares de equilíbrio, Eqs. 3/2, não forneceriam informações suficientes para determinar todas as quatro incógnitas, pois A_x e B_x não poderiam ser resolvidas separadamente; apenas a soma delas poderia ser determinada. Essas duas componentes de força seriam dependentes da deformação dos elementos da treliça, que é influenciada pelas suas características de rigidez. As reações horizontais A_x e B_x também seriam dependentes de qualquer deformação inicial necessária para ajustar as dimensões da estrutura àquelas da fundação entre A e B. Assim, não é possível determinar A_x e B_x por uma análise de corpo rígido.

Fazendo referência novamente à **Fig. 3/2**, encontramos que, se o pino B no Exemplo 3 não pudesse girar, o apoio poderia transmitir um binário à viga através do pino. Dessa forma, existiriam quatro reações de apoio incógnitas atuando na viga – nominalmente, a força em A, as duas componentes de força em B e o binário em B. Consequentemente, as três equações de equilíbrio escalares independentes não forneceriam informação suficiente para calcular todas as quatro incógnitas.

Um corpo rígido, ou uma combinação rígida de elementos tratada como um único corpo, que possui mais suportes externos ou restrições do que o necessário para manter uma posição de equilíbrio, é chamado de *estaticamente indeterminado*. Suportes que podem ser removidos sem afetar a condição de equilíbrio do corpo são denominados *redundantes*. O número de elementos de suportes redundantes presentes corresponde ao *grau de indeterminação estática* e é igual ao número total de forças externas incógnitas menos o número de equações de equilíbrio independentes disponíveis. Por outro lado, corpos que são suportados pelo número mínimo de restrições necessário para assegurar uma configuração de equilíbrio são chamados de *estaticamente determinados*, e para esses corpos as equações de equilíbrio são suficientes para determinar as forças externas incógnitas.

Os problemas sobre equilíbrio nesta seção e por todo o *Vol. 1 Estática* são geralmente restritos a corpos estaticamente determinados, em que as restrições são apenas suficientes para assegurar uma configuração de equilíbrio estável e em que as forças de suporte incógnitas podem ser completamente determinadas através das equações de equilíbrio independentes disponíveis.

Devemos estar atentos à natureza das restrições antes de tentar resolver um problema de equilíbrio. Um corpo pode ser identificado como estaticamente indeterminado quando existem mais reações externas incógnitas do que equações de equilíbrio independentes para o sistema de forças envolvido. É sempre conveniente contar o número de variáveis incógnitas em dado corpo e ter certeza de que um número igual de equações independentes pode ser escrito; caso contrário, o esforço pode ser desperdiçado na tentativa de obter uma solução impossível somente com o uso das equações de equilíbrio. As variáveis incógnitas podem ser forças, binários, distâncias ou ângulos.

Adequação das Restrições

Ao discutirmos a relação entre restrições e equilíbrio, devemos nos aprofundar na questão da adequação das restrições. A existência de três restrições para um problema bidimensional nem sempre garante uma configuração de equilíbrio estável. A **Fig. 3/7** mostra quatro tipos diferentes de restrições. Na parte a da figura, o ponto A do corpo rígido está fixo por dois vínculos e não pode se mover, e o terceiro vínculo previne qualquer rotação em torno de A. Assim, esse corpo está *fixado de forma completa* com três *restrições*.

Na parte b da figura, o terceiro vínculo está posicionado de modo que a força transmitida por ele passa pelo ponto A, onde as outras duas forças de restrição atuam.

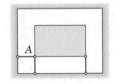
(*a*) Fixação completa
Restrições adequadas

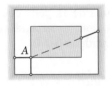
(*b*) Fixação incompleta
Restrições parciais

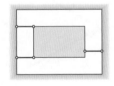
(*c*) Fixação incompleta
Restrições parciais

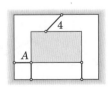
(*d*) Fixação excessiva
Restrições redundantes

FIGURA 3/7

Assim, essa configuração de restrições não pode oferecer uma resistência inicial à rotação em torno de A, o que irá ocorrer quando cargas externas forem aplicadas ao corpo. Concluímos, portanto, que esse corpo está *fixado de forma incompleta* sob *restrições parciais*.

A configuração na parte *c* da figura nos dá uma condição semelhante de fixação de forma incompleta, porque os três vínculos paralelos não podem oferecer resistência inicial a um pequeno movimento vertical do corpo como resultado de cargas externas aplicadas ao corpo nessa direção. As restrições nesses dois exemplos são frequentemente denominadas *impróprias*.

Na parte *d* da **Fig. 3/7**, temos uma condição de fixação de forma completa, com o vínculo 4 atuando como uma quarta restrição que é desnecessária para manter uma posição fixa. Assim, o vínculo 4 é uma *restrição redundante* e o corpo é estaticamente indeterminado.

Assim como nos quatro exemplos da **Fig. 3/7**, normalmente é possível concluir, a partir de observação direta, se as restrições em um corpo em equilíbrio bidimensional são adequadas (próprias), parciais (impróprias) ou redundantes. Conforme indicado anteriormente, a grande maioria dos problemas neste livro é estaticamente determinada, com restrições adequadas (próprias).

Conceitos-Chave — Abordagem para a Solução de Problemas

Os problemas resolvidos no final desta seção ilustram a aplicação dos diagramas de corpo livre e das equações de equilíbrio a problemas típicos na Estática. Essas soluções devem ser estudadas profundamente. Nos problemas deste capítulo e em toda a Mecânica, é importante desenvolver uma abordagem lógica e sistemática que inclua os seguintes passos:

1. Identifique claramente as variáveis que são conhecidas e as incógnitas.
2. Faça uma escolha inequívoca do corpo (ou do sistema de corpos acoplados que serão tratados como um único corpo) a ser isolado e desenhe o seu diagrama de corpo livre completo, indicando todas as forças e binários externos, conhecidos e incógnitos, que atuam no corpo.
3. Escolha um sistema de eixos de referência conveniente, sempre de acordo com a regra da mão direita quando o produto vetorial for usado. Escolha os centros de momento visando a uma simplificação nos cálculos. Geralmente, a melhor escolha é aquela por onde passa o maior número de forças incógnitas. Soluções simultâneas de equações de equilíbrio são frequentemente necessárias, mas podem ser minimizadas ou evitadas por uma escolha cuidadosa dos eixos de referência e dos centros de momento.
4. Identifique e estabeleça os princípios ou as equações de força e de momento aplicáveis, que governam as condições de equilíbrio do problema. Nos exemplos a seguir, essas relações estão mostradas entre parênteses e antecedem cada cálculo principal.
5. Equipare o número de equações independentes com o número de incógnitas em cada problema.
6. Solucione e verifique os resultados. Em muitos problemas, pode-se desenvolver uma avaliação de engenharia, fazendo-se inicialmente uma suposição ou estimativa razoável do resultado antes de efetuar os cálculos e, então, comparar a estimativa com o valor calculado.

EXEMPLO DE PROBLEMA 3/1

Determine as intensidades das forças **C** e **T**, as quais, em conjunto com as outras três forças mostradas, atuam sobre um nó da ponte treliçada.

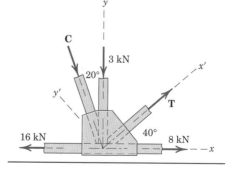

Solução A figura mostrada representa o diagrama de corpo livre da seção isolada do nó em questão e mostra as cinco forças que estão em equilíbrio. ①

Solução I (álgebra escalar) Para os eixos *x-y* mostrados, temos

$[\Sigma F_x = 0]$ $8 + T\cos 40° + C\sen 20° - 16 = 0$

$0{,}766T + 0{,}342C = 8$ (a)

$[\Sigma F_y = 0]$ $T\sen 40° - C\cos 20° - 3 = 0$

$0{,}643T - 0{,}940C = 3$ (b)

A solução simultânea das Eqs. (*a*) e (*b*) produzem

$T = 9{,}09$ kN $C = 3{,}03$ kN   *Resp.*

DICAS ÚTEIS

① Uma vez que este é um problema de forças concorrentes, não é necessário utilizar nenhuma equação de momento.

EXEMPLO DE PROBLEMA 3/1 (continuação)

Solução II (álgebra escalar) Para evitar uma solução simultânea, podemos utilizar os eixos x'-y' com a primeira soma na direção y' para eliminar a referência a T. ② Assim,

[$\Sigma F_{y'} = 0$] $-C \cos 20° - 3 \cos 40° - 8 \text{ sen } 40° + 16 \text{ sen } 40° = 0$

$C = 3{,}03 \text{ kN}$ in 40°   *Resp.*

[$\Sigma F_{x'} = 0$] $T + 8 \cos 40° - 16 \cos 40° - 3 \text{ sen } 40° - 3{,}03 \text{ sen } 20° = 0$

$T = 9{,}09 \text{ kN}$ *Resp.*

Solução III (álgebra vetorial) Considerando os vetores unitários **i** e **j** nas direções x e y, o equilíbrio de forças resulta na seguinte equação vetorial:

[$\Sigma \mathbf{F} = 0$] $8\mathbf{i} + (T \cos 40°)\mathbf{i} + (T \text{ sen } 40°)\mathbf{j} - 3\mathbf{j} + (C \text{ sen } 20°)\mathbf{i}$

$- (C \cos 20°)\mathbf{j} - 16\mathbf{i} = \mathbf{0}$

Igualando os coeficientes de **i** e **j** a zero, fornece

$8 + T \cos 40° + C \text{ sen } 20° - 16 = 0$

$T \text{ sen } 40° - 3 - C \cos 20° = 0$

Solução IV (geométrica) O polígono representando a soma vetorial nula é mostrado. As Eqs. (*a*) e (*b*) fornecem as projeções dos vetores nas direções x e y. De modo similar, as projeções nas direções x' e y' fornecem as equações alternativas da Solução II.

Uma solução gráfica pode ser facilmente obtida. Os vetores conhecidos são dispostos em sequência em uma escala conveniente e as direções de **T** e **C** são então traçadas para fechar o polígono. ③ A interseção resultante no ponto P completa a solução, permitindo medir as intensidades de **T** e **C** diretamente do desenho com o grau de precisão adotado para construir o polígono.

② A escolha dos eixos de referência para facilitar os cálculos é sempre uma consideração importante. Alternativamente, neste exemplo, poderíamos escolher um sistema com eixos ao longo e normal à direção de **C**, e fazer um somatório de forças na direção normal a **C** visando eliminá-lo.

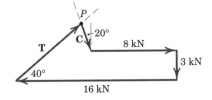

③ Os vetores conhecidos podem ser somados em qualquer ordem desejada, mas eles devem ser somados antes dos vetores incógnitos.

EXEMPLO DE PROBLEMA 3/2

Calcule a tração no cabo T, o qual suporta a massa de 500 kg com o arranjo de polias mostrado. Cada polia está livre para girar em torno do seu eixo, e os pesos de todas as partes são pequenos em comparação com a carga. Determine a intensidade da força total no eixo da polia C.

Solução O diagrama de corpo livre de cada polia está desenhado em sua posição relativa às outras polias. Começamos pela polia A, que inclui a única força conhecida. Designando por r o raio da polia, o qual não foi especificado no problema, o equilíbrio dos momentos em relação a seu centro O e o equilíbrio de forças na direção vertical requerem

[$\Sigma M_O = 0$] $T_1 r - T_2 r = 0$ $T_1 = T_2$ ①

[$\Sigma F_y = 0$] $T_1 + T_2 - 500(9{,}81) = 0$ $2T_1 = 500(9{,}81)$ $T_1 = T_2 = 2450 \text{ N}$

A partir do exemplo da polia A, por inspeção podemos escrever o equilíbrio de forças na polia B como

$T_3 = T_4 = T_2/2 = 1226 \text{ N}$

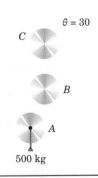

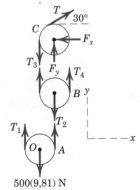

DICA ÚTIL

① Fica claro que o raio r não influencia os resultados. Uma vez que analisamos uma polia simples, os resultados devem ficar perfeitamente claros por inspeção.

EXEMPLO DE PROBLEMA 3/2 (continuação)

Para a polia C, o ângulo $\theta = 30°$ não afeta de nenhuma forma o momento de T em torno do centro da polia, de modo que o equilíbrio de momento requer

$$T = T_3 \quad \text{ou} \quad T = 1226 \text{ N} \qquad \textit{Resp.}$$

O equilíbrio da polia nas direções x e y requer que

$[\Sigma F_x = 0]$ $\qquad 1226 \cos 30° - F_x = 0 \qquad F_x = 1062 \text{ N}$

$[\Sigma F_y = 0]$ $\qquad F_y + 1226 \text{ sen } 30° - 1226 = 0 \qquad F_y = 613 \text{ N}$

$[F = \sqrt{F_x^2 + F_y^2}] \qquad F = \sqrt{(1062)^2 + (613)^2} = 1226 \text{ N} \qquad \textit{Resp.}$

EXEMPLO DE PROBLEMA 3/3

A viga uniforme de perfil I, com 100 kg, está inicialmente apoiada por roletes sobre um plano horizontal em A e B. Por meio de um cabo em C, deseja-se elevar a extremidade B para uma posição 3 m acima da extremidade A. Determine a força trativa necessária P, a força de reação em A e o ângulo θ entre a viga na posição elevada e a horizontal.

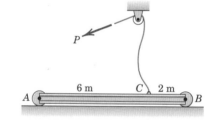

Solução Ao construir o diagrama de corpo livre, notamos que a reação no rolete em A e o peso são forças verticais. Consequentemente, na ausência de outras forças horizontais, P também deve ser vertical. A partir do Exemplo de Problema 3/2, observamos imediatamente que a tração P, no cabo, deve ser igual à tração P aplicada na viga em C.

O equilíbrio de momento em torno de A elimina a força R e fornece

$[\Sigma M_A = 0] \qquad P(6 \cos \theta) - 981(4 \cos \theta) = 0 \qquad P = 654 \text{ N}$ ① $\qquad \textit{Resp.}$

O equilíbrio das forças verticais requer que

$[\Sigma F y = 0] \qquad 654 + R - 981 = 0 \qquad R = 327 \text{ N} \qquad \textit{Resp.}$

O ângulo θ depende somente da geometria especificada e é

$$\text{sen } \theta = 3/8 \qquad \text{sen } \theta = 22{,}0° \qquad \textit{Resp.}$$

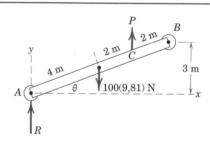

DICA ÚTIL

① Fica claro que o equilíbrio deste sistema de forças paralelas é independente de θ.

EXEMPLO DE PROBLEMA 3/4

Determine a intensidade T da tração no cabo de sustentação e a intensidade da força no pino em A para o guindaste mostrado. A viga AB é um perfil I padrão, com 0,5 m de altura e com uma massa de 95 kg por metro.

Solução Algébrica O sistema é simétrico em relação ao plano vertical x-y, que passa pelo centro da viga, de modo que o problema pode ser analisado como o equilíbrio de um sistema de forças coplanares. O diagrama de corpo livre da viga é mostrado na figura, com a reação no pino em A representada em termos de suas duas componentes retangulares. O peso da viga é de $95(10^{-3})(5)9{,}81 = 4{,}66$ kN e atua no seu centro. Observe que existem três incógnitas A_x, A_y e T que podem ser determinadas a partir das três equações de equilíbrio. Começamos com uma equação de momentos em relação a A, o que elimina duas das três incógnitas da equação. Ao aplicar a equação dos momentos em

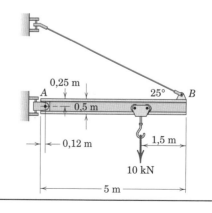

EXEMPLO DE PROBLEMA 3/4 (continuação)

torno de A, é mais simples considerar os momentos das componentes x e y de T, do que calcular a distância perpendicular de T a A. ① Assim, admitindo o sentido anti-horário como positivo, temos

$[\Sigma M_A = 0]$ $(T \cos 25°)0,25 + (T \operatorname{sen} 25°)(5 - 0,12)$
$- 10(5 - 1,5 - 0,12) - 4,66(2,5 - 0,12) = 0$ ②

o que resulta em $T = 19,61$ kN *Resp.*

Igualando a zero as somas das forças nas direções x e y, obtemos

$[\Sigma F_x = 0]$ $A_x - 19,61 \cos 25° = 0$ $A_x = 17,77$ kN

$[\Sigma F_y = 0]$ $A_y + 19,61 \operatorname{sen} 25° - 4,66 - 10 = 0$ $A_y = 6,37$ kN

$[A = \sqrt{A_x^2 + A_y^2}]$ $A = \sqrt{(17,77)^2 + (6,37)^2} = 18,88$ kN ③   *Resp.*

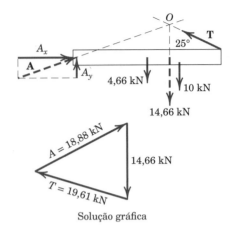

Solução Gráfica A solução gráfica utiliza o princípio de que três forças em equilíbrio devem ser concorrentes, combinando as duas forças verticais de 4,66 e 10 kN em uma única força de 14,66 kN, localizada conforme mostrado no diagrama de corpo livre da viga apresentado na figura inferior. A posição desta carga resultante pode ser facilmente determinada graficamente ou algebricamente. A interseção da força de 14,66 kN com a linha de ação da força trativa incógnita **T** define o ponto de concorrência O pelo qual a força de reação **A**, do pino, deve passar. As intensidades desconhecidas de **T** e **A** podem ser agora determinadas, somando-se as forças em sequência para formar o polígono fechado de forças em equilíbrio, dessa forma satisfazendo a sua soma vetorial nula. Após a força vertical conhecida ser representada em uma escala conveniente, como mostrado na parte inferior da figura, uma linha representando a direção dada da força trativa **T** é construída a partir da extremidade do vetor de 14,66 kN. Do mesmo modo, uma linha representando a direção da força de reação **A** do pino, determinada a partir da concorrência estabelecida com o diagrama de corpo livre, é construída passando pela extremidade do vetor de 14,66 kN. A interseção das linhas representando os vetores **T** e **A** estabelece as intensidades T e A necessárias para garantir que a soma vetorial das forças seja nula. Essas intensidades são medidas a partir do diagrama. Caso se deseje, as componentes x e y de **A** podem ser construídas no polígono de forças.

DICAS ÚTEIS

① A justificativa para esse passo é o teorema de Varignon, explicado na Seção 2/4. Esteja preparado para tirar proveito deste princípio frequentemente.

② O cálculo dos momentos em problemas bidimensionais é geralmente mais simples de realizar usando álgebra escalar do que através do produto vetorial $\mathbf{r} \times \mathbf{F}$. Em três dimensões, como veremos posteriormente, o inverso é mais frequente.

③ A direção da força em A poderia ser facilmente calculada, se desejado. Entretanto, no projeto do pino A ou ao verificar sua resistência, a intensidade da força é o que importa.

SEÇÃO B Equilíbrio em Três Dimensões

3/4 Condições de Equilíbrio

Vamos agora estender nossos princípios e métodos desenvolvidos para equilíbrio bidimensional ao caso do equilíbrio no contexto tridimensional. Na Seção 3/1, as condições gerais para equilíbrio de um corpo foram estabelecidas pelas Eqs. 3/1, que determinam que a força resultante e o binário em um corpo em equilíbrio sejam nulos. Essas duas equações vetoriais de equilíbrio e suas componentes escalares podem ser escritas como

$$\mathbf{\Sigma F} = \mathbf{0} \quad \text{ou} \quad \begin{cases} \Sigma F_x = 0 \\ \Sigma F_y = 0 \\ \Sigma F_z = 0 \end{cases}$$

$$\mathbf{\Sigma M} = \mathbf{0} \quad \text{ou} \quad \begin{cases} \Sigma M_x = 0 \\ \Sigma M_y = 0 \\ \Sigma M_z = 0 \end{cases}$$

(3/3)

As três primeiras equações escalares estabelecem que não existe força resultante atuando sobre um corpo em equilíbrio em nenhuma das três direções coordenadas. O segundo conjunto de três equações expressa o requisito adicional de que não deve haver momento resultante atuando no corpo em relação a nenhum dos eixos coordenados ou em relação a eixos paralelos aos eixos coordenados. Estas seis equações são condições necessárias e suficientes para o equilíbrio completo. Os eixos de referência podem ser escolhidos arbitrariamente de maneira conveniente, e a única restrição é que seja escolhido um sistema de coordenadas que satisfaça a regra da mão direita quando a notação vetorial for utilizada.

As seis relações escalares das Eqs. 3/3 são condições independentes, uma vez que cada uma delas é válida independentemente das outras. Por exemplo, para um carro que acelera em uma estrada reta e plana na direção x, a segunda lei de Newton nos diz que a força resultante sobre o carro é igual à sua massa vezes sua aceleração. Assim $\Sigma F_x \neq 0$, mas as outras duas equações de equilíbrio de forças remanescentes são satisfeitas, uma vez que todas as outras componentes de aceleração são nulas. Da mesma forma, se o volante de inércia do motor do carro em aceleração está girando com velocidade angular crescente em torno do eixo x, ele não está em equilíbrio rotacional em relação a esse eixo. Assim, apenas para o volante, $\Sigma M_x \neq 0$ juntamente com $\Sigma F_x \neq 0$, mas as outras quatro equações de equilíbrio remanescentes para o volante seriam satisfeitas para os eixos do seu centro de massa.

Para aplicar a forma vetorial das Eqs. 3/3, expressamos, inicialmente, cada uma das forças em função dos vetores unitários $\mathbf{i}, \mathbf{j}$ e $\mathbf{k}$. Para a primeira equação, $\Sigma \mathbf{F} = \mathbf{0}$, a soma vetorial será nula somente se os coeficientes de $\mathbf{i}, \mathbf{j}$ e $\mathbf{k}$ na expressão forem, respectivamente, nulos. Igualando cada um desses três somatórios a zero, obtêm-se exatamente as três equações escalares de equilíbrio, $\Sigma F_x = 0$, $\Sigma F_y = 0$ e $\Sigma F_z = 0$.

Para a segunda equação, $\Sigma \mathbf{M} = \mathbf{0}$, em que o somatório de momentos pode ser feito em relação a qualquer ponto O conveniente, expressamos o momento de cada força através do produto vetorial $\mathbf{r} \times \mathbf{F}$, em que $\mathbf{r}$ é o vetor posição a partir de O até qualquer ponto sobre a linha de ação da força $\mathbf{F}$. Assim, $\Sigma \mathbf{M} = \Sigma(\mathbf{r} \times \mathbf{F}) = \mathbf{0}$. Quando os coeficientes de $\mathbf{i}, \mathbf{j}$ e $\mathbf{k}$ na equação de momento resultante são igualados a zero, obtemos, respectivamente, as três equações escalares de momento $\Sigma M_x = 0$, $\Sigma M_y = 0$ e $\Sigma M_z = 0$.

Diagramas de Corpo Livre

Os somatórios nas Eqs. 3/3 incluem os efeitos de *todas* as forças que atuam no corpo em consideração. Aprendemos no item anterior que o diagrama de corpo livre é o único método confiável para revelar todas as forças e momentos que devem ser incluídos em nossas equações de equilíbrio. Em três dimensões, o diagrama de corpo livre tem o mesmo propósito essencial que ele tem em duas dimensões e *sempre* deve ser desenhado. Podemos escolher desenhar uma vista tridimensional do corpo isolado, com todas as forças externas representadas, ou desenhar as projeções ortogonais do diagrama de corpo livre. Ambas as representações estão ilustradas nos exemplos ao final deste item.

A representação correta das forças em um diagrama de corpo livre requer conhecimento das características das superfícies de contato. Essas características foram descritas na **Fig. 3/1** para os problemas bidimensionais, e sua extensão aos problemas tridimensionais está representada na **Fig. 3/8** para as situações mais comuns de transmissão de força. As representações nas **Figs. 3/1** e **3/8** serão utilizadas na análise em três dimensões.

O propósito essencial de um diagrama de corpo livre é desenvolver um quadro confiável da ação física de todas as forças (e binários, no caso de existirem) agindo em um corpo. Assim, é útil representar as forças em seu sentido físico correto, sempre for que possível. Dessa maneira, o diagrama de corpo livre torna-se um modelo mais próximo do problema físico real do que se as forças fossem arbitrariamente colocadas ou se fossem colocadas sempre no mesmo sentido matemático atribuído aos eixos coordenados.

Por exemplo, no item 4 da **Fig. 3/8**, pode-se perceber que o sentido correto das incógnitas R_x e R_y é oposto aos atribuídos aos eixos coordenados. Condições semelhantes se aplicam ao sentido dos vetores dos momentos, itens 5 e 6, em que, pela regra da mão direita, pode-se atribuir a eles um sentido oposto àquele das respectivas direções coordenadas. Neste momento, você deve reconhecer que uma resposta negativa para uma força incógnita, ou para um binário, indica somente que sua ação física está no sentido oposto àquele atribuído no diagrama de corpo livre. Frequentemente, é claro, o sentido físico correto não é inicialmente conhecido, de modo que se torna necessário atribuir um sentido arbitrário no diagrama de corpo livre.

Categorias de Equilíbrio

A aplicação das Eqs. 3/3 recai em quatro categorias que podemos identificar com o auxílio da **Fig. 3/9**. Essas categorias diferem no número e no tipo (força ou momento) de equações de equilíbrio independentes necessárias para resolver o problema.

Categoria 1, o equilíbrio de forças, todas concorrentes no ponto O, requer todas as três equações de força, mas nenhuma equação de momento, uma vez que o momento das forças em torno de qualquer eixo que passe por O é nulo.

Categoria 2, o equilíbrio de forças concorrentes com uma linha requer todas as equações, exceto a equação de momento em torno dessa linha, que é automaticamente satisfeita.

Categoria 3, o equilíbrio de forças paralelas requer apenas uma equação de força, aquela na direção das forças (a direção x, como mostrado) e duas equações de momento em torno dos eixos (y e z) que são normais à direção das forças.

Categoria 4, o equilíbrio de um sistema geral de forças requer todas as três equações de força e todas as três equações de momento.

As observações contidas nestes enunciados são geralmente bastante evidentes quando dado problema está sendo resolvido.

Restrições e Determinação Estática

As seis relações escalares das Eqs. 3/3, embora sejam condições necessárias e suficientes para estabelecer equilíbrio, não fornecem, necessariamente, todas as informações

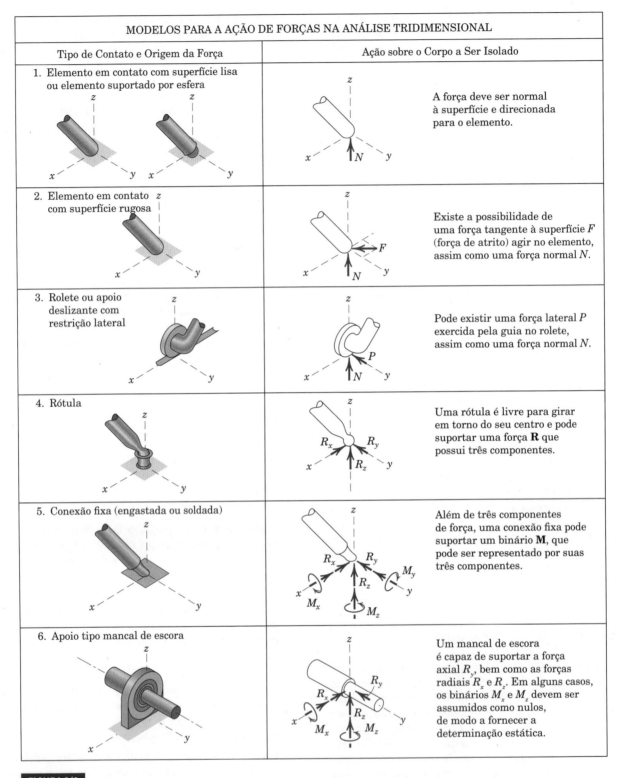

FIGURA 3/8

requeridas para calcular as forças desconhecidas atuando em uma situação de equilíbrio tridimensional. Novamente, como foi verificado para duas dimensões, a questão da adequação das informações é decidida pelas características das restrições impostas pelos suportes. Existe um critério analítico para determinar a adequação das restrições, mas ele está além do escopo deste livro.* Na **Fig. 3/10**, entretanto, citamos quatro exemplos de condições de restrição para alertar o leitor sobre o problema.

---
* Veja, do primeiro autor, *Estática*, 2. ed. Versão SI, 1975, Art. 16.

CATEGORIAS DE EQUILÍBRIO EM TRÊS DIMENSÕES		
Sistema de Força	Diagrama de Corpo Livre	Equações Independentes
1. Concorrentes em um ponto		$\Sigma F_x = 0$ $\Sigma F_y = 0$ $\Sigma F_z = 0$
2. Concorrentes com uma linha		$\Sigma F_x = 0 \quad \Sigma M_y = 0$ $\Sigma F_y = 0 \quad \Sigma M_z = 0$ $\Sigma F_z = 0$
3. Paralelas		$\Sigma F_x = 0 \quad \Sigma M_y = 0$ $\quad\quad\quad\quad\Sigma M_z = 0$
4. Geral		$\Sigma F_x = 0 \quad \Sigma M_x = 0$ $\Sigma F_y = 0 \quad \Sigma M_y = 0$ $\Sigma F_z = 0 \quad \Sigma M_z = 0$

FIGURA 3/9

A parte *a* da **Fig. 3/10** mostra um corpo rígido cujo vértice *A* está completamente fixo pelos vínculos 1, 2 e 3. Os vínculos 4, 5 e 6 previnem rotações em torno dos eixos dos vínculos 1, 2 e 3, respectivamente, de modo que o corpo está *fixado de forma completa* e as restrições são denominadas *adequadas*. A parte *b* da figura mostra o mesmo número de restrições, mas vemos que elas não oferecem resistência a um momento que possa ser aplicado em torno do eixo *AE*. Nesse caso o corpo está *fixo de forma incompleta* e apenas com *restrição parcial*.

De modo semelhante, na **Fig. 3/10c** as restrições não oferecem resistência a uma força não equilibrada na direção *y*, de modo que aqui também existe um caso de fixação de forma incompleta com restrições parciais. Na **Fig. 3/10d**, se um sétimo vínculo de restrição for imposto ao sistema de seis restrições, colocado apropriadamente para haver fixação de forma completa, teremos mais suportes do que os que seriam necessários para estabelecer a posição de equilíbrio, e o vínculo 7 seria *redundante*. O corpo seria então *estaticamente indeterminado* com a inclusão deste sétimo vínculo. Com apenas algumas exceções, as restrições dos suportes para corpos rígidos em equilíbrio neste livro são adequadas e os corpos são estaticamente determinados.

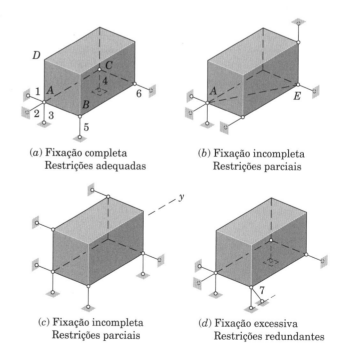

(*a*) Fixação completa
Restrições adequadas

(*b*) Fixação incompleta
Restrições parciais

(*c*) Fixação incompleta
Restrições parciais

(*d*) Fixação excessiva
Restrições redundantes

FIGURA 3/10

64 CAPÍTULO 3 | Equilíbrio

O equilíbrio tridimensional da torre de celular deve ser cuidadosamente analisado, de modo a evitar que uma excessiva força horizontal resultante seja aplicada pelo sistema de cabos.

EXEMPLO DE PROBLEMA 3/5

O eixo de aço uniforme, com 7 m de comprimento, tem massa de 200 kg e está sustentado por uma rótula em A em chão horizontal. A extremidade esférica em B está apoiada contra a parede vertical lisa, conforme mostrado. Calcule as forças exercidas pelas paredes e pelo chão nas extremidades do eixo.

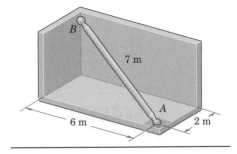

Solução O diagrama de corpo livre do eixo é inicialmente desenhado com as forças de contato atuando na barra em B representadas como normais às superfícies da parede. Além do peso $W = mg = 200(9,81) = 1962$ N, a força exercida pelo chão na rótula em A é representada pelas suas componentes x, y e z. Estas componentes estão mostradas com o seu sentido físico correto, como fica evidente pelo requisito de que A não pode se mover. ① A posição vertical de B é determinada a partir de $7 = \sqrt{2^2 + 6^2 + h^2}$, $h = 3$ m. Conforme mostrado, são atribuídos eixos coordenados definidos de acordo com a regra da mão direita.

Solução Vetorial Usaremos A como centro de momentos para eliminar referências às forças em A. Os vetores posição necessários para calcular os momentos em torno de A são

$$\mathbf{r}_{AG} = -1\mathbf{i} - 3\mathbf{j} + 1{,}5\mathbf{k} \text{ m} \quad \text{e} \quad \mathbf{r}_{AB} = -2\mathbf{i} - 6\mathbf{j} + 3\mathbf{k} \text{ m}$$

em que o centro de massa G está localizado na metade da distância entre A e B.

A equação vetorial de momentos fornece

$$[\Sigma \mathbf{M}_A = \mathbf{0}] \qquad \mathbf{r}_{AB} \times (\mathbf{B}_x + \mathbf{B}_y) + \mathbf{r}_{AG} \times \mathbf{W} = \mathbf{0}$$

$$(-2\mathbf{i} - 6\mathbf{j} + 3\mathbf{k}) \times (B_x\mathbf{i} + B_y\mathbf{j}) + (-\mathbf{i} - 3\mathbf{j} + 1{,}5\mathbf{k}) \times (-1962\mathbf{k}) = \mathbf{0}$$

$$\begin{vmatrix} \mathbf{i} & \mathbf{j} & \mathbf{k} \\ -2 & -6 & 3 \\ B_x & B_y & 0 \end{vmatrix} + \begin{vmatrix} \mathbf{i} & \mathbf{j} & \mathbf{k} \\ -1 & -3 & 1{,}5 \\ 0 & 0 & -1962 \end{vmatrix} = \mathbf{0}$$

$$(-3B_y + 5890)\mathbf{i} + (3B_x - 1962)\mathbf{j} + (-2B_y + 6B_x)\mathbf{k} = \mathbf{0}$$

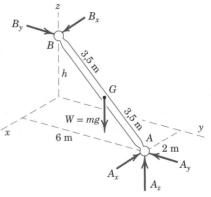

DICAS ÚTEIS

① Poderíamos, é claro, colocar todas as componentes de força incógnitas no sentido matemático positivo dos eixos de coordenadas, de tal forma que obteríamos valores negativos para A_x e A_y após os cálculos. O diagrama de corpo livre descreve a situação física e, dessa forma, normalmente é preferível mostrar as forças com os seus sentidos físicos corretos, sempre que possível.

EXEMPLO DE PROBLEMA 3/5 (continuação)

Igualando os coeficientes de **i**, **j** e **k** a zero e resolvendo, obtemos

$$B_x = 654 \text{ N e } B_y = 1962 \text{ N} \quad ②$$ *Resp.*

As forças em A podem ser facilmente determinadas por

$$[\Sigma \mathbf{F} = 0] \quad (654 - A_x)\mathbf{i} + (1962 - A_y)\mathbf{j} + (-1962 + A_z)\mathbf{k} = \mathbf{0}$$

e $\quad A_x = 654 \text{ N} \quad A_y = 1962 \text{ N} \quad A_z = 1962 \text{ N}$

Finalmente,
$$A = \sqrt{A_x^2 + A_y^2 + A_z^2}$$ *Resp.*
$$= \sqrt{(654)^2 + (1962)^2 + (1962)^2} = 2850 \text{ N}$$

Solução Escalar Avaliando as equações escalares dos momentos em torno dos eixos que passam por A, paralelos, respectivamente, aos eixos x e y, obtemos

$[\Sigma M_{A_x} = 0] \qquad 1962(3) - 3B_y = 0 \qquad B_y = 1962 \text{ N}$

$[\Sigma M_{A_y} = 0] \qquad -1962(1) + 3B_x = 0 \qquad B_x = 654 \text{ N} \quad ③$

As equações de força fornecem, simplesmente,

$[\Sigma F_x = 0] \qquad -A_x + 654 = 0 \qquad A_x = 654 \text{ N}$

$[\Sigma F_y = 0] \qquad -A_y + 1962 = 0 \qquad A_y = 1962 \text{ N}$

$[\Sigma F_z = 0] \qquad A_z - 1962 = 0 \qquad A_z = 1962 \text{ N}$

② Observe que a terceira equação $-2B_y + 6B_x = 0$ simplesmente confirma os resultados das duas primeiras equações. Este resultado poderia ser previsto a partir do fato de que um sistema de equilíbrio de forças concorrentes com uma linha requer somente duas equações de momento (Categoria 2 do tópico *Categorias de Equilíbrio*).

③ Observamos que um somatório de momentos em torno de um eixo que passe por A e seja paralelo ao eixo z fornece, simplesmente, $6B_x - 2B_y = 0$, o que serve apenas como verificação, conforme observado anteriormente. De forma alternativa, poderíamos ter obtido A_z primeiro a partir de $\Sigma F_z = 0$ e, então, ter montado as equações de momento em relação a eixos passando por B, para obter A_x e A_y.

EXEMPLO DE PROBLEMA 3/6

Uma força de 200 N é aplicada à manivela do guincho na direção mostrada. O mancal A suporta uma força longitudinal (força na direção longitudinal do eixo), enquanto o mancal B suporta apenas carga radial (carga normal à direção longitudinal do eixo). Determine a massa m que pode ser suportada e a força radial total exercida no eixo por cada mancal. Considere que nenhum dos mancais é capaz de suportar momento em relação à linha normal ao eixo.

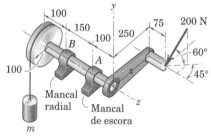

Dimensões em milímetros

Solução O sistema é claramente tridimensional, sem linhas ou planos de simetria; desse modo, deve ser analisado como um sistema de forças espaciais geral. Uma solução escalar será usada aqui para ilustrar essa abordagem, embora uma solução usando notação vetorial também fosse satisfatória. O diagrama de corpo livre de eixo, manivela e polia, considerados como um único corpo, poderia ser mostrado através de uma vista espacial, se desejado, mas está representado aqui por suas três projeções ortogonais. ①

A força de 200 N está decomposta em suas três componentes, e cada uma das três vistas mostra duas dessas componentes. As direções corretas de A_x e B_x podem ser determinadas por inspeção, observando que a linha de ação da resultante das duas forças de 70,7 N passa entre A e B. Os sentidos corretos das forças A_y e B_y não podem ser determinados até que as intensidades dos momentos sejam obtidas, de modo que eles são escolhidos arbitrariamente. A projeção x-y das forças nos mancais está mostrada em termos dos somatórios das componentes x e y desconhecidas. A inclusão de A_z e do peso $W = mg$ completa os diagramas de corpo livre. Deve-se observar que as três vistas representam três problemas bidimensionais a partir das componentes de forças correspondentes.

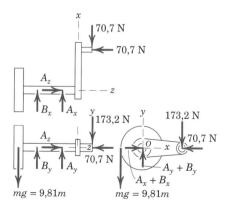

DICAS ÚTEIS

① Se as três vistas-padrão da projeção ortogonal não são inteiramente familiares, então faça uma revisão e pratique. Visualize as três vistas como imagens do corpo projetadas nas partes frontal, superior e lateral de uma caixa de plástico transparente envolvendo o corpo e alinhada com ele.

EXEMPLO DE PROBLEMA 3/6 (continuação)

A partir da projeção x-y: ②

[$\Sigma M_O = 0$] $100(9{,}81m) - 250(173{,}2) = 0$ $m = 44{,}1$ kg   Resp.

A partir da projeção x-z:

[$\Sigma M_A = 0$] $150B_x + 175(70{,}7) - 250(70{,}7) = 0$ $B_x = 35{,}4$ N

[$\Sigma F_x = 0$] $A_x + 35{,}4 - 70{,}7 = 0$ $A_x = 35{,}4$ N

A projeção x-z fornece ③

[$\Sigma M_A = 0$] $150B_y + 175(173{,}2) - 250(44{,}1)(9{,}81) = 0$ $B_y = 520$ N

[$\Sigma F_y = 0$] $A_y + 520 - 173{,}2 - (44{,}1)(9{,}81) = 0$ $A_y = 86{,}8$ N

[$\Sigma F_z = 0$] $A_z = 70{,}7$ N

A força radial total nos mancais é

[$A_r = \sqrt{A_x^2 + A_y^2}$] $A_r = \sqrt{(35{,}4)^2 + (86{,}8)^2} = 93{,}5$ N   Resp.

[$B = \sqrt{B_x^2 + B_y^2}$] $B = \sqrt{(35{,}4)^2 + (520)^2} = 521$ N ④   Resp.

② Poderíamos ter iniciado com a projeção x-z em vez da projeção x-y.

③ A vista y-z poderia ter vindo imediatamente após a vista x-y, uma vez que a determinação de A_y e B_y pode ser feita após a determinação de m.

④ Sem a suposição de que o momento suportado por cada mancal é nulo, em relação à linha normal ao eixo, o problema seria estaticamente indeterminado.

EXEMPLO DE PROBLEMA 3/7

A estrutura tubular soldada está presa ao plano horizontal xy através de uma rótula em A e suportada por um anel frouxo em B. Sob a ação da carga de 2 kN, a rotação em torno de uma linha de A até B é evitada pelo cabo CD, e a estrutura é estável na posição mostrada. Despreze o peso da estrutura, em comparação com a carga aplicada, e determine a força trativa T no cabo, a reação no anel e as componentes da reação em A.

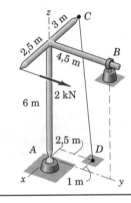

Solução O sistema é claramente tridimensional, sem linhas ou planos de simetria; consequentemente, o problema deve ser analisado como um sistema de forças geral no espaço. O diagrama de corpo livre é desenhado considerando que a reação do anel está mostrada em termos de seus dois componentes. Todas as incógnitas, à exceção de **T**, podem ser eliminadas levando-se em conta o somatório de momentos em relação à linha AB. ① A direção de AB é especificada pelo vetor unitário $\mathbf{n} = \dfrac{1}{\sqrt{6^2 + 4{,}5^2}}(4{,}5\mathbf{j} + 6\mathbf{k}) = \frac{1}{5}(3\mathbf{j} + 4\mathbf{k})$. O momento de **T** em torno de AB é a componente na direção AB do vetor momento no que se refere ao ponto A e é igual a $\mathbf{r}_1 \times \mathbf{T} \cdot \mathbf{n}$. De modo semelhante, o momento da força aplicada F relativamente a AB é $\mathbf{r}_2 \times \mathbf{F} \cdot \mathbf{n}$. Com $\overline{CD} = \sqrt{46{,}2}$ m, as expressões vetoriais para **T**, **F**, $\mathbf{r}_1$ e $\mathbf{r}_2$ são

$$\mathbf{T} = \frac{T}{\sqrt{46{,}2}}(2\mathbf{i} + 2{,}5\mathbf{j} - 6\mathbf{k}) \qquad \mathbf{F} = 2\mathbf{j} \text{ kN}$$

$$\mathbf{r}_1 = -\mathbf{i} + 2{,}5\mathbf{j} \text{ m} \qquad \mathbf{r}_2 = 2{,}5\mathbf{i} + 6\mathbf{k} \text{ m} \quad ②$$

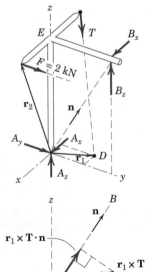

DICAS ÚTEIS

① A vantagem de usar notação vetorial neste problema é a liberdade de se tomar diretamente momentos em relação a qualquer eixo. Neste problema, essa liberdade permite a escolha de um eixo que elimina cinco das incógnitas.

② Lembre-se de que o vetor **r** na expressão $\mathbf{r} \times \mathbf{F}$ para o momento de uma força é um vetor desde o centro de momento até *qualquer* ponto sobre a linha de ação da força. Em vez de $\mathbf{r}_1$, uma escolha igualmente simples seria o vetor $\overrightarrow{AC}$.

EXEMPLO DE PROBLEMA 3/7 *(continuação)*

A equação do momento torna-se

$$[\Sigma M_{AB} = 0] \quad (-\mathbf{i} + 2{,}5\mathbf{j}) \times \frac{T}{\sqrt{46{,}2}} (2\mathbf{i} + 2{,}5\mathbf{j} - 6\mathbf{k}) \cdot \frac{1}{5}(3\mathbf{j} + 4\mathbf{k})$$
$$+ (2{,}5\mathbf{i} + 6\mathbf{k}) \times (2\mathbf{j}) \cdot \frac{1}{5}(3\mathbf{j} + 4\mathbf{k}) = 0$$

Completando as operações vetoriais, fornece

$$-\frac{48T}{\sqrt{46{,}2}} + 20 = 0 \qquad T = 2{,}83 \text{ kN} \qquad \textit{Resp.}$$

e as componentes de T são

$$T_x = 0{,}833 \text{ kN} \qquad T_y = 1{,}042 \text{ kN} \qquad T_z = -2{,}50 \text{ kN}$$

Podemos determinar as incógnitas remanescentes através das somas de momentos e forças, como se segue.

$[\Sigma M_z = 0]$	$2(2{,}5) - 4{,}5B_x - 1{,}042(3) = 0$	$B_x = 0{,}417$ kN	*Resp.*
$[\Sigma M_x = 0]$	$4{,}5B_z - 2(6) - 1{,}042(6) = 0$	$B_z = 4{,}06$ kN	*Resp.*
$[\Sigma F_x = 0]$	$A_x + 0{,}417 + 0{,}833 = 0$	$A_x = -1{,}250$ kN	*Resp.*
$[\Sigma F_y = 0]$	$A_y + 2 + 1{,}042 = 0$	$A_y = -3{,}04$ kN ③	*Resp.*
$[\Sigma F_z = 0]$	$A_z + 4{,}06 - 2{,}50 = 0$	$A_z = -1{,}556$ kN	*Resp.*

③ Os sinais negativos associados com as componentes de A indicam que elas possuem sentidos contrários aos mostrados no diagrama de corpo livre.

3/5 Revisão do Capítulo

No Capítulo 3, aplicamos nosso conhecimento sobre as propriedades das forças, momentos e binários estudados no Capítulo 2 para resolver problemas envolvendo corpos rígidos em equilíbrio. O equilíbrio total de um corpo requer que o vetor resultante de todas as forças atuando nele seja nulo ($\Sigma \mathbf{F} = \mathbf{0}$) e que o vetor resultante de todos os momentos no corpo em relação a um ponto (ou eixo) também seja nulo ($\Sigma \mathbf{M} = \mathbf{0}$). Em todas as nossas soluções, somos guiados por esses dois requisitos, que são fisicamente compreendidos com facilidade.

Frequentemente, não é a teoria, mas sua aplicação, que apresenta dificuldade. Os passos cruciais na aplicação de nossos princípios de equilíbrio devem agora ser bastante familiares. São eles:

1. Tome uma decisão clara sobre qual sistema (um corpo ou um conjunto de corpos) em equilíbrio deve ser analisado.
2. Isole o sistema em questão de todos os corpos em contato, desenhando seu *diagrama de corpo livre* mostrando todas as forças e binários atuando no sistema isolado de fontes externas.
3. Observe o princípio da ação e reação (terceira lei de Newton) quando for atribuir o sentido de cada força.
4. Identifique todas as forças e binários, conhecidos e desconhecidos.
5. Escolha e identifique eixos de referência, sempre escolhendo um sistema que satisfaça a regra da mão direita quando a notação vetorial for usada (o que é normalmente o caso para a análise tridimensional).
6. Verifique a adequação das restrições (suportes) e iguale o número de incógnitas com o número de equações de equilíbrio independentes disponíveis.

Quando estivermos resolvendo um problema de equilíbrio, devemos primeiro verificar se o corpo é estaticamente determinado. Se houver mais suportes do que os necessários para manter o corpo no lugar, o corpo será estaticamente indeterminado e as equações de equilíbrio, por si sós, não serão suficientes para determinar todas as reações externas. Na aplicação das equações de equilíbrio escolhemos álgebra escalar, álgebra vetorial ou análise gráfica, de acordo com a preferência e a experiência; a álgebra vetorial é particularmente útil para muitos problemas tridimensionais.

A resolução algébrica de uma solução pode ser simplificada pela escolha de um eixo de momentos que elimine tantas incógnitas quanto possível, ou pela escolha de uma direção para um somatório de forças que evite a referência a certas incógnitas. Alguns poucos momentos de reflexão para tirar vantagem dessas simplificações podem economizar tempo e esforço apreciáveis.

Os princípios e métodos abordados nos Capítulos 2 e 3 constituem a parte mais básica da Estática. Eles estabelecem os fundamentos para o que se segue, tanto em Estática como também em Dinâmica.

CAPÍTULO 4

Estruturas

VISÃO GERAL DO CAPÍTULO

4/1 Introdução
4/2 Treliças Planas
4/3 Método dos Nós
4/4 Método das Seções
4/5 Treliças Espaciais
4/6 Pórticos e Máquinas
4/7 Revisão do Capítulo

A ponte de Seri Wawasan em Putrajaya, na Malásia, tem um comprimento total de 240 metros e uma altura de 85 metros. Foi inaugurada em 2003.

4/1 Introdução

No Capítulo 3, estudamos o equilíbrio de um único corpo rígido ou de um sistema de elementos conectados tratados como um único corpo rígido. Inicialmente, desenhamos um diagrama de corpo livre mostrando todas as forças externas ao corpo isolado, e, então, aplicamos as equações de equilíbrio de força e momento. No Capítulo 4, focamos na determinação das forças internas a uma estrutura, ou seja, as forças de ação e reação entre os elementos conectados. Uma estrutura de engenharia é qualquer sistema de elementos conectados, construído para suportar ou transferir forças e resistir de forma segura às cargas a ele aplicadas. Para determinar as forças internas a uma estrutura de engenharia, devemos desmembrá-la e analisar os diagramas de corpo livre separados dos elementos individuais ou de combinações de elementos. Esta análise requer a aplicação cuidadosa da terceira lei de Newton, a qual estabelece que cada ação é acompanhada por uma reação de igual intensidade e de sentido oposto.

No Capítulo 4 analisamos as forças internas que atuam em diversos tipos de estrutura – especificamente, treliças, pórticos e máquinas. Nesse tratamento, consideramos apenas estruturas *estaticamente determinadas*, que não possuem mais suportes do que são necessários para manter uma configuração de equilíbrio. Assim, como já vimos, as equações de equilíbrio são suficientes para determinar todas as reações desconhecidas.

A análise de treliças, pórticos e máquinas, e vigas sob cargas concentradas constitui uma aplicação direta do material desenvolvido nos dois capítulos anteriores. O procedimento básico desenvolvido no Capítulo 3 para isolar um corpo através da construção de um diagrama de corpo livre correto é essencial para a análise de estruturas estaticamente determinadas.

4/2 Treliças Planas

Treliça é uma estrutura composta por elementos unidos nas suas extremidades para formar uma estrutura rígida. Pontes, suportes para telhados, guindastes e outras estruturas similares são exemplos comuns de treliças. Os elementos estruturais comumente usados são vigas em I ou em U, cantoneiras, barras e formas especiais que são unidas em suas extremidades por meio de solda, conexões com rebites, ou grandes parafusos ou pinos. Quando os elementos da treliça se situam essencialmente em um único plano, a treliça é denominada *treliça plana*.

Para pontes e estruturas similares, as treliças planas são comumente utilizadas em pares, com uma treliça posicionada em cada lado da estrutura. Uma seção de estrutura típica de uma ponte está mostrada na **Fig. 4/1**. O peso combinado do pavimento e dos veículos é transferido às longarinas, daí para as vigas cruzadas e, finalmente, levando em conta o peso das longarinas e das vigas cruzadas, para os nós superiores das duas treliças planas que formam os lados verticais da estrutura. Um modelo simplificado da estrutura da treliça está indicado no lado esquerdo da ilustração; as forças L representam as cargas nos nós.

Diversos exemplos de treliças comumente utilizadas que podem ser analisadas como treliças planas são mostrados na **Fig. 4/2**.

Treliças Simples

O elemento básico de uma treliça plana é o triângulo. Três barras conectadas por pinos nas suas extremidades, **Fig. 4/3a**, formam uma estrutura rígida. O termo *rígido* é usado no sentido de que não irá colapsar e também de que a deformação dos elementos devida às deformações

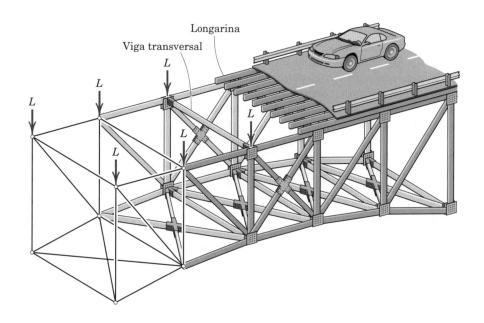

FIGURA 4/1

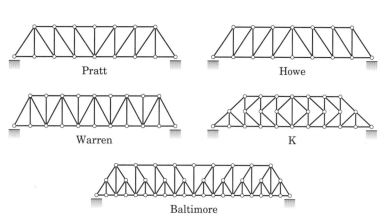

Treliças comuns utilizadas em pontes

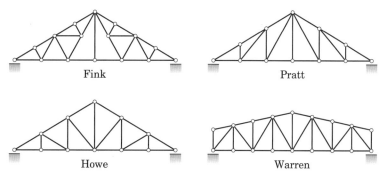

Treliças comuns utilizadas em telhados

FIGURA 4/2

internas induzidas é desprezível. Por outro lado, quatro ou mais barras conectadas por pinos para formar um polígono não constituem uma estrutura rígida. Podemos tornar rígida, ou estável, a estrutura não rígida da **Fig. 4/3b** adicionando uma barra diagonal, conectando A e D ou B e C, formando, assim, dois triângulos. Podemos estender a estrutura incorporando unidades adicionais formadas por duas barras conectadas nas extremidades, tais como DE e CE ou AF e DF, **Fig. 4/3c**, que são conectadas através de pinos a dois nós fixos. Desta forma, toda a estrutura permanecerá rígida.

Estruturas construídas a partir de um triângulo básico, da maneira descrita, são conhecidas como *treliças simples*. Quando estão presentes mais elementos do que os necessários para evitar o colapso, a treliça é estaticamente indeterminada. Uma treliça estaticamente indeterminada não pode ser analisada apenas com as equações de equilíbrio. Elementos adicionais ou suportes que não são necessários para manter a configuração de equilíbrio são chamados de *redundantes*.

Para projetar uma treliça, devemos primeiro determinar as forças nos vários elementos e então selecionar as dimensões e as formas estruturais apropriadas para suportá-las. Diversas suposições são feitas na análise de forças de treliças simples. Primeiramente, consideramos que todos os elementos são *elementos de barra*. Um elemento de barra é aquele que está em equilíbrio sob a ação de apenas duas forças, conforme definido em termos gerais na **Fig. 3/4** da Seção 3/3. Cada elemento de uma treliça é normalmente composto de uma barra reta, que une os dois pontos de aplicação da força. As duas forças são aplicadas nas extremidades do elemento e, para que a condição de equilíbrio seja satisfeita, são necessariamente iguais em intensidade, de sentido oposto e *colineares*.

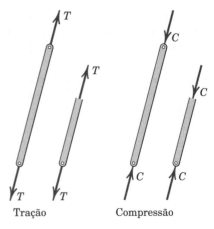

Tração   Compressão

Elementos de barra

FIGURA 4/4

O elemento pode estar em tração ou compressão, conforme mostrado na **Fig. 4/4**. Quando representamos o equilíbrio de uma parte de um elemento de barra, a tração T ou a compressão C atuando na seção de corte é a mesma para todas as seções. Consideramos aqui que o peso do elemento é pequeno em comparação com a força que ele suporta. Se esse não for o caso, ou se precisarmos levar em consideração o pequeno efeito do peso, podemos substituir o peso W do elemento por duas forças, cada uma igual a $W/2$ se o elemento for uniforme, cada uma atuando em uma extremidade do elemento. Essas forças, na verdade, são tratadas como cargas externas aplicadas aos pinos de conexão. Considerando o peso de um elemento dessa forma, obtêm-se valores corretos para a tração ou contração média ao longo do elemento, mas o efeito de flexão do elemento não será considerado.

Nós e Apoios de Treliças

Quando conexões soldadas ou rebitadas são usadas para unir elementos estruturais, normalmente podemos considerar a conexão como uma conexão por pino se as linhas de centro dos elementos forem concorrentes na conexão, conforme mostrado na **Fig. 4/5**.

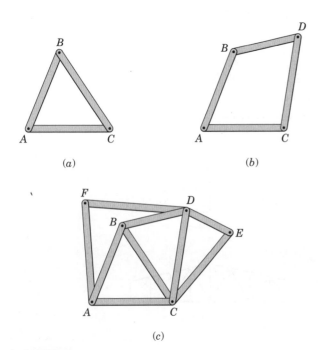

FIGURA 4/3

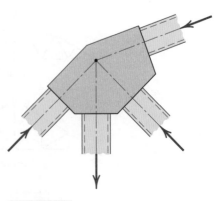

FIGURA 4/5

Na análise de treliças simples, também consideramos que todas as forças externas são aplicadas nos pinos de conexão. Essa condição é satisfeita na maioria das treliças. Em treliças de pontes, o pavimento é normalmente colocado sobre vigas cruzadas apoiadas nos nós, conforme mostrado na **Fig. 4/1**.

Para treliças de grande porte, um rolete, suporte oscilante ou algum tipo de junta deslizante é usado em um dos apoios para permitir dilatação e contração devidas a variações de temperatura e de deformações em função das cargas aplicadas. Treliças e pórticos para os quais não está previsto esse tipo de mecanismo são estaticamente indeterminados, conforme exposto na Seção 3/3. A **Fig. 3/1** mostra exemplos desses tipos de conexões.

Dois métodos para a análise de forças em treliças simples serão apresentados. Cada método será explicado para a treliça simples mostrada na **Fig. 4/6a**. O diagrama de corpo livre da treliça como um todo está mostrado na **Fig. 4/6b**. As reações externas são normalmente determinadas primeiro, aplicando as equações de equilíbrio à treliça como um todo. Em seguida, é realizada a análise de forças para o restante da treliça.

4/3 | Método dos Nós

Este método para determinação das forças nos elementos de uma treliça consiste em satisfazer as condições de equilíbrio para as forças que atuam em cada nó. Portanto, o método lida com o equilíbrio de forças concorrentes e apenas duas equações de equilíbrio independentes estão envolvidas.

Começamos a análise com qualquer nó onde exista pelo menos uma carga conhecida e onde estejam presentes não mais do que duas forças incógnitas. A solução pode ser iniciada pelo nó da extremidade esquerda. O seu diagrama de corpo livre está mostrado na **Fig. 4/7**. Com os nós indicados por letras, normalmente designamos a força em cada elemento pelas duas letras que definem as suas extremidades. As direções e os sentidos corretos das forças ficam evidentes por inspeção, neste caso simples. Os diagramas de corpo livre de partes dos elementos *AF* e *AB* também estão mostrados para indicar claramente o mecanismo de ação e reação. O elemento *AB*, na verdade, faz contato no lado esquerdo do nó, apesar de a força *AB* estar desenhada a partir do lado direito e estar mostrada agindo no sentido de se afastar do nó. Assim, se desenharmos de maneira consistente as setas das forças do *mesmo* lado do nó em que está o elemento, a força de tração (como em *AB*) sempre será indicada por uma seta que se *afasta* do nó, e a força de compressão (como em *AF*) sempre estará indicada por uma seta *apontando* para o nó. A intensidade de *AF* é obtida a partir da equação $\Sigma F_y = 0$ e *AB* é, então, determinada de $\Sigma F_x = 0$.

O nó *F* pode ser analisado em seguida, já que agora ele contém apenas duas incógnitas, *EF* e *BF*. Prosseguindo para o próximo nó que tenha não mais do que duas incógnitas, analisamos subsequentemente os nós *B*, *C*, *E* e *D*, nesta ordem. A **Fig. 4/8** mostra o diagrama de corpo livre de cada nó e o polígono de forças correspondente, que representa graficamente as duas condições de equilíbrio $\Sigma F_x = 0$ e $\Sigma F_y = 0$. Os números indicam a ordem na qual os nós são analisados. Observe que quando se chega finalmente ao nó *D*, a reação calculada R_2 deve estar em equilíbrio com as forças nos elementos *CD* e *ED*, que foram determinadas anteriormente a partir dos dois nós vizinhos. Este requisito fornece uma verificação de que o cálculo está correto. Note que isolar o nó *C* mostra que a força em *CE* é nula quando a equação $\Sigma F_y = 0$ é aplicada. Certamente, a força neste elemento não seria nula se uma carga vertical externa fosse aplicada em *C*.

Muitas vezes, é conveniente indicar a força de tração *T* e a de compressão *C* dos vários elementos diretamente no diagrama original da treliça, desenhando setas se afastando dos pinos, para tração, e apontando para os pinos, para compressão. Esta notação está ilustrada na parte de baixo da **Fig. 4/8**.

Algumas vezes, não podemos atribuir inicialmente o sentido correto para uma ou ambas as forças incógnitas atuando em determinado pino. Neste caso, podemos atribuir de forma arbitrária. Um valor negativo para a força calculada indica que o sentido inicialmente presumido está incorreto.

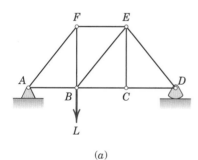

(a)

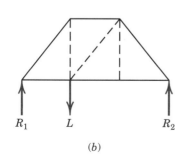

(b)

FIGURA 4/6

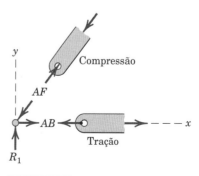

FIGURA 4/7

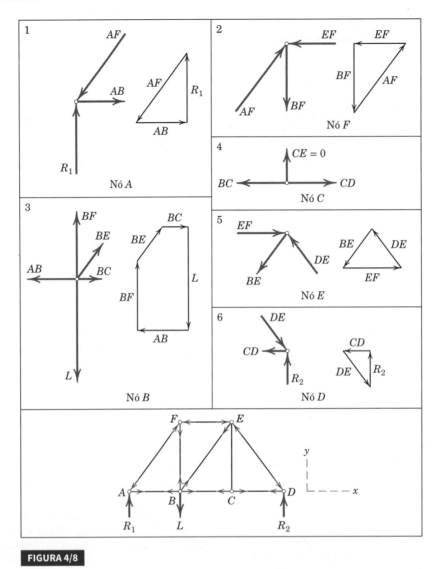

FIGURA 4/8

Redundância Interna e Externa

Se uma treliça plana tem mais suportes externos do que os necessários para garantir uma configuração de equilíbrio estável, a treliça como um todo é estaticamente indeterminada e os suportes extras constituem redundância *externa*. Se uma treliça tem mais elementos internos do que os necessários para evitar colapso quando a treliça é removida de seus suportes, então os elementos extras constituem redundância *interna* e a treliça é, de novo, estaticamente indeterminada.

Para uma treliça estaticamente determinada externamente, existe uma relação específica entre o número de seus elementos e o número de seus nós, necessária para haver estabilidade interna sem redundância. Uma vez que podemos especificar o equilíbrio de cada nó através de duas equações escalares de força, existem ao todo $2j$ equações deste tipo para uma treliça com j nós. Para a treliça composta de m elementos de barra e tendo no máximo três reações de apoio desconhecidas, existe um total $m + 3$ incógnitas (m forças de tração ou compressão e três reações). Assim, para qualquer treliça plana, a equação $m + 3 = 2j$ será satisfeita se a treliça for estaticamente determinada internamente.

Uma treliça plana *simples*, formada a partir de um triângulo no qual são adicionados dois novos elementos para posicionar cada novo nó em relação à estrutura existente, satisfaz a relação automaticamente. A condição é válida para o triângulo inicial, para o qual $m = j + 3$, e m aumenta de 2 para cada nó adicionado enquanto j aumenta de 1. Algumas outras treliças (não simples) estaticamente determinadas, tais como a treliça em K da **Fig. 4/2**, são organizadas de forma diferente, mas é possível mostrar que satisfazem a mesma relação.

Essa equação é uma condição necessária para a estabilidade, mas não é uma condição suficiente, uma vez que um ou mais dos m elementos podem ser organizados de forma a não contribuir para configuração estável da treliça como um todo. Se $m + 3 > 2j$, existem mais elementos do que equações independentes e a treliça é estaticamente indeterminada internamente, com elementos redundantes presentes. Se $m + 3 < 2j$, existe uma carência de elementos internos e a treliça é instável e entrará em colapso quando carregada.

Esta estrutura de uma ponte da cidade de Nova York sugere que os elementos de uma treliça simples não precisam ser retos.

Um interessante arranjo de treliças na Estação do Oriente de Lisboa, Portugal.

Condições Especiais

É comum encontrarmos diversas condições especiais na análise de treliças. Quando dois elementos colineares estão sob compressão, como indicado na **Fig. 4/9a**, é necessário adicionar um terceiro elemento para manter o alinhamento dos dois elementos e prevenir flambagem. A partir de um somatório de forças na direção y, é possível verificar que a força F_3 no terceiro elemento deve ser nula, e que na direção x, $F_1 = F_2$. Esta conclusão é válida independentemente do ângulo θ e também é válida se os elementos colineares estão sob tração. Se uma força externa com uma componente na direção y fosse aplicada ao nó, então F_3 não seria mais nula.

Quando dois elementos não colineares são unidos como mostrado na **Fig. 4/9b**, então, na ausência de uma carga externa aplicada a este nó, as forças em ambos os elementos devem ser nulas, conforme se pode ver a partir dos dois somatórios de força.

Quando dois pares de elementos colineares estão unidos conforme mostrado na **Fig. 4/9c**, as forças em cada par devem ser iguais em intensidade e de sentidos opostos. Esta conclusão resulta dos somatórios de força indicados na figura.

Os painéis de treliças costumam apresentar o cruzamento dos elementos, conforme mostrado na **Fig. 4/10a**. Esse tipo de painel será estaticamente indeterminado se cada tirante puder suportar tanto tração quanto compressão. No entanto, quando os tirantes são elementos flexíveis incapazes de suportar compressão, tal como são os cabos, então apenas o elemento em tração atua e podemos ignorar o outro elemento. Normalmente, a assimetria do carregamento deixa evidente como o painel vai se deformar. Se a deflexão for como a indicada na **Fig. 4/10b**, então o elemento AB deverá ser mantido e o elemento CD ignorado. Quando esta escolha não puder ser feita por inspeção, podemos escolher arbitrariamente o elemento a ser mantido. Se, após os cálculos, obteve-se um valor positivo para a força de tração assumida, a escolha foi correta. Se a força de tração assumida se mostra negativa, então o elemento oposto deve ser mantido e o cálculo refeito.

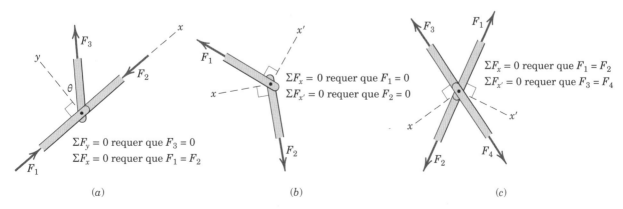

(a)   (b)   (c)

FIGURA 4/9

74 CAPÍTULO 4 | Estruturas

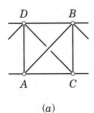 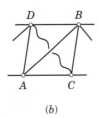

(a)　　　　　(b)

FIGURA 4/10

Podemos evitar a resolução simultânea das equações de equilíbrio para duas forças incógnitas em um nó, mediante a escolha cuidadosa dos eixos de referência. Assim, para o nó indicado esquematicamente na **Fig. 4/11**, em que L é conhecido e F_1 e F_2 são incógnitas, um somatório de forças na direção x elimina qualquer referência a F_1 e um somatório de forças na direção x' elimina qualquer referência a F_2. Quando a determinação dos ângulos envolvidos apresenta algum grau de dificuldade, a solução simultânea das equações utilizando um único conjunto de direções de referência para ambas as incógnitas pode ser preferível.

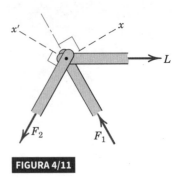

FIGURA 4/11

EXEMPLO DE PROBLEMA 4/1

Calcule as forças em cada elemento da treliça em balanço mostrada, utilizando o método dos nós.

Solução Se não existir a necessidade de obter as reações externas em D e E, a análise da treliça em balanço pode começar pelo nó da extremidade carregada. No entanto, esta treliça será analisada completamente, de forma que o primeiro passo será calcular as forças externas em D e E a partir do diagrama de corpo livre da treliça como um todo. As equações de equilíbrio fornecem

[$\Sigma M_E = 0$]　　　　$5T - 20(5) - 30(10) = 0$　　　　$T = 80$ kN

[$\Sigma F_x = 0$]　　　　$80 \cos 30° - E_x = 0$　　　　$E_x = 69,3$ kN

[$\Sigma F_y = 0$]　　　　$80 \operatorname{sen} 30° + E_y - 20 - 30 = 0$　　　　$E_y = 10$ kN

Em seguida, desenhamos diagramas de corpo livre mostrando as forças que atuam em cada um dos nós. A correta atribuição dos sentidos assumidos para as forças é verificada à medida que cada nó é analisado em sequência. Não deve existir qualquer dúvida quanto ao sentido correto das forças no nó A. O equilíbrio requer

[$\Sigma F_y = 0$]　　　　$0{,}866 AB - 30 = 0$　　　　$AB = 34{,}6$ kN T　　　*Resp.*

[$\Sigma F_x = 0$]　　　　$AC - 0{,}5(34{,}6) = 0$　　　　$AC = 17{,}32$ kN C　　　*Resp.*

em que T representa tração e C, compressão. ①

O nó B deve ser analisado em seguida, já que existem mais de duas forças desconhecidas no nó C. A força BC deve fornecer uma componente para cima e, portanto, BD deve equilibrar a resultante das forças orientadas para a esquerda. Novamente, as forças são obtidas de

[$\Sigma F_y = 0$]　　　　$0{,}866 BC - 0{,}866(34{,}6) = 0$　　　　$BC = 34{,}6$ kN C　　　*Resp.*

[$\Sigma F_x = 0$]　　　　$BD - 2(0{,}5)(34{,}6) = 0$　　　　$BD = 34{,}6$ kN T　　　*Resp.*

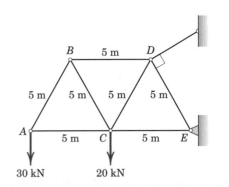

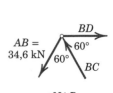

Nó A　　　　Nó B

DICA ÚTIL

① Deve-se estar ciente de que a designação tração/compressão está associada ao *elemento*, não ao nó. Os vetores de força são representados no lado do nó onde o elemento exerce a força. Dessa forma, a tração (vetor afastando-se do nó) é diferenciada da compressão (vetor aproximando-se do nó).

EXEMPLO DE PROBLEMA 4/1 (continuação)

O nó C agora contém apenas duas incógnitas, que podem ser obtidas como foi feito anteriormente:

[$\Sigma F_y = 0$] $0{,}866CD - 0{,}866(34{,}6) - 20 = 0$

$CD = 57{,}7$ kN T Resp.

[$\Sigma F_x = 0$] $CE - 17{,}32 - 0{,}5(34{,}6) - 0{,}5(57{,}7) = 0$

$CE = 63{,}5$ kN C Resp.

Finalmente, do nó E, obtemos

[$F_y = 0$] $0{,}866DE = 10$ $DE = 11{,}55$ kN C Resp.

e a equação $\Sigma F_x = 0$ comprova os resultados.

Observe que os pesos dos componentes da treliça foram desprezados em comparação com as cargas externas.

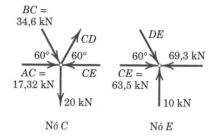

EXEMPLO DE PROBLEMA 4/2

A treliça simples mostrada suporta duas cargas, cada qual com uma intensidade L. Determine as forças nos elementos DE, DF, DG e CD.

Solução Em primeiro lugar, observamos que os elementos curvos dessa treliça simples são todos elementos de barra, de modo que o efeito de cada elemento curvo na treliça é o mesmo que o de um elemento retilíneo.

Podemos começar com o nó E, uma vez que existem apenas duas forças desconhecidas atuando nesse ponto. Tomando como referência o diagrama de corpo livre e a geometria para o nó E, observamos que $\beta = 180° - 11{,}25° - 90° = 78{,}8°$.

[$\Sigma F_y = 0$] $DE \,\text{sen}\, 78{,}8° - L = 0$ $DE = 1{,}020L\ T$ ①   Resp.

[$\Sigma F_x = 0$] $EF - DE \cos 78{,}8° = 0$ $EF = 0{,}1989L\ C$

Devemos agora nos mover para o nó F, já que ainda existem três forças desconhecidas no nó D. A partir da geometria da estrutura,

$$\gamma = \tan^{-1}\left[\frac{2R\,\text{sen}\, 22{,}5°}{2R \cos 22{,}5° - R}\right] = 42{,}1°$$

Do diagrama de corpo livre do nó F,

[$\Sigma F_x = 0$] $-GF \cos 67{,}5° + DF \cos 42{,}1° - 0{,}1989L = 0$

[$\Sigma F_y = 0$] $GF \,\text{sen}\, 67{,}5° + DF \,\text{sen}\, 42{,}1° - L = 0$

A solução simultânea destas duas equações resulta em

$GF = 0{,}646L\ T$ $DF = 0{,}601L\ T$ Resp.

Para o elemento DG, vamos para o diagrama de corpo livre do nó D e à geometria associada.

$$\delta = \tan^{-1}\left[\frac{2R \cos 22{,}5° - 2R \cos 45°}{2R \,\text{sen}\, 45° - 2R \,\text{sen}\, 22{,}5°}\right] = 33{,}8°$$

$$\epsilon = \tan^{-1}\left[\frac{2R \,\text{sen}\, 22{,}5° - R \,\text{sen}\, 45°}{2R \cos 22{,}5° - R \cos 45°}\right] = 2{,}92°$$

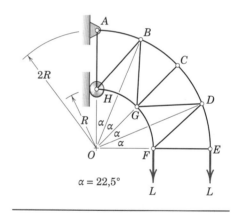

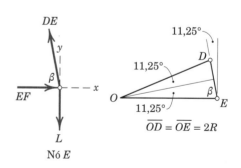

DICA ÚTIL

① Em vez de calcular e utilizar o ângulo $\beta = 78{,}8°$ nas equações de força, poderíamos ter utilizado diretamente o ângulo de 11,25°.

76 CAPÍTULO 4 | Estruturas

EXEMPLO DE PROBLEMA 4/2 (continuação)

Então, do nó D:

$[\Sigma F_x = 0]$
$-DG \cos 2{,}92° - CD \operatorname{sen} 33{,}8° - 0{,}601L \operatorname{sen} 47{,}9° + 1{,}020L \cos 78{,}8° = 0$

$[\Sigma F_y = 0]$
$-DG \operatorname{sen} 2{,}92° + CD \cos 33{,}8° - 0{,}601L \cos 47{,}9° - 1{,}020L \operatorname{sen} 78{,}8° = 0$

A solução simultânea é

$CD = 1{,}617L \; T \qquad DG = -1{,}147L \; \text{ou} \; DG = 1{,}147L \; C$ **Resp.**

Observe que ε é representado de forma exagerada nas figuras seguintes.

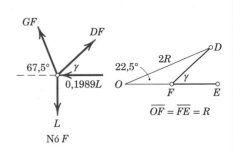
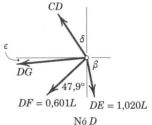
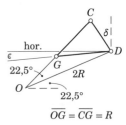

4/4 Método das Seções

Ao analisarmos treliças planas pelo método dos nós, precisamos de apenas duas das três equações de equilíbrio porque os procedimentos envolvem forças concorrentes em cada nó. Podemos tirar vantagem da terceira equação ou equação de equilíbrio dos momentos, selecionando uma seção inteira da treliça para o corpo livre em equilíbrio sob a ação de um sistema de forças não concorrentes. Este *método das seções* tem a vantagem básica de que a força em praticamente qualquer elemento de interesse pode ser determinada diretamente da análise de uma seção que corte o elemento. Assim, não é necessário desenvolver um processo de cálculo de nó a nó, até que o elemento em questão seja atingido. Ao escolher uma seção da treliça, observamos que, em geral, não mais do que três elementos cujas forças são desconhecidas devem ser cortados, pois existem apenas três relações de equilíbrio independentes disponíveis.

Ilustração do Método

O método das seções será agora ilustrado para a treliça mostrada na **Fig. 4/6**, que foi usada na explicação do método dos nós. A treliça está mostrada novamente na **Fig. 4/12a** para referência imediata. Inicialmente as reações externas são calculadas como no método dos nós, considerando a treliça como um todo.

Vamos determinar a força no elemento BE, por exemplo. Uma seção imaginária, indicada pela linha tracejada, é aplicada à treliça, cortando-a em duas partes, **Fig. 4/12b**. Essa seção corta três elementos cujas forças são inicialmente desconhecidas. Para que cada parte da treliça permaneça em equilíbrio, é necessário aplicar em cada elemento cortado a força exercida sobre ele pelo elemento do outro lado do corte. Para treliças simples compostas de elementos retilíneos de duas forças, estas forças, de tração ou de compressão, sempre estarão na direção dos respectivos elementos. A seção da esquerda está em equilíbrio sob a ação da força aplicada L, da reação na extremidade R_1, e das três forças exercidas nos elementos cortados pela seção da direita, que foi removida.

Normalmente, podemos desenhar as forças com seus sentidos corretos por meio de uma aproximação visual

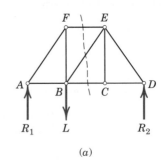

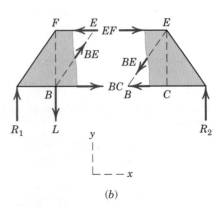

FIGURA 4/12

das condições de equilíbrio. Desta forma, ao equilibrar os momentos em relação ao ponto B para a seção da esquerda, fica claro que a força EF aponta para a esquerda, o que a torna compressiva, uma vez que ela atua na direção da seção cortada do elemento EF. A carga L é maior do que a reação R_1, e a força BE deve estar direcionada para cima e para a direita, de modo a contribuir com uma componente direcionada para cima, necessária para o equilíbrio vertical. A força BE é, portanto, trativa, já que ela se afasta da seção cortada.

Considerando as intensidades aproximadas de R_1 e L, vemos que o equilíbrio de momentos em torno do ponto E requer que BC esteja direcionada para a direita. Uma simples observação casual da treliça deve levar à mesma conclusão quando se percebe que o elemento horizontal inferior se alongará sob o efeito trativo causado pela flexão. A equação de momentos em torno do nó B elimina três forças da relação, e EF pode ser determinada diretamente. A força BE é calculada da equação de equilíbrio para a direção y. Finalmente, determinamos BC equilibrando os momentos em torno do ponto E. Desta forma, cada uma das três incógnitas foi determinada independentemente das outras duas.

A seção à direita da treliça, **Fig. 4/12b**, está em equilíbrio sob a ação de R_2 e das mesmas três forças nos elementos cortados aplicadas nos sentidos opostos àqueles da seção à esquerda. O sentido correto para as forças horizontais pode ser facilmente visualizado do equilíbrio de momentos em torno dos pontos B e E.

Considerações Adicionais

É essencial entender que, no método das seções, uma porção inteira da treliça é considerada como um único corpo em equilíbrio. Assim, as forças em elementos internos à seção não estão envolvidas na análise da seção como um todo. Para tornar mais claro o corpo livre e as forças que atuam externamente nele, a seção de corte passa, preferencialmente, através dos elementos e não dos nós. Podemos usar qualquer parte de uma treliça para os cálculos, mas aquela que envolver o menor número de forças fornecerá, normalmente, a solução mais simples.

Em alguns casos, os métodos das seções e dos nós podem ser combinados para uma solução eficiente. Por exemplo, suponha que desejemos encontrar a força em um elemento central de uma treliça de grande porte. Suponha ainda que não seja possível passar uma seção por este elemento sem passar por pelo menos quatro elementos desconhecidos. É possível determinar as forças em elementos vizinhos pelo método das seções e então progredir até o elemento desconhecido pelo método dos nós. Esse tipo de combinação dos dois métodos pode ser mais eficiente do que o uso exclusivo de um ou outro método.

As equações de momento trazem grande vantagem ao método das seções. Devemos escolher um centro de momento, na seção ou fora dela, através do qual passam tantas forças incógnitas quanto possível.

Nem sempre é possível atribuir o sentido correto de uma força incógnita quando o diagrama de corpo livre de uma seção é inicialmente desenhado. Tendo sido feita uma atribuição arbitrária, uma resposta positiva confirmará o sentido suposto e um resultado negativo mostrará que a força está no sentido oposto ao assumido. Uma notação alternativa preferida por alguns consiste em definir arbitrariamente todas as forças incógnitas como positivas no sentido trativo (afastando-se da seção) e deixar que o sinal algébrico da resposta diferencie a tração da compressão. Desta forma, um sinal de mais indicaria tração e um sinal de menos indicaria compressão. Por outro lado, a vantagem de atribuir o sentido correto das forças no diagrama de corpo livre de uma seção, sempre que possível, é que deste modo a ação física das forças fica mais evidente. Aqui, será dada preferência a essa prática.

Muitas treliças simples são periódicas, no sentido de conterem seções estruturais idênticas que se repetem.

EXEMPLO DE PROBLEMA 4/3

Calcule as forças induzidas nos elementos KL, CL e CB pela carga de 200 kN na treliça em balanço.

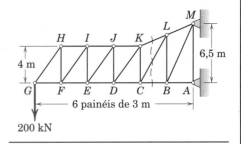

Solução Embora as componentes verticais das reações em A e M nos dois suportes fixos sejam estaticamente indeterminadas, todos os elementos, exceto AM, são estaticamente determinados. Podemos passar uma seção diretamente através dos elementos KL, CL e CB e analisar a porção da treliça à esquerda desta seção como um corpo rígido estaticamente determinado. ①

O diagrama de corpo livre da parte da treliça à esquerda da seção é mostrado na figura. O somatório de momentos em relação a L rapidamente verifica a atribuição de CB como compressiva, e um somatório de momentos em relação a C rapidamente mostra que KL está sob tração. O sentido de CL não é tão evidente até que observemos que KL e CB se interceptam em um ponto P à direita de G. Um somatório de momentos em relação a P elimina referência a KL e a CB e mostra que CL deve ser compressiva para equilibrar o momento da força de 200 kN em relação a P. Com estas considerações, a solução se torna direta, já que agora vemos como determinar cada uma das três incógnitas independentemente das outras duas.

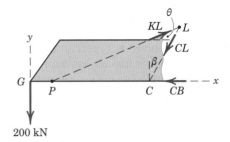

O somatório dos momentos em relação a L requer determinar o braço de alavanca $\overline{BL} = 4 + (6{,}5 - 5)/2 = 5{,}25$ m. ② Assim,

$[\Sigma M_L = 0]$ $\quad\quad 200(5)(3) - CB(5{,}25) = 0 \quad\quad CB = 571$ kN C *Resp.*

Em seguida, fazemos os momentos em relação a C, o que requer o cálculo de $\cos\theta$. Das dimensões mostradas, vemos que $\theta = \tan^{-1}(5/12)$, de forma que $\cos\theta = 12/13$. Portanto,

$[\Sigma M_C = 0]$ $\quad\quad 200(4)(3) - \frac{12}{13}KL(4) = 0 \quad\quad KL = 650$ kN T *Resp.*

Finalmente, podemos determinar CL através do somatório de momentos em relação a P, cuja distância de C é dada por $\overline{PC}/4 = 6/(6{,}5 - 4)$ ou $\overline{PC} = 9{,}6$ m. O valor de β, que também é necessário, é dado por $\beta = \tan^{-1}\overline{CB}/\overline{BL} = \tan^{-1}(3/5{,}25) = 29{,}7°$ e $\cos\beta = 0{,}868$. Temos, então,

$[\Sigma M_P = 0]$ $\quad\quad 200(12 - 9{,}6) - CL(0{,}868)(9{,}6) = 0$ ③

$\quad\quad\quad\quad\quad\quad CL = 57{,}6$ kN C *Resp.*

DICAS ÚTEIS

① Note que, para calcular os três nós em questão pelo método dos nós, seria necessário analisar os oito nós. Dessa forma, para este caso, o método das seções oferece uma vantagem considerável.

② Poderíamos, também, ter iniciado com o balanço de momentos em torno do ponto P.

③ Também poderíamos ter determinado CL através de um somatório de forças na direção x ou na direção y.

EXEMPLO DE PROBLEMA 4/4

Calcule a força no elemento DJ da treliça do tipo *Howe* mostrada. Despreze qualquer componente de força horizontal nos suportes.

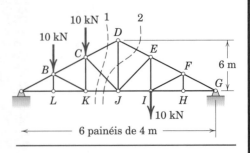

Solução Não é possível passar uma seção por DJ sem cortar quatro elementos cujas forças sejam desconhecidas. Apesar de três desses elementos, cortados pela seção 2, serem concorrentes em J e, dessa forma, a equação dos momentos em relação a J poder ser usada para obter DE, a força em DJ não pode ser obtida a partir dos dois princípios de equilíbrio remanescentes. É necessário considerar primeiro a seção 1 adjacente, antes de analisar a seção 2.

O diagrama de corpo livre da seção 1 é mostrado e inclui a reação de 18,33 kN em A, que é previamente calculada do equilíbrio da treliça como um todo. Ao atribuir os sentidos adequados para as forças atuando nos três elementos cortados, observamos que um equilíbrio de momentos em relação a A elimina os efeitos de CD e JK e claramente requer que CJ esteja orientada para cima e para a esquerda. O equilíbrio de momentos em relação a C elimina o efeito das três forças concorrentes em C e indica que JK deve estar orientada para a direita de modo a proporcionar momento anti-horário suficiente. Mais uma vez,

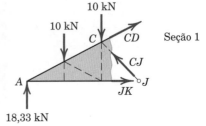

Seção 1

EXEMPLO DE PROBLEMA 4/4 (continuação)

fica bastante claro que a barra inferior se encontra sob tração devido à tendência da treliça à flexão. Embora fique evidente que a barra superior está sob compressão, para efeito de ilustração a força em CD será arbitrariamente tratada como de tração. ①

Pela análise da seção 1, CJ é obtida de

$[\Sigma M_A = 0]$ $0{,}707 CJ(12) - 10(4) - 10(8) = 0$ $CJ = 14{,}14$ kN C

Nesta equação, o momento de CJ é calculado considerando suas componentes horizontais e verticais atuando no ponto J. O equilíbrio de momentos em relação a J requer

$[\Sigma M_J = 0]$ $0{,}894 CD(6) + 18{,}33(12) - 10(4) - 10(8) = 0$

$CD = -18{,}63$ kN

O momento de CD em relação a J é determinado aqui considerando as suas duas componentes atuando em D. O sinal negativo indica que foi atribuído a CD o sentido errado. ②

Desta forma, $CD = 18{,}63$ kN C

A partir do diagrama de corpo livre da seção 2, que agora inclui o valor conhecido de CJ, as forças DE e JK são eliminadas de um equilíbrio de momentos em relação a G. ③   Assim,

$[\Sigma M_G = 0]$
$12 DJ + 10(16) + 10(20) - 18{,}33(24) - 14{,}14(0{,}707)(12) = 0$

$DJ = 16{,}67$ kN T Resp.

Mais uma vez o momento de CJ é determinado pelas suas componentes considerando que estas estão atuando em J. O valor calculado de DJ é positivo, indicando que o sentido estabelecido está correto.

Uma abordagem alternativa para resolver o problema como um todo é utilizar a seção 1 para determinar CD e, então, utilizar o método dos nós aplicado a D para determinar DJ.

DICAS ÚTEIS

① Não há problema em atribuir uma ou mais forças no sentido errado, desde que os cálculos sejam consistentes com a suposição inicial. Uma resposta negativa mostrará a necessidade de reverter o sentido da força.

② Caso se deseje, o sentido de CD pode ser alterado no diagrama de corpo livre e o sinal algébrico de CD invertido nos cálculos, ou o trabalho desenvolvido pode ser deixado como está, desde que seja colocada uma nota indicando o sentido correto.

③ Observe que uma seção através dos elementos CD, DJ e DE poderia ser tomada de modo a cortar apenas três elementos desconhecidos. No entanto, como as forças nestes elementos são todas concorrentes em D, uma equação de momentos em relação a D não forneceria nenhuma informação sobre elas. As duas equações de força remanescentes não seriam suficientes para determinar as três incógnitas.

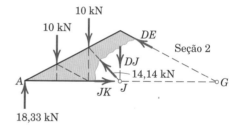

4/5 Treliças Espaciais

Uma *treliça espacial* é o equivalente tridimensional da treliça plana descrita nas três seções anteriores. A treliça espacial idealizada consiste em conexões rígidas unidas em suas extremidades por juntas articuladas (este tipo de junta foi ilustrado na **Fig. 3/8** da Seção 3/4). Enquanto para a treliça plana um triângulo de barras unidas por pinos forma a unidade básica estável, uma treliça espacial, por outro lado, requer seis barras unidas em suas extremidades, formando as arestas de um tetraedro, como a unidade básica estável. Na **Fig. 4/13a**, as duas barras AD e BD unidas em D requerem um terceiro suporte CD para evitar que o triângulo ADB gire em torno de AB. Na **Fig. 4/13b** a base de apoio é substituída por três outras barras AB, BC e AC para formar um tetraedro que não depende da base de fixação para sua própria rigidez.

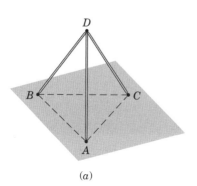
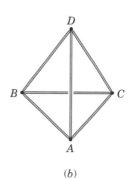
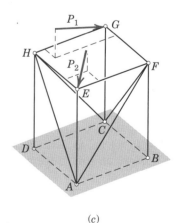

FIGURA 4/13   (a)   (b)   (c)

Podemos formar uma nova unidade rígida para estender a estrutura, adicionando três barras concorrentes adicionais cujas extremidades são presas aos três nós fixos da estrutura existente. Assim, na **Fig. 4/13c** as barras AF, BF e CF são ligadas à base e, portanto, fixam o ponto F no espaço. Da mesma forma, o ponto H está fixo no espaço pelas barras AH, DH e CH. As três barras adicionais CG, FG e HG estão presas aos três pontos fixos C, F e H e, portanto, fixam o ponto G no espaço. O ponto fixo E é estabelecido de forma similar. Vemos agora que a estrutura é inteiramente rígida. As duas cargas aplicadas mostradas resultarão em forças sobre todos os elementos. Uma treliça espacial formada desta maneira é chamada de treliça espacial *simples*.

Idealmente, deve existir um suporte, tal como o dado por uma junta articulada, nas conexões de uma treliça espacial para impedir a flexão dos elementos. Como nas conexões rebitadas ou soldadas das treliças planas, se as linhas de centro dos elementos unidos se interceptam em um ponto, podemos justificar a hipótese de elementos de barra submetidos a tração ou compressão simples.

Treliças Espaciais Estaticamente Determinadas

Quando uma treliça espacial é suportada externamente de modo que ela seja estaticamente determinada como um todo, existe uma relação entre o número de seus nós e o número de elementos necessários para que ocorra estabilidade interna sem redundância. Como o equilíbrio de cada nó é especificado por três equações escalares de força, existem ao total $3j$ equações deste tipo para uma treliça espacial com j nós. Para uma treliça inteira, composta de m elementos, existem m incógnitas (as forças trativas ou compressivas nos elementos) mais seis reações nos suportes desconhecidas, no caso geral de uma estrutura espacial estaticamente determinada. Assim, para qualquer treliça espacial, a equação $m + 6 = 3j$ será satisfeita se a treliça for estaticamente determinada internamente. Uma treliça espacial *simples* satisfaz esta relação automaticamente. Começando com o tetraedro inicial, para o qual a equação é satisfeita, a estrutura é estendida pela adição de três elementos e um nó de cada vez, preservando, assim, a validade da equação.

Como no caso de uma treliça plana, essa relação é uma condição necessária para estabilidade, mas não é uma condição suficiente, já que um ou mais dos m elementos podem ser posicionados de tal forma que não contribuam para uma configuração estável da treliça como um todo. Se $m + 6 > 3j$, existem mais elementos do que equações independentes e a treliça é estaticamente indeterminada internamente, com elementos redundantes presentes. Se $m + 6 < 3j$, existe uma carência de elementos internos e a treliça é instável e sujeita a colapso sob carga. Esta relação entre o número de nós e o número de elementos é muito útil no projeto preliminar de uma treliça espacial estável, já que a configuração não é tão óbvia como para uma treliça plana, em que a geometria para a determinação estática é, em geral, bem aparente.

Método dos Nós para Treliças Espaciais

O método dos nós, desenvolvido na Seção 4/3 para treliças planas, pode ser estendido diretamente para treliças espaciais, satisfazendo completamente a equação vetorial

$$\Sigma \mathbf{F} = \mathbf{0} \tag{4/1}$$

para cada nó. Normalmente começamos a análise em um nó em que atuam pelo menos uma força conhecida e não mais do que três forças desconhecidas. Nós adjacentes, nos quais não mais do que três forças desconhecidas estejam presentes, podem, então, ser analisados em seguida.

Esta técnica de análise dos nós passo a passo tende a minimizar o número de equações simultâneas a serem resolvidas quando precisamos determinar as forças em todos os elementos da treliça espacial. Por esta razão, apesar de não ser facilmente reduzido a uma rotina, este enfoque é recomendado. Um procedimento alternativo, no entanto, consiste em simplesmente escrever $3j$ equações de nós, aplicando a Eq. 4/1 a todos os nós da treliça espacial. O número de incógnitas será $m + 6$ se a estrutura permanecer estável quando for removida de seus suportes e estes suportes fornecerem seis reações externas. Se, por outro lado, não existirem elementos redundantes, então o número de equações ($3j$) será igual ao número de incógnitas ($m + 6$), e todo o sistema de equações pode ser resolvido simultaneamente para as incógnitas. Em razão do grande número de equações envolvidas, normalmente torna-se necessária uma solução por computador. Para este último enfoque, não existe a necessidade de iniciar a análise por um nó em que atuem, pelo menos, uma força conhecida e não mais do que três incógnitas.

Uma treliça espacial é incorporada na passarela de vidro mais longa do mundo, que está localizada no Parque Florestal Huangshi em Chongqing, China.

Método das Seções para Treliças Espaciais

O método das seções desenvolvido no item anterior também pode ser aplicado a treliças espaciais. As duas equações vetoriais

$$\Sigma \mathbf{F} = 0 \quad \text{e} \quad \Sigma \mathbf{M} = 0$$

devem ser satisfeitas para qualquer seção da treliça, onde um valor nulo para o somatório dos momentos será observado para qualquer eixo de momentos. Uma vez que as duas equações vetoriais são equivalentes a seis equações escalares, concluímos que uma seção não deve, em geral, passar através de mais do que seis elementos cujas forças sejam desconhecidas. No entanto, o método das seções para treliças espaciais não é muito utilizado em razão da dificuldade de se encontrar um eixo de momentos capaz de eliminar todas as incógnitas, exceto uma, como no caso de treliças planas.

A notação vetorial é bastante vantajosa para expressar os termos nas equações de força e momento para treliças espaciais, e é usada no exemplo que se segue.

EXEMPLO DE PROBLEMA 4/5

A treliça espacial consiste no tetraedro rígido $ABCD$ ancorado por uma rótula em A e impedida de girar em torno dos eixos x, y e z, pelas barras 1, 2 e 3, respectivamente. A carga L é aplicada ao nó E, que está preso rigidamente ao tetraedro pelas três conexões adicionais. Calcule as forças nos elementos do nó E e indique o procedimento para determinação das forças nos elementos restantes da treliça.

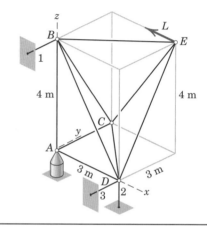

Solução Primeiramente, notamos que a treliça está apoiada com seis restrições apropriadamente posicionadas, que são as três em A e as conexões 1, 2 e 3. Além disso, com $m = 9$ elementos e $j = 5$ nós, a condição $m + 6 = 3j$ referente à suficiência de elementos para formar uma estrutura estável é satisfeita.

As reações externas em A, B e D podem ser facilmente calculadas como um primeiro passo, embora seus valores sejam determinados a partir da solução de todas as forças em cada um dos nós na sequência. ①

Começamos com um nó no qual atuem ao menos uma força conhecida e não mais do que três forças desconhecidas que, neste caso, é o nó E. O diagrama de corpo livre do nó E está mostrado com todos os vetores de força arbitrariamente colocados em seus sentidos positivos de tração (afastando-se do nó). ② As expressões vetoriais para as três forças desconhecidas são

$$\mathbf{F}_{EB} = \frac{F_{EB}}{\sqrt{2}}(-\mathbf{i} - \mathbf{j}), \quad \mathbf{F}_{EC} = \frac{F_{EC}}{5}(-3\mathbf{i} - 4\mathbf{k}), \quad \mathbf{F}_{ED} = \frac{F_{ED}}{5}(-3\mathbf{j} - 4\mathbf{k})$$

O equilíbrio do nó E requer que

$$[\Sigma \mathbf{F} = 0] \quad \mathbf{L} + \mathbf{F}_{EB} + \mathbf{F}_{EC} + \mathbf{F}_{ED} = 0 \quad \text{ou}$$

$$-L\mathbf{i} + \frac{F_{EB}}{\sqrt{2}}(-\mathbf{i} - \mathbf{j}) + \frac{F_{EC}}{5}(-3\mathbf{i} - 4\mathbf{k}) + \frac{F_{ED}}{5}(-3\mathbf{j} - 4\mathbf{k}) = 0$$

Rearrumando os termos, obtém-se

$$\left(-L - \frac{F_{EB}}{\sqrt{2}} - \frac{3F_{EC}}{5}\right)\mathbf{i} + \left(-\frac{F_{EB}}{\sqrt{2}} - \frac{3F_{ED}}{5}\right)\mathbf{j} + \left(-\frac{4F_{EC}}{5} - \frac{4F_{ED}}{5}\right)\mathbf{k} = 0$$

Igualando a zero os coeficientes dos vetores unitários $\mathbf{i}$, $\mathbf{j}$ e $\mathbf{k}$, são fornecidas as três equações

$$\frac{F_{EB}}{\sqrt{2}} + \frac{3F_{EC}}{5} = -L \qquad \frac{F_{EB}}{\sqrt{2}} + \frac{3F_{ED}}{5} = 0 \qquad F_{EC} + F_{ED} = 0$$

Resolvendo as equações, obtém-se

$$F_{EB} = -L/\sqrt{2} \qquad F_{EC} = -5L/6 \qquad F_{ED} = 5L/6 \qquad Resp.$$

Desta forma, concluímos que F_{EB} e F_{EC} são forças compressivas e F_{ED} é trativa.

A menos que as reações externas tenham sido calculadas primeiro, é necessário analisar em seguida o nó C com o valor conhecido de F_{EC} e as três incógnitas F_{CB}, F_{CA}, e F_{CD}. O procedimento é idêntico ao utilizado para o nó E. Os nós B, D e A são, então, analisados da mesma forma e nesta mesma ordem, o que limita as incógnitas escalares a três em cada nó. Os valores das reações externas obtidos com esta análise devem estar de acordo com os valores que poderiam ter sido obtidos em uma análise da treliça como um todo.

DICAS ÚTEIS

① *Sugestão*: Desenhe um diagrama de corpo livre da treliça como um todo e verifique se as forças externas atuando na treliça são $\mathbf{A}_x = L\mathbf{i}$, $\mathbf{A}_y = L\mathbf{j}$, $\mathbf{A}_z = (4L/3)\mathbf{k}$, $\mathbf{B}_y = 0$, $\mathbf{D}_y = -L\mathbf{j}$, $\mathbf{D}_z = -(4L/3)\mathbf{k}$.

② Com esta hipótese, um valor numérico negativo indica uma força compressiva.

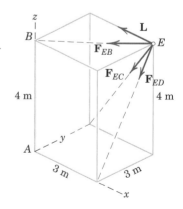

4/6 Pórticos e Máquinas

Uma estrutura será denominada *pórtico* ou *máquina* se pelo menos um de seus elementos individuais for um *elemento multiforça*. Um elemento multiforça é definido como aquele no qual atuam três ou mais forças, ou aquele em que atuam duas ou mais forças em conjunto com um ou mais binários. Pórticos são estruturas projetadas para sustentar cargas aplicadas e são normalmente fixos em uma posição. Máquinas são estruturas que contêm partes móveis e são projetadas para transmitir forças ou binários de entrada para forças ou binários de saída.

Como os pórticos e máquinas contêm elementos multiforça, as forças nesses elementos *não* estarão, em geral, nas direções dos elementos. Assim, não podemos analisar tais estruturas pelos métodos desenvolvidos nas Seções 4/3, 4/4 e 4/5, porque esses métodos se aplicam a treliças simples compostas de elementos de barra em que as forças estão nas direções dos elementos.

Dois dispositivos utilizados por bombeiros para liberar vítimas de acidentes dos destroços. O dispositivo "garras da vida" mostrado à esquerda é objeto de problemas nesta seção e na seção de revisão do capítulo.

Corpos Rígidos Interconectados com Elementos Multiforça

No Capítulo 3 discutimos o equilíbrio de corpos multiforça, mas demos ênfase ao equilíbrio de um corpo rígido *único*. Nesta seção, vamos focar no equilíbrio de corpos rígidos *interconectados*, que incluem elementos multiforça. Apesar de a maioria desses corpos poder ser analisada como sistemas bidimensionais, existem inúmeros exemplos de pórticos e máquinas que são tridimensionais.

As forças que atuam em cada elemento de um sistema interconectado podem ser obtidas isolando o elemento por meio de um diagrama de corpo livre e aplicando as equações de equilíbrio. O *princípio da ação e reação* deve ser observado cuidadosamente quando representamos as forças de interação nos diagramas de corpo livre separados. Se a estrutura contém mais elementos ou suportes do que os necessários para impedir o colapso, então, como no caso das treliças, o problema é estaticamente indeterminado e os princípios de equilíbrio, apesar de necessários, não são suficientes para encontrar a solução. Embora muitos pórticos e máquinas sejam estaticamente indeterminados, vamos considerar nesta seção apenas aqueles estaticamente determinados.

Se o pórtico ou máquina constitui uma unidade rígida por si só quando removido de seus suportes, conforme o pórtico em *A* na **Fig. 4/14a**, é melhor iniciar a análise estabelecendo todas as forças externas à estrutura, que é tratada como um único corpo rígido. Então, desmembramos a estrutura e consideramos o equilíbrio de cada parte separadamente. As equações de equilíbrio para as diversas partes serão relacionadas por meio dos termos envolvendo as forças de interação. Se a estrutura não é uma unidade rígida por si só, mas depende de seus suportes externos para ter rigidez, como ilustrado na **Fig. 4/14b**, então o cálculo das reações dos suportes externos não pode ser completado até que a estrutura seja desmembrada e as partes individuais analisadas.

Representação das Forças e Diagramas de Corpo Livre

Na maioria dos casos, a análise de pórticos e máquinas é facilitada a partir da representação das forças em termos de suas componentes retangulares. Este é especialmente o caso quando as dimensões das partes são especificadas em direções mutuamente perpendiculares. A vantagem dessa representação é que o cálculo dos braços de alavanca é simplificado. Em alguns problemas tridimensionais, particularmente quando momentos são avaliados em relação a eixos que não são paralelos aos eixos coordenados, o uso da notação vetorial é vantajoso.

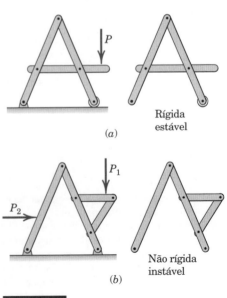

FIGURA 4/14

Nem sempre é possível atribuir o sentido correto para cada força ou suas componentes quando se desenham os diagramas de corpo livre, tornando-se necessário fazer uma atribuição arbitrária. Em qualquer caso, é *absolutamente necessário* que uma força seja *consistentemente* representada nos diagramas dos corpos que interagem, e que envolvam a força em questão. Assim, para dois corpos unidos pelo pino A, **Fig. 4/15a**, as componentes da força devem ser representadas de forma consistente nos diagramas de corpo livre separados, com os sentidos *opostos*.

Para uma conexão articulada entre elementos de um pórtico espacial, deve-se aplicar o princípio da ação e reação às três componentes, conforme mostrado na **Fig. 4/15b**. Pode-se verificar se os sentidos inicialmente atribuídos estão errados observando-se os sinais algébricos das componentes após o cálculo. Se A_x, por exemplo, é determinado como negativo, está na verdade atuando no sentido oposto àquele originalmente representado.

Coerentemente, teríamos que inverter a direção da força em *ambos* os elementos e inverter o sinal de seus termos nas equações. Ou podemos deixar a representação na forma original, e o sentido correto da força será entendido através do sinal de menos. Se escolhemos usar a notação vetorial na identificação das forças, devemos ter o cuidado de usar um sinal de mais para uma ação e um sinal de menos para a reação correspondente, conforme mostrado na **Fig. 4/16**.

Ocasionalmente podemos precisar resolver duas ou mais equações simultaneamente de forma a separar as incógnitas. Na maioria dos casos, no entanto, podemos evitar soluções simultâneas pela escolha cuidadosa do elemento ou grupo de elementos para o diagrama de corpo livre, e por uma escolha cuidadosa dos eixos de momento que eliminarão termos indesejados das equações. O método de solução descrito nos parágrafos anteriores é ilustrado nos exemplos seguintes.

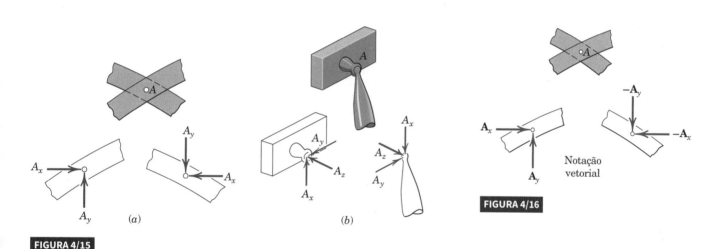

FIGURA 4/15

FIGURA 4/16

EXEMPLO DE PROBLEMA 4/6

O pórtico suporta a carga de 400 kg da forma mostrada. Despreze o peso dos elementos quando comparados às forças induzidas pela carga e calcule as componentes horizontal e vertical de todas as forças atuando em cada um dos elementos.

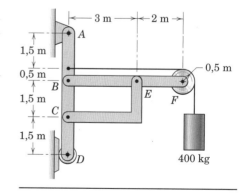

Solução Primeiramente, observamos que os três elementos de sustentação que constituem o pórtico formam uma estrutura rígida que pode ser analisada como uma única unidade. ① Observamos também que o arranjo dos suportes externos torna o pórtico estaticamente determinado.

A partir do diagrama de corpo livre do pórtico como um todo, determinamos as reações externas. Assim,

[$\Sigma M_A = 0$] $5{,}5(0{,}4)(9{,}81) - 5D = 0$ $D = 4{,}32$ kN

[$\Sigma F_x = 0$] $A_x - 4{,}32 = 0$ $A_x = 4{,}32$ kN

[$\Sigma F_y = 0$] $A_y - 3{,}92 = 0$ $A_y = 3{,}92$ kN

DICAS ÚTEIS

① Podemos observar que o pórtico corresponde à categoria ilustrada na Fig. 4/14a.

EXEMPLO DE PROBLEMA 4/6 (continuação)

Em seguida, desmembramos a estrutura e desenhamos os diagramas de corpo livre separados para cada elemento. Os diagramas são organizados em suas posições relativas aproximadas para ajudar a seguir as forças de interação em comum. As reações externas recém-determinadas são introduzidas no diagrama para AD. As outras forças conhecidas são as forças de 3,92 kN exercidas pelo eixo da polia no elemento BF, conforme obtido do diagrama de corpo livre da polia. A tração de 3,92 kN no cabo também é mostrada atuando em AD, no ponto de amarração.

Em seguida, as componentes de todas as forças desconhecidas são mostradas nos diagramas. Aqui, observamos que CE é um elemento de barra. ② As componentes de força sobre CE têm reações iguais e opostas, que estão mostradas sobre BF em E e sobre AD em C. À primeira vista, podemos não identificar os verdadeiros sentidos das componentes em B, de forma que eles podem ser atribuídos de forma arbitrária, mas consistente.

A solução pode seguir usando uma equação de momento em torno de B ou E para o elemento BF, seguida pelas duas equações de força. Desta forma,

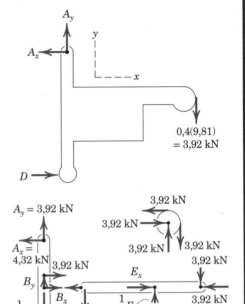

$[\Sigma M_B = 0]$	$3{,}92(5) - \frac{1}{2}E_x(3) = 0 \qquad E_x = 13{,}08 \text{ kN}$	Resp.
$[\Sigma F_y = 0]$	$B_y + 3{,}92 - 13{,}08/2 = 0 \qquad B_y = 2{,}62 \text{ kN}$	Resp.
$[\Sigma F_x = 0]$	$B_x + 3{,}92 - 13{,}08 = 0 \qquad B_x = 9{,}15 \text{ kN}$	Resp.

Valores numéricos positivos das incógnitas significam que consideramos corretamente seus sentidos nos diagramas de corpo livre. O valor de $C_x = E_x = 13{,}08$ kN obtido por inspeção do diagrama de corpo livre de CE é agora introduzido no diagrama para AD, juntamente com os valores de B_x e B_y recém-determinados. As equações de equilíbrio podem agora ser aplicadas ao elemento AD como verificação, já que todas as forças que nele atuam já foram calculadas. As equações fornecem

$[\Sigma M_C = 0]$	$4{,}32(3{,}5) + 4{,}32(1{,}5) - 3{,}92(2) - 9{,}15(1{,}5) = 0$
$[\Sigma F_x = 0]$	$4{,}32 - 13{,}08 + 9{,}15 + 3{,}92 + 4{,}32 = 0$
$[\Sigma F_y = 0]$	$-13{,}08/2 + 2{,}62 + 3{,}92 = 0$

② Sem essa observação, a solução do problema seria muito mais longa, porque as três equações de equilíbrio para o elemento BF conteriam quatro incógnitas: B_x, B_y, E_x e E_y. Note que a direção da linha que une os dois pontos de aplicação da força, e não a forma do elemento, determina a direção das forças atuando em um elemento de barra.

EXEMPLO DE PROBLEMA 4/7

Despreze o peso do pórtico e calcule as forças atuando em todos os seus elementos.

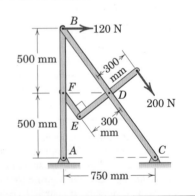

Solução Observamos, primeiramente, que o pórtico não é uma unidade rígida quando removido de seus apoios, já que $BDEF$ é um quadrilátero móvel e não um triângulo rígido. ① Consequentemente, as reações externas não podem ser completamente determinadas até que os elementos individuais sejam analisados. No entanto, podemos determinar as componentes verticais das reações em A e C a partir do diagrama de corpo livre do pórtico como um todo. ② Assim,

$[\Sigma M_C = 0]$	$200(0{,}3) + 120(0{,}1) - 0{,}75 A_y = 0 \qquad A_y = 240 \text{ N}$	Resp.
$[\Sigma F_y = 0]$	$C_y - 200(4/5) - 240 = 0 \qquad C_y = 400 \text{ N}$	Resp.

Em seguida, desmembramos o pórtico e desenhamos o diagrama de corpo livre de cada parte. Como EF é um elemento de barra, a direção da força em E sobre ED e em F sobre AB é conhecida. Consideramos que a força de 120 N

DICAS ÚTEIS

① Vemos que este pórtico corresponde à categoria ilustrada na Fig. 4/14b.

② Os sentidos de A_x e C_x não são óbvios e podem ser atribuídos arbitrariamente e corrigidos mais tarde, se for necessário.

EXEMPLO DE PROBLEMA 4/7 (continuação)

é aplicada ao pino como uma parte do elemento BC. ③ Os sentidos corretos para as forças E, F, D e B_x podem ser estabelecidos sem grande dificuldade. No entanto, o sentido de B_y não pode ser atribuído por inspeção e, portanto, é arbitrariamente mostrado apontando para baixo em AB e para cima em BC.

Elemento ED As duas incógnitas podem ser facilmente obtidas como

[$\Sigma M_D = 0$] $200(0,3) - 0,3E = 0$ $E = 200$ N   *Resp.*

[$\Sigma F = 0$] $D - 200 - 200 = 0$ $D = 400$ N   *Resp.*

Elemento EF Fica claro que F é igual e oposto a E, com uma intensidade de 200 N.

Elemento AB Agora que F é conhecido, resolvemos para B_x, A_x e B_y de

[$\Sigma M_A = 0$] $200(3/5)(0,5) - B_x(1,0) = 0$ $B_x = 60$ N   *Resp.*

[$\Sigma F_x = 0$] $A_x + 60 - 200(3/5) = 0$ $A_x = 60$ N   *Resp.*

[$\Sigma F_y = 0$] $200(4/5) - 240 - B_y = 0$ $B_y = -80$ N   *Resp.*

O sinal de menos mostra que o sentido atribuído a B_y está incorreto.

Elemento BC Os resultados para B_x, B_y e D são agora transferidos para BC, e a incógnita remanescente C_x é obtida de

[$\Sigma F_x = 0$] $120 + 400(3/5) - 60 - C_x = 0$ $C_x = 300$ N   ④   *Resp.*

Podemos aplicar as duas equações de equilíbrio remanescentes como verificação. Assim,

[$\Sigma F_y = 0$] $400 + (-80) - 400(4/5) = 0$

[$\Sigma M_C = 0$] $(120 - 60)(1,0) + (-80)(0,75) = 0$

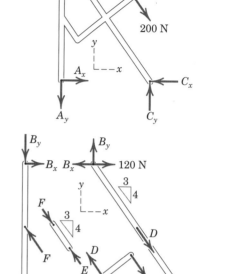

③ De maneira alternativa, a força de 120 N poderia ser aplicada ao pino, já que o pino faz parte de BA, com a consequente alteração na reação B_x.

④ De forma alternativa, poderíamos ter retornado ao diagrama de corpo livre do pórtico como um todo e obtido C_x.

EXEMPLO DE PROBLEMA 4/8

A máquina mostrada é projetada para funcionar como um dispositivo de proteção contra sobrecargas, que libera a carga quando ela excede um valor predeterminado T. Um pino de cisalhamento S feito de um metal de baixa resistência é inserido em um furo na metade inferior e sofre a ação da metade superior. Quando a força total sobre o pino exceder sua resistência, ele quebrará. As duas metades, então, giram em torno de A sob a ação das forças trativas em BD e CD, conforme mostrado no segundo esboço, e os roletes E e F liberam o olhal. Determine a tração máxima admissível T, considerando que o pino S irá cisalhar quando a força total sobre ele for de 800 N. Calcule também a força correspondente sobre o pino da articulação A.

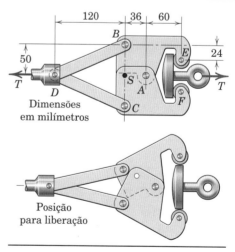

Solução Por causa da simetria, analisamos apenas um dos dois elementos articulados. A parte superior foi escolhida e seu diagrama de corpo livre está representado contendo a conexão em D. Devido à simetria, as forças em S e A não possuem componentes em x. ① Os elementos de barra BD e CD exercem forças de mesma intensidade $B = C$ na conexão em D. O equilíbrio da conexão fornece

[$\Sigma F_x = 0$] $B \cos \theta + C \cos \theta - T = 0$ $2B \cos \theta = T$

$B = T/(2 \cos \theta)$

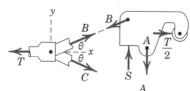

EXEMPLO DE PROBLEMA 4/8 (continuação)

Do diagrama de corpo livre da parte superior escrevemos o equilíbrio de momentos em torno do ponto A. Substituindo $S = 800$ N e a expressão para B, obtemos

$[\Sigma M_A = 0]$

$$\frac{T}{2\cos\theta}(\cos\theta)(50) + \frac{T}{2\cos\theta}(\operatorname{sen}\theta)(36) - 36(800) - \frac{T}{2}(26) = 0 \quad \text{②}$$

Substituindo sen $\theta/\cos\theta = \tan\theta = 5/12$ e resolvendo para T, o resultado é

$$T\left(25 + \frac{5(36)}{2(12)} - 13\right) = 28\,800$$

$$T = 1477 \text{ N} \quad \text{ou} \quad T = 1{,}477 \text{ kN} \qquad Resp.$$

Finalmente, o equilíbrio na direção y fornece

$[\Sigma F_y = 0]$

$$S - B\operatorname{sen}\theta - A = 0$$

$$800 - \frac{1477}{2(12/13)}\frac{5}{13} - A = 0 \quad A = 492 \text{ N} \qquad Resp.$$

DICAS ÚTEIS

① Sempre é útil identificar a simetria. Neste caso, a simetria em relação ao eixo x indica que as forças atuando nas duas partes comportam-se como imagens refletidas em um espelho. Assim, não podemos ter uma ação em um elemento na direção positiva do eixo x e sua reação no outro elemento na direção negativa do eixo x. Consequentemente, as forças em S e A não possuem componentes em x.

② Tome cuidado para não esquecer o momento da componente y de B. Note que as unidades usadas no problema são newton-milímetros.

EXEMPLO DE PROBLEMA 4/9

Na posição particular mostrada, a escavadeira aplica uma força de 20 kN paralela ao solo. Dois cilindros hidráulicos AC controlam o braço OAB e um único cilindro DE controla o braço $EBIF$. (a) Determine a força nos cilindros hidráulicos AC e a pressão p_{AC} agindo em seus pistões, que têm diâmetro efetivo de 95 mm. (b) Determine também a força no cilindro hidráulico DE e a pressão p_{DE} atuando em seu pistão de 105 mm de diâmetro. Despreze os pesos dos elementos, em comparação aos efeitos da força de 20 kN.

Solução (a) Começamos construindo um diagrama de corpo livre de todo o conjunto do braço. Observe que incluímos apenas as dimensões necessárias para esta parte do problema – detalhes dos cilindros DE e GH são desnecessários neste momento.

$[\Sigma M_O = 0]$

$$-20\,000(3{,}95) - 2F_{AC}\cos 41{,}3°(0{,}68) + 2F_{AC}\operatorname{sen} 41{,}3°(2) = 0$$

$$F_{AC} = 48\,800 \text{ N ou } 48{,}8 \text{ kN} \qquad Resp.$$

$$p_{AC} = \frac{F_{AC}}{A_{AC}} = \frac{48\,800}{\left(\pi\dfrac{0{,}095^2}{4}\right)} = 6{,}89(10^6) \text{ Pa ou } 6{,}89 \text{ MPa} \quad \text{①} \qquad Resp.$$

DICA ÚTIL

① Lembre-se de que força = (pressão)(área).

EXEMPLO DE PROBLEMA 4/9 (continuação)

(b) Para o cilindro DF, "cortamos" o conjunto em uma posição que faz com que a força desejada no cilindro seja externa ao nosso diagrama de corpo livre. Isso implica isolar o braço vertical EBIF, juntamente com a caçamba e a força aplicada.

$[\Sigma M_B = 0]$
$$-20\ 000(3,5) + F_{DE} \cos 11,31°(0,73) + F_{DE} \operatorname{sen} 11,31°(0,4) = 0$$

$$F_{DE} = 88\ 100 \text{ N ou } 88,1 \text{ kN} \qquad Resp.$$

$$p_{DE} = \frac{F_{DE}}{A_{DE}} = \frac{88\ 100}{\left(\pi \dfrac{0,105^2}{4}\right)} = 10,18(10^6) \text{ Pa ou } 10,18 \text{ MPa} \qquad Resp.$$

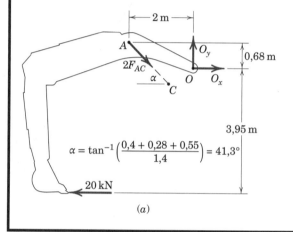

(a)

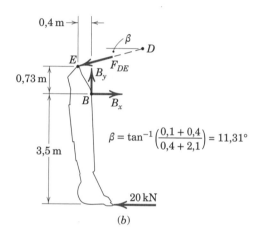

(b)

4/7 Revisão do Capítulo

No Capítulo 4, aplicamos os princípios do equilíbrio a duas classes de problemas: (a) treliças simples e (b) pórticos e máquinas. Nenhuma teoria nova foi necessária, já que apenas construímos os diagramas de corpo livre necessários e aplicamos as nossas conhecidas equações de equilíbrio. No entanto, as estruturas com que lidamos no Capítulo 4 nos deram a oportunidade de desenvolver ainda mais a nossa apreciação por um enfoque sistemático na análise de problemas em Mecânica.

As características mais essenciais para a análise dessas duas classes de estruturas são revistas nos tópicos a seguir.

(a) Treliça Simples

1. Treliças simples são compostas de elementos de barra unidos em suas extremidades e capazes de suportar tração ou compressão. Cada força interna, portanto, está sempre na direção da linha unindo as extremidades do elemento.

2. Treliças simples são construídas a partir da unidade rígida básica (estável) do triângulo para treliças planas e do tetraedro para treliças espaciais. Unidades adicionais de uma treliça são formadas incluindo novos elementos, dois para treliças planas e três para treliças espaciais, acoplados aos nós existentes e unidos em suas extremidades para formar um novo nó.

3. Os nós das treliças simples são considerados como conexões por pinos para treliças planas e como rótulas para treliças espaciais. Assim, os nós podem transmitir força, mas não momento.

4. Considera-se que cargas externas são aplicadas apenas nos nós.

5. Treliças são estaticamente determinadas externamente quando as restrições externas não excedem àquelas necessárias para manter uma configuração de equilíbrio.

6. Treliças são estaticamente determinadas internamente quando construídas da forma descrita no item (2), na qual os elementos internos não excedem aqueles necessários para evitar o colapso.

7. O *método dos nós* utiliza as equações de equilíbrio de forças para cada nó. A análise normalmente começa em um nó em que pelo menos uma força é conhecida e não mais do que duas forças são incógnitas, para o caso de treliças planas, e não mais do que três forças são incógnitas, para o caso de treliças espaciais.

8. O *método das seções* utiliza o diagrama de corpo livre de uma seção inteira de uma treliça contendo dois ou

mais nós. Em geral, o método envolve o equilíbrio de um sistema de forças não concorrentes. A equação de equilíbrio dos momentos é especialmente útil quando o método das seções é usado. De modo geral, as forças que atuam em uma seção, que corta mais do que três elementos desconhecidos de uma treliça plana, não podem ser completamente determinadas, uma vez que existem apenas três equações de equilíbrio independentes.

9. O vetor que representa uma força atuando em um nó ou em uma seção é desenhado do mesmo lado do nó ou da seção do elemento que transmite a força. Com esta convenção, tração é representada por uma seta de força afastando-se do nó ou da seção, e compressão é representada por uma seta aproximando-se do nó ou da seção.

10. Quando os dois elementos dispostos na diagonal em um painel quadrilátero são elementos flexíveis e incapazes de suportar compressão, apenas aquele sob tração é mantido na análise, e o painel permanece estaticamente determinado.

11. Quando dois elementos unidos sob carga são colineares e um terceiro elemento com direção diferente é acoplado ao nó de ligação dos dois primeiros elementos, a força no terceiro elemento deve ser nula, a não ser que uma força externa seja aplicada ao nó com um componente normal aos elementos colineares.

(b) Pórticos e Máquinas

1. Pórticos e máquinas são estruturas que contêm um ou mais elementos multiforça. Um elemento multiforça é aquele no qual atuam três ou mais forças ou duas ou mais forças e um ou mais binários.

2. Pórticos são estruturas projetadas para suportar cargas, geralmente sob condições estáticas. Máquinas são estruturas que transformam forças e momentos de entrada em forças e momentos de saída, e geralmente envolvem partes móveis. Algumas estruturas podem ser classificadas seja como pórtico, seja como máquina.

3. Somente os pórticos e as máquinas que são estaticamente determinados externa e internamente são considerados na análise apresentada.

4. Se um pórtico ou máquina, como um todo, pode ser considerado uma unidade rígida (estável) quando os seus suportes externos são removidos, então iniciamos a análise determinando as reações externas da unidade inteira. Se um pórtico ou máquina, como um todo, se comporta como unidade não rígida (instável) quando os seus suportes externos são removidos, então a análise das reações externas não poderá ser completada enquanto a estrutura não for desmembrada.

5. As forças que atuam nas conexões internas de pórticos e máquinas são calculadas desmembrando-se a estrutura e construindo-se um diagrama de corpo livre separado para cada parte. O princípio da ação e reação deve ser *rigorosamente* observado; caso contrário, a análise conterá erros.

6. As equações de equilíbrio de força e momento devem ser aplicadas aos elementos, conforme necessárias para calcular as incógnitas desejadas.

CAPÍTULO 5

Forças Distribuídas

VISÃO GERAL DO CAPÍTULO

5/1 Introdução

SEÇÃO A Centros de Massa e Centroides

5/2 Centro de Massa

5/3 Centroides de Linhas, Áreas e Volumes

5/4 Corpos Compósitos e Figuras; Aproximações

5/5 Teoremas de Pappus

SEÇÃO B Tópicos Especiais

5/6 Vigas – Efeitos Externos

5/7 Vigas – Efeitos Internos

5/8 Cabos Flexíveis

5/9 Estática dos Fluidos

5/10 Revisão do Capítulo

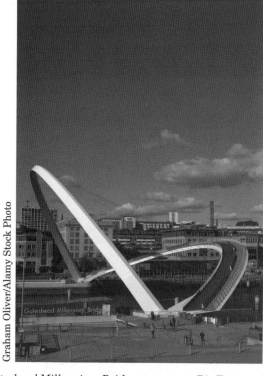

A *Gateshead Millennium Bridge* atravessa o Rio Tyne, no Reino Unido. Esta ponte premiada pode girar em torno de um eixo horizontal ao longo de sua extensão para permitir que navios passem por baixo. Em razão disso, tornou-se necessário determinar o efeito adicional da distribuição de seu peso para uma faixa de orientações durante a etapa de projeto.

5/1 Introdução

Nos capítulos anteriores, tratamos todas as forças como concentradas sobre suas linhas de ação e em seus pontos de aplicação. Esse tratamento forneceu um modelo razoável para aquelas forças. Na realidade, forças "concentradas" não existem no sentido exato, pois cada força externa, mecanicamente aplicada a um corpo, é distribuída sobre uma área de contato finita, ainda que pequena.

A força exercida pelo pavimento sobre o pneu de um automóvel, por exemplo, é aplicada ao pneu em toda a sua área de contato, **Fig. 5/1a**, a qual pode ser percebida se o pneu for macio. Na análise das forças atuando no carro como um todo, se a dimensão b da área de contato é desprezível em comparação com as outras dimensões pertinentes, como a distância entre rodas, então podemos substituir a força de contato distribuída real pela sua resultante R, tratada como uma força concentrada. Até mesmo a força de contato entre uma esfera de aço rígida e sua pista, em um rolamento de esferas sob carga, **Fig. 5/1b**, é aplicada sobre uma área de contato finita, embora extremamente pequena. As forças aplicadas a um elemento de duas forças em uma treliça, **Fig. 5/1c**, são aplicadas sobre uma área de contato real do pino contra o furo e, internamente, ao longo da seção cortada conforme mostrado. Nestes e em outros exemplos semelhantes, podemos tratar as forças como concentradas ao analisar seus efeitos externos sobre corpos tratados como um todo.

Se, por outro lado, queremos achar a distribuição das forças *internas* no material de um corpo, próximo ao ponto de contato, onde as tensões e deformações internas podem ser apreciáveis, então não devemos tratar o carregamento como concentrado, mas é necessário considerar sua distribuição real. Esse problema não será discutido aqui, porque ele requer conhecimento das propriedades do material, e pertence a tratamentos mais avançados da mecânica dos materiais e das teorias da elasticidade e da plasticidade.

Quando forças são aplicadas sobre uma região cujas dimensões não são desprezíveis em comparação com outras dimensões pertinentes, devemos considerar a forma

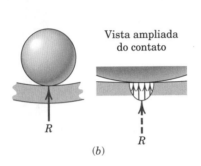
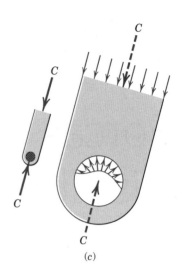

FIGURA 5/1

como a força está distribuída. Fazemos isto somando os efeitos da força distribuída sobre toda a região usando procedimentos de integração matemática. Isso requer o conhecimento da intensidade da força em todos os pontos. Existem três categorias para esses tipos de problema.

(1) Distribuição Linear. Quando uma força está distribuída ao longo de uma linha, como na carga vertical contínua suportada por um cabo suspenso, **Fig. 5/2a**, a intensidade w do carregamento é expressa como força por unidade de comprimento da linha, newtons por metro (N/m) ou libras-força por pé (lbf/ft).

(2) Distribuição em uma Área. Quando uma força está distribuída sobre uma área, como a pressão hidráulica da água atuando contra a face interna da seção de uma represa, **Fig. 5/2b**, a intensidade é expressa como força por unidade de área. Esta intensidade é chamada de *pressão*, para a ação de forças de fluidos, e de *tensão* para a distribuição interna de forças em sólidos. A unidade básica de pressão ou tensão mecânica no SI é o newton por metro quadrado (N/m^2), também chamado de *pascal* (Pa). No entanto, esta unidade é muito pequena para a maioria das aplicações (6895 Pa = 1 lbf/in^2). O quilopascal (kPa), que é igual a 10^3 Pa, é mais frequentemente utilizado para a pressão de fluidos, e o megapascal, que é igual a 10^6 Pa, é usado para tensão. No sistema inglês, tanto a pressão em fluidos quanto a tensão mecânica são frequentemente expressas em libra-força por polegada ao quadrado (lbf/in^2).

(3) Distribuição Volumétrica. Uma força distribuída sobre o volume de um corpo é chamada de *força de corpo*. A força de corpo mais comum é a força de atração gravitacional, a qual atua em todos os elementos de massa de um corpo. Por exemplo, a determinação das forças que atuam sobre os suportes de estrutura de grande porte em balanço mostrada na **Fig. 5/2c** requer que se considere a distribuição da força gravitacional ao longo da estrutura. A intensidade da força gravitacional é o *peso específico* ρg, em que ρ é a massa específica (massa por unidade de volume) e g é a aceleração devida à gravidade. As unidades para ρg são (kg/m^3)(m/s^2) = N/m^3 no SI e lb/ft^3 no sistema inglês.

A força de corpo devida à atração gravitacional da Terra (peso) é, de longe, a força distribuída mais comumente encontrada. A Seção A deste capítulo trata da determinação do ponto em um corpo no qual atua a resultante das forças gravitacionais, e discute as propriedades geométricas associadas de linhas, áreas e volumes. A Seção B trata das forças distribuídas que atuam em vigas e cabos flexíveis, e de forças distribuídas que fluidos exercem em superfícies.

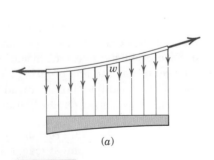
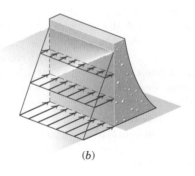
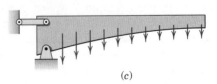

FIGURA 5/2

SEÇÃO A Centros de Massa e Centroides

5/2 Centro de Massa

Considere um corpo tridimensional de qualquer tamanho e forma, com massa m. Se suspendermos o corpo, conforme mostrado na **Fig. 5/3**, de qualquer ponto, como o ponto A, o corpo estará em equilíbrio sob a ação da força de tração na corda e da resultante W das forças gravitacionais atuando em todas as partículas do corpo. Esta resultante é, claramente, colinear com a corda. Suponha que marcamos sua posição fazendo um furo hipotético, de tamanho desprezível, ao longo da sua linha de ação. Repetimos agora o experimento, suspendendo o corpo a partir de outros pontos, tais como B e C, e, em cada caso, marcamos a linha de ação da força resultante. Para todos os efeitos, essas linhas de ação serão concorrentes em um único ponto G, que é chamado de *centro de gravidade* do corpo.

Uma análise exata, entretanto, deveria considerar as pequenas diferenças de direção das forças de gravidade para as várias partículas do corpo, porque essas forças convergem na direção do centro de atração da Terra. Além disso, como as partículas estão em distâncias diferentes em relação à Terra, a intensidade do campo de força da Terra não é exatamente constante ao longo do corpo. Como consequência, as linhas de ação das resultantes da força de gravidade nos experimentos anteriormente descritos não serão exatamente concorrentes e, deste modo, não existe, no seu sentido exato, um único centro de gravidade. Tal fato não terá importância prática enquanto lidarmos com corpos cujas dimensões são pequenas em comparação com as da Terra. Consideramos, portanto, um campo de força uniforme e paralelo devido à atração gravitacional da Terra. Esta hipótese resulta no conceito de um único centro de gravidade.

Determinando o Centro de Gravidade

Para determinarmos matematicamente a localização do centro de gravidade de qualquer corpo, **Fig. 5/4a**, aplicamos o *princípio dos momentos* (veja a Seção 2/6) ao sistema paralelo de forças gravitacionais. O momento da força gravitacional resultante W, em relação a qualquer eixo, é igual à soma dos momentos, em relação ao mesmo eixo, das forças gravitacionais dW que atuam em todas as partículas, tratadas como elementos infinitesimais do corpo. A resultante das forças gravitacionais atuando em todos os elementos é o peso do corpo e é determinada pela soma $W = \int dW$. Se aplicarmos o princípio dos momentos em relação ao eixo y, por exemplo, o momento do peso elementar em torno desse eixo é $x\,dW$, e a soma desses momentos para todos os elementos do corpo é $\int x\,dW$. Esta soma de momentos deve ser igual a $W\bar{x}$, o momento da soma. Assim, $\bar{x}W = \int x\,dW$.

Com expressões semelhantes para as outras duas componentes, podemos expressar as coordenadas do centro de gravidade G como

$$\bar{x} = \frac{\int x\,dW}{W} \qquad \bar{y} = \frac{\int y\,dW}{W} \qquad \bar{z} = \frac{\int z\,dW}{W} \tag{5/1a}$$

Para visualizarmos o sentido físico dos momentos das forças gravitacionais na terceira equação, podemos reorientar o corpo e os eixos associados de modo que o eixo z seja horizontal. É essencial reconhecer que o numerador de cada uma dessas expressões representa a *soma dos momentos*, enquanto o produto de W pela coordenada correspondente de G representa o *momento da soma*. Este princípio dos momentos terá uso repetido na Mecânica.

Com a substituição de $W = mg$ e $dW = g\,dm$, as expressões para as coordenadas do centro de gravidade tornam-se

$$\bar{x} = \frac{\int x\,dm}{m} \qquad \bar{y} = \frac{\int y\,dm}{m} \qquad \bar{z} = \frac{\int z\,dm}{m} \tag{5/1b}$$

As Eqs. 5/1b podem ser expressas em forma vetorial com o auxílio da **Fig. 5/4b**, em que a massa elementar e o centro de massa G estão localizados através de seus vetores

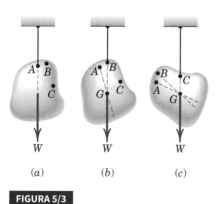

(a)   (b)   (c)

FIGURA 5/3

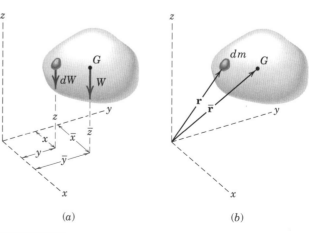

(a)   (b)

FIGURA 5/4

de posição $\mathbf{r} = x\mathbf{i} + y\mathbf{j} + z\mathbf{k}$ e $\bar{\mathbf{r}} = \bar{x}\mathbf{i} + \bar{y}\mathbf{j} + \bar{z}\mathbf{k}$. Desta forma, as Eqs. 5/1b são as componentes de uma única equação vetorial

$$\bar{\mathbf{r}} = \frac{\int \mathbf{r}\, dm}{m} \quad (5/2)$$

A massa específica ρ de um corpo é a sua massa por unidade de volume. Desse modo, a massa de um elemento de volume diferencial dV torna-se $dm = \rho\, dV$. Se ρ não for constante ao longo do corpo mas puder ser expresso em função das coordenadas do corpo, precisaremos considerar esta variação no cálculo dos numeradores e denominadores das Eqs. 5/1b. Podemos, então, escrever essas expressões como

$$\bar{x} = \frac{\int x\rho\, dV}{\int \rho\, dV} \quad \bar{y} = \frac{\int y\rho\, dV}{\int \rho\, dV} \quad \bar{z} = \frac{\int z\rho\, dV}{\int \rho\, dV} \quad (5/3)$$

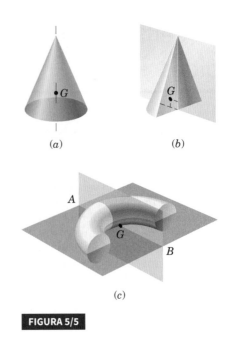

FIGURA 5/5

Centro de Massa versus Centro de Gravidade

As Eqs. 5/1b, 5/2 e 5/3 são independentes dos efeitos gravitacionais, uma vez que g não está presente. Portanto, elas definem um ponto especial no corpo, que é função apenas da distribuição de massa. Esse ponto é chamado de *centro de massa* e coincide, claramente, com o centro de gravidade quando o campo gravitacional é tratado como uniforme e paralelo.

Não tem sentido falar de centro de gravidade de um corpo que seja retirado do campo gravitacional da Terra, pois nenhuma força gravitacional atuaria nele. Entretanto, o corpo ainda teria o seu único centro de massa. Daqui em diante, frequentemente vamos nos referir ao centro de massa em vez de ao centro de gravidade. Além disso, o centro de massa tem significado especial no cálculo da resposta dinâmica de um corpo submetido a forças não balanceadas. Essa classe de problemas é amplamente discutida no *Vol. 2 Dinâmica*.

Na maioria dos problemas, o cálculo da posição do centro de massa pode ser simplificado por uma escolha inteligente dos eixos de referência. Em geral, os eixos devem ser colocados de modo a simplificar, tanto quanto possível, as equações que representam os contornos do corpo. Assim, coordenadas polares são indicadas para corpos com contornos circulares.

Outra informação importante pode ser obtida a partir de considerações de simetria. Sempre que existir uma linha ou um plano de simetria em um corpo homogêneo, um eixo ou um plano coordenado deve ser escolhido para coincidir com esta linha ou plano. O centro de massa sempre estará sobre esta linha ou plano, uma vez que os momentos devidos aos elementos simetricamente dispostos sempre se cancelarão, e o corpo pode ser considerado como composto de pares desses elementos. Assim, o centro de massa G do cone circular homogêneo da **Fig. 5/5a** está posicionado em algum lugar sobre seu eixo central, que é uma linha de simetria. O centro de massa da metade do cone circular está posicionado no seu plano de simetria, **Fig. 5/5b**. O centro de massa da metade do anel mostrado na **Fig. 5/5c** está posicionado em ambos os seus planos de simetria e, portanto, está situado sobre a linha AB. É mais fácil determinar a posição de G através do uso da simetria, sempre que ela existir.

5/3 Centroides de Linhas, Áreas e Volumes

Quando a massa específica ρ de um corpo é uniforme por todo o corpo, ela será um fator constante nos numeradores e nos denominadores das Eqs. 5/3 e, portanto, poderá ser cancelada. As expressões remanescentes definem uma propriedade puramente geométrica do corpo, uma vez que deixa de existir qualquer referência às propriedades de massa do corpo. O termo *centroide* é usado quando os cálculos lidam, apenas, com a forma geométrica. Quando estivermos falando de um corpo físico real, usaremos a expressão *centro de massa*. Se a massa específica for uniforme ao longo do corpo, as posições do centroide e do centro de massa serão idênticas, ao passo que, se a massa específica variar, esses dois pontos, em geral, não irão coincidir.

O cálculo dos centroides cai em três categorias distintas, dependendo se podemos modelar a forma do corpo considerado como uma linha, uma área ou um volume.

(1) Linhas. Para uma barra esbelta ou um fio de comprimento L, área da seção transversal A e massa específica ρ, **Fig. 5/6**, o corpo se aproxima de um segmento de linha e $dm = \rho A\, dL$. Se ρ e A forem constantes ao longo do comprimento da barra, as coordenadas do centro de

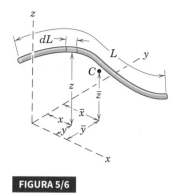

FIGURA 5/6

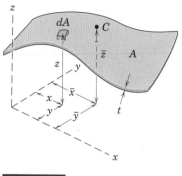

FIGURA 5/7

massa serão também as coordenadas do centroide C do segmento de linha que, a partir das Eqs. 5/1b, podem ser escritas como

$$\bar{x} = \frac{\int x\, dL}{L} \qquad \bar{y} = \frac{\int y\, dL}{L} \qquad \bar{z} = \frac{\int z\, dL}{L} \qquad (5/4)$$

Observe que, em geral, o centroide C não estará sobre a linha. Se a barra estiver em um único plano, como o plano x-y, apenas duas coordenadas precisarão ser calculadas.

(2) Áreas. Quando um corpo de massa específica ρ tem espessura constante e pequena t, podemos modelá-lo como uma superfície da área A, **Fig. 5/7**. A massa do elemento será $dm = \rho t\, dA$. Novamente, se ρ e t forem constantes em toda a área, as coordenadas do centro de massa do corpo também serão as coordenadas do centroide C da área da superfície, e as Eqs. 5/1b das coordenadas podem ser escritas como

$$\bar{x} = \frac{\int x\, dA}{A} \qquad \bar{y} = \frac{\int y\, dA}{A} \qquad \bar{z} = \frac{\int z\, dA}{A} \qquad (5/5)$$

Os numeradores nas Eqs. 5/5 são chamados de *momentos de área de primeira ordem*.* Se a superfície for curva, conforme ilustrado na **Fig. 5/7** com o segmento de casca, todas as três coordenadas serão envolvidas. O centroide C para a superfície curva, de forma geral, não estará sobre a superfície. Se a área for uma superfície plana, digamos no plano x-y, somente as coordenadas de C neste plano precisarão ser determinadas.

(3) Volumes. Para um corpo de volume V e de massa específica ρ, a massa de um elemento é igual a $dm = \rho\, dV$. A massa específica ρ se cancela se for constante ao longo de todo o volume, e as coordenadas do centro de massa coincidem com as coordenadas do centroide C do corpo. As Eqs. 5/3 ou 5/1b podem ser escritas como

$$\bar{x} = \frac{\int x\, dV}{V} \qquad \bar{y} = \frac{\int y\, dV}{V} \qquad \bar{z} = \frac{\int z\, dV}{V} \qquad (5/6)$$

---

* Momentos de área de segunda ordem (momento do momento de primeira ordem) serão apresentados mais adiante, ao discutirmos o momento de inércia de área, no Apêndice A.

Conceitos-Chave | Escolha do Elemento de Integração

A principal dificuldade com uma teoria frequentemente não está nos seus conceitos, mas nos procedimentos para aplicá-la. Com os centros de massa e os centroides, o conceito do princípio dos momentos é bastante simples; a dificuldade está na escolha do elemento diferencial e em estabelecer as integrais. As cinco diretrizes a seguir serão úteis.

(1) **Ordem do Elemento.** Sempre que for possível, deve-se dar preferência a um elemento diferencial de primeira ordem em relação a um elemento de ordem superior, de modo que toda a figura seja representada com apenas uma integração. Desta forma, na **Fig. 5/8a**, uma faixa de área horizontal de primeira ordem $dA = l\, dy$ requer somente uma integração em relação a y para cobrir toda a figura. O elemento de segunda ordem $dx\, dy$ requer duas integrações, primeiro em relação a x e em seguida em relação a y, para cobrir toda a figura. A título de exemplo, para o caso do cone sólido mostrado na **Fig. 5/8b**, damos preferência a um elemento de primeira ordem na forma de um disco de volume $dV = \pi r^2\, dy$. A escolha requer apenas uma integração e, dessa forma, é preferível à escolha de um elemento de terceira ordem $dV = dx\, dy\, dz$, que requer três integrações inconvenientes.

(2) **Continuidade.** Sempre que possível, deve-se escolher um elemento que possa ser integrado em uma única operação contínua, capaz de cobrir toda a figura. Assim, a faixa horizontal mostrada na **Fig. 5/8a** é preferível à faixa vertical mostrada na **Fig. 5/9**, que requer duas integrações em separado, em função da descontinuidade na expressão para a altura da faixa em $x = x_1$.

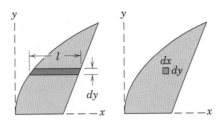

(a)

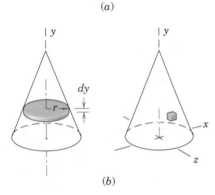

(b)

FIGURA 5/8

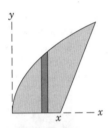

FIGURA 5/9

(3) **Descartando Termos de Ordem Superior.** Termos de ordem superior sempre podem ser descartados em comparação com termos de ordem inferior (veja a Seção 1/7). Assim, a faixa vertical de área abaixo da curva, na **Fig. 5/10**, é representada pelo termo de primeira ordem $dA = y\,dx$, e o termo de segunda ordem representado pela área triangular $\frac{1}{2}dx\,dy$ é descartado. No limite, obviamente, não há nenhum erro.

(4) **Escolha das Coordenadas.** Como regra geral, escolhe-se o sistema de coordenadas que melhor representa os contornos da figura. Assim, os limites da área na **Fig. 5/11a** são mais facilmente descritos em coordenadas retangulares, enquanto os limites do setor circular da **Fig. 5/11b** são mais bem descritos em coordenadas polares.

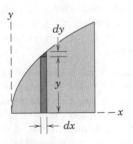

FIGURA 5/10

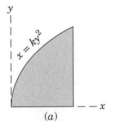
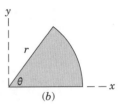

FIGURA 5/11

(5) **Coordenadas do Centroide de um Elemento.** Quando se utiliza um elemento de primeira ordem ou de segunda ordem, é essencial que se usem as *coordenadas do centroide do elemento* para o braço dos momentos no cálculo do momento do elemento diferencial. Assim, para a faixa horizontal de área da **Fig. 5/12a**, o momento de dA em relação ao eixo y é $x_c\,dA$, em que x_c é a coordenada x do centroide C do elemento. Note que x_c não é o x que descreve ambos os contornos da área. Para este elemento, na direção y, o braço de momento y_c do centroide é o mesmo, no limite, como as coordenadas y dos dois contornos.

Como segundo exemplo, considere o meio cone sólido da **Fig. 5/12b**, em que a fatia semicircular de espessura diferencial é elemento de volume. O braço de momento na direção x é a distância x_c ao centroide da face do elemento e não a distância x ao contorno do elemento. Por outro lado, na direção z, o braço de momento z_c do centroide do elemento é o mesmo da coordenada z do elemento.

Considerando estes exemplos, reescrevemos as Eqs. 5/5 e 5/6 na forma

$$\bar{x} = \frac{\int x_c\,dA}{A} \qquad \bar{y} = \frac{\int y_c\,dA}{A} \qquad \bar{z} = \frac{\int z_c\,dA}{A} \qquad (5/5a)$$

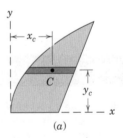

(a)

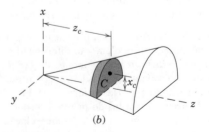

(b)

FIGURA 5/12

e

$$\bar{x} = \frac{\int x_c \, dV}{V} \qquad \bar{y} = \frac{\int y_c \, dV}{V} \qquad \bar{z} = \frac{\int z_c \, dV}{V} \qquad (5/5b)$$

É *essencial* reconhecer que o subscrito c serve como lembrete de que os braços de momento, presentes nos numeradores das expressões integrais para os momentos, são *sempre* as coordenadas dos *centroides* dos elementos escolhidos.

Neste ponto, é importante você ter certeza de que entendeu claramente o princípio dos momentos, que foi introduzido na Seção 2/4. Você deve reconhecer o significado físico deste princípio aplicado ao sistema de forças de peso paralelo mostrado na **Fig. 5/4a**. Tenha clareza da equivalência entre o momento da resultante do peso W e a soma (integral) dos momentos dos pesos elementares dW, de modo a evitar erros no estabelecimento da matemática necessária. O reconhecimento do princípio dos momentos irá ajudar na obtenção da expressão correta para o braço de momento x_c, y_c e z_c do centroide do elemento infinitesimal escolhido.

Tendo em mente a imagem física do princípio dos momentos, iremos reconhecer que as Eqs. 5/4, 5/5 e 5/6, que são relações geométricas, também são descritivas de corpos físicos homogêneos, uma vez que a massa específica ρ se cancela. Se a massa específica do corpo em questão não for constante, mas variar ao longo do corpo como função das coordenadas, então não irá se cancelar no numerador e no denominador das expressões do centro de massa. Neste caso, devem ser utilizadas as Eqs. 5/3, conforme foi explicado anteriormente.

Os Exemplos de Problema 5/1 a 5/5 que se seguem foram cuidadosamente escolhidos para ilustrar a aplicação das Eqs. 5/4, 5/5 e 5/6 no cálculo da posição do centroide de segmentos de linha (barras esbeltas), áreas (placas planas finas) e volumes (sólidos homogêneos). As cinco considerações de integração listadas anteriormente estão ilustradas em detalhe nesses exemplos.

A Seção C/10 do Apêndice C contém uma tabela de integrais que inclui aquelas necessárias para os problemas neste capítulo e nos subsequentes. Um resumo das coordenadas dos centroides para algumas formas frequentemente utilizadas é apresentado nas Tabelas D/3 e D/4 do Apêndice D.

EXEMPLO DE PROBLEMA 5/1

Centroide de um arco circular Localize o centroide de um arco circular conforme mostrado na figura.

Solução Escolhendo o eixo de simetria como o eixo x, obtém-se $\bar{y} = 0$. Um elemento diferencial de arco tem o comprimento $dL = r \, d\theta$ expresso em coordenadas polares, e a coordenada x do elemento é $r \cos\theta$. ①

Aplicando a primeira das Eqs. 5/4 e substituindo $L = 2\alpha r$, obtém-se

$$[L\bar{x} = \int x \, dL] \qquad (2\alpha r)\bar{x} = \int_{-\alpha}^{\alpha} (r \cos\theta) \, r \, d\theta$$

$$2\alpha r \bar{x} = 2r^2 \operatorname{sen} \alpha \qquad \qquad Resp.$$

$$\bar{x} = \frac{r \operatorname{sen} \alpha}{\alpha}$$

Para um arco semicircular $2\alpha = \pi$, o que resulta em $\bar{x} = 2r/\pi$. Por simetria, verificamos imediatamente que este resultado também se aplica a um quarto de arco circular, quando a medição é feita conforme mostrado.

DICA ÚTIL

① Deve ficar perfeitamente evidente que as coordenadas polares são mais indicadas do que as coordenadas retangulares para expressar o comprimento de um arco circular.

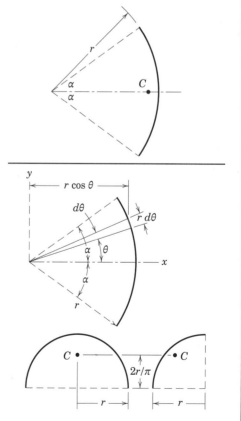

EXEMPLO DE PROBLEMA 5/2

Centroide de uma área triangular Determine a distância $\bar{h}$ da base de um triângulo de altura h ao centroide de sua área.

Solução O eixo x é tomado de modo a coincidir com a base. Uma faixa diferencial de área $dA = x\,dy$ é escolhida. ① Mediante a relação de semelhança de triângulos, $x/(h-x) = b/h$. Aplicando a segunda das Eqs. 5/5a, obtém-se

$$[A\bar{y} = \int y_c\, dA] \qquad \frac{bh}{2}\bar{y} = \int_0^h y\,\frac{b(h-y)}{h}\,dy = \frac{bh^2}{6}$$

e
$$\bar{y} = \frac{h}{3} \qquad \textit{Resp.}$$

Este mesmo resultado é válido em relação aos outros dois lados do triângulo, considerando-os como uma nova base e uma nova altura correspondente. Assim, o centroide está posicionado na interseção das medianas, uma vez que a distância deste ponto a qualquer lado é de um terço da altura do triângulo, considerando este lado como base.

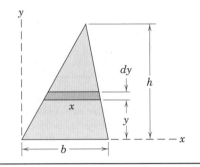

DICA ÚTIL

① Evitamos aqui uma integração ao utilizarmos um elemento de área de primeira ordem. Reconheça que dA possa ser expressa em termos de uma variável de integração y; assim, é necessário conhecer $x = f(y)$.

EXEMPLO DE PROBLEMA 5/3

Centroide da área de um setor circular Localize o centroide da área de um setor circular em relação ao seu vértice.

Solução I O eixo x é escolhido como eixo de simetria, e $\bar{y}$ é, então, automaticamente nulo. Podemos cobrir a área movendo um elemento na forma de um pedaço de anel circular, conforme mostrado na figura, do centro até ao seu contorno externo. O raio do anel é r_0, e sua espessura é dr_0, de modo que sua área é $dA = 2r_0\alpha\,dr_0$. ①

A coordenada x do centroide do elemento do Exemplo de Problema 5/1 é $x_c = r_0 \operatorname{sen} \alpha/\alpha$, em que r_0 substitui r na equação. ② Assim, a primeira das Eqs. 5/5a fornece

$$[A\bar{x} = \int x_c\, dA] \qquad \frac{2\alpha}{2\pi}(\pi r^2)\bar{x} = \int_0^r \left(\frac{r_0 \operatorname{sen}\alpha}{\alpha}\right)(2r_0\alpha\,dr_0)$$

$$r^2\alpha\bar{x} = \tfrac{2}{3}r^3 \operatorname{sen} \alpha \qquad \textit{Resp.}$$

$$\bar{x} = \frac{2}{3}\frac{r \operatorname{sen}\alpha}{\alpha}$$

Solução II A área pode também ser coberta através do movimento de um triângulo de área diferencial em relação ao vértice e ao longo de todo o ângulo do setor. Este triângulo, mostrado na ilustração, tem uma área $dA = (r/2)(r\,d\theta)$, na qual os termos de ordem superior são desprezados. Do Exemplo de Problema 5/2, o centroide do elemento de área triangular está a dois terços de sua altura a partir do vértice, de modo que a coordenada x ao centroide do elemento é $x_c = \tfrac{2}{3}r\cos\theta$. Aplicando a primeira das Eqs. 5/5a, obtém-se

$$[A\bar{x} = \int x_c\, dA] \qquad (r^2\alpha)\bar{x} = \int_{-\alpha}^{\alpha} (\tfrac{2}{3}r\cos\theta)(\tfrac{1}{2}r^2\,d\theta)$$

$$r^2\alpha\bar{x} = \tfrac{2}{3}r^3 \operatorname{sen}\alpha$$

e, como antes,
$$\bar{x} = \frac{2}{3}\frac{r \operatorname{sen}\alpha}{\alpha} \qquad \textit{Resp.}$$

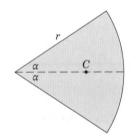

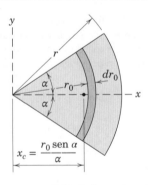

Solução I

DICAS ÚTEIS

① Observe, cuidadosamente, que devemos distinguir entre a variável r_0 e a constante r.

② Tome cuidado para não usar r_0 como a coordenada do centroide do elemento.

EXEMPLO DE PROBLEMA 5/3 (continuação)

Para uma área semicircular $2\alpha = \pi$, obtém-se $\bar{x} = 4r/3\pi$. Por simetria, vemos imediatamente que esse resultado também se aplica a um quarto de área circular, quando as medidas são tomadas conforme mostrado.

Deve-se notar que, se tivéssemos escolhido um elemento de segunda ordem $r_0\, dr_0\, d\theta$, uma integração em relação a θ resultaria no anel selecionado na *Solução I*. Por outro lado, a integração em relação a r_0 fornece inicialmente o elemento triangular selecionado na *Solução II*.

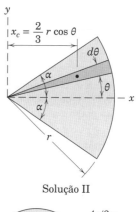

Solução II

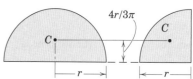

EXEMPLO DE PROBLEMA 5/4

Localize o centroide da área sob a curva $x = ky^3$, de $x = 0$ a $x = a$.

Solução I Um elemento vertical de área $dA = y\, dx$ é escolhido, conforme mostrado na figura. A coordenada x do centroide é determinada a partir da primeira das Eqs. 5/5a. Assim,

$$[A\bar{x} = \int x_c\, dA] \qquad \bar{x}\int_0^a y\, dx = \int_0^a xy\, dx \quad \text{①}$$

Substituindo $y = (x/k)^{1/3}$ e $k = a/b^3$ e integrando, obtém-se

$$\frac{3ab}{4}\bar{x} = \frac{3a^2 b}{7} \qquad \bar{x} = \frac{4}{7}a \qquad \textit{Resp.}$$

Na solução para $\bar{y}$ a partir da segunda das Eqs. 5/5a, a coordenada do centroide do elemento retangular é $y_c = y/2$, em que y é a altura da faixa descrita pela equação da curva $x = ky^3$. Assim, o princípio dos momentos torna-se

$$[A\bar{y} = \int y_c\, dA] \qquad \frac{3ab}{4}\bar{y} = \int_0^a \left(\frac{y}{2}\right) y\, dx$$

Substituindo $y = b(x/a)^{1/3}$ e integrando, obtém-se

$$\frac{3ab}{4}\bar{y} = \frac{3ab^2}{10} \qquad \bar{y} = \frac{2}{5}b \qquad \textit{Resp.}$$

Solução II O elemento de área horizontal, mostrado na figura de baixo, pode ser empregado no lugar do elemento vertical. A coordenada x do centroide do elemento retangular é $x_c = x + \frac{1}{2}(a - x) = (a + x)/2$, que é simplesmente a média das coordenadas a e x das extremidades da faixa. Deste modo,

$$[A\bar{x} = \int x_c\, dA] \qquad \bar{x}\int_0^b (a - x)\, dy = \int_0^b \left(\frac{a + x}{2}\right)(a - x)\, dy$$

O valor de $\bar{y}$ é obtido de

$$[A\bar{y} = \int y_c\, dA] \qquad \bar{y}\int_0^b (a - x)\, dy = \int_0^b y(a - x)\, dy$$

em que $y_c = y$ para a faixa horizontal. A avaliação destas integrais será utilizada para verificar os resultados anteriores para $\bar{x}$ e $\bar{y}$.

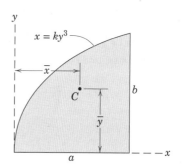

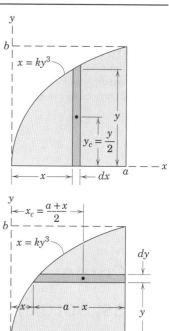

DICA ÚTIL

① Note que $x_c = x$ para o elemento vertical.

EXEMPLO DE PROBLEMA 5/5

Volume hemisférico Localize o centroide do volume de uma semiesfera de raio r, em relação a sua base.

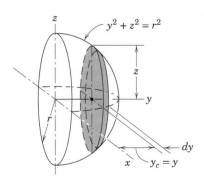

Solução I

Solução I Com os eixos escolhidos conforme mostrado na figura, por simetria, $\bar{x} = \bar{z} = 0$. O elemento mais conveniente é uma fatia circular de espessura dy paralela ao plano x-z. Uma vez que o hemisfério intercepta o plano y-z no círculo $y^2 = z^2 + r^2$, o raio da fatia circular é $z = +\sqrt{r^2 - y^2}$. O volume da fatia elementar é igual a

$$dV = \pi(r^2 - y^2)\, dy \quad \textcircled{1}$$

A segunda das Eqs. 5/6a requer

$$\left[V\bar{y} = \int y_c\, dV\right] \qquad \bar{y} \int_0^r \pi(r^2 - y^2)\, dy = \int_0^r y\pi(r^2 - y^2)\, dy$$

em que $y_c = y$. Integrando, fornece

$$\tfrac{2}{3}\pi r^3 \bar{y} = \tfrac{1}{4}\pi r^4 \qquad \bar{y} = \tfrac{3}{8}r \qquad \textit{Resp.}$$

Solução II De forma alternativa, podemos usar como nosso elemento diferencial uma casca cilíndrica de comprimento y, raio z e espessura dz, conforme mostrado na figura de baixo. Expandindo o raio da casca desde zero até r, cobrimos todo o volume. Por simetria, o centroide da casca elementar está em seu centro, de modo que $y_c = y/2$. O volume do elemento é $dV = (2\pi z\, dz)(y)$. Escrevendo y em termos de z, a partir da equação do círculo, temos $y = +\sqrt{r^2 - z^2}$. Usando o valor de $\tfrac{2}{3}\pi r^3$ calculado na *Solução I* para o volume da semiesfera e substituindo na segunda das Eqs. 5/6a, obtemos

$$\left[V\bar{y} = \int y_c\, dV\right] \qquad (\tfrac{2}{3}\pi r^3)\bar{y} = \int_0^r \frac{\sqrt{r^2 - z^2}}{2} (2\pi z \sqrt{r^2 - z^2})\, dz$$

$$= \int_0^r \pi(r^2 z - z^3)\, dz = \frac{\pi r^4}{4} \qquad \textit{Resp.}$$

$$\bar{y} = \tfrac{3}{8}r$$

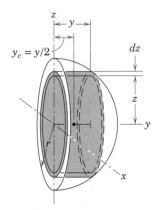

Solução II

As *Soluções I* e *II* são de uso semelhante, pois cada uma envolve um elemento de forma simples e requer integração em relação a apenas uma variável.

Solução III Como alternativa, poderíamos usar o ângulo θ como nossa variável, com limites de 0 e $\pi/2$. O raio de ambos os elementos seria r sen θ, enquanto a espessura da fatia na *Solução I* seria $dy = (r\, d\theta)$ sen θ e a da casca na *Solução II* seria $dz = (r\, d\theta)$ cos θ. O comprimento da casca seria $y = r$ cos θ.

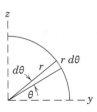

Solução III

DICA ÚTIL

① Você consegue identificar o elemento de volume de ordem superior omitido na expressão para dV?

5/4 Corpos Compósitos e Figuras; Aproximações

Quando um corpo ou uma figura pode ser convenientemente dividido em diversas partes cujos centros de massa são facilmente determinados, usamos o princípio dos momentos e tratamos cada parte como um elemento finito do todo. Tal corpo está ilustrado esquematicamente na **Fig. 5/13**. Suas partes possuem massas m_1, m_2, m_3 e as respectivas coordenadas dos seus centros de massa são $\bar{x}_1$, $\bar{x}_2$, $\bar{x}_3$ na direção x. O princípio dos momentos fornece

$$(m_1 + m_2 + m_3)\overline{X} = m_1\bar{x}_1 + m_2\bar{x}_2 + m_3\bar{x}_3$$

em que $\overline{X}$ é a coordenada x do centro de massa do corpo como um todo. Relações similares são válidas para as outras duas direções coordenadas.

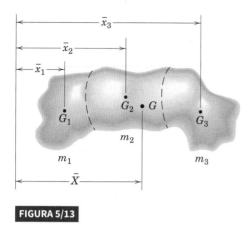

FIGURA 5/13

Generalizamos, então, para um corpo com um número qualquer de partes e expressamos os somatórios de forma condensada para obter as coordenadas do centro de massa

$$\bar{X} = \frac{\Sigma m\bar{x}}{\Sigma m} \qquad \bar{Y} = \frac{\Sigma m\bar{y}}{\Sigma m} \qquad \bar{Z} = \frac{\Sigma m\bar{z}}{\Sigma m} \qquad (5/7)$$

Relações análogas são válidas para linhas, áreas e volumes compostos, em que os valores de m são substituídos pelos de L, A e V, respectivamente. Observe que, se um vazio ou uma cavidade forem considerados como uma das partes componentes de um corpo ou uma figura composta, a massa correspondente à cavidade ou ao vazio será tratada como uma quantidade negativa.

Um Método de Aproximação

Na prática, os contornos de uma área ou volume podem não ser expressos em termos de formas geométricas simples ou como formas que possam ser representadas matematicamente. Para estes casos, devemos nos valer de um método de aproximação. Como exemplo, considere o problema associado à localização do centroide C da área irregular mostrada na **Fig. 5/14**. A área é dividida em faixas de largura Δx e altura variável h. A área A de cada faixa, tal como a que é mostrada sombreada, é $h\,\Delta x$ e é multiplicada pelas coordenadas x_c e y_c de seu *centroide* para obter os momentos do elemento de área. O somatório dos momentos para todas as faixas, dividido pela área total das faixas, fornecerá as coordenadas correspondentes do centroide. A tabulação sistemática dos resultados permitirá uma avaliação ordenada da área total ΣA, dos somatórios $\Sigma A x_c$ e $\Sigma A y_c$ e das coordenadas do centroide

$$\bar{x} = \frac{\Sigma A x_c}{\Sigma A} \qquad \bar{y} = \frac{\Sigma A y_c}{\Sigma A}$$

Podemos aumentar a precisão da aproximação diminuindo a largura das faixas. Em todos os casos, a altura média da faixa deve ser estimada ao realizar a aproximação das áreas. Embora seja, frequentemente, vantajoso usar elementos de largura constante, isso não é necessário. De fato, podemos usar elementos de qualquer tamanho e forma, que aproximem a área dada com precisão satisfatória.

Volumes Irregulares

Para localizar o centroide de um volume irregular, podemos reduzir o problema à localização do centroide de uma área. Considere o volume mostrado na **Fig. 5/15**, em que os valores A das áreas das seções transversais normais à direção x são mostrados em um gráfico em função de x. Uma faixa de área vertical sob a curva é igual a $A\,\Delta x$, que é igual ao elemento de volume correspondente, ΔV. Assim, a área sob a curva levantada representa o volume do corpo, e a coordenada x do centroide da área sob a curva é dada por

$$\bar{x} = \frac{\Sigma(A\,\Delta x)x_c}{\Sigma A\,\Delta x} \qquad \text{que é igual} \qquad \bar{x} = \frac{\Sigma V x_c}{\Sigma V}$$

para o centroide do volume real.

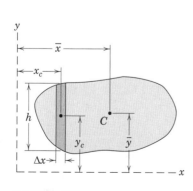

FIGURA 5/14

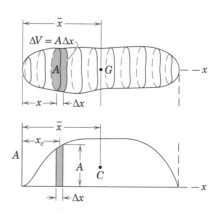

FIGURA 5/15

EXEMPLO DE PROBLEMA 5/6

Localize o centroide da área sombreada.

Solução A área composta é dividida em quatro formas elementares, mostradas na figura de baixo. A localização do centroide de todas essas formas pode ser obtida da Tabela D/3. Observe que as áreas dos "furos" (Partes 3 e 4) são tomadas como negativas na tabela a seguir:

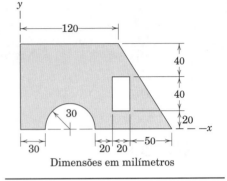

Dimensões em milímetros

PARTE	A mm²	$\bar{x}$ mm	$\bar{y}$ mm	$\bar{x}A$ mm³	$\bar{y}A$ mm³
1	12 000	60	50	720 000	600 000
2	3000	140	100/3	420 000	100 000
3	−1414	60	12,73	−84 800	−18 000
4	−800	120	40	−96 000	−32 000
TOTAIS	12 790			959 000	650 000

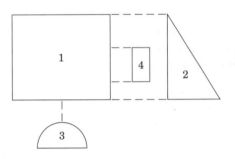

Os equivalentes em área às Eqs. 5/7 são agora aplicados e levam a

$$\left[\bar{X} = \frac{\Sigma A \bar{x}}{\Sigma A}\right] \qquad \bar{X} = \frac{959\,000}{12\,790} = 75,0 \text{ mm} \qquad Resp.$$

$$\left[\bar{Y} = \frac{\Sigma A \bar{y}}{\Sigma A}\right] \qquad \bar{Y} = \frac{650\,000}{12\,790} = 50,8 \text{ mm} \qquad Resp.$$

EXEMPLO DE PROBLEMA 5/7

Determine aproximadamente a coordenada x do centroide do volume de um corpo cujo comprimento é de 1 m e cuja área da seção transversal varia com x conforme mostrado na figura.

Solução O corpo é dividido em cinco seções. Para cada seção, os valores médios da área, volume e a localização do centroide são determinados e colocados na tabela a seguir:

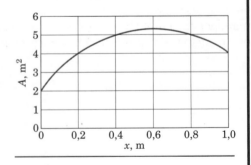

INTERVALO	$A_{méd}$ m²	Volume V m³	$\bar{x}$ m	$V\bar{x}$ m⁴
0–0,2	3	0,6	0,1	0,060
0,2–0,4	4,5	0,90	0,3	0,270
0,4–0,6	5,2	1,04	0,5	0,520
0,6–0,8	5,2	1,04	0,7	0,728
0,8–1,0	4,5	0,90	0,9	0,810
TOTAIS		4,48		2,388

$$\left[\bar{X} = \frac{\Sigma V \bar{x}}{\Sigma V}\right] \qquad \bar{X} = \frac{2,388}{4,48} = 0,533 \text{ m} \quad ① \qquad Resp.$$

DICA ÚTIL

① Note que a forma do corpo tomada como função de y e z não afeta $\bar{X}$.

EXEMPLO DE PROBLEMA 5/8

Localize o centro de massa do conjunto formado por um suporte e um eixo. A face vertical é feita de uma chapa de metal que tem massa de 25 kg/m². O material da base horizontal tem massa de 40 kg/m² e o eixo de aço tem massa específica de 7,83 Mg/m³.

Solução O corpo pode ser considerado como composto pelos cinco elementos mostrados na parte direita da ilustração. A parte triangular será considerada uma massa negativa. Para os eixos de referência indicados fica claro, por simetria, que a coordenada x do centro de massa é nula.

A massa m de cada parte pode ser facilmente calculada e não necessita de nenhuma explicação adicional. Para a Parte 1 temos, do Exemplo de Problema 5/3,

$$\bar{z} = \frac{4r}{3\pi} = \frac{4(50)}{3\pi} = 21{,}2 \text{ mm}$$

Para a Parte 3 vimos, no Exemplo de Problema 5/2, que o centroide da massa triangular está a um terço da altura, tomada em relação à base. Medindo a partir dos eixos coordenados, temos

$$\bar{z} = -[150 - 25 - \tfrac{1}{3}(75)] = -100 \text{ mm}$$

As coordenadas y e z do centro de massa das partes restantes estão evidentes por inspeção. Os termos envolvidos na aplicação das Eqs. 5/7 são mais bem manipulados na forma de uma tabela como se segue:

PARTE	m kg	$\bar{y}$ mm	$\bar{z}$ mm	$m\bar{y}$ kg · mm	$m\bar{z}$ kg · mm
1	0,098	0	21,2	0	2,08
2	0,562	0	−75,0	0	−42,19
3	−0,094	0	−100,0	0	9,38
4	0,600	50,0	−150,0	30,0	−90,00
5	1,476	75,0	0	110,7	0
TOTAIS	2,642			140,7	−120,73

As Eqs. 5/7 são agora aplicadas e os resultados são

$$\left[\bar{Y} = \frac{\Sigma m\bar{y}}{\Sigma m}\right] \qquad \bar{Y} = \frac{140{,}7}{2{,}642} = 53{,}3 \text{ mm} \qquad Resp.$$

$$\left[\bar{Z} = \frac{\Sigma m\bar{z}}{\Sigma m}\right] \qquad \bar{Z} = \frac{-120{,}73}{2{,}642} = -45{,}7 \text{ mm} \qquad Resp.$$

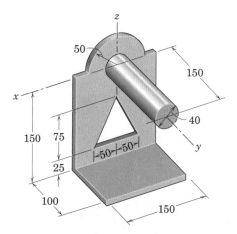
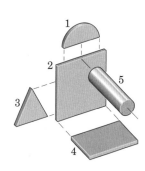

Dimensões em milímetros

5/5 Teoremas de Pappus*

Existe um método bastante simples para calcular a área superficial gerada pela revolução de uma curva plana em relação a um eixo que não intercepte o plano da curva. Na **Fig. 5/16** um segmento de linha de comprimento L, no plano x-y, gera uma superfície quando gira em torno do eixo x. Um elemento dessa superfície é representado pelo anel gerado por dL. A área desse anel é igual à sua circunferência multiplicada pela sua altura inclinada, ou $dA = 2\pi y\, dL$. A área total é, então,

$$A = 2\pi \int y\, dL$$

Uma vez que $\bar{y}L = \int y\, dL$, a área resulta em

$$\boxed{A = 2\pi\bar{y}L} \tag{5/8}$$

em que $\bar{y}$ é a coordenada y do centroide C da linha de comprimento L. Assim, a área gerada é igual à área lateral de um cilindro circular reto, de comprimento L e raio $\bar{y}$.

No caso de um volume gerado pela revolução de uma área em torno de uma linha que não intercepte seu plano, existe uma equação, igualmente simples, para determinar o volume. Um elemento do volume gerado pela revolução da área A em torno do eixo x, **Fig. 5/17**, é o anel elementar de seção transversal dA e raio y. O volume do elemento é igual ao produto de sua circunferência por dA ou $dV = 2\pi y\, dA$, e o volume total é

$$V = 2\pi \int y\, dA$$

Uma vez que $\bar{y}A = \int y\, dA$, o volume resulta em

$$\boxed{V = 2\pi\bar{y}A} \tag{5/9}$$

em que $\bar{y}$ é a coordenada y do centroide C da área de revolução A. Assim, obtemos o volume gerado, multiplicando a área de revolução pela circunferência da trajetória circular descrita por seu centroide.

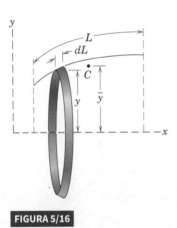

FIGURA 5/16

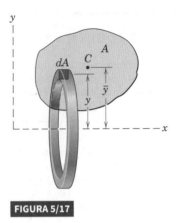

FIGURA 5/17

Os dois teoremas de Pappus, expressos pelas Eqs. 5/8 e 5/9, são úteis para determinação de áreas e volumes de revolução. Eles são usados também para determinar os centroides de curvas e áreas planas quando conhecemos as áreas e volumes correspondentes criados pela revolução dessas figuras em torno de um eixo que não intercepte o plano da curva. Dividindo a área ou o volume por 2π vezes o comprimento do segmento de linha ou a área plana correspondente, obtém-se a distância do centroide ao eixo.

Se uma linha ou uma área sofre revolução de um ângulo θ menor do que 2π, podemos determinar a superfície ou o volume gerado substituindo 2π por θ nas Eqs. 5/8 e 5/9. Assim, as relações mais gerais são

$$\boxed{A = \theta\bar{y}L} \tag{5/8a}$$

e

$$\boxed{V = \theta\bar{y}A} \tag{5/9a}$$

em que θ é expresso em radianos.

Os teoremas de Pappus são úteis para determinar o volume e a área superficial de corpos como este tanque de armazenamento de água.

---

*Atribuídos a Pappus de Alexandria, um geômetra grego que viveu no século III d.C. Os teoremas frequentemente levam o nome de Guldinus (Paul Guldin, 1577-1643), que reivindicou autoria original, embora os trabalhos de Pappus fossem aparentemente conhecidos por ele.

EXEMPLO DE PROBLEMA 5/9

Determine o volume V e a área superficial A do toro completo de seção transversal circular.

Solução O toro pode ser gerado pela revolução da área circular de raio a em torno do eixo z. Através do uso da Eq. 5/9a, temos

$$V = \theta \bar{r} A = 2\pi(R)(\pi a^2) = 2\pi^2 R a^2 \quad ① \qquad Resp.$$

De forma similar, utilizando a Eq. 5/8a, obtemos

$$A = \theta \bar{r} L = 2\pi(R)(2\pi a) = 4\pi^2 R a \qquad Resp.$$

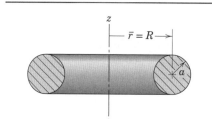

DICA ÚTIL

① Observamos que o ângulo de revolução θ é igual a 2π para o anel completo. Este caso especial é dado pela Eq. 5/9.

EXEMPLO DE PROBLEMA 5/10

Determine o volume V do sólido gerado pela revolução da área do triângulo retângulo de 60 mm de lado ao longo de 180°, em relação ao eixo z. Se esse corpo fosse construído de aço, qual seria a sua massa m?

Solução Para um ângulo de revolução $\theta = 180°$, a Eq. 5/9 fornece

$$V = \theta \bar{r} A = \pi[30 + \tfrac{1}{3}(60)][\tfrac{1}{2}(60)(60)] = 2{,}83(10^5) \text{ mm}^3 \quad ① \qquad Resp.$$

Assim, a massa do corpo é igual a

$$m = \rho V = \left[7830 \, \frac{\text{kg}}{\text{m}^3}\right] [2{,}83(10^5) \text{mm}^3] \left[\frac{1 \text{ m}}{1000 \text{ mm}}\right]^3$$

$$= 2{,}21 \text{ kg}$$

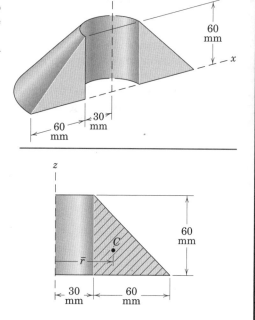

DICA ÚTIL

① Observe que θ deve estar em radianos.

SEÇÃO B   Tópicos Especiais

5/6 Vigas – Efeitos Externos

Vigas são elementos estruturais que oferecem resistência à flexão devida a cargas aplicadas. A maioria das vigas é composta por uma barra prismática longa, e os carregamentos são normalmente aplicados na direção normal aos eixos das barras.

As vigas são, sem dúvida, os mais importantes de todos os elementos estruturais, de modo que é importante entender a teoria básica que fundamenta seu dimensionamento. Para analisar a capacidade de uma viga em suportar carregamentos, devemos, primeiramente, estabelecer os requisitos de equilíbrio da viga como um todo e de qualquer parte dela considerada separadamente. Em segundo lugar, devemos estabelecer as relações entre as forças resultantes e a resistência interna da viga para suportar essas forças. A primeira parte dessa análise requer a aplicação dos princípios da Estática. A segunda parte envolve as características de resistência dos materiais e, normalmente, é tratada em estudos de mecânica dos sólidos ou de mecânica dos materiais.

Esta seção trata dos carregamentos e das reações *externas* atuando em uma viga. Na Seção 5/7, tratamos da distribuição das forças e dos momentos internos ao longo da viga.

Tipos de Vigas

As vigas chamadas de *estaticamente determinadas* são as que estão apoiadas de tal forma que as reações externas nos seus apoios podem ser calculadas aplicando-se apenas os métodos da Estática. Uma viga que tenha mais apoios do que os necessários para garantir o seu equilíbrio é chamada de *estaticamente indeterminada*. Para determinar as reações dos apoios para esse tipo de viga, devemos considerar suas propriedades carga-deslocamento, além das equações de equilíbrio estático. A **Fig. 5/18** mostra exemplos de ambos os tipos de vigas. Nesta seção, analisaremos apenas vigas estaticamente determinadas.

As vigas também podem ser identificadas pelo tipo de carregamento externo que elas suportam. As vigas na **Fig. 5/18** estão suportando carregamentos concentrados, enquanto a viga na **Fig. 5/19** está suportando um carregamento distribuído. A intensidade w de um carregamento distribuído pode ser expressa como força por unidade de comprimento da viga. A intensidade pode ser constante ou variável, contínua ou descontínua. A intensidade do carregamento na **Fig. 5/19** é constante de C a D e variável de A a C e de D a B. A intensidade é descontínua em D, onde ocorre uma mudança brusca na intensidade. Embora a própria intensidade não seja descontínua em C, a taxa de variação da intensidade, dw/dx, é descontínua.

Carregamentos Distribuídos

Os carregamentos com intensidades constantes ou que variam linearmente são facilmente tratados. A **Fig. 5/20** ilustra os três casos mais comuns e as resultantes dos carregamentos distribuídos em cada caso.

Nos casos a e b da **Fig. 5/20**, vemos que o carregamento resultante R é representado pela área formada a partir da intensidade w (força por unidade de comprimento da viga) e pelo comprimento L sobre o qual a força está distribuída. A resultante passa pelo centroide desta área.

Na parte c da **Fig. 5/20**, a área trapezoidal é separada em uma área retangular e uma triangular e as resultantes R_1 e R_2 correspondentes a essas subáreas são determinadas separadamente. Observe que uma única resultante poderia ser determinada usando a técnica composta para achar centroides, que foi discutida na Seção 5/4. No entanto, normalmente não é necessário determinar a única resultante.

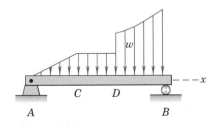

FIGURA 5/19

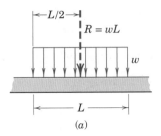

(a)

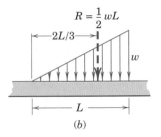

(b)

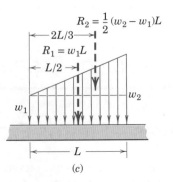

(c)

FIGURA 5/20

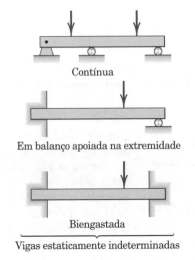

Biapoiada

Em balanço

Combinada

Contínua

Em balanço apoiada na extremidade

Biengastada

Vigas estaticamente determinadas

Vigas estaticamente indeterminadas

FIGURA 5/18

Para uma distribuição de carregamento mais geral, **Fig. 5/21**, devemos começar com um incremento diferencial de força $dR = w\,dx$. O carregamento total R é, então, igual ao somatório das forças diferenciais, ou

$$R = \int w\,dx$$

Da mesma forma, a resultante R está localizada no centroide da área considerada. A coordenada x deste centroide é obtida através do princípio dos momentos $R\bar{x} = \int xw\,dx$, ou

$$\bar{x} = \frac{\int xw\,dx}{R}$$

Para a distribuição da **Fig. 5/21**, não é necessário determinar a coordenada vertical do centroide.

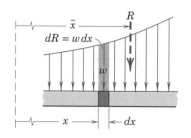

FIGURA 5/21

Uma vez que os carregamentos distribuídos foram reduzidos às cargas concentradas equivalentes, as reações externas que atuam na viga podem ser obtidas através de uma análise estática direta, conforme a desenvolvida no Capítulo 3.

EXEMPLO DE PROBLEMA 5/11

Determine o(s) carregamento(s) concentrado(s) equivalente(s) e as reações externas para a viga biapoiada submetida ao carregamento distribuído mostrado.

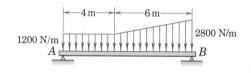

Solução A área associada ao carregamento distribuído é dividida nas áreas retangular e triangular mostradas. Os valores dos carregamentos concentrados são determinados através do cálculo de áreas, e estes carregamentos estão localizados nos centroides das respectivas áreas. ①

Uma vez determinados os carregamentos concentrados, eles são colocados no diagrama de corpo livre da viga em conjunto com as reações externas em A e B. Utilizando os princípios de equilíbrio, temos

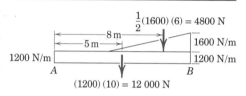

$[\Sigma M_A = 0]$ $12\,000(5) + 4800(8) - R_B(10) = 0$ *Resp.*

$R_B = 9840$ N ou $9{,}84$ kN

$[\Sigma M_B = 0]$ $R_A(10) - 12\,000(5) - 4800(2) = 0$ *Resp.*

$R_A = 6960$ N ou $6{,}96$ kN

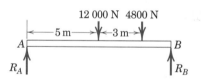

DICA ÚTIL

① Observe que normalmente não é necessário reduzir determinado carregamento distribuído a uma *única* carga concentrada.

EXEMPLO DE PROBLEMA 5/12

Determine a reação no engaste A da viga em balanço.

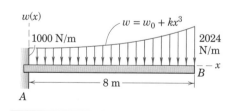

Solução As constantes do carregamento distribuído são $w_0 = 1000$ N/m e $k = 2$ N/m⁴. ① A carga R é, então,

$$R = \int w\,dx = \int_0^8 (1000 + 2x^3)\,dx = \left(1000x + \frac{x^4}{2}\right)\bigg|_0^8 = 10\,050 \text{ N}$$

A coordenada x do centroide da área é obtida de ②

$$\bar{x} = \frac{\int xw\,dx}{R} = \frac{1}{10\,050}\int_0^8 x(1000 + 2x^3)\,dx$$

$$= \frac{1}{10\,050}(500x^2 + \tfrac{2}{5}x^5)\big|_0^8 = 4{,}49 \text{ m}$$

DICAS ÚTEIS

① É necessário ter cuidado com as unidades das constantes w_0 e k.

② O estudante deve reconhecer que o cálculo de R e a sua localização $\bar{x}$ é simplesmente uma aplicação dos centroides, conforme tratado na Seção 5/3.

EXEMPLO DE PROBLEMA 5/12 (continuação)

Do diagrama de corpo livre da viga, temos

$[\Sigma M_A = 0]$ $M_A - (10\,050)(4{,}49) = 0$

$M_A = 45\,100$ N·m

$[\Sigma F_y = 0]$ $A_y = 10\,050$ N

Note que, por inspeção, $A_x = 0$.

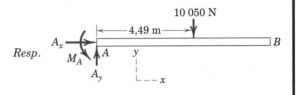

5/7 Vigas – Efeitos Internos

A seção anterior tratou da redução de uma força distribuída a uma ou mais forças concentradas e da subsequente determinação das reações externas atuando na viga. Nesta seção, introduziremos os efeitos internos da viga e aplicaremos os princípios da Estática para calcular os esforços internos de cortante e de momento fletor como função da posição ao longo da viga.

Cortante, Flexão e Torção

Além de suportar tensão trativa ou compressiva, uma viga pode resistir a cisalhamento, flexão e torção. Esses três efeitos estão ilustrados na **Fig. 5/22**. A força V é chamada de *esforço cortante*, o binário M é chamado de *momento fletor* e o binário T é chamado de *momento torsor*. Esses efeitos representam os componentes vetoriais da resultante das forças que atuam em uma seção transversal da viga, conforme mostrado na parte inferior da figura.

Considere o esforço cortante V e o momento fletor M causados por forças aplicadas à viga em um único plano. As convenções para os valores positivos do cortante V e do momento fletor M normalmente são apresentadas na **Fig. 5/23**. Pelo princípio de ação e reação podemos ver que os sentidos de V e de M são invertidos nas duas seções. Frequentemente é impossível saber, sem efetuar os cálculos, se o cortante e o momento em uma seção particular são positivos ou negativos. Por esta razão, é aconselhável representar V e M nos diagramas de corpo livre de acordo com os sentidos positivos e deixar que os sinais algébricos dos valores calculados indiquem os sentidos corretos.

Para ajudar na interpretação física do momento fletor M, considere a viga mostrada na **Fig. 5/24**, flexionada por dois momentos iguais, positivos e opostos, aplicados nas suas extremidades. A seção transversal da viga é tratada como um perfil H, com alma central bastante fina e flanges pesados em cima e embaixo. Para essa viga, podemos desprezar a carga suportada pela pequena alma em comparação com aquela suportada pelos dois flanges.

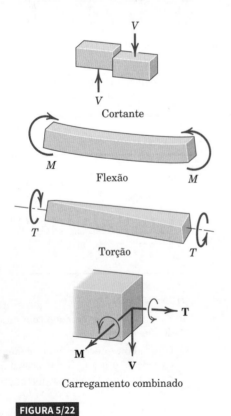

FIGURA 5/22

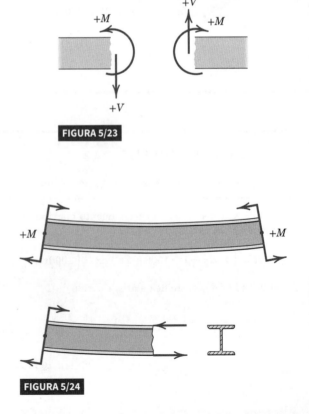

FIGURA 5/23

FIGURA 5/24

O flange superior da viga tem, claramente, seu comprimento reduzido e está sob compressão, enquanto o flange inferior tem seu comprimento aumentado e está sob tração. A resultante das duas forças, uma trativa e a outra compressiva, atuando em qualquer seção, é um binário que tem o valor do momento fletor na seção. Se uma viga com outra forma qualquer de seção transversal fosse carregada da mesma maneira, a distribuição da força na seção transversal seria diferente, mas a resultante seria o mesmo binário.

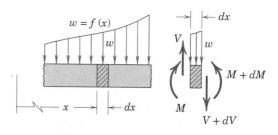

FIGURA 5/25

Diagramas de Esforço Cortante e do Momento Fletor

A variação do esforço cortante V e do momento fletor M ao longo do comprimento de uma viga fornece a informação necessária para a análise do projeto da viga. Em particular, a intensidade máxima do momento fletor é normalmente a consideração primária no projeto ou na seleção de uma viga, e seu valor e posição devem ser determinados. As variações no esforço cortante e no momento são mais bem representadas graficamente e os valores de V e M, quando colocados em um gráfico em função da distância ao longo do comprimento da viga, resultam nos *diagramas* do *esforço cortante* e do *momento fletor* da viga.

O primeiro passo na determinação das relações do esforço cortante e do momento é estabelecer os valores de todas as reações externas na viga, através da aplicação das equações de equilíbrio a um diagrama de corpo livre da viga como um todo. Em seguida, isolamos uma parte da viga com um diagrama de corpo livre, à direita ou à esquerda de uma seção transversal arbitrária, e aplicamos as equações de equilíbrio nessa parte isolada da viga. Essas equações resultam em expressões para o esforço cortante V e para o momento fletor M atuando na seção de corte da parte isolada da viga. A parte da viga que envolver o menor número de forças, à direita ou à esquerda da seção arbitrária, normalmente fornecerá a solução mais simples.

Devemos evitar usar uma seção transversal que coincida com a localização de uma carga concentrada ou um binário, já que essa posição representa um ponto de descontinuidade na variação do esforço cortante ou do momento fletor. Finalmente, é importante notar que os cálculos para V e M em cada seção escolhida devem ser consistentes com a convenção dos sentidos positivos, mostrada na **Fig. 5/23**.

Relações Gerais entre Carregamento, Esforço Cortante e Momento Fletor

Para qualquer viga com carregamentos distribuídos, podemos estabelecer certas relações gerais que ajudarão muito na determinação das distribuições do cortante e do momento ao longo da viga. A **Fig. 5/25** representa uma parte de uma viga carregada, em que um elemento dx da viga é isolado. O carregamento w representa a força por unidade de comprimento da viga. Na posição x, o esforço cortante V e o momento fletor M atuando no elemento são representados com os seus sentidos positivos. No lado oposto do elemento, em que a coordenada é $x + dx$, estas quantidades também são mostradas com os seus sentidos positivos. Entretanto, elas devem ser referidas como $V + dV$ e $M + dM$, pois V e M variam com x. O carregamento aplicado w pode ser considerado constante ao longo do comprimento do elemento, uma vez que esse comprimento é uma quantidade diferencial e o efeito de qualquer variação em w desaparece no limite, quando comparado com o efeito do próprio w.

O equilíbrio do elemento requer que o somatório das forças verticais seja nulo. Assim, temos

$$V - w\,dx - (V + dV) = 0$$

ou

$$\boxed{w = -\frac{dV}{dx}} \quad (5/10)$$

Vemos, pela Eq. 5/10, que em qualquer seção a inclinação do diagrama do cortante deve ser igual ao valor negativo do carregamento aplicado. A Eq. 5/10 é válida em ambos os lados de uma carga concentrada, mas não na carga concentrada, em razão da descontinuidade produzida pela mudança abrupta no cortante.

Podemos, agora, expressar o esforço cortante V em termos do carregamento w através da integração da Eq. 5/10. Assim,

$$\int_{V_0}^{V} dV = -\int_{x_0}^{x} w\,dx$$

A viga de perfil I é um elemento estrutural bastante comum, por oferecer boa rigidez à flexão com uso econômico de material.

ou

$$V = V_0 + \text{(o negativo da área sob a curva de carregamento, de } x_0 \text{ a } x\text{)}$$

Nesta expressão V_0 é o esforço cortante em x_0 e V é o esforço cortante em x. Normalmente, um modo simples de construir o diagrama de esforço cortante é através do somatório da área sob a curva de carregamento.

O equilíbrio do elemento na **Fig. 5/25** requer também que o somatório dos momentos seja nulo. Fazendo o somatório de momentos em relação ao lado esquerdo do elemento, obtemos

$$M + w\,dx\,\frac{dx}{2} + (V + dV)\,dx - (M + dM) = 0$$

Os dois valores de M se cancelam e os termos $w(dx)^2/2$ e $dV\,dx$ podem ser desprezados, uma vez que são diferenciais de ordem superior em relação àqueles que permanecem. Isto resulta em

$$\boxed{V = \frac{dM}{dx}} \qquad (5/11)$$

que expressa o fato de que o cortante em todos os pontos é igual à inclinação da curva do momento. A Eq. 5/11 é válida em ambos os lados de um conjugado concentrado, mas não na seção em que o conjugado concentrado é aplicado, devido à descontinuidade causada pela mudança brusca do momento.

Podemos agora escrever o momento fletor M em função do cortante V, integrando a Eq. 5/11. Assim,

$$\int_{M_0}^{M} dM = \int_{x_0}^{x} V\,dx$$

ou

$$M = M_0 + \text{(área sob a curva do cortante, de } x_0 \text{ a } x\text{)}$$

Nessa expressão, M_0 é o momento fletor em x_0 e M é o momento fletor em x. Para vigas nas quais não existe momento externo aplicado, M_0, em $x_0 = 0$, o momento total em qualquer seção é igual à área sob o diagrama de esforço cortante até aquela seção. Fazer o somatório da área sob o diagrama de cortante é, normalmente, o modo mais simples de construir o diagrama de momentos.

Quando V é nulo e é uma função contínua de x com $dV/dx \neq 0$, o momento fletor M será um máximo ou um mínimo, pois $dM/dx = 0$ nesse ponto. Valores críticos de M ocorrem também quando V cruza o eixo zero de forma descontínua, o que ocorre para vigas sob cargas concentradas.

Observamos, pelas Eqs. 5/10 e 5/11, que o grau de V em x é maior em uma unidade em comparação ao de w. Da mesma forma, M apresenta um grau, em x, maior em uma unidade do que o de V. Consequentemente, M é dois graus maior, em x, do que w. Assim, para uma viga carregada por $w = kx$, que é de primeiro grau em x, o esforço cortante V é do segundo grau em x e o momento fletor M é do terceiro grau em x.

As Eqs. 5/10 e 5/11 podem ser combinadas para se obter

$$\boxed{\frac{d^2M}{dx^2} = -w} \qquad (5/12)$$

Assim, se w é uma função conhecida de x, o momento fletor M pode ser obtido por duas integrações, desde que os limites de integração sejam avaliados apropriadamente em cada vez. Esse método só poderá ser empregado quando w for uma função contínua de x.*

Quando a flexão de uma viga ocorre em mais de um plano, podemos fazer uma análise separada em cada plano e combinar os resultados vetorialmente.

---

* Quando w é uma função descontínua em x, é possível introduzir um conjunto especial de expressões chamadas de *funções de singularidade*, que permitem representar expressões analíticas para o cortante V e o momento M ao longo de um intervalo que inclui descontinuidades. Tais funções não são discutidas neste livro.

EXEMPLO DE PROBLEMA 5/13

Determine as distribuições de esforço cortante e momento fletor produzidas na viga biapoiada pela carga concentrada de 4 kN.

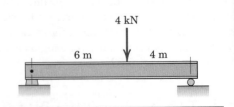

Solução Pelo diagrama de corpo livre da viga, encontramos as reações nos apoios, que são

$$R_1 = 1{,}6 \text{ kN} \qquad R_2 = 2{,}4 \text{ kN}$$

Em seguida, uma parte da viga de comprimento x é isolada e o seu diagrama de corpo livre é mostrado como o cortante V e o momento fletor M representados com os seus sentidos positivos. O equilíbrio fornece

$$[\Sigma F_y = 0] \qquad 1{,}6 - V = 0 \qquad V = 1{,}6 \text{ kN}$$

$$[\Sigma M_{R_1} = 0] \qquad M - 1{,}6x = 0 \qquad M = 1{,}6x$$

Esses valores de V e de M aplicam-se a todas as seções da viga à esquerda da carga de 4 kN. ①

DICA ÚTIL

① Devemos tomar cuidado para não escolhermos a nossa seção na posição onde uma carga concentrada esteja aplicada (como em $x = 6$ m), uma vez que as relações do cortante e do momento apresentam descontinuidades nessas posições.

EXEMPLO DE PROBLEMA 5/13 (continuação)

Uma seção da viga à esquerda da carga de 4 kN é, em seguida, isolada e o seu diagrama de corpo livre é mostrado com V e M representados com os seus sentidos positivos. O equilíbrio requer

$[\Sigma F_y = 0]$ $\qquad V + 2{,}4 = 0 \qquad V = -2{,}4 \text{ kN}$

$[\Sigma M_{R_2} = 0]$ $\qquad -(2{,}4)(10 - x) + M = 0 \qquad M = 2{,}4(10 - x)$

Esses resultados aplicam-se somente a seções da viga posicionadas à direita da carga de 4 kN.

Os valores de V e M são representados em forma de gráfico. O valor máximo do momento fletor ocorre onde o cortante muda de sentido. À medida que nos movemos na direção positiva de x, iniciando em $x = 0$, observamos que o momento M é simplesmente a área acumulada sob o diagrama de cortante.

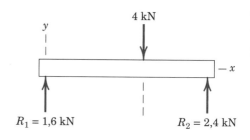

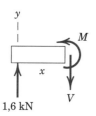
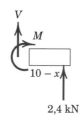
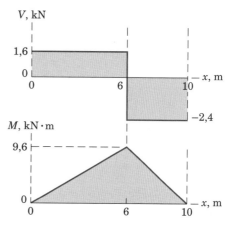

EXEMPLO DE PROBLEMA 5/14

A viga engastada está submetida a uma intensidade de carregamento (força por unidade de carregamento) que varia de acordo com $w = w_0 \operatorname{sen}(\pi x/l)$. Determine o esforço cortante V e o momento fletor M como função da razão x/l.

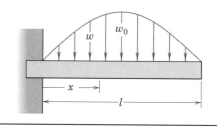

Solução O diagrama de corpo livre da viga é construído de modo que o esforço cortante V_0 e o momento fletor M_0 que atuam no engaste, em $x = 0$, possam ser determinados. Por convenção, V_0 e M_0 são mostrados com os seus sentidos positivos. O somatório vertical de forças, para a condição de equilíbrio, fornece

$[\Sigma F_y = 0] \qquad V_0 - \int_0^l w\, dx = 0 \qquad V_0 = \int_0^l w_0 \operatorname{sen} \frac{\pi x}{l}\, dx = \frac{2 w_0 l}{\pi}$

Um somatório de momentos, para o equilíbrio, em relação à extremidade esquerda em $x = 0$, fornece ①

$[\Sigma M = 0] \qquad -M_0 - \int_0^l x(w\, dx) = 0 \qquad M_0 = -\int_0^l w_0 x \operatorname{sen} \frac{\pi x}{l}\, dx$

$\qquad M_0 = \dfrac{-w_0 l^2}{\pi^2} \left[\operatorname{sen} \dfrac{\pi x}{l} - \dfrac{\pi x}{l} \cos \dfrac{\pi x}{l} \right]_0^l = -\dfrac{w_0 l^2}{\pi}$

DICAS ÚTEIS

① Neste caso de simetria, fica claro que a resultante $R = V_0 = 2w_0 l/\pi$ do carregamento distribuído atua no meio da viga, de modo que o requisito de equilíbrio de momentos é simplesmente $M_0 = -Rl/2 = -w_0 l^2/\pi$. O sinal de menos nos diz que, fisicamente, o momento fletor em $x = 0$ tem sentido oposto ao representado no diagrama de corpo livre.

110 CAPÍTULO 5 | Forças Distribuídas

EXEMPLO DE PROBLEMA 5/14 (continuação)

Pelo diagrama de corpo livre de uma seção arbitrária de comprimento x, a integração da Eq. 5/10 permite determinar o esforço cortante no interior da viga. Assim,

$$[dV = -w\, dx] \qquad \int_{V_0}^{V} dV = -\int_0^x w_0 \operatorname{sen}\frac{\pi x}{l}\, dx \quad \textcircled{2}$$

$$V - V_0 = \left[\frac{w_0 l}{\pi}\cos\frac{\pi x}{l}\right]_0^x \qquad V - \frac{2w_0 l}{\pi} = \frac{w_0 l}{\pi}\left(\cos\frac{\pi x}{l} - 1\right)$$

ou na forma adimensional

$$\frac{V}{w_0 l} = \frac{1}{\pi}\left(1 + \cos\frac{\pi x}{l}\right) \qquad\qquad Resp.$$

O momento fletor é obtido através da integração da Eq. 5/11, que fornece

$$[dM = V\, dx] \qquad \int_{M_0}^{M} dM = \int_0^x \frac{w_0 l}{\pi}\left(1 + \cos\frac{\pi x}{l}\right) dx$$

$$M - M_0 = \frac{w_0 l}{\pi}\left[x + \frac{l}{\pi}\operatorname{sen}\frac{\pi x}{l}\right]_0^x$$

$$M = -\frac{w_0 l^2}{\pi} + \frac{w_0 l}{\pi}\left[x + \frac{l}{\pi}\operatorname{sen}\frac{\pi x}{l} - 0\right]$$

ou na forma adimensional

$$\frac{M}{w_0 l^2} = \frac{1}{\pi}\left(\frac{x}{l} - 1 + \frac{1}{\pi}\operatorname{sen}\frac{\pi x}{l}\right) \qquad Resp.$$

As variações de V/w_0 e de $M/w_0 l^2$ em relação a x/l são mostradas nas figuras de baixo. Os valores negativos de $M/w_0 l^2$ indicam que, fisicamente, o momento fletor tem o sentido oposto ao mostrado.

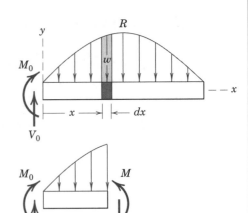

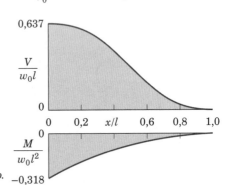

② O diagrama de corpo livre serve para nos lembrar que os limites de integração para V, assim como para x, precisam ser considerados. Observamos que a expressão para V é positiva, de modo que o esforço cortante possui o sentido mostrado no diagrama de corpo livre.

EXEMPLO DE PROBLEMA 5/15

Construa os diagramas de esforço cortante e de momento fletor para a viga carregada e determine o momento fletor máximo M e a sua localização x, a partir da extremidade esquerda.

Solução As reações nos apoios são mais facilmente obtidas considerando as resultantes dos carregamentos distribuídos, como mostrado no diagrama de corpo livre da viga como um todo. Inicialmente, a viga é analisada a partir do diagrama de corpo livre de uma parte contida no intervalo $0 < x < 2$ m. O somatório das forças verticais e o somatório dos momentos em relação à seção cortada resultam em

$$[\Sigma F_y = 0] \qquad V = 1{,}233 - 0{,}25x^2$$

$$[\Sigma M = 0] \qquad M + (0{,}25x^2)\frac{x}{3} - 1{,}233x = 0 \qquad M = 1{,}233x - 0{,}0833x^3$$

Esses valores de V e de M são válidos para $0 < x < 2$ m e estão representados para esse intervalo nos diagramas de esforço cortante e de momento fletor mostrados.

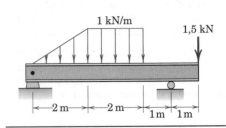

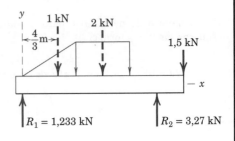

EXEMPLO DE PROBLEMA 5/15 (*continuação*)

A partir do diagrama de corpo livre da seção para a qual $2 < x < 4$ m, o equilíbrio na direção vertical e o somatório dos momentos, em relação à seção cortada, fornecem

$[\Sigma F_y = 0]$ $\quad V + 1(x-2) + 1 - 1{,}233 = 0 \quad V = 2{,}23 - x$

$[\Sigma M = 0]$ $\quad M + 1(x-2)\dfrac{x-2}{2} + 1[x - \dfrac{2}{3}(2)] - 1{,}233x = 0$

$\quad\quad M = -0{,}667 + 2{,}23x - 0{,}50x^2$

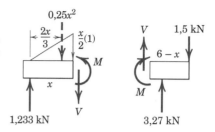

Esses valores de V e de M estão mostrados nos diagramas de esforço cortante e de momento fletor para o intervalo $2 < x < 4$ m.

A análise do restante da viga é feita a partir do diagrama de corpo livre da parte da viga à direita de uma seção no próximo intervalo. Deve ser observado que V e M estão representados com seus sentidos positivos. Os somatórios das forças verticais e dos momentos em relação a essa seção levam a

$$V = -1{,}767 \text{ kN} \quad \text{e} \quad M = 7{,}33 - 1{,}767x$$

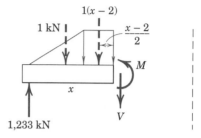

Esses valores de V e M são representados graficamente nos diagramas de esforço cortante e de momento fletor para o intervalo $4 < x < 5$ m.

O último intervalo pode ser analisado por inspeção. O esforço cortante é constante em $+1{,}5$ kN, e o momento fletor segue uma relação linear, começando com zero na extremidade direita da viga.

O máximo momento fletor ocorre em $x = 2{,}23$ m, onde o esforço cortante cruza o eixo horizontal, e a intensidade de M é obtida substituindo-se este valor de x na expressão para M para o segundo intervalo. O momento fletor máximo é

$$M = 1{,}827 \text{ kN} \cdot \text{m} \quad\quad Resp.$$

Assim como anteriormente, observe que a variação do momento fletor M até uma seção qualquer é igual à área sob o diagrama de esforço cortante até a essa mesma seção. Assim, para $x < 2$ m,

$[\Delta M = \int V\, dx]$ $\quad M - 0 = \displaystyle\int_0^x (1{,}233 - 0{,}25x^2)\, dx$

e, conforme mostrado acima, $M = 1{,}233x - 0{,}0833x^3$

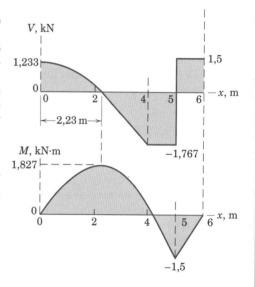

5/8 Cabos Flexíveis

Um tipo importante de elemento estrutural é o cabo flexível, que é usado na sustentação de pontes, linhas de transmissão, cabos-guia para sustentação de linhas pesadas de telefone ou de cabos condutores para ônibus elétricos e muitas outras aplicações. Para projetar essas estruturas, devemos conhecer as relações entre a tração, o vão, a flecha e o comprimento dos cabos. Determinamos essas quantidades examinando o cabo como um corpo em equilíbrio. Na análise de cabos flexíveis, consideramos que a resistência à flexão é desprezível. Essa hipótese implica que a força no cabo está sempre na direção longitudinal do cabo.

Cabos flexíveis podem sustentar uma série de carregamentos concentrados distintos, conforme mostrado na **Fig. 5/26a**, ou podem sustentar carregamentos que são distribuídos continuamente sobre seu comprimento, como indicado pelo carregamento de intensidade variável w na **Fig. 5/26b**. Algumas vezes, o peso do cabo é desprezível em comparação com as cargas que ele sustenta. Em outros casos, o peso do cabo pode representar uma carga apreciável ou ser a única carga, e não pode ser desprezado. Independentemente de qual dessas condições está presente, os requisitos de equilíbrio do cabo podem ser formulados da mesma maneira.

Relações Gerais

Se a intensidade do carregamento contínuo e variável aplicado ao cabo da **Fig. 5/26b** for expressa como w unidades de força por unidade de comprimento horizontal x, então a resultante R do carregamento vertical será

$$R = \int dR = \int w\, dx$$

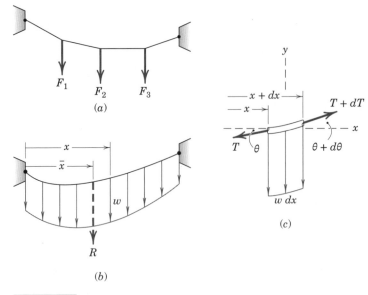

FIGURA 5/26

em que a integração é efetuada ao longo do intervalo desejado. Determinamos a posição de R a partir do princípio dos momentos, de modo que

$$R\bar{x} = \int x \, dR \qquad \bar{x} = \frac{\int x \, dR}{R}$$

A carga elementar $dR = w \, dx$ é representada por uma faixa elementar de altura w e largura dx na área sombreada do diagrama de carregamento e R representa a área total. Pelas expressões anteriores, observa-se que R passa pelo *centroide* da área sombreada.

A condição de equilíbrio do cabo é satisfeita se cada elemento infinitesimal do cabo estiver em equilíbrio. O diagrama de corpo livre de um elemento diferencial é mostrado na **Fig. 5/26c**. Na posição geral x, a tração no cabo é T e o cabo faz um ângulo θ com a direção horizontal x. Na seção $x + dx$, a tração é $T + dT$ e o ângulo é $\theta + d\theta$. Note que as variações em T e em θ são consideradas positivas para uma variação positiva em x. A carga vertical $w \, dx$ completa o diagrama de corpo livre. O equilíbrio das forças verticais e horizontais requer, respectivamente, que

$$(T + dT) \text{sen}(\theta + d\theta) = T \text{sen}\,\theta + w\,dx$$

$$(T + dT) \cos(\theta + d\theta) = T \cos\theta$$

A expansão trigonométrica para o seno e o cosseno da soma de dois ângulos e as substituições de sen $d\theta = d\theta$ e cos $d\theta = 1$, que são válidas no limite quando $d\theta$ tende a zero, resultam em

$$(T + dT)(\text{sen}\,\theta + \cos\_ d\theta) = T \,\text{sen}\,\theta + w\,dx$$

$$(T + dT)(\cos\theta - \text{sen}\,\theta\,d\theta) = T \cos\theta$$

Desprezando os termos de segunda ordem e simplificando, obtemos

$$T \cos\theta\,d\theta + dT \,\text{sen}\_ = w\,dx$$

$$-T \,\text{sen}\,\theta\,d\theta + dT \cos\theta = 0$$

que escrevemos como

$$d(T \,\text{sen}\,\theta) = w\,dx \qquad e \qquad d(T \cos\theta) = 0$$

A segunda relação expressa o fato de que a componente horizontal de T permanece inalterada, o que está claro a partir do diagrama de corpo livre. Se introduzirmos o símbolo $T_0 = T \cos\theta$ para esta força horizontal constante, podemos então substituir $T = T_0/\cos\theta$ na primeira das duas equações anteriormente formuladas e obter $d(T_0 \tan\theta) = w\,dx$. Como $\tan\theta = dy/dx$, a equação de equilíbrio pode ser escrita na forma

$$\boxed{\frac{d^2 y}{dx^2} = \frac{w}{T_0}} \qquad (5/13)$$

A Eq. 5/13 é a equação diferencial para o cabo flexível. A solução para essa equação é a relação funcional $y = f(x)$, que satisfaz a equação e as condições nas extremidades fixas do cabo, chamadas de *condições de contorno*. Essa relação define a forma do cabo e vamos usá-la para resolver dois importantes casos limites, associados ao carregamento em cabos.

Cabo Parabólico

Quando a intensidade do carregamento vertical w é constante, a condição se aproxima muito da observada para uma ponte suspensa, em que o peso uniforme do pavimento pode ser expresso pela constante w. A massa do cabo em si não é distribuída uniformemente em relação ao eixo horizontal, mas é relativamente pequena e, dessa forma, desprezamos seu peso. Para esse caso limite, mostraremos que o cabo assume a forma de um *arco parabólico*.

Começamos com um cabo suspenso a partir de dois pontos A e B, que não estão sobre a mesma linha horizontal, **Fig. 5/27a**. Colocamos a origem do sistema de coordenadas no ponto mais baixo do cabo, onde a tração T_0 é

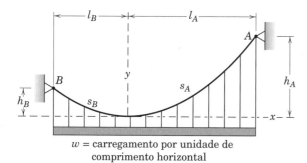

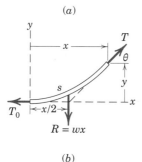

FIGURA 5/27

horizontal. Integrando uma vez a Eq. 5/13 em relação a x, obtemos

$$\frac{dy}{dx} = \frac{wx}{T_0} + C$$

em que C é uma constante de integração. Para os eixos coordenados escolhidos, $dy/dx = 0$, quando $x = 0$, de modo que $C = 0$. Assim,

$$\frac{dy}{dx} = \frac{wx}{T_0}$$

que define a inclinação da curva em função de x. Integrando novamente, encontramos

$$\int_0^y dy = \int_0^x \frac{wx}{T_0}\, dx \quad \text{ou} \quad \boxed{y = \frac{wx^2}{2T_0}} \quad (5/14)$$

De forma alternativa, você deve ser capaz de obter resultados idênticos com a integral indefinida, associada à obtenção da constante de integração. A Eq. 5/14 estabelece a forma do cabo que, como vemos, é uma parábola vertical. O componente horizontal constante da tração do cabo torna-se a tração do cabo na origem.

Colocando os valores correspondentes $x = l_A$ e $y = h_A$ na Eq. 5/14, obtemos

$$T_0 = \frac{w l_A^2}{2 h_A} \quad \text{de modo que} \quad y = h_A (x/l_A)^2$$

A tração T é determinada a partir de um diagrama de corpo livre de uma porção finita do cabo, mostrado na **Fig. 5/27b**. Com base no teorema de Pitágoras

$$T = \sqrt{T_0^2 + w^2 x^2}$$

Eliminando T_0, obtém-se

$$T = w\sqrt{x^2 + (l_A^2/2h_A)^2} \quad (5/15)$$

A tensão máxima ocorre onde $x = l_A$ e é igual a

$$T_{\text{máx}} = w l_A \sqrt{1 + (l_A/2h_A)^2} \quad (5/15a)$$

Obtemos o comprimento s_A do cabo, medido desde a origem até o ponto A, através da integração da expressão para um comprimento diferencial $ds = \sqrt{(dx)^2 + (dy)^2}$. Assim,

$$\int_0^{s_A} ds = \int_0^{l_A} \sqrt{1 + (dy/dx)^2}\, dx = \int_0^{l_A} \sqrt{1 + (wx/T_0)^2}\, dx$$

Embora possamos integrar esta expressão de forma fechada, para propósitos computacionais é mais conveniente expressar o radical em uma série convergente e, então, integrá-la termo a termo. Para esse propósito, usamos a expansão binomial

$$(1+x)^n = 1 + nx + \frac{n(n-1)}{2!}x^2 + \frac{n(n-1)(n-2)}{3!}x^3 + \cdots$$

que converge para $x^2 < 1$. Substituindo x da série por $(wx/T_0)^2$ e estabelecendo $n = \frac{1}{2}$, resulta a expressão

$$s_A = \int_0^{l_A} \left(1 + \frac{w^2 x^2}{2T_0^2} - \frac{w^4 x^4}{8T_0^4} + \cdots \right) dx$$

$$= l_A \left[1 + \frac{2}{3}\left(\frac{h_A}{l_A}\right)^2 - \frac{2}{5}\left(\frac{h_A}{l_A}\right)^4 + \cdots \right] \quad (5/16)$$

Esta série converge para valores de $h_A/l_A < \frac{1}{2}$, o que se aplica à maioria dos casos práticos.

As relações que se aplicam à seção do cabo, desde a origem até o ponto B, podem ser facilmente obtidas substituindo h_A, l_A e s_A por h_B, l_B e s_B, respectivamente.

Para uma ponte suspensa, em que as torres de sustentação estão em uma mesma linha horizontal, **Fig. 5/28**, o vão total é $L = 2l_A$, a flecha é $h = h_A$ e o comprimento total do cabo é $S = 2s_A$. Substituindo esses valores, a tração máxima e o comprimento total tornam-se

$$T_{\text{máx}} = \frac{wL}{2}\sqrt{1 + (L/4h)^2} \quad (5/15b)$$

$$S = L\left[1 + \frac{8}{3}\left(\frac{h}{L}\right)^2 - \frac{32}{5}\left(\frac{h}{L}\right)^4 + \cdots \right] \quad (5/16a)$$

Essa série converge para todos os valores de $h/L < \frac{1}{4}$. Na maioria dos casos, h é muito menor do que $L/4$, de modo que os três termos da Eq. 5/16a fornecem uma aproximação suficientemente precisa.

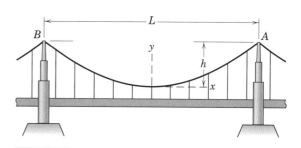

FIGURA 5/28

Cabo em Catenária

Considere agora um cabo uniforme, **Fig. 5/29a**, suspenso em dois pontos A e B e apenas sob ação de seu próprio peso. Mostraremos, nesse caso limite, que o cabo assume uma forma curva conhecida como *catenária*.

O diagrama de corpo livre de uma porção finita do cabo de comprimento s, medido desde a origem, é mostrado na parte b da figura. Esse diagrama de corpo livre difere daquele da **Fig. 5/27b**, no sentido de que a força vertical total suportada é igual ao peso da seção do cabo de comprimento s, em vez do carregamento uniformemente distribuído em relação à horizontal. Se o cabo tem um peso μ por unidade de comprimento, a resultante R do carregamento é $R = \mu s$ e o carregamento vertical incremental $w\,dx$ da **Fig. 5/26c** é substituído por $\mu\,ds$. Com esta substituição, a relação diferencial, Eq. 5/13, para o cabo se torna

$$\boxed{\frac{d^2y}{dx^2} = \frac{\mu}{T_0}\frac{ds}{dx}} \qquad (5/17)$$

Uma vez que $s = f(x, y)$, devemos mudar esta equação para uma que contenha apenas as duas variáveis.

Podemos substituir a identidade $(ds)^2 = (dx)^2 + (dy)^2$ para obter

$$\frac{d^2y}{dx^2} = \frac{\mu}{T_0}\sqrt{1 + \left(\frac{dy}{dx}\right)^2} \qquad (5/18)$$

A Eq. 5/18 é a equação diferencial da curva (catenária) formada pelo cabo. A solução dessa equação é facilitada pela substituição $p = dy/dx$, para obter

$$\frac{dp}{\sqrt{1+p^2}} = \frac{\mu}{T_0}dx$$

Integrando essa equação, obtemos

$$\ln(p + \sqrt{1+p^2}) = \frac{\mu}{T_0}x + C$$

A constante C é nula, uma vez que $dy/dx = p = 0$, quando $x = 0$. Substituindo $p = dy/dx$, mudando para a forma exponencial e simplificando a equação, obtém-se

$$\frac{dy}{dx} = \frac{e^{\mu x/T_0} - e^{-\mu x/T_0}}{2} = \operatorname{senh}\frac{\mu x}{T_0}$$

em que a função hiperbólica* foi introduzida por conveniência. A inclinação pode ser integrada para obter

$$y = \frac{T_0}{\mu}\cosh\frac{\mu x}{T_0} + K$$

A constante de integração K é calculada a partir da condição de contorno $x = 0$, quando $y = 0$. Essa substituição requer que $K = -T_0/\mu$ e, portanto,

$$y = \frac{T_0}{\mu}\left(\cosh\frac{\mu x}{T_0} - 1\right) \qquad (5/19)$$

A Eq. 5/19 é a equação da curva (catenária) formada pelo cabo suspenso sob a ação de seu próprio peso.

Do diagrama de corpo livre na **Fig. 5/29b**, vemos que $dy/dx = \tan\theta = \mu s/T_0$. Assim, pela expressão anterior para a inclinação,

$$s = \frac{T_0}{\mu}\operatorname{senh}\frac{\mu x}{T_0} \qquad (5/20)$$

Obtemos a tração T no cabo a partir do triângulo de equilíbrio das forças na **Fig. 5/29b**. Assim,

$$T^2 = \mu^2 s^2 + T_0^2$$

que, quando combinada com a Eq. 5/20, se transforma em

$$T^2 = T_0^2\left(1 + \operatorname{senh}^2\frac{\mu x}{T_0}\right) = T_0^2\cosh^2\frac{\mu x}{T_0}$$

ou

$$T = T_0\cosh\frac{\mu x}{T_0} \qquad (5/21)$$

Podemos também expressar a tração em termos de y com a ajuda da Eq. 5/19, que, quando substituída na Eq. 5/21, fornece

$$T = T_0 + \_y \qquad (5/22)$$

---

* Veja as Seções C/8 e C/10, Apêndice C, para a definição da integral de uma função hiperbólica.

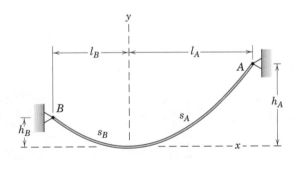
(a)

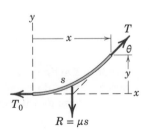
(b)

FIGURA 5/29

A Eq. 5/22 mostra que a variação da tração no cabo, a partir do valor na posição mais baixa, depende apenas de μy.

A maioria dos problemas associados a catenárias envolve soluções das Eqs. 5/19 a 5/22, as quais podem ser obtidas através de uma aproximação gráfica ou por soluções computacionais. O procedimento para uma solução gráfica ou computacional está ilustrado no Exemplo de Problema 5/17, desta seção, apresentado a seguir.

A solução de problemas de catenária em que a razão flecha/vão é pequena pode ser aproximada pelas relações desenvolvidas para o cabo parabólico. Uma pequena razão flecha/vão indica que o cabo está esticado e a distribuição uniforme de peso ao longo do cabo não é muito diferente de uma distribuição uniforme, de mesma intensidade de carga, ao longo da horizontal.

Muitos problemas associados tanto a cabos parabólicos como em catenária envolvem pontos de suspensão que não estão no mesmo nível. Nesses casos, podemos aplicar as relações desenvolvidas à parte do cabo em cada lado do ponto mais baixo.

Além do peso distribuído do cabo, esses carros de teleférico exercem carregamentos concentrados nos cabos de sustentação.

EXEMPLO DE PROBLEMA 5/16

Uma trena de 30 m de comprimento tem massa de 280 g. Considerando que a fita está esticada entre dois pontos de mesmo nível com tração de 45 N em cada extremidade, calcule a flecha h que se forma no meio.

Solução O peso por unidade de comprimento é $\mu = 0{,}28(9{,}81)/30 = 0{,}0916$ N/m. O comprimento total é $2s = 30$, ou $s = 15$ m.

$$[T^2 = \mu^2 s^2 + T_0^2] \qquad 45^2 = (0{,}0916)^2(15)^2 + T_0^2$$

$$T_0 = 44{,}98 \text{ N} \quad ①$$

$$[T = T_0 + \mu y] \qquad 45 = 44{,}98 \quad 0{,}0916h$$

$$h = 0{,}229 \text{ m} \quad \text{ou} \quad 229 \text{ mm} \qquad Resp.$$

DICA ÚTIL

① Um dígito significativo extra é exibido aqui para maior clareza.

EXEMPLO DE PROBLEMA 5/17

O cabo leve sustenta uma massa de 12 kg por metro de comprimento horizontal e está suspenso entre dois pontos situados no mesmo nível separados por 300 m. Se a flecha é de 60 m, determine a tração no meio do comprimento, a tração máxima e o comprimento total do cabo.

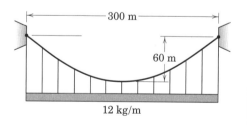

Solução Com uma distribuição horizontal uniforme de carga, a solução da parte (b) da Seção 5/8 se aplica, e temos uma forma parabólica para o cabo. Para $h = 60$ m, $L = 300$ m e $w = 12(9{,}81)(10^{-3})$ kN/m, a relação que segue a Eq. 5/14, com $l_A = L/2$ fornece a tração no meio do cabo

$$\left[T_0 = \frac{wL^2}{8h} \right] \qquad T_0 = \frac{0{,}1177(300)^2}{8(60)} = 22{,}1 \text{ kN} \qquad Resp.$$

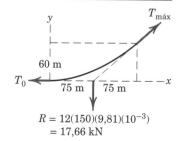

$R = 12(150)(9{,}81)(10^{-3})$
$= 17{,}66$ kN

EXEMPLO DE PROBLEMA 5/17 (continuação)

A máxima tração ocorre nos suportes e é dada pela Eq. 5/15b. Assim,

$$\left[T_{máx} = \frac{wL}{2}\sqrt{1+\left(\frac{L}{4h}\right)^2}\right] \qquad \text{Resp.}$$

$$T_{máx} = \frac{12(9,81)(10^{-3})(300)}{2}\sqrt{1+\left(\frac{300}{4(60)}\right)^2} = 28,3 \text{ kN} \quad ①$$

A razão flecha/vão é igual a 60/300 = 1/5 < 1/4. Desse modo, a expressão da série desenvolvida na Eq. 5/16a é convergente e o comprimento total pode ser obtido

$$S = 300\left[1 + \frac{8}{3}\left(\frac{1}{5}\right)^2 - \frac{32}{5}\left(\frac{1}{5}\right)^4 + \cdots\right] \qquad \text{Resp.}$$
$$= 300[1 + 0{,}1067 - 0{,}01024 + \cdots]$$
$$= 329 \text{ m}$$

DICA ÚTIL

① *Sugestão*: Verifique o valor de $T_{máx}$ diretamente do diagrama de corpo livre da metade direita do cabo, a partir da qual um polígono de força pode ser construído.

EXEMPLO DE PROBLEMA 5/18

Substitua o cabo do Exemplo de Problema 5/17, que está carregado uniformemente ao longo da horizontal, por um cabo com massa de 12 kg por metro de seu próprio comprimento e que sustenta apenas seu próprio peso. O cabo está suspenso entre dois pontos separados por 300 m, situados no mesmo nível, e com uma flecha de 60 m. Determine a tração no meio do cabo, a tração máxima e o comprimento total do cabo.

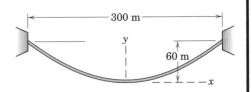

Solução Com um carregamento distribuído uniformemente ao longo do comprimento do cabo, a solução da parte (c) da Seção 5/8 pode ser utilizada, com o cabo apresentando forma de catenária. As Eqs. 5/20 e 5/21 para o comprimento e a tração no cabo envolvem, ambas, a tração mínima T_0 no meio do cabo, que deve ser determinada pela Eq. 5/19. Assim, para $x = 150$ m, $y = 60$ m e $\mu = 12(9,81)(10^{-3}) = 0{,}1177$ kN/m, temos

$$60 = \frac{T_0}{0{,}1177}\left[\cosh\frac{(0{,}1177)(150)}{T_0} - 1\right]$$

ou

$$\frac{7{,}06}{T_0} = \cosh\frac{17{,}66}{T_0} - 1$$

Esta equação pode ser resolvida graficamente. Calculamos as expressões em ambos os lados do sinal de igualdade e as representamos graficamente como uma função de T_0. A interseção das duas curvas estabelece a igualdade e determina o valor correto de T_0. O gráfico é mostrado na figura que acompanha este problema e fornece a solução

$$T_0 = 23{,}2 \text{ kN}$$

De forma alternativa, podemos escrever a equação como

$$f(T_0) = \cosh\frac{17{,}66}{T_0} - \frac{7{,}06}{T_0} - 1 = 0$$

e utilizar um programa de computador para calcular o(s) valor(es) de T_0 para os quais $f(T_0) = 0$. Veja a Seção C/11 do Apêndice C para uma explicação sobre um método numérico que pode ser aplicado.

A tração máxima ocorre para o valor máximo y e, da Eq. 5/22, é igual a

$$T_{máx} = 23{,}2 + (0{,}1177)(60) = 30{,}2 \text{ kN} \qquad \text{Resp.}$$

Da Eq. 5/20, o comprimento total do cabo é

$$2s = 2\frac{23{,}2}{0{,}1177}\text{senh}\frac{(0{,}1177)(150)}{23{,}2} = 330 \text{ m} \quad ① \qquad \text{Resp.}$$

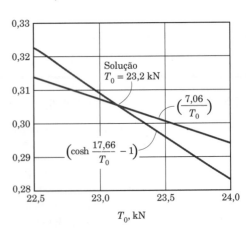

DICA ÚTIL

① Observe que a solução do Exemplo de Problema 5/17 para o cabo parabólico fornece uma boa aproximação dos valores obtidos para a catenária, embora tenhamos uma flecha razoavelmente grande. A aproximação será ainda melhor para menores razões flecha/vão.

5/9 Estática dos Fluidos

Até agora, neste capítulo, tratamos a ação de forças sobre e entre corpos *sólidos*. Nesta seção, consideramos o equilíbrio de corpos submetidos a forças devidas à pressão de fluidos. Um *fluido* é qualquer substância contínua que, quando em repouso, é incapaz de sustentar uma força de cisalhamento. A força de cisalhamento é tangente à superfície sobre a qual ela atua, e se desenvolve quando existe diferença entre as velocidades de camadas adjacentes de fluido. Desta forma, um fluido em repouso pode exercer apenas forças normais sobre uma superfície de contato. Fluidos podem ser tanto gasosos quanto líquidos. A estática de fluidos é geralmente chamada de *hidrostática*, quando o fluido é um líquido, e de *aerostática* quando o fluido é um gás.

Pressão nos Fluidos

A pressão em qualquer ponto de um fluido é a mesma em todas as direções (Lei de Pascal). Podemos provar esse conceito considerando o equilíbrio de um prisma triangular infinitesimal de um fluido, conforme mostrado na **Fig. 5/30**. As pressões do fluido normais às faces do elemento são p_1, p_2, p_3 e p_4, conforme mostrado. Como força é igual à pressão vezes a área, o equilíbrio de forças nas direções x e y resulta em

$$p_1 \, dy \, dz = p_3 \, ds \, dz \, \text{sen } \theta \qquad p_2 \, dx \, dz = p_3 \, ds \, dz \, \cos \theta$$

Uma vez que $ds \, \text{sen } \theta = dy$ e $ds \cos \theta = dx$, essas equações requerem que

$$p_1 = p_2 = p_3 = p$$

Girando o elemento de 90°, vemos que p_4 também é igual às outras pressões. Assim, a pressão em qualquer ponto em um fluido em repouso é a mesma em todas as direções. Nesta análise, não precisamos considerar o peso do elemento de fluido, uma vez que, quando o peso por unidade de volume (massa específica ρ vezes g) é multiplicado pelo volume do elemento, o resultado é uma quantidade diferencial de terceira ordem que desaparece no limite, quando comparada com os termos de segunda ordem, de pressão e força.

Em todos os fluidos em repouso, a pressão é uma função da dimensão vertical. Para determinar essa função, consideramos as forças que atuam em um elemento diferencial de uma coluna vertical de fluido com seção transversal dA, conforme mostrado na **Fig. 5/31**. O sentido positivo da medida vertical h é tomado para baixo. A pressão na face superior é p e na face inferior é p mais a variação de p, ou $p + dp$. O peso do elemento é igual a ρg multiplicado por seu volume. As forças normais sobre a superfície lateral, que são horizontais e não afetam o equilíbrio de forças na direção vertical, não estão mostradas. O equilíbrio do elemento de fluido na direção h requer que

$$p \, dA + \rho g \, dA \, dh - (p + dp) \, dA = 0$$

$$dp = \rho g \, dh \qquad (5/23)$$

Essa relação diferencial mostra que a pressão em um fluido aumenta com a profundidade ou diminui com a elevação. A Eq. 5/23 é válida tanto para líquidos como para gases e está de acordo com as observações comuns para as pressões do ar e da água.

Os fluidos que são essencialmente incompressíveis são chamados de *líquidos* e, para a maioria dos propósitos práticos, podemos considerar sua massa específica ρ constante em todo o líquido.* Com ρ constante, a integração da Eq. 5/23 resulta em

$$\boxed{p = p_0 + \rho g h} \qquad (5/24)$$

A pressão p_0 é a pressão na superfície do líquido, em que $h = 0$. Se p_0 é devido à pressão atmosférica, e o instrumento de medida registra somente o incremento acima da pressão atmosférica,** a medição fornece o que é chamado de *pressão manométrica*. Ela é calculada como $p = \rho g h$.

A unidade comum de pressão no SI é o quilopascal (kPa), que é igual a quilonewton por metro quadrado (10^3 N/m^2). No cálculo da pressão, se usarmos Mg/m^3 para ρ, m/s^2 para g e m para h, então o produto $\rho g h$ nos oferece a pressão diretamente em kPa. Por exemplo, a pressão em uma profundidade de 10 m em água doce é

$$p = \rho g h = \left(1{,}0 \, \frac{\text{Mg}}{\text{m}^3}\right)\left(9{,}81 \, \frac{\text{m}}{\text{s}^2}\right)(10 \text{ m})$$

$$= 98{,}1 \left(10^3 \, \frac{\text{kg} \cdot \text{m}}{\text{s}^2} \, \frac{1}{\text{m}^2}\right) = 98{,}1 \text{ kN/m}^2 = 98{,}1 \text{ kPa}$$

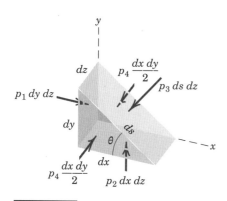

FIGURA 5/30

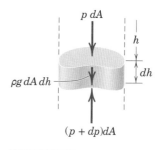

FIGURA 5/31

---

* Veja a Tabela D/1, Apêndice D, para massa específica.

** A pressão atmosférica no nível do mar pode ser tomada como 101,3 kPa ou 14,7 lb/in^2.

No sistema de unidades inglesas, a pressão em um fluido, normalmente, é expressa em libras-força por polegada quadrada (lbf/in²) ou, ocasionalmente, em libras-força por pé quadrado (lbf/ft²). Assim, a pressão em uma profundidade de 10 ft, em água doce é

$$p = \rho g h = \left(62{,}4 \frac{\text{lb}}{\text{ft}^3}\right)\left(\frac{1}{1728} \frac{\text{ft}^3}{\text{in}^3}\right)(120 \text{ in}) = 4{,}33 \text{ lb/in}^2$$

Pressão Hidrostática em Superfícies Retangulares Submersas

Um corpo submerso em líquido, como uma válvula de gaveta em uma represa ou a parede de um tanque, está submetido à pressão do fluido que atua na direção normal à sua superfície e distribuída sobre sua área. Em problemas nos quais as forças do fluido são significativas, devemos determinar a força resultante devida à distribuição de pressão sobre a superfície e a posição na qual essa resultante atua. Para sistemas abertos à atmosfera, a pressão atmosférica p_0 atua sobre todas as superfícies e, como consequência, produz uma resultante nula. Nesses casos, então, precisamos considerar apenas a pressão manométrica $p = \rho g h$, que representa o incremento acima da pressão atmosférica.

Considere o caso especial, porém comum, da ação da pressão hidrostática sobre a superfície de uma placa retangular submersa em um líquido. A **Fig. 5/32a** mostra uma placa 1-2-3-4 com sua aresta superior na horizontal e com o plano da placa fazendo um ângulo θ, arbitrário, com o plano vertical. A superfície horizontal do líquido é representada pelo plano x-y'. A pressão do fluido (manométrica) atuando normal à placa no ponto 2 está representada pela seta 6-2 e é igual a ρg vezes a distância vertical da superfície do líquido ao ponto 2. Esta mesma pressão atua em todos os pontos ao longo da aresta 2-3. No ponto 1, localizado na aresta inferior, a pressão do fluido é igual a ρg vezes a profundidade do ponto 1, e essa pressão é a mesma em todos os pontos ao longo da aresta 1-4. A variação da pressão p sobre a área da placa é governada pela relação linear com a profundidade e, portanto, ela é representada pela seta p, mostrada na **Fig. 5/32b**, que varia linearmente do valor 6-2 até ao valor 5-1. A força resultante produzida por esta distribuição de pressão é representada por R, que atua em algum ponto P, chamado de *centro de pressão*.

As condições que prevalecem na seção vertical 1-2-6-5 na **Fig. 5/32a** são idênticas àquelas na seção 4-3-7-8, e nas demais seções verticais normais à placa. Assim, podemos analisar o problema a partir da vista bidimensional de uma seção vertical, conforme mostrado na **Fig. 5/32b**, para a seção 1-2-6-5. Para esta seção, a distribuição de pressão é trapezoidal. Se b é a dimensão horizontal da placa medida em uma direção normal ao plano da figura (dimensão 2-3 na **Fig. 5/32a**), um elemento de área da placa sobre o qual atua uma pressão $p = \rho g h$ é $dA = b\, dy$, e um incremento da força resultante é $dR = p\, dA = bp\, dy$. Mas $p\, dy$ é, simplesmente, o incremento sombreado da área trapezoidal dA', de forma que $dR = b\, dA'$. Podemos, desse modo, expressar a força resultante atuando sobre toda a placa como a área trapezoidal 1-2-6-5 vezes a largura b da placa,

$$R = b\int dA' = bA'$$

Tenha cuidado para não confundir a área física A da placa com a área geométrica A', definida pela distribuição trapezoidal de pressão.

A área trapezoidal, que representa a distribuição de pressão, é facilmente expressa usando-se a profundidade média. A força resultante R pode, desse modo, ser escrita em termos da pressão média $p_{\text{méd}} = \frac{1}{2}(p_1 + p_2)$ vezes a área A da placa. A pressão média é também a pressão que ocorre na profundidade média, medida no centroide O da placa. Portanto, uma expressão alternativa para R é

$$R = p_{\text{méd}} A = \rho g \overline{h}\, A$$

em que $\overline{h} + \overline{y} \cos \theta$.

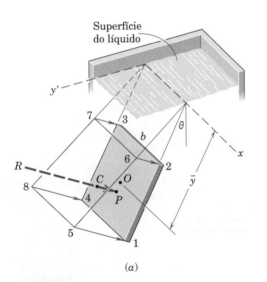
(a)

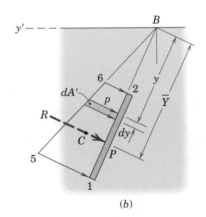
(b)

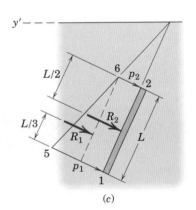
(c)

FIGURA 5/32

Obtemos a linha de ação da força resultante R a partir do princípio dos momentos. O uso do eixo x (ponto B na Fig. 5/32b) como o eixo dos momentos resulta em $R\overline{Y} = \int y(pb\,dy)$. Substituindo $p\,dy = dA'$ e $R = bA'$ e cancelando b, temos

$$\overline{Y} = \frac{\int y\,dA'}{\int dA'}$$

que é simplesmente a expressão para a coordenada do centroide da área trapezoidal A'. Portanto, na vista bidimensional, a resultante R passa pelo centroide C da área trapezoidal definida pela distribuição de pressão na seção vertical. Evidentemente, $\overline{Y}$ também é a coordenada do centroide C do prisma truncado 1-2-3-4-5-6-7-8, na Fig. 5/32a, por onde a resultante passa.

Para uma distribuição trapezoidal de pressão, podemos simplificar os cálculos dividindo o trapézio em um retângulo e um triângulo, Fig. 5/32c, e considerando, separadamente, a força associada a cada parte. A força associada à parte retangular atua no centro O da placa e é igual a $R_2 = p_2 A$, em que A é a área 1-2-3-4 da placa. A força R_1, representada pelo incremento triangular de distribuição de pressão, é igual a $\frac{1}{2}(p_1 - p_2)A$ e atua no centroide da parte triangular mostrada.

Pressão Hidrostática em Superfícies Cilíndricas

A determinação da resultante R devida à pressão distribuída sobre uma superfície curva submersa envolve uma quantidade maior de cálculos do que a determinação para uma superfície plana. Por exemplo, considere a superfície cilíndrica submersa mostrada na Fig. 5/33a, em que os elementos da superfície curva são paralelos à superfície horizontal x-y' do líquido. As seções verticais perpendiculares à superfície revelam a mesma curva AB e a mesma distribuição de pressão. Dessa forma, a representação bidimensional na Fig. 5/33b pode ser usada.

Para determinar R por meio de uma integração direta, precisamos integrar as componentes x e y de dR ao longo da curva AB, uma vez que dR muda continuamente de direção. Assim,

$$R_x = b\int (p\,dL)_x = b\int p\,dy \quad \text{e} \quad R_y = b\int (p\,dL)_y = b\int p\,dx$$

A equação de momentos seria necessária agora, se desejássemos estabelecer a posição de R.

Um segundo método para determinar R é normalmente muito mais simples. Considere o equilíbrio do bloco de líquido ABC diretamente acima da superfície, mostrado na Fig. 5/33c. A resultante R aparece, então, como a reação, igual em intensidade e oposta em sentido, da superfície sobre o bloco de líquido. As resultantes das pressões ao longo de AC e CB são P_y e P_x, respectivamente, e são facilmente obtidas. O peso W do bloco de líquido é calculado a partir da área ABC de sua seção, multiplicada pela dimensão constante b e por ρg. O peso W passa pelo centroide da área ABC. A força de equilíbrio R é, então, completamente determinada a partir das equações de equilíbrio que aplicamos ao diagrama de corpo livre do bloco de fluido.

Pressão Hidrostática em Superfícies Planas com uma Forma Qualquer

A Fig. 5/34a mostra uma placa plana, com uma forma qualquer, submersa em líquido. A superfície horizontal do líquido é o plano x-y' e o plano da placa faz um ângulo θ com a vertical. A força que atua em uma faixa diferencial de área dA, paralela à superfície do líquido, é $dR = p\,dA = \rho gh\,dA$. A pressão p tem a mesma intensidade ao longo de todo o comprimento da faixa, uma vez que não existe mudança da profundidade ao longo da faixa. Por meio de integração, obtemos a força total atuando sobre a área exposta A, o que fornece

$$R = \int dR = \int p\,dA = \rho g \int h\,dA$$

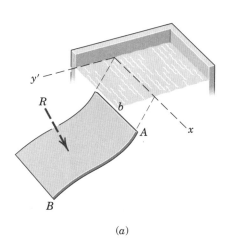

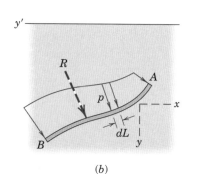

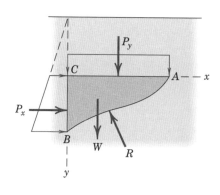

(a)   (b)   (c)

FIGURA 5/33

Substituindo a relação para o centroide $\bar{h}A = \int h\, dA$, obtém-se

$$R = \rho g \bar{h} A \quad (5/25)$$

A quantidade $\rho g \bar{h}$ representa a pressão que existe na profundidade do centroide O da área, e é a média da pressão em toda a área.

Também podemos representar a resultante R geometricamente, pelo volume V' mostrado na **Fig. 5/34b**. Aqui, a pressão do fluido p é representada como uma dimensão normal à placa, considerada como base. Vemos que o volume resultante é um cilindro reto truncado. A força dR que atua na área diferencial $dA = x\, dy$ é representada pelo volume elementar $p\, dA$, mostrado pela faixa sombreada, e a força total é representada pelo volume total do cilindro. Verificamos, da Eq. 5/25, que a altura média do cilindro truncado é a pressão média $\rho g \bar{h}$ que ocorre a uma profundidade correspondente ao centroide O da área exposta à pressão.

Para problemas em que o centroide O ou o volume V' não estão aparentes, uma integração direta torna-se necessária para obter R. Assim,

$$R = \int dR = \int p\, dA = \int \rho g h x\, dy$$

em que a profundidade h e o comprimento x da faixa horizontal de área diferencial devem ser expressos em termos de y, para que a integração possa ser efetuada.

Após a resultante ser obtida, devemos determinar sua localização. Aplicando o princípio dos momentos, considerando o eixo x da **Fig. 5/34b** como o eixo dos momentos, obtemos

$$R\bar{Y} = \int y\, dR \quad \text{ou} \quad \bar{Y} = \frac{\int y(px\, dy)}{\int px\, dy} \quad (5/26)$$

Essa segunda relação satisfaz a definição da coordenada $\bar{Y}$ do centroide do volume V' do cilindro truncado da área de pressão. Desta forma, concluímos que a resultante R passa pelo centroide C do volume descrito, tendo a área da placa como base e a pressão, que varia linearmente, como coordenada perpendicular. O ponto P da placa, no qual R atua, é o centro de pressão. Observe que o centro de pressão P e o centroide O da área da placa *não* são os mesmos.

A Barragem Diablo fornece energia elétrica para Seattle, no estado americano de Washington.

Os projetistas de veleiros de alto desempenho precisam considerar tanto a distribuição da pressão do ar nas velas como a distribuição de pressão da água no casco.

FIGURA 5/34

Flutuabilidade

Acredita-se que Arquimedes descobriu o *princípio da flutuabilidade*. Esse princípio é facilmente explicado para qualquer fluido, gasoso ou líquido, em equilíbrio. Considere uma porção do fluido definida por uma superfície fechada imaginária, conforme ilustrado pelo contorno irregular tracejado na **Fig. 5/35a**. Se o corpo do fluido pudesse ser sugado de dentro da cavidade fechada, e substituído simultaneamente pelas forças que ele exerce no contorno da cavidade, **Fig. 5/35b**, o equilíbrio do fluido em volta não seria perturbado. Além disso, um diagrama de corpo livre da porção do fluido antes de sua remoção, **Fig. 5/35c**, mostra que a resultante das forças devidas à pressão, distribuídas sobre sua superfície, deve ser igual em intensidade e oposta em sentido a seu peso mg e deve passar pelo centro de massa do elemento de fluido. Se substituirmos o elemento de fluido por um corpo de mesmas dimensões, as forças superficiais atuando sobre o corpo, mantido nessa posição, serão idênticas àquelas agindo no elemento de fluido. Assim, a força resultante exercida sobre a superfície de um objeto imerso em fluido é igual em intensidade e oposta em sentido ao peso de fluido deslocado e passa pelo centro de massa do fluido deslocado. Essa resultante de força é chamada de *força de empuxo*.

$$\boxed{F = \rho g V} \quad (5/27)$$

em que ρ é a massa específica do fluido, g é a aceleração devida à gravidade e V é o volume do fluido deslocado. No caso de um líquido cuja massa específica seja constante, o centro de massa do líquido deslocado coincide com o centroide do volume deslocado.

Assim, quando a massa específica de um objeto é menor do que a massa específica do fluido no qual ele está totalmente imerso, existe um desequilíbrio de forças na direção vertical, e o objeto sobe. Quando o fluido é um líquido, o objeto continua a subir até que ele atinja a superfície do líquido e então fique em repouso em posição de equilíbrio, considerando-se que a massa específica do novo fluido acima da superfície seja menor do que a massa específica do objeto. No caso da superfície de contorno entre um líquido e um gás, como água e ar, o efeito da pressão do gás sobre a porção do objeto que flutua acima do líquido é equilibrado pela pressão, imposta no líquido, devida à ação do gás sobre sua superfície.

Um problema importante que envolve a flutuação é a determinação da estabilidade de um objeto que flutua, como o casco de um navio mostrado através da sua seção transversal na posição vertical na **Fig. 5/36a**. O ponto B é o centroide do volume deslocado e é chamado de *centro de flutuação*. A resultante de forças exercidas sobre o casco pela pressão da água é a força de flutuação F, que passa por B e é igual em intensidade e oposta em sentido ao peso W do navio. Se o navio for forçado a adernar de um ângulo α, **Fig. 5/36b**, a forma do volume deslocado muda e o centro de flutuação muda para B'.

O ponto de interseção da linha vertical que passa por B' com a linha de centro do navio é chamado de *metacentro* M, e a distância h de M até ao centro de massa G é chamada de *altura metacêntrica*. Para a maioria das formas de cascos, h permanece praticamente constante para ângulos de adernagem de até 20°. Quando M está acima de G, como na **Fig. 5/36b**, existe um momento de correção que tende a trazer o navio de volta à sua posição vertical. Se M está abaixo de G, como para o casco da **Fig. 5/36c**, o momento que acompanha a adernagem está em uma direção favorável a aumentá-la. Essa é, claramente, uma condição de instabilidade e deve ser evitada no projeto de qualquer navio.

Testes realizados em um túnel de vento para este carro em escala real são extremamente úteis para prever o seu desempenho.

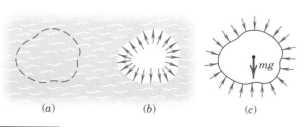

FIGURA 5/35

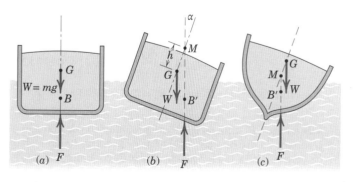

FIGURA 5/36

EXEMPLO DE PROBLEMA 5/19

Uma placa retangular, mostrada através de uma seção vertical AB, tem 4 m de altura e 6 m de largura (na direção normal ao plano do papel) e bloqueia a extremidade de um canal de água doce de 3 m de profundidade. A placa está articulada em torno de um eixo horizontal, ao longo da sua aresta superior A e está impedida de abrir pelo ressalto rígido B que oferece uma reação horizontal contra a aresta inferior da placa. Determine a força B exercida pela placa no ressalto.

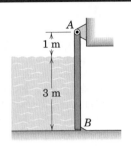

Solução O diagrama de corpo livre da placa é mostrado em corte e inclui as componentes vertical e horizontal da força em A, o peso da placa $W = mg$, a força horizontal desconhecida B e a resultante R da distribuição triangular de pressão contra a face inferior da placa.

A massa específica da água doce é $\rho = 1,000$ Mg/m³, de modo que a pressão média é igual a

$$[p_{méd} = \rho g \bar{h}] \qquad p_{méd} = 1,000(9,81)(\tfrac{3}{2}) = 14,72 \text{ kPa} \quad ①$$

A resultante R das forças de pressão contra a placa torna-se

$$[R = p_{méd} A] \qquad R = (14,72)(3)(6) = 265 \text{ kN}$$

Esta força atua no centroide da distribuição triangular de pressão, o qual está localizado 1 m acima da parte inferior da placa. Um somatório nulo de momentos em relação a A estabelece a força desconhecida B. Assim,

$$[\Sigma M_A = 0] \qquad 3(265) - 4B = 0 \qquad B = 198,7 \text{ kN} \qquad \textit{Resp.}$$

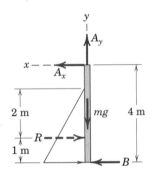

DICA ÚTIL

① Observe que as unidades de pressão $\rho g h$ são

$$\left(10^3 \frac{\text{kg}}{\text{m}^3}\right)\left(\frac{\text{m}}{\text{s}^2}\right)(\text{m}) = \left(10^3 \frac{\text{kg} \cdot \text{m}}{\text{s}^2}\right)\left(\frac{1}{\text{m}^2}\right)$$
$$= \text{kN/m}^2 = \text{kPa}.$$

EXEMPLO DE PROBLEMA 5/20

O espaço de ar no tanque fechado de água doce é mantido sob uma pressão de 5,5 kPa (acima da pressão atmosférica). Determine a força resultante R exercida pelo ar e pela água sobre a lateral do tanque.

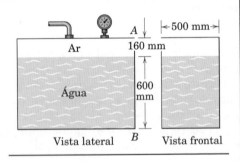

Solução Na distribuição de pressão sobre a superfície lateral mostrada, $p_0 = 5,5$ kPa. O peso específico da água doce é $\mu = \rho g = 1000(9,81) = 9,81$ kN/m³, de modo que o incremento de pressão Δp devido à água é

$$\Delta p = \mu \Delta h = 9,81(0,6) = 5,89 \text{ kPa}$$

As forças resultantes R_1 e R_2 devidas às distribuições de pressão retangular e triangular, respectivamente, são ①

$$R_1 = p_0 A_1 = 5,5(0,760)(0,5) = 2,09 \text{ kN}$$

$$R_2 = \Delta p_{méd} A_2 = \frac{5,89}{2}(0,6)(0,5) = 0,833 \text{ kN}$$

A resultante é, então, $R = R_1 + R_2 = 2,09 + 0,833 = 2,97$ kN. *Resp.*

Localizamos R aplicando o princípio dos momentos em relação a A, e sabendo que R_1 atua no centro da profundidade de 760 mm e que R_2 atua no centroide da distribuição triangular de pressão, 400 mm abaixo da superfície da água, e $400 + 160 = 560$ mm abaixo de A. Assim,

$$[Rh = \Sigma M_A] \qquad 2,97h = 2,09(380) + 0,833(560) \qquad h = 433 \text{ mm} \qquad \textit{Resp.}$$

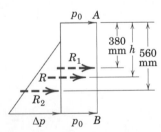

DICA ÚTIL

① Dividir a distribuição de pressão nessas duas partes é, decididamente, o modo mais simples de se realizar o cálculo.

EXEMPLO DE PROBLEMA 5/21

Determine a força resultante R exercida pela água sobre a superfície cilíndrica da represa. A massa específica da água doce é 1,000 Mg/m³ e a represa tem um comprimento b, normal ao plano do papel, de 30 m.

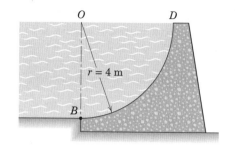

Solução O bloco circular, BDO, de água é isolado e seu diagrama de corpo livre é construído. A força P_x é

$$P_x = \rho g \bar{h} A = \frac{\rho g r}{2} br = \frac{(1{,}000)(9{,}81)(4)}{2}(30)(4) = 2350 \text{ kN} \quad ①$$

O peso W da água passa através do centro de massa G da seção de um quarto de círculo e é

$$mg = \rho g V = (1{,}000)(9{,}81)\frac{\pi(4)^2}{4}(30) = 3700 \text{ kN}$$

O equilíbrio do bloco de água requer que

$$[\Sigma F_x = 0] \qquad R_x = P_x = 2350 \text{ kN}$$
$$[\Sigma F_y = 0] \qquad R_y = mg = 3700 \text{ kN}$$

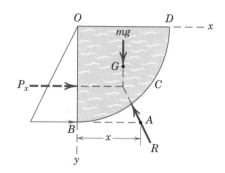

A força resultante R exercida pelo fluido sobre a barragem é igual em intensidade e oposta em sentido à mostrada agindo sobre o fluido e é

$$[R = \sqrt{R_x^2 + R_y^2}] \qquad R = \sqrt{(2350)^2 + (3700)^2} = 4380 \text{ kN} \qquad Resp.$$

A coordenada x do ponto A, por onde R passa, pode ser determinada a partir do princípio dos momentos. Utilizando B como centro de momentos, obtém-se

$$P_x \frac{r}{3} + mg \frac{4r}{3\pi} - R_y x = 0, \quad x = \frac{2350\left(\frac{4}{3}\right) + 3700\left(\frac{16}{3\pi}\right)}{3700} = 2{,}55 \text{ m} \qquad Resp.$$

Solução Alternativa A força atuando sobre a superfície da barragem pode ser obtida através de uma integração direta das componentes ②

$$dR_x = p\, dA \cos\theta \qquad e \qquad dR_y = p\, dA \operatorname{sen}\theta$$

em que $p = \rho g h \operatorname{sen}\theta$ e $dA = b(r\, d\theta)$. Assim,

$$R_x = \int_0^{\pi/2} \rho g r^2 b \operatorname{sen}\theta \cos\theta\, d\theta = -\rho g r^2 b \left[\frac{\cos 2\theta}{4}\right]_0^{\pi/2} = \frac{1}{2}\rho g r^2 b$$

$$R_y = \int_0^{\pi/2} \rho g r^2 b \operatorname{sen}^2 \theta\, d\theta = \rho g r^2 b \left[\frac{\theta}{2} - \frac{\operatorname{sen} 2\theta}{4}\right]_0^{\pi/2} = \frac{1}{4}\pi\rho g r^2 b$$

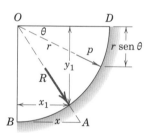

Portanto, $R = \sqrt{R_x^2 + R_y^2} = \frac{1}{2}\rho g r^2 b \sqrt{1 + \pi^2/4}$. Substituindo os valores numéricos, obtém-se

$$R = \frac{1}{2}(1{,}000)(9{,}81)(4^2)(30)\sqrt{1 + \pi^2/4} = 4380 \text{ kN} \qquad Resp.$$

Uma vez que dR sempre passa pelo ponto O, verificamos que R também passa por O e, portanto, os momentos de R_x e R_y em relação a O devem se cancelar. Assim, escrevemos $R_x y_1 = R_y x_1$, que resulta em

$$x_1/y_1 = R_x/R_y = (\tfrac{1}{2}\rho g r^2 b)/(\tfrac{1}{4}\pi\rho g r^2 b) = 2/\pi$$

Através de semelhança de triângulos, observamos que

$$x/r = x_1/y_1 = 2/\pi \qquad e \qquad x = 2r/\pi = 2(4)/\pi = 2{,}55 \text{ m} \qquad Resp.$$

DICAS ÚTEIS

① Veja a nota ① do Exemplo de Problema 5/19 se existir alguma questão sobre as unidades para $rg\bar{h}$.

② A abordagem utilizando integração é viável para este caso, principalmente em razão da geometria simples do arco circular.

EXEMPLO DE PROBLEMA 5/22

Determine a força resultante R exercida sobre a extremidade semicircular do tanque de água mostrado na figura, se o tanque está totalmente cheio. Forneça o resultado em termos do raio r e da massa específica da água ρ.

Solução I Primeiramente, vamos obter R através de uma integração direta. Com a faixa horizontal de área $dA = 2x\,dy$ submetida à pressão $p = \rho g y$, o incremento da força resultante é $dR = p\,dA$, de modo que

$$R = \int p\,dA = \int \rho g y (2x\,dy) = 2\rho g \int_0^r y\sqrt{r^2 - y^2}\,dy$$

Integrando, temos $\qquad R = \frac{2}{3}\rho g r^3 \qquad$ *Resp.*

A localização de R é determinada pelo princípio dos momentos. Tomando os momentos em relação ao eixo x, temos

$$[R\overline{Y} = \int y\,dR] \qquad \tfrac{2}{3}\rho g r^3 \overline{Y} = 2\rho g \int_0^r y^2 \sqrt{r^2 - y^2}\,dy$$

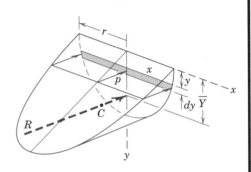

Integrando, temos $\quad \tfrac{2}{3}\rho g r^3 \overline{Y} = \dfrac{\rho g r^4}{4}\dfrac{\pi}{2} \qquad$ e $\qquad \overline{Y} = \dfrac{3\pi r}{16} \qquad$ *Resp.*

Solução II Podemos usar a Eq. 5/25 diretamente para determinar R, em que a pressão média é $\rho g \overline{h}$ e $\overline{h}$ é a coordenada ao centroide da área sobre a qual atua a pressão. Para uma área semicircular, $\overline{h} = r/(3\pi)$.

$$[R = \rho g \overline{h} A] \qquad R = \rho g \dfrac{4r}{3\pi}\dfrac{\pi r^2}{2} = \tfrac{2}{3}\rho g r^3 \qquad Resp.$$

que é o volume da figura formada pela distribuição da pressão na área.

A resultante R atua no centroide C do volume definido pela figura formada pela distribuição de pressão na área. ① O cálculo da distância do centroide $\overline{Y}$ envolve a mesma integral obtida na *Solução I*.

DICA ÚTIL

① Tenha muito cuidado para não cometer o erro de assumir que R passa pelo centroide da área em que a pressão atua.

EXEMPLO DE PROBLEMA 5/23

Uma boia, na forma de um poste uniforme de 8 m de comprimento e 0,2 m de diâmetro, tem massa de 200 kg e está presa em sua extremidade inferior ao fundo de um lago de água doce, por um cabo de 5 m. Se a profundidade da água for de 10 m, calcule o ângulo θ formado pelo poste com a horizontal.

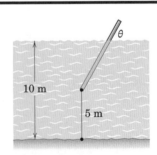

Solução O diagrama de corpo livre da boia mostra o seu peso atuando em G, a tração vertical T no cabo de ancoragem e a força de flutuação B, que passa pelo centroide C da parte submersa da boia. Considere x como a distância de G até à superfície da água. A massa específica da água doce é $\rho = 10^3$ kg/m³, de modo que a força de flutuação é

$$[B = \rho g V] \qquad B = 10^3(9,81)\pi(0,1)^2(4 + x)\ \text{N}$$

O equilíbrio de momentos, $\Sigma M_A = 0$, em relação a A, fornece

$$200(9,81)(4\cos\theta) - [10^3(9,81)\pi(0,1)^2(4 + x)]\dfrac{4 + x}{2}\cos\theta = 0$$

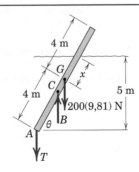

Assim, $\qquad x = 3{,}14\ \text{m} \qquad$ e $\qquad \theta = \text{sen}^{-1}\left(\dfrac{5}{4 + 3{,}14}\right) = 44{,}5° \qquad$ *Resp.*

5/10 Revisão do Capítulo

No Capítulo 5, estudamos diversos exemplos comuns de forças distribuídas em volumes, sobre áreas e ao longo de linhas. Em todos esses problemas, frequentemente precisamos determinar a resultante das forças distribuídas e a localização dessa resultante.

Encontrando Resultantes de Carregamentos Distribuídos

Para determinar a resultante e a linha de ação de uma força distribuída:

1. Comece multiplicando o valor da força pelo elemento de volume, área ou comprimento apropriado, em função do qual a intensidade da força é dada. Em seguida, some (integre) as forças incrementais sobre a região envolvida para obter sua resultante.

2. Para localizar a linha de ação da resultante, use o princípio dos momentos. Avalie o somatório dos momentos de todos os incrementos de força em relação a um eixo conveniente. Iguale esse somatório ao momento da resultante em relação ao mesmo eixo. Resolva, então, para o braço de alavanca da resultante desconhecido.

Forças Gravitacionais

Quando uma força é distribuída por toda uma massa, como no caso da atração gravitacional, sua intensidade é a força de atração ρg por unidade de volume, em que ρ é a massa específica e g é a aceleração da gravidade. Para corpos cuja massa específica é constante, vimos na Seção A que ρg se cancela quando o princípio dos momentos é aplicado. Isso resulta em um problema estritamente geométrico de determinar o centroide da figura, que coincide com o centro de massa do corpo físico cujos contornos definem a figura.

1. Para placas planas e cascas homogêneas e que têm espessura constante, o problema se resume a determinar as propriedades de uma área.

2. Para barras esbeltas e fios de massa específica uniforme e seção transversal constante, o problema se resume a determinar as propriedades de um segmento de linha.

Integração de Relações Diferenciais

Para problemas que requerem a integração de relações diferenciais, tenha em mente as considerações a seguir.

1. Selecione um sistema de coordenadas que forneça a descrição mais simples dos contornos da região de integração.

2. Elimine termos diferenciais de ordem superior, sempre que restarem termos diferenciais de menor ordem.

3. Escolha um elemento diferencial de primeira ordem, preferencialmente a um elemento de segunda ordem, e um elemento de segunda ordem, preferencialmente a um elemento de terceira ordem.

4. Sempre que possível, escolha um elemento diferencial que evite descontinuidades dentro da região de integração.

Forças Distribuídas em Vigas, Cabos e Fluidos

Na Seção B, usamos estas diretrizes conjuntamente com os princípios de equilíbrio para determinar os efeitos das forças distribuídas em vigas, cabos e fluidos. Lembrar que:

1. Para vigas e cabos, a intensidade da força é expressa como força por unidade de comprimento.

2. Para fluidos, a intensidade da força é expressa como força por unidade de área, ou pressão.

Embora vigas, cabos e fluidos sejam aplicações bastante diferentes fisicamente, a formulação de seus problemas compartilha os elementos comuns citados anteriormente.

CAPÍTULO 6

Atrito

DESCRIÇÃO DO CAPÍTULO

6/1 Introdução

SEÇÃO A Fenômenos que Envolvem Atrito

6/2 Tipos de Atrito
6/3 Atrito a Seco

SEÇÃO B Aplicações de Atrito em Máquinas

6/4 Cunhas
6/5 Elementos de Máquinas com Roscas
6/6 Mancais Radiais
6/7 Mancais de Escora; Atrito em Discos
6/8 Correias Flexíveis
6/9 Resistência ao Rolamento
6/10 Revisão do Capítulo

Em uma transmissão continuamente variável (CVT), os diâmetros do acionamento e das polias acionadas mudam a fim de alterar a relação de transmissão. O atrito entre a correia metálica e as polias é um fator importante no processo de projeto.

6/1 Introdução

Nos capítulos anteriores, normalmente consideramos que as forças de ação e reação entre superfícies em contato atuam na direção normal às superfícies. Essa hipótese caracteriza a interação entre superfícies lisas e foi ilustrada no Exemplo 2 da **Fig. 3/1**. Embora essa hipótese ideal envolva, frequentemente, apenas um erro relativamente pequeno, existem muitos problemas nos quais devemos considerar a habilidade de as superfícies de contato suportarem forças tangenciais, além de forças normais. Forças tangenciais geradas entre superfícies de contato são chamadas *forças de atrito* e ocorrem, em algum grau, na interação entre todas as superfícies reais. Sempre que existir a tendência de uma superfície de contato deslizar em relação a outra superfície, as forças de atrito desenvolvidas atuarão necessariamente na direção contrária a essa tendência.

Em alguns tipos de máquinas e processos, desejamos minimizar o efeito de frenagem das forças de atrito. Exemplos são os mancais de todos os tipos, parafusos de pressão, engrenagens, o fluxo de fluidos em tubos e a propulsão de aviões e mísseis através da atmosfera. Em outras situações desejamos maximizar os efeitos do atrito, como em freios, embreagens, correias de transmissão e cunhas. Veículos com rodas dependem do atrito tanto para iniciar o movimento quanto para parar; e o simples caminhar depende do atrito entre o sapato e o chão.

Forças de atrito estão presentes em toda parte na natureza e existem em todas as máquinas, não importa quão precisamente sejam construídas ou cuidadosamente lubrificadas. Uma máquina, ou um processo, em que o atrito é pequeno o suficiente para ser desprezado é chamada(o) de *ideal*. Quando o atrito deve ser levado em consideração, a máquina, ou o processo, é denominada(o) *real*. Em todos os casos em que existe movimento de deslizamento entre partes, as forças de atrito resultam em perda de energia, que é dissipada na forma de calor. O desgaste é outro efeito do atrito.

SEÇÃO A Fenômenos que Envolvem Atrito

6/2 Tipos de Atrito

Nesta seção, discutiremos brevemente os tipos de atrito encontrados em Mecânica. O próximo item contém maior detalhamento do tipo de atrito mais comum: o atrito a seco.

(a) Atrito a Seco. O atrito a seco ocorre quando as superfícies não lubrificadas de dois sólidos estão em contato, sob uma condição de deslizamento relativo, ou com tendência a haver deslizamento. Uma força de atrito tangente às superfícies de contato ocorre tanto durante o intervalo de tempo que precede o deslizamento iminente, quanto durante o deslizamento. A direção dessa força de atrito sempre é oposta ao movimento presente ou iminente. Esse tipo de atrito é chamado também de *atrito de Coulomb*. Os princípios do atrito a seco ou de Coulomb foram amplamente desenvolvidos a partir das experiências de Coulomb em 1781 e do trabalho de Morin de 1831 a 1834. Embora ainda não tenhamos uma teoria abrangente do atrito a seco, na Seção 6/3 descrevemos um modelo analítico suficiente para lidar com a ampla maioria dos problemas envolvendo atrito a seco. Esse modelo forma a base para a maior parte deste capítulo.

(b) Atrito entre Fluidos. O atrito entre fluidos ocorre quando camadas adjacentes em um fluido (líquido ou gás) estão se movendo em velocidades diferentes. Esse movimento causa forças de atrito entre os elementos dos fluidos, e essas forças dependem da velocidade relativa entre as camadas. Quando não existe velocidade relativa, não existe atrito entre os fluidos. O atrito entre fluidos não depende apenas dos gradientes de velocidade dentro do fluido, mas também da viscosidade do fluido, que é uma medida de sua resistência à ação cisalhante entre as camadas de fluido. O atrito entre fluidos é tratado no estudo da mecânica dos fluidos e não será mais discutido neste livro.

(c) Atrito Interno. O atrito interno ocorre em todos os materiais sólidos que estão submetidos a carregamento cíclico. Para materiais altamente elásticos, a recuperação da deformação ocorre com muito pouca perda de energia devida ao atrito interno. Para materiais que têm limite de elasticidade baixo, e que sofrem deformação plástica apreciável durante o carregamento, uma quantidade considerável de atrito interno pode acompanhar essa deformação. O mecanismo de atrito interno está associado à ação da deformação cisalhante, que é discutida em referências sobre ciência dos materiais. Como este livro trata principalmente dos efeitos externos de forças, não discutiremos mais o atrito interno.

6/3 Atrito a Seco

O restante deste capítulo descreve os efeitos do atrito a seco atuando sobre as superfícies externas de corpos rígidos. Explicaremos, agora, o mecanismo do atrito a seco com a ajuda de um experimento muito simples.

Mecanismo do Atrito a Seco

Considere um bloco sólido de massa m em repouso sobre uma superfície horizontal, como mostrado na **Fig. 6/1a**. Pressupomos que as superfícies de contato têm alguma rugosidade. O experimento envolve a aplicação de uma força horizontal P, que aumenta continuamente desde zero até um valor suficiente para mover o bloco e levá-lo a uma velocidade apreciável. O diagrama de corpo livre do bloco para qualquer valor de P está mostrado na **Fig. 6/1b**, em que a força de atrito tangencial exercida pelo plano sobre o bloco é denominada F. Essa força de atrito atuando sobre o corpo *sempre* estará em direção oposta ao movimento ou oposta à tendência de movimento do corpo. Existe também uma força normal N, que nesse caso é igual a mg, e a força total R exercida pela superfície sobre o bloco é a resultante de N e de F.

Uma ampliação das irregularidades das superfícies que se tocam, **Fig. 6/1c**, nos ajuda a visualizar a ação mecânica do atrito. O contato é necessariamente intermitente e existe nas irregularidades das superfícies em contato. A direção de cada uma das reações sobre o bloco, R_1, R_2, R_3 etc., não depende apenas do perfil geométrico das irregularidades, mas também da grandeza da deformação local em cada ponto de contato. A força normal total N é a soma das componentes n das forças de reação R e a força de atrito total F é a soma das componentes t das forças de reação R. Quando as superfícies estão em movimento relativo, os contatos ocorrem, na maior parte, nos picos das irregularidades e as componentes t são menores do que quando as superfícies estão em repouso relativo entre si. Essa observação ajuda a explicar o fato bem conhecido de que a força P necessária para manter o movimento é geralmente menor do que a necessária para iniciar o movimento do bloco, quando as irregularidades estão mais encaixadas.

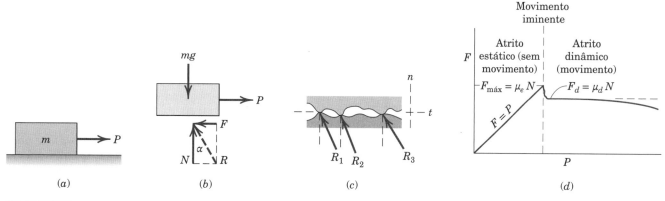

FIGURA 6/1

Se fizermos o experimento e registrarmos a força de atrito F em função de P, obteremos a relação mostrada na **Fig. 6/1d**. Quando P é zero, o equilíbrio impõe que não exista força de atrito. À medida que P aumenta, a força de atrito deve ser igual e oposta a P enquanto o bloco não deslizar. Durante esse período, o bloco está em equilíbrio e todas as forças atuando sobre ele devem satisfazer as equações de equilíbrio. Finalmente, atingimos um valor de P que faz com que o bloco deslize e se mova na direção da força aplicada. Nesse mesmo instante a força de atrito decresce levemente, de maneira súbita. Ela então permanece essencialmente constante durante um tempo, mas depois decresce ainda mais conforme a velocidade aumenta.

Atrito Estático

A região na **Fig. 6/1d** até o ponto de deslizamento, ou de movimento iminente, é chamada de *região de atrito estático*, e nessa região o valor da força de atrito é determinado pelas *equações de equilíbrio*. Essa força de atrito pode ter qualquer valor desde zero até o valor máximo, inclusive. Para dado par de superfícies em contato, o ensaio mostra que esse valor máximo do atrito estático, $F_{máx}$, é proporcional à força normal N. Assim, podemos escrever

$$\boxed{F_{máx} = \mu_e N} \qquad (6/1)$$

em que μ_e é a constante de proporcionalidade, chamada de *coeficiente de atrito estático*.

Tenha em mente que a Eq. 6/1 descreve apenas o valor *máximo* ou *limite* da força de atrito estático e *nenhum* valor menor do que esse. Assim, a equação se aplica apenas para os casos em que o movimento é iminente, com a força de atrito em seu valor máximo. Para uma condição de equilíbrio estático quando o movimento não é iminente, a força de atrito estático é

$$F < \mu_e N$$

Atrito Dinâmico

Depois que o deslizamento ocorre, uma condição de *atrito dinâmico* acompanha o movimento que se segue. A força de atrito dinâmico é, normalmente, um pouco menor do que a força de atrito estático máxima. A força de atrito dinâmico F_d é, também, proporcional à força normal. Assim,

$$\boxed{F_d = \mu_d N} \qquad (6/2)$$

em que μ_d é o *coeficiente de atrito dinâmico*. Normalmente, μ_d é menor do que μ_e. Conforme a velocidade do bloco aumenta, o atrito dinâmico diminui um pouco e, a velocidades maiores, esse decréscimo pode ser significativo. Os coeficientes de atrito dependem muito das exatas condições das superfícies, como também da velocidade relativa, e estão sujeitos a considerável incerteza.

Em razão da variabilidade das condições que governam a ação do atrito, é frequentemente difícil, na Engenharia, distinguir entre um coeficiente estático e um dinâmico, especialmente na região de transição entre movimento iminente e movimento corrente. Roscas de

Este arborista depende do atrito entre a corda e os dispositivos mecânicos pelos quais a corda pode deslizar.

parafusos bem lubrificadas sob cargas baixas, por exemplo, quer estejam a ponto de girar, quer estejam em movimento, exibem atritos frequentemente comparáveis.

Na literatura de Engenharia achamos, com frequência, expressões para o atrito estático máximo e para o atrito dinâmico escritas simplesmente como $F = \mu N$. Fica subentendido, do problema em questão, se é o atrito estático máximo ou o atrito dinâmico que está sendo descrito. Iremos muitas vezes diferenciar os coeficientes estático e dinâmico, porém, em alguns casos, não será feita distinção, e o coeficiente de atrito será escrito simplesmente como μ. Nesses casos, você deve decidir qual das condições de atrito, atrito estático máximo para movimento iminente ou atrito dinâmico está envolvida. Enfatizamos novamente que muitos problemas envolvem uma força de atrito estático que é menor do que o valor máximo na iminência do movimento e, portanto, a relação de atrito, Eq. 6/1, não pode ser usada sob essas condições.

A **Fig. 6/1c** mostra que superfícies rugosas têm mais probabilidade de ter ângulos maiores entre as forças de reação e a direção n do que superfícies mais lisas. Assim, para um par de superfícies em contato, um coeficiente de atrito reflete a rugosidade, que é uma propriedade geométrica das superfícies. Com esse modelo geométrico de atrito, descrevemos superfícies como "lisas" quando as forças de atrito que elas podem suportar são pequenas. Não existe sentido em falar de coeficiente de atrito para uma única superfície.

Ângulos de Atrito

A direção da resultante R na Fig. 6/1b, medida desde a direção de N, é especificada por $\tan \alpha = F/N$. Quando a força de atrito atinge seu valor estático limite, $F_{máx}$, o ângulo α atinge seu valor estático limite, ϕ_e. Assim,

$$\tan \phi_e = \mu_e$$

Quando está ocorrendo deslizamento, o ângulo α tem um valor ϕ_d correspondente à força de atrito dinâmica. De modo semelhante,

$$\tan \phi_d = \mu_d$$

Na prática, vemos frequentemente a expressão $\tan \phi = \mu$ na qual o coeficiente de atrito pode se referir tanto ao caso estático quanto ao dinâmico, dependendo do problema específico. O ângulo ϕ_e é chamado ângulo do atrito *estático* e o ângulo ϕ_d é chamado ângulo do atrito dinâmico. O ângulo de atrito para cada caso define claramente a direção limite da força de reação total R entre duas superfícies em contato. Se o movimento é iminente, R deve ser um elemento de um cone circular com vértice de ângulo $2\phi_e$, como mostrado na **Fig. 6/2**. Se o movimento não é iminente, R está dentro do cone. Este cone com vértice de ângulo $2\phi_e$ é chamado *cone de atrito estático* e representa o lugar geométrico de possíveis direções para a força de reação R na iminência do movimento. Se o movimento ocorre, o ângulo de atrito dinâmico é o que se aplica, e a força de reação deve estar sobre a superfície de um cone ligeiramente diferente, com ângulo de vértice $2\phi_d$. Esse cone é o *cone de atrito dinâmico*.

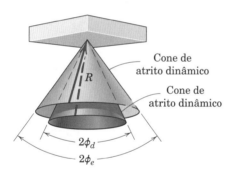

FIGURA 6/2

Fatores que Afetam o Atrito

Experimentos posteriores mostram que a força de atrito é essencialmente independente da área de contato aparente ou projetada. A área de contato verdadeira é muito menor do que o valor projetado, pois apenas os picos das irregularidades das superfícies em contato sustentam a carga. Mesmo cargas normais relativamente pequenas resultam em tensões elevadas nesses pontos de contato. Conforme a força normal aumenta, a área de contato verdadeira também aumenta à medida que o material sofre escoamento, esmagamento ou rasgamento nos pontos de contato.

Uma teoria abrangente do atrito a seco deve ir além da explicação mecânica apresentada aqui. Por exemplo, existe evidência que a atração molecular pode ser uma causa importante de atrito sob condições em que as superfícies em contato estejam muito próximas. Outros fatores que influenciam o atrito a seco são a geração de temperaturas locais elevadas e a adesão nos pontos de contato, a dureza relativa das superfícies em contato e a presença de finas camadas superficiais de óxidos, óleo, sujeira ou outras substâncias.

Alguns valores típicos de coeficientes de atrito são dados na Tabela D/1, Apêndice D. Esses valores são apenas aproximados e estão sujeitos a considerável variação, dependendo das condições exatas existentes. Eles podem ser usados, entretanto, como exemplos típicos dos valores dos efeitos do atrito. Para fazer um cálculo confiável envolvendo atrito, o coeficiente de atrito apropriado deve ser determinado por experimentos que reproduzam as condições das superfícies da maneira mais acurada possível.

As discussões seguintes se aplicam a todas as superfícies em contato com atrito a seco e, dentro de certos limites, às superfícies em movimento que estejam parcialmente lubrificadas.

Conceitos-Chave Tipos de Problemas que Envolvem Atrito

Podemos reconhecer os três tipos de problemas, a seguir, encontrados nas aplicações envolvendo atrito a seco. O primeiro passo, para resolver um problema envolvendo atrito, é identificar seu tipo.

1. No *primeiro* tipo de problema, conhece-se a condição de movimento iminente. Nesse caso, um corpo, que está em equilíbrio, está prestes a deslizar e a força de atrito é igual ao limite da força de atrito estática $F_{máx} = \mu_e N$. As equações de equilíbrio, naturalmente, também permanecem válidas.

2. No *segundo* tipo de problema, não se conhece a condição de movimento iminente, nem a condição de movimento. Para determinarmos as condições reais de atrito, admitimos, inicialmente, o equilíbrio estático e, então, resolvemos o problema para obter a força F necessária ao equilíbrio. Três resultados são possíveis:

    (a) $F < (F_{máx} = \mu_e N)$: Nesse caso, a força necessária para o equilíbrio pode ser mantida e, portanto, o corpo está em equilíbrio estático, conforme foi admitido. Enfatizamos que a força de atrito *real F é menor do que* o valor limite $F_{máx}$ dado pela Eq. 6/1 e que F é determinado *apenas* pelas equações de equilíbrio.

    (b) $F = (F_{máx} = \mu_e N)$: Uma vez que o valor da força de atrito F é o limite máximo $F_{máx}$, o movimento é iminente, conforme se discutiu no tipo de problema (1). A hipótese de equilíbrio estático não é válida.

    (c) $F > (F_{máx} = \mu_e N)$: Evidentemente, esta condição é impossível, porque as superfícies não podem suportar uma força superior a $\mu_e N$. A hipótese de equilíbrio, portanto, não é válida e o movimento acontece. A força de atrito F é igual a $\mu_d N$ proveniente da Eq. 6/2.

3. No *terceiro* tipo de problema, conhece-se o movimento relativo entre as superfícies em contato e, então, aplica-se, obviamente, o coeficiente de atrito dinâmico. Para este tipo de problema, a Eq. 6/2 sempre fornece diretamente a força de atrito dinâmica.

EXEMPLO DE PROBLEMA 6/1

Determine o ângulo máximo θ que o plano inclinado ajustável deve fazer com a horizontal antes que o bloco de massa m comece a deslizar. O coeficiente de atrito estático entre o bloco e a superfície inclinada é μ_e.

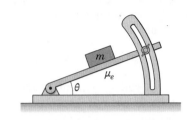

Solução O diagrama de corpo livre do bloco mostra seu peso $W = mg$, a força normal N e a força de atrito F exercida sobre o bloco, pelo plano inclinado. A força de atrito atua na direção oposta ao deslizamento, que ocorreria se não existisse atrito.

O equilíbrio nas direções x e y requer que ①

$$[\Sigma F_x = 0] \qquad mg \operatorname{sen} \theta - F = 0 \qquad F = mg \operatorname{sen} \theta$$

$$[\Sigma F_y = 0] \qquad -mg \cos \theta + N = 0 \qquad N = mg \cos \theta$$

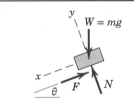

Dividindo a primeira equação pela segunda, obtém-se $F/N = \tan \theta$. Como o ângulo máximo ocorre quando $F = F_{máx} = \mu_e N$, para o limiar do movimento temos

$$\mu_e = \tan \theta_{máx} \qquad \text{ou} \qquad \theta_{máx} = \tan^{-1} \mu_e \quad ② \qquad \textit{Resp.}$$

DICAS ÚTEIS

① Escolhemos eixos de referência ao longo da direção e normal à direção de F, *para evitar projetar tanto F quanto N em componentes*.

② Este problema descreve um modo muito simples de determinar um coeficiente de atrito estático. O valor máximo de θ é conhecido como *ângulo de repouso*.

EXEMPLO DE PROBLEMA 6/2

Determine a faixa de valores que a massa m_0 pode ter de modo que o bloco de 100 kg mostrado na figura não começará a se mover para cima nem deslizará para baixo no plano. O coeficiente de atrito estático para as superfícies de contato vale 0,30.

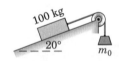

Solução O valor máximo de m_0 será dado pela condição de iminência do movimento para cima no plano. A força de atrito sobre o bloco atua, portanto, para baixo no plano, como mostrado no diagrama de corpo livre do bloco para o Caso I da figura. Com o peso mg 100(9,81) = 981 N, as equações de equilíbrio dão

$[\Sigma F_y = 0] \qquad N - 981 \cos 20° = 0 \qquad N = 922 \text{ N}$

$[F_{máx} = \mu_s N] \qquad F_{máx} = 0{,}30(922) = 277 \text{ N}$

$[\Sigma F_x = 0] \quad m_0(9{,}81) - 277 - 981 \operatorname{sen} 20° = 0 \qquad m_0 = 62{,}4 \text{ kg} \qquad \textit{Resp.}$

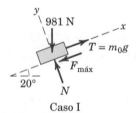

O valor mínimo de m_0 é determinado quando o movimento para baixo no plano é iminente. ① A força de atrito sobre o bloco atuará para cima, no plano, para se opor à tendência de movimento, como mostrado no diagrama de corpo livre para o Caso II. O equilíbrio na direção x requer ①

$[\Sigma F_x = 0] \; m_0 \quad (9{,}81) + 277 - 981 \operatorname{sen} 20° = 0 \qquad m_0 = 6{,}01 \text{ kg} \qquad \textit{Resp.}$

Assim, m_0 pode ter qualquer valor desde 6,01 até 62,4 kg e o bloco permanecerá em repouso.

Em ambos os casos, o equilíbrio requer que a resultante de $F_{máx}$ e de N seja concorrente com o peso de 981 N e com a força trativa T.

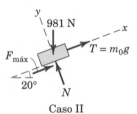

DICA ÚTIL

① Vemos, dos resultados do Exemplo de Problema 6/1, que o bloco deslizaria para baixo no plano inclinado sem a restrição de estar preso a m_0, pois $\tan 20° > 0{,}30$. Assim, um valor de m_0 será necessário para manter o equilíbrio.

EXEMPLO DE PROBLEMA 6/3

Determine o módulo e a direção da força de atrito atuando no bloco de 100 kg mostrado se, primeiro, $P = 500$ N e, segundo, $P = 100$ N. O coeficiente de atrito estático vale 0,20 e o coeficiente de atrito dinâmico vale 0,17. As forças são aplicadas com o bloco inicialmente em repouso.

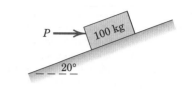

Solução Não existe maneira de decidir, a partir do enunciado do problema, se o bloco permanecerá em equilíbrio ou se ele começará a se mover após a aplicação de P. É, portanto, necessário criar uma hipótese. Assim, consideraremos a força de atrito direcionada para cima no plano, como mostrado pela seta sólida. A partir do diagrama de corpo livre, um equilíbrio de forças nas direções x e y fornece

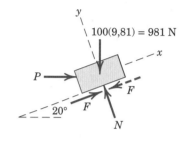

$$[\Sigma F_x = 0] \qquad P \cos 20° + F - 981 \operatorname{sen} 20° = 0$$

$$[\Sigma F_y = 0] \qquad N - P \operatorname{sen} 20° - 981 \cos 20° = 0$$

Caso I $P = 500$ N
Substituindo-se na primeira das duas equações, obtém-se

$$F = -134,3 \text{ N}$$

O sinal negativo nos diz que, se o bloco está em equilíbrio, a força de atrito atuando nele está na direção oposta à considerada e, portanto, está direcionada para baixo, como representado pela seta tracejada. Entretanto, não podemos tirar uma conclusão sobre a intensidade de F até que verifiquemos que as superfícies são capazes de sustentar 134,3 N de força de atrito. Isso pode ser feito substituindo $P = 500$ N na segunda equação, o que gera

$$N = 1093 \text{ N}$$

A força máxima de atrito estático que as superfícies podem suportar é, então,

$$[F_{\text{máx}} = \mu_e N] \qquad F_{\text{máx}} = 0{,}20(1093) = 219 \text{ N}$$

Como essa força é maior do que a necessária para equilíbrio, concluímos que a hipótese de equilíbrio estava correta. A resposta é, portanto,

$$F = 134{,}3 \text{ N descendo o plano} \qquad \textit{Resp.}$$

Caso II $P = 100$ N
Substituindo nas duas equações de equilíbrio, tem-se

$$F = 242 \text{ N} \qquad N = 956 \text{ N}$$

Mas a força de atrito estático máxima vale

$$[F_{\text{máx}} = \mu_e N] \qquad F_{\text{máx}} = 0{,}20(956) = 191{,}2 \text{ N}$$

Consequentemente, 242 N de atrito não podem ser suportados. Assim, não pode existir equilíbrio e obtemos o valor correto da força de atrito usando o coeficiente de atrito dinâmico que acompanha o movimento para baixo no plano. Portanto, a resposta é

$$[F_d = \mu_d N] \qquad F = 0{,}17(956) = 162{,}5 \text{ N subindo o plano} \ ① \qquad \textit{Resp.}$$

DICA ÚTIL

① Devemos observar que, mesmo que ΣF_x não seja mais igual a zero, o equilíbrio deve existir na direção y, de modo que $\Sigma F_y = 0$. Assim, a força normal N vale 956 N, esteja o bloco em equilíbrio ou não.

EXEMPLO DE PROBLEMA 6/4

O bloco retangular homogêneo de massa m, largura b e altura H colocado sobre a superfície horizontal está submetido a uma força horizontal P, que move o bloco ao longo da superfície com velocidade constante. O coeficiente de atrito dinâmico entre o bloco e a superfície é μ_d. Determine (a) o maior valor que h pode ter de modo que o bloco se moverá sem tombar e (b) a localização de um ponto C na face inferior do bloco pelo qual age a resultante das forças de atrito e normal, se $h = H/2$.

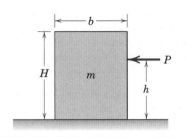

Solução (a) Com o bloco na iminência de tombar, vemos que toda a reação entre o plano e o bloco estará, necessariamente, em A. O diagrama de corpo livre do bloco mostra essa condição. Como ocorre deslizamento, a força de atrito está em seu valor limite $\mu_d N$ e o ângulo θ será $\theta = \tan^{-1}\mu_d$. A resultante de F_d e N passa por um ponto B pelo qual P também deve passar, pois três forças coplanares em equilíbrio são concorrentes. ① Portanto, pela geometria do bloco,

$$\tan \theta = \mu_d = \frac{b/2}{h} \qquad h = \frac{b}{2\mu_d} \qquad \textit{Resp.}$$

Se h fosse maior que esse valor, o equilíbrio do momento em relação a A não seria satisfatório e o bloco tombaria. De maneira alternativa, podemos determinar h combinando os requisitos de equilíbrio para as direções x e y com a equação de equilíbrio do momento em relação a A. Assim,

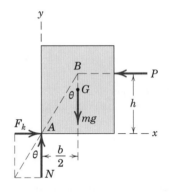

$$[\Sigma F_y = 0] \qquad N - mg = 0 \qquad N = mg$$

$$[\Sigma F_x = 0] \qquad F_d - P = 0 \qquad P = F_d = \mu_d N = \mu_d mg \qquad \textit{Resp.}$$

$$[\Sigma M_A = 0] \qquad Ph - mg\frac{b}{2} = 0 \qquad h = \frac{mgb}{2P} = \frac{mgb}{2\mu_d mg} = \frac{b}{2\mu_d}$$

(b) Com $h = H/2$ vemos, do diagrama de corpo livre para o caso (b), que a resultante de F_d e N passa por um ponto C que está a uma distância x à esquerda da linha de centro vertical que passa por G. O ângulo θ ainda será $\theta = \phi \tan^{-1}\mu_d$ enquanto o bloco estiver se movendo. Assim, pela geometria da figura, temos

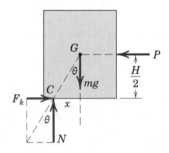

$$\frac{x}{H/2} = \tan \theta = \mu_d \qquad \text{assim} \qquad x = \mu_d H/2 \quad ② \qquad \textit{Resp.}$$

Se substituíssemos μ_d pelo coeficiente estático μ_e, então nossas soluções descreveriam as condições sob as quais o bloco está (a) no limiar de tombar e (b) no limiar de deslizar, ambas a partir da posição de repouso.

DICAS ÚTEIS

① Lembre-se de que as equações de equilíbrio se aplicam a um corpo que se move com velocidade constante (aceleração nula), assim como a um corpo em repouso.

② De modo alternativo, poderíamos igualar a zero os momentos em relação a G, o que teria dado $F(H/2) - Nx = 0$. Assim, com $F_d = \mu_d N$ obtemos $x = \mu_d H/2$.

EXEMPLO DE PROBLEMA 6/5

Os três blocos planos estão posicionados no plano com 30° de inclinação, como mostrado, e uma força P, paralela ao plano inclinado, é aplicada ao bloco do meio. O bloco de cima é impedido de se mover por um arame que o liga ao suporte fixo. Os coeficientes de atrito estático para cada um dos três pares de superfícies de contato estão mostrados na figura. Determine o valor máximo que P pode atingir antes que qualquer deslizamento ocorra.

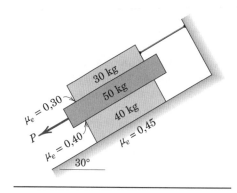

Solução O diagrama de corpo livre para cada bloco foi desenhado. As forças de atrito estão indicadas com sentidos opostos ao do movimento relativo que haveria sem a presença de atrito. ① Existem duas condições para o movimento iminente: ou o bloco de 50 kg desliza e o bloco de 40 kg permanece no lugar ou os blocos de 50 kg e 40 kg se movem juntos sem haver deslizamento entre o bloco de 40 kg e a rampa. As forças normais, que estão orientadas segundo a direção y, podem ser determinadas sem depender das forças de atrito, estas, por sua vez, orientadas segundo a direção x.

[$\Sigma F_y = 0$] (30 kg) $N_1 - 30(9,81) \cos 30° = 0$ $N_1 = 255$ N

(50 kg) $N_2 - 50(9,81) \cos 30° - 255 = 0$ $N_2 = 680$ N

(40 kg) $N_3 - 40(9,81) \cos 30° - 680 = 0$ $N_3 = 1019$ N

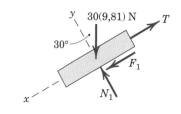

Consideraremos arbitrariamente que apenas o bloco de 50 kg desliza, de modo que o bloco de 40 kg permanece em seu lugar. Assim, na condição de deslizamento iminente em ambas as superfícies do bloco de 50 kg, temos

[$F_{máx} = \mu_e N$] $F_1 = 0{,}30(255) = 76{,}5$ N $F_2 = 0{,}40(680) = 272$ N

O equilíbrio de forças considerado no limiar do movimento para o bloco de 50 kg gera

[$\Sigma F_x = 0$] $P - 76{,}5 - 272 + 50(9{,}81) \operatorname{sen} 30° = 0$ $P = 103{,}1$ N

Verificamos, agora, a validade de nossa hipótese inicial. Para o bloco de 40 kg com $F_2 = 272$ N, a força de atrito F_3 seria dada por

[$\Sigma F_x = 0$] $272 + 40(9{,}81) \operatorname{sen} 30° - F_3 = 0$ $F_3 = 468$ N

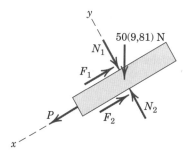

Mas o máximo valor possível de F_3 é $F_3 = \mu_e N_3 = 0{,}45(1019) = 459$ N. Assim, 468 N não podem ser sustentados e nossa hipótese inicial estava errada. Concluímos, portanto, que o deslizamento ocorre primeiro entre o bloco de 40 kg e o plano inclinado. Com o valor correto de $F_3 = 459$ N, o equilíbrio do bloco de 40 kg na iminência de seu movimento requer

[$\Sigma F_x = 0$] $F_2 + 40(9{,}81) \operatorname{sen} 30° - 459 = 0$ $F_2 = 263$ N ②

O equilíbrio do bloco de 50 kg dá, finalmente,

[$\Sigma F_x = 0$] $P + 50(9{,}81) \operatorname{sen} 20° - 263 - 76{,}5 = 0$

$P = 93{,}8$ N   *Resp.*

Assim, com $P = 93{,}8$ N, o movimento se inicia para os blocos de 50 kg e de 40 kg agindo como um bloco único.

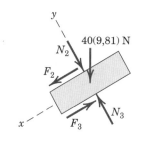

DICAS ÚTEIS

① Na ausência de atrito, o bloco do meio, sob a influência de P, teria um movimento maior do que o bloco de 40 kg, e a força de atrito F_2 estaria na direção oposta ao movimento mostrado.

② Vemos agora que F_2 é menor do que $\mu_e N_2 = 272$ N.

SEÇÃO B Aplicações de Atrito em Máquinas

Na Seção B investigamos a ação do atrito em várias aplicações de máquinas. Como as condições nessas aplicações são normalmente limites do atrito estático ou dinâmico, em geral usaremos a variável μ (em vez de μ_e ou μ_d). Dependendo se o movimento é iminente ou se está realmente ocorrendo, μ pode ser interpretado como coeficiente de atrito estático ou dinâmico.

6/4 Cunhas

Uma cunha é uma das máquinas mais simples e mais úteis. A cunha é usada para produzir pequenos ajustes na posição de um corpo ou aplicar grandes forças. Cunhas dependem extensamente do atrito para funcionarem. Quando o escorregamento de uma cunha é iminente, a força resultante em cada superfície deslizante da cunha estará inclinada em relação à normal à superfície por uma quantidade igual ao ângulo de atrito. A componente da resultante ao longo da superfície é a força de atrito, que está sempre na direção oposta ao movimento da cunha relativamente às superfícies em contato. A **Fig. 6/3a** mostra uma cunha usada para posicionar ou levantar uma grande massa m, para a qual o carregamento vertical é mg. O coeficiente de atrito para cada par de superfícies é $\mu = \tan \phi$. A força P necessária para movimentar a cunha é determinada a partir do equilíbrio dos triângulos de forças na carga e na cunha. Os diagramas de corpo livre estão mostrados na **Fig. 6/3b**, em que as reações estão inclinadas em um ângulo ϕ a partir de suas respectivas normais e estão no sentido de se opor ao movimento. Desprezamos a massa da cunha. A partir dos diagramas de corpo livre, escrevemos as condições de equilíbrio de forças igualando a zero o somatório dos vetores de força agindo em cada corpo. As soluções dessas equações estão mostradas na parte c da figura, em que R_2 foi determinado primeiramente no diagrama de cima usando o valor conhecido de mg. A força P é então determinada a partir do triângulo de baixo, uma vez que R_2 tenha sido determinado.

Se P for removida e a cunha permanecer no lugar, o equilíbrio da cunha requer que as reações iguais R_1 e R_2 sejam colineares, como mostrado na **Fig. 6/4**, em que o ângulo de cunha, α, é considerado menor do que ϕ. A parte a da figura representa o limiar do movimento na superfície superior e a parte c da figura representa o limiar do movimento na superfície inferior. Para que a cunha escorregue de sua posição, o movimento deve ocorrer simultaneamente em ambas as superfícies; de outro modo, a cunha é autotravante e existe uma faixa finita de possíveis posições angulares intermediárias de R_1 e R_2 para as quais a cunha permanecerá no lugar. A **Fig. 6/4b** ilustra essa faixa e mostra que o movimento simultâneo não é possível se $\alpha < 2\phi$. O leitor é encorajado a construir diagramas adicionais para o caso em que $\alpha > \phi$ e verificar que a cunha é autotravante enquanto $\alpha < 2\phi$.

Se a cunha é autotravante e precisa ser retirada, um puxão P na cunha será necessário. Para se oporem ao início do novo movimento, as reações R_1 e R_2 devem atuar nos lados opostos de suas normais, em relação àqueles quando a cunha foi colocada. A solução pode ser obtida como no caso do levantamento da carga. Os diagramas de corpo livre e os polígonos de vetores para essa condição estão mostrados na **Fig. 6/5**.

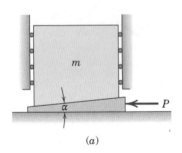

(a)

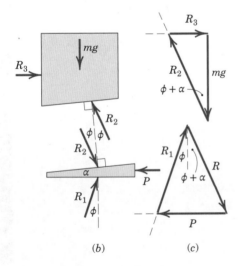

(b)   (c)

Forças para levantar a carga

FIGURA 6/3

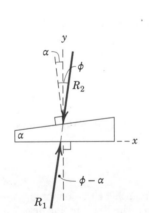

(a) Deslizamento iminente na superfície superior

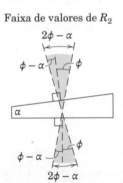

(b) Faixa de valores de $R_1 = R_2$ sem deslizamento

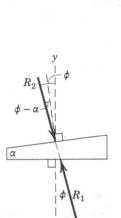

(c) Deslizamento iminente na superfície inferior

FIGURA 6/4

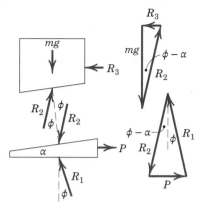

Forças para abaixar a carga

FIGURA 6/5

Problemas com cunhas se prestam a soluções gráficas como indicado nas três figuras. A precisão de uma solução gráfica é facilmente mantida dentro de tolerâncias consistentes com a incerteza dos coeficientes de atrito. Soluções algébricas podem também ser obtidas da trigonometria dos polígonos de equilíbrio.

6/5 Elementos de Máquinas com Roscas

Os elementos de máquinas com roscas são empregados para prender e para transmitir potência ou movimento.* Em cada caso, o atrito desenvolvido nas roscas determina fundamentalmente a ação do elemento. Para transmitir potência ou movimento, a rosca quadrada é mais eficiente do que a rosca em V e a análise aqui será restrita à rosca quadrada.

Análise de Força

Considere o macaco de rosca quadrada, **Fig. 6/6**, sob a ação da carga axial W e de um momento M aplicado ao eixo roscado. A rosca tem um avanço L (deslocamento no sentido paralelo ao eixo, para cada volta dada à rosca) e um raio médio r. A força R exercida pela rosca da estrutura do macaco em uma pequena porção representativa da rosca do eixo está mostrada no diagrama de corpo livre do eixo. Reações similares existem em todos os segmentos da rosca do eixo em que ocorre contato com a rosca da base.

Se M for apenas o suficiente para girar o eixo, a rosca do eixo deslizará em torno e para cima da rosca fixa da estrutura. O ângulo ϕ feito por R com a normal à rosca

---

* Os elementos de máquinas com roscas podem ser usados em três tipos de aplicação: fixação, como no caso dos parafusos de rosca triangular, transmissão de potência, como no caso dos eixos com rosca quadrada e trapezoidal, e para transporte de fluidos e sólidos, como nos elementos helicoidais usados em injetoras, bombas, compressores e transporte de grãos e pós. A tradução de *screw*, no original, como parafuso reduz o campo de aplicação dos conceitos, por isso optou-se por elementos de máquinas com roscas, que englobam todos os três tipos de aplicação mencionados. (N.T.)

é o ângulo de atrito, de modo que $\tan \phi = \mu$. O momento de R em relação ao eixo roscado vale $Rr \operatorname{sen}(\alpha + \phi)$ e o momento total devido a todas as reações nas roscas é $\Sigma Rr \operatorname{sen}(\alpha + \phi)$. Como $r \operatorname{sen}(\alpha + \phi)$ aparece em cada termo, podemos eliminá-lo. A equação de equilíbrio de momentos para o parafuso será

$$M = [r \operatorname{sen}(\alpha + \phi)] \Sigma R$$

O equilíbrio de forças na direção axial requer, ainda, que

$$W = \Sigma R \cos(\alpha + \phi) = [\cos(\alpha + \phi)] \Sigma R$$

Combinando as equações para M e W, tem-se

$$M = Wr \tan(\alpha + \phi) \quad (6/3)$$

Para determinar o ângulo de hélice, α, desenrole uma volta completa da rosca do eixo e observe que $\alpha = \tan^{-1}(L/2\pi r)$.

Podemos usar a rosca desenrolada do eixo como modelo alternativo para simular a ação de toda a extensão da rosca, como mostrado na **Fig. 6/7a**. A força equivalente necessária para empurrar a rosca móvel para cima no plano inclinado é $P = M/r$, e o triângulo de vetores de forças dá, diretamente, a Eq. 6/3.

Condições para o Movimento Inverso da Rosca

Se o momento M for retirado, a força de atrito muda de sentido, de modo que ϕ é medido para o outro lado da normal à rosca. O eixo roscado permanecerá em seu lugar e será autotravante desde que $\alpha < \phi$, e estará no limiar do movimento reverso, se $\alpha = \phi$. Para abaixarmos a carga girando-se a rosca em sentido inverso, devemos reverter a direção de M, enquanto $\alpha < \phi$. Essa condição está ilustrada na **Fig. 6/7b** para a rosca simulada sobre o plano com inclinação constante. Uma força equivalente $P = M/r$ deve ser aplicada à rosca para puxá-la para baixo no plano. Do triângulo de vetores podemos, portanto, obter o momento necessário para abaixar o parafuso, que é

$$M = Wr \tan(\phi - \alpha) \quad (6/3a)$$

Se $\alpha > \phi$, o eixo roscado vai girar em sentido inverso por si mesmo e a **Fig. 6/7c** mostra que o momento necessário para prevenir o desaparafusamento é

$$M = Wr \tan(\alpha - \phi) \quad (6/3b)$$

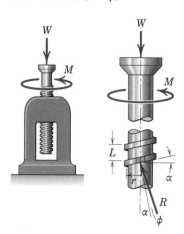

FIGURA 6/6

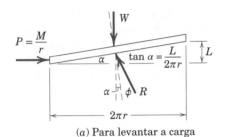

(a) Para levantar a carga

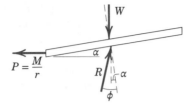

(b) Para abaixar a carga ($\alpha < \phi$)

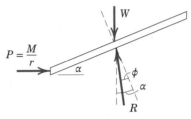

(c) Para abaixar a carga ($\alpha > \phi$)

FIGURA 6/7

EXEMPLO DE PROBLEMA 6/6

A posição horizontal do bloco retangular de concreto de 500 kg é ajustada por uma cunha de 5° sob a ação da força **P**. Se o coeficiente de atrito estático para ambos os pares das superfícies da cunha vale 0,30 e se o coeficiente de atrito estático entre o bloco e a superfície horizontal vale 0,60, determine a menor força P necessária para mover o bloco.

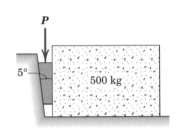

Solução Os diagramas de corpo rígido da cunha e do bloco estão desenhados com as reações R_1, R_2 e R_3 inclinadas em relação a suas normais pelo valor dos ângulos de atrito para o limiar do movimento. ① O ângulo de atrito para o limite do atrito estático é dado por $\phi = \tan^{-1} \mu$. Cada um dos dois ângulos de atrito é calculado e mostrado no diagrama.

Iniciamos nosso diagrama vetorial fazendo o equilíbrio do bloco em um ponto conveniente A e desenhamos o único vetor conhecido, o peso W do bloco. A seguir, adicionamos R_3, cuja inclinação de 31,0° a partir da vertical é agora conhecida. O vetor $-R_2$, cuja inclinação de 16,70° a partir da horizontal é também conhecida, deve fechar o polígono para haver equilíbrio. Assim, o ponto B no polígono de baixo é determinado pela interseção das direções conhecidas de R_3 e $-R_2$, e suas intensidades tornam-se conhecidas.

Para a cunha, desenhamos R_2, que é agora conhecida, e somamos R_1, cuja direção é conhecida. As direções de R_1 e P se interceptam em C, dando, assim, a solução para a intensidade de P.

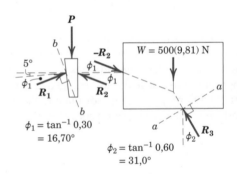

Solução algébrica A escolha mais simples dos eixos de referência para propósito de cálculo é, para o bloco, na direção a-a normal a R_3 e, para a cunha, na direção b-b normal a R_1. ② O ângulo entre R_2 e a direção a vale 16,70° + 31,0° = 47,7°. Assim, para o bloco

$[\Sigma F_a = 0]$ $\qquad 500(9,81) \operatorname{sen} 31,0° - R_2 \cos 47,7° = 0$

$\qquad\qquad\qquad R_2 = 3750$ N

Para a cunha, o ângulo entre R_2 e a direção b vale $90° - (2\phi_1 + 5°) = 51,6°$, e o ângulo entre P e a direção b vale $\phi_1 + 5° = 21,7°$. Assim,

$[\Sigma F_b = 0]$ $\qquad 3750 \cos 51,6° - P \cos 21,7° = 0$

$\qquad\qquad\qquad P = 2500$ N $\qquad\qquad\qquad$ Resp.

Solução algébrica A precisão da solução gráfica está bem dentro da incerteza dos coeficientes de atrito e dá um resultado simples e direto. Colocando-se os vetores em uma escala razoável na sequência descrita, obtemos facilmente os módulos de P e dos R, medindo-os diretamente nos diagramas.

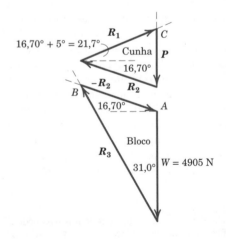

DICAS ÚTEIS

① Certifique-se de observar que as reações estão inclinadas em relação a suas normais no sentido de se opor ao movimento. Da mesma forma, observamos as reações R_2 e $-R_2$ iguais e opostas.

② Deve ficar claro que evitamos equações simultâneas eliminando R_3 para o bloco e R_1 para a cunha.

CAPÍTULO 6 | Atrito

EXEMPLO DE PROBLEMA 6/7

O eixo com rosca simples do torno de bancada tem diâmetro médio de 25 mm e um avanço (deslocamento por volta) de 5 mm. O coeficiente de atrito estático nas roscas vale 0,20. Uma força de 300 N, aplicada normal à manopla em *A*, produz uma força de aperto de 5 kN entre as garras do torno. (*a*) Determine o momento de atrito M_B, desenvolvido em *B*, em razão do movimento do parafuso contra o corpo da garra. (*b*) Determine a força *Q* aplicada normal à manopla em *A* necessária para afrouxar o torno.

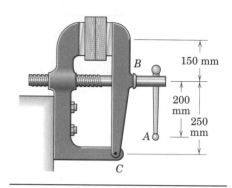

Solução Pelo diagrama de corpo livre da garra obtemos primeiro a força trativa *T* no eixo roscado.

[$\Sigma M_C = 0$] $5(400) - 250T = 0$ $T = 8$ kN

O ângulo de hélice α e o ângulo de atrito ϕ para a rosca são dados por

$$\alpha = \tan^{-1}\frac{L}{2\pi r} = \tan^{-1}\frac{5}{2\pi(12,5)} = 3{,}64° \quad ①$$

$$\phi = \tan^{-1}\mu = \tan^{-1}0{,}20 = 11{,}31°$$

em que o raio médio da rosca é $r = 12{,}5$ mm.

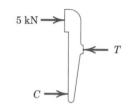

(a) Para apertar O eixo roscado isolado está simulado pelo diagrama de corpo livre mostrado, em que todas as forças atuando nos filetes de rosca do eixo são representadas por uma única força *R* inclinada pelo ângulo de atrito ϕ a partir da normal à rosca. O momento aplicado em torno do eixo roscado vale $300(0{,}200) = 60$ N·m, no sentido horário, como visto a partir da frente do torno. O momento de atrito M_B devido às forças de atrito atuando no anel em *B* está na direção anti-horária, para se opor ao movimento iminente. Da Eq. 6/3 com *T* no lugar de *W*, o momento resultante agindo no eixo roscado vale

$$M = Tr \tan(\alpha + \phi)$$

$$60 - M_B = 8000(0{,}0125) \tan(3{,}64° + 11{,}31°)$$

$$M_B = 33{,}3 \text{ N·m} \qquad \textit{Resp.}$$

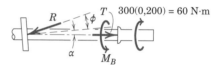

(a) Para apertar

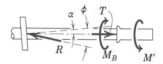

(b) Para afrouxar

(b) Para afrouxar O diagrama de corpo livre do eixo no limiar de ser afrouxado está mostrado com *R* atuando no ângulo de atrito a partir da normal e na direção para se opor ao movimento iminente. ② Também é mostrado o momento de atrito $M_B = 33{,}3$ N·m atuando no sentido horário, para se opor ao movimento. O ângulo entre *R* e o eixo roscado é, agora, $\phi - \alpha$, e usamos a Eq. 6/3*a* com o momento resultante igual ao momento aplicado M' menos M_B. Assim

$$M = Tr \tan(\phi - \alpha)$$

$$M' - 33{,}3 = 8000(0{,}0125) \tan(11{,}31° - 3{,}64°)$$

$$M' = 46{,}8 \text{ N·m}$$

Assim, a força na manopla necessária para afrouxar o torno é

$$Q = M'/d = 46{,}8/0{,}2 = 234 \text{ N} \qquad \textit{Resp.}$$

DICAS ÚTEIS

① Tenha cuidado para calcular o ângulo de hélice corretamente. Sua tangente é avanço *L* (deslocamento por volta) dividido pela circunferência média $2\pi r$ e não pelo diâmetro $2r$.

② Observe que *R* balança para o lado oposto da normal quando o movimento iminente inverte seu sentido.

6/6 Mancais Radiais

Um *mancal radial* é aquele que fornece apoio lateral a um eixo em contraste ao mancal axial ou de escora. Para mancais sem lubrificação e para muitos mancais parcialmente lubrificados, podemos aplicar os princípios do atrito a seco. Esses princípios fornecem uma aproximação satisfatória para as necessidades de projeto. Um mancal radial sem lubrificação, ou parcialmente lubrificado, com contato ou quase contato entre o eixo e o mancal é mostrado na **Fig. 6/8**, na qual a folga entre o eixo e o mancal está bastante exagerada para deixar clara a ação. Conforme o eixo começa a girar na direção mostrada, ele rolará para cima na superfície interna do mancal até escorregar. Permanecerá, então, em uma posição mais ou menos fixa durante sua rotação. O torque *M* necessário para manter a rotação e a carga radial *L*

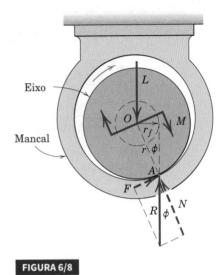

FIGURA 6/8

sobre o eixo causarão uma reação R no ponto de contato A. Para haver equilíbrio vertical, R deve ser igual a L, mas não será colinear com L. Assim, R será tangente a um pequeno círculo de raio r_f, chamado de *círculo de atrito*. O ângulo entre R e sua componente normal N é o ângulo de atrito ϕ. Igualando a zero a soma dos momentos em torno de A, gera-se

$$M = Lr_f = Lr \operatorname{sen} \phi \quad (6/4)$$

Para um coeficiente de atrito pequeno, o ângulo ϕ é pequeno e o seno e a tangente podem ser intercambiados com apenas um erro pequeno. Como $\mu = \tan \phi$, uma boa aproximação para o torque é

$$M = \mu Lr \quad (6/4a)$$

6/7 Mancais de Escora; Atrito em Discos

O atrito entre superfícies circulares sob pressão normal distribuída ocorre em mancais de pivô, placas de embreagem e discos de freio. Para examinar essas aplicações, consideremos os dois discos circulares planos mostrados na **Fig. 6/9**. Seus eixos estão montados em mancais (não mostrados) de modo que eles podem ser colocados em contato sob a força axial P. O torque máximo que essa embreagem pode transmitir é igual ao torque M necessário para deslizar um disco contra o outro. Se p é a pressão normal em qualquer posição entre as placas, a força de atrito atuando em uma área elementar vale $\mu p \, dA$, em que μ é o coeficiente de atrito e dA é a área $r \, dr \, d\theta$ do elemento. O momento dessa força de atrito elementar em torno do eixo vale $\mu p r \, dA$ e o momento total será

$$M = \int \mu p r \, dA$$

em que avaliamos a integral sobre a área do disco. Para fazer essa integração, devemos conhecer a variação de μ e p com r.

Nos exemplos a seguir, consideraremos que μ é constante. Além disso, se as superfícies são novas, planas e bem apoiadas, é razoável considerar que a pressão p seja uniforme sobre toda a superfície, de modo que $\pi R^2 p = P$. Substituindo o valor constante de p na expressão para M, obtém-se

$$M = \frac{\mu P}{\pi R^2} \int_0^{2\pi} \int_0^R r^2 \, dr \, d\theta = \tfrac{2}{3} \mu P R \quad (6/5)$$

Podemos interpretar esse resultado como equivalente ao momento devido a uma força de atrito μP atuando a uma distância $2/3 R$ a partir do centro do eixo.

Se os discos de atrito são anéis, como no mancal com colar mostrado na **Fig. 6/10**, os limites de integração são os raios interno e externo R_i e R_e, respectivamente, e o torque devido ao atrito se torna

$$M = \tfrac{2}{3} \mu P \frac{R_e{}^3 - R_i{}^3}{R_e{}^2 - R_i{}^2} \quad (6/5a)$$

Após o período inicial de desgaste ter terminado, as superfícies retêm suas novas formas relativas e o desgaste posterior é, assim, constante em toda a superfície. Esse desgaste depende tanto da distância circunferencial percorrida quanto da pressão p. Como a distância percorrida é proporcional a r, pode ser escrita a expressão $rp = K$, em que K é uma constante. O valor de K é determinado a partir das condições de equilíbrio para as forças axiais, o que gera

$$P = \int p \, dA = K \int_0^{2\pi} \int_0^R dr \, d\theta = 2\pi K R$$

Com $pr = K = P/(2\pi R)$, podemos escrever a expressão para M como

$$M = \int \mu p r \, dA = \frac{\mu P}{2\pi R} \int_0^{2\pi} \int_0^R r \, dr \, d\theta$$

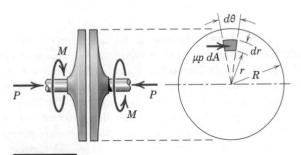

FIGURA 6/9

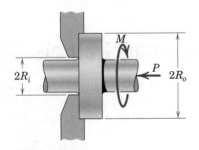

FIGURA 6/10

que se torna

$$M = \tfrac{1}{2}\mu PR \qquad (6/6)$$

O momento devido ao atrito para as placas desgastadas é, portanto, apenas (1/2)/(2/3) ou 3/4 daquele relativo às superfícies novas. Se os discos de atrito são anéis de raio interno R_i e raio externo R_e, a substituição desses limites dá, para o torque devido ao atrito em superfícies desgastadas,

$$M = \tfrac{1}{2}\mu P(R_e + R_i) \qquad (6/6a)$$

Você deve estar preparado para lidar com outros problemas de atrito de discos nos quais a pressão p seja alguma outra função de r.

A mudança da energia mecânica para a energia térmica é evidente nesta visão de um freio a disco, em cor mais clara.

EXEMPLO DE PROBLEMA 6/8

A alavanca em cotovelo se ajusta sobre um eixo de 100 mm de diâmetro que é fixo e não pode girar. A força horizontal T é aplicada para manter o equilíbrio da alavanca sob a ação da força vertical $P = 100$ N. Determine os valores máximo e mínimo que T pode ter sem fazer com que a alavanca gire em qualquer direção. O coeficiente de atrito estático μ entre o eixo e a superfície do mancal da alavanca vale 0,20.

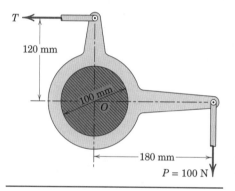

Solução O limiar da rotação ocorre quando a reação R do eixo fixo na alavanca em cotovelo faz um ângulo $\phi = \tan^{-1}\mu$ com a normal à superfície do mancal e, assim, é tangente ao círculo de atrito. Da mesma forma, o equilíbrio requer que as três forças atuando na alavanca sejam concorrentes no ponto C. Esses fatos estão mostrados nos diagramas de corpo livre para os dois casos do limiar do movimento.

Os seguintes cálculos são necessários:

Ângulo de atrito $\phi = \tan^{-1}\phi = \tan^{-1} 0{,}20 = 11{,}31°$

Raio do círculo de atrito $rf = r \operatorname{sen} \phi = 50 \operatorname{sen} 11{,}31° = 9{,}81$ mm

Ângulo $\theta = \tan^{-1}\dfrac{120}{180} = 33{,}7°$

Ângulo $\beta = \operatorname{sen}^{-1}\dfrac{r_f}{OC} = \operatorname{sen}^{-1}\dfrac{9{,}81}{\sqrt{(120)^2+(180)^2}} = 2{,}60°$

(a) Limiar do movimento no sentido anti-horário O triângulo do equilíbrio de forças está desenhado e fornece

$$T_1 = P \cot(\theta - \beta) = 100 \cot(33{,}7° - 2{,}60°)$$

$$T_1 = T_{máx} = 165{,}8 \text{ N} \qquad Resp.$$

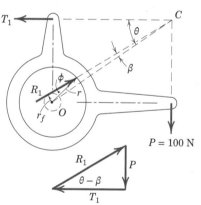

(a) Movimento iminente em sentido anti-horário

(b) Limiar do movimento no sentido horário O triângulo do equilíbrio de forças para esse caso gera

$$T_2 = P \cot(\theta + \beta) = 100 \cot(33{,}7° + 2{,}60°)$$

$$T_2 = T_{mín} = 136{,}2 \text{ N} \qquad Resp.$$

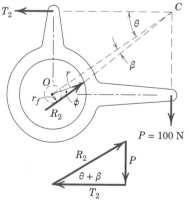

(b) Movimento iminente em sentido horário

6/8 Correias Flexíveis

O limiar do escorregamento de cabos flexíveis, correias e cordas sobre roldanas e tambores é importante no projeto de transmissão por correia de todos os tipos, freios de lona e guindastes.

A **Fig. 6/11a** mostra um tambor submetido às duas forças trativas T_1 e T_2 devidas à correia, o torque M necessário para evitar rotação e a reação R do mancal. Com M na direção mostrada, T_2 é maior do que T_1. O diagrama de corpo livre de um elemento da correia de comprimento $r\,d\theta$ é mostrado na parte b da figura. Analisamos as forças em atuação nesse elemento diferencial estabelecendo o equilíbrio do elemento de modo semelhante àquele usado para outros problemas de força variável. A força trativa aumenta desde T, no ângulo θ, até $T + dT$ no ângulo $\theta + d\theta$. A força normal é uma diferencial dN, pois ela atua em um elemento diferencial de área. De modo semelhante, a força de atrito, que deve atuar na correia no sentido de se opor ao movimento, é uma diferencial e vale $\mu\,dN$ para o limiar do movimento.

O equilíbrio na direção t gera

$$T \cos \frac{d\theta}{2} + \mu\,dN = (T + dT) \cos \frac{d\theta}{2}$$

ou
$$\mu\,dN = dT$$

já que o cosseno de uma quantidade diferencial vale um no limite. O equilíbrio na direção n impõe que

$$dN = (T + dT) \operatorname{sen} \frac{d\theta}{2} + T \operatorname{sen} \frac{d\theta}{2}$$

ou
$$dN = T\,d\theta$$

em que usamos os fatos de que, no limite, o seno de um ângulo diferencial é igual ao ângulo e que, no limite, o produto de duas diferenciais deve ser desprezado em comparação com as restantes diferenciais de primeira ordem.

Combinando as duas relações de equilíbrio, obtém-se

$$\frac{dT}{T} = \mu\,d\theta$$

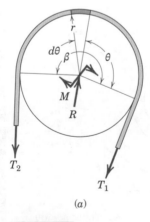
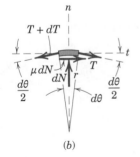

(a)   (b)

FIGURA 6/11

Apenas uma volta da linha ao redor de um cilindro fixo pode produzir uma grande mudança na tensão.

Integrando entre os limites correspondentes, tem-se

$$\int_{T_1}^{T_2} \frac{dT}{T} = \int_0^{\beta} \mu\,d\theta$$

ou
$$\ln \frac{T_2}{T_1} = \mu\beta$$

em que $\ln (T_2/T_1)$ é um logaritmo natural (base e). Resolvendo para T_2, tem-se

$$\boxed{T_2 = T_1 e^{\mu\beta}}$$

Observe que β é o ângulo total de contato da correia e deve ser dado em radianos. Se uma corda fosse enrolada em torno de um tambor n vezes, o ângulo β seria $2\pi n$ radianos. A Eq. 6/7 também é válida para uma seção não circular em que o ângulo de contato total vale β. Essa conclusão é evidente a partir do fato de que o raio r do tambor circular na **Fig. 6/11** não entra nas equações para o equilíbrio do elemento diferencial da correia.

A relação dada pela Eq. 6/7 também se aplica a transmissões por correias em que tanto a correia quanto a polia estão girando em velocidade constante. Nesse caso, a equação descreve a razão das forças trativas na correia para escorregamento ou limiar do escorregamento. Quando a velocidade de rotação se torna grande, a correia tende a sair do aro, de modo que nesse caso a Eq. 6/7 envolve alguns erros.

6/9 Resistência ao Rolamento

A deformação no ponto de contato entre uma roda em movimento e sua superfície de apoio introduz resistência ao movimento, que mencionamos apenas rapidamente. Essa resistência não se deve a forças de atrito tangenciais e, portanto, é um fenômeno inteiramente diferente do atrito a seco.

Para descrever a resistência ao rolamento, consideremos a roda mostrada na **Fig. 6/12**, sob a ação de uma carga L, sobre o eixo, e uma força P aplicada em seu centro para produzir rolamento. As deformações da roda e das superfícies de apoio são mostradas com bastante exagero. A distribuição da pressão p sobre a área de contato é semelhante à distribuição mostrada. A resultante R dessa distribuição atua em algum ponto A e deve passar pelo centro da roda para haver equilíbrio. Determinamos a força P necessária para manter o rolamento à velocidade constante igualando a zero os momentos de todas as forças em relação a A. Isto nos dá

$$P = \frac{a}{r}L = \mu_r L$$

em que o braço de alavanca de P é considerado como r. A razão $\mu_r = a/r$ é chamada de coeficiente de resistência ao rolamento. Esse coeficiente é a razão entre a força de resistência e a força normal e, portanto, é análogo ao coeficiente de atrito estático ou dinâmico. Por outro lado, não existe escorregamento ou iminência de escorregamento na interpretação de μ_r.

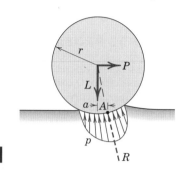

FIGURA 6/12

Como a dimensão a depende de inúmeros fatores que são difíceis de quantificar, uma teoria abrangente da resistência ao rolamento não está disponível. A distância a é uma função das propriedades elásticas e plásticas dos materiais em contato, do raio da roda, da velocidade de movimento e da rugosidade das superfícies. Alguns ensaios indicam que a varia apenas ligeiramente com o raio da roda e, assim, a é frequentemente considerado independente do raio da roda. Infelizmente, a quantidade a tem sido chamada também de coeficiente de atrito ao rolamento em algumas referências. Entretanto, a tem dimensão de comprimento e, portanto, não é um coeficiente adimensional no sentido usual.

EXEMPLO DE PROBLEMA 6/9

Um cabo flexível que suporta a carga de 100 kg é passado sobre um tambor circular fixo e submetido a uma força P para manter o equilíbrio. O coeficiente de atrito estático μ entre o cabo e o tambor fixo vale 0,30. (*a*) Para $\alpha = 0$, determine os valores máximo e mínimo que P pode ter para não suspender ou abaixar a carga. (*b*) Para $P = 500$ N, determine o valor mínimo que o ângulo α pode ter antes que a carga comece a se mover.

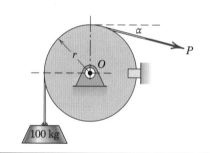

Solução O limiar do movimento do cabo sobre o cilindro fixo é dado pela Eq. 6/7, que é $T_2/T_1 = e^{\mu\beta}$.

(a) Com $\alpha = 0$, o ângulo de contato vale $\beta = \pi/2$ rad. ① Para o limiar do movimento para cima da carga, $T_2 = P_{máx}$, $T_1 = 981$ N e temos

$$P_{máx}/981 = e^{0,30(\pi/2)} \qquad P_{máx} = 981(1,602) = 1572 \text{ N} \quad ② \qquad Resp.$$

Para o limiar do movimento para baixo da carga, $T_2 = 981$ N e $T_1 = P_{mín}$. Assim,

$$981/P_{mín} = e^{0,30(\pi/2)} \qquad P_{mín} = 981/1,602 = 612 \text{ N} \qquad Resp.$$

(b) Com $T_2 = 981$ N e $T_1 = P = 500$ N, a Eq. 6/7 gera

$$981/500 = e^{0,30\beta} \qquad 0,30\beta = \ln(981/500) = 0,674$$

$$\beta = 2,25 \text{ rad} \qquad \text{ou} \qquad \beta = 2,25\left(\frac{360}{2\pi}\right) = 128,7°$$

$$\alpha = 128,7° - 90° = 38,7° \quad ③ \qquad Resp.$$

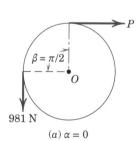

(*a*) $\alpha = 0$

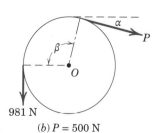

(*b*) $P = 500$ N

DICAS ÚTEIS

① Observamos com atenção que β deve ser expresso em radianos.

② Em nosso desenvolvimento da Eq. 6/7, esteja certo de observar que $T_2 > T_1$.

③ Como foi observado no desenvolvimento da Eq. 6/7, o raio do tambor não entra nos cálculos. São apenas o ângulo de contato e o coeficiente de atrito que determinam as condições limites para a iminência do movimento do cabo flexível sobre a superfície curva.

EXEMPLO DE PROBLEMA 6/10

Determine a faixa de valores da massa m para os quais o sistema está em equilíbrio estático. O coeficiente de atrito estático entre o cordão e a superfície superior curva é 0,20, enquanto aquele entre o bloco e a rampa é 0,40. Despreze o atrito no pivô O.

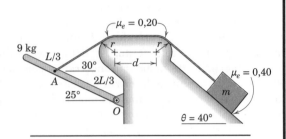

Solução Pelo DCL da barra uniforme e delgada, podemos determinar a força trativa T_A no cabo, no ponto A.

$$[\Sigma M_O = 0] \qquad -T_A\left(\frac{2L}{3}\cos 35°\right) + 9(9,81)\left(\frac{L}{2}\cos 25°\right) = 0$$

$$T_A = 73,3 \text{ N}$$

I. Movimento iminente de m para cima da rampa

A força trativa $T_A = 73,3$ N é a maior das duas associadas com a superfície áspera e abaulada. Da Eq. 6/7, obtemos

$$[T_2 = T_1 e^{\mu_e \beta}] \qquad 73,3 = T_1 e^{0,20[30°+40°]\pi/180°} \qquad T_1 = 57,4 \text{ N} \quad ①$$

Do DCL do bloco, para o Caso I:

$$[\Sigma F_y = 0] \qquad N - mg\cos 40° = 0 \qquad N = 0,766 mg$$

$$[\Sigma F_x = 0] \qquad -57,4 + mg\sen 40° + 0,40(0,766 mg) = 0$$

$$mg = 60,5 \text{ N} \qquad m = 6,16 \text{ kg}$$

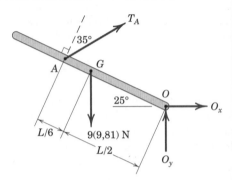

II. Movimento iminente de m para baixo da rampa

O valor de $T_A = 73,3$ N permanece o mesmo, mas, agora, ele é o menor valor entre as duas forças na Eq. 6/7.

$$[T_2 = T1 e^{\mu_e \beta}] \qquad T_2 = 73,3 e^{0,20[30°+40°]\pi/180°} \qquad T_2 = 93,5 \text{ N}$$

Considerando o DCL do bloco para o Caso II, vemos que a força normal N permanece a mesma do Caso I.

$$[\Sigma F_x = 0] \qquad -93,5 - 0,4(0,766 mg) + mg\sen 40° = 0$$

$$mg = 278 \text{ N} \qquad m = 28,3 \text{ kg}$$

Assim, a faixa de valores solicitada é $6,16 \leq m \leq 28,3$ kg ②   Resp.

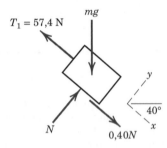

Caso I

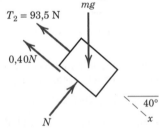

Caso II

DICAS ÚTEIS

① Apenas o contato angular total entra na Eq. 6/7 (como β). Então, nossos resultados são independentes das quantidades r e d.

② Resolva novamente todo o problema, tendo o ângulo da rampa θ mudado para 20°, com todas as demais informações permanecendo constantes. Cuidado com o resultado surpreendente!

6/10 Revisão do Capítulo

Em nosso estudo sobre atrito nos concentramos no atrito a seco, ou de Coulomb, em que um modelo mecânico simples das irregularidades das superfícies entre corpos em contato, **Fig. 6/1**, explica adequadamente o fenômeno para a maioria dos propósitos de Engenharia. Esse modelo ajuda a visualizar os três tipos de problemas de atrito a seco, que são encontrados na prática. Esses problemas são:

1. Atrito estático menor do que o valor máximo possível e determinado pelas equações de equilíbrio. (O que requer normalmente uma verificação para ver se $F < \mu_e N$.)
2. Atrito estático limite, com movimento iminente ($F < \mu_e N$).
3. Atrito dinâmico, em que o movimento relativo ocorre entre as superfícies em contato ($F < \mu_d N$).

Tenha em mente os seguintes tópicos quando estiver resolvendo problemas sobre atrito a seco:

1. Um coeficiente de atrito se aplica a determinado par de superfícies em contato. Não tem sentido falar de um coeficiente de atrito para uma única superfície.
2. O coeficiente de atrito estático μ_e para dado par de superfícies é, em geral, ligeiramente maior do que o coeficiente de atrito dinâmico μ_d.
3. A força de atrito que atua em um corpo está sempre no sentido oposto ao deslizamento do corpo que ocorre, ou ao deslizamento que ocorreria na ausência de atrito.
4. Quando forças de atrito são distribuídas sobre uma superfície ou ao longo de uma linha, selecionamos um elemento representativo da superfície ou da linha e avaliamos os efeitos de força e do momento da força de atrito elementar atuando no elemento. Integramos, então, esses efeitos sobre toda a superfície ou linha.
5. Coeficientes de atrito variam consideravelmente, dependendo da condição exata das superfícies em contato. Calcular coeficientes de atrito com três algarismos significativos representa uma exatidão que não pode ser facilmente duplicada de modo experimental. Quando citados, esses valores são incluídos apenas para o propósito de verificação de cálculos. Para cálculos de projeto na prática de Engenharia, qualquer valor tabelado para um coeficiente de atrito estático ou dinâmico deve ser visto como uma aproximação.

Outras formas de atrito mencionadas na seção introdutória do capítulo são importantes em Engenharia. Problemas que envolvem atrito de fluidos, por exemplo, estão entre os mais importantes problemas de atrito encontrados em Engenharia, e são estudados no tópico de mecânica dos fluidos.

CAPÍTULO 7

Trabalho Virtual

DESCRIÇÃO DO CAPÍTULO

7/1 Introdução
7/2 Trabalho
7/3 Equilíbrio
7/4 Energia Potencial e Estabilidade
7/5 Revisão do Capítulo

A análise de estruturas com múltiplas conexões, com configuração variável, geralmente é bem tratada pelo método de trabalho virtual. Esta plataforma de construção é um exemplo típico.

7/1 Introdução

Nos capítulos anteriores, analisamos o equilíbrio de um corpo isolando-o com um diagrama de corpo livre e igualando a zero as equações dos somatórios de forças e momentos. Esse enfoque é normalmente empregado para um corpo cuja posição de equilíbrio é conhecida ou dada e no qual uma ou mais das forças externas é uma incógnita a ser determinada.

Existe uma classe diferente de problemas na qual os corpos são compostos de elementos interligados, que podem se mover uns em relação aos outros. Assim, várias configurações de equilíbrio são possíveis e devem ser examinadas. Para problemas desse tipo, as equações de equilíbrio de forças e momentos, embora válidas e adequadas, frequentemente não são o enfoque mais direto e conveniente.

Um método baseado no conceito do trabalho feito por uma força é mais direto. Além disso, o método dá um entendimento mais profundo sobre o comportamento de sistemas mecânicos e nos permite examinar a estabilidade de sistemas em equilíbrio. Esse método é chamado de *método do trabalho virtual*.

7/2 Trabalho

Primeiramente devemos definir o termo *trabalho* em seu sentido quantitativo, em contraposição ao seu sentido não técnico mais corriqueiro.

Trabalho de uma Força

Considere a força constante $\mathbf{F}$ atuando sobre o corpo mostrado na **Fig. 7/1a**, cujo movimento ao longo do plano desde A até A' é representado pelo vetor $\Delta\mathbf{s}$, denominado *deslocamento* do corpo. Por definição, o trabalho U realizado pela força $\mathbf{F}$ sobre o corpo durante esse deslocamento é a componente da força na direção do deslocamento vezes o deslocamento, ou

$$U = (F \cos \alpha)\, \Delta s$$

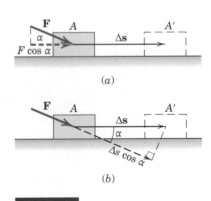

FIGURA 7/1

A partir da **Fig. 7/1b** vemos que o mesmo resultado é obtido se multiplicarmos o módulo da força pela componente do deslocamento na direção da força. Isto dará

$$U = F(\Delta s \cos \alpha)$$

Como obtemos o mesmo resultado independentemente da direção na qual projetamos os vetores, concluímos que o trabalho U é uma quantidade *escalar*.

O trabalho é positivo quando a componente da força que está produzindo trabalho está no mesmo sentido que o deslocamento. Quando a componente produzindo trabalho está no sentido oposto ao deslocamento, **Fig. 7/2**, o trabalho realizado é negativo. Assim,

$$U = (F \cos \alpha) \Delta s = -(F \cos \theta) \Delta s$$

Generalizaremos agora a definição de trabalho para considerar as condições sob as quais a direção do deslocamento e o módulo e a direção da força são variáveis.

A **Fig. 7/3a** mostra a força **F** atuando sobre um corpo no ponto A, que se move ao longo do percurso mostrado, desde A_1 até A_2. O ponto A é localizado pelo seu vetor posição **r**, medido desde uma origem O, arbitrária, mas conveniente. O deslocamento infinitesimal no movimento desde A até A' é dado pela variação infinitesimal $d\mathbf{r}$ do vetor posição. O trabalho realizado pela força **F** durante o deslocamento $d\mathbf{r}$ é definido como

$$\boxed{dU = \mathbf{F} \cdot d\mathbf{r}} \qquad (7/1)$$

Se F representa o módulo da força **F** e ds representa o módulo do deslocamento diferencial $d\mathbf{r}$, usamos a definição do produto escalar para obter

$$dU = F \, ds \cos \alpha$$

Podemos novamente interpretar essa expressão como a componente $F \cos \alpha$ da força na direção do deslocamento, vezes o deslocamento, ou como a componente $ds \cos \alpha$ do deslocamento na direção da força, vezes a força, como representado na **Fig. 7/3b**. Ao escrevermos **F** e $d\mathbf{r}$ em termos de suas componentes retangulares, temos

$$dU = (\mathbf{i} F_x + \mathbf{j} F_y + \mathbf{k} F_z) \cdot (\mathbf{i} \, dx + \mathbf{j} \, dy + \mathbf{k} \, dz)$$
$$= F_x \, dx + F_y \, dy + F_z \, dz$$

Para obtermos o trabalho total U realizado por **F** durante um movimento finito do ponto A, desde A_1 até A_2, **Fig. 7/3a**, integramos dU entre essas posições. Assim,

$$U = \int \mathbf{F} \cdot d\mathbf{r} = \int (F_x \, dx + F_y \, dy + F_z \, dz)$$

ou

$$U = \int F \cos \alpha \, ds$$

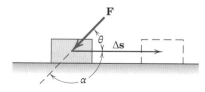

FIGURA 7/2

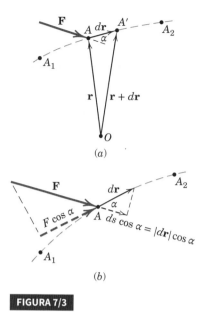

FIGURA 7/3

Para fazermos essa integração, devemos conhecer a relação entre as componentes da força e suas respectivas coordenadas, ou as relações entre **F** e s e entre $\cos \alpha$ e s.

No caso de forças concorrentes, que estão aplicadas em qualquer ponto sobre um corpo, o trabalho realizado pela resultante dessas forças é igual ao trabalho total realizado pelas diversas forças. Isso acontece porque a componente da resultante na direção do deslocamento é igual à soma das componentes das diversas forças nessa mesma direção.

Trabalho de um Binário

Além do trabalho feito por forças, binários também podem realizar trabalho. Na **Fig. 7/4a**, o binário M atua sobre o corpo e muda a sua posição angular por um valor $d\theta$. O trabalho realizado pelo binário é facil-

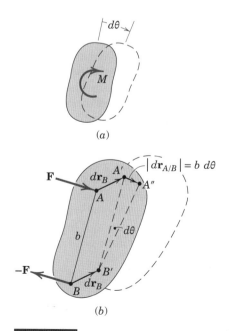

FIGURA 7/4

mente determinado a partir do trabalho combinado das duas forças que formam o binário. Na parte *b* da figura representamos o binário por duas forças iguais e opostas, **F** e –**F**, atuando em dois pontos arbitrários *A* e *B*, tal que $F = M/b$. Durante o movimento infinitesimal no plano da figura, a linha *AB* se move para *A''B'*. Consideramos agora o deslocamento de *A* em dois passos. Primeiro, um deslocamento $d\mathbf{r}_B$ igual ao de *B* e, a seguir, um deslocamento $d\mathbf{r}_{A/B}$ (lido como o deslocamento de *A* em relação a *B*) devido à rotação em torno de *B*. Assim, o trabalho realizado por **F** durante o deslocamento de *A* até *A'* é igual e oposto em sinal ao devido a –**F**, agindo sobre o mesmo deslocamento de *B* até *B'*. Concluímos, portanto, que nenhum trabalho é realizado por um binário durante uma translação (movimento sem rotação).

Durante a rotação, entretanto, **F** realiza trabalho igual a $\mathbf{F} \cdot d\mathbf{r}_{A/B} = Fb\, d\theta$, em que $dr_{A/B} = b\, d\theta$ e em que $d\theta$ é o ângulo de rotação infinitesimal em radianos. Como $M = Fb$, temos

$$dU = M\, d\theta \quad (7/2)$$

O trabalho do binário é positivo se *M* tem o mesmo sentido que $d\theta$ (no sentido horário na ilustração) e negativo se *M* tem um sentido oposto àquele da rotação. O trabalho total de um binário durante uma rotação finita em seu plano será

$$U = \int M\, d\theta$$

Dimensões de Trabalho

Trabalho tem dimensões de (força) × (distância). Em unidades SI, a unidade de trabalho é o joule (J), que é o trabalho realizado pela força de um newton sobre uma distância de um metro no sentido da força (J = N · m). Em unidades usuais americanas, a unidade de trabalho é o pé-libra (ft-lb), que é o trabalho realizado pela força de uma libra movendo-se através de uma distância de um pé, na direção da força.

As dimensões do trabalho de uma força e do momento de uma força são as mesmas, embora sejam quantidades físicas inteiramente diferentes. Observe que o trabalho é um *escalar*, obtido pelo produto escalar, e, assim, envolve o produto de uma força e uma distância, ambas as medidas ao longo da mesma linha. Momento, por outro lado, é um *vetor*, dado pelo produto vetorial, e envolve o produto da força e da distância, medida ortogonal à força. Para distinguirmos entre essas duas quantidades quando escrevemos suas unidades, usamos o joule (J), em unidades SI, para trabalho e reservamos as unidades combinadas newton-metro (N · m) para momento. No sistema de unidades usuais americanas, usamos normalmente o pé-libra (ft-lb) para trabalho e libra-pé (lb-ft) para momento.

Trabalho Virtual

Consideramos agora uma partícula cuja posição de equilíbrio estático é determinada pelas forças que atuam sobre ela. Qualquer deslocamento $\delta \mathbf{r}$, pequeno e arbitrário, considerado fora dessa posição natural, e consistente com as restrições do sistema, é chamado de *deslocamento virtual*. O termo *virtual* é usado para indicar que o deslocamento não existe realmente, mas apenas considera-se que ele existe, de modo que podemos comparar várias possíveis posições de equilíbrio para determinar a correta.

O trabalho realizado por qualquer força **F** atuando sobre a partícula durante o deslocamento virtual $\delta \mathbf{r}$ é chamado de *trabalho virtual* e vale

$$\delta U = \mathbf{F} \cdot \delta \mathbf{r} \quad \text{ou} \quad U = F\, \delta s\, \cos \alpha$$

em que α é o ângulo entre **F** e $\delta \mathbf{r}$ e δs é o módulo de $\delta \mathbf{r}$. A diferença entre $d\mathbf{r}$ e $\delta \mathbf{r}$ é que $d\mathbf{r}$ se refere a uma variação infinitesimal real na posição e pode ser integrada, enquanto $\delta \mathbf{r}$ se refere a um movimento infinitesimal virtual, ou suposto movimento, e não pode ser integrado. Matematicamente, ambas as quantidades são diferenciais de primeira ordem.

Um deslocamento virtual pode também ser uma rotação $\delta\theta$ de um corpo. De acordo com a Eq. 7/2, o trabalho virtual realizado por um binário *M* durante um deslocamento angular virtual $\delta\theta$ vale $\delta U = M\, \delta\theta$.

Podemos encarar a força **F** ou o binário *M* como permanecendo constantes durante qualquer deslocamento virtual infinitesimal. Se levarmos em conta qualquer variação em **F** ou em *M* durante o movimento infinitesimal, aparecerão termos de ordens superiores que desaparecerão no limite. Essa consideração é, matematicamente, a mesma que aquela que permite desprezar o produto $dy\, dx$ quando escrevemos $dA = y\, dx$ para o elemento de área sob a curva $y = f(x)$.

7/3 Equilíbrio

Expressamos, agora, as condições de equilíbrio em termos do trabalho virtual. Primeiramente para uma partícula, depois para um corpo rígido e, então, para um sistema de corpos rígidos interligados.

Equilíbrio de uma Partícula

Considere a partícula, ou o corpo pequeno, na **Fig. 7/5**, a qual atinge uma posição de equilíbrio como resultado das forças nas molas presas a ela. Se a massa da partícula fosse significativa, então o peso mg deveria também ser incluído como uma das forças. Para um deslocamento virtual considerado, $\delta \mathbf{r}$, da partícula para fora de sua posição de equilíbrio, o trabalho virtual total realizado sobre a partícula vale

$$\delta U = \mathbf{F}_1 \cdot \delta \mathbf{r} + \mathbf{F}_2 \cdot \delta \mathbf{r} + \mathbf{F}_3 \cdot \delta \mathbf{r} + \cdots = \delta \mathbf{F} \cdot \delta \mathbf{r}$$

Expressamos agora $\Sigma \mathbf{F}$ em termos de suas somas escalares e $\delta \mathbf{r}$ em termos das componentes de seus deslocamentos virtuais nas direções coordenadas:

$$\delta U = \Sigma \mathbf{F} \cdot \delta \mathbf{r} = (\mathbf{i}\, \Sigma F_x + \mathbf{j}\, \Sigma F_y + \mathbf{k}\, \Sigma F_z)$$
$$\cdot (\mathbf{i}\, \delta x + \mathbf{j}\, \delta y + \mathbf{k}\, \delta z)$$
$$= \Sigma F_x\, \delta x + \Sigma F_y\, \delta y + \Sigma F_z\, \delta z = 0$$

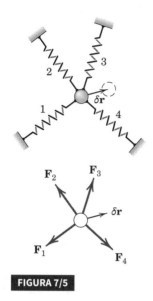

FIGURA 7/5

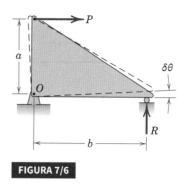

FIGURA 7/6

O somatório vale zero, pois $\Sigma \mathbf{F} = \mathbf{0}$, o que implica $\Sigma F_x = 0$, $\Sigma F_y = 0$ e $\Sigma F_z = 0$. A equação $\delta U = 0$ é, portanto, um enunciado alternativo das condições de equilíbrio para uma partícula. Essa condição de trabalho virtual nulo para o equilíbrio é tanto necessária quanto suficiente, pois podemos aplicá-la a deslocamentos virtuais considerados um de cada vez, em cada uma das três direções mutuamente perpendiculares. Nesse caso, ela se torna equivalente às três condições escalares de equilíbrio conhecidas.

O princípio do trabalho virtual nulo para o equilíbrio de uma única partícula normalmente não simplifica esse problema, já simples, pois $\delta U = 0$ e $\Sigma \mathbf{F} = \mathbf{0}$ fornecem a mesma informação. Entretanto, introduzimos o conceito do trabalho virtual para uma partícula, de modo que possamos aplicá-lo posteriormente a sistemas de partículas.

Equilíbrio de um Corpo Rígido

Podemos facilmente estender o princípio do trabalho virtual de uma partícula para um corpo rígido, tratado como um sistema de elementos pequenos ou partículas rigidamente presas entre si. Como o trabalho virtual realizado em cada partícula do corpo em equilíbrio vale zero, então o trabalho virtual realizado sobre todo o corpo rígido é zero. Para o corpo inteiro, apenas o trabalho virtual realizado por forças *externas* aparece na avaliação de $\delta U = 0$, pois todas as forças internas ocorrem em pares de forças colineares, iguais e opostas, e o trabalho resultante realizado por essas forças durante qualquer movimento vale zero.

Como no caso de uma partícula, verificamos novamente que o princípio do trabalho virtual não oferece nenhuma vantagem particular à solução para um único corpo rígido em equilíbrio. Quaisquer deslocamentos virtuais considerados, definidos por um movimento linear ou angular, aparecerão em cada termo de $\delta U = 0$ e, quando cancelados, nos levarão à mesma expressão que obteríamos usando diretamente uma das equações de equilíbrio de força ou de momento.

Essa condição está ilustrada na **Fig. 7/6**, na qual queremos determinar a reação R sob o rolete para uma placa articulada de peso desprezível sob a ação de dada força P. Uma pequena rotação considerada, $\delta\theta$, em torno de O é consistente com a restrição da articulação em O e é tomada como o deslocamento virtual. O trabalho realizado por P é $-Pa\,\delta\theta$, e o trabalho realizado por R é $Rb\,\delta\theta$. Desse modo, o princípio de que $\delta U = 0$ dá

$$-Pa\,\delta\theta + Rb\,\delta\theta = 0$$

Cancelando $\delta\theta$, tem-se

$$Pa - Rb = 0$$

que é simplesmente a equação de equilíbrio do momento em torno de O. Assim sendo, nada se ganha usando o princípio do trabalho virtual para um único corpo rígido.

Equilíbrio de Sistemas Ideais de Corpos Rígidos

Ampliaremos agora o princípio do trabalho virtual ao equilíbrio de um sistema interligado de corpos rígidos. Nosso tratamento será limitado aqui aos chamados *sistemas ideais*. Esses sistemas são compostos por dois ou mais elementos rígidos interligados por conexões mecânicas que são incapazes de absorver energia por meio de alongamento ou compressão e nas quais o atrito é suficientemente pequeno, podendo ser desprezado.

A **Fig. 7/7a** mostra um exemplo simples de sistema ideal em que o movimento relativo entre suas duas partes é possível e a posição de equilíbrio é determinada pelas forças externas aplicadas $\mathbf{P}$ e $\mathbf{F}$. Podemos identificar três tipos de forças que atuam nesse sistema interligado. Elas são, como se segue:

(1) *Forças ativas* são forças externas capazes de realizar trabalho virtual durante possíveis deslocamentos virtuais. Na **Fig. 7/7a** as forças $\mathbf{P}$ e $\mathbf{F}$ são forças ativas porque poderiam realizar trabalho à medida que as conexões se movessem.

(2) *Forças reativas* são forças que atuam nos apoios, em posições fixas, onde não ocorrem deslocamentos virtuais na direção da força. Forças reativas não realizam trabalho durante um deslocamento virtual. Na **Fig. 7/7b**, a força horizontal $\mathbf{F}_B$ exercida pela guia vertical sobre a extremidade com rolamento do elemento não pode realizar trabalho, porque não pode existir deslocamento horizontal do rolamento. A força reativa $\mathbf{F}_O$ exercida sobre o sistema pelo apoio fixo em O também não realiza trabalho porque O não pode se mover.

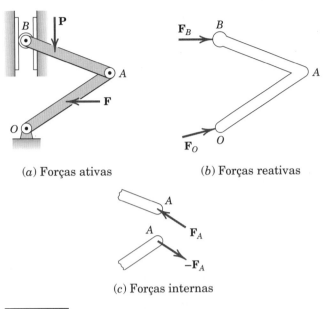

(a) Forças ativas

(b) Forças reativas

(c) Forças internas

FIGURA 7/7

(3) *Forças internas* são forças nas conexões entre elementos. Durante qualquer possível movimento do sistema ou de suas partes, o trabalho resultante realizado pelas forças internas nas conexões vale zero. Isto ocorre porque as forças internas sempre existem em pares de forças iguais e opostas, como indicado para as forças internas $\mathbf{F}_A$ e $-\mathbf{F}_A$ no nó A na Fig. 7/7c. Desse modo, o trabalho de uma força necessariamente cancela o trabalho da outra força durante seus deslocamentos idênticos.

Princípio do Trabalho Virtual

Observando que apenas forças ativas externas realizam trabalho durante qualquer possível movimento do sistema, podemos agora enunciar o princípio do trabalho virtual como se segue:

> **O trabalho virtual realizado por forças externas ativas sobre um sistema mecânico ideal em equilíbrio é zero para cada um e para todos os deslocamentos virtuais consistentes com as restrições.**

Por restrição, queremos dizer impedimento ao movimento devido aos apoios. Enunciamos matematicamente o princípio pela equação

$$\delta U = 0 \qquad (7/3)$$

em que δU representa o trabalho virtual total realizado sobre o sistema por todas as forças ativas durante um deslocamento virtual.

Somente agora podemos ver as vantagens reais do método de trabalho virtual, que são essencialmente duas. Primeiro, não é necessário desmembrar sistemas ideais para estabelecer as relações entre as forças ativas, como geralmente ocorre com o método de equilíbrio baseado nos somatórios de forças e momentos. Segundo, podemos determinar as relações entre as forças ativas diretamente, sem referência às forças reativas. Essas vantagens tornam o método do trabalho virtual particularmente útil na determinação da posição de equilíbrio de um sistema sob cargas conhecidas. Esse tipo de problema contrasta com o problema de determinação das forças que atuam em um corpo cuja posição de equilíbrio é conhecida.

O método do trabalho virtual é especialmente útil para os propósitos mencionados, mas requer que as forças de atrito internas realizem um trabalho desprezível durante qualquer deslocamento virtual. Consequentemente, se o atrito interno em um sistema mecânico é perceptível, o método do trabalho virtual não pode ser usado para o sistema como um todo, a menos que o trabalho realizado pelo atrito interno seja incluído.

Ao usar o método do trabalho virtual, deve-se desenhar um diagrama que isole o sistema em consideração. Diferentemente do diagrama de corpo livre, em que todas as forças são conhecidas, o diagrama para o método do trabalho virtual precisa mostrar apenas as forças ativas, pois as forças reativas não entram na aplicação de $\delta U = 0$. Esse diagrama será denominado *diagrama de forças ativas*. A Fig. 7/7a é um diagrama de forças ativas para o sistema mostrado.

Graus de Liberdade

O número de *graus de liberdade* de um sistema mecânico é o número de coordenadas independentes necessárias para especificar completamente a configuração do sistema. A Fig. 7/8a mostra três exemplos de sistemas com um grau de liberdade. Apenas uma coordenada é neces-

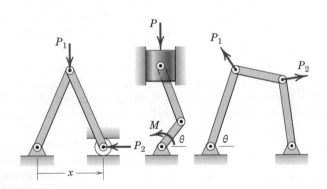

FIGURA 7/8 (a) Exemplos de sistemas com um grau de liberdade

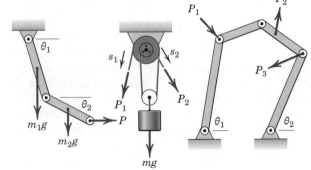

(b) Exemplos de sistemas com dois graus de liberdade

sária para estabelecer a posição de cada parte do sistema. A coordenada pode ser um comprimento ou um ângulo. A **Fig. 7/8b** mostra três exemplos de sistemas com dois graus de liberdade, em que duas coordenadas independentes são necessárias para determinar a configuração do sistema. Adicionando-se mais elos ao mecanismo na **Fig. 7/8b** da direita, não existirá limite para o número de graus de liberdade que podem ser introduzidos.

O princípio do trabalho virtual, $\delta U = 0$, pode ser aplicado tantas vezes quantos forem os graus de liberdade. Em cada aplicação, permitimos que apenas uma coordenada independente varie de cada vez, mantendo as outras constantes. No nosso tratamento do trabalho virtual neste capítulo, consideramos apenas sistemas com um grau de liberdade.*

Sistemas com Atrito

Quando o atrito, em razão de movimentos relativos, está presente em qualquer grau apreciável em um sistema mecânico, o sistema é denominado "real". Em sistemas reais, parte do trabalho positivo realizado sobre o sistema por forças externas ativas (trabalho aplicado) é dissipada sob a forma de calor gerado pelas forças de atrito dinâmico durante o movimento do sistema. Quando existe movimento relativo entre superfícies em contato, a força de atrito realiza trabalho negativo porque seu sentido é sempre contrário ao movimento do corpo sobre o qual ela atua. Esse trabalho negativo não pode ser recuperado.

Assim, a força de atrito dinâmico, $\mu_d N$, atuando sobre o bloco em movimento na **Fig. 7/9a** realiza um trabalho de $-\mu_d N_x$ sobre o bloco, durante um deslocamento x. Durante um deslocamento virtual δx, a força de atrito realiza trabalho igual a $-\mu_d N \delta_x$. A força de atrito estático que atua sobre a roldana na **Fig. 7/9b**, por outro lado, não realiza trabalho se a roldana não deslizar enquanto gira.

Na **Fig. 7/9c** o momento M_f em relação ao centro da junta presa por um pino, devido às forças de atrito que atuam nas superfícies em contato, realiza trabalho negativo durante qualquer movimento angular relativo entre as duas partes. Assim, para um deslocamento virtual $\delta\theta$ entre as duas partes, que têm independentemente, como mostrado, os deslocamentos virtuais $\delta\theta_1$ e $\delta\theta_2$, o trabalho negativo realizado é $-M_f \delta\theta_1 - M_f \delta\theta_2 = -M_f (\delta\theta_1 + \delta\theta_2)$, ou simplesmente, $-M_f \delta\theta$. Para cada parte, M_f está no sentido de se opor ao movimento de rotação relativo.

Foi comentado anteriormente, nesta seção, que uma grande vantagem do método do trabalho virtual está na análise de um sistema completo de elementos conectados, sem precisar desmembrá-los. Se existir atrito dinâmico interno apreciável no sistema, será necessário desmembrar o sistema para determinar as forças de atrito. Nesses casos, o método do trabalho virtual encontra apenas uso limitado.

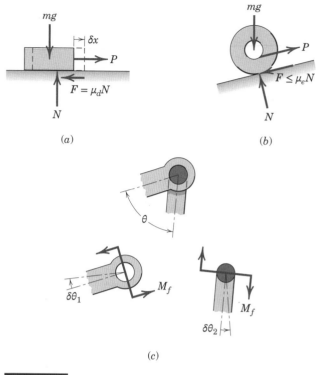

FIGURA 7/9

Eficiência Mecânica

Em razão da perda de energia pelo atrito, o trabalho realizado por uma máquina é sempre menor do que o trabalho cedido a ela. A razão entre as duas quantidades de trabalho é a *eficiência mecânica* e. Assim,

$$e = \frac{\text{trabalho realizado}}{\text{trabalho cedido}}$$

A eficiência mecânica de máquinas simples, que têm um único grau de liberdade e que operam de maneira uniforme, pode ser determinada pelo método do trabalho, avaliando-se o numerador e o denominador da expressão de e durante um deslocamento virtual.

Como exemplo, considere o bloco que está sendo movido para cima no plano inclinado na **Fig. 7/10**. Para o deslocamento virtual δs mostrado, o trabalho realizado é aquele necessário para içar o bloco, ou $mg \, \delta s \, \text{sen} \, \theta$. O trabalho recebido é $T \, \delta s_s \, (mg \, \text{sen} \, \theta + \mu_d mg \cos \theta) \, \delta s$. A eficiência do plano inclinado vale, portanto,

$$e = \frac{mg \, \delta s \, \text{sen} \, \theta}{mg(\text{sen} \, \theta + \mu_d \cos \theta) \, \delta s} = \frac{1}{1 + \mu_d \cot \theta}$$

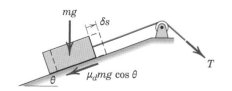

FIGURA 7/10

---

* Para exemplos de soluções de problemas com dois ou mais graus de liberdade, veja o Capítulo 7 do primeiro autor de *Estática*, 2. ed., 1971, ou Versão SI, 1975.

Como segundo exemplo, considere o macaco descrito na Seção 6/5 e mostrado na Fig. 6/6. A Eq. 6/3 dá o momento M necessário para levantar a carga W, em que o parafuso tem um raio médio r e um ângulo de hélice α e em que o ângulo de atrito vale $\phi = \tan^{-1} \mu_d$. Durante uma pequena rotação $\delta\theta$ do parafuso, o trabalho recebido vale $M \, \delta\theta = Wr \, \delta\theta \tan(\alpha + \phi)$. O trabalho realizado é aquele necessário para levantar a carga, ou $Wr \, \delta\theta \tan \alpha$. Portanto, a eficiência do macaco pode ser expressa como

$$e = \frac{Wr \, \delta\theta \tan \alpha}{Wr \, \delta\theta \tan(\alpha + \phi)} = \frac{\tan \alpha}{\tan(\alpha + \phi)}$$

Conforme o atrito decresce, ϕ se torna menor e a eficiência se aproxima da unidade.

EXEMPLO DE PROBLEMA 7/1

Cada uma das duas barras uniformes articuladas tem uma massa m e um comprimento l, e está apoiada e carregada como mostrado. Para dada força P, determine o ângulo θ para haver equilíbrio.

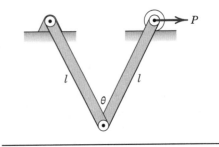

Solução O diagrama de forças ativas para o sistema composto pelos dois elementos está mostrado separadamente e inclui o peso mg de cada barra, além da força P. Todas as outras forças atuando externamente sobre o sistema são forças de reação, que não realizam trabalho durante um movimento virtual δx e, portanto, não estão mostradas.

O princípio do trabalho virtual requer que o trabalho total de todas as forças ativas externas seja zero para qualquer deslocamento virtual consistente com as restrições. Assim, para um movimento δx o trabalho virtual é

$$[\delta U = 0] \qquad P \, \delta x + 2mg \, \delta h = 0 \qquad ①$$

Expressamos, agora, cada um desses deslocamentos virtuais em termos da variável θ, cujo valor deseja-se determinar. Assim,

$$x = 2l \operatorname{sen} \frac{\theta}{2} \qquad \text{e} \qquad \delta x = l \cos \frac{\theta}{2} \, \delta\theta$$

De modo semelhante,

$$h = \frac{l}{2} \cos \frac{\theta}{2} \qquad \text{e} \qquad \delta h = -\frac{l}{4} \operatorname{sen} \frac{\theta}{2} \, \delta\theta \qquad ②$$

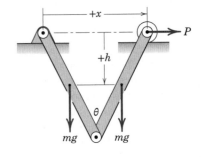

Substituindo-se na equação do trabalho virtual, temos

$$Pl \cos \frac{\theta}{2} \, \delta\theta - 2mg \frac{l}{4} \operatorname{sen} \frac{\theta}{2} \, \delta\theta = 0$$

a partir da qual obtemos

$$\tan \frac{\theta}{2} = \frac{2P}{mg} \qquad \text{ou} \qquad \theta = 2 \tan^{-1} \frac{2P}{mg} \qquad Resp.$$

Para chegar a esse resultado pelos princípios dos somatórios de forças e momentos, seria necessário desmembrar o conjunto e considerar todas as forças agindo em cada elemento. A solução pelo método do trabalho virtual envolve uma operação mais simples.

DICAS ÚTEIS

① Observe cuidadosamente que, com x sendo positivo para a direita, δx também é positivo para a direita, no sentido de P. Desse modo, o trabalho virtual vale $P(+\delta x)$. Com h sendo positivo para baixo, δh também é matematicamente positivo para baixo, no sentido de mg, de modo que a expressão matemática correta para o trabalho é $mg(+\delta h)$. Quando expressarmos δh em termos de $\delta \theta$ no próximo passo, δh terá um sinal negativo, fazendo nossa expressão matemática concordar com a observação física de que o peso mg realiza trabalho negativo à medida que cada centro de massa se move para cima devido a um aumento em x e θ.

② Obtemos δh e δx com as mesmas regras matemáticas da diferenciação com as quais podemos obter dh e dx.

EXEMPLO DE PROBLEMA 7/2

A massa m é levada a uma posição de equilíbrio pela aplicação de um momento M à extremidade de uma das duas barras paralelas, que são articuladas como mostrado. As barras têm massa desprezível e considera-se ausência total de atrito. Para dado valor de M, determine a expressão para o ângulo de equilíbrio θ assumido pelas barras com a vertical. Considere a alternativa de uma solução pelo equilíbrio de forças e momentos.

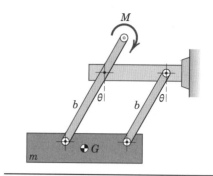

Solução O diagrama de forças ativas mostra o peso mg atuando através do centro de massa G e o momento M aplicado à extremidade da barra. Não existem outras forças ou momentos ativos externos que realizem trabalho sobre o sistema durante uma variação do ângulo θ.

A posição vertical do centro de massa G é dada pela distância h abaixo da linha de referência horizontal fixa e vale $h = b \cos \theta + c$. O trabalho realizado por mg durante um movimento δh na direção de mg vale

$$+mg\, \delta h = mg\, \delta(b \cos \theta + c)$$
$$= mg(-b \operatorname{sen} \theta\, \delta\theta + 0)$$
$$= -mgb \operatorname{sen} \theta\, \delta\theta$$

O sinal de menos mostra que o trabalho é negativo para um valor positivo de $\delta\theta$. ① A constante c desaparece, pois sua variação é nula.

Com θ medido como positivo no sentido horário, $\delta\theta$ também é positivo no sentido horário. Portanto, o trabalho realizado pelo momento M no sentido horário vale $+M\, \delta\theta$. Substituindo na equação do trabalho virtual, obtemos

$[\delta U = 0] \qquad M\, \delta\theta + mg\, \delta h = 0$

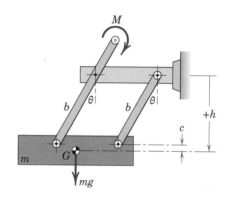

que gera

$$M\, \delta\theta = mgb \operatorname{sen} \theta\, \delta\theta$$

$$\theta = \operatorname{sen}^{-1} \frac{M}{mgb} \qquad \textit{Resp.}$$

Levando em conta que sen θ não pode exceder a unidade, vemos que, para haver equilíbrio, M está limitado a valores que não excedam mgb. A vantagem da solução pelo trabalho virtual para esse problema é facilmente percebida quando se observa o que estaria envolvido em uma solução pelo equilíbrio de forças e de momentos. Para esse último enfoque, seria necessário desenhar diagramas de corpo livre separados para todas as três partes móveis e considerar todas as reações internas nas conexões. Para desenvolver esses passos, seria necessário incluir na análise a posição horizontal de G em relação aos pontos de união das duas barras, embora a referência a essa posição seja, por fim, eliminada quando as equações são resolvidas. Concluímos, portanto, que o método do trabalho virtual nesse problema lida diretamente com a causa e o efeito e evita referência a quantidades irrelevantes.

DICA ÚTIL

① Novamente, como no Exemplo 7/1, somos matematicamente consistentes com nossa definição de trabalho, e vemos que o sinal algébrico da expressão resultante concorda com a variação física.

EXEMPLO DE PROBLEMA 7/3

Para a conexão OA na posição horizontal mostrada, determine a força P sobre a bucha móvel, que impedirá OA de girar sob a ação do momento M. Despreze a massa das partes móveis.

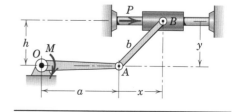

Solução O esboço dado serve como o diagrama de forças ativas para o sistema. Todas as outras forças são ou internas ou forças reativas que não realizam trabalho devido às restrições.

EXEMPLO DE PROBLEMA 7/3 (continuação)

Daremos ao eixo OA um pequeno movimento angular no sentido horário, $\delta\theta$, com o nosso deslocamento virtual e determinaremos o trabalho virtual resultante realizado por M e P. A partir da posição horizontal do eixo, o movimento angular resulta em um deslocamento para baixo de A igual a

$$\delta y = a\,\delta\theta \quad \text{①}$$

em que $\delta\theta$, claro, é dado em radianos.

A partir do triângulo retângulo para o qual a conexão AB é a hipotenusa, podemos escrever

$$b^2 = x^2 + y^2$$

Fazemos agora a diferencial da equação e obtemos

$$0 = 2x\,\delta x + 2y\,\delta y \quad \text{ou} \quad \delta x = -\frac{y}{x}\delta y \quad \text{②}$$

Então,

$$\delta x = -\frac{y}{x}a\,\delta\theta$$

e a equação do trabalho virtual torna-se

$$[\delta U = 0] \quad M\,\delta\theta + P\,\delta x = 0 \quad M\,\delta\theta + P\left(-\frac{y}{x}a\,\delta\theta\right) = 0 \quad \text{③}$$

$$P = \frac{Mx}{ya} = \frac{Mx}{ha} \quad \textit{Resp.}$$

Observamos, novamente, que o método do trabalho virtual produz uma relação direta entre a força ativa P e o momento M, sem envolver outras forças que são irrelevantes para essa relação. A solução pelas equações de equilíbrio de forças e momentos, embora bastante simples nesse problema, iria requerer que inicialmente todas as forças fossem consideradas para, então, eliminar as irrelevantes.

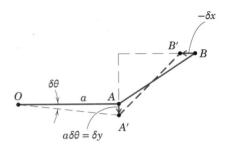

DICAS ÚTEIS

① Observe que o deslocamento $a\delta\theta$ do ponto A não seria igual a δy se o guindaste OA não estivesse na posição horizontal.

② O comprimento b é constante de modo que $\delta b = 0$. Observe o valor negativo, que nos indica, apenas, que se uma variação é positiva, a outra deve ser negativa.

③ Poderíamos também usar um deslocamento virtual em sentido anti-horário para o guindaste, o que, simplesmente, inverteria os sinais de todos os termos.

7/4 Energia Potencial e Estabilidade

A seção anterior tratou da configuração de equilíbrio de sistemas mecânicos compostos de elementos individuais, considerando que são perfeitamente rígidos. Estendemos agora nosso método para levar em conta sistemas mecânicos que incluem elementos elásticos na forma de molas. Introduzimos o conceito de energia potencial, que é útil para determinar a estabilidade do equilíbrio.

Energia Potencial Elástica

O trabalho realizado sobre um elemento elástico é armazenado no elemento sob a forma de *energia potencial elástica* V_e. Essa energia está potencialmente disponível para realizar trabalho sobre algum outro corpo durante o relaxamento de sua compressão ou extensão.

Considere uma mola, **Fig. 7/11**, que está sendo comprimida por uma força F. Consideramos que a mola é elástica e linear, o que significa que a força F é diretamente proporcional à deflexão x. Escrevemos essa relação como $F = kx$, em que k é a *constante da mola* ou *rigidez* da mola. O trabalho realizado sobre a mola por F durante um movimento dx é $dU = F\,dx$, de modo que a energia potencial elástica da mola para uma compressão x é o trabalho total realizado sobre a mola

$$V_e = \int_0^x F\,dx = \int_0^x kx\,dx$$

Ou

$$\boxed{V_e = \tfrac{1}{2}kx^2} \quad (7/4)$$

Assim, a energia potencial da mola é igual à área triangular no diagrama de F versus x, desde 0 até x.

Durante um aumento na compressão da mola de x_1 até x_2, o trabalho realizado sobre a mola é igual à sua *variação* de energia potencial elástica ou

$$\Delta V_e = \int_{x_1}^{x_2} kx\,dx = \tfrac{1}{2}k(x_2^{\,2} - x_1^{\,2})$$

que é igual à área trapezoidal de x_1 até x_2.

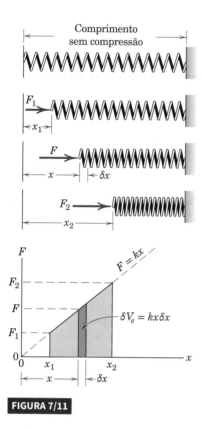

FIGURA 7/11

Durante um deslocamento virtual δx da mola, o trabalho virtual realizado sobre a mola é a variação virtual na energia potencial elástica

$$\delta V_e = F\,\delta x = kx\,\delta x$$

Durante um decréscimo na compressão da mola, quando ela é relaxada de $x = x_2$ até $x = x_1$, a *variação na energia potencial elástica* da mola (final menos inicial) é negativa. Consequentemente, se δx é negativo, δV_e também é negativo.

Quando temos uma mola em tração, em vez de compressão, as relações de trabalho e energia são as mesmas que as usadas para compressão, em que x representa agora o alongamento da mola e não sua compressão. Enquanto a mola está sendo esticada, a força novamente atua na direção do deslocamento, realizando trabalho positivo sobre a mola e aumentando sua energia potencial.

Como a força atuando na extremidade móvel de uma mola tem valor contrário ao da força exercida pela mola sobre o corpo ao qual sua extremidade móvel está presa, o *trabalho realizado sobre o corpo é igual e contrário ao valor da variação da energia potencial da mola.*

Uma *mola de torção*, que resiste à rotação de um eixo ou de outro elemento, também pode armazenar e liberar energia potencial. Se a *rigidez à torção*, expressa como torque por radiano de torção, é uma constante k_T, e se θ é o ângulo de torção em radianos, então o torque de reação é $M = k_T\theta$. A energia potencial se torna $V_e = \int_0^\theta k_T\theta\,d\theta$ ou

$$V_e = \tfrac{1}{2}k_T\theta^2 \qquad (7/4a)$$

que é análoga à expressão para a mola com extensão linear.

As unidades de energia potencial elástica são as mesmas do trabalho e são expressas em joules (J) para unidades SI e em pé-libra (ft-lb) para o sistema de unidades usuais americanas.

Energia Potencial Gravitacional

Na seção anterior, tratamos o trabalho de uma força gravitacional ou do peso atuando sobre um corpo, da mesma forma que o trabalho de qualquer outra força ativa. Assim, para um deslocamento δh para cima do corpo na **Fig. 7/12**, o peso $W = mg$ realiza trabalho negativo, $\delta U = -mg\,\delta h$. Se, por outro lado, o corpo sofre um deslocamento dh para baixo, com h medido positivamente para baixo, o peso realiza trabalho positivo, $\delta U = +mg\,\delta h$.

Uma alternativa para o tratamento anterior expressa o trabalho realizado pela gravidade em termos de uma variação na energia potencial do corpo. Esse tratamento alternativo é uma representação útil quando descrevemos um sistema mecânico em termos de sua energia total. A *energia potencial gravitacional* V_g de um corpo é definida como o trabalho realizado sobre o corpo por uma força igual e oposta ao peso, ao trazer o corpo para a posição em consideração, a partir de dado plano de referência arbitrário em que a energia potencial é definida como valendo zero. A energia potencial, então, tem o mesmo valor, mas com sinal contrário ao trabalho realizado pelo peso. Quando o corpo é erguido, por exemplo, o trabalho realizado é convertido em energia, que está potencialmente disponível, já que o corpo pode realizar trabalho em algum outro corpo ao retornar a sua posição original mais baixa. Se considerarmos V_g como zero em $h = 0$, **Fig. 7/12**, então em uma altura h acima do plano de referência, a energia potencial gravitacional do corpo é

$$V_g = mgh \qquad (7/5)$$

Se o corpo estiver a uma distância h abaixo do plano de referência, sua energia potencial gravitacional será $-mgh$.

Observe que o plano de referência para energia potencial zero é arbitrário porque apenas a *variação* na energia potencial importa, e essa variação é a mesma,

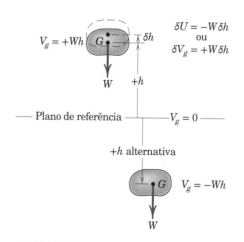

FIGURA 7/12

154 CAPÍTULO 7 | Trabalho Virtual

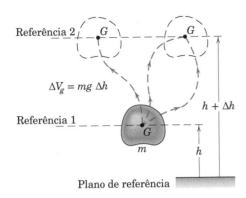

FIGURA 7/13

independentemente de onde colocamos o plano de referência. Note, também, que a energia potencial gravitacional não depende do caminho percorrido para alcançar uma altura específica h. Assim, o corpo de massa m na **Fig. 7/13** tem a mesma variação de energia potencial, independentemente de qual caminho ele segue ao ir do plano de referência 1 até o plano de referência 2, porque Δh é o mesmo para todos os três caminhos.

A variação virtual na energia potencial gravitacional é simplesmente

$$\delta V_g = mg\, \delta h$$

em que δh é o deslocamento virtual para cima do centro de massa do corpo. Se o centro de massa tem deslocamento virtual para baixo, então δV_g é negativo.

As unidades da energia potencial gravitacional são as mesmas que as do trabalho e da energia potencial elástica, joules (J) no sistema SI e pé-libra (ft-lb) em unidades usuais americanas.

Equação de Energia

Vimos que o trabalho realizado por uma mola linear *sobre* um corpo ao qual sua extremidade móvel está presa é igual, mas de sinal contrário, à variação na energia potencial elástica da mola. Além disso, o trabalho realizado pela força gravitacional, ou o peso mg, é igual, mas de sinal contrário, à variação na energia potencial gravitacional. Portanto, quando aplicamos a equação do trabalho virtual a um sistema com molas e com variações na posição vertical de seus elementos, podemos substituir o trabalho das molas e o trabalho dos pesos pelo valor negativo das respectivas variações de energia potencial.

Podemos usar essas substituições para escrever o trabalho virtual total δU na Eq. 7/3 como a soma do trabalho $\delta U'$ realizado por todas as forças ativas, exceto as forças das molas e dos pesos, e o trabalho $-(\delta V_e + \delta V_g)$ realizado pelas forças das molas e dos pesos. A Eq. 7/3, então, se torna

$$\boxed{\delta U' - (\delta V_e + \delta V_g) = 0} \quad \text{ou} \quad \boxed{\delta U' = \delta V} \quad (7/6)$$

em que $V = (V_e + V_g)$ se refere à energia potencial total do sistema. Com essa formulação, uma mola se torna interna ao sistema e o trabalho das forças gravitacionais e das molas é levado em conta no termo δV.

Diagrama de Forças Ativas

Com o método do trabalho virtual, é útil construir o *diagrama de forças ativas* do sistema sob análise. A fronteira do sistema deve distinguir claramente os elementos que fazem parte do sistema dos outros corpos que não são parte do sistema. Quando incluímos um elemento elástico *dentro* da fronteira do sistema, as forças de interação entre ele e os elementos móveis ao qual está preso são *internas* ao sistema. Assim, essas forças não precisam ser mostradas porque seus efeitos são levados em conta no termo V_e. Similarmente, forças devidas a pesos não são mostradas, porque seu trabalho é levado em conta no termo V_g.

A **Fig. 7/14** ilustra a diferença entre o uso das Eqs. 7/3 e 7/6. Por simplicidade, consideramos o corpo na parte *a* da figura como uma partícula e admitimos que o deslocamento virtual ocorra ao longo do percurso determinado. A partícula está em equilíbrio sob a ação das forças aplicadas F_1 e F_2, da força gravitacional mg, da força da mola kx e de uma força de reação normal. Na **Fig. 7/14b**, em que somente a partícula é isolada, δU inclui o trabalho virtual de todas as forças mostradas no diagrama de forças ativas da partícula. (A reação normal exercida sobre a partícula pela guia lisa não realiza trabalho e é omitida.) Na **Fig. 7/14c**, a mola está *incluída* no sistema e $\delta U'$ é o trabalho virtual apenas de F_1 e F_2, que são as únicas forças externas cujo trabalho não é levado em conta nos termos de energia potencial. O trabalho do peso mg é considerado no termo δV_g e o trabalho da força da mola é incluído no termo δV_e.

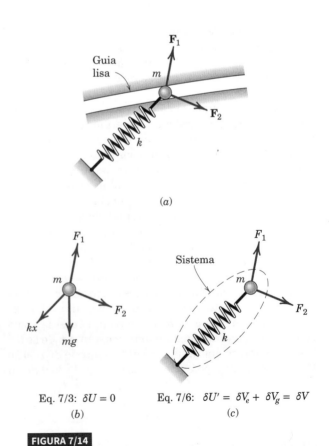

FIGURA 7/14

Princípio do Trabalho Virtual

Assim, para um sistema mecânico com elementos elásticos e elementos que sofrem mudança de posição, podemos enunciar, de outra forma, o princípio do trabalho virtual, como se segue:

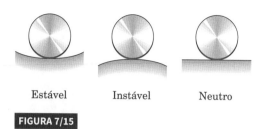

FIGURA 7/15

> **O trabalho virtual realizado por todas as forças externas ativas (com exceção da força gravitacional e das forças das molas computadas nos termos da energia potencial) sobre um sistema mecânico em equilíbrio é igual à mudança correspondente nas energias elástica e potencial gravitacional totais do sistema, para todos os deslocamentos virtuais consistentes com as condições de apoio.**

Estabilidade do Equilíbrio

Considere agora o caso de um sistema mecânico em que o movimento é acompanhado por variações nas energias potenciais gravitacional e elástica e em que nenhum trabalho é realizado sobre o sistema por forças não potenciais. O mecanismo tratado no Exemplo 7/6 é uma mostra desse tipo de sistema. Com $\delta U' = 0$, a relação do trabalho virtual, Eq. 7/6, se torna

$$\delta(V_e + V_g) = 0 \quad \text{ou} \quad \delta V = 0 \qquad (7/7)$$

A Eq. 7/7 expressa o requisito de que a configuração de equilíbrio de um sistema mecânico seja aquela para a qual a energia potencial total V do sistema tenha valor estacionário. Para um sistema com um grau de liberdade, em que a energia potencial e suas derivadas são funções contínuas de uma única variável, digamos de x, a qual descreve a configuração, a condição de equilíbrio $\delta V = 0$ é equivalente matematicamente ao requisito

$$\frac{dV}{dx} = 0 \qquad (7/8)$$

A Eq. 7/8 afirma que um sistema mecânico está em equilíbrio quando a derivada de sua energia potencial total vale zero. Para sistemas com vários graus de liberdade, a derivada parcial de V em relação a cada coordenada deve ser zero para haver equilíbrio.*

Existem três condições sob as quais a Eq. 7/8 se aplica. Especificamente, quando a energia potencial total é um mínimo (*equilíbrio estável*), um máximo (*equilíbrio instável*)

ou uma constante (*equilíbrio neutro*). A **Fig. 7/15** mostra um exemplo simples dessas três condições. A energia potencial do rolete é claramente mínima na posição estável, máxima na posição instável e constante na posição neutra.

Também podemos caracterizar a estabilidade de um sistema mecânico ao observar que um pequeno deslocamento, a partir da posição estável, resulta em aumento da energia potencial e na tendência de retornar à posição de menor energia. Por outro lado, um pequeno deslocamento a partir da posição instável resulta em diminuição da energia potencial e na tendência de se mover para mais longe da posição de equilíbrio, para outra posição com energia ainda mais baixa. Para a posição neutra, um pequeno deslocamento para um lado ou para o outro não resulta em variação na energia potencial e não há tendência para se mover em qualquer direção.

Quando uma função e suas derivadas são contínuas, a segunda derivada é positiva em um ponto de valor mínimo da função, e negativa em um ponto de valor máximo da função. Assim, as condições matemáticas para equilíbrio e estabilidade de um sistema com um único grau de liberdade x são:

$$\begin{array}{ll} \text{Equilíbrio} & \dfrac{dV}{dx} = 0 \\[2mm] \text{Estável} & \dfrac{d^2V}{dx^2} > 0 \\[2mm] \text{Instável} & \dfrac{d^2V}{dx^2} < 0 \end{array} \qquad (7/9)$$

A derivada segunda de V também pode ser igual a zero na posição de equilíbrio e, neste caso, precisamos examinar o sinal de uma derivada de ordem superior para ter certeza do tipo de equilíbrio. Quando a ordem da menor derivada remanescente for par, o equilíbrio será estável ou instável de acordo com o sinal positivo ou negativo desta derivada. Se a ordem da derivada for ímpar, o equilíbrio é classificado como instável, e o gráfico de V *versus* x, para este caso, se apresenta com um ponto de inflexão na curva, com inclinação nula no valor de equilíbrio.

Os critérios de estabilidade para múltiplos graus de liberdade requerem tratamento mais avançado. Para dois graus de liberdade, por exemplo, usamos uma expansão em série de Taylor para duas variáveis.

---

* Para exemplos de sistemas com dois graus de liberdade, veja a Seção 43, Capítulo 7, do primeiro autor de *Estática*, 2. ed., Versão SI, 1975.

Essas plataformas de elevação são exemplos do tipo de estrutura que pode ser mais facilmente analisada com uma abordagem de trabalho virtual.

EXEMPLO DE PROBLEMA 7/4

O cilindro de 10 kg está suspenso pela mola, que tem rigidez de 2 kN/m. Construa o gráfico da energia potencial V do sistema e mostre que ela é mínima na posição de equilíbrio.

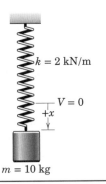

Solução (Apesar de a posição de equilíbrio neste problema simples estar claramente onde a força na mola iguala o peso mg, prosseguiremos como se esse fato fosse desconhecido, para ilustrar as relações de energia da forma mais simples.) Escolhemos o plano de referência, para energia potencial zero, na posição em que a mola não está alongada. ①

A energia potencial elástica para uma posição x arbitrária é $V_e = \frac{1}{2}kx^2$ e a energia potencial gravitacional é $-mgx$, de forma que a energia potencial total é

$$[V = V_e + V_g] \qquad V = \frac{1}{2}kx^2 - mgx$$

O equilíbrio ocorre onde

$$\left[\frac{dV}{dx} = 0\right] \qquad \frac{dV}{dx} = kx - mg = 0 \qquad x = mg/k$$

Apesar de sabermos neste caso simples que o equilíbrio é estável, nós o provamos avaliando o sinal da segunda derivada de V na posição de equilíbrio. Assim, $\dfrac{d^2V}{dx^2} = k$, que é positiva, provando que o equilíbrio é estável.

Substituindo os valores numéricos, obtemos

$$V = \tfrac{1}{2}(2000)x^2 - 10(9{,}81)x$$

expresso em joules, e o valor de equilíbrio de x é

$$x = 10(9{,}81)/2000 = 0{,}0490 \text{ m} \quad \text{ou} \quad 9{,}0 \text{ mm} \qquad Resp.$$

Calculamos V para vários valores de x e fizemos o gráfico de V em função de x, como mostrado. O valor mínimo de V ocorre em $x = 0{,}0490$ m, em que $\dfrac{dV}{dx} = 0$ e $\dfrac{d^2V}{dx^2}$ é positivo. ②

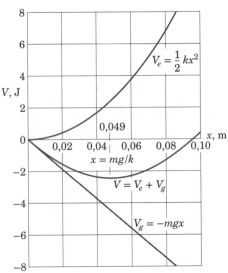

DICAS ÚTEIS

① A escolha é arbitrária, mas simplifica a álgebra.

② Poderíamos ter escolhido outros planos de referência diferentes para V_e e V_g sem afetar as conclusões. Uma mudança como essa iria, meramente, deslocar as curvas separadas de V_e e V_g para cima ou para baixo, mas não iria afetar a posição do valor mínimo de V.

EXEMPLO DE PROBLEMA 7/5

Os dois elementos uniformes, cada um com massa m, estão unidos e no plano vertical, e têm seu movimento restrito como mostrado. Conforme o ângulo θ entre os elementos aumenta, com a aplicação da força horizontal P, a barra leve, que está conectada em A e passa por uma bucha articulada em B, comprime a mola com rigidez k. Se a mola está sem compressão na posição em que $\theta = 0$, determine a força P que produzirá equilíbrio no ângulo θ.

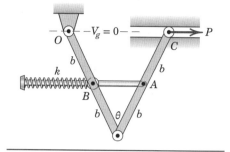

Solução O esboço dado serve como o diagrama de forças ativas do sistema. A compressão x da mola é a distância em que A se afastou de B, que vale $x = 2b$ sen $\theta/2$. Assim, a energia potencial elástica da mola é

$$[V_e = \tfrac{1}{2}kx^2] \qquad V_e = \tfrac{1}{2}k\left(2b\,\text{sen}\,\frac{\theta}{2}\right)^2 = 2kb^2\,\text{sen}^2\frac{\theta}{2}$$

Com o plano de referência para a energia potencial gravitacional zero passando pelo apoio em O, por conveniência, a expressão para V_g se torna

$$[V_g = mgh] \qquad V_g = 2mg\left(-b\cos\frac{\theta}{2}\right)$$

A distância entre O e C é $4b$ sen $\theta/2$, de forma que o trabalho virtual realizado por P é

$$\delta U' = P\,\delta\left(4b\,\text{sen}\,\frac{\theta}{2}\right) = 2Pb\cos\frac{\theta}{2}\,\delta\theta$$

A equação do trabalho virtual agora dá

$$[\delta U' = \delta V_e + \delta V_g]$$

$$2Pb\cos\frac{\theta}{2}\,\delta\theta = \delta\left(2kb^2\,\text{sen}^2\frac{\theta}{2}\right) + \delta\left(-2mgb\cos\frac{\theta}{2}\right)$$

$$= 2kb^2\,\text{sen}\,\frac{\theta}{2}\cos\frac{\theta}{2}\,\delta\theta + mgb\,\text{sen}\,\frac{\theta}{2}\,\delta\theta$$

Simplificando resulta, finalmente,

$$P = kb\,\text{sen}\,\frac{\theta}{2} + \tfrac{1}{2}mg\tan\frac{\theta}{2} \qquad\qquad Resp.$$

Se houvesse sido solicitado expressar o valor de equilíbrio de θ, correspondente a dada força P, teríamos dificuldade em resolver explicitamente para θ nesse caso particular. Mas, para um problema numérico, poderíamos recorrer a uma solução por computador e a um gráfico dos valores numéricos da soma das duas funções de θ para determinar o valor de θ no qual a soma fosse igual a P.

EXEMPLO DE PROBLEMA 7/6

As extremidades da barra uniforme de massa m deslizam livremente nas guias horizontal e vertical. Examine as condições de estabilidade para as posições de equilíbrio. A mola com rigidez k está sem deformação quando $x = 0$.

Solução O sistema consiste em uma mola e uma barra. Como não existem forças externas ativas, o esboço dado serve como o diagrama de forças ativas. ① Escolheremos o eixo x como referência para energia potencial gravitacional zero. Na posição deslocada, as energias potenciais elástica e gravitacional são

$$V_e = \tfrac{1}{2}kx^2 = \tfrac{1}{2}kb^2 \operatorname{sen}^2 \theta \qquad \text{e} \qquad V_g = mg\,\frac{b}{2}\cos\theta$$

A energia potencial total é, então,

$$V = V_e + V_g = \tfrac{1}{2}kb^2 \operatorname{sen}^2 \theta + \tfrac{1}{2}mgb\cos\theta$$

O equilíbrio ocorre para $dV/d\theta = 0$, de forma que

$$\frac{dV}{d\theta} = kb^2 \operatorname{sen}\theta\cos\theta - \tfrac{1}{2}mgb\operatorname{sen}\theta = (kb^2\cos\theta - \tfrac{1}{2}mgb)\operatorname{sen}\theta = 0$$

As duas soluções para essa equação são dadas por

$$\operatorname{sen}\theta = 0 \qquad \text{e} \qquad \cos\theta = \frac{mg}{2kb} \quad ②$$

Determinamos, agora, a estabilidade examinando o sinal da segunda derivada de V para cada uma das duas posições de equilíbrio. A segunda derivada é

$$\frac{d^2V}{d\theta^2} = kb^2(\cos^2\theta - \operatorname{sen}^2\theta) - \tfrac{1}{2}mgb\cos\theta$$

$$= kb^2(2\cos^2\theta - 1) - \tfrac{1}{2}mgb\cos\theta$$

Solução I $\operatorname{sen}\theta = 0, \theta = 0$

$$\frac{d^2V}{d\theta^2} = kb^2(2-1) - \tfrac{1}{2}mgb = kb^2\left(1 - \frac{mg}{2kb}\right)$$

$$= \text{positivo (estável)} \qquad \text{se } k > mg/2b \qquad \textit{Resp.}$$

$$= \text{negativo (instável)} \qquad \text{se } k < mg/2b$$

Assim, se a mola for suficientemente rígida, a barra retornará à posição vertical, mesmo que não haja força na mola naquela posição. ③

Solução II $\cos\theta = \dfrac{mg}{2kb},\ \theta = \cos^{-1}\dfrac{mg}{2kb}$

$$\frac{d^2V}{d\theta^2} = kb^2\left[2\left(\frac{mg}{2kb}\right)^2 - 1\right] - \tfrac{1}{2}mgb\left(\frac{mg}{2kb}\right) = kb^2\left[\left(\frac{mg}{2kb}\right)^2 - 1\right] \qquad \textit{Resp.}$$

Como o cosseno deve ser menor que 1, vemos que essa solução é limitada ao caso em $k > mg/2b$, o que faz com que a segunda derivada de V seja negativa. Assim, o equilíbrio para a Solução II nunca é estável. ④ Se $k < mg/2b$, não teremos mais a Solução II porque a mola será fraca demais para manter o equilíbrio em um valor de θ entre 0 e 90°.

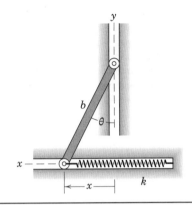

DICAS ÚTEIS

① Sem forças externas ativas, o termo $\delta U'$ não existe e $\delta V = 0$ é equivalente a $dV/d\theta = 0$.

② Tome cuidado para não esquecer a solução $\theta = 0$ para $\operatorname{sen}\theta = 0$.

③ Poderíamos não ter antecipado esse resultado sem a análise matemática da estabilidade.

④ Novamente, sem o benefício da análise matemática da estabilidade, poderíamos ter suposto, erroneamente, que a barra poderia estar em equilíbrio em uma posição na qual θ tivesse valor entre 0 e 90°.

7/5 Revisão do Capítulo

Neste capítulo, desenvolvemos o princípio do trabalho virtual. Esse princípio é útil na determinação das configurações de equilíbrio possíveis para um corpo ou sistema de corpos interligados, em que as forças externas são conhecidas. Para aplicar o método com sucesso, você deve entender os conceitos de deslocamento virtual, graus de liberdade e energia potencial.

Método do Trabalho Virtual

Quando várias configurações são possíveis para um corpo ou para um sistema de corpos interligados sob a ação de forças aplicadas, podemos encontrar a posição de equilíbrio aplicando o princípio do trabalho virtual. Quando usar esse método, tenha em mente os itens a seguir.

1. As únicas forças que precisam ser consideradas quando se determina a posição de equilíbrio são aquelas que realizam trabalho (forças ativas) durante o suposto movimento diferencial do corpo, ou sistema, a partir da sua posição de equilíbrio.
2. As forças externas que não realizam trabalho (forças reativas) não precisam estar envolvidas.
3. Por essa razão, o diagrama de forças ativas do corpo ou sistema (em vez do diagrama de corpo livre) é útil para centrar a atenção, apenas, sobre aquelas forças externas que realizam trabalho durante os deslocamentos virtuais.

Deslocamentos Virtuais

Um deslocamento virtual é uma variação diferencial de primeira ordem em uma posição linear ou angular. Essa variação é fictícia, já que é um movimento suposto, que não precisa realmente acontecer. Matematicamente, um deslocamento virtual é tratado da mesma forma que uma variação diferencial em movimento real. Usamos o símbolo δ para a variação diferencial virtual e o símbolo d usual para a variação diferencial em um movimento real.

Relacionar os deslocamentos virtuais linear e angular das partes de um sistema mecânico, durante um movimento virtual consistente com as restrições, é, frequentemente, a parte mais difícil da análise. Para fazer isso,

1. Escreva as relações geométricas que descrevem a configuração do sistema.
2. Estabeleça as variações diferenciais nas posições das partes do sistema, diferenciando a relação geométrica para obter expressões para os movimentos diferenciais virtuais.

Graus de Liberdade

No Capítulo 7, restringimos nossa atenção a sistemas mecânicos para os quais as posições dos elementos podem ser especificadas por uma única variável (sistemas com grau de liberdade único). Para dois ou mais graus de liberdade, aplicaríamos a equação do trabalho virtual tantas vezes quantos fossem os graus de liberdade, deixando uma variável mudar de cada vez enquanto as outras são mantidas constantes.

Método de Energia Potencial

O conceito de energia potencial, tanto gravitacional (V_g) quanto elástica (V_e), é útil na solução de problemas de equilíbrio em que deslocamentos virtuais causam variações nas posições verticais dos centros de massa dos corpos e variações nos comprimentos de elementos elásticos (molas). Para aplicar esse método,

1. Obtenha uma expressão para a energia potencial total V do sistema em termos da variável que especifica a possível posição do sistema.
2. Examine a primeira e a segunda derivadas de V para estabelecer, respectivamente, a posição de equilíbrio e a condição de estabilidade correspondente.

APÊNDICE A

Momentos de Inércia de Área

DESCRIÇÃO DO CAPÍTULO

A/1 **Introdução**
A/2 **Definições**
A/3 **Áreas Compostas**
A/4 **Produtos de Inércia e Rotação de Eixos**

A/1 Introdução

Quando forças são distribuídas continuamente sobre uma área na qual atuam, é em geral necessário calcular o momento dessas forças em relação a algum eixo no plano que contém a área ou perpendicular a ele. Frequentemente, a intensidade da força (pressão ou tensão) é proporcional à distância da linha de ação da força em relação ao eixo do momento. A força elementar atuando sobre um elemento de área é, então, proporcional à distância vezes a área diferencial, e o momento elementar é proporcional à distância ao quadrado vezes a área diferencial. Vemos, portanto, que o momento total envolve uma integral que tem a forma $\int (\text{distância})^2 \, d(\text{área})$. Essa integral é denominada *momento de inércia* ou *momento de segunda ordem* de uma área. A integral é uma função da geometria da área e ocorre frequentemente em aplicações da Mecânica. Assim, é interessante desenvolver suas propriedades em detalhe e ter essas propriedades disponíveis para uso imediato quando a integral aparecer.

A **Fig. A/1** ilustra a origem física dessas integrais. Na parte *a* da figura, a área da superfície *ABCD* está sujeita a uma pressão distribuída *p*, cujo módulo é proporcional à distância *y* a partir do eixo *AB*. Essa situação foi tratada na Seção 5/9 do Capítulo 5, em que descrevemos a ação da pressão de um líquido sobre uma superfície plana. O momento em relação a *AB* devido à pressão sobre o elemento de área dA é $py \, dA = ky^2 \, dA$. Assim, a integral em questão aparece quando se calcula o momento total $M = k \int y^2 \, dA$.

Na **Fig. A/1b** mostra-se a distribuição de tensão atuando na seção transversal de uma viga elástica simples, fletida por momentos iguais e de sentidos opostos aplicados nas extremidades. Em qualquer seção da viga, uma distribuição linear de força ou tensão σ, dada por $\sigma = ky$, está presente. A tensão é positiva (tração) abaixo do eixo *O–O* e negativa (compressão) acima do eixo. Observa-se que o momento elementar em relação ao eixo *O–O* é $dM = y(\sigma \, dA) = ky^2 \, dA$. Desta forma, a mesma integral aparece quando se calcula o momento total $M = k \int y^2 \, dA$.

Um terceiro exemplo é dado na **Fig. A/1c**, que mostra um eixo circular submetido a uma torção ou a um momento torsor. Abaixo do limite elástico do material, este momento provoca nas seções transversais do eixo uma distribuição de tensão tangencial ou cisalhante τ, que é proporcional à distância radial r ao centro do eixo. Assim, $\tau = kr$, e o momento total em relação ao eixo central é $M = \int r(\tau \, dA) = k \int r^3 \, dA$. Neste caso, a integral difere daquela apresentada nos dois exemplos anteriores já que a área é normal, em vez de paralela, ao eixo do momento, e também pelo fato de r ser uma coordenada radial em vez de retangular.

Apesar de a integral ilustrada nos exemplos anteriores ser geralmente chamada *momento de inércia* da área em relação ao eixo em questão, um termo mais adequado é momento de *área de segunda ordem*, já que o primeiro momento $y \, dA$ é multiplicado pelo braço de alavanca y para obter o momento de segunda ordem do elemento dA. A palavra *inércia* aparece na terminologia em razão da similaridade entre a forma matemática das integrais para momentos de áreas de segunda ordem e aquelas dos momentos resultantes das chamadas forças de inércia, presentes em corpos em rotação. O momento de inércia de uma área é uma propriedade puramente matemática da área e, por si só, não tem nenhum significado físico.

A/2 Definições

As definições dos termos, apresentadas a seguir, formam a base para a análise dos momentos de inércia de áreas.

Momentos de Inércia Retangular e Polar

Considere a área A no plano x-y, **Fig. A/2**. Os momentos de inércia do elemento dA em relação aos eixos x e y são, por definição, $dI_x = y^2 \, dA$ e $dI_y = x^2 \, dA$, respectivamente.

APÊNDICE A | Momentos de Inércia de Área   **161**

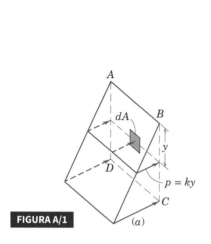

FIGURA A/1

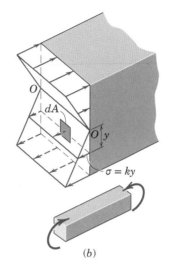

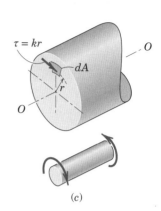

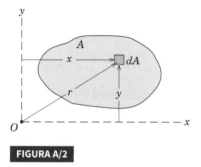

FIGURA A/2

Os momentos de inércia de A em relação aos mesmos eixos são, portanto,

$$I_x = \int y^2 \, dA$$
$$I_y = \int x^2 \, dA \qquad \text{(A/1)}$$

em que a integração foi realizada sobre toda a área. O momento de inércia de dA em relação ao polo O (eixo z) é por definição similar, $dI_z = r^2 \, dA$. O momento de inércia da área toda em relação a O é

$$I_z = \int r^2 \, dA \qquad \text{(A/2)}$$

As expressões definidas pelas Eqs. A/1 são chamadas momentos de inércia retangulares, enquanto a expressão da Eq. A/2 é chamada momento de inércia polar.[1] Uma vez que $x^2 + y^2 = r^2$, fica claro que

$$I_z = I_x + I_y \qquad \text{(A/3)}$$

Para uma área cujas fronteiras sejam mais simplesmente descritas em coordenadas retangulares do que em coordenadas polares, seu momento de inércia polar é facilmente calculado com a ajuda da Eq. A/3.

---

[1] O momento de inércia polar de uma área é muitas vezes denotado, na literatura de Mecânica, pelo símbolo J.

O momento de inércia de um elemento está associado ao quadrado da distância do elemento ao eixo de inércia. Assim, um elemento cuja coordenada seja negativa contribui tanto para o momento de inércia quanto um elemento igual com coordenada positiva de mesmo módulo. Consequentemente, o momento de inércia de área em relação a qualquer eixo é sempre uma grandeza positiva. Por outro lado, o momento da área de primeira ordem, usado nos cálculos de centroides, pode ser tanto positivo quanto negativo ou nulo.

As dimensões dos momentos de inércia de áreas são L^4, em que L representa a dimensão de comprimento. Assim, em unidades SI, os momentos de inércia de área são expressos como metros à quarta (m^4) ou milímetros à quarta (mm^4). Em unidades americanas usuais, os momentos de inércia de área são normalmente descritos por pé à quarta (ft^4) ou polegada à quarta (in^4).

É importante escolher adequadamente as coordenadas a serem utilizadas no cálculo dos momentos de inércia. Coordenadas retangulares devem ser usadas para formas cujos contornos são mais facilmente expressos nessas coordenadas. Geralmente, coordenadas polares simplificarão problemas envolvendo contornos que são facilmente descritos por r e θ. A escolha de um elemento de área que simplifique, tanto quanto possível, a integração também é importante. Essas considerações são bastante semelhantes àquelas discutidas e ilustradas no Capítulo 5 para o cálculo de centroides.

Raios de Giração

Considere uma área A, **Fig. A/3a**, que tem momentos de inércia retangulares I_x e I_y e um momento de inércia polar I_z em relação a O. Agora visualizamos essa área como concentrada em uma longa e estreita faixa de área A, situada a uma distância k_x do eixo x, **Fig. A/3b**. Por definição, o momento de inércia da faixa em relação ao eixo x será igual ao da área original se $k_x^2 A = I_x$. A distância k_x é chamada *raio de giração* da área em relação ao eixo x. Uma relação semelhante para o eixo y é escrita considerando a área concentrada em uma faixa estreita paralela ao eixo y, como mostrado na **Fig. A/3c**. Da mesma forma, se visuali-

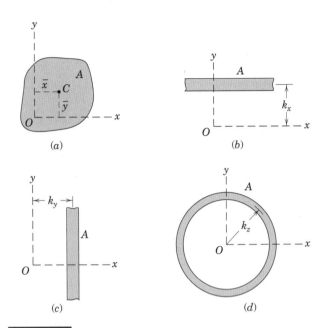

FIGURA A/3

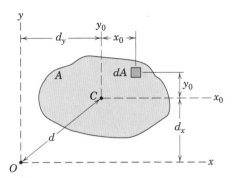

FIGURA A/4

zarmos a área como concentrada em um anel estreito de raio k_z, como mostrado na **Fig. A/3d**, poderemos expressar o momento de inércia polar como $k_z^2 A = I_z$. Em resumo, podemos escrever

$$\boxed{\begin{aligned} I_x &= k_x^2 A \\ I_y &= k_y^2 A \\ I_z &= k_z^2 A \end{aligned}} \quad \text{ou} \quad \boxed{\begin{aligned} k_x &= \sqrt{I_x/A} \\ k_y &= \sqrt{I_y/A} \\ k_z &= \sqrt{I_z/A} \end{aligned}} \quad (A/4)$$

O raio de giração é, então, uma medida da distribuição da área em relação ao eixo em questão. Um momento de inércia retangular ou polar pode ser expresso especificando o raio de giração e a área.

Quando substituímos as Eqs. A/4 na Eq. A/3, temos

$$\boxed{k_z^2 = k_x^2 + k_y^2} \quad (A/5)$$

Assim, o quadrado do raio de giração em relação a um eixo polar é igual à soma dos quadrados dos raios de giração, tomados em relação aos dois eixos retangulares correspondentes.

Não confunda a coordenada em relação ao centroide C de uma área com o raio de giração. Na **Fig. A/3a** o quadrado da distância do centroide ao eixo x, por exemplo, é $\bar{y}^2$, que é o quadrado do valor médio das distâncias dos elementos da área ao eixo x. A quantidade k_x^2, por outro lado, é a média dos quadrados dessas distâncias. O momento de inércia não é igual a $A\bar{y}^2$, uma vez que o quadrado da média é menor que a média dos quadrados.

Transferência de Eixos

O momento de inércia de uma área em relação a um eixo que não passa no centroide pode ser facilmente expresso em termos do momento de inércia em relação a um eixo paralelo que passe pelo centroide. Na **Fig. A/4**, os eixos x_0-y_0 passam pelo centroide C da área. Vamos agora determinar os momentos de inércia da área em relação aos eixos paralelos x-y. Por definição, o momento de inércia do elemento dA em relação ao eixo x é

$$dI_x = (y_0 + d_x)^2 \, dA$$

Expandindo e integrando, obtém-se

$$I_x = \int y_0^2 \, dA + 2d_x \int y_0 \, dA + d_x^2 \int dA$$

Vemos que a primeira integral é, por definição, o momento de inércia $\bar{I}_x$ em relação ao eixo x_0 do centroide. A segunda integral é nula, uma vez que $\int y_0 \, dA = A\bar{y}_0$ e $\bar{y}_0$ é automaticamente nulo desde que o centroide esteja no eixo x_0. O terceiro termo é simplesmente Ad^2_x. Assim, a expressão para I_x e a similar para I_y tornam-se

$$\boxed{\begin{aligned} I_x &= \bar{I}_x + Ad_x^2 \\ I_y &= \bar{I}_y + Ad_y^2 \end{aligned}} \quad (A/6)$$

Pela Eq. A/3, a soma destas duas equações fornece

$$I_z = \bar{I}_z + Ad^2 \quad (A/6a)$$

As Eqs. A/6 e A/6a são conhecidas como *teorema dos eixos paralelos*. Dois pontos em particular devem ser observados. Primeiro, os eixos entre os quais a transferência é feita *devem ser paralelos* e, segundo, um dos eixos *deve passar pelo centroide da área*.

No caso de nenhum dos eixos envolvidos na transferência passar pelo centroide, é necessário primeiro transferir de um dos eixos envolvidos para um eixo paralelo que passe pelo centroide e então transferir do eixo que passa pelo centroide para o segundo eixo.

O teorema dos eixos paralelos também pode ser aplicado para raios de giração. Com a substituição da definição de k nas Eqs. A/6, obtém-se a seguinte relação de transferência:

$$k^2 = \bar{k}^2 + d^2 \quad (A/6b)$$

em que $\bar{k}$ é o raio de giração em relação a um eixo que passa pelo centroide e é paralelo ao eixo associado a k, e d é a distância entre os dois eixos. Os eixos podem estar no plano ou podem ser normais ao plano da área.

Um resumo das relações de momento de inércia para algumas figuras planas mais comuns é apresentado na Tabela D/3, Apêndice D.

EXEMPLO DE PROBLEMA A/1

Determine os momentos de inércia da área retangular em relação aos eixos x_0 e y_0 que passam pelo centroide, ao eixo polar z_0 que passa por C, ao eixo x e ao eixo polar z que passam por O.

Solução Para o cálculo do momento de inércia $\bar{I}_x$ em relação ao eixo x_0, uma faixa horizontal de área $b\,dy$ é escolhida de forma que todos os elementos da faixa têm a mesma coordenada y. ① Assim,

$$[I_x = \int y^2\,dA] \qquad \bar{I}_x = \int_{-h/2}^{h/2} y^2 b\,dy = \tfrac{1}{12}bh^3 \qquad Resp.$$

O momento de inércia em relação ao eixo do centroide y_0 é obtido pela troca de símbolos

$$\bar{I}_y = \tfrac{1}{12}hb^3 \qquad Resp.$$

O momento de inércia polar em relação ao centroide é

$$[\bar{I}_z = \bar{I}_x + \bar{I}_y] \qquad \bar{I}_z = \tfrac{1}{12}(bh^3 + hb^3) = \tfrac{1}{12}A(b^2 + h^2) \qquad Resp.$$

Pelo teorema dos eixos paralelos, o momento de inércia em relação ao eixo x é

$$[I_x = \bar{I}_x + A{d_x}^2] \qquad I_x = \tfrac{1}{12}bh^3 + bh\left(\tfrac{h}{2}\right)^2 = \tfrac{1}{3}bh^3 = \tfrac{1}{3}Ah^2 \qquad Resp.$$

Também obtemos o momento de inércia polar em relação a O pelo teorema dos eixos paralelos, que nos dá

$$[I_z = \bar{I}_z + Ad^2] \qquad I_z = \tfrac{1}{12}A(b^2 + h^2) + A\left[\left(\tfrac{b}{2}\right)^2 + \left(\tfrac{h}{2}\right)^2\right] \qquad Resp.$$

$$I_z = \tfrac{1}{3}A(b^2 + h^2)$$

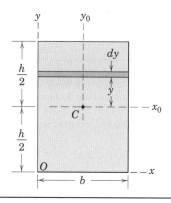

DICA ÚTIL

① Se tivéssemos começado com o elemento de segunda ordem $dA = dx\,dy$, a integração com relação a x, mantendo y constante, corresponderia apenas à multiplicação por b e nos daria a expressão $y^2 b\,dy$, que escolhemos no início.

EXEMPLO DE PROBLEMA A/2

Determine os momentos de inércia da área triangular em relação à sua base e em relação a eixos paralelos que passam pelo centroide e pelo vértice.

Solução Uma faixa de área paralela à base é selecionada como mostrado na figura e ela tem uma área $dA = x\,dy = [(h-y)b/h]\,dy$. ① ② Por definição,

$$[I_x = \int y^2\,dA] \qquad I_x = \int_0^h y^2\,\frac{h-y}{h}\,b\,dy = b\left[\frac{y^3}{3} - \frac{y^4}{4h}\right]_0^h = \frac{bh^3}{12} \qquad Resp.$$

Pelo teorema dos eixos paralelos, o momento de inércia $\bar{I}$ em relação a um eixo que passa pelo centroide, a uma distância $h/3$ acima do eixo x, é

$$[\bar{I} = I - Ad^2] \qquad \bar{I} = \frac{bh^3}{12} - \left(\frac{bh}{2}\right)\left(\frac{h}{3}\right)^2 = \frac{bh^3}{36} \qquad Resp.$$

A transferência do eixo do centroide para o eixo x', que passa pelo vértice, resulta em

$$[I = \bar{I} + Ad^2] \qquad I_{x'} = \frac{bh^3}{36} + \left(\frac{bh}{2}\right)\left(\frac{2h}{3}\right)^2 = \frac{bh^3}{4} \qquad Resp.$$

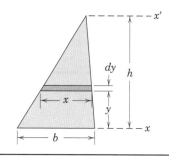

DICAS ÚTEIS

① Aqui, novamente, escolhemos o elemento mais simples possível. Se tivéssemos escolhido $y^2\,dx\,dy$, teríamos que integrar $dA = dx\,dy$, primeiro em relação a x. Isto nos daria $y^2 x\,dy$, que é a expressão que escolhemos inicialmente.

② Poderemos facilmente expressar x em termos de y, se observarmos a relação de proporcionalidade da semelhança de triângulos.

EXEMPLO DE PROBLEMA A/3

Calcule os momentos de inércia da área de um círculo em relação a um eixo diametral e em relação ao eixo polar que passa pelo seu centro. Especifique o raio de giração.

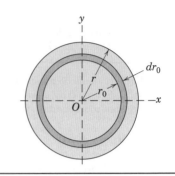

Solução Um elemento diferencial de área na forma de um anel circular pode ser usado para o cálculo do momento de inércia em relação ao eixo polar z que passa por O, uma vez que todos os elementos do anel são equidistantes em relação a O. ① A área elementar é $dA = 2\pi r_0 \, dr_0$ e, portanto,

$$[I_z = \int r^2 \, dA] \qquad I_z = \int_0^r r_0^2 (2\pi r_0 \, dr_0) = \frac{\pi r^4}{2} = \frac{1}{2}Ar^2 \qquad Resp.$$

O raio polar de giração é

$$\left[k = \sqrt{\frac{I}{A}} \right] \qquad k_z = \frac{r}{\sqrt{2}} \qquad Resp.$$

Por simetria $I_x = I_y$, de modo que, da Eq. A/3,

$$[I_z = I_x + I_y] \qquad I_x = \frac{1}{2}I_z = \frac{\pi r^4}{4} = \frac{1}{4}Ar^2 \qquad Resp.$$

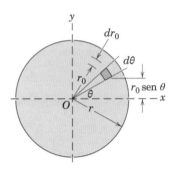

O raio de giração em relação ao eixo diametral é

$$\left[k = \sqrt{\frac{I}{A}} \right] \qquad k_x = \frac{r}{2} \qquad Resp.$$

A determinação de I_x mostrada é a mais simples possível. O resultado também pode ser obtido por integração direta, usando o elemento de área $dA = r_0 \, dr_0 \, dt$ mostrado na figura a seguir. Por definição

$$[I_x = \int y^2 \, dA] \qquad I_x = \int_0^{2\pi} \int_0^r (r_0 \, \text{sen}\, \theta)^2 r_0 \, dr_0 \, d\theta$$

$$= \int_0^{2\pi} \frac{r^4 \, \text{sen}^2 \theta}{4} \, d\theta \qquad Resp.$$

$$= \frac{r^4}{4} \frac{1}{2} \left[\theta - \frac{\text{sen}\, 2\theta}{2} \right]_0^{2\pi} = \frac{\pi r^4}{4} \quad ②$$

DICAS ÚTEIS

① Coordenadas polares são, certamente, indicadas para este problema. Além disso, como antes, escolhemos o elemento mais simples e de mais baixa ordem possível, que é o anel diferencial. Deve ficar evidente, a partir da definição, que o momento de inércia polar do anel é igual a sua área $2\pi r_0 \, dr_0$ multiplicada por r_0^2.

② Essa integração é direta, mas o uso da Eq. A/3 junto com o resultado para I_z é certamente mais simples.

EXEMPLO DE PROBLEMA A/4

Determine o momento de inércia da área sob a parábola em relação ao eixo x. Resolva usando (a) uma faixa de área horizontal e (b) uma faixa de área vertical.

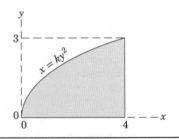

Solução A constante $k = \frac{4}{9}$ é obtida primeiro, substituindo $x = 4$ e $y = 3$ na equação da parábola.

(a) Faixa horizontal Uma vez que todas as partes da faixa horizontal estão à mesma distância do eixo x, o momento de inércia da faixa em relação ao eixo x é $y^2 \, dA$, em que $dA = (4-x)dy = 4\left(1 - \frac{y^2}{9}\right)dy$. Integrando em relação a y, obtém-se

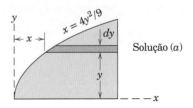

Solução (a)

$$[I_x = \int y^2 \, dA] \qquad I_x = \int_0^3 4y^2 \left(1 - \frac{y^2}{9}\right) dy = \frac{72}{5} = 14{,}4 \text{ (unidades)}^4 \qquad Resp.$$

(b) Faixa vertical Aqui, todas as partes do elemento estão a distâncias diferentes do eixo x, de forma que devemos usar as expressões para o momento de inércia de um retângulo elementar, em relação a sua base, que no Exemplo A/1 é $\dfrac{bh^3}{3}$. Para a largura dx e a altura y a expressão se torna

$$dI_x = \tfrac{1}{3}(dx)y^3 \qquad \textit{Resp.}$$

Para integrar em relação a x, devemos expressar y em termos de x, o que dá $y = 3\sqrt{x/2}$ e a integral se torna

$$I_x = \tfrac{1}{3}\int_0^4 \left(\dfrac{3\sqrt{x}}{2}\right)^3 dx = \dfrac{72}{5} = 14{,}4 \text{ (unidades)}^4 \quad ① \qquad \textit{Resp.}$$

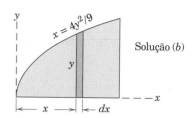

Solução (b)

DICA ÚTIL

① Não existe grande preferência entre as soluções (a) e (b). A solução (b) requer que se saiba o momento de inércia para uma área retangular em relação a sua base.

EXEMPLO DE PROBLEMA A/5

Determine o momento de inércia da área semicircular em relação ao eixo x.

Solução O momento de inércia da área semicircular em relação ao eixo x' é metade daquele de um círculo completo em relação ao mesmo eixo. Assim, a partir dos resultados do Exemplo A/3,

$$I_{x'} = \dfrac{1}{2}\dfrac{\pi r^4}{4} = \dfrac{20^4 \pi}{8} = 2\pi(10^4) \text{ mm}^4 \qquad \textit{Resp.}$$

Obtemos, a seguir, o momento de inércia em relação ao eixo paralelo x_0 que passa pelo centroide. A transferência é feita através da distância $\bar{r} = 4r/(3\pi) = (4)(20)/(3\pi) = 80/(3\pi)$ mm pelo teorema dos eixos paralelos. Portanto,

$$[\bar{I} = I - Ad^2] \qquad \bar{I} = 2(10^4)\pi - \left(\dfrac{20^2\pi}{2}\right)\left(\dfrac{80}{3\pi}\right)^2 = 1{,}755(10^4) \text{ mm}^4 \qquad \textit{Resp.}$$

Finalmente, transferimos do eixo do centroide x_0 para o eixo x. ① Assim,

$$[I = \bar{I} + Ad^2] \qquad I_x = 1{,}755(10^4) + \left(\dfrac{20^2\pi}{2}\right)\left(15 + \dfrac{80}{3\pi}\right)^2$$
$$= 1{,}755(10^4) + 34{,}7(10^4) = 36{,}4(10^4) \text{ mm}^4 \qquad \textit{Resp.}$$

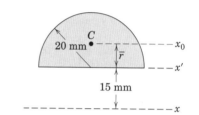

DICA ÚTIL

① Este problema ilustra o cuidado que devemos ter ao usarmos uma transferência de eixos dupla, uma vez que nenhum dos eixos envolvidos, x' e x, passam pelo centroide C da área. Se o círculo fosse completo, com o centroide no eixo x', somente uma transferência seria necessária.

EXEMPLO DE PROBLEMA A/6

Calcule o momento de inércia em relação ao eixo x da área contida entre o eixo y e os arcos de círculo de raio a, cujos centros estão localizados em O e A.

Solução A escolha de uma faixa diferencial de área vertical permite que uma única integração cubra toda a área. Uma faixa horizontal requereria duas integrações em relação a y, em virtude da descontinuidade. O momento de inércia da faixa, em relação ao eixo x, é o de uma faixa de altura y_2 menos o de uma faixa de altura y_1. Assim, dos resultados do Exemplo A/1, escrevemos

$$dI_x = \tfrac{1}{3}(y_2\,dx){y_2}^2 - \tfrac{1}{3}(y_1\,dx){y_1}^2 = \tfrac{1}{3}({y_2}^3 - {y_1}^3)\,dx \qquad \textit{Resp.}$$

Os valores de y_2 e y_1 são obtidos das equações das duas curvas, que são $x^2 + {y_2}^2 = a^2$ e $(x-a)^2 + {y_1}^2 = a^2$, e que dão $y_2 = \sqrt{a^2 - x^2}$ e $y_1 = \sqrt{a^2 - (x-a)^2}$ ① Assim,

$$I_x = \tfrac{1}{3}\int_0^{a/2}\left\{(a^2 - x^2)\sqrt{a^2 - x^2} - [a^2 - (x-a)^2]\sqrt{a^2 - (x-a)^2}\right\}dx$$

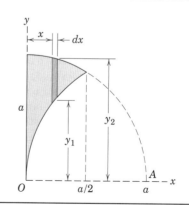

DICA ÚTIL

① Escolhemos os sinais positivos para os radicais, já que tanto y_1 quanto y_2 estão acima do eixo x.

A solução simultânea das duas equações que definem os dois círculos dá a coordenada x da interseção das duas curvas que, por inspeção, é $a/2$. O desenvolvimento das integrais resulta em

$$\int_0^{a/2} a^2\sqrt{a^2-x^2}\,dx = \frac{a^4}{4}\left(\frac{\sqrt{3}}{2}+\frac{\pi}{3}\right)$$

$$-\int_0^{a/2} x^2\sqrt{a^2-x^2}\,dx = \frac{a^4}{16}\left(\frac{\sqrt{3}}{4}+\frac{\pi}{3}\right)$$

$$-\int_0^{a/2} a^2\sqrt{a^2-(x-a)^2}\,dx = \frac{a^4}{4}\left(\frac{\sqrt{3}}{2}+\frac{2\pi}{3}\right)$$

$$\int_0^{a/2} (x-a)^2\sqrt{a^2-(x-a)^2}\,dx = \frac{a^4}{8}\left(\frac{\sqrt{3}}{8}+\frac{\pi}{3}\right)$$

Agrupando as integrais e aplicando um fator de 1/3, obtém-se

$$I_x = \frac{a^4}{96}(9\sqrt{3}-2\pi) = 0{,}0969a^4 \qquad Resp.$$

Se tivéssemos começado com um elemento de segunda ordem $dA = dx\,dy$, escreveríamos $y^2\,dx\,dy$ para o momento de inércia do elemento em relação ao eixo x. Integrando de y_1 a y_2 mantendo x constante, obtém-se, para a faixa vertical,

$$dI_x = \left[\int_{y_1}^{y_2} y^2\,dy\right]dx = \tfrac{1}{3}(y_2^3 - y_1^3)\,dx$$

que é a expressão que empregamos no início da análise para o momento de inércia de uma faixa vertical retangular.

A/3 Áreas Compostas

Frequentemente é necessário calcular o momento de inércia de uma área composta de várias partes distintas, com formas geométricas simples e que podem ser facilmente calculadas. Como o momento de inércia é a integral ou o somatório dos produtos da distância ao quadrado vezes os elementos de área, tem-se que o momento de inércia de uma área positiva é sempre uma quantidade positiva. O momento de inércia de uma área composta em relação a um eixo específico é simplesmente a soma dos momentos de inércia das partes que compõem a área em relação a esse mesmo eixo. Muitas vezes, é conveniente considerar uma área composta como formada por partes positivas e negativas. Podemos então tratar o momento de inércia de uma área negativa como uma quantidade negativa.

Quando uma área é composta por grande número de partes, é conveniente tabular os resultados para cada uma das partes em termos da sua área A, do seu momento de inércia $\bar{I}$, da distância d entre o eixo que passa pelo centroide e o eixo em relação ao qual o momento de inércia da seção inteira está sendo calculado e do produto Ad^2. Para qualquer uma das partes, o momento de inércia em relação ao eixo desejado pode ser obtido pelo teorema da transferência de eixo e é igual a $\bar{I} + Ad^2$. Assim, para a seção inteira, o momento de inércia desejado se torna $I = \sum \bar{I} + \sum Ad^2$.

Para uma área no plano x-y, por exemplo, e usando a notação da Fig. A/4, em que $\bar{I}_x$ é igual a $\bar{I}_{x_0}$ e $\bar{I}_{y_0}$ é igual a I_{y_0}, e a tabela deve incluir

Parte	Área, A	d_x	d_y	Ad_x^2	Ad_y^2	$\bar{I}_x$	$\bar{I}_y$
Totais	ΣA			ΣAd_x^2	ΣAd_y^2	$\Sigma \bar{I}_x$	$\Sigma \bar{I}_y$

Das somas das quatro colunas, obtêm-se os momentos de inércia para a área composta em relação aos eixos x e y

$$I_x = \Sigma \bar{I}_x + \Sigma Ad_x^2$$

$$I_y = \Sigma \bar{I}_y + \Sigma Ad_y^2$$

Apesar de podermos somar os momentos de inércia das partes individuais de uma área composta em relação a um dado eixo, não podemos somar seus raios de giração. O raio de giração para a área composta, em relação ao eixo em questão, é dado por $k = \sqrt{I/A}$, em que I é o momento de inércia total e A é a área total da figura composta. Da mesma forma, o raio de giração k em relação a um eixo polar que passe por determinado ponto é igual a $\sqrt{I_z/A}$, em que $I_z = I_x + I_y$ para os eixos x-y que passem pelo ponto.

EXEMPLO DE PROBLEMA A/7

Calcule o momento de inércia, para a área sombreada mostrada, em relação aos eixos x e y. Use diretamente as expressões apresentadas na Tabela D/3 para o momento de inércia, em relação ao centroide, de cada uma das partes.

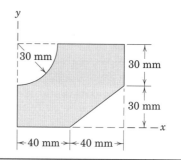

Solução A área dada é subdividida em três subáreas — área retangular (1), área de um quarto de círculo (2) e área triangular (3). Duas destas subáreas são consideradas áreas negativas. São mostrados os eixos x_0-y_0 que passam pelo centroide das áreas (2) e (3), e a localização dos centroides C_2 e C_3 está na Tabela D/3.

A tabela a seguir irá facilitar os cálculos.

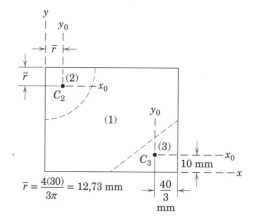

PARTE	A mm²	d_x mm	d_y mm	Ad_x^2 mm⁴	Ad_y^2 mm⁴	$\bar{I}_x$ mm⁴	$\bar{I}_y$ mm⁴
1	80(60)	30	40	4,32(10⁶)	7,68(10⁶)	$\frac{1}{12}(80)(60)^3$	$\frac{1}{12}(60)(80)^3$
2	$-\frac{1}{4}\pi(30)^2$	(60 − 12,73)	12,73	−1,579(10⁶)	−0,1146(10⁶)	$-\left(\frac{\pi}{16}-\frac{4}{9\pi}\right)30^4$	$-\left(\frac{\pi}{16}-\frac{4}{9\pi}\right)30^4$
3	$-\frac{1}{2}(40)(30)$	$\frac{30}{3}$	$\left(80-\frac{40}{3}\right)$	−0,06(10⁶)	−2,67(10⁶)	$-\frac{1}{36}40(30)^3$	$-\frac{1}{36}(30)(40)^3$
TOTAIS	3490			2,68(10⁶)	4,90(10⁶)	1,366(10⁶)	2,46(10⁶)

$[I_x = \Sigma \bar{I}_x + \Sigma A d_x^2]$ $I_x = 1{,}366(10^6) + 2{,}68(10^6) = 4{,}05(10^6)$ mm⁴   *Resp.*

$[I_y = \Sigma \bar{I}_y + \Sigma A d_y^2]$ $I_y = 2{,}46(10^6) + 4{,}90(10^6) = 7{,}36(10^6)$ mm⁴   *Resp.*

No exemplo a seguir, determinaremos I_x por diferentes técnicas. Por exemplo, o momento de inércia das subáreas (1) e (3) em relação ao eixo x, normalmente, constitui quantidades tabuladas. Enquanto a solução anterior começou com o momento de inércia em relação ao centroide das subáreas (1) e (3), o exemplo a seguir vai fazer uso direto dos momentos de inércia tabulados em relação às linhas de base.

168 APÊNDICE A | Momentos de Inércia de Área

EXEMPLO DE PROBLEMA A/8

Calcule o momento de inércia e o raio de giração, para a área sombreada mostrada, em relação ao eixo x. Sempre que possível, faça uso dos momentos de inércia tabulados.

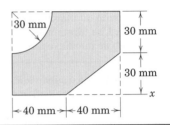

Solução A área composta é formada pela área positiva do retângulo (1) e pelas áreas negativas do quarto de círculo (2) e do triângulo (3). Para o retângulo, o momento de inércia em relação ao eixo x, a partir do Exemplo A/1 (ou da Tabela D/3), é

$$I_x = \tfrac{1}{3}Ah^2 = \tfrac{1}{3}(80)(60)(60)^2 = 5{,}76(10^6) \text{ mm}^4$$

Do Exemplo A/3 (ou da Tabela D/3), o momento de inércia da área negativa do quarto de círculo, em relação ao eixo da base x', é

$$I_{x'} = -\tfrac{1}{4}\left(\tfrac{\pi r^4}{4}\right) = -\tfrac{\pi}{16}(30)^4 = -0{,}1590(10^6) \text{ mm}^4$$

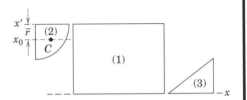

Em seguida, para obter o momento de inércia do centroide da parte (2), transferimos este resultado através de uma distância $\bar{r} = \dfrac{4r}{3\pi} = (4)\dfrac{30}{3\pi} = 12{,}73$ mm usando o teorema da transferência de eixos (ou usando diretamente a Tabela D/3).

$$[\bar{I} = I - Ad^2] \quad \bar{I}_x = -0{,}1590(10^6) - \left[-\frac{\pi(30)^2}{4}(12{,}73)^2\right] \quad \text{①} \quad Resp.$$
$$= -0{,}0445(10^6) \text{ mm}^4$$

O momento de inércia do quarto de círculo em relação ao eixo x é agora

$$[I = \bar{I} + Ad^2] \quad I_x = -0{,}0445(10^6) + \left[-\frac{\pi(30)^2}{4}\right](60 - 12{,}73)^2 \quad \text{②} \quad Resp.$$
$$= -1{,}624(10^6) \text{ mm}^4$$

Finalmente, o momento de inércia da área triangular negativa (3) em relação a sua base, do Exemplo A/2 (ou da Tabela D/3), é

$$I_x = -\tfrac{1}{12}bh^3 = -\tfrac{1}{12}(40)(30)^3 = -0{,}90(10^6) \text{ mm}^4 \qquad Resp.$$

O momento de inércia total em relação ao eixo x da área composta é, portanto,

$$I_x = 5{,}76(10^6) - 1{,}624(10^6) - 0{,}09(10^6) = 4{,}05(10^6) \text{ mm}^4 \quad \text{③} \quad Resp.$$

Este resultado está de acordo com o do Exemplo de Problema A/7.

A área da figura é $A = 60(80) - \tfrac{1}{4}\pi(30)^2 - \tfrac{1}{2}40(30) = 3490 \text{ mm}^2$, de modo que o raio de giração em relação ao eixo x é

$$k_x = \sqrt{I_x/A} = \sqrt{4{,}05(10^6)/3490} = 34{,}0 \text{ mm} \qquad Resp.$$

DICAS ÚTEIS

① Note que é necessário transferir o momento de inércia da área do quarto de círculo para o eixo de seu centroide x_0 antes de podermos transferi-lo para o eixo x, como foi feito no Exemplo A/5.

② Os sinais foram observados cuidadosamente. Como a área é negativa, tanto $\bar{I}$ quanto A possuem sinais negativos.

③ Use sempre o bom senso em pontos-chave como este. Os dois sinais negativos são consistentes com o fato de que as subáreas (2) e (3) reduzem o valor do momento de inércia, em relação à linha de base, da área retangular.

A/4 Produtos de Inércia e Rotação de Eixos

Nesta seção, definimos o produto de inércia em relação a eixos retangulares e desenvolvemos o teorema dos eixos paralelos para eixos do centroide e fora do centroide. Além disso, discutimos os efeitos da rotação de eixos nos momentos e produtos de inércia.

Definição

Em certos problemas envolvendo seções transversais assimétricas e no cálculo de momentos de inércia em relação a eixos que sofreram rotação, surge a expressão $dI_{xy} = xy\,dA$, cuja forma integral é

$$\boxed{I_{xy} = \int xy\,dA} \qquad (A/7)$$

em que x e y são as coordenadas do elemento de área $dA = dx\, dy$. A quantidade I_{xy} é chamada *produto de inércia* da área A em relação aos eixos x-y. Diferentemente dos momentos de inércia, que são sempre positivos para áreas positivas, o produto de inércia pode ser positivo, negativo ou nulo.

O produto de inércia será nulo sempre que um dos eixos de referência for um eixo de simetria, tal como o eixo x para a área na **Fig. A/5**. Neste caso, vemos que a soma dos termos $x(-y)\, dA$ e $x(+y)\, dA$, associados a elementos dispostos simetricamente, é nula. Como a área inteira pode ser considerada composta de pares desses elementos, o produto de inércia I_{xy} para a toda a área é zero.

Transferência de Eixos

Por definição, o produto de inércia da área A na **Fig. A/4**, em relação aos eixos x e y, em termos das coordenadas x_0, y_0 dos eixos que passam pelo centroide, é

$$I_{xy} = \int (x_0 + d_y)(y_0 + d_x)\, dA$$
$$= \int x_0 y_0\, dA + d_x \int x_0\, dA + d_y \int y_0\, dA + d_x d_y \int dA$$

A primeira integral é, por definição, o produto de inércia em relação aos eixos que passam pelo centroide, que escrevemos como $\bar{I}_{xy}$. As duas integrais do meio são nulas, uma vez que o momento de primeira ordem da área, em relação ao seu próprio centroide, é necessariamente nulo. O quarto termo é simplesmente $d_x d_y A$. Assim, o teorema da transferência de eixos para produtos de inércia torna-se

$$\boxed{I_{xy} = \bar{I}_{xy} + d_x d_y A} \quad (A/8)$$

Rotação de Eixos

O produto de inércia é útil quando precisamos calcular o momento de inércia de uma área em relação a eixos inclinados. Essa consideração leva diretamente ao importante problema de determinar os eixos em relação aos quais o momento de inércia é máximo ou mínimo.

Na **Fig. A/6**, os momentos de inércia da área em relação aos eixos x' e y' são

$$I_{x'} = \int y'^2\, dA = \int (y \cos\theta - x \sen\theta)^2\, dA$$
$$I_{y'} = \int x'^2\, dA = \int (y \sen\theta + x \cos\theta)^2\, dA$$

em que x' e y' foram substituídos por suas expressões equivalentes, como pode ser visto a partir da geometria da figura.

Expandindo e substituindo as identidades trigonométricas

$$\sen^2\theta = \frac{1 - \cos 2\theta}{2} \qquad \cos^2\theta = \frac{1 + \cos 2\theta}{2}$$

e das relações que definem I_x, I_y, I_{xy}, obtemos

$$\boxed{\begin{aligned} I_{x'} &= \frac{I_x + I_y}{2} + \frac{I_x - I_y}{2} \cos 2\theta - I_{xy} \sen 2\theta \\ I_{y'} &= \frac{I_x + I_y}{2} - \frac{I_x - I_y}{2} \cos 2\theta + I_{xy} \sen 2\theta \end{aligned}} \quad (A/9)$$

De maneira similar, escrevemos o produto de inércia em relação aos eixos inclinados como

$$I_{x'y'} = \int x'y'\, dA = \int (y \sen\theta + x \cos\theta)(y \cos\theta - x \sen\theta)\, dA$$

Expandindo e substituindo as identidades trigonométricas

$$\sen\theta \cos\theta = \tfrac{1}{2} \sen 2\theta \qquad \cos^2\theta - \sen^2\theta = \cos 2\theta$$

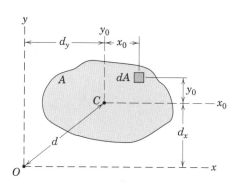

FIGURA A/4 *Repetida*

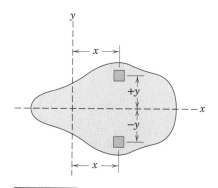

FIGURA A/5

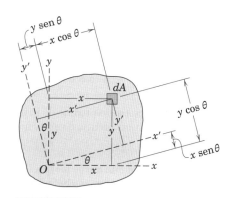

FIGURA A/6

e das relações que definem I_x, I_y, I_{xy}, obtemos

$$I_{x'y'} = \frac{I_x - I_y}{2} \operatorname{sen} 2\theta + I_{xy} \cos 2\theta \quad \text{(A/9a)}$$

Somando as Eqs. A/9, temos $I_{x'} + I_{y'} = I_x + I_y = I_z$, que é o momento de inércia polar em relação a O, o qual confirma os resultados da Eq. A/3.

O ângulo associado aos valores máximos ou mínimos de $I_{x'}$ e $I_{y'}$ pode ser determinado igualando-se a zero as derivadas de $I_{x'}$ ou $I_{y'}$, com relação a θ. Assim, em

$$\frac{dI_{x'}}{d\theta} = (I_y - I_x) \operatorname{sen} 2\theta - 2I_{xy} \cos 2\theta = 0$$

Denotando esse ângulo crítico como α, temos

$$\tan 2\alpha = \frac{2I_{xy}}{I_y - I_x} \quad \text{(A/10)}$$

A Eq. A/10 fornece dois valores para 2α, que diferem de π, uma vez que $2\alpha = \tan(2\alpha + \pi)$. Consequentemente, as duas soluções para α diferem de $\pi/2$. Um valor define o eixo do momento de inércia máximo e o outro valor define o eixo do momento de inércia mínimo. Estes dois eixos retangulares são conhecidos como *eixos principais de inércia*.

Quando substituímos o valor crítico de 2θ da Eq. A/10 na Eq. A/9a, vemos que o produto de inércia é zero para os eixos principais de inércia. A substituição de sen 2α e cos 2α, obtidos da Eq. A/10, por sen 2θ e cos 2θ, nas Eqs. A/9, fornece as expressões para os momentos principais de inércia, como

$$I_{\text{máx}} = \frac{I_x + I_y}{2} + \frac{1}{2}\sqrt{(I_x - I_y)^2 + 4I_{xy}^2}$$
$$I_{\text{mín}} = \frac{I_x + I_y}{2} - \frac{1}{2}\sqrt{(I_x - I_y)^2 + 4I_{xy}^2} \quad \text{(A/11)}$$

Círculos de Mohr para Momentos de Inércia

As relações nas Eqs. A/9, A/9a, A/10 e A/11 podem ser representadas graficamente por um diagrama denominado *círculo de Mohr*. Para valores dados de I_x, I_y e I_{xy}, os valores correspondentes de $I_{x'}, I_{y'}$ e $I_{x'y'}$ podem ser determinados a partir do diagrama para qualquer ângulo θ desejado. Um eixo horizontal, para a medida de momentos de inércia, e um eixo vertical, para a medida de produtos de inércia, são selecionados inicialmente, **Fig. A/7**. Em seguida, localiza-se o ponto A, que tem coordenadas (I_x, I_{xy}), e o ponto B, que tem coordenadas $(I_y, -I_{xy})$.

Desenhamos, agora, um círculo tomando esses dois pontos como extremidades do diâmetro. O ângulo entre o raio OA e o eixo horizontal é 2α, ou o dobro do ângulo entre o eixo x, da área em questão, e o eixo do momento de inércia máximo. O ângulo no diagrama e o ângulo sobre a área são ambos medidos no mesmo sentido, como mostrado. As coordenadas de qualquer ponto C são $(I_{x'}, I_{x'y'})$ e aquelas correspondentes ao ponto D são $(I_{y'}, -I_{x'y'})$. Além disso, o ângulo entre OA e OC é 2θ ou o dobro do ângulo entre o eixo x e o eixo x'. Da mesma forma, os dois ângulos são medidos no mesmo sentido, como mostrado. Podemos verificar, a partir da trigonometria do círculo, que as Eqs. A/9, A/9a e A/10 estão de acordo com as colocações feitas.

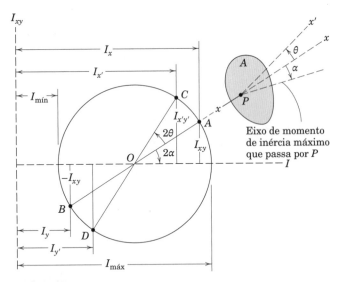

FIGURA A/7

EXEMPLO DE PROBLEMA A/9

Determine o produto de inércia da área retangular com centroide em C, em relação aos eixos x-y paralelos a seus lados.

Solução Como, por simetria, o produto de inércia em relação aos eixos x_0-y_0 vale zero, o teorema da transferência de eixos nos dá

$$[I_{xy} = \bar{I}_{xy} + d_x d_y A] \qquad I_{xy} = d_x d_y b h \qquad Resp.$$

Neste exemplo, tanto d_x quanto d_y são mostrados como positivos. Devemos ter cuidado para sermos consistentes com definições das direções positivas de d_x e d_y, de modo que os seus sinais corretos sejam observados.

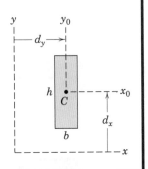

EXEMPLO DE PROBLEMA A/10

Determine o produto de inércia, em relação aos eixos x-y, para a área sob a parábola.

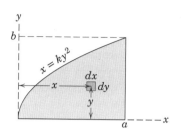

Solução Com a substituição de $x = a$ quando $y = b$, a equação da curva torna-se $X = ay^2/b^2$.

Solução I Se começamos com o elemento de segunda ordem $dA = dx\,dy$, temos $dI_{xy} = xy\,dy\,dx$. A integral ao longo de toda a área é

$$I_{xy} = \int_0^b \int_{ay^2/b^2}^a xy\,dx\,dy = \int_0^b \frac{1}{2}\left(a^2 - \frac{a^2 y^4}{b^4}\right) y\,dy = \frac{1}{6}a^2 b^2 \qquad Resp.$$

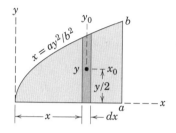

Solução II De maneira alternativa, podemos usar uma faixa elementar de primeira ordem e evitar uma integração, usando os resultados do Exemplo A/9. Tomando uma faixa vertical $dA = y\,dx$, obtemos $dI_{xy} = 0 + (\frac{1}{2}y)(x)(y\,dx)$, em que as distâncias aos eixos do centroide do retângulo elementar são $d_x = y/2$ e $d_y = x$. ① Assim, temos

$$I_{xy} = \int_0^a \frac{y^2}{2} x\,dx = \int_0^a \frac{xb^2}{2a} x\,dx = \frac{b^2}{6a} x^3 \Big|_0^a = \frac{1}{6}a^2 b^2 \qquad Resp.$$

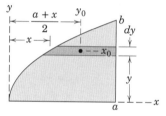

DICA ÚTIL

① Escolhendo-se uma faixa horizontal, a expressão seria $dI_{xy} = y\frac{1}{2}(a+x)[(a-x)dy]$, cuja integração, como era esperado, fornece o mesmo resultado.

EXEMPLO DE PROBLEMA A/11

Determine o produto de inércia, em relação aos eixos x-y, da área semicircular.

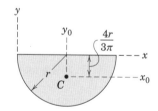

Solução Utilizamos o teorema da transferência de eixos, Eq. A/8, para escrever. ①

$$[I_{xy} = \bar{I}_{xy} + d_x d_y A] \qquad I_{xy} = 0 + \left(-\frac{4r}{3\pi}\right)(r)\left(\frac{\pi r^2}{2}\right) = -\frac{2r^4}{3} \qquad Resp.$$

em que as coordenadas x e y do centroide C são $d_y = +r$ e $d_x = -4r/(3\pi)$. Como y_0 é um eixo de simetria, $\bar{I}_{xy} = 0$.

DICA ÚTIL

① O uso apropriado do teorema da transferência de eixos reduz de forma consideravel o trabalho necessário para o cálculo de produtos de inércia.

EXEMPLO DE PROBLEMA A/12

Determine as orientações dos eixos principais de inércia em relação ao centroide da seção em L e determine os momentos de inércia máximo e mínimo correspondentes.

Solução A posição do centroide C é facilmente calculada e está mostrada no diagrama.

Produtos da Inércia Por simetria, o produto de inércia para cada retângulo, em relação aos eixos que passam pelo centroide e são paralelos aos eixos x-y, é nulo. Assim, o produto de inércia, em relação aos eixos x-y, para a parte I é

$$[I_{xy} = \bar{I}_{xy} + d_x d_y A] \qquad I_{xy} = 0 + (-12{,}5)(+7{,}5)(400) = -3{,}75(10^4)\ \text{mm}^4$$

em que $\qquad d_x = -(7{,}5 + 5) = -12{,}5$ mm

e $\qquad d_y = +(20 - 10 - 2{,}5) = 7{,}5$ mm

Da mesma forma para a parte II

$$[I_{xy} = \bar{I}_{xy} + d_x d_y A] \qquad I_{xy} = 0 + (12{,}5)(-7{,}5)(400) = -3{,}75(10^4)\ \text{mm}^4$$

em que $\quad d_x = +(20 - 7{,}5) = 12{,}5$ mm, $\quad d_y = -(5 + 2{,}5) = -7{,}5$ mm

Para o ângulo completo,

$$I_{xy} = -3{,}75(10^4) - 3{,}75(10^4) = -7{,}5(10^4)\ \text{mm}^4$$

Momentos da Inércia Os momentos de inércia, em relação aos eixos x e y, para a parte I são

$$[I = \bar{I} + Ad^2] \qquad I_x = \tfrac{1}{12}(40)(10)^3 + (400)(12{,}5)^2 = 6{,}58(10^4)\ \text{mm}^4$$

$$I_y = \tfrac{1}{12}(10)(40)^3 + (400)(7{,}5)^2 = 7{,}58(10^4)\ \text{mm}^4$$

e os momentos de inércia para a parte II, em relação aos mesmos eixos, são

$$[I = \bar{I} + Ad^2] \qquad I_x = \tfrac{1}{12}(10)(40)^3 + (400)(12{,}5)^2 = 11{,}58(10^4)\ \text{mm}^4$$

$$I_y = \tfrac{1}{12}(40)(10)^3 + (400)(7{,}5)^2 = 2{,}58(10^4)\ \text{mm}^4$$

Então, para toda a seção temos

$$I_x = 6{,}58(10^4) + 11{,}58(10^4) = 18{,}17(10^4)\ \text{mm}^4$$

$$I_y = 7{,}58(10^4) + 2{,}58(10^4) = 10{,}17(10^4)\ \text{mm}^4$$

Eixos Principais A inclinação dos eixos principais de inércia é dada pela Eq. A/10, de forma que temos

$$\left[\tan 2\alpha = \frac{2I_{xy}}{I_y - I_x}\right] \qquad \tan 2\alpha = \frac{2(-7{,}50)}{10{,}17 - 18{,}17} = 1{,}875 \qquad \textit{Resp.}$$

$$2\alpha = 61{,}9° \qquad \alpha = 31{,}0°$$

Calculamos agora os momentos principais de inércia a partir das Eqs. A/9, usando α no lugar de θ, e obtemos $I_{máx}$ de $I_{x'}$ e $I_{mín}$ de $I_{y'}$. Assim,

$$I_{máx} = \left[\frac{18{,}17 + 10{,}17}{2} + \frac{18{,}17 - 10{,}17}{2}(0{,}471) + (7{,}50)(0{,}882)\right](10^4)$$

$$= 22{,}7(10^4)\ \text{mm}^4 \qquad \textit{Resp.}$$

$$I_{mín} = \left[\frac{18{,}17 + 10{,}17}{2} - \frac{18{,}17 - 10{,}17}{2}(0{,}471) - (7{,}50)(0{,}882)\right](10^4)$$

$$= 5{,}67(10^4)\ \text{mm}^4 \qquad \textit{Resp.}$$

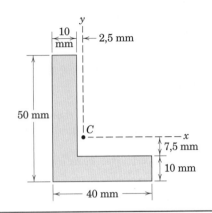

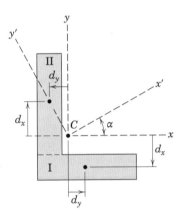

DICA ÚTIL

Círculo de Mohr. Alternativamente, poderíamos usar as Eqs. A/11 para obter os resultados para $I_{máx}$ e $I_{mín}$, ou poderíamos construir o círculo de Mohr a partir dos valores calculados de I_x, I_y e I_{xy}. Esses valores estão marcados no diagrama, de modo a localizar os pontos A e B que são as extremidades do diâmetro do círculo. O ângulo 2α e $I_{máx}$ e $I_{mín}$ são obtidos da figura, como mostrado.

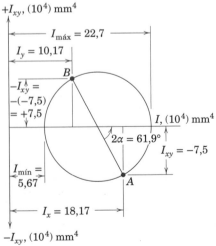

APÊNDICE B

Momentos de Inércia de Massa

Veja o Apêndice B do *Vol. 2 Dinâmica*, que trata a fundo o conceito e os cálculos de momentos e inércia de massa. Como esse conceito é um elemento importante no estudo da dinâmica de corpos rígidos e não em estática, apresentamos apenas uma definição breve neste volume de *Estática*, de modo que o estudante possa entender as diferenças básicas entre os momentos de inércia de área e de massa.

Considere um corpo tridimensional de massa m, como mostrado na **Fig. B/1**. O momento de inércia de massa I em relação ao eixo O–O é definido como

$$I = \int r^2 \, dm$$

em que r é a distância perpendicular do elemento de massa dm desde o eixo O–O e cuja integração é feita em relação a todo o corpo. Para dado corpo rígido, o momento de inércia de massa é uma medida da distribuição de sua massa relativamente ao eixo em questão e, para esse eixo, é uma propriedade constante do corpo. Observe que as dimensões são (massa)(comprimento)^2 — kg·m^2 em unidades SI e lb-ft-s^2 em unidades usuais americanas. Compare essas dimensões com aquelas do momento de inércia de área, que são (comprimento)^4 ou m^4 em unidades SI e ft^4 em unidades usuais americanas.

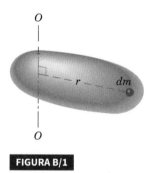

FIGURA B/1

APÊNDICE C

Tópicos Selecionados de Matemática

C/1 Introdução

O Apêndice C contém um resumo e uma recordação de tópicos selecionados em matemática básica, que frequentemente encontram uso em mecânica. As relações são citadas sem prova. O estudante de mecânica terá diversas oportunidades para usar muitas dessas relações e poderá ser prejudicado se elas não estiverem à mão. Outros tópicos que não estão listados também serão necessários de vez em quando.

À medida que o leitor recorda e aplica a matemática, deve ter em mente que a mecânica é uma ciência aplicada que descreve corpos e movimentos reais. Desse modo, a interpretação geométrica e física dos conceitos matemáticos aplicáveis deve ser claramente mantida em mente durante o desenvolvimento da teoria e da formulação e solução de problemas.

C/2 Geometria Plana

1. Quando duas linhas que se interceptam são, respectivamente, perpendiculares a duas outras linhas, os ângulos formados pelos dois pares são iguais.

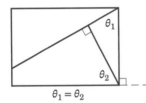

4. Círculo
   Circunferência = $2\pi r$
   Área = πr^2
   Comprimento do arco $s = r\theta$
   Área de um setor = $\frac{1}{2}r^2\theta$

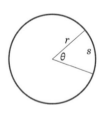

2. Triângulos semelhantes

$$\frac{x}{b} = \frac{h-y}{h}$$

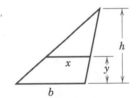

5. Todo triângulo inscrito em um semicírculo é um triângulo retângulo.

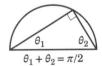

$\theta_1 + \theta_2 = \pi/2$

3. Para qualquer triângulo

Área = $\frac{1}{2}bh$

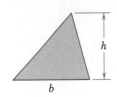

6. Ângulos de um triângulo
   $\theta_1 + \theta_2 + \theta_3 = 180°$
   $\theta_4 = \theta_1 + \theta_2$

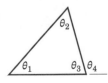

C/3 Geometria Sólida

1. Esfera

    Volume = $\frac{4}{3}\pi r^3$

    Área superficial = $4\pi r^2$

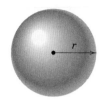

2. Cunha esférica

    Volume = $\frac{2}{3}r^3\theta$

3. Cone circular à direita

    Volume = $\frac{1}{3}\pi r^2 h$

    Área lateral = $\pi r L$

    $L = \sqrt{r^2 + h^2}$

4. Qualquer pirâmide ou cone

    Volume = $\frac{1}{3}Bh$

    em que B = área da base

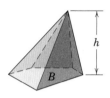

C/4 Álgebra

1. Equação quadrática

    $ax^2 + bx + c = 0$

    $x = \dfrac{-b \pm \sqrt{b^2 - 4ac}}{2a}$, $b^2 \geq 4ac$ para raízes reais

2. Logaritmos

    $b^x = y, x = \log_b y$

    Logaritmos naturais

    $b = e = 2{,}718\,282$
    $e^x = y, x = \log_e y = \ln y$
    $\log(ab) = \log a + \log b$
    $\log(a/b) = \log a - \log b$
    $\log(1/n) = -\log n$
    $\log a^n = n \log a$
    $\log 1 = 0$
    $\log_{10} x = 0{,}4343 \ln x$

3. Determinantes

    de segunda ordem

    $\begin{vmatrix} a_1 & b_1 \\ a_2 & b_2 \end{vmatrix} = a_1 b_2 - a_2 b_1$

    de terceira ordem

    $\begin{vmatrix} a_1 & b_1 & c_1 \\ a_2 & b_2 & c_2 \\ a_3 & b_3 & c_3 \end{vmatrix} = \begin{matrix} +a_1 b_2 c_3 + a_2 b_3 c_1 + a_3 b_1 c_2 \\ -a_3 b_2 c_1 - a_2 b_1 c_3 - a_1 b_3 c_2 \end{matrix}$

4. Equação cúbica

    $x^3 = Ax + B$

    Seja $p = A/3, q = B/2$.

    Caso I: $q^2 - p^3$ é negativo (três raízes reais e diferentes)

    $\cos u = q/(p\sqrt{p}), 0 < u < 180°$

    $x_1 = 2\sqrt{p} \cos(u/3)$
    $x_2 = 2\sqrt{p} \cos(u/3 + 120°)$
    $x_3 = 2\sqrt{p} \cos(u/3 + 240°)$

    Caso II: $q^2 - p^3$ é positivo (uma raiz real, duas raízes imaginárias)

    $x_1 = (q + \sqrt{q^2 - p^3})^{1/3} + (q - \sqrt{q^2 - p^3})^{1/3}$

    Caso III: $q^2 - p^3 = 0$ (três raízes reais, sendo duas iguais)

    $x_1 = 2q^{1/3}, x_2 = x_3 = -q^{1/3}$

    Para uma equação cúbica geral

    $x^3 + ax^2 + bx + c = 0$

    Substitua $x = x_0 - a/3$ e obtenha $x_0^3 = Ax_0 + B$. Prossiga então como anteriormente e determine valores de x_0 a partir dos quais $x = x_0 - a/3$.

C/5 Geometria Analítica

1. Linha reta

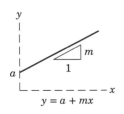
$y = a + mx$

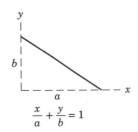
$\dfrac{x}{a} + \dfrac{y}{b} = 1$

3. Parábola

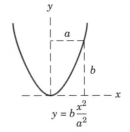
$y = b\dfrac{x^2}{a^2}$

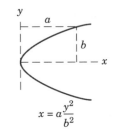
$x = a\dfrac{y^2}{b^2}$

2. Círculo

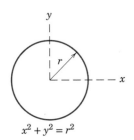
$x^2 + y^2 = r^2$

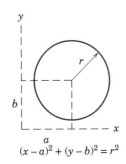
$(x - a)^2 + (y - b)^2 = r^2$

4. Elipse

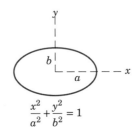
$\dfrac{x^2}{a^2} + \dfrac{y^2}{b^2} = 1$

5. Hipérbole

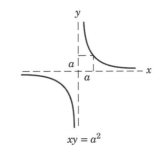
$xy = a^2$

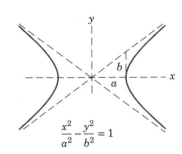
$\dfrac{x^2}{a^2} - \dfrac{y^2}{b^2} = 1$

C/6 Trigonometria

1. Definições

$\operatorname{sen} \theta = a/c \quad \csc \theta = c/a$
$\cos \theta = b/c \quad \sec \theta = c/b$
$\tan \theta = a/b \quad \cot \theta° = b/a$

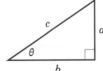

	I	II	III	IV
sen θ	+	+	−	−
cos θ	+	−	−	+
tan θ	+	−	+	−
csc θ	+	+	−	−
sec θ	+	−	−	+
cot θ	+	−	+	−

2. Sinais nos quatro quadrantes

3. Relações diversas

$\text{sen}^2 \theta + \cos^2 \theta = 1$
$1 + \tan^2 \theta = \sec^2 \theta$
$1 + \cot^2 \theta = \csc^2 \theta$
$\text{sen}\dfrac{\theta}{2} = \sqrt{\dfrac{1}{2}(1 - \cos \theta)}$
$\cos\dfrac{\theta}{2} = \sqrt{\dfrac{1}{2}(1 + \cos \theta)}$
$\text{sen } 2\theta = 2 \text{ sen } \theta \cos \theta$
$\cos 2\theta = \cos^2 \theta - \text{sen}^2 \theta$
$\text{sen }(a \pm b) = \text{sen } a \cos b \pm \cos a \text{ sen } b$
$\cos (a \pm b) = \cos a \cos b \mp \text{sen } a \text{ sen } b$

4. Lei dos senos

$$\dfrac{a}{b} = \dfrac{\text{sen } A}{\text{sen } B}$$

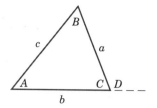

5. Lei dos cossenos

$c^2 = a^2 + b^2 - 2ab \cos C$
$c^2 = a^2 + b^2 + 2ab \cos D$

C/7 Operações Vetoriais

1. **Notação.** Quantidades vetoriais são impressas em negrito, enquanto quantidades escalares aparecem em itálico. Assim, a quantidade vetorial **V** tem um módulo escalar V. Em trabalhos manuscritos, as quantidades vetoriais devem sempre ser consistentemente indicadas por um símbolo como ou $\overline{V}$ para distingui-las de quantidades escalares.

2. **Adição**

   Adição triangular $\mathbf{P} + \mathbf{Q} = \mathbf{R}$
   Adição por paralelogramo $\mathbf{P} + \mathbf{Q} = \mathbf{R}$
   Lei comutativa $\mathbf{P} + \mathbf{Q} = \mathbf{Q} + \mathbf{P}$
   Lei associativa $\mathbf{P} + (\mathbf{Q} + \mathbf{R}) = (\mathbf{P} + \mathbf{Q}) + \mathbf{R}$

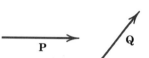
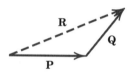
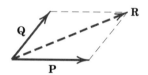

3. **Subtração**

   $$\mathbf{P} - \mathbf{Q} = \mathbf{P} + (-\mathbf{Q})$$

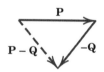

4. **Vetores unitários i, j, k**

   $$\mathbf{V} = V_x\mathbf{i} + V_y\mathbf{j} + V_z\mathbf{k}$$
   em que
   $$|\mathbf{V}| = V = \sqrt{V_x^2 + V_y^2 + V_z^2}$$

5. **Cossenos diretores.** l, m, n são os cossenos dos ângulos entre **V** e os eixos x, y, z. Assim,

   $$l = V_x/V \qquad m = V_y/V \qquad n = V_z/V$$

   então
   $$\mathbf{V} = V(l\mathbf{i} + m\mathbf{j} + n\mathbf{k})$$
   e
   $$l^2 + m^2 + n^2 = 1$$

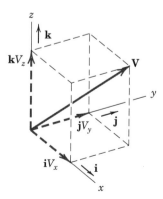

6. *Produto escalar*

$$\mathbf{P} \cdot \mathbf{Q} = PQ \cos \theta$$

Esse produto pode ser encarado como o módulo de **P** multiplicado pelo componente $Q \cos \theta$ de **Q** na direção de **P**, ou como o módulo de **Q** multiplicado pelo componente $P \cos \theta$ de **P** na direção de **Q**.

Lei comutativa $\quad \mathbf{P} \cdot \mathbf{Q} = \mathbf{Q} \cdot \mathbf{P}$

Da definição do produto escalar

$$\mathbf{i} \cdot \mathbf{i} = \mathbf{j} \cdot \mathbf{j} = \mathbf{k} \cdot \mathbf{k} = 1$$

$$\mathbf{i} \cdot \mathbf{j} = \mathbf{j} \cdot \mathbf{i} = \mathbf{i} \cdot \mathbf{k} = \mathbf{k} \cdot \mathbf{i} = \mathbf{j} \cdot \mathbf{k} = \mathbf{k} \cdot \mathbf{j} = 0$$

$$\mathbf{P} \cdot \mathbf{Q} = (P_x \mathbf{i} + P_y \mathbf{j} + P_z \mathbf{k}) \cdot (Q_x \mathbf{i} + Q_y \mathbf{j} + Q_z \mathbf{k})$$

$$= P_x Q_x + P_y Q_y + P_z Q_z$$

$$\mathbf{P} \cdot \mathbf{P} = P_x^2 + P_y^2 + P_z^2$$

A partir da definição do produto escalar, tem-se que dois vetores **P** e **Q** são perpendiculares quando seu produto escalar é zero, $\mathbf{P} \cdot \mathbf{Q} = 0$.

O ângulo θ entre dois vetores $\mathbf{P}_1$ e $\mathbf{P}_2$ pode ser encontrado a partir da expressão de seu produto escalar $\mathbf{P}_1 \cdot \mathbf{P}_2 = P_1 P_2 \cos \theta$, que dá

$$\cos \theta = \frac{\mathbf{P}_1 \cdot \mathbf{P}_2}{P_1 P_2} = \frac{P_{1_x} P_{2_x} + P_{1_y} P_{2_y} + P_{1_z} P_{2_z}}{P_1 P_2}$$

$$= l_1 l_2 + m_1 m_2 + n_1 n_2$$

em que l, m e n são os respectivos cossenos diretores dos vetores. Observa-se também que dois vetores são perpendiculares entre si quando seus cossenos diretores obedecem à relação $l_1 l_2 + m_1 m_2 + n_1 n_2 = 0$.

Lei distributiva $\quad \mathbf{P} \cdot (\mathbf{Q} + \mathbf{R}) = \mathbf{P} \cdot \mathbf{Q} + \mathbf{P} \cdot \mathbf{R}$

7. *Produto escalar.*
O produto vetorial $\mathbf{P} \times \mathbf{Q}$ dos dois vetores **P** e **Q** é definido como o vetor com o módulo

$$|\mathbf{P} \times \mathbf{Q}| = PQ \operatorname{sen} \theta$$

e com a direção especificada pela regra da mão direita, como mostrado. Revertendo a ordem dos vetores e usando a regra da mão direita, obtemos $\mathbf{Q} \times \mathbf{P} = -\mathbf{P} \times \mathbf{Q}$.

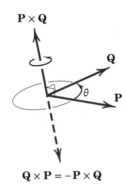

Lei distributiva $\quad \mathbf{P} \times (\mathbf{Q} + \mathbf{R}) = \mathbf{P} \times \mathbf{Q} + \mathbf{P} \times \mathbf{R}$

Da definição do produto vetorial, usando o sistema de coordenadas da mão direita, obtemos

$$\mathbf{i} \times \mathbf{j} = \mathbf{k} \quad \mathbf{j} \times \mathbf{k} = \mathbf{i} \quad \mathbf{k} \times \mathbf{i} = \mathbf{j}$$

$$\mathbf{j} \times \mathbf{i} = -\mathbf{k} \quad \mathbf{k} \times \mathbf{j} = -\mathbf{i} \quad \mathbf{i} \times \mathbf{k} = -\mathbf{j}$$

$$\mathbf{i} \times \mathbf{i} = \mathbf{j} \times \mathbf{j} = \mathbf{k} \times \mathbf{k} = 0$$

Com a ajuda dessas identidades e da lei distributiva, o produto vetorial pode ser escrito como

$$\mathbf{P} \times \mathbf{Q} = (P_x\mathbf{i} + P_y\mathbf{j} + P_z\mathbf{k}) \times (Q_x\mathbf{i} + Q_y\mathbf{j} + Q_z\mathbf{k})$$
$$= (P_yQ_z - P_zQ_y)\mathbf{i} + (P_zQ_x - P_xQ_z)\mathbf{j} + (P_xQ_y - P_yQ_x)\mathbf{k}$$

O produto vetorial pode também ser expresso pelo determinante

$$\mathbf{P} \times \mathbf{Q} = \begin{vmatrix} \mathbf{i} & \mathbf{j} & \mathbf{k} \\ P_x & P_y & P_z \\ Q_x & Q_y & Q_z \end{vmatrix}$$

8. ***Relações adicionais***
Produto misto $(\mathbf{P} \times \mathbf{Q}) \cdot \mathbf{R} = \mathbf{R} \cdot (\mathbf{P} \times \mathbf{Q})$. Os produtos escalar e vetorial podem ser trocados desde que a ordem dos vetores seja mantida. Os parênteses são desnecessários, pois $\mathbf{P} \times (\mathbf{Q} \cdot \mathbf{R})$ não tem sentido, já que não existe o produto vetorial do vetor $\mathbf{P}$ com o escalar $\mathbf{Q} \cdot \mathbf{R}$. Assim, a expressão pode ser escrita como

$$\mathbf{P} \times \mathbf{Q} \cdot \mathbf{R} = \mathbf{P} \cdot \mathbf{Q} \times \mathbf{R}$$

O produto misto pode ser expresso como o determinante

$$\mathbf{P} \times \mathbf{Q} \cdot \mathbf{R} = \begin{vmatrix} P_x & P_y & P_z \\ Q_x & Q_y & Q_z \\ R_x & R_y & R_z \end{vmatrix}$$

Produto vetorial triplo $(\mathbf{P} \times \mathbf{Q}) \times \mathbf{R} = -\mathbf{R} \times (\mathbf{P} \times \mathbf{Q}) = \mathbf{R} \times (\mathbf{P} \times \mathbf{Q})$. Observamos aqui que os parênteses devem ser usados, pois uma expressão $\mathbf{P} \times \mathbf{Q} \times \mathbf{R}$ seria ambígua por não identificar o produto vetorial a ser feito. Pode ser mostrado que o produto vetorial triplo é equivalente a

$$(\mathbf{P} \times \mathbf{Q}) \times \mathbf{R} = \mathbf{R} \cdot \mathbf{P}\mathbf{Q} - \mathbf{R} \cdot \mathbf{Q}\mathbf{P}$$

ou

$$\mathbf{P} \times (\mathbf{Q} \times \mathbf{R}) = \mathbf{P} \cdot \mathbf{R}\mathbf{Q} - \mathbf{P} \cdot \mathbf{Q}\mathbf{R}$$

O primeiro termo da primeira expressão, por exemplo, é o produto escalar $\mathbf{R} \cdot \mathbf{P}$, um escalar, multiplicado pelo vetor $\mathbf{Q}$.

9. ***Derivadas de vetores*** obedecem às mesmas regras das derivadas de escalares.

$$\frac{d\mathbf{P}}{dt} = \dot{\mathbf{P}} = \dot{P}_x\mathbf{i} + \dot{P}_y\mathbf{j} + \dot{P}_z\mathbf{k}$$

$$\frac{d(\mathbf{P}u)}{dt} = \mathbf{P}\dot{u} + \dot{\mathbf{P}}u$$

$$\frac{d(\mathbf{P}\cdot\mathbf{Q})}{dt} = \mathbf{P}\cdot\dot{\mathbf{Q}} + \dot{\mathbf{P}}\cdot\mathbf{Q}$$

$$\frac{d(\mathbf{P} \times \mathbf{Q})}{dt} = \mathbf{P} \times \dot{\mathbf{Q}} + \dot{\mathbf{P}} \times \mathbf{Q}$$

10. ***Integração de vetores.*** Se $\mathbf{V}$ é uma função em x, y e z, e um elemento de volume é $d\tau = dx\,dy\,dz$, a integral de $\mathbf{V}$ em relação ao volume pode ser escrita como a soma vetorial das três integrais das componentes. Assim,

$$\int \mathbf{V}\,d\tau = \mathbf{i}\int V_x\,d\tau + \mathbf{j}\int V_y\,d\tau + \mathbf{k}\int V_z\,d\tau$$

C/8 Séries

(A expressão entre colchetes após cada série indica a faixa de convergência.)

$$(1 \pm x)^n = 1 \pm nx + \frac{n(n-1)}{2!}x^2 \pm \frac{n(n-1)(n-2)}{3!}x^3 + \cdots \qquad [x^2 < 1]$$

$$\operatorname{sen} x = x - \frac{x^3}{3!} + \frac{x^5}{5!} - \frac{x^7}{7!} + \cdots \qquad [x^2 < \infty]$$

$$\cos x = 1 - \frac{x^2}{2!} + \frac{x^4}{4!} - \frac{x^6}{6!} + \cdots \qquad [x^2 < \infty]$$

$$\operatorname{senh} x = \frac{e^x - e^{-x}}{2} = x + \frac{x^3}{3!} + \frac{x^5}{5!} + \frac{x^7}{7!} + \cdots \qquad [x^2 < \infty]$$

$$\cosh x = \frac{e^x + e^{-x}}{2} = 1 + \frac{x^2}{2!} + \frac{x^4}{4!} + \frac{x^6}{6!} + \cdots \qquad [x^2 < \infty]$$

$$f(x) = \frac{a_0}{2} + \sum_{n=1}^{\infty} a_n \cos\frac{n\pi x}{l} + \sum_{n=1}^{\infty} b_n \operatorname{sen}\frac{n\pi x}{l}$$

em que $a_n = \dfrac{1}{l}\displaystyle\int_{-l}^{l} f(x)\cos\frac{n\pi x}{l}\,dx, \qquad b_n = \dfrac{1}{l}\displaystyle\int_{-l}^{l} f(x)\operatorname{sen}\frac{n\pi x}{l}\,dx$

[Expansão de Fourier para $-l < x < l$]

C/9 Derivadas

$$\frac{dx^n}{dx} = nx^{n-1}, \qquad \frac{d(uv)}{dx} = u\frac{dv}{dx} + v\frac{du}{dx}, \qquad \frac{d\left(\dfrac{u}{v}\right)}{dx} = \frac{v\dfrac{du}{dx} - u\dfrac{dv}{dx}}{v^2}$$

$$\lim_{\Delta x \to 0} \operatorname{sen} \Delta x = \operatorname{sen} dx = \tan dx = dx$$

$$\lim_{\Delta x \to 0} \cos \Delta x = \cos dx = 1$$

$$\frac{d \operatorname{sen} x}{dx} = \cos x, \qquad \frac{d \cos x}{dx} = -\operatorname{sen} x, \qquad \frac{d \tan x}{dx} = \sec^2 x$$

$$\frac{d \operatorname{senh} x}{dx} = \cosh x, \qquad \frac{d \cosh x}{dx} = \operatorname{senh} x, \qquad \frac{d \tanh x}{dx} = \operatorname{sech}^2 x$$

C/10 Integrais

$$\int x^n \, dx = \frac{x^{n+1}}{n+1}$$

$$\int \frac{dx}{x} = \ln x$$

$$\int \sqrt{a+bx}\, dx = \frac{2}{3b}\sqrt{(a+bx)^3}$$

$$\int x\sqrt{a+bx}\, dx = \frac{2}{15b^2}(3bx - 2a)\sqrt{(a+bx)^3}$$

$$\int x^2\sqrt{a+bx}\, dx = \frac{2}{105b^3}(8a^2 - 12abx + 15b^2x^2)\sqrt{(a+bx)^3}$$

$$\int \frac{dx}{\sqrt{a+bx}} = \frac{2\sqrt{a+bx}}{b}$$

$$\int \frac{\sqrt{a+x}}{\sqrt{b-x}}\, dx = -\sqrt{a+x}\sqrt{b-x} + (a+b)\operatorname{sen}^{-1}\sqrt{\frac{a+x}{a+b}}$$

$$\int \frac{x\, dx}{a+bx} = \frac{1}{b^2}[a + bx - a \ln(a+bx)]$$

$$\int \frac{x\, dx}{(a+bx)^n} = \frac{(a+bx)^{1-n}}{b^2}\left(\frac{a+bx}{2-n} - \frac{a}{1-n}\right)$$

$$\int \frac{dx}{a+bx^2} = \frac{1}{\sqrt{ab}}\tan^{-1}\frac{x\sqrt{ab}}{a} \quad \text{ou} \quad \frac{1}{\sqrt{-ab}}\tanh^{-1}\frac{x\sqrt{-ab}}{a}$$

$$\int \frac{x\, dx}{a+bx^2} = \frac{1}{2b}\ln(a+bx^2)$$

$$\int \sqrt{x^2 \pm a^2}\, dx = \tfrac{1}{2}[x\sqrt{x^2 \pm a^2} \pm a^2 \ln(x + \sqrt{x^2 \pm a^2})]$$

$$\int \sqrt{a^2 - x^2}\, dx = \tfrac{1}{2}\left(x\sqrt{a^2 - x^2} + a^2 \operatorname{sen}^{-1}\frac{x}{a}\right)$$

$$\int x\sqrt{a^2 - x^2}\, dx = -\tfrac{1}{3}\sqrt{(a^2 - x^2)^3}$$

$$\int x^2 \sqrt{a^2 - x^2}\, dx = -\frac{x}{4}\sqrt{(a^2-x^2)^3} + \frac{a^2}{8}\left(x\sqrt{a^2-x^2} + a^2 \operatorname{sen}^{-1} \frac{x}{a}\right)$$

$$\int x^3 \sqrt{a^2 - x^2}\, dx = -\frac{1}{5}\left(x^2 + \frac{2}{3}a^2\right)\sqrt{(a^2-x^2)^3}$$

$$\int \frac{dx}{\sqrt{a + bx + cx^2}} = \frac{1}{\sqrt{c}} \ln\left(\sqrt{a+bx+cx^2} + x\sqrt{c} + \frac{b}{2\sqrt{c}}\right) \text{ ou } \frac{-1}{\sqrt{-c}} \operatorname{sen}^{-1}\left(\frac{b+2cx}{\sqrt{b^2-4ac}}\right)$$

$$\int \frac{dx}{\sqrt{x^2 \pm a^2}} = \ln\left(x + \sqrt{x^2 \pm a^2}\right)$$

$$\int \frac{dx}{\sqrt{a^2 - x^2}} = \operatorname{sen}^{-1} \frac{x}{a}$$

$$\int \frac{x\, dx}{\sqrt{x^2 - a^2}} = \sqrt{x^2 - a^2}$$

$$\int \frac{x\, dx}{\sqrt{a^2 \pm x^2}} = \pm\sqrt{a^2 \pm x^2}$$

$$\int x\sqrt{x^2 \pm a^2}\, dx = \frac{1}{3}\sqrt{(x^2 \pm a^2)^3}$$

$$\int x^2 \sqrt{x^2 \pm a^2}\, dx = \frac{x}{4}\sqrt{(x^2 \pm a^2)^3} \mp \frac{a^2}{8} x\sqrt{x^2 \pm a^2} - \frac{a^4}{8} \ln\left(x + \sqrt{x^2 \pm a^2}\right)$$

$$\int \operatorname{sen} x\, dx = -\cos x$$

$$\int \cos x\, dx = \operatorname{sen} x$$

$$\int \sec x\, dx = \frac{1}{2} \ln \frac{1 + \operatorname{sen} x}{1 - \operatorname{sen} x}$$

$$\int \operatorname{sen}^2 x\, dx = \frac{x}{2} - \frac{\operatorname{sen} 2x}{4}$$

$$\int \cos^2 x\, dx = \frac{x}{2} + \frac{\operatorname{sen} 2x}{4}$$

$$\int \operatorname{sen} x \cos x\, dx = \frac{\operatorname{sen}^2 x}{2}$$

$$\int \operatorname{senh} x\, dx = \cosh x$$

$$\int \cosh x\, dx = \operatorname{senh} x$$

$$\int \tanh x\, dx = \ln \cosh x$$

$$\int \ln x\, dx = x \ln x - x$$

$$\int e^{ax}\, dx = \frac{e^{ax}}{a}$$

$$\int xe^{ax}\,dx = \frac{e^{ax}}{a^2}(ax-1)$$

$$\int e^{ax}\,\text{sen}\,px\,dx = \frac{e^{ax}(a\,\text{sen}\,px - p\cos px)}{a^2 + p^2}$$

$$\int e^{ax}\cos px\,dx = \frac{e^{ax}(a\cos px + p\,\text{sen}\,px)}{a^2 + p^2}$$

$$\int e^{ax}\,\text{sen}^2 x\,dx = \frac{e^{ax}}{4+a^2}\left(a\,\text{sen}^2 x - \text{sen}\,2x + \frac{2}{a}\right)$$

$$\int e^{ax}\cos^2 x\,dx = \frac{e^{ax}}{4+a^2}\left(a\cos^2 x + \text{sen}\,2x + \frac{2}{a}\right)$$

$$\int e^{ax}\,\text{sen}\,x\cos x\,dx = \frac{e^{ax}}{4+a^2}\left(\frac{a}{2}\,\text{sen}\,2x - \cos 2x\right)$$

$$\int \text{sen}^3 x\,dx = -\frac{\cos x}{3}(2 + \text{sen}^2 x)$$

$$\int \cos^3 x\,dx = \frac{\text{sen}\,x}{3}(2 + \cos^2 x)$$

$$\int \cos^5 x\,dx = \text{sen}\,x - \frac{2}{3}\,\text{sen}^3 x + \frac{1}{5}\,\text{sen}^5 x$$

$$\int x\,\text{sen}\,x\,dx = \text{sen}\,x - x\cos x$$

$$\int x\cos x\,dx = \cos x + x\,\text{sen}\,x$$

$$\int x^2\,\text{sen}\,x\,dx = 2x\,\text{sen}\,x - (x^2 - 2)\cos x$$

$$\int x^2\cos x\,dx = 2x\cos x + (x^2 - 2)\,\text{sen}\,x$$

Raio de curvatura
$$\begin{cases} \rho_{xy} = \dfrac{\left[1 + \left(\dfrac{dy}{dx}\right)^2\right]^{3/2}}{\dfrac{d^2y}{dx^2}} \\[2em] \rho_{r\theta} = \dfrac{\left[r^2 + \left(\dfrac{dr}{d\theta}\right)^2\right]^{3/2}}{r^2 + 2\left(\dfrac{dr}{d\theta}\right)^2 - r\dfrac{d^2r}{d\theta^2}} \end{cases}$$

C/11 Método de Newton para Resolução de Equações Intratáveis

Frequentemente, a aplicação dos princípios fundamentais da mecânica leva a uma equação algébrica ou transcendental que não tem solução (ou não é de fácil solução) em forma fechada. Em tais casos, uma técnica iterativa, tal como o método de Newton, pode ser ferramenta poderosa para obter-se uma boa estimativa da raiz ou das raízes da equação.

Vamos colocar a equação a ser resolvida na forma $f(x) = 0$. A parte a da figura a seguir mostra uma função arbitrária $f(x)$ para valores de x na vizinhança da raiz desejada, x_r. Observe que x_r é simplesmente o valor de x para o qual a função cruza o eixo x. Suponha que tenhamos disponível (talvez de um gráfico feito manualmente) uma estimativa grosseira, x_1, dessa raiz. Desde

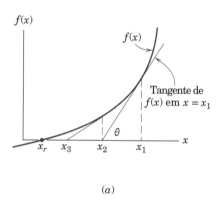
(a)

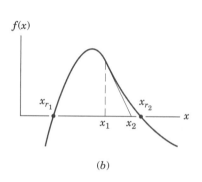
(b)

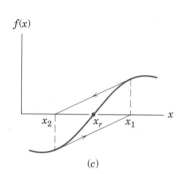
(c)

que x_1 não seja próximo de um valor máximo ou mínimo da função $f(x)$, podemos obter uma estimativa melhor da raiz x_r traçando a tangente a $f(x)$ em x_1, de modo que ela intercepte o eixo x em x_2. A partir das relações geométricas da figura, podemos escrever

$$\tan \theta = f'(x_1) = \frac{f(x_1)}{x_1 - x_2}$$

em que $f'(x_1)$ representa a derivada de $f(x)$ em relação a x, avaliada em $x = x_1$. Resolver a equação anterior para x_2 resulta em

$$x_2 = x_1 - \frac{f(x_1)}{f'(x_1)}$$

O termo $-f(x_1)/f'(x_1)$ é a correção à estimativa inicial da raiz, x_1. Uma vez que x_2 estiver calculado, podemos repetir o processo para obter x_3 e assim por diante.

Desse modo, generalizamos a equação acima para

$$x_{k+1} = x_k - \frac{f(x_k)}{f'(x_k)}$$

em que

$x_{k+1} =$ é a $(k + 1)$-ésima estimativa da raiz x_r desejada

$x_k =$ é a k-ésima estimativa da raiz x_r desejada

$f(x_k) =$ é a função $f(x)$ avaliada em $x = x_k$

$f'(x_k) =$ é a derivada da função avaliada em $x = x_k$

Essa equação será aplicada repetidamente até que $f(x_{k+1})$ seja suficientemente próxima de zero e $x_{k+1} \cong x_k$. O leitor deve verificar que a equação é válida para todas as possíveis combinações de sinais de x_k, $f(x_k)$ e $f'(x_k)$.

Diversos cuidados são pertinentes:

1. É claro que $f'(x_k)$ não deve ser nula ou próxima de zero. Isso significaria, como restrito anteriormente, que x_k corresponde exata ou aproximadamente a um máximo ou a um mínimo de $f(x)$. Se a inclinação de $f'(x_k)$ é nula, então a tangente à curva nunca intercepta o eixo x. Se a inclinação de $f'(x_k)$ for pequena, então a correção para x_k poderá ser tão grande que x_{k+1} seja uma estimativa pior da raiz do que x_k. Por esse motivo, engenheiros experientes normalmente limitam o valor do termo de correção; ou seja, se o valor absoluto de $f(x_k)/f'(x_k)$ for maior do que o valor máximo pré-selecionado, o valor máximo será usado.

2. Se existirem diversas raízes da equação $f(x) = 0$, devemos estar nas vizinhanças da raiz desejada, x_r, para que o algoritmo realmente convirja para aquela raiz. A parte b da figura mostra a condição na qual a estimativa inicial x_1 resultará na convergência para x_{r_2} em vez de para x_{r_1}.

3. Oscilação de um lado para outro da raiz pode ocorrer se, por exemplo, a função for antissimétrica em relação à raiz, que está em um ponto de inflexão. O emprego de metade da correção normalmente prevenirá esse comportamento, que aparece na parte c da figura acima.

Exemplo: Começando com a estimativa de $x_1 = 5$, estime a única raiz da equação $e^x - 10 \cos x - 100 = 0$.

A tabela a seguir resume a aplicação do método de Newton para a equação dada. O processo iterativo foi terminado quando o valor absoluto da correção $-f(x_k)/f'(x_k)$ ficou menor do que 10^{-6}.

k	x_k	$f(x_k)$	$f'(x_k)$	$x_{k+1} - x_k = -\dfrac{f(x_k)}{f'(x_k)}$
1	5,000 000	45,576 537	138,823 916	$-0,328\ 305$
2	4,671 695	7,285 610	96,887 065	$-0,075\ 197$
3	4,596 498	0,292 886	89,203 650	$-0,003\ 283$
4	4,593 215	0,000 527	88,882 536	$-0,000\ 006$
5	4,593 209	$-2(10^{-8})$	88,881 956	$2,25(10^{-10})$

C/12 Técnicas Selecionadas para Integração Numérica

1. Determinação de área. Considere o problema da determinação da área sombreada sob a curva $y = f(x)$ de $x = a$ até $x = b$, como mostrado na parte a da figura, e suponha que a integração analítica não seja possível. A função pode ser conhecida em forma de tabela, a partir de medidas experimentais, ou pode ser conhecida em sua forma analítica. A função é considerada contínua no intervalo $a < x < b$. Podemos dividir a área em n faixas verticais, cada uma com largura $\Delta x = (b - a)/n$, e então somar as áreas de todas as faixas para obter $A = \int y\, dx$. Uma faixa representativa de área A_i está mostrada com sombreamento mais escuro na figura. Três aproximações numéricas úteis são citadas. Em cada caso, quanto maior for o número de faixas, mais precisa se tornará a aproximação geométrica. Como regra geral, pode-se começar com um número relativamente pequeno de faixas e aumentar o número até que as mudanças resultantes na aproximação da área não mais aumentem a precisão obtida.

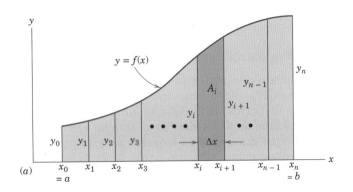

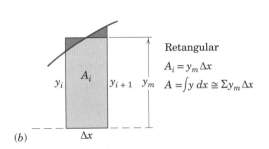

I. *Retangular* [Figura (b)] As áreas das faixas são consideradas retângulos, como mostrado pela faixa representativa cuja altura y_m foi escolhida visualmente de modo que as pequenas áreas mais escuras são o mais iguais possível. Assim, fazemos o somatório Σy_m das alturas efetivas e multiplicamos por Δx. Para uma função conhecida em sua forma analítica, um valor para y_m igual àquele da função no ponto médio $x_i + \Delta x/2$ pode ser calculado e usado no somatório.

II. *Trapezoidal* [Figura (c)] As áreas das faixas são consideradas trapézios, conforme mostrado pela faixa representativa. A área A_i é igual à altura média $(y_i + y_{i+1})/2$ vezes Δx. Somadas as áreas, obtém-se a aproximação da área como tabulado. Para o exemplo com a curvatura mostrada, a aproximação, claramente, gerará um valor menor. Para uma curvatura ao contrário, a aproximação dará um valor superior ao real.

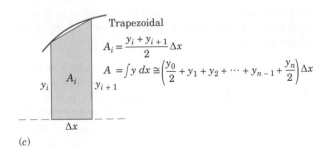

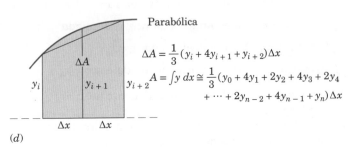

III. *Parabólica* [Figura (d)] A área entre a corda e a curva (desprezada na solução trapezoidal) pode ser considerada, aproximando a função por uma parábola que passa pelos pontos definidos por três valores sucessivos de y. Essa área pode ser calculada a partir da geometria da parábola e somada à área trapezoidal do par de faixas para dar a área ΔA do par como mostrado. Somados todos os ΔA, obtém-se a tabela mostrada, que é conhecida como regra de Simpson. Para usar a regra de Simpson, o número n de faixas deve ser ímpar.

Exemplo: Determine a área sob a curva de $y = x\sqrt{1+x^2}$ de $x = 0$ até $x = 2$. (Uma função integrável foi escolhida aqui de modo que as três aproximações possam ser comparadas com o valor exato, que é $A = \int_0^2 x\sqrt{1+x^2}\, dx = \frac{1}{3}(1+x^2)^{3/2}\big|_0^2 = \frac{1}{3}(5\sqrt{5} - 1) = 3{,}393\,447$).

Número de Subintervalos	Aproximações da Área Retangular	Trapezoidal	Parabólica
4	3,361 704	3,456 731	3,392 214
10	3,388 399	3,403 536	3,393 420
50	3,393 245	3,393 850	3,393 447
100	3,393 396	3,393 547	3,393 447
1000	3,393 446	3,393 448	3,393 447
2500	3,393 447	3,393 447	3,393 447

Observe que o pior erro de aproximação é menor do que 2 %, mesmo com apenas quatro faixas.

2. **Integração de equações diferenciais ordinárias de primeira ordem.** A aplicação dos princípios fundamentais da mecânica frequentemente resulta em relações diferenciais. Vamos considerar a forma de primeira ordem $dy/dt = f(t)$, em que a função $f(t)$ pode não ser facilmente integrável ou pode ser conhecida apenas em forma de tabela. Podemos integrar numericamente por meio de uma técnica simples de projeção da inclinação, conhecida como integração de Euler, que está ilustrada na figura.

Iniciando em t_1, em que o valor y_1 é conhecido, projetamos a inclinação sobre um subintervalo horizontal ou passo $(t_2 - t_1)$ e vemos que $y_2 = y_1 + f(t_1)(t_2 - t_1)$. Em t_2, o processo pode ser repetido começando em y_2 e assim por diante até que o valor desejado de t seja atingido. Portanto, a expressão geral é

$$y_{k+1} = y_k + f(t_k)(t_{k+1} - t_k)$$

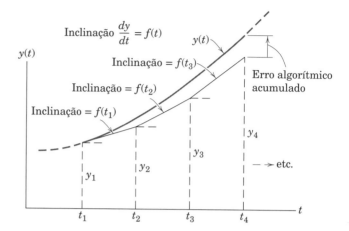

Se y versus t fosse linear, ou seja, se $f(t)$ fosse constante, o método seria exato e não haveria necessidade de um procedimento numérico nesse caso. Variações na inclinação no subintervalo introduzem erro. Para o caso mostrado na figura, a estimativa y_2 é claramente menor do que o valor verdadeiro da função $y(t)$ em t_2. Técnicas de integração mais precisas (tais como os métodos de Runge-Kutta) levam em consideração variações na inclinação no subintervalo e, portanto, fornecem melhores resultados. De modo semelhante às técnicas de determinação de área, a experiência auxilia na seleção de um subintervalo ou do tamanho do passo quando se lida com funções analíticas. Como primeira regra, inicia-se com um passo relativamente grande e, então, se diminui continuamente o tamanho do passo até que as variações correspondentes no resultado da integração sejam muito menores do que a exatidão desejada. Um passo pequeno demais, entretanto, pode resultar em aumento do erro em razão de um número muito grande de operações computacionais. Esse tipo de erro é geralmente conhecido como "erro de aproximação", enquanto o erro resultante de um passo grande é conhecido como erro de algoritmo.

Exemplo: Determine o valor de y para $t = 4$, para a equação diferencial $dy/dt = 5t$, com a condição inicial $y = 2$ quando $t = 0$.

A aplicação da técnica de integração de Euler leva aos seguintes resultados:

Número de Subintervalos	Tamanho da Fase	y em $t = 4$	Erro Percentual
10	0,4	38	9,5
100	0,04	41,6	0,95
500	0,008	41,92	0,19
1000	0,004	41,96	0,10

Esse exemplo simples pode ser integrado analiticamente, O resultado é $y = 42$ (exatamente).

APÊNDICE D

Tabelas Úteis

TABELA D/1 Propriedades Físicas

Massa específica (kg/m³) *e peso específico* (kgf/m³)

	kg/m³	lb/ft³		kg/m³	lb/ft³
Água (doce)	1 000	62,4	Madeira (carvalho duro)	800	50
Água (salgada)	1 030	64	Madeira (pinho)	480	30
Aço	7 830	489	Mercúrio	13 570	847
Alumínio	2 690	168	Óleo (média)	900	56
Ar*	1,2062	0,07530	Ouro	19 300	1205
Chumbo	11 370	710	Terra (seca, média)	1 280	80
Cobre	8 910	556	Terra (úmida, média)	1 760	110
Concreto (média)	2 400	150	Titânio	4 510	281
Ferro (fundido)	7 210	450	Vidro	2 590	162
Gelo	900	56			

*A 20 °C (68 °F) e pressão atmosférica.

Coeficientes de Atrito

(Os coeficientes na tabela a seguir representam valores típicos sob condições normais de trabalho. Coeficientes reais para dada situação dependerão da natureza exata das superfícies de contato. Uma variação de 25 a 100 % ou mais nesses valores pode ser esperada em uma aplicação real, dependendo das condições prevalecentes de limpeza, acabamento superficial, pressão, lubrificação e velocidade.)

Superfícies em contato	Valores típicos do coeficiente de atrito Estático, μ_e	Dinâmico, μ_d
Aço sobre aço (lubrificado)	0,1	0,05
Aço sobre aço (a seco)	0,6	0,4
Teflon sobre aço	0,04	0,04
Aço sobre metal branco (a seco)	0,4	0,3
Aço sobre metal branco (lubrificado)	0,1	0,07
Latão sobre aço (a seco)	0,5	0,4
Lona de freio sobre ferro fundido	0,4	0,3
Pneus de borracha sobre pavimento liso (a seco)	0,9	0,8
Corda de aço sobre polia de ferro (a seco)	0,2	0,15
Corda de cânhamo sobre metal	0,3	0,2
Metal sobre gelo		0,02

TABELA D/2 — Constantes do Sistema Solar

Constante gravitacional universal $\quad G = 6{,}673(10^{-11})\ m^3/(kg \cdot s^2)$
$\quad\quad = 3{,}439(10^{-8})\ ft^4/(lb\text{-}sec^4)$

Massa da Terra $\quad m_e = 5{,}976(10^{24})\ kg$
$\quad\quad = 4{,}095(10^{23})\ lb\text{-}sec^2/ft$

Período de rotação da Terra (1 dia sideral) $\quad = 23\ h\ 56\ min\ 4\ s$
$\quad\quad = 23{,}9344\ h$

Velocidade angular da Terra $\quad \omega = 0{,}7292(10^{-4})\ rad/s$

Velocidade angular média da linha Terra-Sol $\quad \omega' = 0{,}1991(10^{-6})\ rad/s$

Velocidade média do centro da Terra em relação ao Sol $\quad = 107\ 200\ km/h$
$\quad\quad = 66.610\ mi/h$

Corpo	Distância média até o Sol km (mi)	Excentricidade da órbita e	Período da órbita dias solares	Diâmetro médio km (mi)	Massa relativa à da Terra	Aceleração gravitacional na superfície m/s² (ft/s²)	Velocidade de escape km/s (mi/s)
Sol	—	—	—	1 392 000 (865 000)	333 000	274 (898)	616 (383)
Lua	384 398[1] (238 854)[1]	0,055	27,32	3 476 (2 160)	0,0123	1,62 (5,32)	2,37 (1,47)
Mercúrio	57,3 × 10⁶ (35,6 × 10⁶)	0,206	87,97	5 000 (3 100)	0,054	3,47 (11,4)	4,17 (2,59)
Vênus	108 × 10⁶ (67,2 × 10⁶)	0,0068	224,70	12 400 (7 700)	0,815	8,44 (27,7)	10,24 (6,36)
Terra	149,6 × 10⁶ (92,96 × 10⁶)	0,0167	365,26	12 742[2] (7 918)[2]	1,000	9,821[3] (32,22)[3]	11,18 (6,95)
Marte	227,9 × 10⁶ (141,6 × 10⁶)	0,093	686,98	6 788 (4 218)	0,107	3,73 (12,3)	5,03 (3,13)
Júpiter[4]	778 × 10⁶ (483 × 10⁶)	0,0489	4333	139 822 (86 884)	317,8	24,79 (81,3)	59,5 (36,8)

[1] Distância média até a Terra (centro a centro);

[2] Diâmetro da esfera de igual volume baseada em uma Terra esferoidal com um diâmetro polar de 12.714 km (7.900 mi) e um diâmetro equatorial de 12.756 km (7.926 mi);

[3] Para uma Terra esférica e que não gira, equivalente ao valor absoluto ao nível do mar e latitude 37,5°;

[4] Note que Júpiter não é um corpo sólido.

TABELA D/3 Propriedades de Figuras Planas

Figura	Centroide	Momentos de inércia de área
Segmento de arco	$\bar{r} = \dfrac{r \operatorname{sen} \alpha}{\alpha}$	—
Arco semicircular e quarto de circunferência	$\bar{y} = \dfrac{2r}{\pi}$	—
Área circular	—	$I_x = I_y = \dfrac{\pi r^4}{4}$ $I_z = \dfrac{\pi r^4}{2}$
Área semicircular	$\bar{y} = \dfrac{4r}{3\pi}$	$I_x = I_y = \dfrac{\pi r^4}{8}$ $\bar{I}_x = \left(\dfrac{\pi}{8} - \dfrac{8}{9\pi}\right) r^4$ $I_z = \dfrac{\pi r^4}{4}$
Área de quarto de circunferência	$\bar{x} = \bar{y} = \dfrac{4r}{3\pi}$	$I_x = I_y = \dfrac{\pi r^4}{16}$ $\bar{I}_X = \bar{I}_Y = \left(\dfrac{\pi}{16} - \dfrac{4}{9\pi}\right) r^4$ $I_z = \dfrac{\pi r^4}{8}$
Área de setor circular	$\bar{r} = \dfrac{2}{3} \dfrac{r \operatorname{sen} \alpha}{\alpha}$	$I_x = \dfrac{r^4}{4}\left(\alpha - \dfrac{1}{2}\operatorname{sen} 2\alpha\right)$ $I_y = \dfrac{r^4}{4}\left(\alpha + \dfrac{1}{2}\operatorname{sen} 2\alpha\right)$ $I_z = \dfrac{1}{2} r^4 \alpha$

(continua)

APÊNDICE D | Tabelas Úteis **189**

TABELA D/3 — Propriedades de Figuras Planas (*continuação*)

Figura	Centroide	Momentos de inércia de área
Área retangular (base b, altura h)	—	$I_x = \dfrac{bh^3}{3}$ $\bar{I}_x = \dfrac{bh^3}{12}$ $\bar{I}_z = \dfrac{bh}{12}(b^2 + h^2)$
Área triangular	$\bar{x} = \dfrac{a+b}{3}$ $\bar{y} = \dfrac{h}{3}$	$I_x = \dfrac{bh^3}{12}$ $\bar{I}_x = \dfrac{bh^3}{36}$ $I_{x_1} = \dfrac{bh^3}{4}$
Área de quadrante da elipse	$\bar{x} = \dfrac{4a}{3\pi}$ $\bar{y} = \dfrac{4b}{3\pi}$	$I_x = \dfrac{\pi a b^3}{16},\ \bar{I}_x = \left(\dfrac{\pi}{16} - \dfrac{4}{9\pi}\right)ab^3$ $I_y = \dfrac{\pi a^3 b}{16},\ \bar{I}_y = \left(\dfrac{\pi}{16} - \dfrac{4}{9\pi}\right)a^3 b$ $I_z = \dfrac{\pi ab}{16}(a^2 + b^2)$
Área subparabólica $y = kx^2 = \dfrac{b}{a^2}x^2$ Área $A = \dfrac{ab}{3}$	$\bar{x} = \dfrac{3a}{4}$ $\bar{y} = \dfrac{3b}{10}$	$I_x = \dfrac{ab^3}{21}$ $I_y = \dfrac{a^3 b}{5}$ $I_z = ab\left(\dfrac{a^2}{5} + \dfrac{b^2}{21}\right)$
Área parabólica $y = kx^2 = \dfrac{b}{a^2}x^2$ Área $A = \dfrac{2ab}{3}$	$\bar{x} = \dfrac{3a}{8}$ $\bar{y} = \dfrac{3b}{5}$	$I_x = \dfrac{2ab^3}{7}$ $I_y = \dfrac{2a^3 b}{15}$ $I_z = 2ab\left(\dfrac{a^2}{15} + \dfrac{b^2}{7}\right)$

TABELA D/4 — Propriedades de Sólidos Homogêneos

(m = massa do corpo mostrado)

Corpo	Centro de massa	Momentos de inércia de massa
Casca cilíndrica circular	—	$I_{xx} = \frac{1}{2}mr^2 + \frac{1}{12}ml^2$ $I_{x_1x_1} = \frac{1}{2}mr^2 + \frac{1}{3}ml^2$ $I_{zz} = mr^2$
Casca cilíndrica semicircular	$\bar{x} = \dfrac{2r}{\pi}$	$I_{xx} = I_{yy}$ $\quad = \frac{1}{2}mr^2 + \frac{1}{12}ml^2$ $I_{x_1x_1} = I_{y_1y_1}$ $\quad = \frac{1}{2}mr^2 + \frac{1}{3}ml^2$ $I_{zz} = mr^2$ $\bar{I}_{zz} = \left(1 - \dfrac{4}{\pi^2}\right)mr^2$
Cilindro circular	—	$I_{xx} = \frac{1}{4}mr^2 + \frac{1}{12}ml^2$ $I_{x_1x_1} = \frac{1}{4}mr^2 + \frac{1}{3}ml^2$ $I_{zz} = \frac{1}{2}mr^2$
Semicilindro	$\bar{x} = \dfrac{4r}{3\pi}$	$I_{xx} = I_{yy}$ $\quad = \frac{1}{4}mr^2 + \frac{1}{12}ml^2$ $I_{x_1x_1} = I_{y_1y_1}$ $\quad = \frac{1}{4}mr^2 + \frac{1}{3}ml^2$ $I_{zz} = \frac{1}{2}mr^2$ $\bar{I}_{zz} = \left(\dfrac{1}{2} - \dfrac{16}{9\pi^2}\right)mr^2$
Paralelepípedo retangular	—	$I_{xx} = \frac{1}{12}m(a^2 + l^2)$ $I_{yy} = \frac{1}{12}m(b^2 + l^2)$ $I_{zz} = \frac{1}{12}m(a^2 + b^2)$ $I_{y_1y_1} = \frac{1}{12}mb^2 + \frac{1}{3}ml^2$ $I_{y_2y_2} = \frac{1}{3}m(b^2 + l^2)$

(continua)

TABELA D/4 Propriedades de Sólidos Homogêneos (*continuação*)

(m = massa do corpo mostrado)

Corpo	Centro de massa	Momentos de inércia de massa
Casca esférica	—	$I_{zz} = \dfrac{2}{3}mr^2$
Casca semiesférica	$\bar{x} = \dfrac{r}{2}$	$I_{xx} = I_{yy} = I_{zz} = \dfrac{2}{3}mr^2$ $\bar{I}_{yy} = \bar{I}_{zz} = \dfrac{5}{12}mr^2$
Esfera	—	$I_{zz} = \dfrac{2}{5}mr^2$
Semiesfera	$\bar{x} = \dfrac{3r}{8}$	$I_{xx} = I_{yy} = I_{zz} = \dfrac{2}{5}mr^2$ $\bar{I}_{yy} = \bar{I}_{zz} = \dfrac{83}{320}mr^2$
Barra delgada e uniforme	—	$I_{yy} = \dfrac{1}{12}ml^2$ $I_{y_1 y_1} = \dfrac{1}{3}ml^2$

(*continua*)

TABELA D/4 Propriedades de Sólidos Homogêneos (*continuação*)

(m = massa do corpo mostrado)

Corpo	Centro de massa	Momentos de inércia de massa
Quarto de barra circular	$\bar{x} = \bar{y} = \dfrac{2r}{\pi}$	$I_{xx} = I_{yy} = \dfrac{1}{2}mr^2$ $I_{zz} = mr^2$
Cilindro elíptico	—	$I_{xx} = \dfrac{1}{4}ma^2 + \dfrac{1}{12}ml^2$ $I_{yy} = \dfrac{1}{4}mb^2 + \dfrac{1}{12}ml^2$ $I_{zz} = \dfrac{1}{4}m(a^2 + b^2)$ $I_{y_1 y_1} = \dfrac{1}{4}mb^2 + \dfrac{1}{3}ml^2$
Casca cônica	$\bar{z} = \dfrac{2h}{3}$	$I_{yy} = \dfrac{1}{4}mr^2 + \dfrac{1}{2}mh^2$ $I_{y_1 y_1} = \dfrac{1}{4}mr^2 + \dfrac{1}{6}mh^2$ $I_{zz} = \dfrac{1}{2}mr^2$ $\bar{I}_{yy} = \dfrac{1}{4}mr^2 + \dfrac{1}{18}mh^2$
Casca semicônica	$\bar{x} = \dfrac{4r}{3\pi}$ $\bar{z} = \dfrac{2h}{3}$	$I_{xx} = I_{yy}$ $= \dfrac{1}{4}mr^2 + \dfrac{1}{2}mh^2$ $I_{x_1 x_1} = I_{y_1 y_1}$ $= \dfrac{1}{4}mr^2 + \dfrac{1}{6}mh^2$ $I_{zz} = \dfrac{1}{2}mr^2$ $\bar{I}_{zz} = \left(\dfrac{1}{2} - \dfrac{16}{9\pi^2}\right)mr^2$
Cone reto circular	$\bar{z} = \dfrac{3h}{4}$	$I_{yy} = \dfrac{3}{20}mr^2 + \dfrac{3}{5}mh^2$ $I_{y_1 y_1} = \dfrac{3}{20}mr^2 + \dfrac{1}{10}mh^2$ $I_{zz} = \dfrac{3}{10}mr^2$ $\bar{I}_{yy} = \dfrac{3}{20}mr^2 + \dfrac{3}{80}mh^2$

(*continua*)

TABELA D/4 Propriedades de Sólidos Homogêneos (*continuação*)

(m = massa do corpo mostrado)

Corpo	Centro de Massa	Momentos de Inércia de Massa
Meio cone	$\bar{x} = \dfrac{r}{\pi}$ $\bar{z} = \dfrac{3h}{4}$	$I_{xx} = I_{yy}$ $= \dfrac{3}{20}mr^2 + \dfrac{3}{5}mh^2$ $I_{x_1 x_1} = I_{y_1 y_1}$ $= \dfrac{3}{20}mr^2 + \dfrac{1}{10}mh^2$ $I_{zz} = \dfrac{3}{10}mr^2$ $\bar{I}_{zz} = \left(\dfrac{3}{10} - \dfrac{1}{\pi^2}\right)mr^2$
Semielipsoide $\dfrac{x^2}{a^2} + \dfrac{y^2}{b^2} + \dfrac{z^2}{c^2} = 1$	$\bar{z} = \dfrac{3c}{8}$	$I_{xx} = \dfrac{1}{5}m(b^2 + c^2)$ $I_{yy} = \dfrac{1}{5}m(a^2 + c^2)$ $I_{zz} = \dfrac{1}{5}m(a^2 + b^2)$ $\bar{I}_{xx} = \dfrac{1}{5}m\left(b^2 + \dfrac{19}{64}c^2\right)$ $\bar{I}_{yy} = \dfrac{1}{5}m\left(a^2 + \dfrac{19}{64}c^2\right)$
Paraboloide elíptico $\dfrac{x^2}{a^2} + \dfrac{y^2}{b^2} = \dfrac{z}{c}$	$\bar{z} = \dfrac{2c}{3}$	$I_{xx} = \dfrac{1}{6}mb^2 + \dfrac{1}{2}mc^2$ $I_{yy} = \dfrac{1}{6}ma^2 + \dfrac{1}{2}mc^2$ $I_{zz} = \dfrac{1}{6}m(a^2 + b^2)$ $\bar{I}_{xx} = \dfrac{1}{6}m\left(b^2 + \dfrac{1}{3}c^2\right)$ $\bar{I}_{yy} = \dfrac{1}{6}m\left(a^2 + \dfrac{1}{3}c^2\right)$
Tetraedro retangular	$\bar{x} = \dfrac{a}{4}$ $\bar{y} = \dfrac{b}{4}$ $\bar{z} = \dfrac{c}{4}$	$I_{xx} = \dfrac{1}{10}m(b^2 + c^2)$ $I_{yy} = \dfrac{1}{10}m(a^2 + c^2)$ $I_{zz} = \dfrac{1}{10}m(a^2 + b^2)$ $\bar{I}_{xx} = \dfrac{3}{80}m(b^2 + c^2)$ $\bar{I}_{yy} = \dfrac{3}{80}m(a^2 + c^2)$ $\bar{I}_{zz} = \dfrac{3}{80}m(a^2 + b^2)$
Meio toro	$\bar{x} = \dfrac{a^2 + 4R^2}{2\pi R}$	$I_{xx} = I_{yy} = \dfrac{1}{2}mR^2 + \dfrac{5}{8}ma^2$ $I_{zz} = mR^2 + \dfrac{3}{4}ma^2$

TABELA D/5 — Fatores de Conversão; Unidades SI

Unidades Usuais nos EUA para Unidades SI

Para converter de	Para	Multiplicar por
(Aceleração)		
pé/segundo^2 (ft/sec^2)	metro/segundo^2 (m/s^2)	$3{,}048 \times 10^{-1}$*
polegada/segundo^2 (in/sec^2)	metro/segundo^2 (m/s^2)	$2{,}54 \times 10^{-2}$*
(Área)		
pé^2 (ft^2)	metro^2	$9{,}2903 \times 10^{-2}$
polegada^2 (in^2)	metro^2	$6{,}4516 \times 10^{-4}$*
(Massa específica)		
libra-massa/polegada^3 (lbm/in^3)	quilograma/metro^3 (kg/m^3)	$2{,}7680 \times 10^4$
libra-massa/pé^3 (lbm/ft^3)	quilograma/metro^3 (kg/m^3)	$1{,}6018 \times 10$
(Força)		
quilo-libra-força (1000 lbf)	newton (N)	$4{,}4482 \times 10^3$
libra-força (lbf)	newton (N)	$4{,}4482$
(Comprimento)		
pé (ft)	metro (m)	$3{,}048 \times 10^{-1}$*
polegada (in)	metro (m)	$2{,}54 \times 10^{-2}$*
milha (mi), (padrão EUA)	metro (m)	$1{,}6093 \times 10^3$
milha (mi), (náutica internacional)	metro (m)	$1{,}852 \times 10^3$*
(Massa)		
libra-massa (lbm)	quilograma (kg)	$4{,}5359 \times 10^{-1}$
slug (lbf-sec^2/ft)	quilograma (kg)	$1{,}4594 \times 10$
ton (2000 lbm)	quilograma (kg)	$9{,}0718 \times 10^2$
(Momento de força)		
libra-força-pé (lbf-ft)	newton-metro (N · m)	$1{,}3558$
libra-força-polegada (lbf-in)	newton-metro (N · m)	$0{,}1129\ 8$
(Momento de inércia de área)		
polegada^4 (in^4)	metro^4 (m^4)	$41{,}623 \times 10^{-8}$
(Momento de inércia de massa)		
libra-massa-pé-segundo^2 (lbm-ft-sec^2)	quilograma-metro^2 (kg · m^2)	$1{,}3558$
(Momento linear)		
libra-massa-pé-segundo (lbf-ft-sec)	quilograma-metro/segundo (kg · m/s)	$4{,}4482$
(Momento angular)		
libra-massa-pé-segundo (lbm-ft-sec)	newton-metro-segundo (kg · m^2/s)	$1{,}3558$
(Potência)		
Pé-libra-força-minuto (ft-lbf/min)	watt (W)	$2{,}2597 \times 10^{-2}$
horsepower (550 ft-lbf/sec)	watt (W)	$7{,}4570 \times 10^2$
(Pressão, tensão)		
Atmosfera (padrão) (14,7 lbf/in^2)	newton/metro^2 (N/m^2 ou Pa)	$1{,}0133 \times 10^5$
libra-força/pé^2 (lbf/ft^2)	newton/metro^2 (N/m^2 ou Pa)	$4{,}7880 \times 10$
libra-força/polegada^2 (lbf/in^2 ou psi)	newton/metro^2 (N/m^2 ou Pa)	$6{,}8948 \times 10^3$
(Constante de mola)		
libra-força/polegada (lbf/in)	newton/metro (N/m)	$1{,}7513 \times 10^2$
(Velocidade)		
pé/segundo (ft/sec)	metro/segundo (m/s)	$3{,}048 \times 10^{-1}$*
nó (milha náutica/h)	metro/segundo (m/s)	$5{,}1444 \times 10^{-1}$*
milha/hora (mi/h)	metro/segundo (m/s)	$4{,}4704 \times 10^{-1}$*
milha/hora (mi/h)	quilômetro/hora (km/h)	$1{,}6093$
(Volume)		
pé^3 (ft^3)	metro^3 (m^3)	$2{,}8317 \times 10^{-2}$
polegada^3 (in^3)	metro^3 (m^3)	$1{,}6387 \times 10^{-5}$
(Trabalho, Energia)		
Unidade térmica britânica (BTU)	joule (J)	$1{,}0551 \times 10^3$
pé-libra-força (ft-lbf)	joule (J)	$1{,}3558$
quilowatt-hora (kw-h)	joule (J)	$3{,}60 \times 10^6$*

*Valor exato.

(continua)

APÊNDICE D | Tabelas Úteis **195**

TABELA D/5 Fatores de Conversão; Unidades SI (*continuação*)

Unidades SI Usadas em Mecânica

Quantidade	Unidade	Símbolo SI
(*Unidades de base*)		
Comprimento	metro*	m
Massa	quilograma	kg
Tempo	segundo	s
(*Unidades derivadas*)		
Aceleração linear	metro/segundo^2	m/s^2
Aceleração angular	radiano/segundo^2	rad/s^2
Área	metro^2	m^2
Massa específica	quilograma/metro^3	kg/m^3
Força	newton	N (=kg · m/s^2)
Frequência	hertz	Hz (=1/s)
Impulso linear	newton-segundo	N · s
Impulso angular	newton-metro-segundo	N · m · s
Momento de força	newton-metro	N · m
Momento de inércia de área	metro^4	m^4
Momento de inércia de massa	quilograma-metro^2	kg · m^2
Quantidade de movimento linear	quilograma-metro/segundo	kg · m/s (=N · s)
Quantidade de movimento angular	quilograma-metro^2/segundo	kg · m^2/s (=N · m · s)
Potência	watt	W (=J/s = N · m/s)
Pressão, tensão	pascal	Pa (=N/m^2)
Produto de inércia de área	metro^4	m^4
Produto de inércia de massa	quilograma-metro^2	kg · m^2
Constante de mola	newton/metro	N/m
Velocidade linear	metro/segundo	m/s
Velocidade angular	radiano/segundo	rad/s
Volume	metro^3	m^3
Trabalho, energia	joule	J (=N · m)
(*Unidades Suplementares e Outras Unidades Aceitas*)		
Distância (navegação)	milha náutica	(=1,852 km)
Massa	tonelada (métrica)	t (=1000 kg)
Ângulo Plano	grau (decimal)	°
Ângulo Plano	radiano	—
Velocidade	nó	(1,852 km/h)
Tempo	dia	d
Tempo	hora	h
Tempo	minuto	min

*Também se pronunciam em inglês *metre*.

Prefixos de Unidades SI

Fator de Multiplicação	Prefixo	Símbolo
1 000 000 000 000 = 10^{12}	tera	T
1 000 000 000 = 10^9	giga	G
1 000 000 = 10^6	mega	M
1 000 = 10^3	kilo	k
100 = 10^2	hecto	h
10 = 10	deca	da
0,1 = 10^{-1}	deci	d
0,01 = 10^{-2}	centi	c
0,001 = 10^{-3}	milli	m
0,000 001 = 10^{-6}	micro	μ
0,000 000 001 = 10^{-9}	nano	n
0,000 000 000 001 = 10^{-12}	pico	p

Regras Selecionadas para Escrever Quantidades Métricas

1. (a) Use prefixos para manter valores numéricos, geralmente, entre 0,1 e 1000
   (b) O uso dos prefixos hecto, deca e centi devem ser, geralmente, evitados, exceto para certas áreas ou volumes para os quais os números não se mostram estranhos
   (c) Use prefixos apenas no numerador de unidades combinadas. A única exceção é a unidade de base quilograma. (*Exemplo*: escreva kN/m em vez de N/mm; J/kg ao invés de mJ/g)
   (d) Evite prefixos dobrados. (*Exemplo*: escreva GN ao invés de kMN)
2. Designações de unidade
   (a) Use um ponto para multiplicação de unidade. (Exemplo: escreva N · m em vez de Nm)
   (b) Evite sólidos duplos ambíguos. (*Exemplo*: escreva N/m^2 em vez de N/m/m)
   (c) Expoentes se referem a toda a unidade. (Exemplo: mm^2 significam (mm)^2)
3. Agrupamento de unidade
   Use um espaço em vez de uma vírgula para separar números em grupos de três, contando do ponto decimal em ambos os sentidos. (*Exemplo*: 4 607 321,048 72) O espaço pode ser omitido para números de quatro algarismos. (*Exemplo*: 4296 ou 0,0476).

Problemas

Capítulo 1

* Problemas orientados para solução computacional
▶ Problemas difíceis

Problemas para as Seções 1/1-1/9

1/1 Determine os ângulos feitos pelo vetor $\mathbf{V} = 40\mathbf{i} - 30\mathbf{j}$ com o eixo positivo dos x e dos y. Escreva o vetor unitário $\mathbf{n}$ na direção de $\mathbf{V}$.

1/2 Determine o valor da soma vetorial $\mathbf{V} = \mathbf{V}_1 + \mathbf{V}_2$ e do ângulo θ_x que $\mathbf{V}$ faz com o eixo positivo x. Complete tanto a solução gráfica quanto a algébrica.

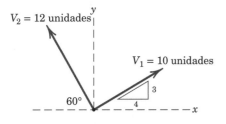

PROBLEMA 1/2

1/3 Para os vetores $\mathbf{V}_1$ e $\mathbf{V}_2$ do Probl. 1/2, determine o módulo da diferença vetorial $\mathbf{V}' = \mathbf{V}_2 - \mathbf{V}_1$ e o ângulo θ_x que $\mathbf{V}'$ faz com o eixo positivo x. Complete tanto a solução gráfica quanto a algébrica.

1/4 Uma força é especificada pelo vetor $\mathbf{F} = 160\mathbf{i} + 80\mathbf{j} - 120\mathbf{k}$ N. Calcule os ângulos entre $\mathbf{F}$ e os eixos positivos x, y e z.

1/5 Qual é a massa de um carro de 3000 lbm tanto em slugs quanto em quilogramas?

1/6 A partir da lei da gravidade, calcule o peso W (força gravitacional relativa à Terra) de um homem de 85 kg em uma espaçonave viajando em órbita circular 250 km acima da superfície da Terra. Expresse W tanto em newtons quanto em libras-força.

1/7 Determine o peso em newtons de uma mulher cujo peso em libras-força é 125. Determine, também, sua massa em slugs e em quilogramas. Determine seu próprio peso em newtons.

1/8 Suponha que duas quantidades adimensionais são exatamente $A = 8,67$ e $B = 1,429$. Usando as regras para algarismos significativos conforme indicado neste capítulo, expresse as quatro quantidades $(A + B)$, $(A - B)$, (AB) e (A/B).

1/9 Calcule a intensidade da força F que a Terra exerce sobre a Lua. Execute o cálculo primeiro em newtons e depois converta o resultado para libras-força. Consulte a Tabela D/2 para as quantidades físicas necessárias.

PROBLEMA 1/9

1/10 Determine a pequena força gravitacional $\mathbf{F}$ que a esfera de cobre exerce sobre a esfera de aço. Ambas as esferas são homogêneas e têm raio $r = 50$ mm. Expresse seu resultado como um vetor.

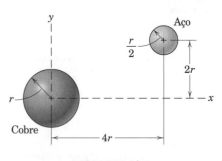

PROBLEMA 1/10

1/11 Calcule a expressão $E = 3\,\text{sen}^2\theta\,\text{tg}\,\theta\,\cos\theta$ para $\theta = 2°$. Depois, use as hipóteses de ângulos pequenos e repita o cálculo.

1/12 Uma expressão geral é dada por $Q = kmbc/t^2$, em que k é uma constante adimensional, m é massa, b e c são comprimentos e t é o tempo. Determine Q tanto no sistema SI quanto no sistema de unidades U.S., certificando-se de usar as unidades de base em cada sistema.

Capítulo 2

* Problemas orientados para solução computacional
▶ Problemas difíceis

Problemas para as Seções 2/1-2/3

Problemas Introdutórios

2/1 A força **F** tem intensidade de 600 N. Expresse **F** como um vetor, em termos dos vetores unitários **i** e **j**. Identifique os componentes escalares de **F** em x e y.

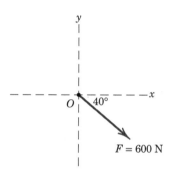

PROBLEMA 2/1

2/2 A intensidade da força **F** é 400 N. Expresse **F** como um vetor, em termos dos vetores unitários **i** e **j**. Identifique os componentes escalares e vetoriais de **F**.

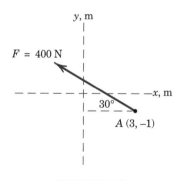

PROBLEMA 2/2

2/3 A inclinação da força **F** de 6,5 kN está especificada como mostrado na figura. Expresse **F** como um vetor, em termos dos vetores unitários **i** e **j**.

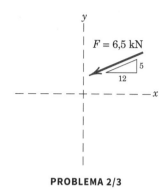

PROBLEMA 2/3

2/4 A linha de ação da força **F** de 34 kN passa pelos pontos A e B, como mostrado na figura. Determine os componentes escalares x e y de **F**.

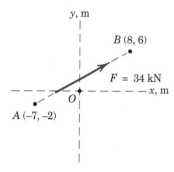

PROBLEMA 2/4

2/5 A haste de controle AP exerce uma força **F** sobre o setor angular conforme indicado. Determine ambos os componentes x-y e n-t da força.

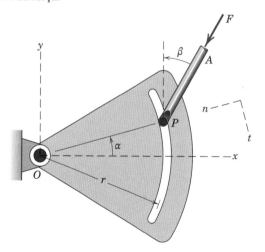

PROBLEMA 2/5

198 Problemas para as Seções 2/1-2/3

2/6 Duas forças são aplicadas ao suporte de construção, como mostrado. Determine o ângulo θ, que faz com que a resultante das duas forças seja vertical. Determine o módulo R da resultante.

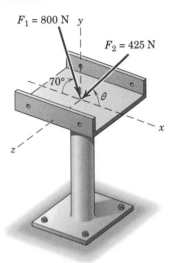

PROBLEMA 2/6

2/7 Dois indivíduos estão tentando realocar um sofá aplicando forças nas direções indicadas. Se $F_1 = 500$ N e $F_2 = 350$ N, determine a expressão vetorial para a resultante **R** das duas forças. Depois, determine a intensidade da resultante e o ângulo que faz com o eixo x positivo.

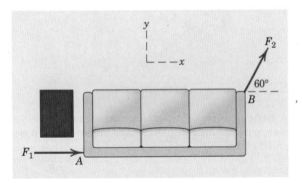

PROBLEMA 2/7

2/8 Sabe-se que o componente y da força **F** que uma pessoa exerce sobre o cabo de uma chave de estrias é 320 N. Determine o componente x e a intensidade de **F**.

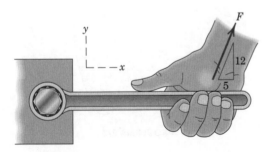

PROBLEMA 2/8

2/9 Determine os componentes x-y e n-t da força F de 65 kN atuando sobre a viga simplesmente apoiada.

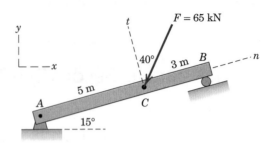

PROBLEMA 2/9

Problemas Representativos

2/10 Os dois elementos estruturais, um sob tração e o outro sob compressão, exercem as forças indicadas no nó O. Determine o módulo da resultante R das duas forças e o ângulo θ que R faz com o eixo x positivo.

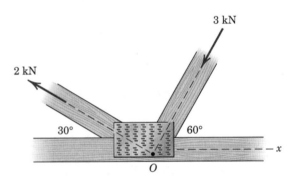

PROBLEMA 2/10

2/11 Os cabos de sustentação AB e AC estão presos no topo da torre de transmissão. A força trativa no cabo AB vale 8 kN. Determine a força trativa T necessária no cabo AC, tal que o efeito resultante das duas forças trativas nos cabos seja uma força direcionada para baixo no ponto A. Determine o módulo R desta força descendente.

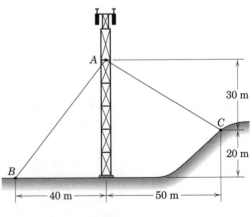

PROBLEMA 2/11

2/12 Se as forças de tração T iguais no cabo da polia são de 400 N, expresse em notação vetorial a força **R** exercida sobre a polia pelas duas forças. Determine a intensidade de **R**.

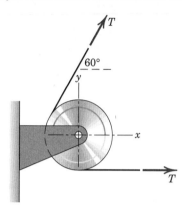

PROBLEMA 2/12

2/13 Uma força **F** de intensidade 800 N é aplicada ao ponto C de uma barra AB conforme indicado. Determine ambos os componentes x-y e n-t de **F**.

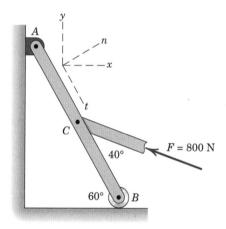

PROBLEMA 2/13

2/14 As duas forças indicadas atuam no plano x-y da seção transversal da viga T. Como se sabe que a resultante **R** das duas forças tem uma intensidade de 3,5 kN e uma linha de ação que faz 15° acima do eixo x negativo, determine a intensidade de $\mathbf{F}_1$ e a inclinação θ de $\mathbf{F}_2$.

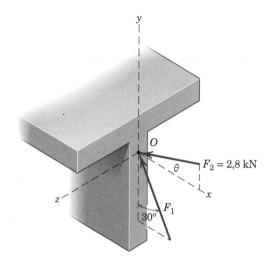

PROBLEMA 2/14

2/15 Determine os componentes x e y da força trativa T que é aplicada no ponto A da barra OA. Despreze os efeitos da pequena polia em B. Admita que r e θ são conhecidos.

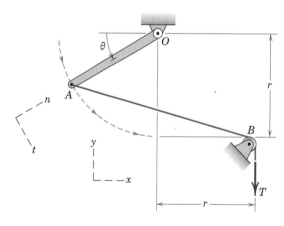

PROBLEMA 2/15

2/16 Consulte o mecanismo do problema anterior. Determine uma expressão geral para os componentes n e t da força trativa T aplicada no ponto A. Em seguida, avalie sua expressão para $T = 100$ N e $\theta = 35°$.

2/17 A razão entre a força de sustentação L e a força de arraste D para o aerofólio simples é $L/D = 10$. Calcule o módulo da força resultante **R** e o ângulo θ que ele faz com a horizontal, se a força de sustentação em uma seção curta de aerofólio for de 200 N.

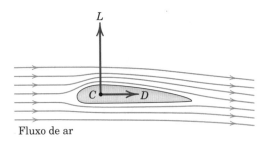

PROBLEMA 2/17

2/18 Determine a resultante **R** das duas forças aplicadas no suporte. Descreva **R** em termos de vetores unitários ao longo dos eixos x e y mostrados.

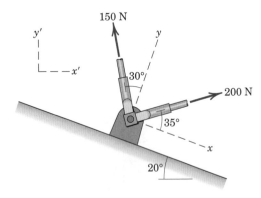

PROBLEMA 2/18

2/19 Uma folha de um compósito experimental é submetida a um teste simples de tração para determinar sua resistência ao longo de uma direção particular. O compósito é reforçado por fibras de Kevlar conforme indicado. No detalhe ampliado está indicada a direção de aplicação da força de tração **F** em relação à direção das fibras no ponto A. Se a intensidade de **F** é 2,5 kN, determine os componentes F_a e F_b da força **F** ao longo dos eixos oblíquos a e b. Determine, também, as projeções P_a e P_b de **F** sobre os eixos a-b.

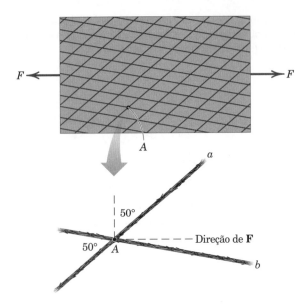

PROBLEMA 2/19

2/20 Determine os componentes escalares R_a e R_b da força **R** ao longo dos eixos não retangulares a e b. Determine também a projeção ortogonal P_a de **R** sobre o eixo a.

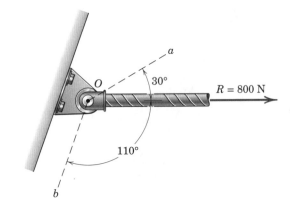

PROBLEMA 2/20

2/21 Determine os componentes F_a e F_b com força de 4 kN ao longo dos eixos oblíquos a e b. Determine as projeções de P_a e P_b de **F** sobre os eixos a e b.

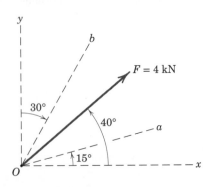

PROBLEMA 2/21

2/22 Se a projeção P_a e o componente F_b da força **F** sobre os eixos a e b são ambos 325 N, determine a intensidade de F e a orientação θ do eixo b.

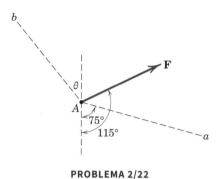

PROBLEMA 2/22

2/23 Deseja-se remover o pino da madeira pela aplicação de uma força ao longo de seu eixo horizontal. Um obstáculo A impede um acesso direto, de modo que duas forças, uma de 1,6 kN e a outra **P**, são aplicadas por cabos, como mostrado. Calcule o módulo de **P** necessário para assegurar uma resultante **T** direcionada ao longo do pino. Encontre também T.

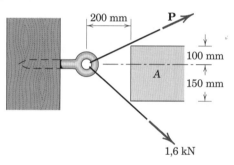

PROBLEMA 2/23

2/24 Em que ângulo θ deve ser aplicada uma força de 400 N para que a resultante **R** das duas forças tenha um módulo de 1000 N? Para essa condição, qual será o ângulo β entre **R** e a horizontal?

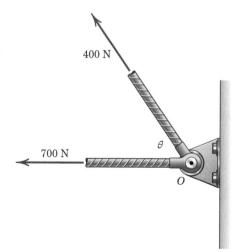

PROBLEMA 2/24

2/25 Em um redutor mecânico, a potência deve ser transferida do pinhão A para a engrenagem de saída C. Por causa dos requisitos para o movimento de saída e de limitações de espaço, foi introduzida uma engrenagem intermediária B. Uma análise de forças determinou que a força total de contato entre cada par de dentes engrenados tem intensidade $F_n = 5500$ N e essas forças são representadas atuando na engrenagem intermediária B. Determine a intensidade da resultante **R** das duas forças em contato atuando sobre a engrenagem intermediária. Use uma solução gráfica e uma solução vetorial.

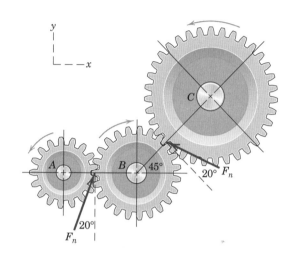

PROBLEMA 2/25

2/26 No projeto de um robô para colocar, sem folga, a pequena parte cilíndrica em um furo circular, o braço do robô deve exercer uma força P de 90 N na peça, paralelamente ao eixo do furo, como mostrado. Determine os componentes da força que a peça exerce sobre o robô ao longo dos eixos (a) paralelo e perpendicular ao braço AB e (b) paralelo e perpendicular ao braço BC.

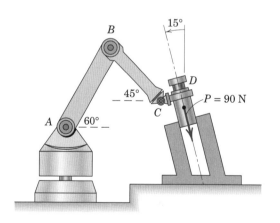

PROBLEMA 2/26

Problemas para a Seção 2/4

Problemas Introdutórios

2/27 A força F de 4 kN é aplicada no ponto A. Calcule o momento de **F** em relação ao ponto O, expressando em valores escalar e como vetor. Determine as coordenadas dos pontos nos eixos x e y em relação aos quais o momento de **F** vale zero.

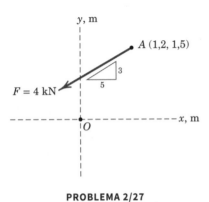

PROBLEMA 2/27

2/28 A força com intensidade F atua ao longo da aresta de uma placa triangular. Determine o momento de **F** em torno do ponto O.

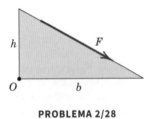

PROBLEMA 2/28

2/29 Determine os momentos da força de 800 N em torno do ponto A e em torno do ponto O.

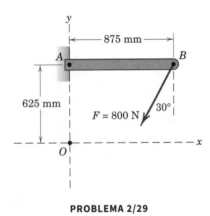

PROBLEMA 2/29

2/30 Calcule o momento da força de 250 N na manopla da chave inglesa em relação ao centro do parafuso.

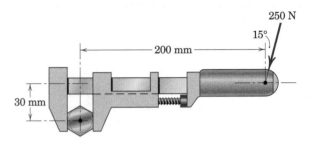

PROBLEMA 2/30

2/31 Um dispositivo experimental impõe uma força de intensidade $F = 225$ N à borda da frente de um aro em A para simular o efeito de uma bola enterrada. Determine os momentos da força F em torno do ponto O e em torno do ponto B. Finalmente, localize, a partir da base em O, um ponto C sobre o solo, em torno do qual a força imponha um momento nulo.

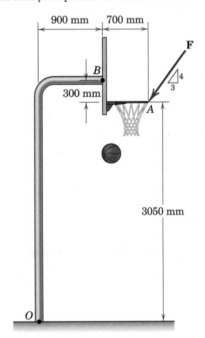

PROBLEMA 2/31

2/32 A força **F** de módulo 60 N é aplicada à engrenagem. Determine o momento de **F** sobre o ponto O.

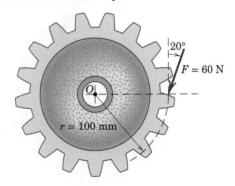

PROBLEMA 2/32

2/33 O pé-de-cabra é usado para remover o prego, como mostrado. Determine o momento da força de 240 N sobre o ponto de contato O entre a alavanca e o pequeno bloco de apoio.

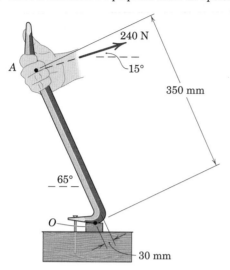

PROBLEMA 2/33

Problemas Representativos

2/34 Uma visão superior de uma porta está indicada. Se a força compressiva F atuando no braço articulado da mola hidráulica de fechamento é 75 N com a orientação indicada, determine o momento desta força em torno do eixo O da articulação.

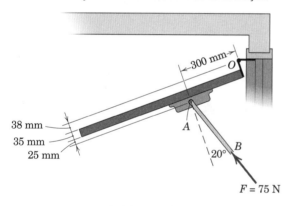

PROBLEMA 2/34

2/35 A força **P** de 30 N é aplicada perpendicularmente à parte BC da barra dobrada. Determine o momento **P** sobre o ponto B e sobre o ponto A.

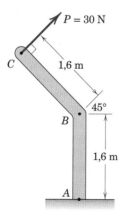

PROBLEMA 2/35

2/36 Um homem exerce uma força F em A sobre o cabo de um carrinho de mão estacionário. A massa do carrinho em conjunto com a carga de entulho é 85 kg, com centro de massa em G. Para a configuração indicada, qual força F deve ser aplicada pelo homem em A para fazer o momento em torno do ponto B de contato do pneu com o solo ser igual a zero?

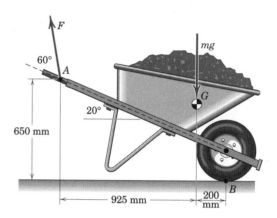

PROBLEMA 2/36

2/37 Um puxão T de 150 N é a aplicado a uma corda que está enrolada seguramente ao redor do cubo interno de um tambor. Determine o momento de T em torno do centro do tambor C. Em qual ângulo θ deveria-se aplicar T para que o momento em torno do ponto de contato P seja zero?

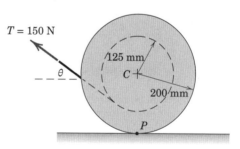

PROBLEMA 2/37

2/38 À medida que um *trailer* é puxado para a frente, a força F = 500 N é aplicada à esfera do reboque do *trailer*, como mostrado. Determine o momento dessa força em relação ao ponto O.

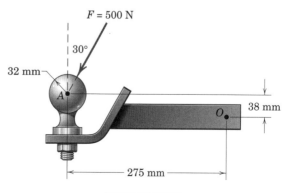

PROBLEMA 2/38

2/39 Determine a expressão geral para os momentos de F em torno (a) do ponto B e (b) em torno do ponto O. Avalie sua expressão para $F = 750$ N, $R = 2{,}4$ m e $\theta = 30°$ e $\phi = 15°$.

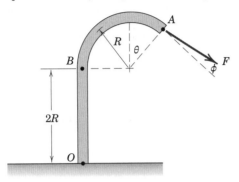

PROBLEMA 2/39

2/40 O cabo AB suporta uma tensão de 400 N. Determine o momento desta tensão sobre O, tal como aplicado ao ponto A da barra delgada.

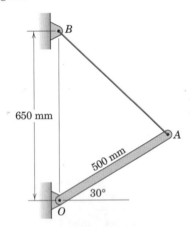

PROBLEMA 2/40

2/41 Ao elevar o poste da posição indicada, a força de tração T no cabo deve gerar um momento em torno de O de 72 kN · m. Determine T.

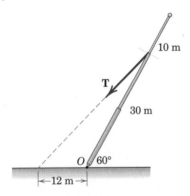

PROBLEMA 2/41

2/42 A região lombar inferior A da espinha dorsal é a parte da coluna vertebral mais suscetível ao abuso quando resiste à flexão excessiva, causada pelo momento sobre o ponto A de uma força F. Para os valores dados de F, b e h, determine o ângulo θ que causa as tensões de flexão mais severas.

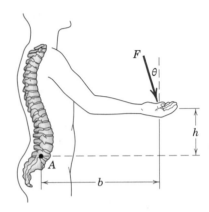

PROBLEMA 2/42

2/43 Um portão é mantido na posição indicada pelo cabo AB. Se a força de tração no cabo é 6,75 kN, determine o momento $\mathbf{M}_O$ da força de tração (quando aplicada no ponto A) em relação ao ponto O em torno do qual o portão pivota.

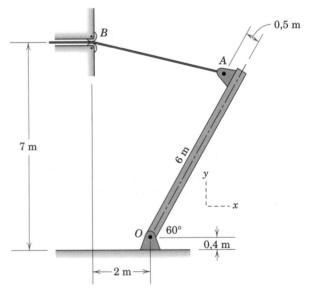

PROBLEMA 2/43

2/44 Elementos do braço são mostrados na figura. A massa do antebraço é de 2,3 kg, com centro de massa em G. Determine o momento combinado em relação ao cotovelo em O dos pesos do antebraço e da esfera homogênea de 3,6 kg. Qual deve ser a força trativa no bíceps, de modo que o momento total em relação a O seja zero?

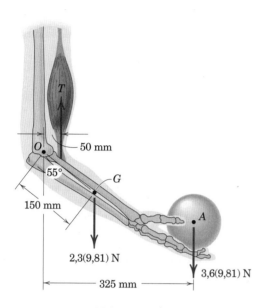

PROBLEMA 2/44

2/45 Calcule o momento M_A de uma força de 200 N em torno do ponto A utilizando três métodos escalares e um método vetorial.

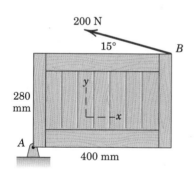

PROBLEMA 2/45

2/46 Um pequeno guindaste é montado na lateral da caçamba de uma caminhonete e facilita o manuseio de cargas pesadas. Quando o ângulo de elevação da lança vale $\theta = 40°$, a força no cilindro hidráulico BC vale 4,5 kN e esta força, aplicada no ponto C, está no sentido de B para C (o cilindro está em compressão). Determine o momento desta força de 4,5 kN em relação ao ponto de rotação O da lança.

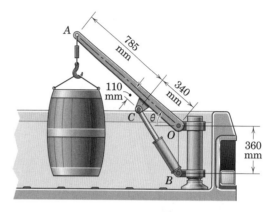

PROBLEMA 2/46

2/47 A força de 120 N é aplicada a uma extremidade da chave curva, como mostrado. Se $\alpha = 30°$, calcule o momento de F em relação ao centro O do parafuso. Determine o valor de α que maximizaria o momento em relação a O. Dê o valor deste momento máximo.

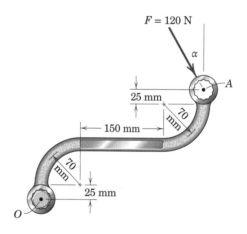

PROBLEMA 2/47

2/48 O mecanismo indicado é utilizado para acomodar pessoas deficientes em uma banheira de hidromassagem para tratamento terapêutico. Na configuração descarregada, o peso da longarina e da cadeira dependurada induz uma força compressiva de 575 N no cilindro hidráulico AB. (Compressiva significa que a força que o cilindro AB exerce no ponto B está direcionada de A para B.) Se $\theta = 30°$, determine o momento da força deste cilindro atuando no pino B em torno (a) do ponto O e (b) do ponto C.

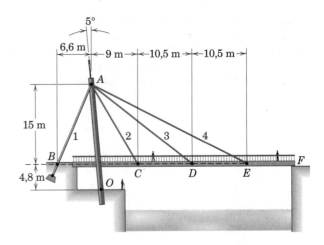

PROBLEMA 2/49

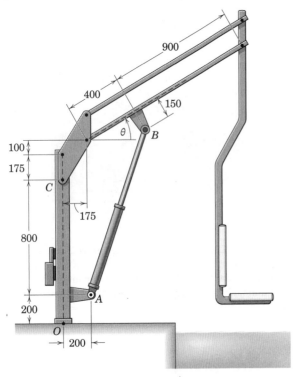

Dimensões em milímetros

PROBLEMA 2/48

2/49 O arranjo com suporte assimétrico é adotado para uma ponte de pedestres em razão de as condições na extremidade direita F não permitirem uma torre de sustentação e ancoramentos. Durante um teste, as forças de tração nos cabos 2, 3 e 4 são todas ajustadas para o mesmo valor T. Se o momento combinado das forças de tração em todos os quatro cabos em torno do ponto O deve ser zero, qual deveria ser o valor T_1 da força de tração no cabo 1? Determine o valor correspondente da força de compressão P em O resultante das quatro forças de tração aplicadas em A. Despreze o peso da torre.

*2/50 A mulher mantém um movimento lento e permanente ao longo dos 135° de curso indicado enquanto exercita seu músculo tríceps. Para esta condição, a força de tração no cabo pode ser considerada constante em $mg = 50$ N. Determine o momento M da força de tração no cabo quando aplicado em A em torno da articulação O no cotovelo e trace um gráfico deste momento ao longo do intervalo $0 \le \theta \le 135°$. Determine o valor máximo de M e o valor de θ para o qual ocorre.

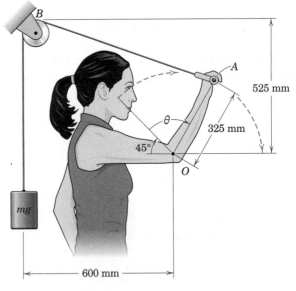

PROBLEMA 2/50

Problemas para a Seção 2/5

Problemas Introdutórios

2/51 Calcule o momento combinado de duas forças de 400 N em relação ao (a) ponto O e (b) ponto A.

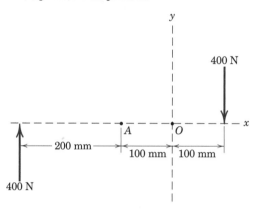

PROBLEMA 2/51

2/52 O rodízio é submetido ao par de forças de 400 N indicado. Determine o momento associado a essas forças.

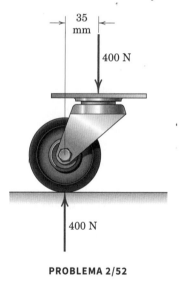

PROBLEMA 2/52

2/53 Para $F = 300$ N, calcule o momento combinado das duas forças em torno do (a) ponto O, (b) ponto C e (c) ponto D.

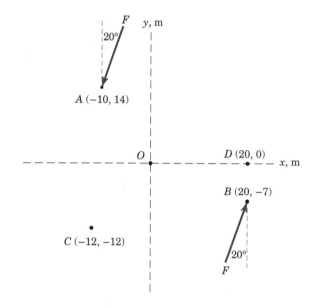

PROBLEMA 2/53

2/54 O sistema conjugado de força e momento indicado é aplicado a um pequeno eixo no centro da placa. Substitua esse sistema por uma força única e especifique as coordenadas do ponto sobre o eixo x através do qual a linha de ação desta força resultante passa.

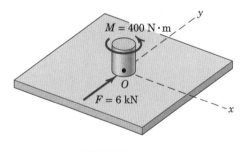

PROBLEMA 2/54

2/55 Substitua a força de 12 kN atuando no ponto A por um sistema força-binário no (a) ponto O e (b) ponto B.

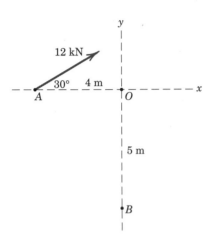

PROBLEMA 2/55

2/56 A vista de topo de uma porta giratória é mostrada. Duas pessoas se aproximam simultaneamente da porta e exercem forças de módulo igual, como mostrado. Se o momento resultante em relação ao eixo de rotação da porta em O vale 25 N · m, determine o módulo da força F.

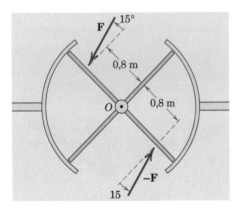

PROBLEMA 2/56

2/57 Como parte de um teste, os dois motores de um avião são acelerados e as inclinações das hélices são ajustadas de modo a resultar em um empuxo para a frente e para trás, como mostrado. Que força F deve ser exercida pelo chão em cada uma das duas rodas principais freadas em A e B para se opor ao efeito giratório dos empuxos das duas hélices? Despreze quaisquer efeitos da roda do nariz, C, que está girada em 90° e não está freada.

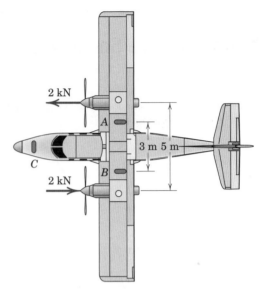

PROBLEMA 2/57

2/58 A viga em balanço W530 × 150 indicada está submetida a uma força F de 8 kN aplicada por meio de uma placa soldada em A. Determine o sistema conjugado da força equivalente no centroide da seção transversal da viga no engaste O.

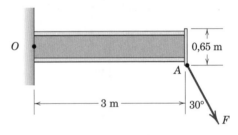

PROBLEMA 2/58

2/59 Cada hélice de um navio de duas hélices desenvolve um empuxo de 300 kN na velocidade máxima. Ao manobrar o navio, uma hélice está girando a toda velocidade para a frente e a outra, a toda velocidade no sentido reverso. Que empuxo P cada rebocador deve exercer no navio para contrabalançar o efeito das hélices?

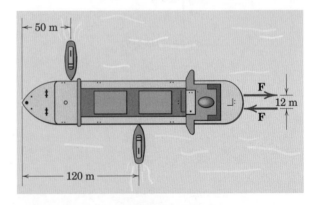

PROBLEMA 2/59

Problemas Representativos

2/60 Uma chave de roda é usada para apertar um parafuso de cabeça quadrada. Se forças de 250 N forem aplicadas à chave, como mostrado, determine o módulo F das forças iguais exercidas nos quatro pontos de contato na cabeça de 25 mm do parafuso, de modo que seu efeito externo sobre o parafuso seja equivalente ao das duas forças de 250 N. Considere que as forças são perpendiculares aos lados planos da cabeça do parafuso.

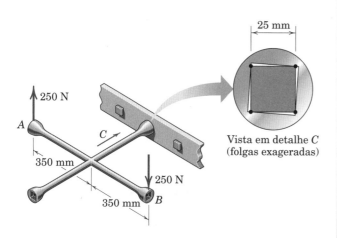

PROBLEMA 2/60

2/61 A força F é aplicada à extremidade do braço ACD, que está montado sobre um poste vertical. Substitua essa força única F por um sistema força-conjugado equivalente em B. Em seguida, redistribua essa força e o conjugado por meio da sua substituição por duas forças atuando na mesma direção de F, uma em C e outra em D, e determine as forças suportadas pelos dois parafusos de cabeça hexagonal. Utilize valores de $F = 425$ N, $\theta = 30°$, $b = 1,9$ m, $d = 0,2$ m, $h = 0,8$ m e $l = 2,75$ m.

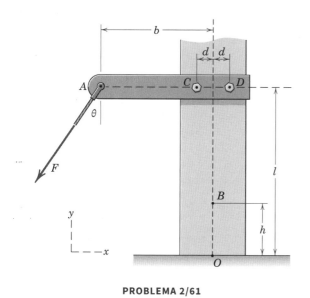

PROBLEMA 2/61

2/62 Uma vista superior da porção de uma máquina para exercícios está indicada. Se a força de tração no cabo é $T = 780$ N, determine o sistema força-conjugado equivalente (a) no ponto B e (b) no ponto O. Registre suas respostas no formato vetorial.

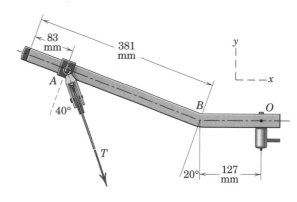

PROBLEMA 2/62

2/63 Calcule o momento M_B da força de 900 N em torno do parafuso em B. Simplifique seu trabalho, primeiro, substituindo a força por seu sistema equivalente força-conjugado em A.

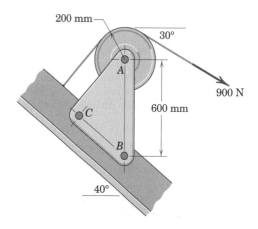

PROBLEMA 2/63

2/64 A força F é aplicada à máquina de exercícios para extensão da perna conforme indicado. Determine o sistema equivalente força-conjugado no ponto O. Utilize valores de $F = 520$ N, $b = 450$ mm, $h = 215$ mm, $r = 325$ mm, $\theta = 15°$ e $\phi = 10°$.

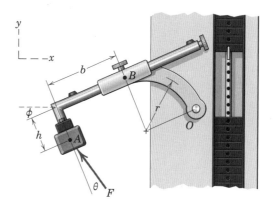

PROBLEMA 2/64

2/65 O sistema consistindo na barra OA, duas polias idênticas e uma fita fina está submetido às duas forças trativas de 180 N, como mostrado na figura. Determine o sistema força-binário equivalente no ponto O.

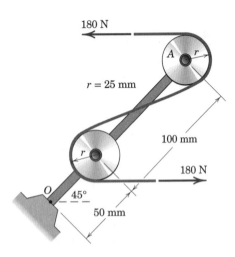

PROBLEMA 2/65

2/66 O dispositivo mostrado é uma peça de um mecanismo de liberação do encosto de um banco de automóvel. A peça é submetida a uma força de 4 N exercida em A e um momento de 300 N · mm exercido por uma mola de torção escondida. Determine a interseção com o eixo y da linha de ação da força única equivalente.

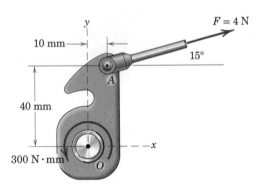

PROBLEMA 2/66

2/67 Substitua as duas forças de tração nos cabos que atuam sobre a polia em O do carrinho de ponte rolante por duas forças paralelas que atuam sobre as conexões da roda de tração em A e B.

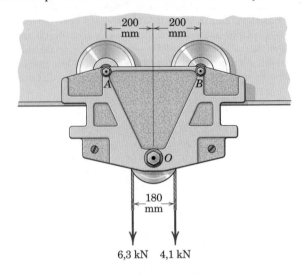

PROBLEMA 2/67

2/68 A força F atua ao longo da linha MA, em que M é o ponto médio do raio ao longo do eixo x. Determine o sistema força-binário equivalente no ponto O, se $\theta = 40°$.

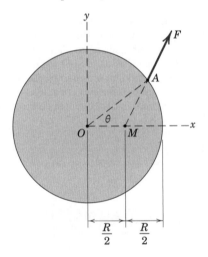

PROBLEMA 2/68

Problemas para a Seção 2/6

Problemas Introdutórios

2/69 Calcule a intensidade da força de tração **T** e o ângulo θ para o qual o parafuso com olhal seja submetido à força resultante orientada para baixo de 15 kN.

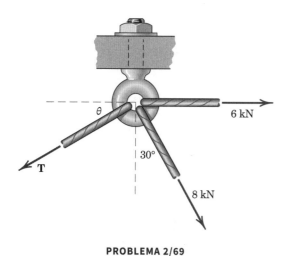

PROBLEMA 2/69

2/70 Determine a intensidade da força F e a direção θ (média em sentido horário a partir do eixo y) que fará com que a resultante **R** das quatro forças aplicadas seja direcionada para a direita com uma intensidade de 9 kN.

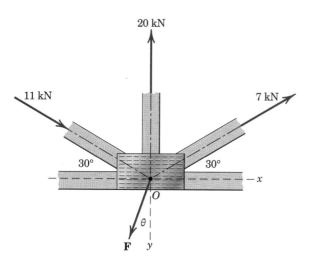

PROBLEMA 2/70

2/71 Substitua as três forças horizontais e o conjugado aplicado por um sistema equivalente força-conjugado em O, especificando a resultante **R** e o conjugado M_O. Em seguida, determine a equação para a linha de ação da força resultante **R** atuando sozinha.

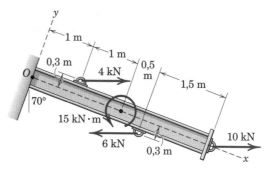

PROBLEMA 2/71

2/72 Determine o sistema força-binário equivalente na origem O para cada um dos três casos de forças sendo aplicadas nas arestas de uma placa quadrada de lado d.

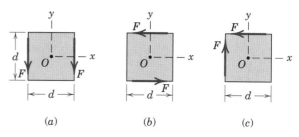

PROBLEMA 2/72

2/73 Determine o sistema força-binário equivalente na origem O para cada um dos três casos de forças sendo aplicadas nas arestas de um hexágono regular de largura d. Substitua esse sistema força-binário por uma única força, se for possível determinar a resultante desse modo.

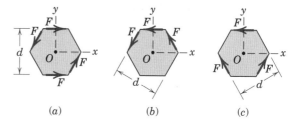

PROBLEMA 2/73

2/74 Determine a altura h acima da base B na qual a resultante das três forças atua.

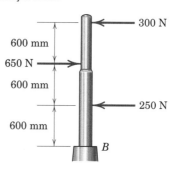

PROBLEMA 2/74

212 Problemas para a Seção 2/6

2/75 Se a resultante das cargas indicadas passa pelo ponto B, determine o sistema força-conjugado equivalente em O.

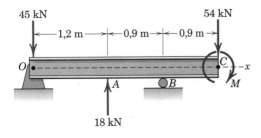

PROBLEMA 2/75

2/76 Determine M se a resultante das duas forças e do momento M passa pelo ponto O.

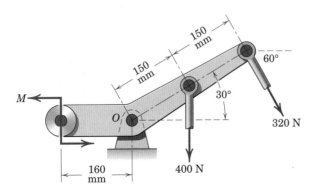

PROBLEMA 2/76

Problemas Representativos

2/77 Se a resultante das forças indicadas passa pelo ponto A, determine a intensidade da força de tração T_2 desconhecida e que atua na polia travada.

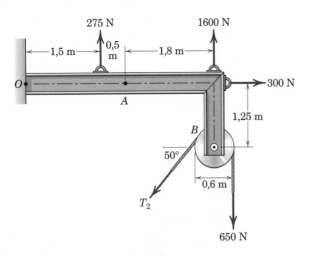

PROBLEMA 2/77

2/78 Substitua as três forças atuando sobre o cano dobrado por uma única força equivalente **R**. Especifique a distância x do ponto O sobre o eixo x pelo qual a linha de ação de **R** passa.

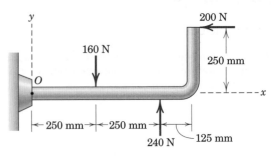

PROBLEMA 2/78

2/79 Quatro pessoas estão tentando mover uma plataforma de palco pelo piso. Se elas exercem as forças horizontais indicadas, determine (a) o sistema equivalente força-conjugado em O e (b) os pontos sobre os eixos x e y pelos quais a linha de ação da força resultante única **R** passa.

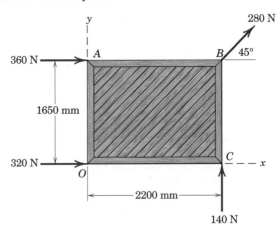

PROBLEMA 2/79

2/80 Na posição de equilíbrio indicada, a resultante das três forças atuando sobre manivela passa pelo ponto O no mancal. Determine a força vertical **P**. O resultado depende de θ?

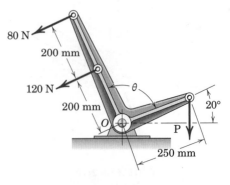

PROBLEMA 2/80

2/81 Condições de terreno irregulares fazem com que a roda esquerda dianteira do veículo com tração integral perca tração com o solo. Se o motorista acionar as outras três rodas para produzir as forças de tração indicadas enquanto seus dois amigos exercem as forças indicadas sobre a periferia do veículo nos pontos E e F, determine a resultante desse sistema e as interseções sobre os eixos x e y de sua linha de ação. Note que bitolas dianteira e traseira do veículo são equivalentes; isto é, $\overline{AD} = \overline{BC}$. Trate o problema como bidimensional e perceba que G permanece sobre a linha de centro do carro.

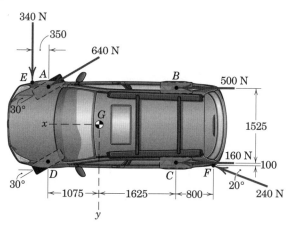

Dimensões em milímetros

PROBLEMA 2/81

2/82 Um avião comercial com quatro turbinas a jato, cada uma produzindo um empuxo à frente de 90 kN, está em voo de cruzeiro, estacionário, quando o motor número 3 falha repentinamente. Determine e localize a resultante dos vetores de empuxo dos três motores remanescentes. Trate este problema como bidimensional.

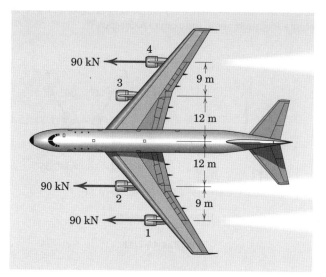

PROBLEMA 2/82

2/83 Determine as interseções x e y da linha de ação da resultante dos três carregamentos aplicados ao conjunto de engrenagens.

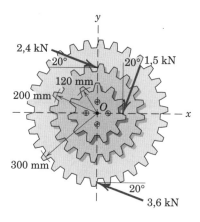

PROBLEMA 2/83

2/84 A treliça assimétrica de telhado é o tipo usado quando se deseja um ângulo de incidência da luz solar quase normal à superfície ABC para fins de geração de energia solar. As cinco cargas verticais representam o efeito dos pesos da treliça e dos materiais do teto suportados. A carga de 400 N representa o efeito da pressão de vento. Determine o sistema força-conjugado equivalente em A. Calcule também a interseção x da linha de ação do sistema resultante tratado como uma única força **R**.

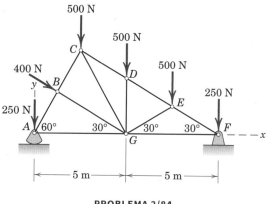

PROBLEMA 2/84

2/85 Para a treliça carregada conforme indicado, determine a equação da linha de ação da resultante **R** que atua sozinha e estabeleça as coordenadas dos pontos sobre os eixos x e y pelos quais a linha de ação passa. Todos os triângulos seguem a proporção 3-4-5.

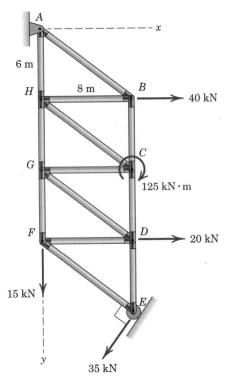

PROBLEMA 2/85

2/86 Cinco forças são aplicadas ao carro de ponte rolante conforme indicado. Determine as coordenadas do ponto sobre o eixo y através do qual passa a linha de ação da resultante **R** que atua sozinha, se $F = 5$ kN e $\theta = 30°$.

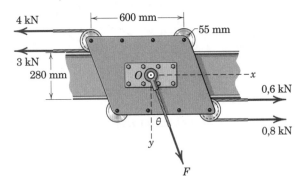

PROBLEMA 2/86

2/87 Como parte de um teste de projeto, a roda dentada de um eixo de comando é fixada e, em seguida, as duas forças mostradas são aplicadas a um comprimento da correia envolto em torno da roda dentada. Encontre a resultante deste sistema de duas forças e determine onde sua linha de ação intercepta ambos os eixos x e y.

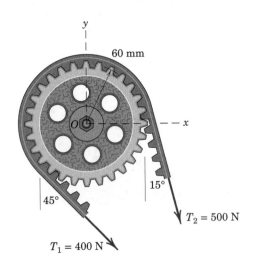

PROBLEMA 2/87

2/88 Um sistema de escapamento para uma caminhonete é mostrado na figura. Os pesos W_h, W_m e W_t do tubo de entrada, abafador e escapamento são 10, 100 e 50 N, respectivamente, e atuam nos pontos indicados. Se o suporte no ponto A está ajustado de modo a exercer uma força trativa F_A de 50 N, determine as forças necessárias nos suportes nos pontos B, C e D de modo que o sistema força-binário no ponto O seja zero. Por que um sistema força-momento nulo em O é desejável?

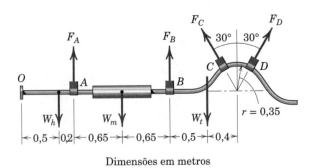

Dimensões em metros

PROBLEMA 2/88

Problemas para a Seção 2/7

Problemas Introdutórios

2/89 Expresse **F** como um vetor em termos dos vetores unitários, **i**, **j** e **k**. Determine o ângulo entre **F** e o eixo *y*.

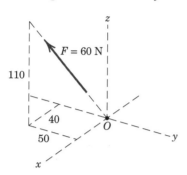

Dimensões em milímetros

PROBLEMA 2/89

2/90 A torre com 70 m para transmissão de micro-ondas está estaiada por três cabos conforme indicado. O cabo *AB* suporta uma força de tração de 12 kN. Expresse a força correspondente no ponto *B* como um vetor.

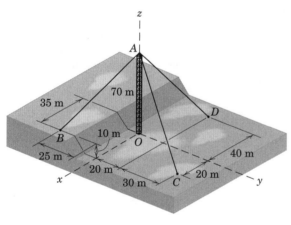

PROBLEMA 2/90

2/91 Expresse **F** como um vetor em termos dos vetores unitários **i**, **j** e **k**. Determine a projeção de **F** sobre a linha *OA* que pertence ao plano *x-y*.

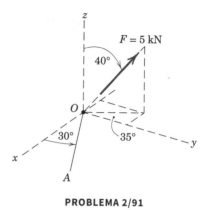

PROBLEMA 2/91

2/92 A força **F** tem intensidade de 900 N e atua ao longo da diagonal do paralelepípedo conforme indicado. Expresse **F** em termos de sua intensidade multiplicada pelo vetor unitário apropriado e determine seus componentes *x*, *y* e *z*.

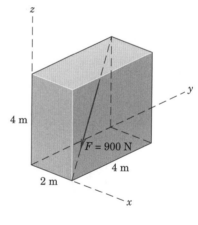

PROBLEMA 2/92

216 Problemas para a Seção 2/7

2/93 Se a força de tração no guindaste de pórtico içando o cabo é $T = 14$ kN, determine o vetor unitário **n** na direção de **T** e use **n** para determinar os componentes escalares de **T**. O ponto B está localizado no centro do topo do contêiner.

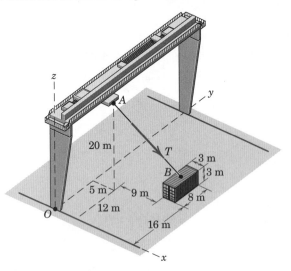

PROBLEMA 2/93

2/94 O tensionador é apertado até que a força trativa no cabo AB valha 2,4 kN. Determine a expressão vetorial para a força trativa **T**, como uma força atuando no elemento AD. Ache também o módulo da projeção de **T** ao longo da linha AC.

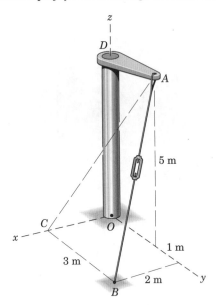

PROBLEMA 2/94

2/95 Se a tração no cabo AB é 8 kN, determine o ângulo que faz com os eixos x, y e z quando atua no ponto A da estrutura.

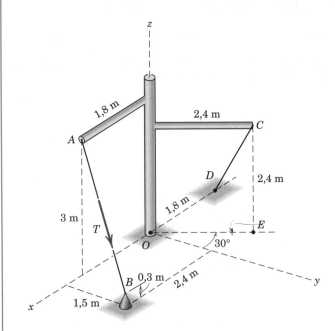

PROBLEMA 2/95

Problemas Representativos

2/96 A força de tração no cabo de sustentação AB é $T = 425$ N. Expresse essa força de tração como um vetor (a) quando atua sobre o ponto A e (b) quando atua sobre o ponto B. Admita um valor de $\theta = 30°$.

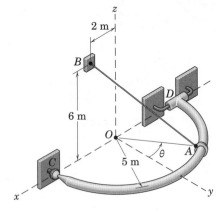

PROBLEMA 2/96

2/97 Desenvolva a expressão para projeção F_{DC} da força **F** sobre a linha orientada de D para C.

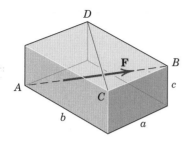

PROBLEMA 2/97

2/98 Se a força de tração no cabo CD é $T = 3$ kN, determine a intensidade da projeção de **T** sobre a linha CO.

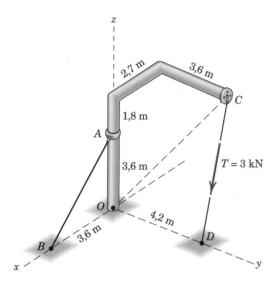

PROBLEMA 2/98

2/99 A porta de acesso é mantida na posição aberta a 30° por uma corrente AB. Se a força trativa na corrente é de 100 N, determine a projeção desta força de tração sobre o eixo diagonal CD da porta.

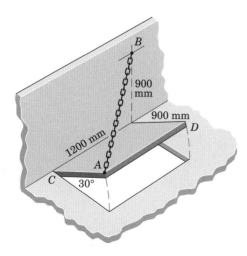

PROBLEMA 2/99

2/100 Determine o ângulo θ entre a força de 200 N e a linha OC.

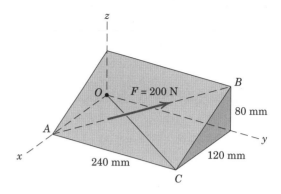

PROBLEMA 2/100

2/101 O elemento AB comprimido é utilizado para manter a placa retangular de 325×500 mm elevada. Se a força de compressão no elemento é 320 N para a posição indicada, determine a intensidade da projeção dessa força (quando atua no ponto A) ao longo da diagonal OC.

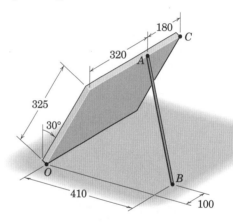

Dimensões em milímetros

PROBLEMA 2/101

2/102 Determine a expressão geral para a projeção escalar de **F** sobre a linha BD. O ponto M está localizado no centro da face inferior do paralelepípedo. Avalie sua expressão para $d = b/2$ e $d = 5b/2$.

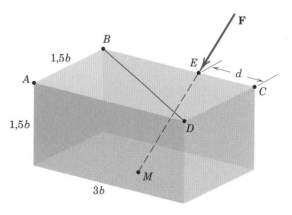

PROBLEMA 2/102

218 Problemas para a Seção 2/7

2/103 Se a projeção escalar de **F** sobre a linha *OA* é 0, determine a projeção escalar de **F** sobre a linha *OB*. Use um valor de $b = 2$ m.

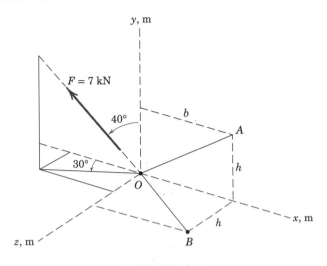

PROBLEMA 2/103

2/104 A placa retangular é suportada por dobradiças ao longo de seu lado *BC* e pelo cabo *AE*. Se a força trativa no cabo vale 300 N, determine a projeção sobre a linha *BC* da força exercida pelo cabo sobre a placa. Note que *E* é o ponto médio da aresta horizontal superior do suporte estrutural.

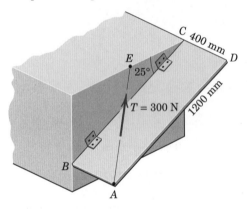

PROBLEMA 2/104

▶**2/105** Uma força **F** é aplicada à superfície da esfera, como mostrado. Os ângulos θ e ϕ localizam o ponto *P*, e o ponto *M* é o ponto médio de *ON*. Expresse **F** vetorialmente, usando as coordenadas *x*, *y* e *z* dadas.

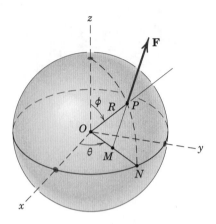

PROBLEMA 2/105

▶**2/106** Determine os componentes *x*, *y* e *z* da força **F** que atua no tetraedro, como mostrado. Os valores de *a*, *b*, *c* e *F* são conhecidos e *M* é o ponto médio da aresta *AB*.

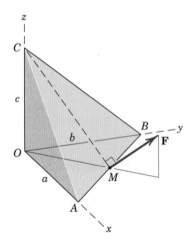

PROBLEMA 2/106

Problemas para a Seção 2/8

Problemas Introdutórios

2/107 As três forças atuam perpendicularmente à placa retangular, conforme indicado. Determine os momentos M_1 de F_1, M_2 de F_2 e M_3 de F_3, todos em torno do ponto O.

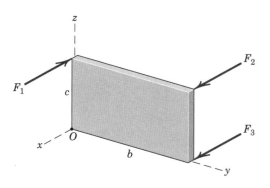

PROBLEMA 2/107

2/108 Determine o momento da força **F** em torno do ponto A.

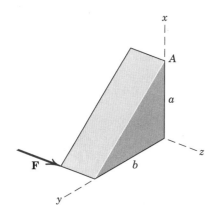

PROBLEMA 2/108

2/109 Determine o momento da força **F** em relação ao ponto O, em relação ao ponto A e em relação à linha OB.

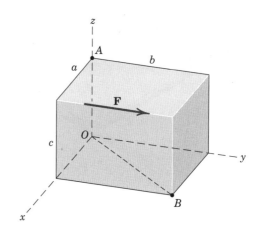

PROBLEMA 2/109

2/110 A força de 24 N é aplicada no ponto A do conjunto de um guindaste. Determine o momento da força em torno do ponto O.

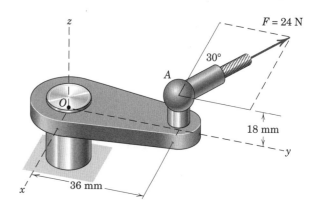

PROBLEMA 2/110

2/111 A viga H, de aço, foi projetada como uma coluna para suportar as duas forças verticais, como mostrado. Substitua essas forças por uma força equivalente simples ao longo da linha de centro vertical da coluna e um binário **M**.

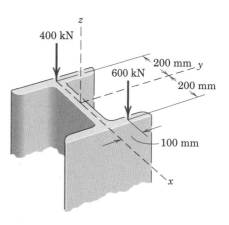

PROBLEMA 2/111

2/112 Determine o momento associado ao par de forças de 400 N aplicado à estrutura com formato em **T**.

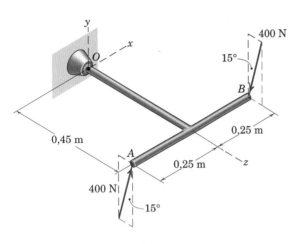

PROBLEMA 2/112

2/113 O tensionador é apertado até que a força trativa no cabo AB seja de 1,2 kN. Calcule a magnitude do módulo em relação ao ponto O da força atuando no ponto A.

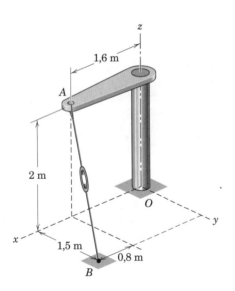

PROBLEMA 2/113

2/114 O sistema do Probl. 2/98 é reapresentado aqui e a força de tração no cabo CD é $T = 3$ kN. Considere a força que esse cabo exerce sobre o ponto C e determine seu momento em torno do ponto O.

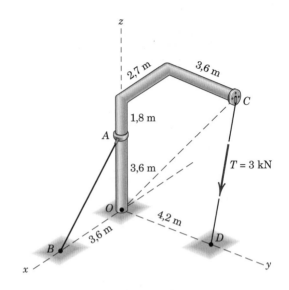

PROBLEMA 2/114

2/115 As duas forças que atuam nos cabos das chaves para tubos formam um binário **M**. Expresse o binário como um vetor.

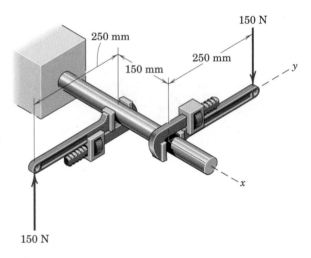

PROBLEMA 2/115

2/116 O guindaste de pórtico do Probl. 2/93 é reapresentado aqui e a força trativa no cabo AB é 14 kN. Substitua essa força quando atua no ponto A por um sistema equivalente força-conjugado em O. O ponto B está localizado no centro do topo do contêiner.

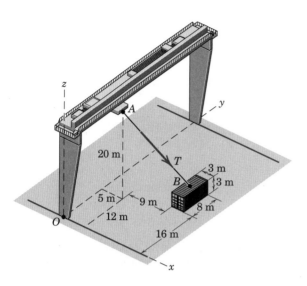

PROBLEMA 2/116

2/117 Calcule a intensidade do momento $\mathbf{M}_O$ da força de 1,2 kN em torno do eixo O-O.

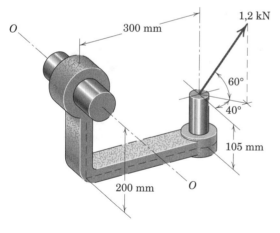

PROBLEMA 2/117

Problemas Representativos

2/118 Um helicóptero é demonstrado aqui e são dadas certas coordenadas tridimensionais. Durante um teste no solo, uma força aerodinâmica de 400 N é aplicada ao rotor de cauda em P, como mostrado. Determine o momento desta força em relação ao ponto O na fuselagem.

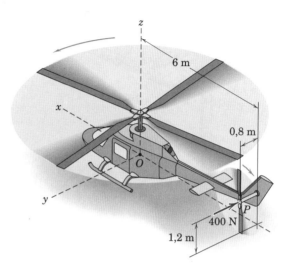

PROBLEMA 2/118

2/119 O sistema do Probl. 2/96 é reapresentado aqui e a força de tração no cabo de sustentação AB é 425 N. Determine a intensidade do momento em que esta força, quando atua no ponto A, gera em torno do eixo x. Utilize um valor de $\theta = 30°$.

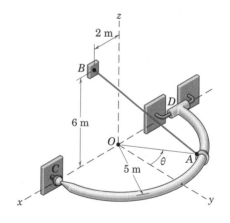

PROBLEMA 2/119

2/120 A estrutura indicada é construída com barras cilíndricas, cada qual com uma massa de 7 kg por metro de comprimento. Determine o momento $\mathbf{M}_O$ em torno de O causado pelo peso da estrutura. Determine a intensidade de $\mathbf{M}_O$.

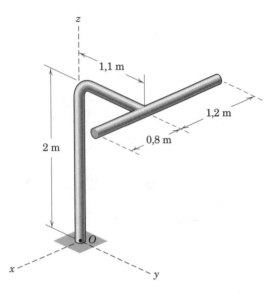

PROBLEMA 2/120

2/121 Dois retrofoguetes de 4 N do satélite estacionário são acionados simultaneamente, como mostrado. Calcule o momento associado com este binário e diga em relação a que eixos começarão a ocorrer rotações.

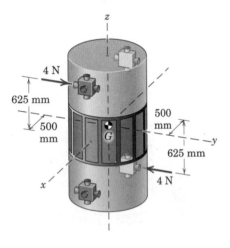

PROBLEMA 2/121

2/122 Determine o momento de cada força individual em torno (a) do ponto A e (b) do ponto B.

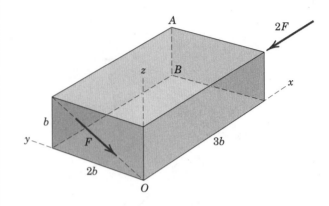

PROBLEMA 2/122

2/123 Um ônibus espacial está sujeito a impulsos de cinco dos motores de seu sistema de controle de reações. Quatro dos impulsos estão mostrados na figura; o quinto é um impulso de 850 N para cima, na traseira à direita, simétrico ao impulso de 850 N mostrado na traseira à esquerda. Calcule o momento destas forças em relação ao ponto G e mostre que as forças têm o mesmo momento em relação a todos os pontos.

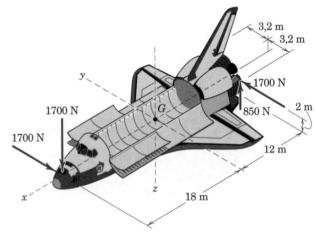

PROBLEMA 2/123

2/124 A chave especial indicada na figura é projetada para acessar o parafuso de fixação dos distribuidores de certos automóveis. Para a configuração indicada onde a chave permanece em um plano vertical e uma força horizontal de 200 N é aplicada em A perpendicular ao cabo, calcule o momento $\mathbf{M}_O$ aplicado ao parafuso em O. Para que valor da distância d, o componente z de $\mathbf{M}_O$ seria zero?

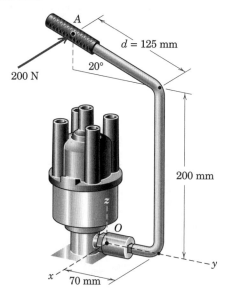

PROBLEMA 2/124

2/125 Utilizando os princípios de equilíbrio desenvolvidos no Capítulo 3, pode-se determinar que a força trativa no cabo AB vale 143,4 N. Determine o momento dessa força trativa atuando no ponto A, em relação ao eixo x. Compare seu resultado com o momento do peso W da placa uniforme de 15 kg em relação ao eixo x. Qual é o momento da força trativa atuando em A em relação à linha OB?

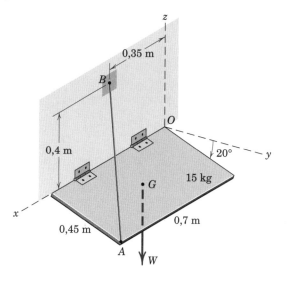

PROBLEMA 2/125

2/126 Se $F_1 = 450$ N e a intensidade do momento de ambas as forças em torno da linha AB é 30 N · m, determine a intensidade de $\mathbf{F}_2$. Use os valores $a = 200$ mm, $b = 400$ mm e $c = 500$ mm.

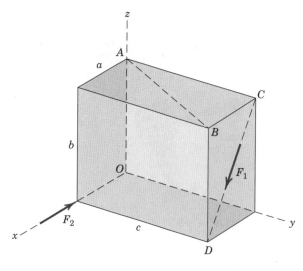

PROBLEMA 2/126

2/127 Uma força vertical de 5 N é aplicada à manete do mecanismo de abertura de janelas quando a manivela BC está na horizontal. Determine o momento da força em relação ao ponto A e em relação à linha AB.

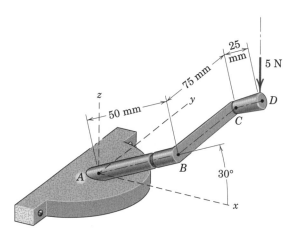

PROBLEMA 2/127

2/128 A fresa para fins especiais é submetida à força de 1200 N e um binário de 240 N · m, como mostrado. Determine o momento deste sistema em relação ao ponto O.

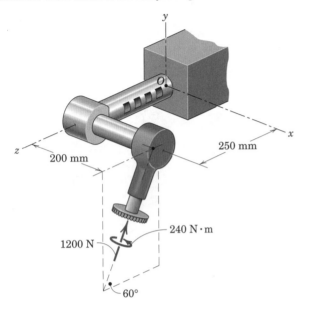

PROBLEMA 2/128

2/129 A força F atua ao longo de um elemento de cone circular, como mostrado. Determine um sistema força-binário equivalente no ponto O.

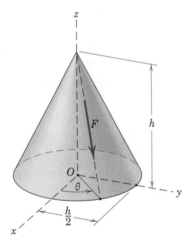

PROBLEMA 2/129

*__2/130__ A mola de coeficiente de rigidez k e comprimento não esticado $1,5R$ está fixada ao disco em uma distância radial de $0,75R$ do seu centro C. Considerando a força de tração na mola atuando no ponto A, trace um gráfico do momento que a força de tração aplicada na mola causa em torno de cada um dos três eixos coordenados em O durante uma volta do disco $0 \le \theta \le 360°$. Determine a intensidade máxima atingida por cada componente do momento juntamente com o correspondente ângulo θ em que ocorre. Finalmente, determine a intensidade máxima para o momento da força de tração na mola em torno do ponto O juntamente com o respectivo ângulo de rotação θ.

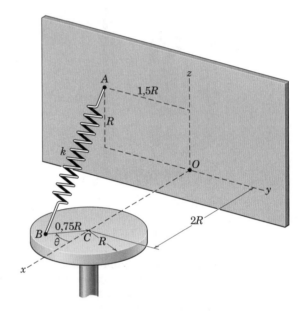

PROBLEMA 2/130

Problemas para a Seção 2/9

Problemas Introdutórios

2/131 As três forças atuam no ponto O. Se é conhecido que o componente y da resultante **R** é -5 kN e que o componente z é 6 kN, determine F_3, θ e R.

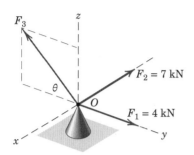

PROBLEMA 2/131

2/132 A mesa exerce sobre a superfície do chão as quatro forças, como mostrado. Reduza o sistema de força para um sistema força-binário no ponto O. Mostre que **R** é perpendicular a $\mathbf{M}_O$.

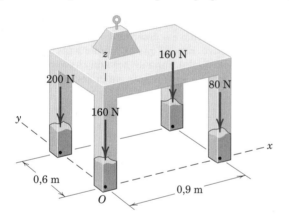

PROBLEMA 2/132

2/133 A placa retangular fina está submetida às quatro forças mostradas. Determine o sistema força-binário equivalente em O. **R** é perpendicular a $\mathbf{M}_O$?

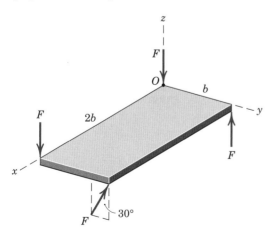

PROBLEMA 2/133

2/134 Um petroleiro se afasta das docas sob a ação do empuxo reverso da hélice A, do empuxo para a frente da hélice B e do empuxo lateral do motor em C. Determine o sistema força-binário equivalente no centro de massa G.

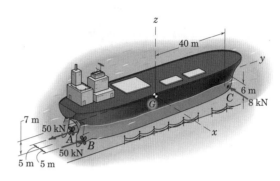

PROBLEMA 2/134

2/135 Determine as coordenadas x e y de um ponto pelo qual passa a resultante das forças paralelas.

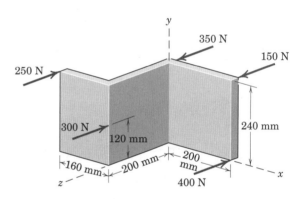

PROBLEMA 2/135

Problemas Representativos

2/136 Represente a resultante do sistema de forças atuando sobre um trecho de tubulação utilizando uma única força **R** em A e um momento **M**.

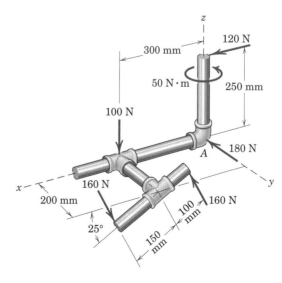

PROBLEMA 2/136

2/137 Determine o sistema força-binário em O que seja equivalente às duas forças aplicadas ao eixo AOB. **R** é perpendicular a $\mathbf{M}_O$?

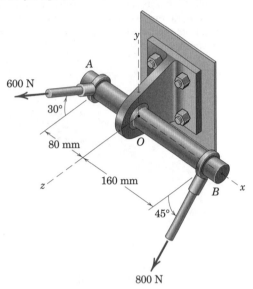

PROBLEMA 2/137

2/138 A parte de uma ponte treliçada está submetida a vários carregamentos. Para o carregamento indicado, determine a localização no plano x-y pelo qual passa a resultante.

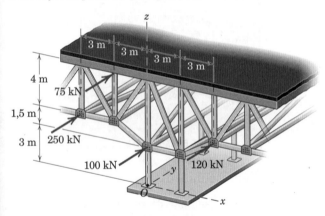

PROBLEMA 2/138

2/139 A polia e a engrenagem são submetidas às cargas indicadas. Para essas forças, determine o sistema equivalente força-conjugado no ponto O.

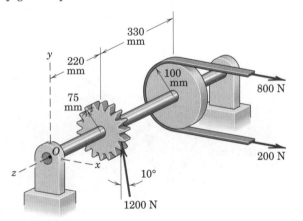

PROBLEMA 2/139

2/140 O avião de passageiros do Probl. 2/82 está redesenhado aqui com informações tridimensionais. Se a turbina 3 falha subitamente, determine a resultante dos vetores de empuxo das três turbinas remanescentes, cada um tendo módulo de 90 kN. Especifique as coordenadas y e z do ponto pelo qual passa a linha de ação da resultante. Esta informação seria crítica para os critérios de projeto de desempenho sob falha de uma turbina.

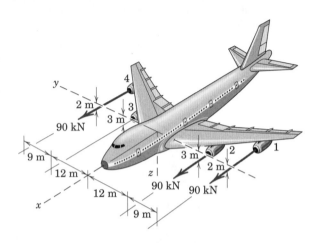

PROBLEMA 2/140

2/141 Substitua as três forças atuando sobre o sólido retângular por uma chave de boca. Especifique a intensidade do momento M associado com a chave e determine se ela atua em sentido positivo ou negativo. Especifique as coordenadas do ponto P no plano ABCD pelo qual a linha de ação da chave passa. Ilustre o momento da chave e a resultante em um esboço apropriado.

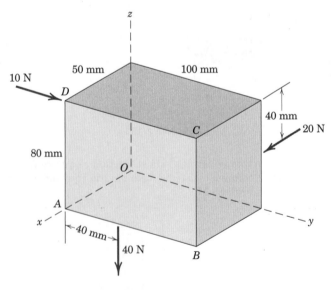

PROBLEMA 2/141

2/142 Quando corta um pedaço de papel, uma pessoa exerce as duas forças indicadas sobre o cortador. Reduza as duas forças a um sistema força-conjugado equivalente no canto O e, então, especifique as coordenadas do ponto P no plano x-y pelo qual passa a resultante das duas forças. A superfície de corte é 600 mm × 600 mm.

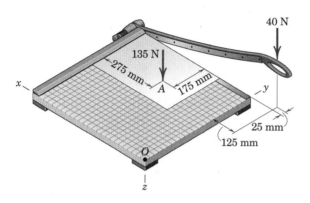

PROBLEMA 2/142

2/143 O piso exerce as quatro forças indicadas sobre as rodas de um equipamento para içar motores. Determine a localização no plano x-y em que a resultante das forças atua.

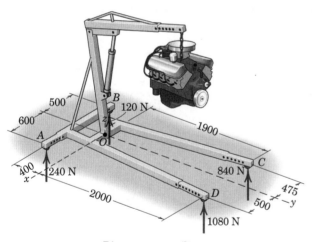

Dimensões em milímetros

PROBLEMA 2/143

2/144 Ao apertar um parafuso cujo centro está no ponto O, uma pessoa exerce, com a mão direita, uma força de 180 N no manete da chave de catraca. Além disso, com a mão esquerda exerce uma força de 90 N, como mostrado, para manter o soquete na cabeça do parafuso. Determine o sistema força-binário equivalente em O. Determine, então, o ponto no plano x-y pelo qual passa a linha de ação da força resultante do torsor.

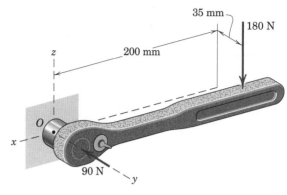

PROBLEMA 2/144

2/145 Substitua as duas forças e um momento atuando na estrutura de tubos rígida por sua força resultante equivalente $\mathbf{R}$ atuando no ponto O e um momento $\mathbf{M}_O$.

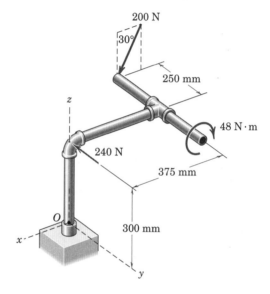

PROBLEMA 2/145

2/146 Substitua as duas forças atuando no mastro por um torsor. Escreva na forma vetorial o momento $\mathbf{M}$ associado ao torsor e especifique as coordenadas do ponto P no plano y-z pelo qual passa a linha de ação do torsor.

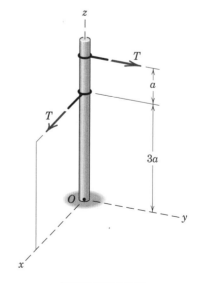

PROBLEMA 2/146

Problemas para a Seção 2/10 Revisão do Capítulo

2/147 Quando a carga L está a 7 m do pivô em C, a força de tração **T** no cabo tem intensidade de 9 kN. Expresse **T** como um vetor usando os vetores unitários **i** e **j**.

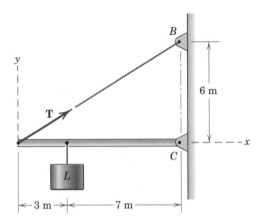

PROBLEMA 2/147

2/148 As três forças atuam perpendiculares à placa retangular, como mostrado. Determine os momentos $\mathbf{M}_1$ de $\mathbf{F}_1$, $\mathbf{M}_2$ de $\mathbf{F}_2$ e $\mathbf{M}_3$ de $\mathbf{F}_3$, todos em relação ao ponto O.

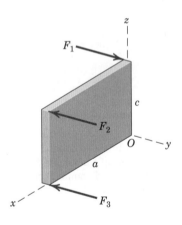

PROBLEMA 2/148

2/149 Uma fieira é usada para abrir rosca em uma haste. Determine o módulo F das duas forças iguais exercidas sobre a haste de 6 mm, para cada uma das quatro superfícies de corte, se forças iguais de 60 N são aplicadas, de modo que seus efeitos externos na haste sejam equivalentes ao das duas forças de 60 N.

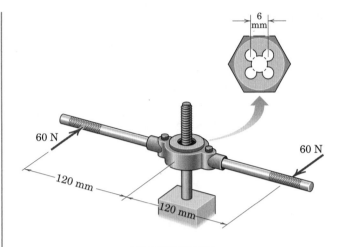

PROBLEMA 2/149

2/150 As lâminas de um ventilador portátil geram um empuxo de 4 N **T** conforme indicado. Calcule o momento M_O desta força em torno do ponto O de suporte traseiro. Por comparação, determine o momento em torno de O devido ao peso do conjunto motor-ventilador de 40 N da unidade AB que atua em G.

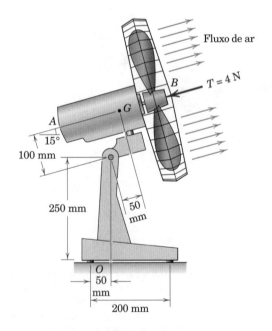

PROBLEMA 2/150

2/151 Determine o momento da força **P** em torno do ponto A.

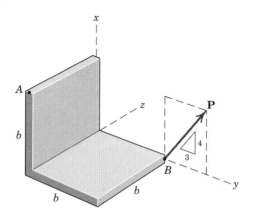

PROBLEMA 2/151

2/152 Os sentidos de rotação do eixo A de entrada e do eixo B de saída do redutor coroa sem-fim estão indicados pelas setas tracejadas curvas. Um torque de entrada (momento) de 80 N · m é aplicado ao eixo A no sentido de rotação. O eixo de saída B fornece um torque de 320 N · m para a máquina que aciona (não representado). O eixo da máquina acionada exerce um torque igual e em sentido contrário de reação ao torque de saída do redutor. Determine a resultante **M** dos dois momentos que atua no redutor e calcule o cosseno do ângulo entre **M** e o eixo x.

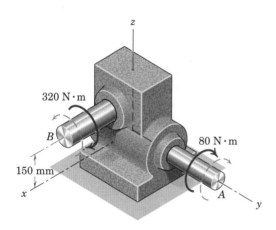

PROBLEMA 2/152

2/153 A alavanca de controle está submetida a um momento de 80 N · m no sentido horário, exercido pelo seu eixo em A e foi projetada para operar puxando 200 N, como mostrado. Determine a dimensão apropriada x da alavanca, se a resultante do momento e da força passa por A.

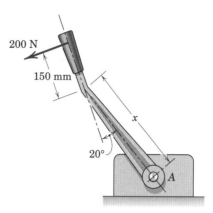

PROBLEMA 2/153

2/154 Calcule o momento M_O da força de 250 N em relação ao ponto O na base do robô.

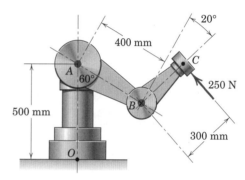

PROBLEMA 2/154

2/155 Durante uma operação de perfuração, o pequeno equipamento robótico é submetido a uma força de 800 N no ponto C, conforme indicado. Substitua essa força por um sistema força-conjugado equivalente no ponto O.

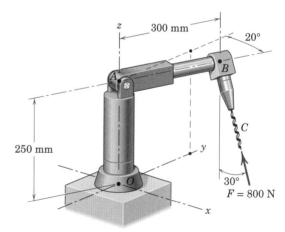

PROBLEMA 2/155

2/156 Expresse e identifique a resultante das duas forças e um binário mostrado atuando sobre o plano x-z do eixo inclinado.

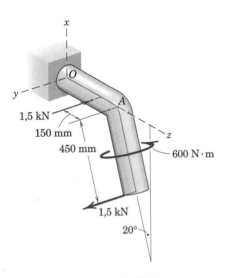

PROBLEMA 2/156

2/157 Quando o mastro OA está na posição mostrada, a força trativa no cabo AB vale 3 kN. (a) Usando as coordenadas mostradas, escreva, na forma vetorial, a força trativa exercida na pequena arruela no ponto A. (b) Determine o momento dessa força em relação ao ponto O e indique os momentos em relação aos eixos x, y e z. (c) Determine a projeção desta força trativa sobre a linha AO.

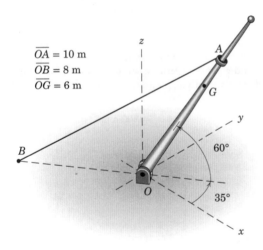

PROBLEMA 2/157

2/158 A ação combinada das três forças sobre a base em O pode ser obtida estabelecendo sua resultante passando por O. Determine os módulos de **R** e do momento **M** associado.

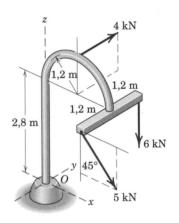

PROBLEMA 2/158

*Problemas Orientados para Solução Computacional

*2/159 Quatro forças são exercidas no parafuso olhal conforme indicado. Se o efeito final no parafuso é uma tração direta de 1200 N na direção y, determine os valores necessários de T e θ.

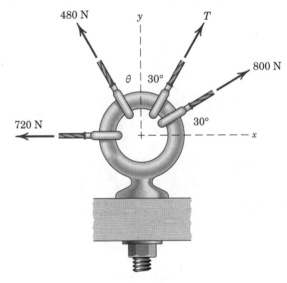

PROBLEMA 2/159

*2/160 A força F é orientada de A na direção de D, e D pode mover-se de B para C, o que é medido pela variável s. Considere a projeção de F sobre a linha EF como uma função de s. Em particular, determine e trace um gráfico da fração n da intensidade F que é projetada como uma função de s/d. Observe que s/d varia de 0 a $2\sqrt{2}$.

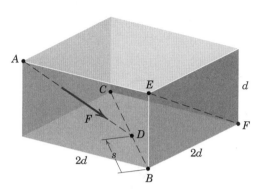

PROBLEMA 2/160

*2/161 O braço robótico pivota em torno de O em um curso de $-45° \leq \theta \leq 45°$ tendo uma peça cilíndrica P com peso de 1500 N presa na sua garra, com o ângulo em A travado em 120°. Determine o momento e represente graficamente (como uma função de θ) em O devido aos efeitos combinados do peso da peça P, de 600 N do peso do componente OA (centro de massa em G_1), e do peso de 250 N do componente AB (centro de massa em G_2). A extremidade da garra está incluída no componente AB. Os comprimentos L_1 e L_2 são 900 mm e 600 mm, respectivamente. Qual é o valor máximo de M_O e qual o valor de θ para que esse valor ocorra?

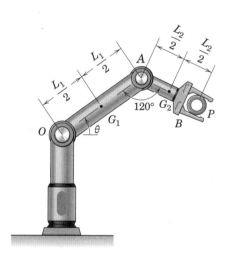

PROBLEMA 2/161

*2/162 Um mastro de bandeira, com uma estrutura triangular leve presa a ele, está representado em uma posição arbitrária durante seu levantamento. A força de tração de 75 N no cabo que leva o mastro à posição vertical permanece constante. Determine e represente graficamente o momento em torno do pivô O da força de 75 N para o intervalo $0 \leq \theta \leq 90°$. Determine o valor máximo deste momento e o ângulo de elevação no qual ocorre; comente o significado físico do último. Os efeitos do diâmetro do tambor em D podem ser desprezados.

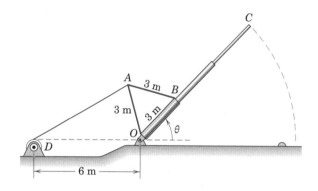

PROBLEMA 2/162

*2/163 Trace um gráfico da intensidade da resultante **R** das três forças como uma função de θ para o intervalo $0 \leq \theta \leq 360°$ e determine o valor de θ que faz a intensidade R da resultante das três cargas ser (a) máxima e (b) mínima. Registre a intensidade da resultante em cada caso. Use os valores $\phi = 75°$ e $\psi = 20°$.

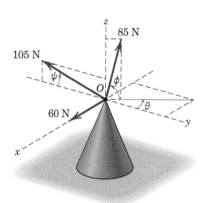

PROBLEMA 2/163

*2/164 Para o problema anterior, determine a combinação de ângulos θ e ϕ que torna a intensidade R da resultante **R** das três cargas (a) um máximo e (b) um mínimo. Registre a intensidade da resultante em cada caso e faça um gráfico de R como uma função de θ e ϕ. O ângulo ψ é fixado em 20°.

*2/165 A alavanca de controle OA gira na faixa $0 \leq \theta \leq 90°$. Uma mola de torção interna exerce um momento de retorno na alavanca em torno do ponto O, dado por $M = K(\theta + \pi/4)$, em que $K = 500$ N · mm/rad e θ está em radianos. Determine e mostre em um gráfico, em função de θ, a força trativa T necessária para tornar nulo o momento resultante em torno de O. Use dois valores para d ($d = 60$ mm e $d = 160$ mm) e comente sobre os méritos relativos do projeto. Os efeitos do raio da polia em B são desprezíveis.

*2/166 Um motor, preso ao eixo em O, faz o braço OA girar na faixa $0 \leq \theta \leq 180°$. O comprimento original da mola é de 0,65 m e ela pode suportar tanto tração quanto compressão. Se o momento resultante em torno de O deve ser nulo, determine o torque M necessário ao motor e faça um gráfico em função de θ.

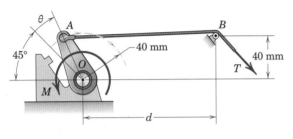

PROBLEMA 2/165

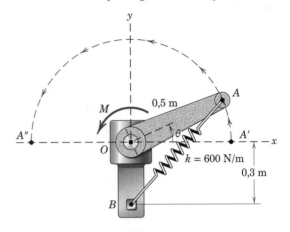

PROBLEMA 2/166

Capítulo 3

* Problemas orientados para solução computacional
▶ Problemas difíceis

Problemas para a Seção 3/3

Problemas Introdutórios

3/1 A esfera lisa e homogênea de 50 kg está apoiada em uma rampa a 30° em A e apoiada contra a parede vertical lisa. Determine as forças de contato em A e B.

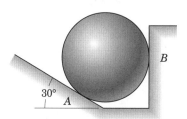

PROBLEMA 3/1

3/2 O centro de massa G do carro de 1400 kg com motor traseiro está localizado conforme indicado na figura. Determine a força normal sob cada pneu quando o carro está em equilíbrio. Estabeleça suas hipóteses.

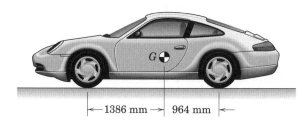

PROBLEMA 3/2

3/3 Um carpinteiro segura uma tábua uniforme com 6 kg, como mostrado. Determine as forças em A e B, se ele aplica forças verticais à tábua.

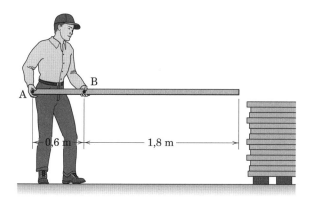

PROBLEMA 3/3

3/4 A viga I de 450 kg uniforme suporta a carga indicada. Determine as reações nos apoios.

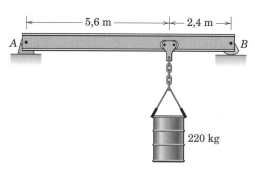

PROBLEMA 3/4

3/5 Determine a força P necessária para manter o motor de 200 kg na posição para a qual $\theta = 30°$. O diâmetro da polia em B é desprezível.

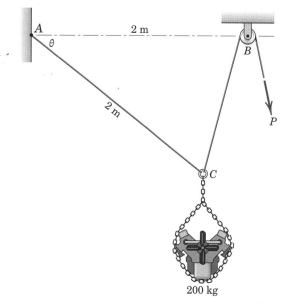

PROBLEMA 3/5

3/6 O poste uniforme de 15 m tem massa de 150 kg e é sustentado por suas extremidades encostadas em duas paredes verticais e pela força de tração T no cabo vertical. Calcule as reações em A e B.

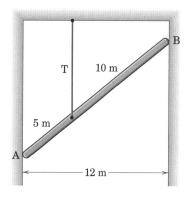

PROBLEMA 3/6

234 Problemas para a Seção 3/3

3/7 Determine as reações em A e E, se $P = 500$ N. Qual é o máximo valor que P pode ter para o equilíbrio estático? Despreze o peso da estrutura em comparação com as cargas aplicadas.

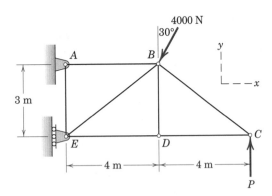

PROBLEMA 3/7

3/8 Um caixote de 54 kg está apoiado na porta de 27 kg da caçamba de uma picape. Calcule a força trativa T em cada um dos dois cabos de sustentação, um dos quais é mostrado. Os centros de gravidade estão em G_1 e G_2. O caixote está localizado a meia distância entre os dois cabos.

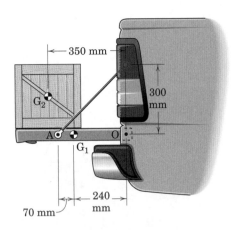

PROBLEMA 3/8

3/9 A placa retangular uniforme de 20 kg é suportada por um pivô ideal em O e uma mola que deve ser previamente comprimida antes de ser deslocada para o lugar no ponto A. Se o módulo de rigidez da mola é $k = 2$ kN/m, qual deve ser seu comprimento indeformado L?

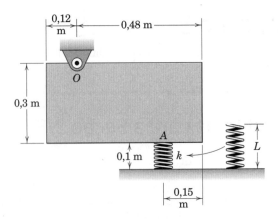

PROBLEMA 3/9

3/10 A viga com carga uniforme de 500 kg é submetida aos três carregamentos externos, como mostrado. Calcule as reações no ponto O do suporte.

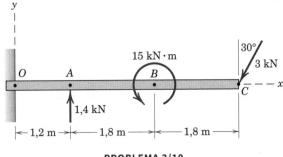

PROBLEMA 3/10

3/11 Um ex-aluno de mecânica deseja se pesar, mas só tem disponível uma balança A com capacidade limitada a 400 N e um pequeno dinamômetro de mola B de 80 N. Ele descobriu que, com o dispositivo mostrado, ao puxar a corda de modo que B registre 76 N, a balança A mostra 268 N. Qual é o seu peso correto?

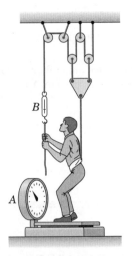

PROBLEMA 3/11

3/12 Para facilitar a troca de posição de um gancho de elevação, quando não está sob carregamento, usa-se o suporte deslizante indicado. As saliências em A e B se encaixam nas mesas de uma viga-caixão quando a carga é suspensa e o gancho passa por uma abertura horizontal na viga. Calcule as forças em A e B quando o gancho suporta uma massa de 300 kg.

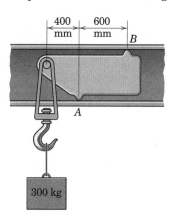

PROBLEMA 3/12

3/13 Qual massa m_B fará com que o sistema esteja em equilíbrio? Despreze o atrito e estabeleça suas hipóteses.

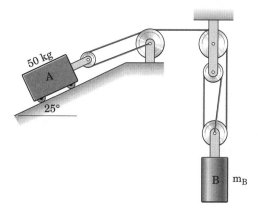

PROBLEMA 3/13

3/14 A luminária leve de 2,5 kg montada na parede tem seu centro de massa em G. Determine as reações em A e B e, também, calcule o momento suportado pela borboleta de ajuste em C. (Note que a estrutura leve ABC tem um comprimento de aproximadamente 250 mm de tubo horizontal direcionado para fora do papel e cortado tanto em A quanto em B.)

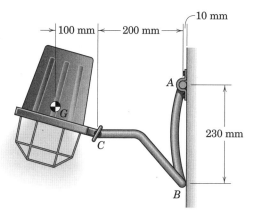

PROBLEMA 3/14

3/15 O guincho enrola o cabo a uma taxa constante de 200 mm/s. Se a massa do cilindro é 100 kg, determine a força de tração no cabo. Despreze qualquer atrito.

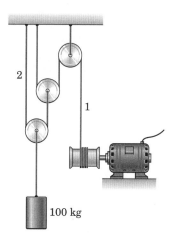

PROBLEMA 3/15

3/16 Para acomodar as elevações e quedas da maré, uma passarela entre o cais e um flutuador é sustentada por dois roletes conforme indicado. Se o centro de massa da passarela de 300 kg está em G, calcule a força de tração T no cabo horizontal que está preso ao atracador e determine a força sob o rolete em A.

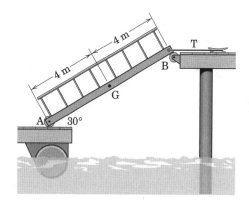

PROBLEMA 3/16

3/17 Quando o corpo de 0,05 kg está na posição mostrada, a mola linear é tensionada em 10 mm. Determine a força P necessária para quebrar o contato em C. Demonstre soluções (a) incluindo o efeito do peso e (b) desprezando o peso.

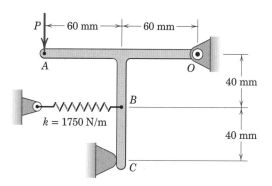

PROBLEMA 3/17

3/18 Quando o corpo de 0,05 kg está na posição mostrada, a mola de torção em O é pré-tensionada de forma a exercer um momento de 0,75 N · m no sentido horário do corpo. Determine a força P necessária para romper o contato em C. Demonstre soluções (a) incluindo o efeito do peso e (b) desprezando o peso.

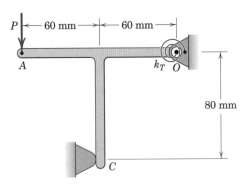

PROBLEMA 3/18

3/19 Quando no nível do terreno, o carro é colocado em quatro escalas individuais — uma em cada pneu. As leituras das escalas são 4450 N em cada roda dianteira e 2950 N em cada roda traseira. Determine a coordenada x do centro de massa G e a massa do carro.

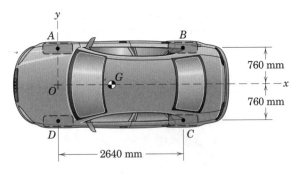

PROBLEMA 3/19

3/20 Determine a intensidade P da força necessária para girar a catraca OB em sentido anti-horário a partir de sua posição de travamento. A constante da mola de torção é $k_T = 3,4$ N · m/rad e a extremidade da mola presa na catraca foi girada de 25° em sentido anti-horário a partir de sua posição neutra na configuração indicada. Despreze as forças no ponto B de contato.

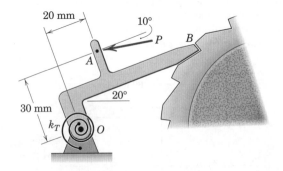

PROBLEMA 3/20

3/21 O desportista de 80 kg está começando a executar uma rosca de bíceps de forma lenta e constante. Quando a força de tração $T = 65$ N é desenvolvida contra a máquina de musculação (não representada), determine as forças normais de reação nos pés A e B. O atrito é suficiente para evitar o deslizamento e o desportista mantém a posição indicada com o centro de massa em G.

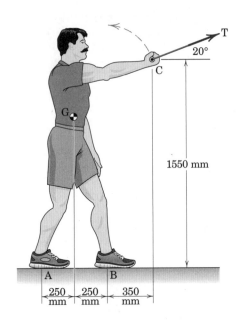

PROBLEMA 3/21

3/22 A força P no punho da alavanca de posicionamento produz uma compressão vertical de 300 N na mola enrolada na posição mostrada. Determine a força correspondente exercida pelo pino em O na alavanca.

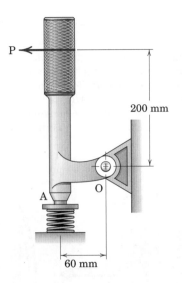

PROBLEMA 3/22

3/23 Determine o momento M que o motor deve exercer para posicionar a barra uniforme e esbelta de massa m e comprimento L na posição θ arbitrária. A relação entre o raio da engrenagem B presa à barra e o raio da engrenagem A presa ao eixo do motor é 2.

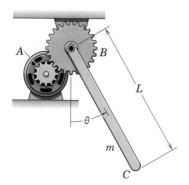

PROBLEMA 3/23

3/24 Um ciclista aplica força de 40 N para a alavanca do freio de sua bicicleta, como mostrado. Determine a tensão correspondente T transmitida ao cabo de freio. Desconsidere o atrito no pivô O.

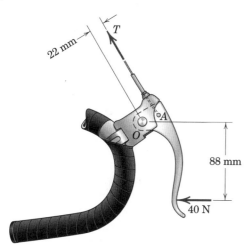

PROBLEMA 3/24

Problemas Representativos

3/25 Encontre o ângulo de inclinação com a horizontal, de modo que a força de contato para o cilindro liso em B seja metade daquela em A.

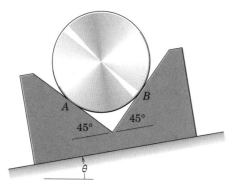

PROBLEMA 3/25

3/26 A cremalheira tem uma massa $m = 75$ kg. Que momento M deve ser exercido sobre a roda dentada pelo motor para abaixar a cremalheira em uma velocidade baixa e constante na rampa de 60°? Despreze qualquer atrito. O motor fixo que aciona a roda dentada por meio do eixo em O não está representado.

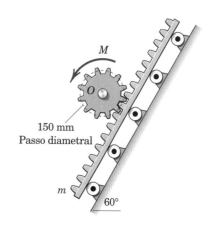

PROBLEMA 3/26

3/27 Os elementos para ajuste de altura da roda de um cortador de grama são indicados. A roda do cortador (em parte representado de forma tracejada para maior clareza) está presa por parafuso através do furo em A que atravessa o braço, mas não atravessa a carcaça H. Um pino fixado por trás do braço em B se ajusta a um dos sete furos oblongos da carcaça. Para a posição indicada, determine a força no pino B e a intensidade da reação no pivô O. A roda suporta uma força de intensidade $W/4$, em que W é o peso do cortador inteiro.

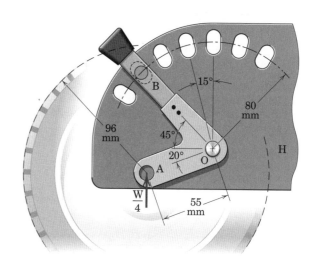

PROBLEMA 3/27

238 Problemas para a Seção 3/3

3/28 O cabo AB passa sobre a pequena polia ideal C, sem mudança em sua tensão. Qual comprimento do cabo CD é necessário para o equilíbrio estático na posição mostrada? Qual é a tensão necessária T no cabo CD?

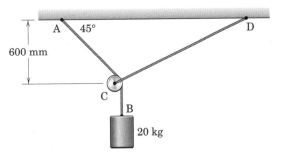

PROBLEMA 3/28

3/29 Um tubo P está sendo curvado pela calandra de tubos, como mostrado. Se o cilindro hidráulico aplica uma força com módulo $F = 24$ kN no tubo em C, determine o módulo das reações dos roletes em A e B.

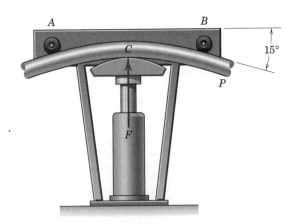

PROBLEMA 3/29

3/30 A treliça assimétrica simples é carregada como mostrado. Determine as reações A e D. Despreze o peso da estrutura, em comparação com as cargas aplicadas. O conhecimento do tamanho da estrutura é necessário?

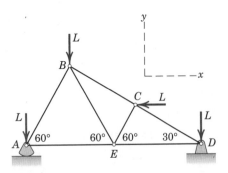

PROBLEMA 3/30

3/31 A posição do centro de massa indicada na caminhonete de 1600 kg é para quando ela está descarregada. Se uma carga, cujo centro de massa fica em $x = 400$ mm atrás do eixo traseiro, for colocada na caminhonete, determine a massa m_L para a qual as forças normais sob as rodas dianteiras e traseiras são iguais.

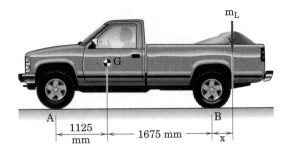

PROBLEMA 3/31

3/32 Um anel de massa uniforme m e raio r carrega uma massa excêntrica m_0 na posição com raio b e está em equilíbrio sobre a rampa, que faz um ângulo α com a horizontal. Se as superfícies em contato são ásperas o suficiente para impedir o deslizamento, escreva a expressão para o ângulo θ que define a posição de equilíbrio.

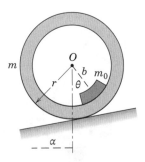

PROBLEMA 3/32

3/33 Determine a força T necessária para manter a barra uniforme de massa m e comprimento L na posição angular arbitrária θ. Trace um gráfico de seu resultado para o intervalo $0 \leq \theta \leq 90°$, e determine o valor de T para $\theta = 40°$.

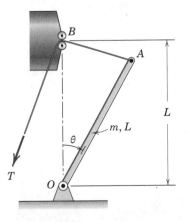

PROBLEMA 3/33

3/34 A colocação de um bloco sob a cabeça de um martelo, como mostrado, facilita muito a retirada do prego. Se um puxão de 200 N no cabo do martelo é necessário para puxar o prego, calcule a força trativa T no prego e o módulo A da força exercida pela cabeça do martelo no bloco. As superfícies de contato em A são suficientemente rugosas para prevenir escorregamento.

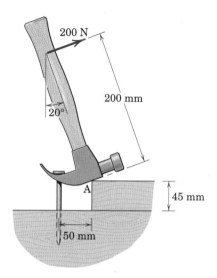

PROBLEMA 3/34

3/35 O conector de correntes é utilizado para segurar cargas de troncos, madeira, tubos e congêneres. Se a força trativa T_1 vale 2 kN quando $\theta = 30°$, determine a força P necessária na alavanca e a força trativa correspondente T_2 para essa posição. Admita que a superfície sob A é perfeitamente lisa.

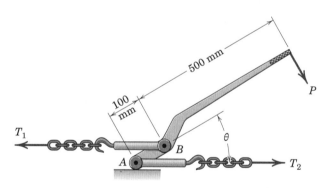

PROBLEMA 3/35

3/36 Em um procedimento para avaliar a resistência do músculo tríceps, uma pessoa força para baixo uma célula de carga com a palma da mão, como mostrado na figura. Se a leitura da célula de carga é de 160 N, determine a força trativa vertical F gerada pelo músculo tríceps. A massa do antebraço é 1,5 kg e tem centro de massa em G. Declare quaisquer suposições.

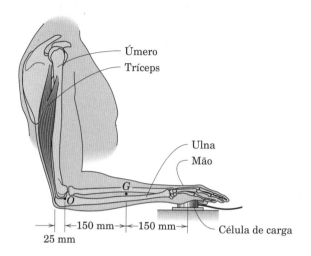

PROBLEMA 3/36

3/37 Ao velejar a uma velocidade constante com o vento, o veleiro é movido por uma força de 4 kN contra sua vela principal e uma força de 1,6 kN contra sua vela auxiliar, conforme indicado. A resistência total devida ao atrito viscoso com a água é a força R. Determine a resultante das forças laterais perpendiculares ao movimento aplicadas ao casco pela água.

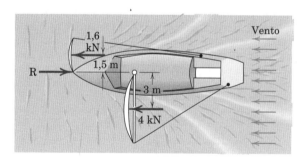

PROBLEMA 3/37

240 Problemas para a Seção 3/3

3/38 Uma pessoa está flexionando lentamente seu braço com um peso de 10 kg, como indicado na figura. O grupo de músculos braquiais (formado pelos músculos bíceps e braquial) é o principal fator nesse exercício. Determine o módulo F da força do grupo de músculos braquiais e o módulo E da reação do cotovelo no ponto E, para a posição do antebraço mostrada na figura. Use as dimensões mostradas para localizar os pontos efetivos de aplicação dos dois grupos de músculos; esses pontos estão 200 mm diretamente acima de E e 50 mm diretamente à direita de E. Inclua o efeito da massa de 1,5 kg do antebraço, que tem centro de massa no ponto G. Relate quaisquer suposições.

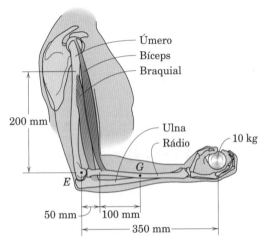

PROBLEMA 3/38

3/39 O equipamento de ginástica foi projetado com um carrinho leve, que está montado sobre pequenos rolamentos, de modo que ele se mova livremente pela rampa inclinada. Dois cabos estão presos ao carrinho — um para cada mão. Se as mãos estão juntas, de modo que os cabos estão paralelos e se cada cabo está essencialmente em um plano vertical, determine a força P que cada mão deve exercer sobre seu cabo para manter uma posição de equilíbrio. A massa da pessoa é 70 kg, o ângulo θ da rampa é 15° e o ângulo β é 18°. Além disso, calcule a força R que a rampa exerce sobre o carrinho.

PROBLEMA 3/39

3/40 Uma barra uniforme OC de comprimento L gira livremente sobre um eixo horizontal através de O. Se a mola de módulo k não é tensionada quando C é coincidente com A, determine a tensão T necessária segurar a barra na posição 45°, como mostrado. O diâmetro da pequena polia em D é desprezível.

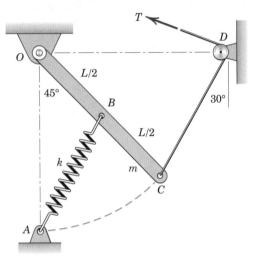

PROBLEMA 3/40

3/41 O dispositivo mostrado é usado para testar molas de válvulas de motores de automóvel. A chave de torque está diretamente conectada ao braço OB. A especificação para a mola da válvula de admissão do automóvel é que 370 N de força devem reduzir seu comprimento de 50 mm (comprimento não tensionado) para 42 mm. Qual é a leitura correspondente M na chave de torque, e que força F exercida no cabo da chave de torque é necessária para produzir essa leitura? Despreze os pequenos efeitos de mudanças na posição angular do braço OB.

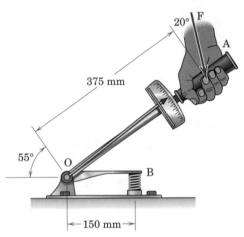

PROBLEMA 3/41

3/42 O guindaste portátil na loja automotiva está levantando um motor de 100 kg. Para a posição mostrada, calcule a magnitude da força suportada pelo pino em C e a pressão de óleo p contra o pistão de 80 mm de diâmetro da unidade cilindro hidráulico AB.

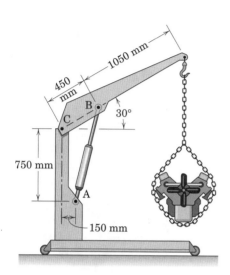

PROBLEMA 3/42

*3/43 A mola de torção de constante $k_T = 50$ N · m/rad está sem deformação quando $\theta = 0$. Determine o(s) valor(es) de θ para o intervalo $0 \leq \theta \leq 180°$ para o(s) qual(is) existe equilíbrio. Use os valores $m_A = 10$ kg, $m_B = 1$ kg, $m_{OA} = 5$ kg e $r = 0,8$ m. Admita que OA é uma haste fina e uniforme com uma partícula A (tamanho desprezível) em sua extremidade e despreze os efeitos dos roletes pequenos e ideais.

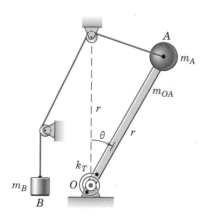

PROBLEMA 3/43

3/44 Um torque (momento) de 24 N · m é necessário para girar o parafuso em torno de seu eixo. Determine P e as forças entre as laterais lisas e endurecidas das bocas da chave e os cantos A e B da cabeça hexagonal do parafuso. Admita que a chave se ajusta suavemente ao parafuso de modo que o contato acontece apenas nos cantos A e B.

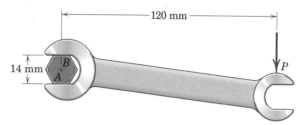

PROBLEMA 3/44

3/45 Durante um teste de motor no solo, um empuxo $T = 3000$ N é gerado sobre o avião de 1800 kg e com centro de massa em G. As rodas principais em B estão bloqueadas e não deslizam; a pequena roda sob a cauda em A não tem freio. Calcule a variação percentual n nas forças normais em A e B quando comparadas com os seus valores quando o motor do avião está desligado.

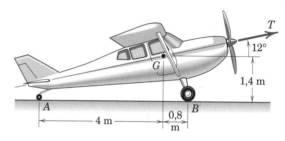

PROBLEMA 3/45

3/46 Para testar a deflexão da viga uniforme de 100 kg, o garoto de 50 kg dá um puxão de 150 N na corda, como mostrado. Calcule a força suportada pelo pino na dobradiça O.

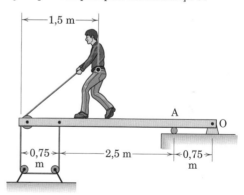

PROBLEMA 3/46

242 Problemas para a Seção 3/3

3/47 Uma parte do mecanismo de troca de marcha para um carro, com transmissão manual, está mostrada na figura. Para a força de 8 N exercida na alavanca de câmbio, determine a força P correspondente exercida pela conexão BC sobre a transmissão (não mostrada). Despreze o atrito na rótula em O, na junta em B e no tubo próximo ao suporte D. Observe que uma bucha de borracha macia em D permite que o tubo se mantenha alinhado com a conexão BC.

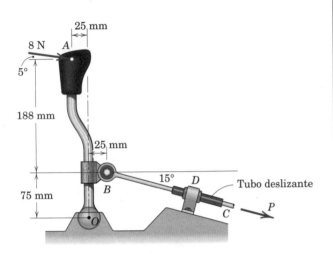

PROBLEMA 3/47

3/48 A porta de carga de um avião com fuselagem circular consiste em um segmento uniforme AB de um quarto de círculo e massa m. Determine a compressão C na trava horizontal em B para manter a porta aberta na posição mostrada. Encontre, também, uma expressão para a força total suportada pela dobradiça em A. (Consulte a Tabela D/3 do Apêndice D para a posição do centroide ou centro de massa da cobertura.)

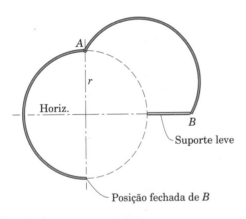

PROBLEMA 3/48

3/49 É desejável que uma pessoa seja capaz de iniciar o fechamento da porta do bagageiro de uma van, desde a posição aberta mostrada, com uma força vertical P de 40 N. Como exercício de projeto, determine a força necessária em cada um dos amortecedores hidráulicos AB. O centro de massa da porta de 40 kg está 37,5 mm diretamente abaixo do ponto A. Trate o problema como bidimensional.

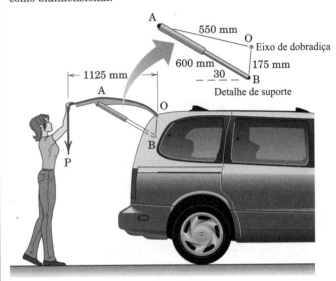

PROBLEMA 3/49

3/50 Certos elementos de uma máquina para fazer gelo em cubo são mostrados na figura. (Um "cubo" tem a forma de um segmento cilíndrico!) Uma vez que os cubos e um pequeno aquecedor (não mostrado) formam uma fina película de água entre o cubo e a superfície de apoio, um motor gira o braço ejetor OA para remover o cubo. Se existem oito cubos e oito braços, determine o binário necessário M como função de θ. A massa de oito cubos é de 0,25 kg e a distância de centro de massa $\bar{r} = 0{,}55r$. Despreze o atrito e admita que a resultante da força normal distribuída atuando no cubo passa pelo ponto O.

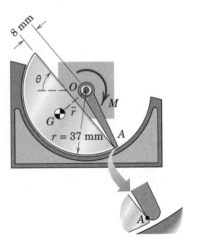

PROBLEMA 3/50

▶3/51 A parte lombar da coluna vertebral humana suporta todo o peso do tronco e da carga de força superior que lhe é imposta. Consideramos aqui o disco (destacado com um círculo) entre a vértebra inferior da região lombar (L_5) e a vértebra superior da região do sacro. (a) Para o caso de $L = 0$, determine a força compressiva C e a força de cisalhamento S suportada por este disco, em termos de peso corporal W. O peso W_u do tronco superior (acima do disco em questão) é de 68 % do peso total do corpo W e atua em G. A força vertical F, que os músculos retos das costas exercem sobre a parte superior do tronco, atua como mostrado na figura. (b) Repita para o caso em que a pessoa tem um peso de módulo de $L = W/3$, como indicado. Relate quaisquer suposições.

*3/52 Determine e trace o gráfico para o momento que deve ser aplicado ao guindaste OA para manter o cilindro de massa $m = 5$ kg em equilíbrio. Despreze os efeitos da massa OA e do atrito e considere o intervalo $0 \leq \theta \leq 180°$. Determine os valores máximo e mínimo do módulo de M e os valores de θ para os quais esses extremos ocorrem e justifique, fisicamente, esses resultados.

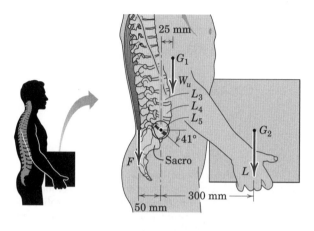

PROBLEMA 3/51

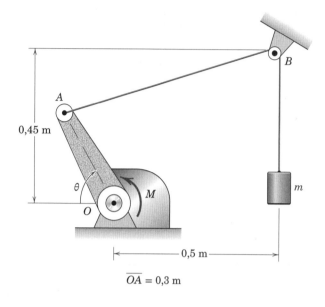

PROBLEMA 3/52

Problemas para a Seção 3/4

Problemas Introdutórios

3/53 Uma chapa quadrada e uniforme de aço com 360 mm de comprimento de aresta e massa de 15 kg está suspensa no plano horizontal pelos três fios verticais, como mostrado. Calcule a força trativa em cada fio.

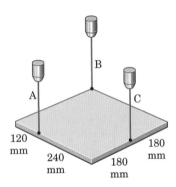

PROBLEMA 3/53

3/54 O eixo de aço na horizontal tem massa de 480 kg e está suspenso por um cabo vertical a partir de A e por um segundo cabo BC que está em um plano vertical transversal ao eixo e faz uma volta embaixo dele. Calcule as forças de tração T_1 e T_2 nos cabos.

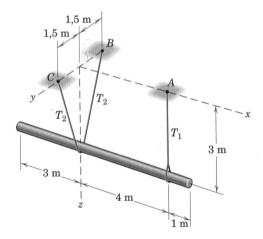

PROBLEMA 3/54

3/55 Determine as forças trativas nos cabos AB, AC e AD.

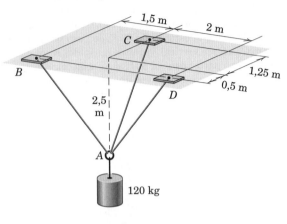

PROBLEMA 3/55

3/56 Uma placa de compensado de 36 kg está em posição estacionária sobre dois pequenos blocos de madeira, conforme indicado. A placa pode inclinar 20° da posição vertical sobre a ação de uma força P que é perpendicular à placa. O atrito em todas as superfícies dos blocos A e B é suficiente para impedir o deslizamento. Determine a intensidade P e as forças verticais de reação em A e em B.

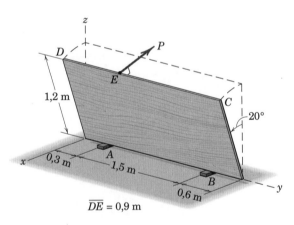

PROBLEMA 3/56

3/57 Os postes verticais e horizontais do conjunto de semáforos são erguidos em primeiro lugar. Determine as reações da força adicional e momento na base O causados pela adição de três sinais de trânsito de 50 kg B, C e D. Descreva suas respostas como uma intensidade de força e uma intensidade de momento.

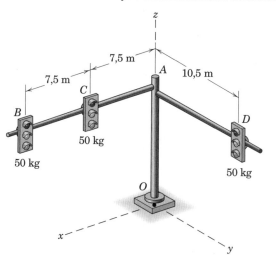

PROBLEMA 3/57

3/58 Para fazer um ajuste, estudantes de engenharia removeram a perna D de uma bancada de laboratório. Para garantir que a mesa permaneça estável, eles colocaram uma pilha de livros-texto de Estática de 6 kg centrada no ponto E no tampo da mesa, conforme indicado. Determine a força de reação normal em cada perna, A, B e C. O tampo da mesa é uniforme e tem massa de 40 kg. Cada perna tem massa de 5 kg.

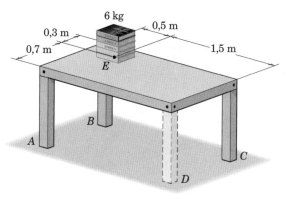

PROBLEMA 3/58

3/59 O mastro vertical suporta a força de 4 kN e é restringido pelos dois cabos fixos BC e BD e por uma conexão bola-soquete em A. Calcule a tensão T_1 em BD. Isto pode ser conseguido utilizando apenas uma equação de equilíbrio?

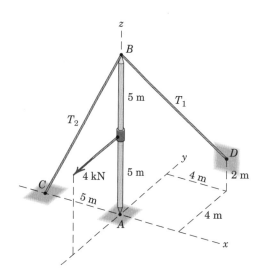

PROBLEMA 3/59

3/60 A figura mostra a vista superior de um carro. Duas posições diferentes, C e D, são consideradas para a colocação de um macaco. Em ambos os casos, todo o lado direito do carro é levantado do chão. Determine as forças de reação normais em A e B e a força vertical necessária no macaco, para cada uma das duas posições. Considere que o carro de 1600 kg é rígido. O centro de massa G está na linha média do carro.

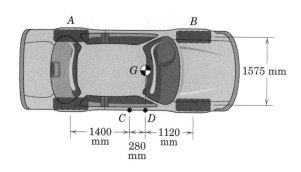

PROBLEMA 3/60

3/61 A placa retangular e uniforme de massa m é suspensa por três cabos. Determine a força de tração em cada cabo.

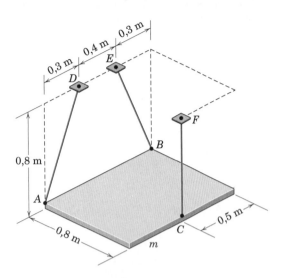

PROBLEMA 3/61

3/62 Uma esfera homogênea lisa de massa m e raio r é suspensa por um fio AB de comprimento $2r$ do ponto B na linha de interseção das duas paredes lisas verticais perpendiculares uma à outra. Determine a reação R de cada parede contra a esfera.

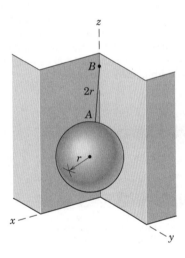

PROBLEMA 3/62

3/63 Um anel uniforme de aço, com 600 mm de diâmetro, tem uma massa de 50 kg e está sustentado por três cabos, cada um com 500 mm de comprimento, presos aos pontos A, B e C, como mostrado. Calcule a força trativa em cada cabo.

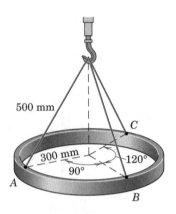

PROBLEMA 3/63

3/64 Uma das paredes suportando a extremidade B do eixo uniforme de 200 kg do Exemplo de Probl. 3/5 é girada de um ângulo de 30° conforme indicado aqui. A extremidade A está, ainda, sustentada pela conexão soquete-bola no plano horizontal x-y. Calcule as intensidades das forças **P** e **R** exercidas sobre a bola na extremidade B do eixo pelas paredes verticais C e D, respectivamente.

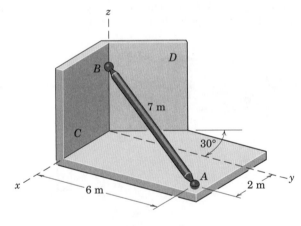

PROBLEMA 3/64

3/65 A longarina leve em ângulo reto, que suporta o cilindro de 400 kg, é sustentada por três cabos e uma junta bola-soquete em O fixada à superfície vertical x-y. Determine as reações em O e as tensões dos cabos.

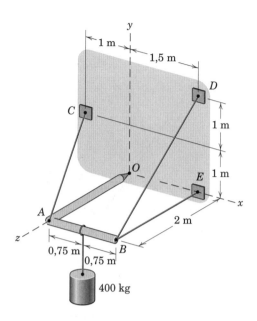

PROBLEMA 3/65

3/66 O centro de massa da porta de 30 kg está no centro do painel. Se o peso da porta é sustentado inteiramente pela dobradiça inferior A, calcule a intensidade da força total suportada pela dobradiça em B.

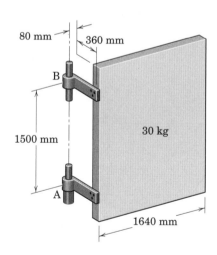

PROBLEMA 3/66

3/67 As duas vigas I são soldadas e estão suportadas por três cabos de comprimento igual, fixados na vertical desde os suportes diretamente acima de A, B e C. Quando aplicada em uma distância apropriada d, a força de 200 N faz com que o sistema assuma a nova configuração de equilíbrio mostrada. Todos os três cabos estão inclinados no mesmo ângulo θ, desde a vertical, em planos paralelos ao plano y-z. Determine este ângulo θ e a distância d. As vigas AB e OC têm massas de 72 kg e 50 kg, respectivamente. O centro de massa da viga OC possui uma coordenada y de 725 mm.

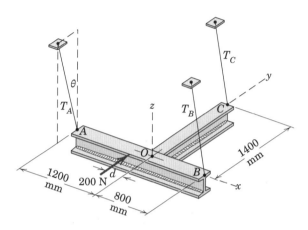

PROBLEMA 3/67

3/68 A placa triangular uniforme de 50 kg é sustentada por duas pequenas dobradiças A e B e pelo sistema de cabos indicado. Para a posição horizontal da placa, determine todas as reações nas dobradiças e a força de tração T no cabo. A dobradiça A pode suportar um empuxo axial, mas a dobradiça B não pode. Veja a Tabela D/3 no Apêndice D para a localização do centro de massa de uma placa triangular.

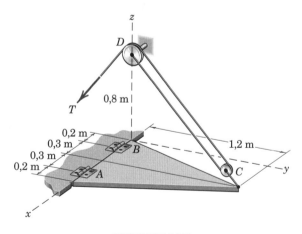

PROBLEMA 3/68

248 Problemas para a Seção 3/4

3/69 O suporte grande é construído de chapas grossas que têm uma massa ρ por unidade de área. Determine a força e as reações de momento no parafuso suporte em O.

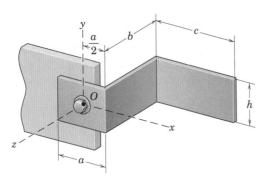

PROBLEMA 3/69

Problemas Representativos

3/70 Sabe-se que o tronco de 360 kg está carcomido por insetos perto do ponto O, por isso, o sistema de guinchos é usado para derrubar a árvore sem ter que cortá-la. Se o guincho W_1 é esticado com 900 N e o gancho W_2 com 1350 N, determine a força e as reações de momento em O. Se a árvore, afinal, cai neste ponto por causa do momento fletor em O, determine o ângulo que caracteriza a linha de impacto OE. Admita que a base da árvore é igualmente resistente em todas as direções.

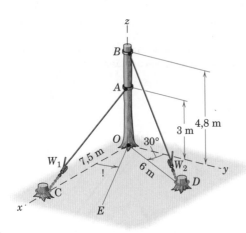

PROBLEMA 3/70

3/71 Uma das três sapatas de aterrissagem de uma sonda proposta para explorar Marte é representada na figura. Como parte de uma checagem de projeto na distribuição da força nas escoras de aterrissagem, calcula-se a força em cada uma das escoras AC, BC e CD quando a sonda está estacionária sobre a superfície horizontal de Marte. O arranjo é simétrico em relação ao plano x-z. A massa da sonda é 600 kg. (Admita que todas as sapatas sustentam o mesmo peso e consulte a Tabela D/2 no Apêndice D conforme a necessidade.)

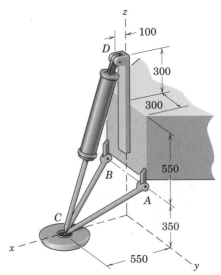

Dimensões em milímetros

PROBLEMA 3/71

3/72 Determine a intensidade da força **R** e do momento **M** exercido pela porca e parafuso no braço carregado em O para manter o equilíbrio.

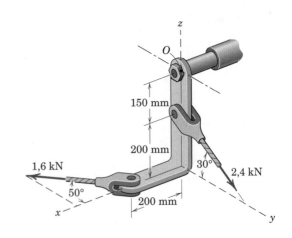

PROBLEMA 3/72

3/73 A porta retangular de acesso com 25 kg é mantida aberta na posição 90° por uma única estaca CD. Determine a força F na estaca e a intensidade da força normal ao eixo AB das dobradiças em cada uma das pequenas dobradiças A e B.

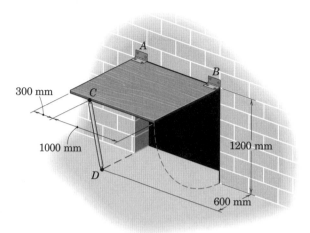

PROBLEMA 3/73

3/74 Como parte de uma verificação de seu projeto, o braço inferior de suspensão (parte da suspensão de um automóvel) é sustentado por mancais em A e B e submetido ao par de forças de 900 N em C e D. A mola da suspensão, não mostrada para melhor clareza da figura, exerce uma força F_s em E, como mostrado, em que E está no plano ABCD. Determine o módulo F_s da força da mola e os módulos F_A e F_B das forças dos mancais em A e B, que são perpendiculares ao eixo AB da dobradiça.

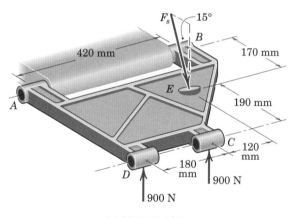

PROBLEMA 3/74

3/75 O eixo, o cabo e a alavanca são soldados juntos e constituem um único corpo rígido. A massa combinada é 28 kg com o centro de massa em G. O conjunto é montado nos mancais A e B e a rotação é impedida pelo tirante CD. Determine as forças exercidas sobre o eixo pelos mancais A e B enquanto um momento de 30 N · m é aplicado ao cabo conforme indicado. Seria necessário modificar essas forças se o momento fosse aplicado ao eixo AB em vez de ser aplicado no cabo?

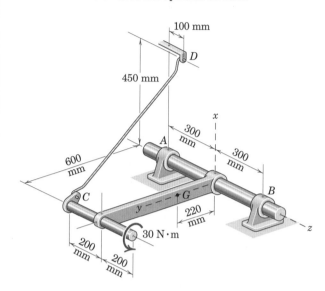

PROBLEMA 3/75

3/76 Durante um teste, o motor esquerdo de um avião bimotor é acionado gerando um empuxo de 2 kN. As rodas principais em B e C estão freadas de modo a evitar movimento. Determine a variação nas forças de reação normais em A, B e C (comparativamente aos valores nominais com ambos os motores desligados).

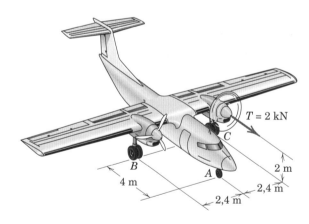

PROBLEMA 3/76

3/77 A haste dobrada ACDB é sustentada por uma luva em A e uma junta soquete-esfera em B. Determine os componentes das reações e a força de tração no cabo. Despreze a massa da haste.

3/79 A mola de módulo $k = 900$ N/m é esticada a uma distância $\delta = 60$ mm, quando o mecanismo se encontra na posição mostrada. Calcule a força $P_{mín}$ necessária para iniciar a rotação sobre o eixo de articulação BC e determine os módulos correspondentes das forças de apoio que são perpendiculares a BC. Qual é a força de reação normal em D, se $P = P_{mín}/2$?

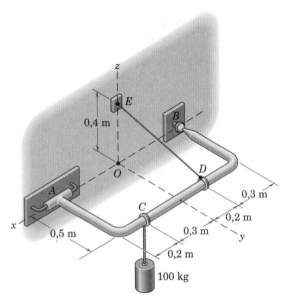

PROBLEMA 3/77

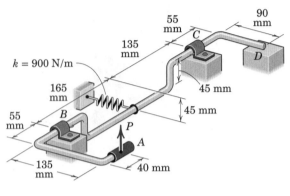

PROBLEMA 3/79

3/78 O esticador T_1 é esticado com uma força de tração de 750 N e o esticador T_2 é esticado com 500 N. Determine os componentes da força correspondente e das reações de momento no suporte embutido em O. Despreze o peso da estrutura.

3/80 Considere o conjunto do leme de um aeromodelo controlado por rádio. Para a posição a 15° mostrada na figura, a pressão atuando no lado esquerdo da área retangular do leme vale $p = 4(10^{-5})$ N/mm². Determine a força P necessária na barra de controle DE e os componentes horizontais das reações nas dobradiças A e B, que são paralelas à superfície do leme. Considere a pressão aerodinâmica como uniforme.

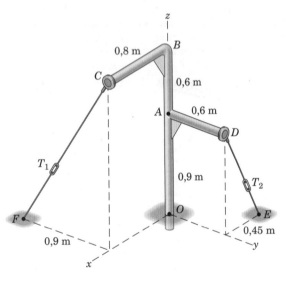

PROBLEMA 3/78

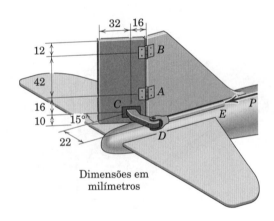

Dimensões em milímetros

PROBLEMA 3/80

3/81 Um letreiro retangular em uma loja tem massa de 100 kg, com o centro de massa no centro do retângulo. O suporte contra a parede no ponto C deve ser tratado como uma junta soquete-esfera. No canto D a sustentação é assegurada, apenas, na direção y. Calcule as forças de tração T_1 e T_2 nos cabos de sustentação, a força total suportada em C e a força lateral suportada em D.

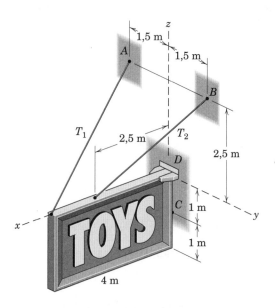

PROBLEMA 3/81

▶**3/82** O painel retangular uniforme ABCD tem uma massa de 40 kg e tem dobradiças entre seus vértices A e B e a superfície vertical rígida. Um arame ligando E a D mantém horizontais as bordas BC e AD. A dobradiça A pode sustentar esforços ao longo do eixo AB, enquanto a dobradiça B suporta apenas força normal ao eixo AB. Ache a força trativa T no arame e o módulo B da força suportada pela dobradiça B.

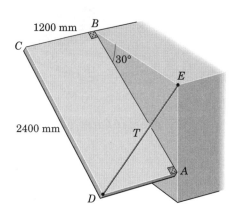

PROBLEMA 3/82

▶**3/83** O plano vertical pelo qual passa o cabo de eletricidade gira de 30° no poste vertical OC. As forças trativas T_1 e T_2 valem ambas 950 N. Para prevenir inclinação do poste com o passar do tempo, os cabos de amarração AD e BE são usados. Se os dois cabos são ajustados para suportar forças trativas iguais T, as quais, em conjunto, reduzem a zero o momento em O, determine a força de reação horizontal resultante em O. Determine o valor necessário de T. Despreze o peso do poste.

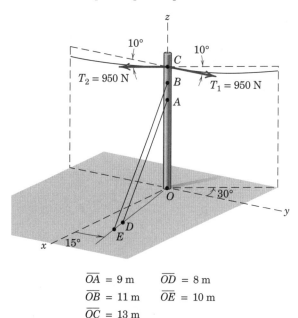

$\overline{OA} = 9$ m $\overline{OD} = 8$ m
$\overline{OB} = 11$ m $\overline{OE} = 10$ m
$\overline{OC} = 13$ m

PROBLEMA 3/83

*__3/84__ Determine e trace o gráfico do momento M necessário para girar o braço OA no intervalo $0 \leq \theta \leq 180°$. Determine o valor máximo de M e o ângulo θ em que ocorre. O colar C, fixado ao eixo, impede o movimento de descida do eixo em seu mancal. Determine e trace um gráfico da intensidade da força vertical distribuída por esse colar no mesmo intervalo de θ. A constante de mola é $k = 200$ N/m e a mola não está esticada quando $\theta = 0$. Despreze a massa da estrutura e qualquer efeito da interferência mecânica.

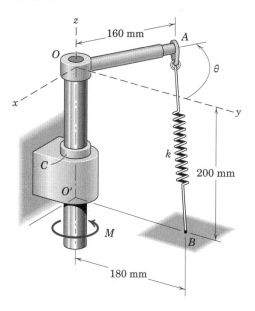

PROBLEMA 3/84

Problemas para a Seção 3/5 Revisão do Capítulo

3/85 O pino em O pode suportar uma força máxima de 3,5 kN. Qual é a carga correspondente máxima L que pode ser aplicada no suporte angular AOB?

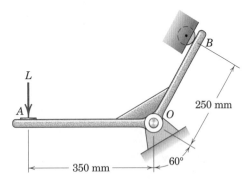

PROBLEMA 3/85

3/86 O suporte leve ABC é livremente articulado em A e tem seu movimento restrito pelo pino fixo na abertura em B. Calcule o módulo da força R suportada pelo pino em A, sob a ação do binário aplicado de 80 N · m.

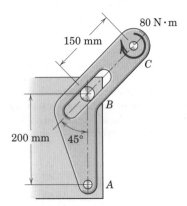

PROBLEMA 3/86

3/87 Determine uma expressão geral para a força normal N_A exercida pela parede vertical lisa na barra delgada uniforme de massa m e comprimento L. A massa do cilindro é m_1 e todos os rolamentos são ideais. Determine o valor de m_1, que faz com que (a) $N_A = mg/2$ e (b) $N_A = 0$.

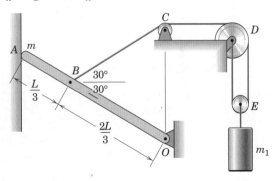

PROBLEMA 3/87

3/88 A massa do tampo de mesa triangular uniforme é 30 kg e o de cada perna é 2 kg. Determine a força normal de reação exercida pelo piso em cada perna. O centro de massa de um corpo com forma de triângulo retângulo pode ser obtido da Tabela D/3 no Apêndice D.

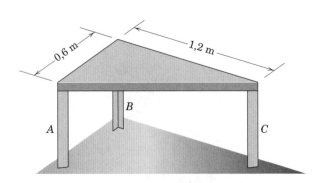

PROBLEMA 3/88

3/89 O dispositivo mostrado é útil para suspender e posicionar painéis antes de prendê-los aos tirantes na parede. Estime o módulo P da força necessária para erguer o painel de 25 kg. Explicite quaisquer suposições.

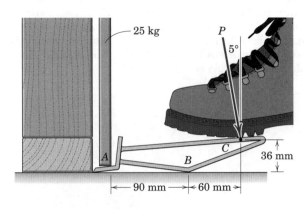

PROBLEMA 3/89

3/90 A fita magnética sob uma força de tração de 10 N em D passa ao redor das polias-guia e pela cabeça de gravação em C com velocidade constante. Como resultado de uma pequena quantidade de atrito nos mancais das polias, a fita em E está tracionada com 11 N. Determine a força de tração T na mola de sustentação em B. A placa está em um plano horizontal e está montada sobre um rolamento de agulha de precisão em A.

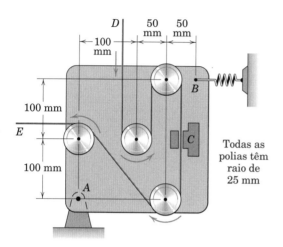

PROBLEMA 3/90

3/91 A ferramenta mostrada é usada para endireitar peças torcidas ao final de uma montagem com madeira. Se a força $P = 150$ N é aplicada ao cabo conforme mostrado, determine as forças normais aplicadas à garra nos pontos A e B. Despreze o atrito.

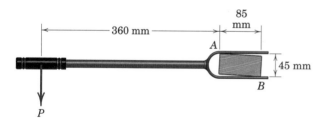

PROBLEMA 3/91

3/92 Uma placa de sinalização de rodovia medindo 4 m por 2 m é sustentada por um único mastro conforme indicado. A placa, a estrutura de sustentação e o mastro juntos têm massa de 300 kg, com centro de massa 3,3 m distante da linha de centro vertical do mastro. Quando a placa é submetida a uma rajada direta de vento de 125 km/h, uma diferença de pressão média de 700 Pa se desenvolve entre os lados frontal e posterior da placa, com a resultante da pressão do vento atuando no centro da placa. Determine as intensidades das reações de força e de momento na base do mastro. Tais resultados devem ser instrumentos de projeto da base do mastro.

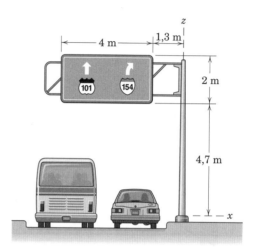

PROBLEMA 3/92

3/93 Uma haste fina de massa m_1 é soldada à aresta horizontal de uma casca semicilíndrica de massa m_2. Determine uma expressão para o ângulo θ que o diâmetro da casca faz com a horizontal por m_1. (Consulte a Tabela D/3 no Apêndice D para localizar o centro de gravidade da seção semicilíndrica.)

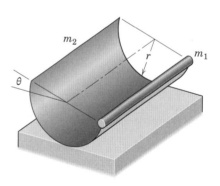

PROBLEMA 3/93

254 Problemas para a Seção 3/5 Revisão do Capítulo

3/94 O braço curvo BC e os cabos AB e AC, presos a ele, sustentam uma linha de transmissão, que está situada no plano vertical y-z. As tangentes à linha de transmissão, na posição do isolante abaixo de A, fazem ângulos de 15° com o eixo horizontal y. Se a força trativa na linha, na posição do isolante, vale 1,3 kN, calcule a força total suportada pelo parafuso em D no suporte do poste. O peso do braço BC pode ser desprezado comparado com as outras forças e pode-se supor que o parafuso em E suporta apenas força horizontal.

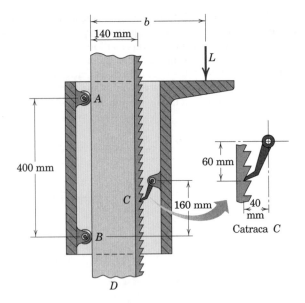

PROBLEMA 3/95

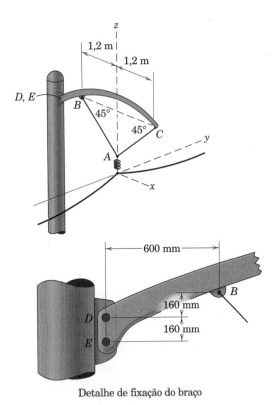

Detalhe de fixação do braço

PROBLEMA 3/94

3/95 O dispositivo representado em corte pode suportar a carga L em várias alturas pelo reposicionamento da catraca C sobre outro dente na altura desejada sobre a coluna vertical fixa D. Determine a distância b na qual a carga deveria ser posicionada para que os roletes A e B suportem forças iguais. O peso do equipamento é desprezível em comparação com L.

3/96 Um grande cilindro simétrico para secagem de areia é operado pelo acionamento do motor engrenado, como mostrado. Se a massa de areia é de 750 kg e uma força média de 2,6 kN nos dentes do pinhão motor A é fornecida à engrenagem do tambor e normal às superfícies de contato em B, calcule o deslocamento médio $\bar{x}$ do centro de massa G da areia, a partir da linha de centro. Despreze todo o atrito nos roletes de sustentação.

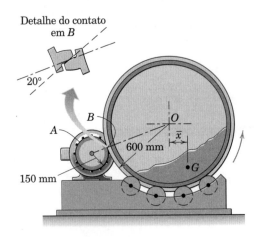

PROBLEMA 3/96

3/97 Determine a força P necessária para iniciar a rolagem do cilindro uniforme de massa m sobre o degrau de altura h.

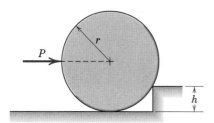

PROBLEMA 3/97

3/98 Cada uma das três barras uniformes de 1200 mm tem uma massa de 20 kg. As barras estão soldadas juntas na configuração mostrada e estão suspensas por três arames verticais. As barras AB e BC estão no plano horizontal x-y e a terceira barra está em um plano paralelo ao plano x-z. Calcule as forças trativas em cada arame.

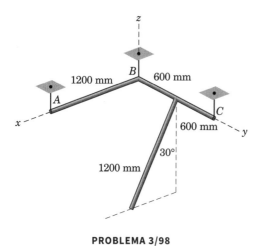

PROBLEMA 3/98

3/99 A placa uniforme de 15 kg está soldada ao eixo vertical que é sustentado pelos mancais A e B. Calcule a intensidade da força suportada pelo mancal B durante a aplicação do momento de 120 N · m ao eixo. O cabo de C até D impede que a placa e o eixo girem e o peso do conjunto é suportado, inteiramente, pelo mancal A.

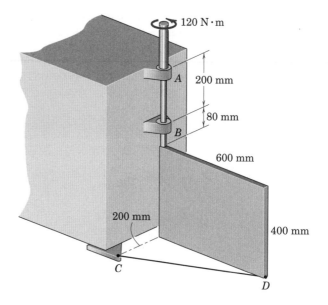

PROBLEMA 3/99

3/100 Uma força vertical P no pedal do dispositivo é necessária para produzir uma força trativa T de 400 N na barra de controle vertical. Determine as reações correspondentes nos mancais em A e B.

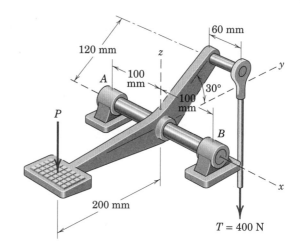

PROBLEMA 3/100

256 Problemas para a Seção 3/5 Revisão do Capítulo

3/101 O tambor e o eixo estão soldados juntos e têm uma massa de 50 kg com centro de massa em G. O eixo está submetido a um torque (momento) de 120 N · m e o tambor é impedido de girar pela corda enrolada seguramente em torno dele e presa ao ponto C. Calcule as intensidades das forças suportadas pelos mancais A e B.

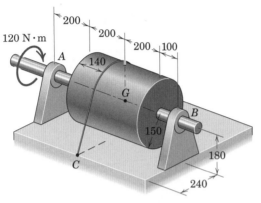

Dimensões em milímetros

PROBLEMA 3/101

*Problemas Orientados para Solução Computacional

*3/102 Determine e trace um gráfico da razão entre forças de tração T/mg necessária para manter a barra fina e uniforme em equilíbrio para qualquer ângulo θ entre um pouco acima de zero e um pouco abaixo de 45°. A barra AB é uniforme e tem massa m.

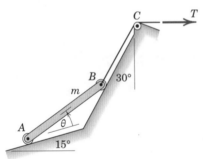

PROBLEMA 3/102

*3/103 Dois sinais de trânsito estão presos, em intervalos iguais, ao cabo de sustentação de 10,8 m de comprimento, como mostrado. Determine os ângulos da configuração de equilíbrio α, β e γ, bem como a força trativa em cada segmento de cabo.

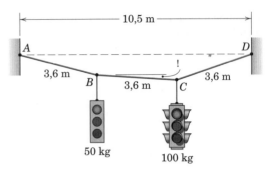

PROBLEMA 3/103

*3/104 Ao executar uma rosca de bíceps, o homem mantém seu ombro e a parte superior do braço elevados e estacionários e gira a parte inferior do braço OA ao longo do curso $0 \leq \theta \leq 105°$. O desenho de detalhamento mostra os pontos de efetivos de origem e de inserção do grupo muscular do bíceps. Determine e trace um gráfico da força de tração T_B neste grupo muscular ao longo do curso especificado. Determine os valores de T_B para $\theta = 90°$. Despreze o peso do antebraço e admita movimento constante e lento.

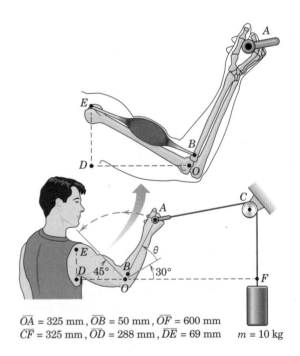

$\overline{OA}$ = 325 mm, $\overline{OB}$ = 50 mm, $\overline{OF}$ = 600 mm
$\overline{CF}$ = 325 mm, $\overline{OD}$ = 288 mm, $\overline{DE}$ = 69 mm m = 10 kg

PROBLEMA 3/104

*3/105 As principais características de uma pequena retroescavadeira estão mostradas na ilustração. O elemento BE (completo, com o cilindro hidráulico CD e as hastes de controle da caçamba DF e DE) tem uma massa de 200 kg, e um centro de massa em G_1. A caçamba e sua carga de argila têm uma massa de 140 kg e um centro de massa em G_2. Para determinar as características do projeto operacional da retroescavadeira, determine a força T no cilindro hidráulico AB em função da posição angular θ do elemento BE e faça um gráfico na faixa $0 \leq \theta \leq 90°$. Para que valor de θ a força T se anula? O elemento OH é fixo, nesse exercício; observe que seu cilindro hidráulico de controle (não mostrado) vai de um ponto próximo a O até o pino I. De forma semelhante, o cilindro hidráulico de controle da caçamba CD é mantido em um comprimento fixo.

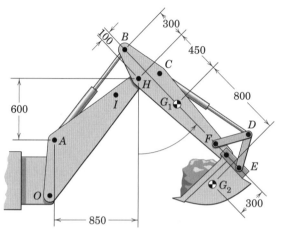

Dimensões em milímetros

PROBLEMA 3/105

*3/106 O centro de massa do componente de 1,5 kg OC está localizado em G e a mola com constante k = 25 N/m não está esticada quando θ = 0. Trace um gráfico da força de tração T necessária para o equilíbrio estático ao longo do intervalo $0 \leq \theta \leq 90°$ e determine os valores de T para θ = 45° e θ = 90°.

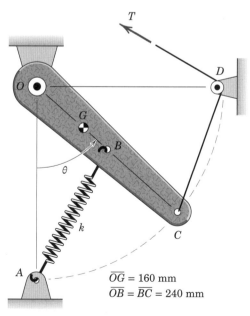

$\overline{OG}$ = 160 mm
$\overline{OB}$ = $\overline{BC}$ = 240 mm

PROBLEMA 3/106

*3/107 O poste vertical, a linha de transmissão e os dois cabos de amarração do Probl. 3/83 são mostrados aqui novamente. Como parte de um estudo do projeto, as seguintes condições são consideradas. A força trativa T_2 vale 1000 N e é constante, com ângulo fixo de 10°. O ângulo de 10° para T_1 também é fixo, mas o módulo de T_1 pode variar desde 0 até 2000 N. Para cada valor de T_1, determine e plote o módulo das tensões idênticas nos cabos AD e BE e o ângulo θ para o qual o momento em O será zero. Explicite os valores de T e θ para T_1 = 1000 N.

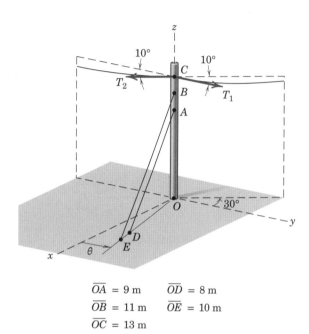

$\overline{OA}$ = 9 m $\overline{OD}$ = 8 m
$\overline{OB}$ = 11 m $\overline{OE}$ = 10 m
$\overline{OC}$ = 13 m

PROBLEMA 3/107

*3/108 O sólido de base retangular homogêneo de 125 kg é mantido na posição arbitrária indicada pela força de tração T no cabo. Determine e trace um gráfico das seguintes quantidades como funções de θ no intervalo $0 \leq \theta \leq 60°$: T, A_y, A_z, B_x, B_y e B_z. A dobradiça em A não pode exercer um empuxo axial. Admita que os componentes de força na dobradiça estão orientadas nos sentidos positivos das coordenadas. O atrito em D é desprezível.

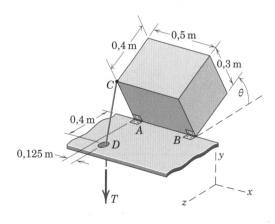

PROBLEMA 3/108

Capítulo 4

* Problemas orientados para solução computacional
▶ Problemas difíceis

Problemas para as Seções 4/1-4/3

Problemas Introdutórios

4/1 Determine a força em cada elemento da treliça carregada. Explique por que o conhecimento dos comprimentos dos elementos é desnecessário.

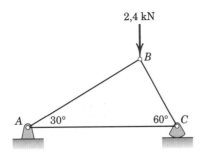

PROBLEMA 4/1

4/2 Determine a força em cada elemento da treliça carregada.

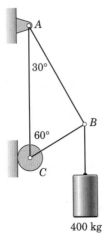

PROBLEMA 4/2

4/3 Determine a força em cada elemento da treliça carregada.

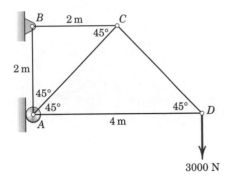

PROBLEMA 4/3

4/4 Calcule as forças nos elementos BE e BD da treliça carregada.

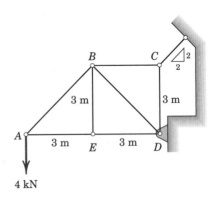

PROBLEMA 4/4

4/5 Determine a força em cada elemento da treliça carregada.

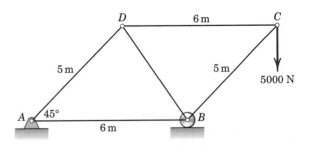

PROBLEMA 4/5

4/6 Determine as forças nos elementos BE e CE da treliça carregada.

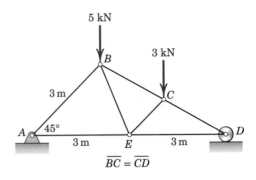

PROBLEMA 4/6

4/7 Determine a força em cada elemento da treliça carregada.

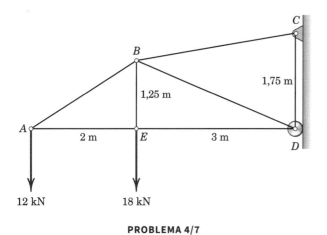

PROBLEMA 4/7

4/8 Determine a força em cada elemento da treliça carregada.

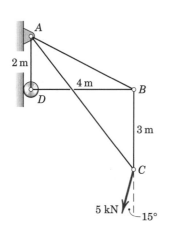

PROBLEMA 4/8

4/9 Determine a força em cada elemento da treliça carregada. Utilize a simetria da treliça e do carregamento.

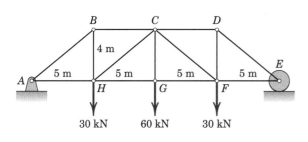

PROBLEMA 4/9

4/10 Se a força de tração máxima em qualquer componente da treliça deve ser limitada a 24 kN e a força compressiva máxima deve ser limitada a 35 kN, determine a maior massa m admissível que pode ser suportada pela treliça.

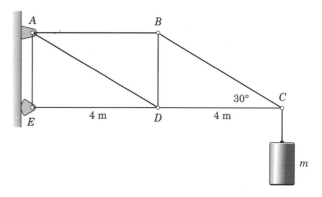

PROBLEMA 4/10

4/11 Determine a força nos elementos AB, BC e BD da treliça carregada.

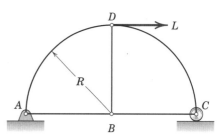

PROBLEMA 4/11

Problemas Representativos

4/12 Uma ponte levadiça está sendo levantada por um cabo EI. As quatro cargas mostradas nos nós são devidas ao peso do pavimento. Determine as forças nos elementos EF, DE, DF, CD e FG.

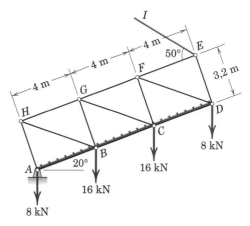

PROBLEMA 4/12

4/13 Determine as forças nos elementos BJ, BI, CI, CH, DG, DH e EG da treliça carregada. Todos os triângulos são 45°-45°-90°.

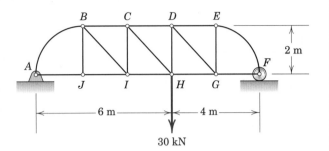

PROBLEMA 4/13

4/14 Determine as forças nos elementos BC e BG da treliça carregada.

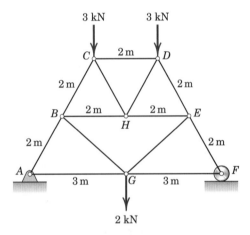

PROBLEMA 4/14

4/15 Cada elemento da treliça é uma barra uniforme de 8 m com massa de 400 kg. Calcule a tração ou compressão em cada elemento, em função do peso dos elementos.

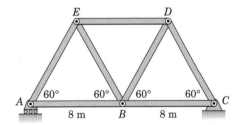

PROBLEMA 4/15

4/16 O quadro retangular é composto de quatro elementos perimetrais de duas forças e de dois cabos AC e BD que são incapazes de suportar compressão. Determine as forças em todos os elementos devidas à carga L na posição (a) e depois na posição (b).

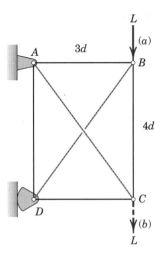

PROBLEMA 4/16

4/17 Determine as forças nos elementos BI, CI e HI para a treliça carregada. Todos os ângulos são 30°, 60° ou 90°.

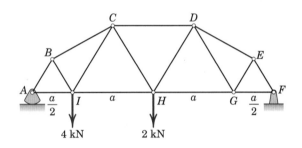

PROBLEMA 4/17

4/18 A treliça de sustentação de uma placa de sinalização é projetada para suportar uma carga de vento horizontal de 4 kN. Uma análise separada mostra que $\frac{5}{8}$ desta força é transmitida à conexão central em C e que o restante é distribuído igualmente entre D e B. Calcule as forças nos elementos BE e BC.

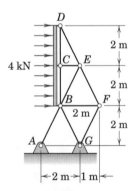

PROBLEMA 4/18

4/19 Determine as forças nos membros AB, CG e DE da treliça carregada.

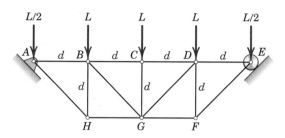

PROBLEMA 4/19

4/20 A carga decorrente da neve transfere as forças mostradas aos nós superiores de um telhado em forma de treliça Pratt. Despreze quaisquer reações horizontais nos apoios e determine as forças em todos os elementos.

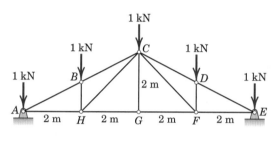

PROBLEMA 4/20

4/21 O carregamento mostrado no Problema 4/20 é aplicado a um telhado em forma de treliça Howe. Despreze quaisquer reações horizontais nos apoios e determine as forças em todos os elementos. Compare com os resultados do Problema 4/20.

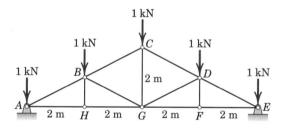

PROBLEMA 4/21

4/22 Determine a força em cada elemento da treliça carregada.

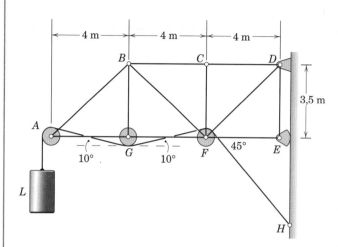

PROBLEMA 4/22

4/23 Determine as forças nos elementos EH e EI da treliça Fink dupla. Despreze quaisquer reações horizontais nos suportes e observe que as juntas E e F dividem $\overline{DG}$ em três partes.

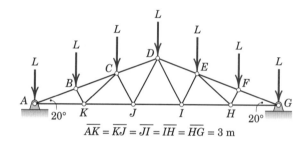

PROBLEMA 4/23

4/24 Uma estrutura de 72 m é usada para prover vários serviços de suporte para lançamento de veículos antes da decolagem. Em um teste, uma massa de 18 Mg é suspensa pelos nós F e G, com o peso igualmente dividido entre os dois nós. Determine as forças nos elementos GJ e GI. Qual seria o caminho para analisar os membros da torre vertical, tais como AB ou KL?

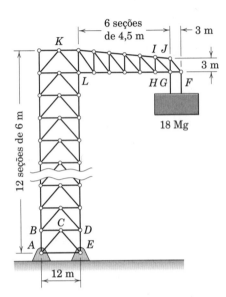

PROBLEMA 4/24

4/25 A estrutura retangular é composta por quatro elementos no perímetro com duas forças e dois cabos AC e BD que são incapazes de suportar compressão. Determine as forças em todos os elementos devidas à carga L na posição (a) e depois na posição (b).

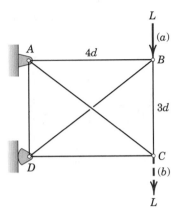

PROBLEMA 4/25

▶**4/26** Determine a força no elemento CG da treliça carregada. Admita que as reações em A, B, E e F são iguais em módulo e têm direção perpendicular às superfícies de apoio.

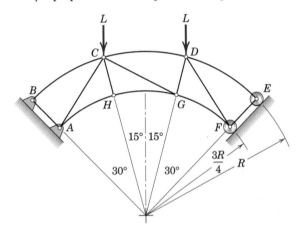

PROBLEMA 4/26

Problemas para a Seção 4/4

Problemas Introdutórios

4/27 Determine a força no elemento CG.

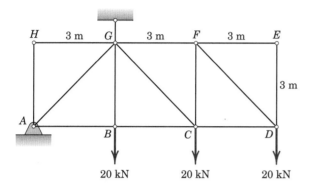

PROBLEMA 4/27

4/28 Determine a força no elemento AE da treliça carregada.

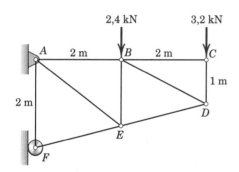

PROBLEMA 4/28

4/29 Determine as forças nos elementos BC e CG.

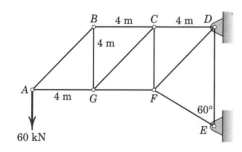

PROBLEMA 4/29

4/30 Determine as forças nos elementos CG e GH da treliça simétrica carregada.

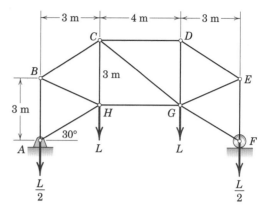

PROBLEMA 4/30

4/31 Determine as forças nos elementos BE da treliça carregada.

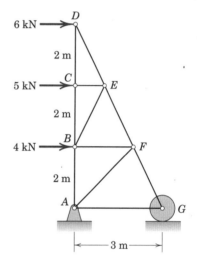

PROBLEMA 4/31

4/32 Determine a força no elemento BE da treliça carregada.

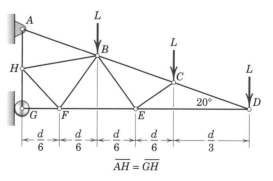

$\overline{AH} = \overline{GH}$

PROBLEMA 4/32

Problemas Representativos

4/33 Determine as forças nos elementos *DE* e *DL*.

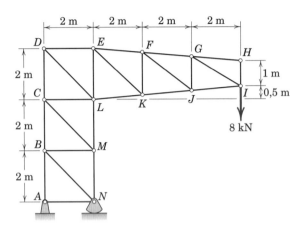

PROBLEMA 4/33

4/34 Calcule as forças nos elementos *BC*, *BE* e *EF*. Calcule cada força a partir de uma equação de equilíbrio que contenha esta força como única incógnita.

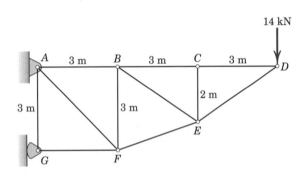

PROBLEMA 4/34

4/35 A treliça é composta de triângulos equiláteros de lado a e é sustentada e carregada conforme indicado. Determine as forças nos elementos *BC* e *CG*.

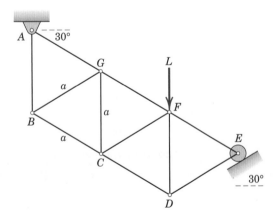

PROBLEMA 4/35

4/36 Determine as forças nos elementos *BC* e *FG* da treliça simétrica carregada. Mostre que esse cálculo pode ser realizado usando uma seção e duas equações, cada uma das quais contendo apenas uma das duas incógnitas. Os resultados são afetados pela indeterminação estática dos apoios na base?

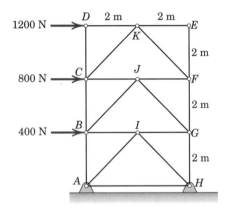

PROBLEMA 4/36

4/37 Determine a força no elemento *BF*.

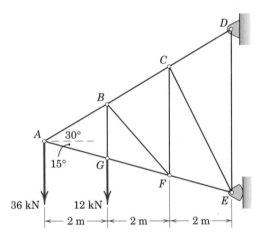

PROBLEMA 4/37

4/38 Os elementos *CJ* e *CF* da treliça carregada cruzam, mas não se conectam aos elementos *BI* e *DG*. Calcule as forças nos elementos *BC*, *CJ*, *CI* e *HI*.

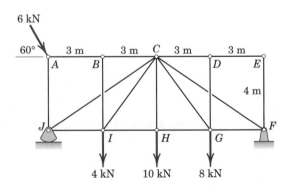

PROBLEMA 4/38

4/39 Determine as forças nos elementos CD, CJ e DJ.

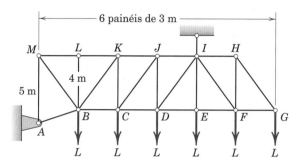

PROBLEMA 4/39

4/40 Os quadros articulados ACE e DFB estão ligados por duas barras articuladas, AB e CD, que se cruzam sem estar interligadas. Calcule a força em AB.

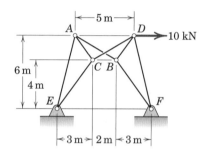

PROBLEMA 4/40

4/41 A treliça mostrada é formada por triângulos retângulos de 45°. Os elementos cruzados nos dois painéis centrais são barras de amarração esbeltas incapazes de suportar compressão. Mantenha as duas barras que estão sob tração e calcule os módulos de suas forças trativas. Encontre também a força no elemento MN.

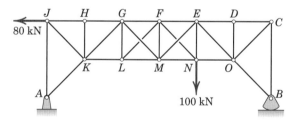

PROBLEMA 4/41

4/42 Determine a força no elemento BE da treliça carregada.

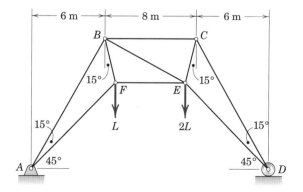

PROBLEMA 4/42

4/43 Determine a força no elemento BF da treliça carregada do Probl. 4/22, reapresentada aqui.

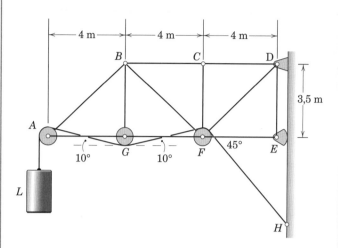

PROBLEMA 4/43

4/44 Calcule as forças nos elementos CB, CG e FG para a treliça carregada, sem antes calcular a força em qualquer outro elemento.

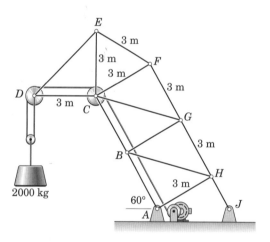

PROBLEMA 4/44

4/45 Determine a força no elemento GK da treliça simétrica carregada.

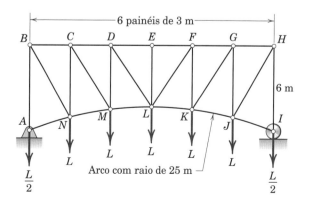

PROBLEMA 4/45

4/46 Determine as forças nos elementos *DE*, *EI*, *FI* e *HI* da treliça em arco de um telhado.

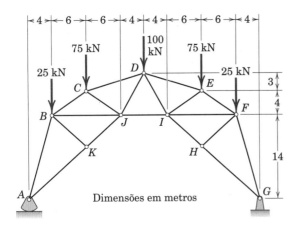

PROBLEMA 4/46

4/47 Determine a força no elemento *CG* da treliça carregada do Probl. 4/26, repetida aqui. Admita que as reações em *A*, *B*, *E* e *F* são iguais em módulo e têm direção perpendicular às superfícies de apoio.

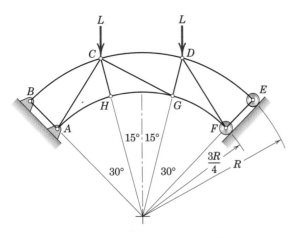

PROBLEMA 4/47

▶**4/48** Determine a força no elemento *DK* da treliça de sinalização suspensa carregada.

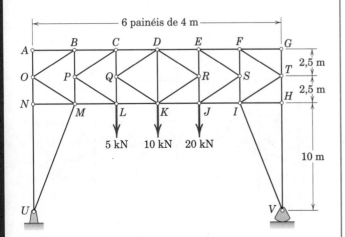

PROBLEMA 4/48

▶**4/49** Um modelo de projeto para uma torre de linha de transmissão é mostrado na figura. Os elementos *GH*, *FG*, *OP* e *NO* são cabos isolados; todos os outros elementos são barras de aço. Para o carregamento mostrado, calcule as forças nos elementos *FI*, *FJ*, *EJ*, *EK* e *ER*. Use uma combinação de métodos, se desejado.

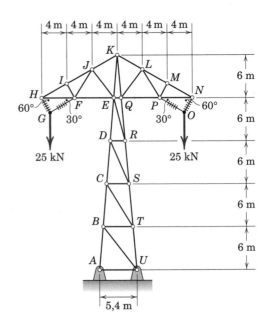

PROBLEMA 4/49

▶**4/50** Determine a força no elemento *DG* da treliça composta. Todas as juntas se situam em linhas radiais subentendendo ângulos de 15° como indicado, e os elementos curvos agem como elementos de barra. Distância $\overline{OC} = \overline{OA} = \overline{OB} = R$.

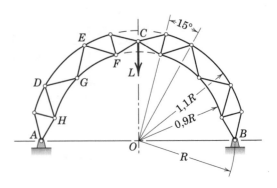

PROBLEMA 4/50

Problemas para a Seção 4/5

4/51 A base de um suporte para automóveis forma um triângulo equilátero com comprimento de aresta de 250 mm e está centrada em relação ao tubo cilíndrico A. Modele a estrutura como se fosse composta de nós articulados e determine as forças nos elementos BC, BD e CD. Despreze qualquer componente de reação horizontal sob os pés B, C e D.

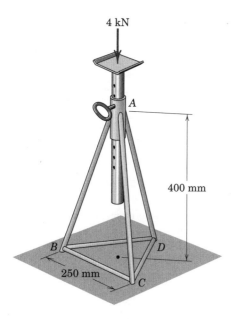

PROBLEMA 4/51

4/52 Determine as forças nos elementos AB, AC e AD.

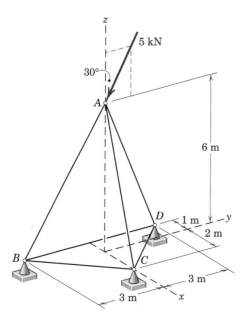

PROBLEMA 4/52

4/53 Determine a força no elemento CF.

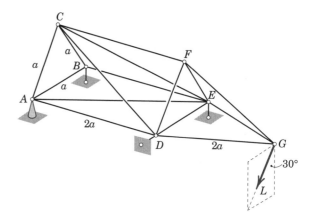

PROBLEMA 4/53

4/54 A estrutura representada está sendo considerada para a parte superior de uma torre para linha de transmissão e é sustentada nos pontos F, G, H e I. O ponto C está diretamente acima do centro do retângulo FGHI. Determine a força no elemento CD.

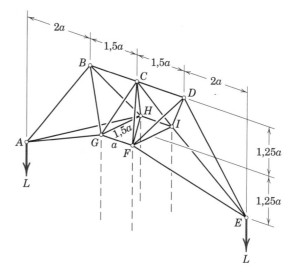

PROBLEMA 4/54

4/55 A treliça espacial retangular com altura de 16 m é montada sobre uma base quadrada horizontal com lado de 12 m. Tirantes estão presos à estrutura em E e G, conforme indicado, e são esticados até que a força de tração T em cada tirante seja 9 kN. Calcule a força F em cada elemento da diagonal.

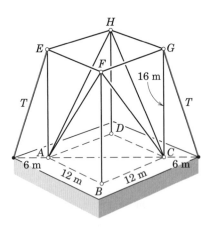

PROBLEMA 4/55

4/56 Para a treliça espacial mostrada, verifique a suficiência dos apoios e também o número e arranjo dos elementos para garantir que ela seja estaticamente determinada, tanto externa quanto internamente. Por inspeção, determine as forças nos elementos CD, CB e CF. Calcule a força no elemento AF e o componente x da reação na treliça em D.

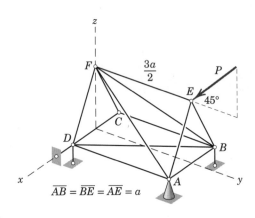

PROBLEMA 4/56

4/57 Para a treliça espacial representada, verifique a suficiência do número de apoios e, também, o número e o arranjo dos elementos para garantir que seja estaticamente determinada, tanto externa quanto internamente. Determine as forças nos membros AE, BE, BF e CE.

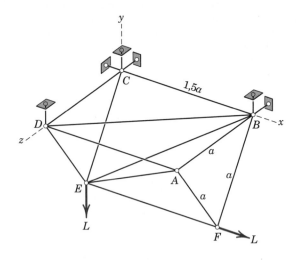

PROBLEMA 4/57

4/58 Determine a força no elemento BD da pirâmide regular com base quadrada.

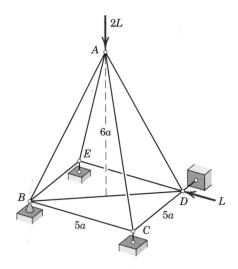

PROBLEMA 4/58

4/59 Determine as forças nos elementos AD e DG.

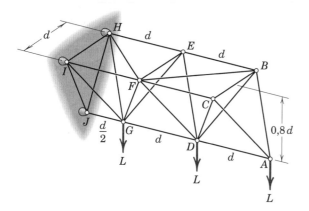

PROBLEMA 4/59

4/60 A seção $BCDEF$ da treliça piramidal é simétrica em relação ao plano vertical x-z conforme indicado. Os cabos AE, AF e AB suportam uma carga de 5 kN. Determine a força no elemento BE.

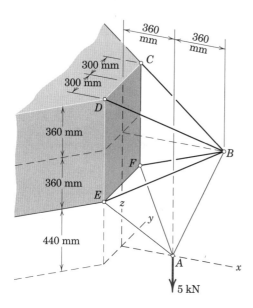

PROBLEMA 4/60

4/61 A treliça espacial mostrada está presa aos suportes fixos em A, B e E e é carregada pela força L, que tem componentes x e y iguais, mas não tem componente z (vertical). Mostre que existe um número suficiente de elementos para garantir estabilidade interna e que seu posicionamento é adequado para este objetivo. Em seguida, determine as forças nos elementos CD, BC e CE.

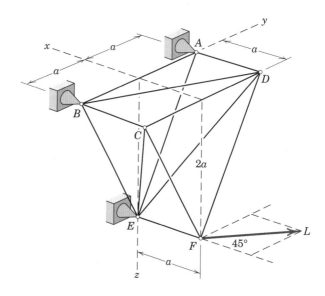

PROBLEMA 4/61

▶**4/62** Uma treliça espacial foi construída em forma de cubo, com seis elementos diagonais, como mostrado. Verifique se a treliça é internamente estável. Se a treliça for submetida às forças de compressão P aplicadas em F e D na direção da diagonal FD, determine as forças nos elementos EF e EG.

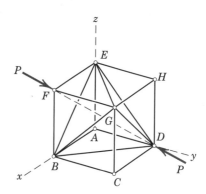

PROBLEMA 4/62

Problemas para a Seção 4/6

(Admita que o trabalho negativo do atrito é desprezível nos problemas seguintes, exceto se houver indicação em contrário.)

Problemas Introdutórios

4/63 Determine as intensidades de todas as reações nos pinos para a estrutura carregada, conforme indicado.

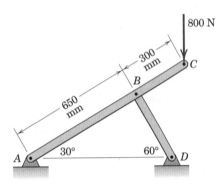

PROBLEMA 4/63

4/64 Determine a força que o elemento CD exerce no pino em C.

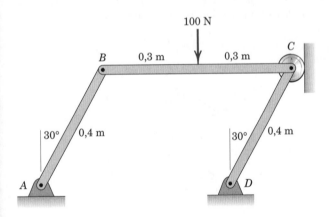

PROBLEMA 4/64

4/65 Para qual módulo do conjugado M, aplicado no sentido horário, fará com que a componente horizontal A_x, da reação no pino A seja nula? Se um conjugado de mesmo módulo M fosse aplicado no sentido anti-horário, qual seria o valor de A_x?

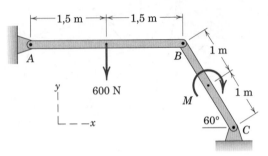

PROBLEMA 4/65

4/66 Determine os componentes de todas as forças que estão agindo em cada elemento do quadro carregado.

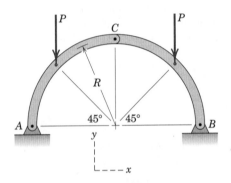

PROBLEMA 4/66

4/67 Determine a magnitude da força no pino A.

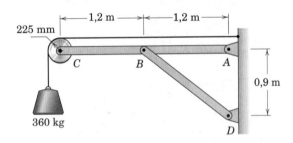

PROBLEMA 4/67

4/68 Determine as intensidades das reações nos pinos em A, B e C causadas pelo peso da viga uniforme de 3000 kg.

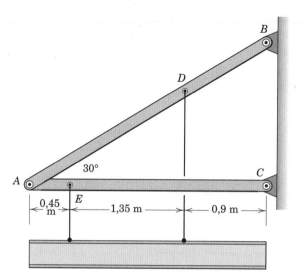

PROBLEMA 4/68

4/69 Os alicates de bico são usados tanto para cortar objetos em A quanto para apertar objetos em B. Calcule (a) a força de corte em A e (b) a força de aperto em B em termos da força aplicada F. Determine a intensidade da reação no pino em O em ambos os casos. Despreze os efeitos da ligeira abertura entre as pontas do alicate para acomodar os itens a serem apertados.

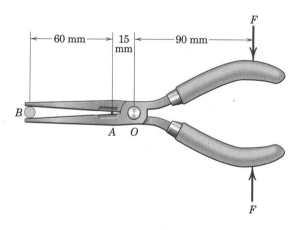

PROBLEMA 4/69

4/70 Determine a intensidade das forças no pino em B.

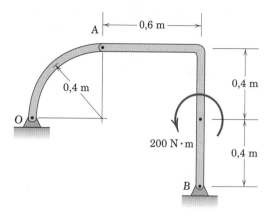

PROBLEMA 4/70

4/71 Um macaco hidráulico automotivo é projetado para suportar uma carga de 4000 N para baixo. Inicie com o diagrama de corpo livre de BCD e determine a força suportada no rolete C. Note que o rolete B não faz contato com a coluna vertical.

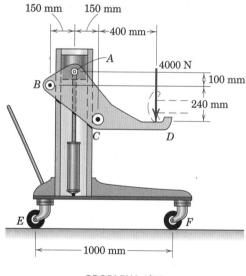

PROBLEMA 4/71

4/72 Calcule o módulo da força atuando no pino em D. O pino C está preso em DE e desliza no rasgo liso existente na placa triangular.

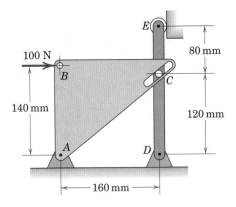

PROBLEMA 4/72

4/73 Para uma força de aperto de 90 N, determine a força normal N exercida na peça circular por cada mordente. Determine a intensidade da força suportada pelo pino em O.

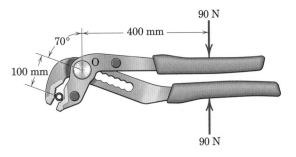

PROBLEMA 4/73

4/74 O grampo é ajustado para que exerça um par de forças compressivas de 200 N sobre as placas entre os mordentes articulados. Determine a força no eixo roscado BC e a intensidade da reação no pino em D.

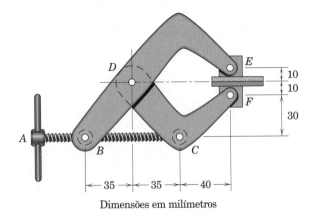

Dimensões em milímetros

PROBLEMA 4/74

4/75 O calço de pneus é usado para evitar que veículos rolem enquanto estão sendo suspensos pelo macaco. Para a força P de contato indicada, determine a intensidade da força suportada pelo pino C. O atrito é suficiente para impedir o deslizamento com a interface do solo.

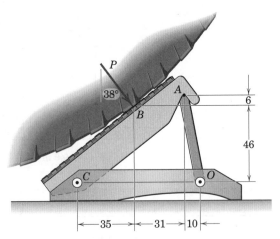

Dimensões em milímetros

PROBLEMA 4/75

4/76 Determine a força no único cilindro hidráulico do elevador de plataforma de trabalho. A massa do braço OC é 800 kg com centro de massa em G_1 e a massa combinada do cesto e do trabalhador é 300 kg com centro de massa em G_2.

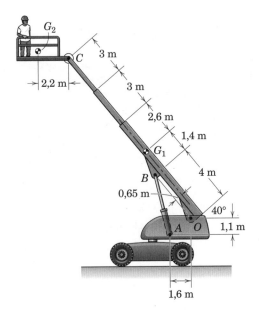

PROBLEMA 4/76

4/77 A borboleta B da serra dobrável é apertada até que a tração na barra AB seja de 200 N. Determine a força na lâmina da serra EF e o módulo F da força suportada pelo pino C.

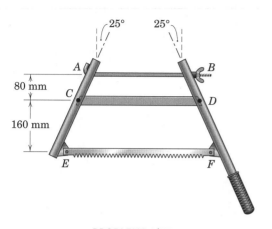

PROBLEMA 4/77

4/78 Determine a força de corte F exercida na barra S em função da força P aplicada no cabo do alicate de corte.

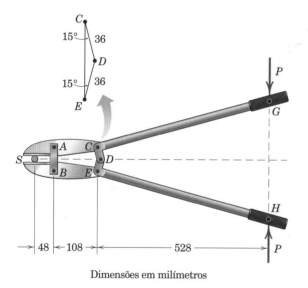

Dimensões em milímetros

PROBLEMA 4/78

4/79 Um par de forças de 80 N é aplicado no cabo de um pequeno aplicador de ilhós. O bloco A desliza com atrito desprezível em uma ranhura na parte inferior da ferramenta. Desconsidere a pequena força da mola de retorno AE e determine a força de compressão P aplicada no ilhó.

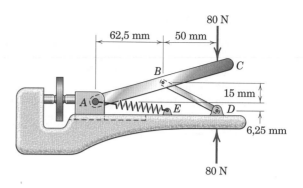

PROBLEMA 4/79

4/80 Os elementos de um freio de bicicleta são mostrados na figura. Os dois braços do freio podem girar livremente em torno dos pinos C e D. (O suporte do freio não é mostrado na figura.) Se a tensão aplicada no cabo do freio em H é de $T = 160$ N, determine a força normal aplicada no aro pelas pastilhas de freio E e F.

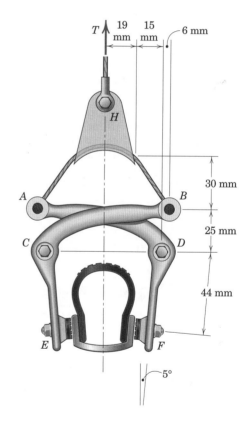

PROBLEMA 4/80

Problemas Representativos

4/81 O grampo duplo mostrado na figura é utilizado para prover força de aperto adicional com uma ação positiva. Se a haste roscada vertical é apertada para produzir uma força de 3 kN e, então, a haste roscada horizontal é apertada até que a força na rosca em A seja dobrada, determine a reação total R no pino em B.

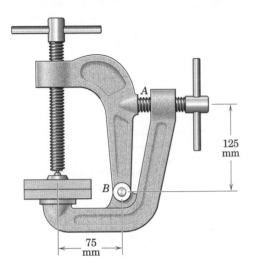

PROBLEMA 4/81

4/82 Uma extensão para guindaste móvel é projetada para carregamento de navios. A viga AB tem massa de 8 Mg e seu centro de massa está na metade de seu comprimento. A barra BC tem massa de 2 Mg e seu centro de massa está a 5 m do ponto C. Os 2000 kg do carro D são simétricos com a sua linha de carga. Calcule o módulo da força na articulação A para uma carga $m = 20$ Mg.

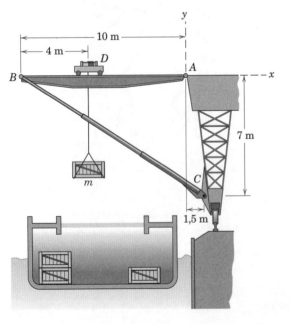

PROBLEMA 4/82

4/83 O dispositivo mostrado é usado para desentortar pranchas de deques, imediatamente antes de pregá-las aos caibros. Existe uma presilha inferior (não mostrada) em O, que fixa a peça OA a um dos caibros, de maneira que o pivô A pode ser considerado fixo. Determine a força normal N, aplicada à prancha torta próxima ao ponto B, correspondente a uma dada força P exercida perpendicularmente ao manete ABC como mostrado. Despreze o atrito.

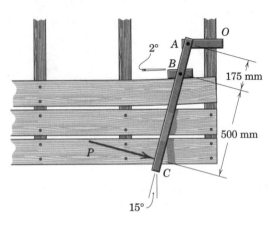

PROBLEMA 4/83

4/84 Para dada força de aperto P, determine a força normal exercida sobre a pequena peça cilíndrica por cada mordente do alicate composto. Estabeleça suas hipóteses.

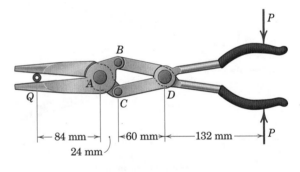

PROBLEMA 4/84

4/85 A figura apresenta um sacador de polia que é projetado para retirar uma polia P para correia em V do eixo S em que está ajustada, apertando-se o parafuso central. Se a polia começa a deslizar para fora do eixo quando a compressão no parafuso alcança 1,2 kN, calcule a intensidade da força suportada por cada mordente em A. Os parafusos de ajuste D suportam força horizontal e mantêm os braços laterais paralelos com o parafuso central.

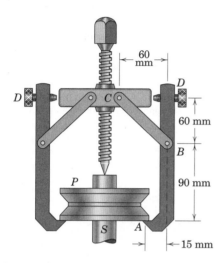

PROBLEMA 4/85

4/86 Para o par de forças de 120 N aplicadas aos cabos do alicate de crimpar, determine a força de crimpagem nos mordentes em G.

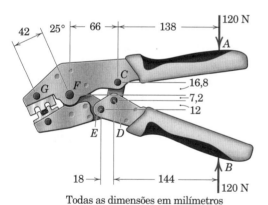

Todas as dimensões em milímetros

PROBLEMA 4/86

4/87 O dispositivo "garra da vida" é utilizado por equipes de resgate para abrir passagem em destroços, ajudando assim a soltar vítimas de acidentes. Se uma pressão de 55 MPa é desenvolvida atrás do pistão P de área $13(10^3)$ mm², determine a força vertical R exercida pelas extremidades das garras sobre os destroços, para a posição mostrada. Note que, para esta posição, o elemento AB e seu correspondente estão ambos dispostos na horizontal.

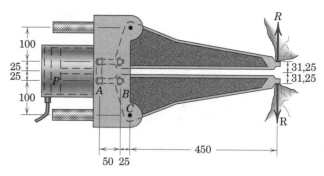

Dimensões em milímetros

PROBLEMA 4/87

4/88 Uma força de 250 N é aplicada à bomba de ar operada por pedal. A mola de retorno S exerce um momento de 3 N · m no elemento OBA para esta posição. Determine a força de compressão C correspondente no cilindro BD. Se o diâmetro do pistão no cilindro é de 45 mm, estime a pressão de ar gerada para essas condições. Estabeleça suas hipóteses.

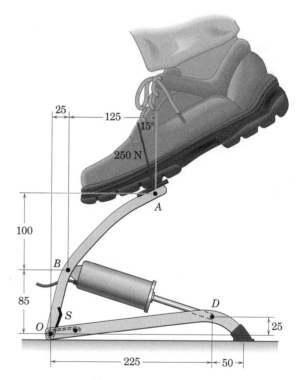

Dimensões em milímetros

PROBLEMA 4/88

276 Problemas para a Seção 4/6

4/89 Calcule a força no elemento AB das tesouras de içamento que se cruzam sem se tocar.

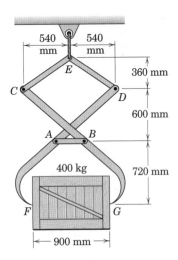

PROBLEMA 4/89

4/90 Uma porta de ventilação de 80 kg OD com centro de massa em G é mantida aberta na posição indicada por meio de um momento aplicado em A pelo mecanismo de abertura. O elemento AB está paralelo à porta para posição a 30° indicada. Determine M.

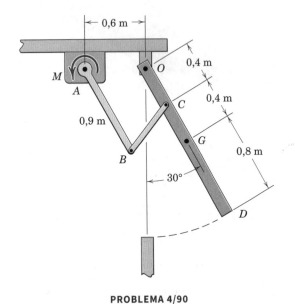

PROBLEMA 4/90

4/91 Os elementos de um macaco hidráulico estão mostrados na figura. A figura CDFE é um paralelogramo. Calcule a força no cilindro hidráulico AB devida à força suportada de 10 kN, como mostrado. Qual é a força no elo EF?

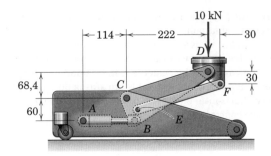

Dimensões em milímetros

PROBLEMA 4/91

4/92 Determine o módulo da reação do pino em A e o módulo e a direção da força de reação nos roletes. As polias em C e D são pequenas.

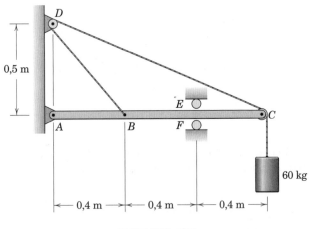

PROBLEMA 4/92

4/93 Um elevador de carros permite que o carro seja guiado para cima da plataforma, depois as rodas traseiras são elevadas. Se o carregamento de ambas as rodas traseiras é 6 kN, determine a força no cilindro hidráulico AB. Despreze o peso próprio da plataforma. O elemento BCD é uma alavanca de ângulo reto pinada à rampa em C.

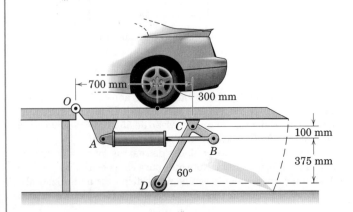

PROBLEMA 4/93

4/94 A rampa é usada para embarque de passageiros em um pequeno avião de transporte. A massa total da rampa e de seis passageiros vale 750 kg, com centro de massa em G. Determine a força no cilindro hidráulico AB e o módulo da reação do pino em C.

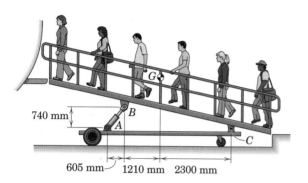

PROBLEMA 4/94

4/95 A prensa portátil é usada para tarefas de cravar rebites ou de fazer furos. Qual é a força P na chapa de metal em E para forças de 60 N aplicadas nos cabos-prensa?

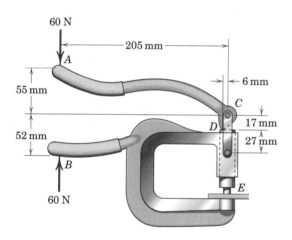

PROBLEMA 4/95

4/96 O caminhão mostrado é usado para entregar refeições para aviões. A unidade elevada tem uma massa de 1000 kg, com centro de massa em G. Determine a força necessária no cilindro hidráulico AB.

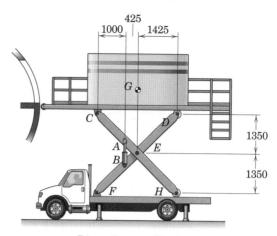

Dimensões em milímetros

PROBLEMA 4/96

4/97 A máquina mostrada é usada para mover itens pesados, tal como estrados de tijolos, em locais de construção. Para a posição horizontal mostrada da lança, determine a força em cada um dos dois cilindros hidráulicos AB. A massa da lança é de 1500 kg, com centro de massa em G_1, e a massa do cubo de tijolos é de 2000 kg, com centro de massa em G_2.

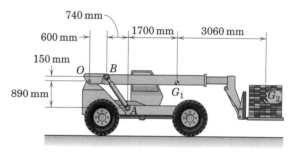

PROBLEMA 4/97

4/98 O estrado da empilhadeira da máquina do Probl. 4/97 é mostrado com detalhes dimensionais adicionais. Determine a força no cilindro hidráulico único, CD. A massa de cubo de tijolos é de 2000 kg, com centro de massa em G_2. Você pode desprezar os efeitos da massa dos componentes do estrado.

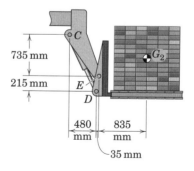

PROBLEMA 4/98

4/99 Determine a força de aperto vertical em E em termos da força P aplicada no cabo do grampo alternativo.

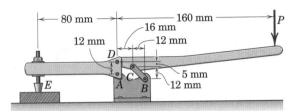

PROBLEMA 4/99

4/100 Na posição particular representada do guindaste de toras, as lanças AF e EG estão em ângulo reto e AF é perpendicular a AB. Se o guindaste estiver içando 2,5 Mg, calcule as forças que os pinos A e D suportam nesta posição devido ao peso do tronco.

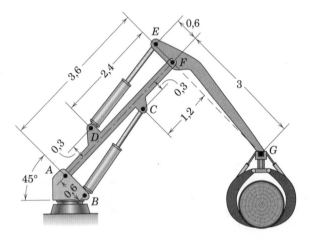

Dimensões em metros

PROBLEMA 4/100

4/101 O dispositivo mostrado é usado para arrastar estrados de madeira carregados pelo chão de armazéns. A placa de madeira mostrada é um dos diversos elementos que compõem a base do estrado. Para a carga de 4 kN aplicada por uma empilhadeira, determine o módulo da força suportada pelo pino C e as forças normais de aperto em A e em B.

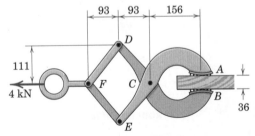

Dimensões em milímetros

PROBLEMA 4/101

4/102 O mordente superior D da prensa articulada desloca-se com atrito desprezível ao longo da coluna vertical fixa. Considerando que uma força $F = 200$ N é aplicada à haste quando ela faz um ângulo $\theta = 75°$ com a vertical, calcule a força de compressão R exercida sobre o cilindro E e a força suportada pelo pino em A.

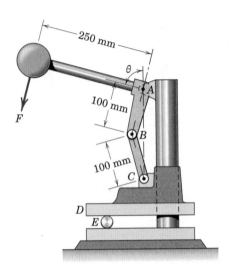

PROBLEMA 4/102

4/103 A figura apresenta uma vista lateral de uma mesa basculante. O suporte esquerdo controla o ângulo de basculamento da mesa por meio de um eixo roscado entre os pinos C e D que eleva e abaixa o mecanismo pantográfico (tesouras). A mesa é pinada na direita a dois postes de sustentação. O mecanismo pantográfico está localizado ao longo da linha de centro da mesa que está no ponto intermediário entre os dois postes de suporte na direita. Se o topo da mesa está horizontal e uma caixa uniforme de 50 kg é colocada ao longo da linha de centro na posição indicada, determine as intensidades das forças induzidas no pino E e no eixo roscado entre os pinos C e D. O comprimento de $b = 180$ mm e $\theta = 15°$.

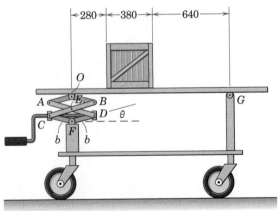

Dimensões em milímetros

PROBLEMA 4/103

4/104 Os elementos da suspensão traseira de um carro com tração dianteira estão mostrados na figura. Determine o módulo da força em cada junta, se a força normal F exercida sobre o pneu tem um módulo de 3600 N.

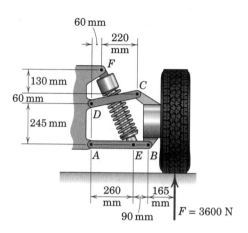

PROBLEMA 4/104

4/105 Uma suspensão com eixo duplo usada em pequenos caminhões é mostrada na figura. A massa da viga central F é de 40 kg e a de cada roda com o respectivo eixo é de 35 kg, estando o centro de massa do conjunto a 680 mm da linha de centro vertical. Calcule a força de cisalhamento total, suportada pelo pino em A, de uma carga L = 12 kN, transmitida à viga F.

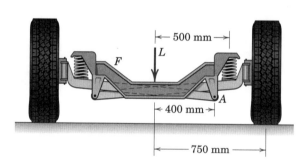

PROBLEMA 4/105

4/106 Determine a força de compressão C exercida sobre a lata para uma força aplicada P = 50 N quando o esmagador de latas está na posição mostrada. O ponto B está centrado no fundo da lata.

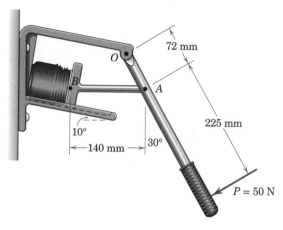

PROBLEMA 4/106

4/107 Determine a força no cilindro hidráulico AB e o módulo da reação no pino em O para a posição mostrada. A caçamba e sua carga têm uma massa combinada de 2000 kg, com centro de massa em G. Você pode desprezar o efeito dos pesos dos outros elementos.

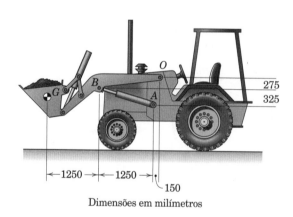

Dimensões em milímetros

PROBLEMA 4/107

4/108 Considere o detalhe dimensional adicional para o sistema de carga do Probl. 4/107. Determine a força no cilindro hidráulico CE. A massa da caçamba e de sua carga é de 2000 kg, com centro de massa em G. Você pode desprezar os efeitos dos pesos dos outros elementos.

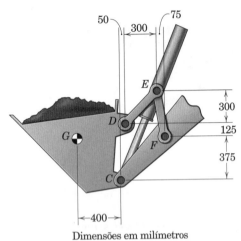

Dimensões em milímetros

PROBLEMA 4/108

4/109 O mecanismo de poda de uma serra com cabo é mostrado no momento em que ela corta um galho, S. Para a posição particular mostrada, a corda de fixação é paralela ao cabo e suporta uma força de tração de 120 N. Determine a força cisalhante P aplicada ao galho pelo cortador e a força total suportada pelo pino em E. A força exercida pela mola de retorno em C é pequena e pode ser desprezada.

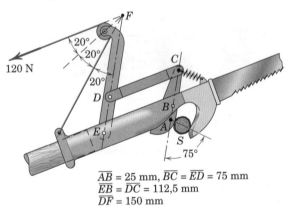

$\overline{AB} = 25$ mm, $\overline{BC} = \overline{ED} = 75$ mm
$\overline{EB} = \overline{DC} = 112{,}5$ mm
$\overline{DF} = 150$ mm

PROBLEMA 4/109

4/110 Determine todos os componentes da reação em A para a estrutura espacial mostrada. Cada conexão deve ser tratada como rótula.

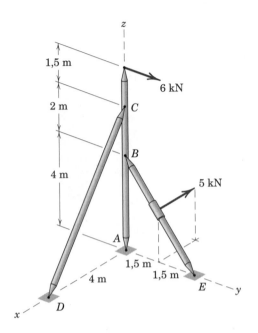

PROBLEMA 4/110

Problemas para a Seção 4/7 Revisão do Capítulo

4/111 Determine a força em cada elemento da treliça carregada.

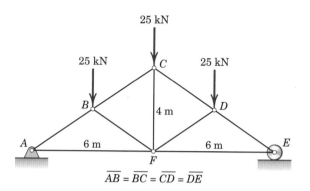

$\overline{AB} = \overline{BC} = \overline{CD} = \overline{DE}$

PROBLEMA 4/111

4/112 Determine as forças nos elementos CH e CF.

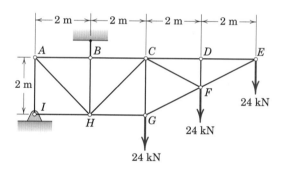

PROBLEMA 4/112

4/113 Determine os componentes de todas as forças atuando em cada elemento da estrutura carregada.

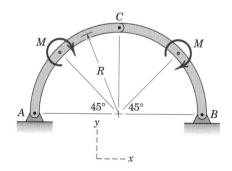

PROBLEMA 4/113

4/114 A análise de flambagem da seção de uma ponte revela que os membros verticais da treliça podem suportar com segurança um máximo de 525 kN em compressão, os membros horizontais da treliça podem suportar com segurança um máximo de 300 kN em compressão e os elementos diagonais da treliça podem suportar com segurança um máximo de 180 kN em compressão. Qual é o maior valor de L para o qual nenhum requisito de segurança será violado?

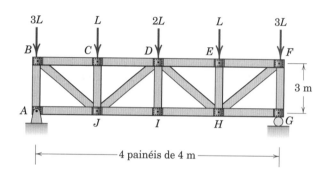

PROBLEMA 4/114

4/115 Os elementos de um moedor de toco com uma massa (exclusivamente do cilindro hidráulico DF e do braço CE) de 300 kg com centro de massa em G são mostrados na figura. O mecanismo para articulação em torno de um eixo vertical foi omitido e as rodas em B são livres para girar. Para a posição nominal mostrada, o elemento CE está horizontal e os dentes da serra estão nivelados com o solo. Se a intensidade da força **F** exercida pelo cortador sobre o toco é 400 N, determine a força P no cilindro hidráulico e a intensidade da força suportada pelo pino em C. O problema deve ser tratado como bidimensional.

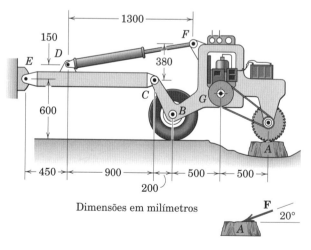

Dimensões em milímetros

PROBLEMA 4/115

4/116 Todos os elementos de barra apresentam o mesmo comprimento. O elemento BCD é uma viga rígida. Determine as forças nos elementos BG e CG em relação à carga L.

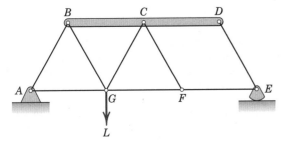

PROBLEMA 4/116

4/117 O trem de pouso frontal é levantado pela aplicação de um torque M à conexão BC através do eixo em B. Se o braço e a roda AO têm uma massa combinada de 50 kg, com centro de gravidade em G, encontre o valor M necessário para levantar a roda quando D está diretamente sob B, posição para a qual o ângulo θ é 30°.

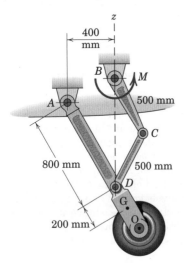

PROBLEMA 4/117

4/118 Determine a força nos elementos CH, AH e CD da treliça carregada.

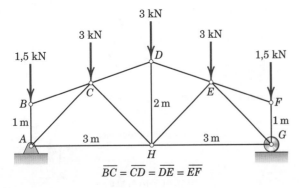

$\overline{BC} = \overline{CD} = \overline{DE} = \overline{EF}$

PROBLEMA 4/118

4/119 A treliça consiste em triângulos equiláteros. Se a intensidade da força de tração ou de compressão nos elementos de alumínio deve ser limitada a 42 kN, determine a maior massa m que pode ser suportada. O cabo está preso no pino em A.

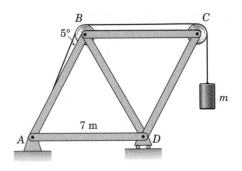

PROBLEMA 4/119

4/120 A mola de torção em B não é deformada quando as barras OB e BD estão, ambas, na posição vertical e se sobrepõem. Se uma força F é necessária para posicionar as barras em uma direção fixa $\theta = 60°$, determine o coeficiente de rigidez torcional da mola k_T. O rasgo em C é liso e o peso das barras é desprezível. Nessa configuração, o pino em C está posicionado no ponto médio da barra com rasgo.

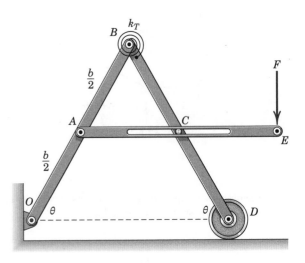

PROBLEMA 4/120

4/121 Determine as forças nos membros *DM* e *DN* na treliça simétrica carregada.

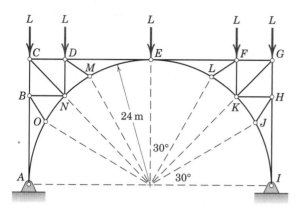

PROBLEMA 4/121

4/122 O equipamento mostrado corta árvores de grande porte perto do solo e em seguida segura o tronco. Determine a força no cilindro hidráulico *AB* para a posição mostrada se a árvore apresenta massa de 3 Mg. Determine a pressão necessária para um cilindro com diâmetro de pistão de 120 mm.

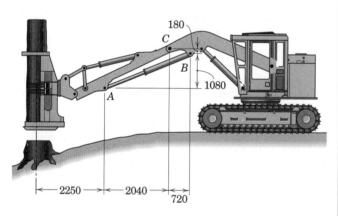

Dimensões em milímetros

PROBLEMA 4/122

▶**4/123** Cada um dos elementos da estrutura de aterrissagem de uma nave para exploração de planetas é projetado como uma treliça espacial simétrica em torno do plano vertical *x-z*, como mostrado. Calcule a força correspondente no elemento *BE* para uma força de aterrissagem $F = 2,2$ kN. A suposição de equilíbrio estático para a treliça é aceitável se a massa da treliça for muito pequena. Considere cargas iguais nos elementos dispostos simetricamente.

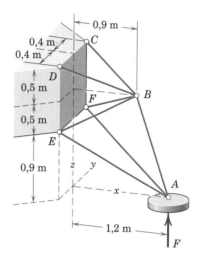

PROBLEMA 4/123

▶**4/124** O braço de um guindaste de construção é um exemplo de uma estrutura periódica — aquela composta de unidades idênticas e repetidas ao longo da estrutura. Utilize o método das seções para calcular as forças nos elementos *FJ* e *GJ*.

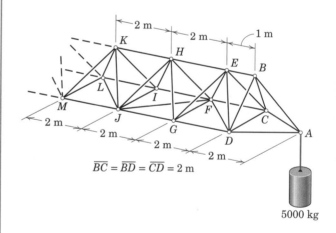

PROBLEMA 4/124

▶4/125 Uma treliça espacial consiste em duas pirâmides com bases quadradas idênticas no plano horizontal x-y e com um lado DG comum. A treliça está carregada no vértice A pela força L orientada para baixo e sustentada pelas reações verticais indicadas nos seus cantos. Todos os elementos, exceto os das duas diagonais das bases, têm o mesmo comprimento b. Aproveite a simetria dos dois planos verticais e determine as forças em AB e DA. (Note que o elemento AB impede que as duas pirâmides basculem em torno de DG.)

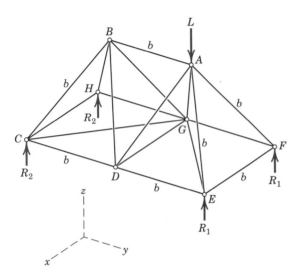

PROBLEMA 4/125

*Problemas Orientados para Solução Computacional

*4/126 O mecanismo do Probl. 2/48 é reapresentado aqui. Se uma força constante de 750 N é aplicada ao assento conforme indicado, determine a pressão p que deverá atuar contra o pistão de 30 mm de diâmetro no cilindro hidráulico AB para estabelecer o equilíbrio da máquina. Trace o gráfico da pressão p necessária ao longo do intervalo $-20° \leq \theta \leq 45°$ e admita que não há nenhuma interferência mecânica dentro deste intervalo de movimento. Qual é a pressão máxima que o cilindro deve desenvolver para este intervalo de movimento? *Nota:* As figuras $CDFE$ e $EFGH$ são paralelogramos.

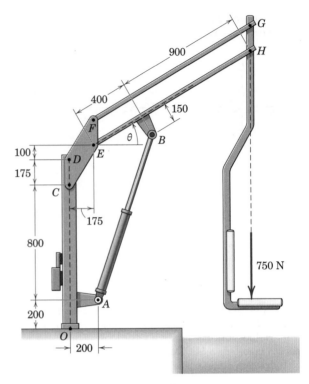

Dimensões em milímetros

PROBLEMA 4/126

*4/127 O dispositivo "garras da vida" do Probl. 4/87 é apresentado aqui com as garras abertas. A pressão que atua na parte detrás do pistão P, de área igual a $13(10^3)$ mm², é mantida em 55 MPa. Calcule o valor e faça um gráfico da força R, em função de θ, para $0 \leq \theta \leq 45°$, em que R é a força vertical que atua nos destroços. Determine o valor máximo de R e o valor correspondente do ângulo nas garras. Use as dimensões e a geometria mostradas na figura do Probl. 4/87 para a condição de $\theta = 0$. Note que, para $\theta = 0$, o elemento AB e o seu correspondente estão na posição horizontal, mas com as garras abertas estes elementos deixam de ocupar a posição horizontal.

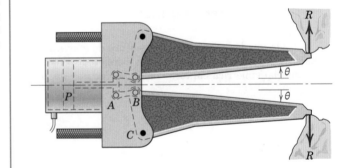

PROBLEMA 4/127

*4/128 A porta de ventilação uniforme OAP, com 30 kg, é aberta pelo mecanismo mostrado. Faça um gráfico da força necessária no cilindro DE em função do ângulo de abertura da porta θ, na faixa $0 \leq \theta \leq \theta_{máx}$, em que $\theta_{máx}$ é a abertura máxima. Determine os valores máximo e mínimo dessa força e os ângulos para os quais esses extremos ocorrem. Observe que o cilindro não está horizontal quando θ = 0.

porta e a constante de rigidez à torção da mola é $K_T = 56,5$ N · m/rad. O motor em A provê um momento variável M de modo que a abertura lenta da porta acontece sempre em equilíbrio quase estático. Determine o momento M e a força no pino em B como funções de θ para o intervalo $0 \leq \theta \leq 90°$. Determine o valor de M para θ = 45°.

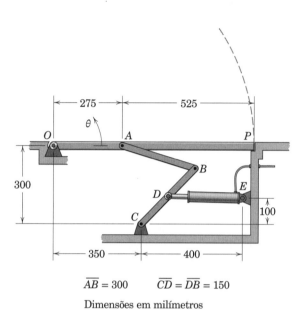

$\overline{AB} = 300$ $\overline{CD} = \overline{DB} = 150$

Dimensões em milímetros

PROBLEMA 4/128

*4/129 A máquina mostrada é usada para ajudar a carregar bagagens em aviões. A massa combinada da esteira e das bagagens é de 100 kg, com um centro de massa em G. Determine a força no cilindro hidráulico, faça seu gráfico em função de θ na faixa $5° \leq \theta \leq 30°$ e calcule seu valor máximo nessa faixa.

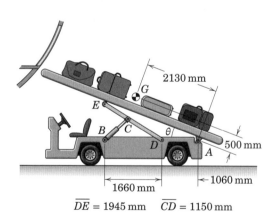

$\overline{DE} = 1945$ mm $\overline{CD} = 1150$ mm

PROBLEMA 4/129

*4/130 Um mecanismo de abertura de porta é mostrado na figura. As dobradiças com mola em O provêm um momento $K_T\theta$ que tende a fechar a porta, em que θ é o ângulo de abertura da

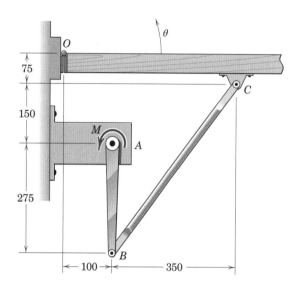

Dimensões em milímetros

PROBLEMA 4/130

*4/131 O dispositivo "garras da vida" é utilizado por equipes de resgate para abrir passagem em destroços. Uma pressão de 35 MPa $(35(10^6)$ N/m$^2)$ é desenvolvida atrás do pistão de 50 mm de raio. Comece calculando a força de abertura R, a força na conexão AB e a força de reação horizontal em C para a condição mostrada à esquerda. A seguir, desenvolva expressões para essas quantidades e faça um gráfico em função do ângulo θ da garra (mostrado à direita) na faixa $0 \leq \theta \leq 45°$. Diga qual é o valor mínimo de R e o valor de θ para o qual ele ocorre.

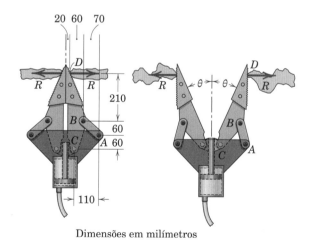

Dimensões em milímetros

PROBLEMA 4/131*

Capítulo 5

* Problemas orientados para solução computacional
▶ Problemas difíceis

Problemas para as Seções 5/1-5/3

Problemas Introdutórios

5/1 Com o seu lápis, marque um ponto na posição da sua melhor estimativa visual do centroide da área triangular. Verifique a posição da sua estimativa referindo-se aos resultados do Exemplo 5/2 e da Tabela D/3.

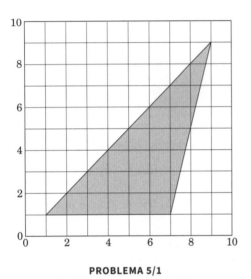

PROBLEMA 5/1

5/2 Com o seu lápis, marque um ponto na posição da sua melhor estimativa visual do centroide da área do setor circular. Verifique sua estimativa usando os resultados do Exemplo 5/3.

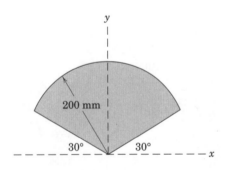

PROBLEMA 5/2

5/3 Especifique as coordenadas x, y e z do centro de massa do quarto de casca cilíndrica.

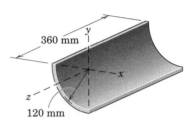

PROBLEMA 5/3

5/4 Especifique as coordenadas x, y e z do centro de massa do quadrante do cilindro sólido homogêneo.

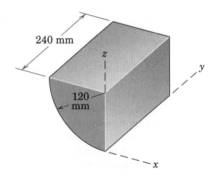

PROBLEMA 5/4

5/5 Determine as coordenadas x do centroide da área sombreada.

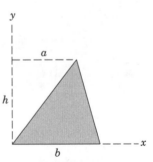

PROBLEMA 5/5

5/6 Determine as coordenadas y do centroide da área sob a função seno indicada.

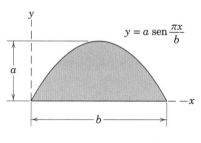

PROBLEMA 5/6

5/7 A haste homogênea e fina tem uma seção transversal uniforme e está curvada como um arco circular de raio a. Determine as coordenadas x e y do centro de massa da haste por meio de integração direta.

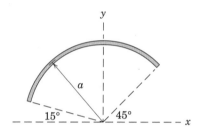

PROBLEMA 5/7

5/8 Determine as coordenadas x e y do centroide da área trapezoidal.

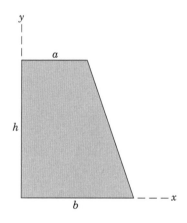

PROBLEMA 5/8

5/9 Determine a coordenada z do centro de massa do paraboloide de revolução homogêneo indicado.

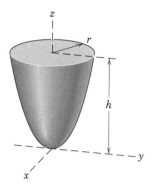

PROBLEMA 5/9

5/10 Determine as coordenadas x e y do centroide da área sombreada.

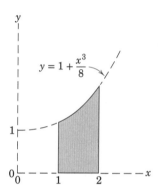

PROBLEMA 5/10

5/11 Se a área sombreada é revolvida 360° em torno do eixo y, determine a coordenada y do centroide do volume resultante.

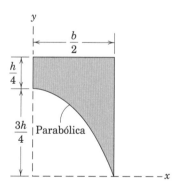

PROBLEMA 5/11

5/12 Determine as coordenadas do centroide da área sombreada.

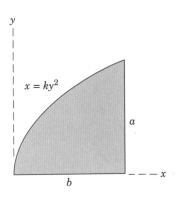

PROBLEMA 5/12

Problemas Representativos

5/13 Determine as coordenadas do centroide da área sombreada.

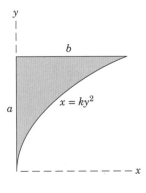

PROBLEMA 5/13

5/14 Determine a coordenada y do centroide da área sombreada.

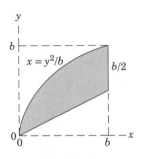

PROBLEMA 5/14

5/15 Determine a coordenada x do centroide da área sombreada.

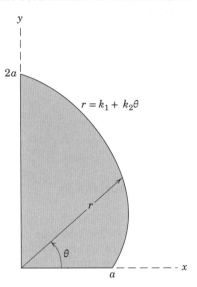

PROBLEMA 5/15

5/16 Determine a coordenada y do centroide da área sombreada.

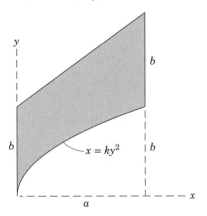

PROBLEMA 5/16

5/17 Determine a distância $\bar{z}$ desde o vértice do cone circular até o centroide de seu volume.

PROBLEMA 5/17

5/18 Determine por integração direta as coordenadas do centroide do tetraedro retangular.

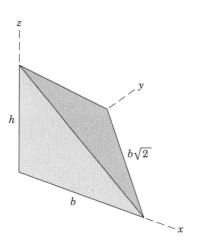

PROBLEMA 5/18

5/19 Localize o centroide da área mostrada na figura por integração direta. (*Cuidado*: Observe cuidadosamente o sinal correto do radical envolvido.)

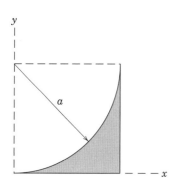

PROBLEMA 5/19

5/20 Determine as coordenadas x e y do centroide da área sombreada.

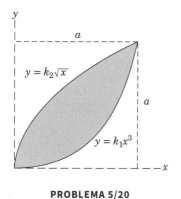

PROBLEMA 5/20

5/21 Determine as coordenadas x e y do centro de massa da placa homogênea de espessura uniforme t.

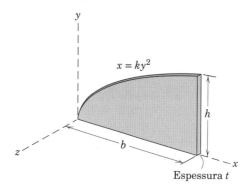

PROBLEMA 5/21

5/22 Se a placa do Probl. 5/21 tem uma massa específica que varia de acordo com $\rho = \rho_0(1 + \frac{x}{2b})$, determine as coordenadas x e y do centro de massa.

5/23 Determine as coordenadas x e y do centroide da área sombreada.

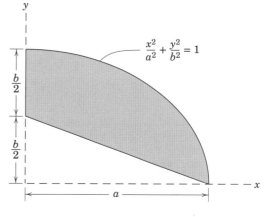

PROBLEMA 5/23

5/24 Localize o centroide da área indicada na figura por integração direta. (*Cuidado:* Observe o sinal adequado para o radical envolvido.)

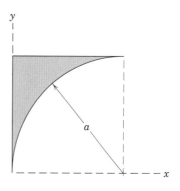

PROBLEMA 5/24

5/25 Determine as coordenadas do centroide da área sombreada.

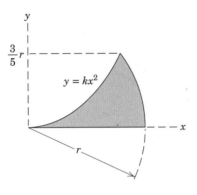

PROBLEMA 5/25

5/26 Localize o centroide da área sombreada entre as duas curvas.

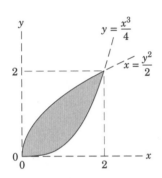

PROBLEMA 5/26

5/27 Determine a coordenada y do centroide da área sombreada.

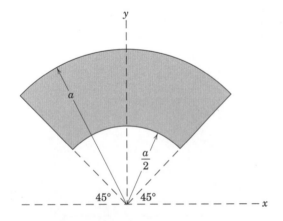

PROBLEMA 5/27

5/28 Determine a coordenada z do centroide do volume obtido pela revolução da área sombreada sob a parábola em torno do eixo z por 180°.

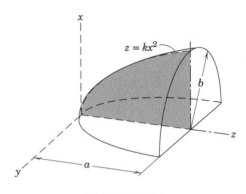

PROBLEMA 5/28

5/29 Determine a coordenada x do centroide do segmento sólido da esfera. Avalie a expressão para $h = R/4$ e $h = 0$.

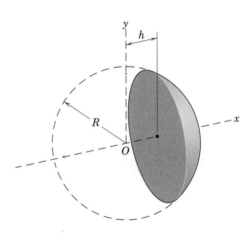

PROBLEMA 5/29

5/30 Determine a coordenada z do centroide do volume gerado pela revolução de 360°, da área sombreada, em torno do eixo z.

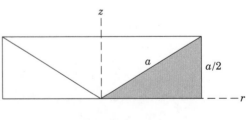

PROBLEMA 5/30

5/31 Determine as coordenadas do centro de massa do corpo sólido homogêneo formado pela revolução da área sombreada em torno do eixo z por 90°.

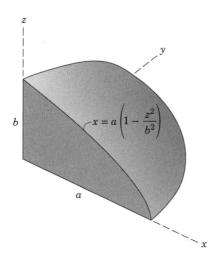

PROBLEMA 5/31

5/32 A espessura da placa triangular varia linearmente em y, desde o valor t_0 ao longo da sua base em $y = 0$ até $2t_0$ em $y = h$. Determine a coordenada y do centro de massa da placa.

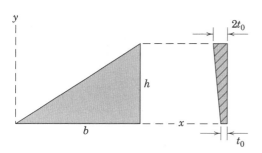

PROBLEMA 5/32

▶**5/33** Determine a coordenada y do centro de massa da casca parabólica fina e homogênea. Calcule seus resultados para $h = 200$ mm e $r = 70$ mm.

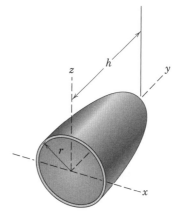

PROBLEMA 5/33

▶**5/34** Determine a coordenada y do centroide da área plana mostrada. Coloque $h = 0$ em seu resultado e compare-o com o resultado $\bar{y} = \dfrac{4a}{3\pi}$ para uma área semicircular completa. (Veja o Exemplo 5/3 e a Tabela D/3.) Avalie também o resultado para as condições $h = \dfrac{a}{4}$ e $h = \dfrac{a}{2}$.

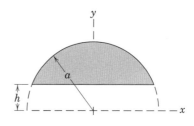

PROBLEMA 5/34

▶5/35 Determine as coordenadas do centroide do volume obtido da revolução de 90°, em torno do eixo z, da área sombreada.

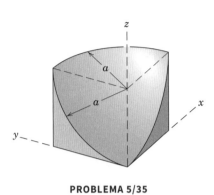

PROBLEMA 5/35

▶5/36 Determine as coordenadas x e y do centroide do volume gerado pela revolução de 90°, em torno do eixo z, da área sombreada.

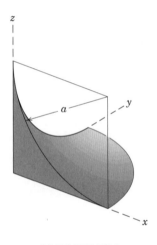

PROBLEMA 5/36

▶5/37 Determine a coordenada x do centro de massa da casca cilíndrica de espessura uniforme e pequena.

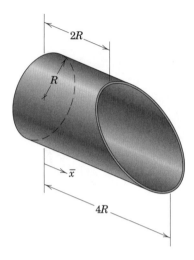

PROBLEMA 5/37

▶5/38 Determine a coordenada x do centro de massa do hemisfério homogêneo que apresenta uma pequena porção hemisférica central removida.

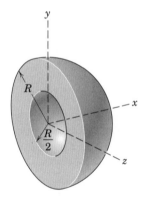

PROBLEMA 5/38

Problemas para a Seção 5/4

Problemas Introdutórios

5/39 Determine as coordenadas do centroide da área trapezoidal mostrada.

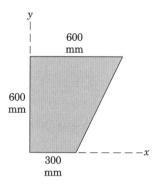

PROBLEMA 5/39

5/40 Determine a distância $\overline{H}$ da superfície superior da seção transversal da viga duplo T simétrica até o local do centroide.

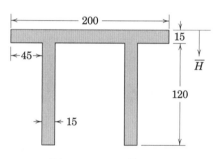

Dimensões em milímetros

PROBLEMA 5/40

5/41 Determine as coordenadas x e y do centroide da área sombreada.

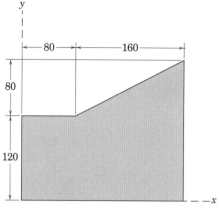

Dimensões em milímetros

PROBLEMA 5/41

5/42 Determine a altura acima da base do centroide da área da seção transversal da viga. Despreze os filetes.

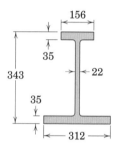

Dimensões em milímetros

PROBLEMA 5/42

5/43 Determine as coordenadas x e y do centroide da área sombreada.

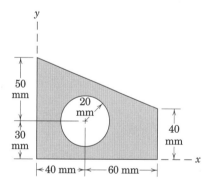

PROBLEMA 5/43

5/44 Determine as coordenadas x e y do centroide da área sombreada.

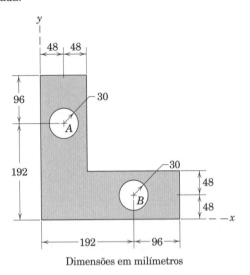

Dimensões em milímetros

PROBLEMA 5/44

5/45 Determine a coordenada y do centroide da área sombreada.

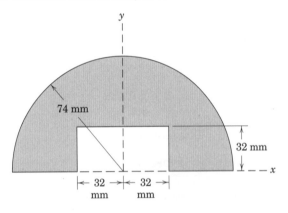

PROBLEMA 5/45

5/46 Determine as coordenadas do centro de massa do corpo que é construído de três pedaços de placas, finas e uniformes, soldadas.

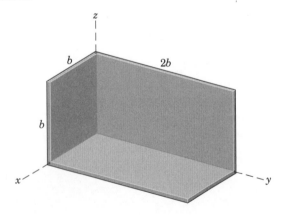

PROBLEMA 5/46

5/47 Determine a coordenada y do centroide da área sombreada.

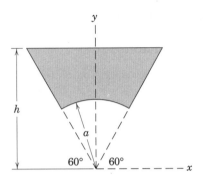

PROBLEMA 5/47

5/48 Determine a coordenada y do centroide da área sombreada. O triângulo é equilátero.

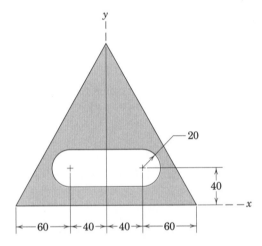

Dimensões em milímetros

PROBLEMA 5/48

Problemas Representativos

5/49 Determine as coordenadas do centroide da área sombreada.

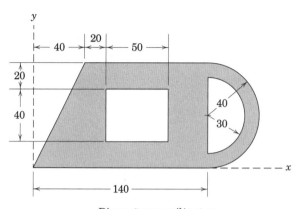

Dimensões em milímetros

PROBLEMA 5/49

5/50 Determine as coordenadas x e y do centroide da área sombreada.

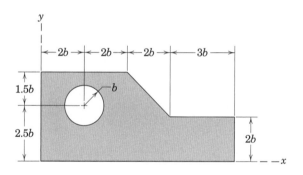

PROBLEMA 5/50

5/51 O arame uniforme é curvado no formado indicado e mantido pelo pino sem atrito em O. Determine o ângulo θ que irá permitir ao arame ficar dependurado na orientação indicada.

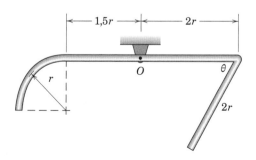

PROBLEMA 5/51

5/52 Determine as coordenadas do centro de massa do conjunto soldado, composto de barras delgadas, uniformes e de mesma seção.

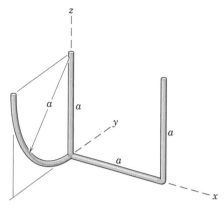

PROBLEMA 5/52

5/53 A unidade rigidamente conectada consiste em um disco circular de 2 kg, um eixo cilíndrico de 1,5 kg e uma placa quadrada de 1 kg. Determine a coordenada z do centro de massa da unidade.

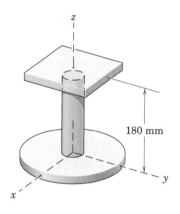

PROBLEMA 5/53

5/54 Determine as coordenadas x e y do centro de massa do corpo construído de três pedaços de placa fina e uniforme que são soldados juntos.

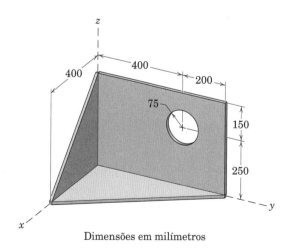

Dimensões em milímetros

PROBLEMA 5/54

5/55 Determine as coordenadas x, y e z do centro de massa do corpo homogêneo mostrado. O furo na superfície superior atravessa o objeto.

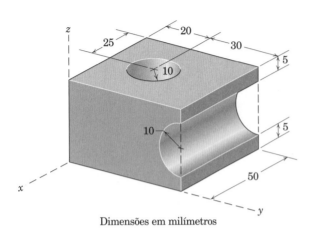

Dimensões em milímetros

PROBLEMA 5/55

5/56 O conjunto soldado é feito de uma barra uniforme com massa por unidade de comprimento de 0,5 kg por metro e uma placa semicircular com massa de 30 kg por metro quadrado. Calcule as coordenadas do centro de massa do conjunto.

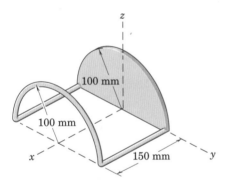

PROBLEMA 5/56

5/57 Determine a coordenada z do centroide do sólido retangular com um furo semiesférico. O centro da semiesfera está no centro da face superior do sólido, e z é medido a partir da face inferior do sólido.

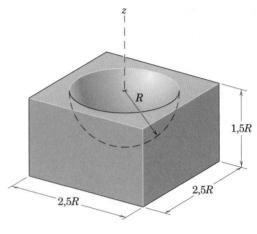

PROBLEMA 5/57

5/58 Determine a profundidade h do quadrado recortado no hemisfério uniforme para a qual a coordenada z do centro de massa terá o maior valor possível.

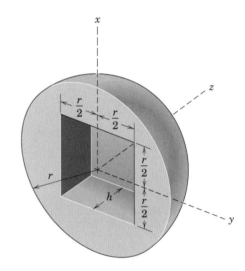

PROBLEMA 5/58

5/59 Determine a coordenada x do centro de massa do suporte construído com placas de aço uniformes.

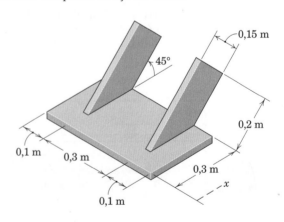

PROBLEMA 5/59

Problemas para a Seção 5/4   297

5/60 Determine as coordenadas x, y e z do centro de massa do suporte de chapa de metal, cuja espessura é pequena em comparação com as outras dimensões.

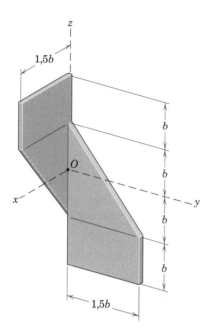

PROBLEMA 5/60

5/61 Determine a distância $\overline{H}$ da base inferior até o centro de massa do suporte fundido.

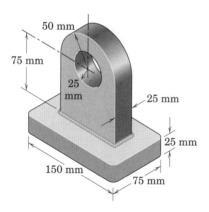

PROBLEMA 5/61

5/62 O conjunto montado é feito de uma haste uniforme com massa de 2 kg por metro de comprimento e de duas placas retangulares com massa de 18 kg por metro quadrado. Calcule as coordenadas do centro de massa do conjunto.

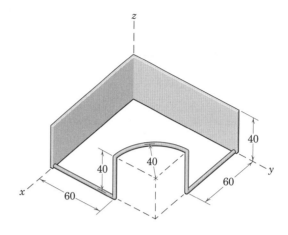

Dimensões em milímetros

PROBLEMA 5/62

▶**5/63** Determine as coordenadas x, y e z do centro de massa do molde fabricado com placa fina de metal com espessura uniforme.

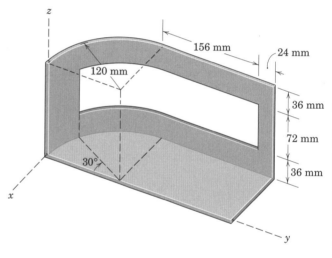

PROBLEMA 5/63

▶**5/64** Uma abertura é feita na casca cilíndrica fina. Determine as coordenadas x, y e z do centro de massa do corpo homogêneo.

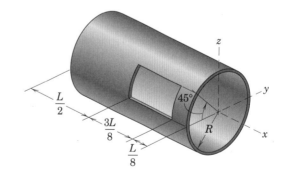

PROBLEMA 5/64

Problemas para a Seção 5/5

Problemas Introdutórios

5/65 Usando os métodos desta seção, determine a área superficial A e o volume V do corpo formado pela revolução de 360° da área retangular, em torno do eixo z.

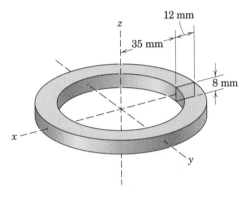

PROBLEMA 5/65

5/66 O arco circular é girado de 360° em torno do eixo y. Determine a área superficial externa S do corpo resultante, que é uma parte de uma casca esférica.

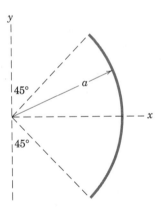

PROBLEMA 5/66

5/67 A área de um quarto de círculo é girada de 180° em torno do eixo y. Determine o volume do corpo resultante, que é parte de uma esfera.

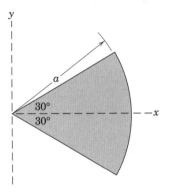

PROBLEMA 5/67

5/68 Calcule o volume V do sólido gerado pela revolução da área triangular direita de 60 mm por 180° em torno do eixo z.

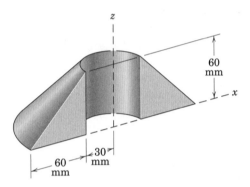

PROBLEMA 5/68

5/69 Determine o volume V gerado pela revolução da área da seção transversal de um quarto de cilindro em torno do eixo z por um ângulo de 90°.

PROBLEMA 5/69

Problemas para a Seção 5/5   299

5/70 Calcule o volume V do anel completo cuja seção transversal está representada.

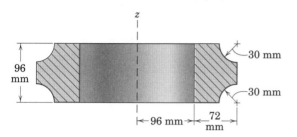

PROBLEMA 5/70

5/71 O corpo, cuja seção transversal está representada, é um anel semicircular formado pela revolução de uma das áreas hachuradas por 180°. Determine a superfície da área A do corpo.

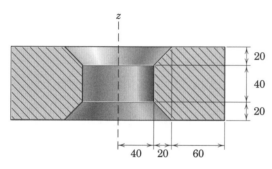

Dimensões em milímetros

PROBLEMA 5/71

Problemas Representativos

5/72 O tanque de armazenamento de água é uma casca de revolução e deve ser recoberto com duas camadas de tinta, que proporciona uma cobertura de 16 m² por galão. O engenheiro (que se lembra de mecânica) consulta um desenho em escala do tanque, e determina que a linha curva ABC tem um comprimento de 10 m e que seu centroide está a 2,5 m da linha do centro do tanque. Quantos galões de tinta serão usados para o tanque, incluindo a coluna cilíndrica vertical?

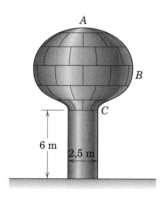

PROBLEMA 5/72

5/73 Calcule o volume V da gaxeta de borracha formada por um anel completo de seção transversal semicircular indicada. Calcule, também, a área A da superfície externa do anel.

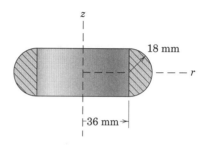

PROBLEMA 5/73

5/74 O abajur mostrado é construído com uma chapa de aço de 0,6 mm de espessura e é simétrico em relação ao eixo z. Tanto a parte superior quanto a inferior são abertas. Determine a massa do abajur. Considere o raio no meio da espessura média da chapa.

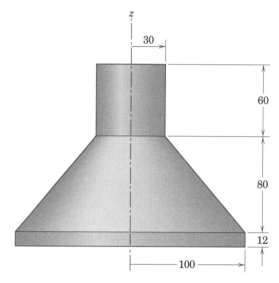

Dimensões em milímetros

PROBLEMA 5/74

5/75 O corpo representado em corte é um anel completo formado pela revolução da de seção transversal semicircular hachurada em torno do eixo z. Calcule a área A e o volume V do corpo.

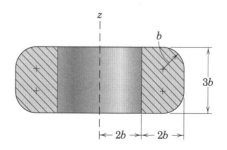

PROBLEMA 5/75

5/76 Calcule o volume V e a área total da superfície A do anel circular completo cuja seção transversal é representada.

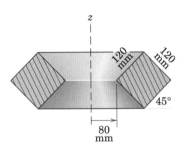

PROBLEMA 5/76

5/77 Determine a área superficial de um lado da casca uniforme em forma de sino, mas de espessura desprezível.

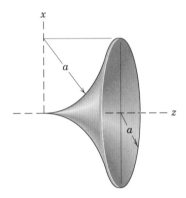

PROBLEMA 5/77

5/78 Uma casca fina, apresentada em corte, tem a forma gerada pela revolução do arco em torno do eixo z por 360°. Determine a área A da superfície de um dos dois lados da casca.

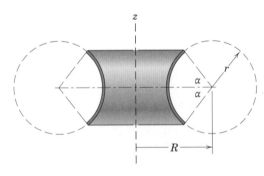

PROBLEMA 5/78

5/79 Calcule o peso W do alumínio fundido mostrado. O sólido é gerado pela revolução da área trapezoidal mostrada em torno do eixo z por 180°.

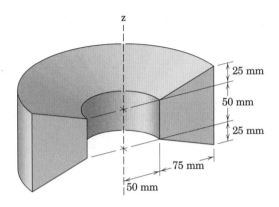

PROBLEMA 5/79

5/80 Determine o volume V e a área superficial total A do sólido gerado pela revolução de 180° em torno de eixo z da área mostrada.

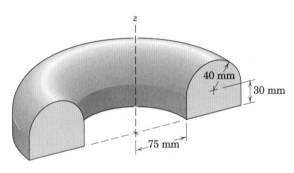

PROBLEMA 5/80

5/81 Uma superfície é gerada pela revolução completa em torno do eixo z do arco circular com 0,8 m de raio e ângulo de 120°. O diâmetro do gargalo é de 0,6 m. Determine a área externa A gerada.

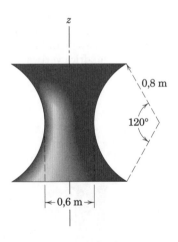

PROBLEMA 5/81

5/82 Determine o volume V do sólido gerado pela revolução de 90° da área sombreada indicada em torno do eixo z.

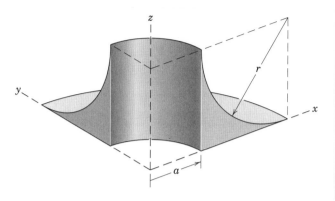

PROBLEMA 5/82

5/83 Calcule a massa m de concreto necessária para construir a represa em arco mostrada. O concreto tem uma massa específica de 2,40 Mg/m³.

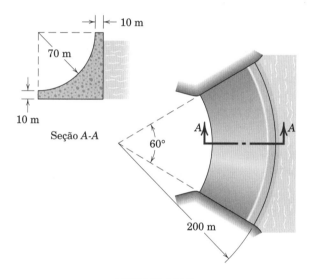

PROBLEMA 5/83

5/84 Para prover sustentação suficiente para o arco de alvenaria, projetado como mostrado, é necessário conhecer seu peso total W. Use os resultados do Probl. 5/8 e determine W. A massa específica da alvenaria é de 2,40 Mg/m³.

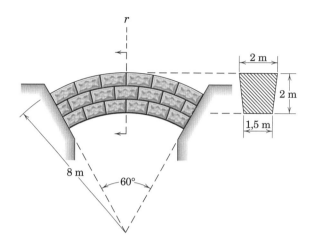

PROBLEMA 5/84

Problemas para a Seção 5/6

Problemas Introdutórios

5/85 Calcule a força R_A no apoio e o momento M_A em A para a viga carregada em balanço.

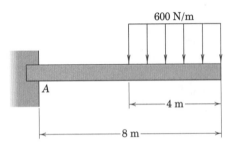

PROBLEMA 5/85

5/86 Calcule as reações dos apoios em A e B para a viga carregada.

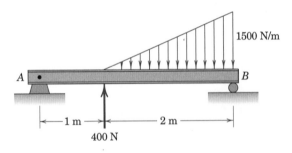

PROBLEMA 5/86

5/87 Determine as reações nos apoios para a viga com o carregamento mostrado.

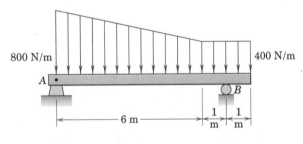

PROBLEMA 5/87

5/88 Determine as reações em A e B para a viga carregada.

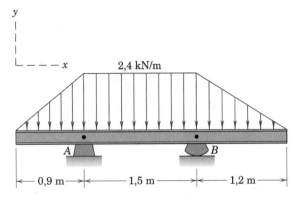

PROBLEMA 5/88

5/89 Ache a reação em A devida ao carregamento uniforme e ao momento aplicado.

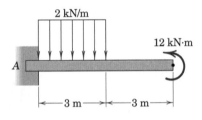

PROBLEMA 5/89

5/90 Determine as reações em A para a viga em balanço submetida às cargas concentrada e distribuída.

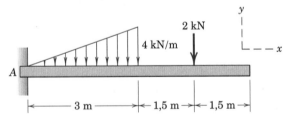

PROBLEMA 5/90

5/91 Determine as reações em A e B para a viga carregada conforme indicado.

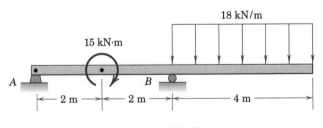

PROBLEMA 5/91

Problemas Representativos

5/92 Determine as reações de força e de momento no engaste A da viga em balanço que está submetida a um carregamento distribuído com a forma de onda senoidal.

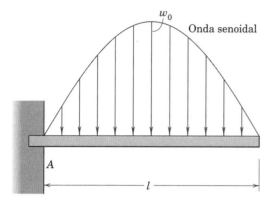

PROBLEMA 5/92

5/93 Calcule as reações dos apoios em A e B para a viga carregada.

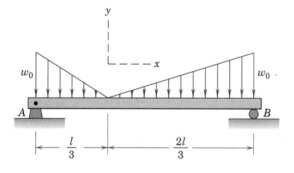

PROBLEMA 5/93

5/94 Calcule as reações dos apoios em A e B para a viga submetida aos dois carregamentos linearmente distribuídos.

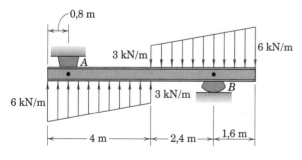

PROBLEMA 5/94

5/95 Determine as reações de força e momento no apoio A da viga em balanço submetida ao carregamento distribuído indicado.

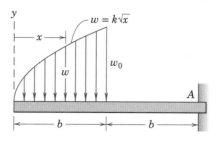

PROBLEMA 5/95

5/96 Determine as reações em A para a viga em balanço submetida ao carregamento distribuído indicado. A carga distribuída alcança um valor máximo de 2 kN/m em $x = 3$ m.

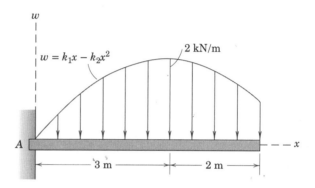

PROBLEMA 5/96

5/97 Para a viga e o carregamento representados, determine a intensidade da força F para a qual as reações verticais em A e B são iguais. Com esse valor de F, calcule a intensidade das reações no pino em A.

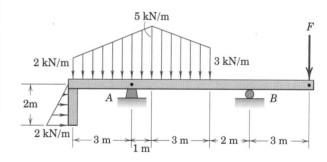

PROBLEMA 5/97

5/98 Determine as reações em A e B para a viga submetida a cargas distribuída e concentrada.

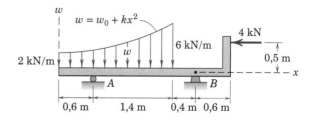

PROBLEMA 5/98

304 Problemas para a Seção 5/6

5/99 A carga por unidade de comprimento da viga varia como mostrado. Para $x = 3$ m, a carga é de $w = 3{,}6$ kN/m. Em $x = 0$, a carga aumenta com uma taxa de 2000 N/m por metro. Calcule as reações de apoio em A e B.

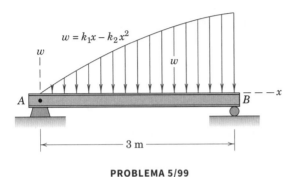

PROBLEMA 5/99

5/100 Determine as reações no apoio para a viga, que está submetida a uma combinação de carregamentos distribuídos uniforme e parabólica.

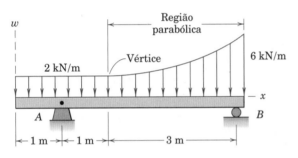

PROBLEMA 5/100

5/101 Determine as reações na extremidade A da viga em balanço submetida tanto a um carregamento linear quanto a um carregamento parabólico que atuam sobre as regiões indicadas. A inclinação do carregamento distribuído é constante sobre o comprimento da viga.

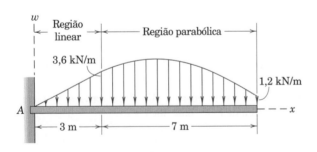

PROBLEMA 5/101

5/102 Determine as reações em A e B na viga submetida às cargas concentrada e distribuída.

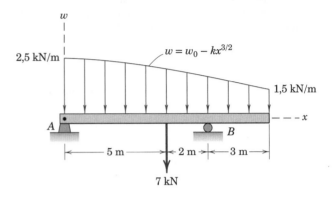

PROBLEMA 5/102

▶**5/103** A viga em balanço com formato de um quarto de círculo é submetida a uma pressão uniforme aplicada na superfície superior, conforme mostrado. A pressão é expressa em termos da força p por unidade de comprimento do arco circunferencial. Determine as reações no suporte A da viga, em termos da compressão C_A, do cortante V_A e do momento fletor M_A.

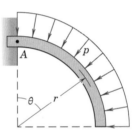

PROBLEMA 5/103

▶**5/104** A transição entre os carregamentos de 10 kN/m e 37 kN/m é obtida por meio de uma função cúbica da forma $w = k_0 + k_1 x + k_2 x^2 + k_3 x^3$, a sua inclinação é zero em suas extremidades quando $x = 1$ m e $x = 4$ m. Determine as reações em A e B.

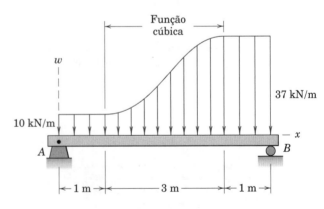

PROBLEMA 5/104

Problemas para a Seção 5/7

Problemas Introdutórios

5/105 Determine as distribuições da força cortante e do momento fletor produzidas na viga pela carga concentrada. Quais são os valores do cortante e do momento em $x = l/2$?

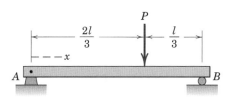

PROBLEMA 5/105

5/106 Construa os diagramas de força cortante e de momento fletor para a viga em balanço carregada. Calcule o valor do momento fletor no meio da viga.

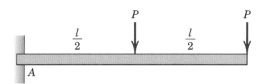

PROBLEMA 5/106

5/107 Desenhe os diagramas de momento fletor e de força cortante para a viga submetida ao momento em sua extremidade. Qual é o momento fletor M em uma seção a 0,5 m à direita de B?

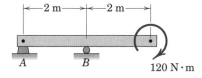

PROBLEMA 5/107

5/108 Construa os diagramas de força cortante e de momento fletor do trampolim, que sustenta o homem que pesa 80 kg, pronto para mergulhar. Especifique o momento fletor de intensidade máxima.

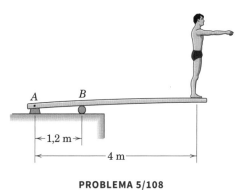

PROBLEMA 5/108

5/109 Desenhe os diagramas de momento fletor e de força cortante para a viga carregada. Quais são os valores da força cortante e do momento fletor no meio da viga?

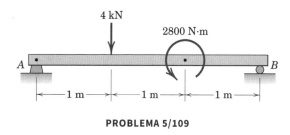

PROBLEMA 5/109

5/110 Determine a força cortante V e o momento fletor M em uma seção da viga carregada 200 mm à direita de A.

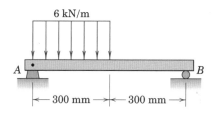

PROBLEMA 5/110

5/111 Desenhe os diagramas de momento fletor e de força cortante para a viga carregada. Determine os valores da força cortante e do momento fletor no meio da viga.

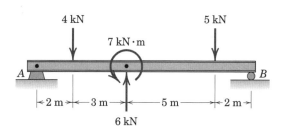

PROBLEMA 5/111

Problemas Representativos

5/112 Determine os valores da força V cortante e do momento fletor M na seção localizada 2 m à direita da extremidade A da viga.

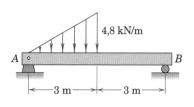

PROBLEMA 5/112

5/113 Desenhe os diagramas de momento fletor e de força cortante para a viga submetida a duas cargas pontuais. Determine o momento fletor máximo $M_{máx}$ e sua localização.

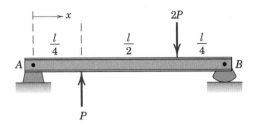

PROBLEMA 5/113

5/114 Construa os diagramas de força cortante e de momento fletor para a viga em balanço com carregamento linear, e especifique o momento fletor M_A, no suporte A.

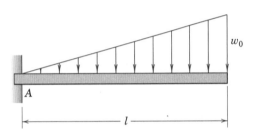

PROBLEMA 5/114

5/115 Desenhe os diagramas de momento fletor e de força cortante para a viga submetida à combinação de carregamento distribuído e cargas pontuais. Determine os valores da força cortante e do momento fletor no ponto C, situado 3 m à esquerda de B.

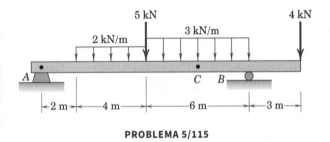

PROBLEMA 5/115

5/116 Desenhe os diagramas de momento fletor e de força cortante para a viga carregada conforme indicado. Determine as intensidades máximas da força cortante e do momento fletor para a viga.

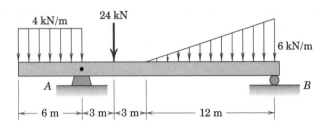

PROBLEMA 5/116

5/117 Desenhe os diagramas de momento fletor e de força cortante para a viga representada. Determine a distância b, medida a partir da extremidade esquerda, até o ponto em que o momento fletor é zero entre os apoios.

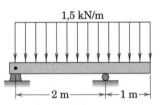

PROBLEMA 5/117

5/118 Desenhe os diagramas de momento fletor e de força cortante para a viga carregada conforme indicado. Quais são os valores da força cortante e do momento fletor em B? Determine a distância b para a direita de A em que o momento fletor é igual a zero pela primeira vez.

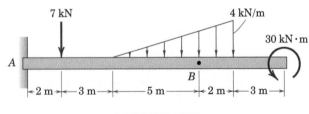

PROBLEMA 5/118

5/119 Desenhe os diagramas de momento fletor e de força cortante para a viga submetida à força concentrada, ao momento e ao carregamento triangular. Determine a intensidade máxima do momento fletor na viga.

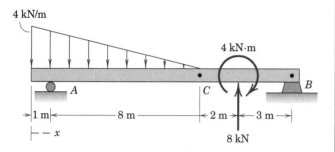

PROBLEMA 5/119

5/120 Desenhe os diagramas de momento fletor e de força cortante para a viga em balanço submetida à combinação de cargas distribuídas e concentradas. Determine a distância b para a direita de A em que o momento fletor é zero.

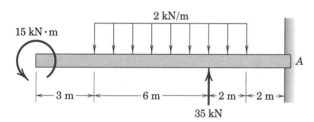

PROBLEMA 5/120

5/121 Desenhe os diagramas de momento fletor e de força cortante para a viga biapoiada submetida ao carregamento linear. Determine a intensidade máxima do momento fletor M.

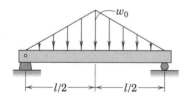

PROBLEMA 5/121

5/122 Construa os diagramas de força cortante e de momento fletor para a viga carregada por uma força F aplicada à estrutura soldada à viga, conforme mostrado. Especifique o momento fletor no ponto B.

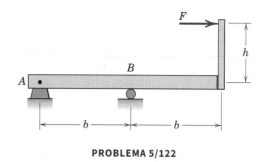

PROBLEMA 5/122

5/123 A estrutura em ângulo está soldada à extremidade C da viga em I e suporta uma força vertical de 1,6 kN. Determine o momento fletor em B e a distância x, à esquerda de C, na qual o momento fletor é nulo. Construa também o diagrama de momento para a viga.

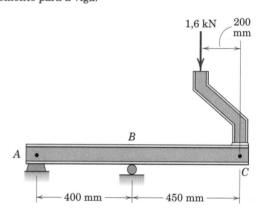

PROBLEMA 5/123

5/124 Para a viga e o carregamento indicados, determine as equações para a força cortante V e o momento fletor M em qualquer lugar x. Determine os valores da força interna de cisalhamento e do momento fletor em $x = 2$ m e em $x = 4$ m.

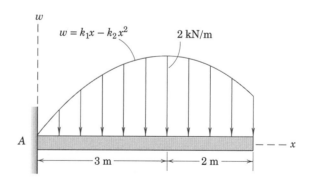

PROBLEMA 5/124

5/125 Construa os diagramas de força cortante e de momento fletor para a viga carregada com um carregamento distribuído e uma carga concentrada. Quais são os valores do cortante e do momento em $x = 6$ m? Determine o momento fletor máximo $M_{máx}$.

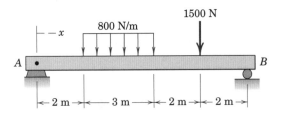

PROBLEMA 5/125

5/126 Repita o Problema 5/125 e substitua a carga de 1500 N pelo momento de 4,2 kN · m.

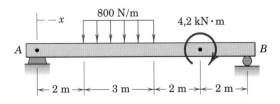

PROBLEMA 5/126

5/127 Desenhe os diagramas de momento fletor e força cortante para a viga submetida às cargas concentrada e distribuída. Determine os valores máximos positivo e negativo de momento fletor e as localizações sobre a viga em que cada um ocorre.

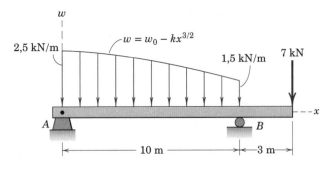

PROBLEMA 5/127

5/128 Para a viga submetida aos momentos fletores concentrados e carga distribuída, determine o valor máximo do momento fletor interno e sua localização. Em $x = 0$, a carga distribuída está aumentando à taxa de 120 N/m por metro.

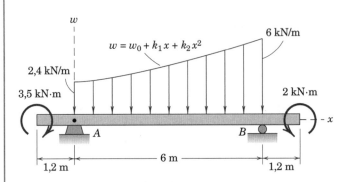

PROBLEMA 5/128

Problemas para a Seção 5/8

(Os problemas marcados com asterisco (*) envolvem equações transcendentais que podem ser resolvidas com um computador ou por métodos gráficos.)

Problemas Introdutórios

5/129 Um pedreiro estica uma corda entre dois pontos nivelados a 15 m de distância e com uma tração de 45 N. Se a massa da corda é de 50 g, determine a flecha h no meio da corda.

5/130 A correnteza da esquerda para a direita, em um riacho, causa um arrasto uniforme de 60 N, por metro de largura do riacho, em um cabo flutuante que está fixado nos postes A e B. Determine as trações máxima e mínima no cabo e a localização de cada uma.

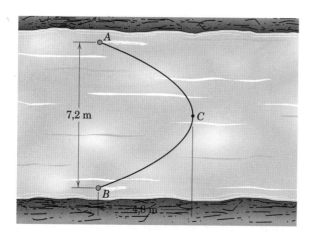

PROBLEMA 5/130

5/131 Um balão de propaganda está amarrado a um poste com um cabo que tem uma massa de 0,12 kg/m. Com o vento, o cabo gera forças de tração em A e em B de 110 N e 230 N, respectivamente. Determine a altura h do balão.

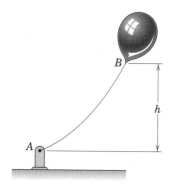

PROBLEMA 5/131

5/132 Uma tubulação horizontal de água com 350 mm de diâmetro é sustentada sobre uma ravina por um cabo indicado. A tubulação e a água no seu interior têm uma massa combinada de 1400 kg por metro de comprimento. Calcule a força de compressão C exercida pelo cabo sobre cada suporte. Os ângulos feitos pelo cabo com a horizontal são os mesmos em ambos os lados de cada suporte.

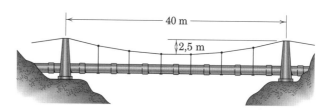

PROBLEMA 5/132

5/133 A ponte Akashi Kaikyō, no Japão, tem um vão central de 1991 metros, uma razão de 1 para 10 de curvatura e um carregamento estático total de 160 kN por metro linear medido horizontalmente. O peso de ambos os cabos principais está incluído neste montante e é admitido como uniformemente distribuído ao longo da horizontal. Calcule a tração T_0 no meio do vão em cada cabo principal. Se o ângulo feito pelo cabo com a horizontal no topo de cada torre é o mesmo em cada lado de cada torre, determine a força de compressão total C exercida por cada cabo sobre o topo de cada torre.

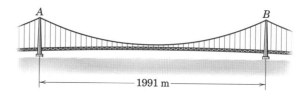

PROBLEMA 5/133

5/134 Medidas feitas com sensores de deformação nos cabos de sustentação da ponte na posição A indicam um aumento de 2,14 MN na tração em *cada* um dos dois cabos principais devido à repavimentação da ponte. Determine a massa total m' de material de pavimentação adicionado usado por metro de pista.

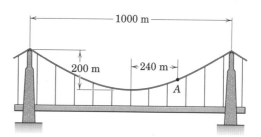

PROBLEMA 5/134

310 Problemas para a Seção 5/8

*5/135 Um helicóptero está sendo utilizado para esticar uma linha-guia entre dois suportes para auxiliar a construção de uma ponte suspensa. Se o helicóptero está pairando estavelmente na posição indicada, determine as forças de tração no cabo em A e em B. O cabo tem uma massa de 1,1 kg por metro de comprimento.

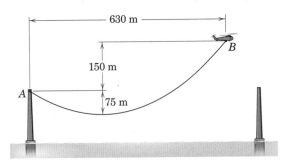

PROBLEMA 5/135

5/136 Um cabo que pesa 25 newtons por metro de comprimento está preso no ponto A e passa por uma pequena polia em B. Calcule a massa m do cilindro amarrado ao cabo, que produz uma flecha de 9 m. Determine, também, a distância horizontal entre os pontos A e C. Tendo em vista que a relação flecha/vão é pequena, utilize a aproximação de um cabo parabólico.

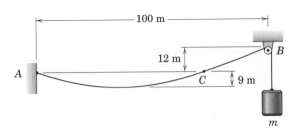

PROBLEMA 5/136

*5/137 Repita o Probl. 5/136, mas não use a aproximação de um cabo parabólico. Compare os resultados com a resposta do Probl. 5/136.

Problemas Representativos

5/138 Determine a massa ρ por unidade de comprimento da viga de ação de 9 m que produzirá uma força de tração máxima de 5 kN no cabo. Adicionalmente, determine a força de tração mínima no cabo e o comprimento total do cabo.

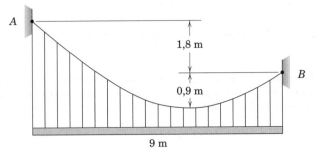

PROBLEMA 5/138

*5/139 A ponte de madeira suspensa vence um vão de 30 m entre duas colinas, conforme indicado. Determine a força de tração atuando em ambas as extremidades da ponte se as cordas de sustentação e as pranchas de madeira têm uma massa combinada de 16 kg por metro de comprimento. Determine, também, o comprimento total s do cabo entre A e B.

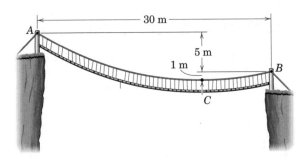

PROBLEMA 5/139

*5/140 Uma luminária está suspensa do teto de um pórtico externo. Quatro correntes, duas das quais estão mostradas a seguir, previnem movimento excessivo da luminária causado pelo vento. Se as correntes pesam 200 newtons por metro de comprimento, determine a tração na corrente em C e o comprimento L da corrente BC.

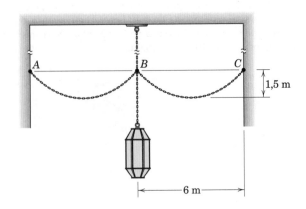

PROBLEMA 5/140

*5/141 Na posição indicada, forças aerodinâmicas mantêm a pipa de 600 g em equilíbrio sem necessidade de força de tração adicional na linha presa em B além da quantidade desenvolvida pelo peso próprio da linha. Se foram desenrolados 120 m da linha da pipa e a linha está horizontal em A, determine a altitude h da pipa e as forças de sustentação vertical e de arrastamento horizontal que atuam na pipa. A linha da pipa tem massa de 5 g por metro de comprimento. Despreze o arrasto aerodinâmico na linha da pipa.

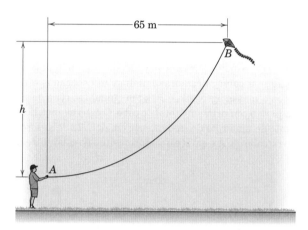

PROBLEMA 5/141

*5/142 O planador A é rebocado em um voo a altura constante, e está 120 m atrás e 30 m abaixo do avião B. A tangente do cabo no planador é horizontal. O cabo tem uma massa de 0,750 kg por metro de comprimento. Calcule a tração horizontal T_0 no cabo junto ao planador. Despreze a resistência do ar e compare o resultado com aquele obtido quando se aproxima a forma do cabo por uma parábola.

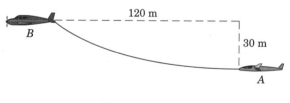

PROBLEMA 5/142

5/143 No processo de ancoragem em águas de 30 m de profundidade, um pequeno barco reverte o seu propulsor, o que fornece um impulso reverso $P = 3,6$ kN. Entre a proa e a âncora libera-se um total de 120 m de corrente. A corrente tem massa de 2,40 kg/m, e a força para cima, devido ao empuxo produzido pela água, é de 3,04 N/m. Calcule o comprimento l da corrente em contato com o fundo.

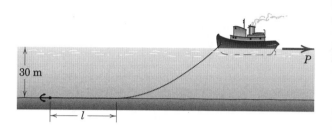

PROBLEMA 5/143

*5/144 Os 18 m de cabo com peso por unidade de comprimento, sob a ação das massas m_1 e m_2, assumem a forma representada. Se $m_2 = 25$ kg, determine os valores de μ, m_1 e a queda h. Admita que a distância entre cada massa dependurada e polia ideal seja pequena comparada com o comprimento total do cabo.

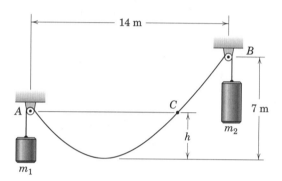

PROBLEMA 5/144

*5/145 Determine o comprimento L da corrente de B para A e a força de tração correspondente em A necessários para que a inclinação seja horizontal quando a corrente entra na guia em A. O peso da corrente é 140 N por metro de comprimento.

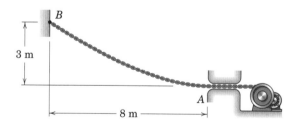

PROBLEMA 5/145

*5/146 Uma corda de 40 m de comprimento é suspensa entre dois pontos que são separados por uma distância horizontal de 10 m. Calcule a distância h até o ponto mais baixo do laço.

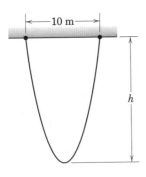

PROBLEMA 5/146

5/147 O dirigível está atracado ao guincho no solo por 100 m de um cabo de 12 mm com uma massa de 0,51 kg/m enquanto sopra um vento moderado. É necessário um torque de 400 N · m no tambor para começar a enrolar o cabo. Nesta condição, o cabo faz um ângulo de 30° com a vertical quando se aproxima do guincho. Calcule a altura H do dirigível. O diâmetro do tambor é 0,5 m.

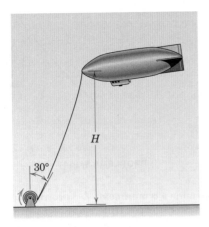

PROBLEMA 5/147

*5/148 Um pequeno veículo robótico submarino, controlado remotamente, e seu cabo de amarração estão posicionados conforme indicado. O veículo com flutuação neutra tem propulsores independentes para controle horizontal e vertical. O cabo, projetado para flutuar muito levemente, tem uma força para cima de 0,025 N por metro de comprimento atuando sobre ele. Existem 60,5 m de cabo entre os pontos A e B. Determine as forças horizontais e verticais que o veículo precisa exercer sobre o cabo em B para manter a configuração indicada. Determine, também, a distância h. Admita que o cabo entre os pontos A e B esteja inteiramente submerso.

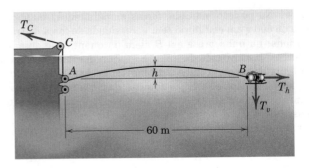

PROBLEMA 5/148

*5/149 O cabo móvel para um elevador de esqui tem uma massa de 10 kg/m e carrega cadeiras igualmente espaçadas e passageiros cuja massa agregada é 20 kg/m quando se considera uma média para o comprimento total do cabo. O cabo avança horizontalmente de uma rota de sustentação em A. Calcule as forças de tração no cabo em A e em B e o comprimento s do cabo entre A e B.

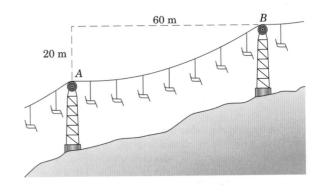

PROBLEMA 5/149

*5/150 Muitos pequenos dispositivos de flutuação estão presos a um cabo e a diferença entre a flutuação e o peso resulta em uma força direcionada para cima de 30 N por metro do comprimento do cabo. Determine a força T que deve ser aplicada para impor ao cabo a configuração mostrada.

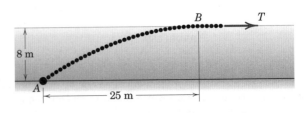

PROBLEMA 5/150

*5/151 O cabo é colocado nos suportes A e B cuja elevação difere de 9 m conforme indicado. Trace um gráfico das forças de tração T_0 mínima, T_A no suporte A e T_B no suporte B com funções de h para $1 \leq h \leq 10$ m, em que h é a queda abaixo do ponto A. Determine as três forças de tração para $h = 2$ m. A massa do cabo por unidade de comprimento é 3 kg/m.

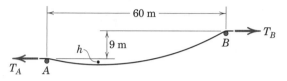

PROBLEMA 5/151

*5/152 O lenhador tenta puxar para baixo o tronco da árvore, que está parcialmente serrado. Ele faz uma tração $T_A = 200$ N na corda, que tem uma massa de 0,6 kg por metro de seu comprimento. Determine o ângulo θ_A com que ele puxa, o comprimento L da corda entre os pontos A e B e a tração no ponto B, T_B.

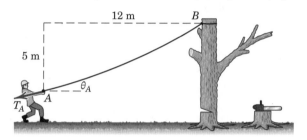

PROBLEMA 5/152

*5/153 Um sinal de trânsito, com 50 kg, está suspenso por dois cabos de 21 m de comprimento, que têm uma massa de 1,2 kg por metro. Determine a deflexão vertical δ do anel de junção A em relação à sua posição antes de o sinal ser colocado.

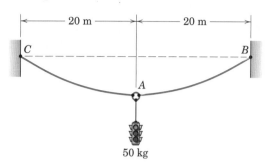

PROBLEMA 5/153

*5/154 Uma linha de força é suspensa por duas torres distantes 200 m na mesma linha horizontal. O cabo tem massa de 18,2 kg por metro de comprimento e uma queda de 32 m no meio do vão. Se o cabo pode suportar uma força de tração máxima de 60 kN, determine a massa ρ de gelo por metro que pode se formar no cabo sem exceder a força máxima de tração do cabo.

Problemas para a Seção 5/9

Problemas Introdutórios

5/155 Um béquer com água doce está em uma balança, quando o peso de aço inoxidável de 1 kg é acrescentado. Qual é a força normal que o peso exerce sobre o fundo do béquer? De quanto aumenta a leitura da balança quando o peso é adicionado? Explique a sua resposta.

PROBLEMA 5/155

5/156 Um bloco retangular de massa específica ρ_1 flutua em um líquido de massa específica ρ_2. Determine a razão $r = h/c$, em que h é a altura submersa do bloco. Avalie r para um bloco de carvalho flutuando em água doce e para um bloco de aço flutuando em mercúrio.

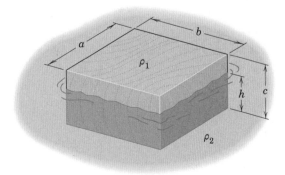

PROBLEMA 5/156

5/157 Determine a profundidade d até a qual o cone sólido de carvalho vai submergir em água salgada.

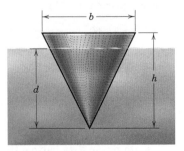

PROBLEMA 5/157

5/158 A câmara de mergulho submersível tem uma massa total de 6,7 Mg, incluindo o pessoal, o equipamento e o lastro. Quando a câmara é baixada a uma profundidade de 1,2 km no oceano, a tração no cabo é de 8 kN. Calcule o volume total V deslocado pela câmara.

PROBLEMA 5/158

5/159 Estudantes de Engenharia são, frequentemente, solicitados a projetar "barcos de concreto" como parte de um projeto de concepção para ilustrar os efeitos da flutuabilidade em água. Como prova conceitual, determine a profundidade d até a qual uma caixa de concreto irá mergulhar em água doce. A caixa tem uma parede uniforme com espessura 75 mm em todos os lados e no fundo.

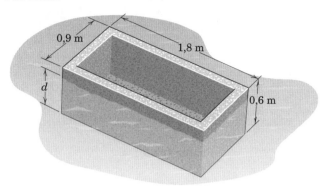

PROBLEMA 5/159

5/160 A água doce em um canal está contida por uma placa uniforme de 2,5 m que pode bascular livremente em A. Se a comporta é projetada para abrir quando a profundidade da água atingir 0,8 m, conforme indicado na figura, qual deve ser o peso w (em newtons por metro de comprimento horizontal medidos normalmente ao plano do papel) da placa?

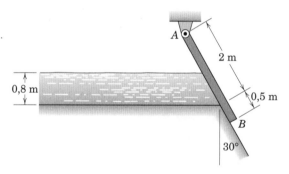

PROBLEMA 5/160

5/161 O aquário em um *shopping* de Dubai ostenta uma das maiores vitrines de painel de acrílico do mundo. O painel mede, aproximadamente, 33 m × 8,5 m e 750 mm de espessura. Se a água salgada atingir uma altura de 0,5 m acima do topo do painel, calcule a força resultante que a água salgada vai exercer sobre ele. O aquário é aberto à atmosfera.

PROBLEMA 5/161

5/162 A haste uniforme com 62 kg e 150 mm de diâmetro está articulada no ponto A e sua extremidade inferior é imersa em água doce. Determine a tração T no cabo vertical necessária para manter C a uma profundidade de 1 m.

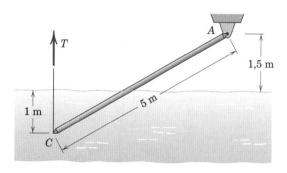

PROBLEMA 5/162

5/163 A figura representa a vista posterior de um longo cilindro sólido que flutua em um líquido e teve um segmento removido. Mostre que $\theta = 0$ e $\theta = 180°$ são os dois valores do ângulo entre sua linha de centro e a vertical quando o cilindro flutua em posições estáveis.

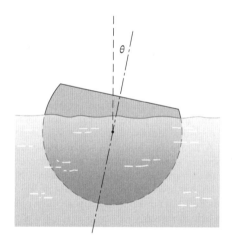

PROBLEMA 5/163

5/164 Quando o nível da água do mar dentro da câmara semiesférica atinge 0,6 m, conforme mostrado na figura, o tampão é levantado, permitindo que um fluxo de água do mar entre pelo tubo vertical. Para esse nível água, determine (*a*) a pressão média σ suportada pela área de vedação da válvula antes que uma força seja aplicada para levantar o tampão e (*b*) a força *P* (adicional à força necessária para sustentar seu peso) necessária para levantar o tampão. Considere pressão atmosférica em todos os espaços de ar e na área de vedação quando o contato deixa de existir, sob a ação de *P*.

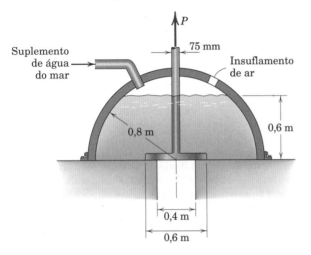

PROBLEMA 5/164

Problemas Representativos

5/165 Um dos problemas críticos no projeto de veículos para submersão profunda é prover portas para observação que suportarão pressões hidrostáticas tremendas sem fratura ou vazamento. A figura representa a seção transversal de uma janela de acrílico experimental com superfícies esféricas sob teste em uma câmara com líquido a alta pressão. Se a pressão *p* é elevada até um nível que simule o efeito de um mergulho à profundidade de 1 km em água do mar, calcule a pressão média σ suportada pela gaxeta *A*.

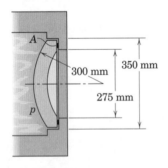

PROBLEMA 5/165

5/166 A comporta é mantida na posição vertical contra a ação do corpo de água doce por um contrapeso de massa *m*. Se a largura do portão é 5 m e a massa do portão é 2500 kg, determine o valor necessário de *m* e a intensidade da reação no pino em *A*.

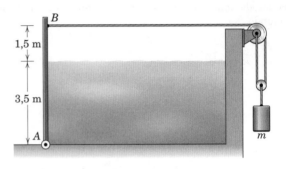

PROBLEMA 5/166

5/167 O cilindro sólido de concreto com 2,4 m de comprimento e 1,6 m de diâmetro é sustentado em uma posição semissubmersa em água doce por um cabo que passa sobre uma polia fixa em *A*. Calcule a tração *T* no cabo. O cilindro é impermeabilizado por um revestimento de plástico. (Consulte a Tabela D/1, Apêndice D, quando necessário.)

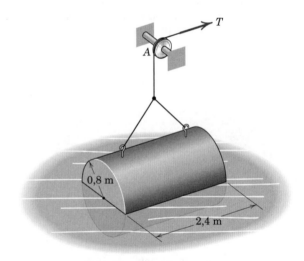

PROBLEMA 5/167

5/168 A boia de sinalização usada em um canal consiste em um cilindro vazado de aço com 2,4 m de comprimento e 300 mm de diâmetro, com massa de 90 kg e ancorado ao fundo por um cabo, conforme mostrado. Se $h = 0,6$ m, para a maré alta, calcule a tração T no cabo. Além disso, encontre também o valor de h quando o cabo está frouxo, à medida que a maré baixa. A massa específica da água do mar é 1030 kg/m³. Admita que o lastro é colocado na boia, de tal forma que ela permaneça na vertical.

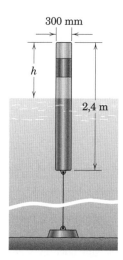

PROBLEMA 5/168

5/169 A comporta retangular, mostrada em corte, tem 3 m de comprimento (perpendicular ao plano do papel) e é articulada em torno da aresta superior B. A comporta divide um canal, que à esquerda leva a um lago de água doce e à direita a uma bacia de água do mar preenchida pela maré. Calcule o torque M no eixo da comporta, em B, necessário para prevenir que a comporta abra quando o nível de água do mar cai para $h = 1$ m.

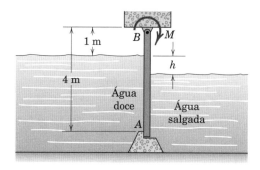

PROBLEMA 5/169

5/170 Uma seção vertical de um tanque de óleo está representada ao lado. A placa de acesso cobre uma abertura retangular que tem uma dimensão de 400 mm normal ao plano do papel. Calcule a força R exercida pelo óleo sobre a placa e a localização x de R. O óleo tem massa específica de 900 kg/m³.

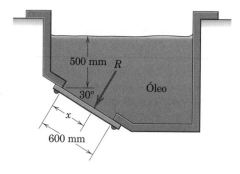

PROBLEMA 5/170

5/171 Uma esfera sólida e homogênea de raio r está apoiada sobre o fundo de um tanque que contém um líquido de massa específica ρ_l, que é maior do que massa específica ρ_s da esfera. À medida que o tanque é enchido, uma altura h é atingida, na qual a esfera começa a flutuar. Determine a expressão para a massa específica ρ_s da esfera.

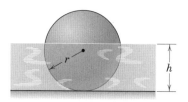

PROBLEMA 5/171

5/172 O cilindro hidráulico opera a báscula que fecha o portão vertical contra a pressão de água doce no lado oposto. A comporta é retangular com uma largura na horizontal de 2 m, perpendicular ao papel. Para a profundidade $h = 3$ m de água, calcule a pressão de óleo p necessária que atua no pistão de 150 mm do cilindro hidráulico.

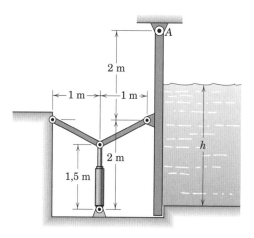

PROBLEMA 5/172

5/173 O projeto de uma plataforma flutuante para perfuração de petróleo consiste em dois pontões retangulares e seis colunas cilíndricas que suportam a plataforma de trabalho. Quando lastreada, a estrutura como um todo tem um deslocamento de 26.000 toneladas métricas (1 tonelada métrica é igual a 1000 kg). Calcule o calado (afundamento) total h da estrutura quando está ancorada no oceano. A massa específica da água salgada é 1030 kg/m³. Despreze os componentes verticais das forças de ancoragem.

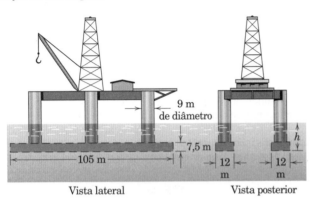

PROBLEMA 5/173

5/174 A cabana do tipo Quonset está submetida a um vento horizontal e a pressão p contra o telhado circular pode ser aproximada por $p_0 \cos \theta$. A pressão é positiva no lado da cabana exposto ao vento e é negativa no lado oposto. Determine, por unidade de comprimento do telhado medido normalmente ao plano do papel, o cisalhamento horizontal total Q nas fundações.

PROBLEMA 5/174

5/175 A face a montante de uma represa em arco tem a forma de uma superfície cilíndrica vertical com 240 m de raio e subentende um ângulo de 60°. Se a altura da coluna de água doce é de 90 m, determine a força total R exercida pela água na face da represa.

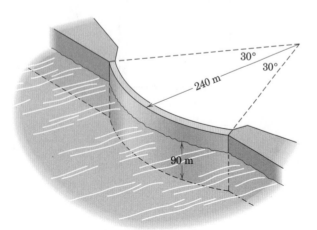

PROBLEMA 5/175

5/176 O lado com água doce de uma represa de concreto tem o formato de uma parábola vertical com vértice em A. Determine a posição b do ponto da base B em que atua a força resultante da água contra a face da represa C.

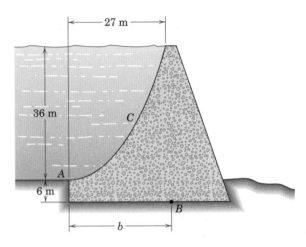

PROBLEMA 5/176

5/177 Os elementos de um novo método para construção das paredes de fundações de concreto para novas casas estão mostrados na figura. Uma vez que a sapata, F, está no seu lugar, fôrmas de poliestireno A são erguidas e uma mistura de concreto, B, é vertida entre as fôrmas. Os tirantes T impedem que as fôrmas se separem. Após o concreto curar, as fôrmas são deixadas em seu lugar como isolantes. Como um exercício de projeto, faça uma estimativa conservadora para o espaçamento uniforme, d, dos tirantes considerando que a força de tração em cada tirante não deve exceder 6,5 kN. O espaçamento horizontal dos tirantes é o mesmo que o espaçamento vertical. Descreva qualquer hipótese considerada. A massa específica do concreto úmido é 2400 kg/m³.

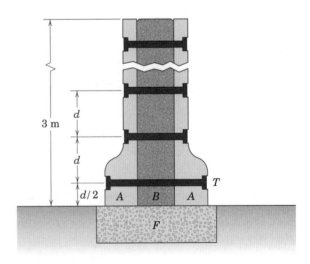

PROBLEMA 5/177

▶5/178 A janela de observação em um tanque é feita de um quarto de uma casca hemisférica de raio r. A superfície do fluido está a uma distância h acima do ponto mais elevado A da janela. Determine as forças horizontal e vertical exercidas sobre a casca pelo fluido.

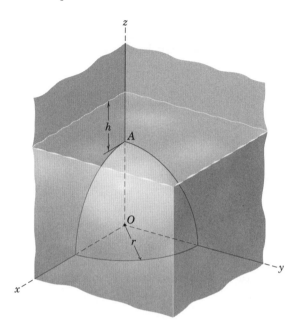

PROBLEMA 5/178

▶5/179 Determine a força total R exercida sobre a janela de observação pela água doce no tanque. O nível de água é equiparado ao topo da janela. Adicionalmente, determine a distância $\bar{h}$ da superfície da água até a linha de ação de R.

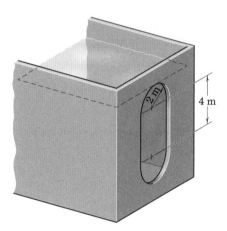

PROBLEMA 5/179

▶5/180 A determinação exata da posição vertical do centro de massa G de um navio é difícil de ser obtida por meio de cálculo. Ela é mais facilmente obtida por um experimento simples de inclinação do navio carregado. Em relação à figura, uma massa externa conhecida, m_0, é colocada a uma distância d da linha de centro e o ângulo de inclinação θ é medido por meio do desvio do fio de prumo. O deslocamento do navio e a posição do metacentro M são conhecidos. Calcule a altura do metacentro $\overline{GM}$ para um navio de 12 000 t, inclinado devido a uma massa de 27 t colocada a 7,8 m da linha de centro, se um fio de prumo com 6 m de comprimento sofre um desvio de $a = 0{,}2$ m. A massa m_0 está a uma distância $b = 1{,}8$ m acima de M. [Observe que a tonelada métrica (t) é igual a 1000 kg e equivale ao megagrama (Mg).]

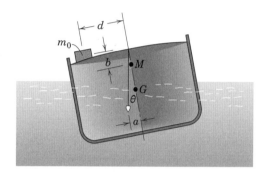

PROBLEMA 5/180

Problemas para a Seção 5/10 Revisão do Capítulo

5/181 Determine as coordenadas x e y do centroide da área sombreada.

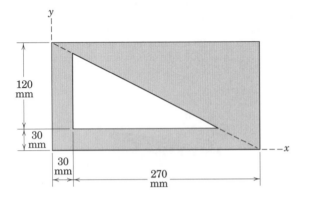

PROBLEMA 5/181

5/182 Localize o centroide da área sombreada.

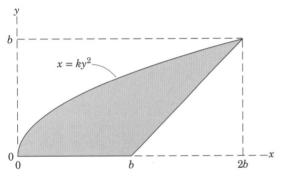

PROBLEMA 5/182

5/183 Determine a coordenada y do centroide da área sombreada. (Observe, cuidadosamente, o sinal adequado do radical envolvido.)

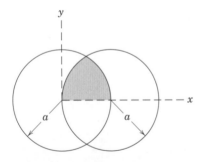

PROBLEMA 5/183

5/184 Determine a coordenada z do centro de massa da placa parabólica homogênea com espessura variada. Considere $b = 750$ mm, $h = 400$ mm, $t_0 = 35$ mm e $t_1 = 7$ mm.

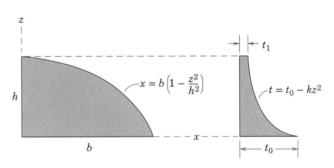

PROBLEMA 5/184

5/185 Determine as coordenadas x e y do centroide da área sombreada.

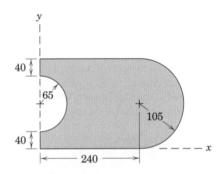

Dimensões em milímetros

PROBLEMA 5/185

5/186 Determine a área da superfície $ABCD$ do sólido de revolução indicado.

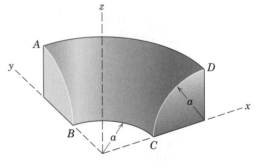

PROBLEMA 5/186

5/187 Determine as coordenadas x, y e z do centro de massa do suporte formado a partir de uma placa de aço de espessura uniforme.

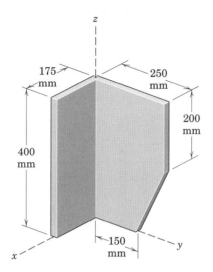

PROBLEMA 5/187

5/188 Uma estrutura prismática de altura h e base b é submetida a uma carga horizontal de vento cuja pressão p aumenta de zero na base até p_0 no topo, de acordo com $p = k\sqrt{y}$. Determine o momento resistente M na base da estrutura.

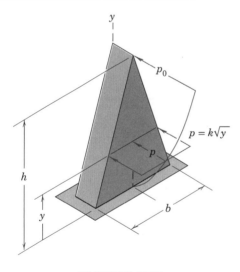

PROBLEMA 5/188

5/189 A figura mostra a seção transversal de uma comporta retangular de 4 m de altura e 6 m de comprimento (perpendicular ao papel), que bloqueia um canal de água doce. A comporta tem massa de 8,5 Mg e é articulada em torno do eixo horizontal que passa por C. Calcule a força vertical P exercida pela fundação sobre a extremidade inferior de A da comporta. Desprezar a massa da estrutura que sustenta a comporta.

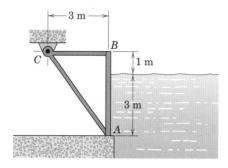

PROBLEMA 5/189

5/190 Determine a distância vertical $\overline{H}$ a partir da aresta inferior da viga construída com madeira até o lugar do centroide.

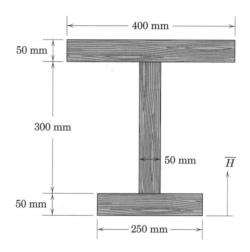

PROBLEMA 5/190

5/191 Trace os diagramas de força cortante e momento fletor para a viga submetida a duas forças concentradas e a uma combinação de cargas distribuídas. Determine os maiores valores positivos e negativos do momento fletor e suas localizações ao longo da viga.

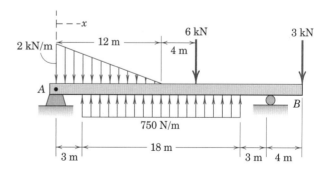

PROBLEMA 5/191

5/192 Determine as coordenadas x, y e z do centro de massa do corpo construído com a haste fina e uniforme que foi curvada em arcos circulares de raio r.

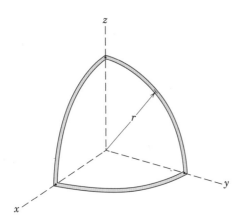

PROBLEMA 5/192

5/193 Como parte de um estudo preliminar de um projeto, estão sendo investigados os efeitos das cargas devidas ao vento em um prédio de 300 m. Para a distribuição parabólica da pressão do vento, mostrada na figura, calcule as forças e o momento de reação na base A do prédio em razão do carregamento causado pelo vento. A largura do prédio (perpendicular ao papel) vale 60 m.

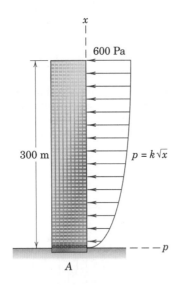

PROBLEMA 5/193

▶**5/194** Considere o prédio alto do Probl. 5/193 como uma viga vertical uniforme. Determine a força cortante e o momento na estrutura, e faça um gráfico de ambos, em função da altura x acima do chão. Avalie suas expressões para $x = 150$ m.

5/195 O corpo cônico tem uma seção transversal horizontal circular. Determine a altura $\bar{h}$ de seu centro de massa, acima da base do sólido homogêneo.

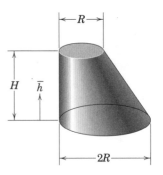

PROBLEMA 5/195

5/196 Determine as reações em A e B para a viga submetida aos momentos e carga distribuída. Em $x = 0$, a carga distribuída está crescendo na taxa de 120 N/m por metro.

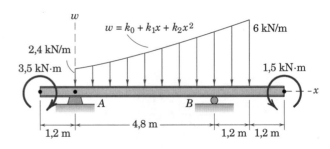

PROBLEMA 5/196

5/197 Determine o comprimento do cabo que permitirá uma curvatura de 1/10 para a configuração indicada.

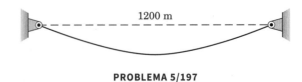

PROBLEMA 5/197

5/198 Uma comporta vertical de 5 m está rigidamente conectada a um painel de 3 m que provê uma vedação para uma passagem subterrânea de drenagem durante tempestades. Para a situação representada, determine a profundidade h de água doce que fará com que a comporta comece a abrir e a água drenada entre na passagem subterrânea. Um cubo de 1,5 m de concreto é usado para manter o painel horizontal de concreto de 3 m de largura nivelado com o chão durante a operação em condições normais.

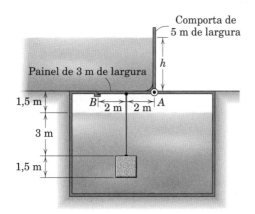

PROBLEMA 5/198

*Problemas Orientados para Solução Computacional

*5/199 Construa os diagramas de força cortante e de momento fletor para a viga carregada como mostrado. Determine os valores máximos do cortante e do momento e suas posições na viga.

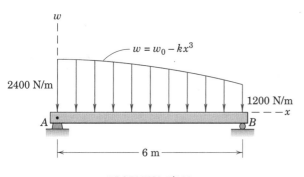

PROBLEMA 5/199

*5/200 O setor cilíndrico de 30° é feito de cobre e é unido à metade de um cilindro feito de alumínio. Determine o ângulo θ para a posição de equilíbrio do cilindro em repouso sobre uma superfície horizontal.

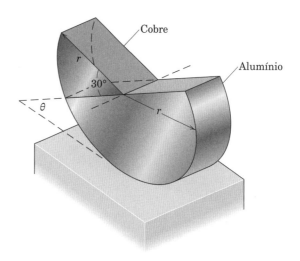

PROBLEMA 5/200

*5/201 Determine o ângulo θ que posicionará o centro de massa do anel fino a uma distância $r/10$ do centro do arco.

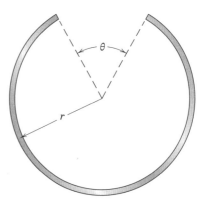

PROBLEMA 5/201

*5/202 Uma carga homogênea de propelente sólido para um foguete está na forma de um cilindro circular com um furo concêntrico de profundidade x. Faça o gráfico de $\overline{X}$ para as dimensões dadas, mostre a coordenada x do centro de massa do propelente, em função da profundidade x do furo desde $x = 0$ até $x = 600$ mm. Determine o valor máximo de $\overline{X}$ e mostre que ele é igual ao valor correspondente de x.

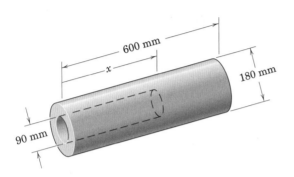

PROBLEMA 5/202

*5/203 Um instrumento submerso de detecção A está preso no meio de um cabo de 100 m, suspenso entre dois navios que estão afastados 50 m. Determine a profundidade h do instrumento, que tem massa desprezível. O resultado depende da massa do cabo ou da massa específica da água?

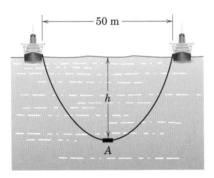

PROBLEMA 5/203

*5/204 Um cabo de 505 m, com massa de 12 kg/m, em um passo preliminar na construção de um teleférico sobre o desfiladeiro de um rio, é esticado entre os pontos A e B. Determine a distância horizontal x do ponto A ao ponto mais baixo do cabo e calcule as trações nos pontos A e B.

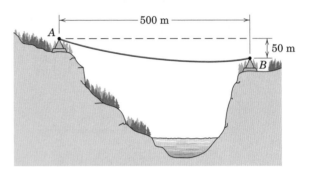

PROBLEMA 5/204

*5/205 O pequeno veículo robótico, controlado remotamente, do Probl. 5/148 é reapresentado aqui. O cabo umbilical de 200 m tem uma flutuabilidade ligeiramente negativa, de modo que uma força resultante de 0,025 N por metro de seu comprimento atua sobre ele, orientada para baixo. Utilizando seus propulsores internos, variáveis, horizontais e verticais, o veículo mantém uma profundidade constante de 10 m, enquanto se movimenta, lentamente, para a direita. Se o empuxo horizontal máximo é 10 N e o empuxo vertical máximo é 7 N, determine o máximo valor da distância d admissível e determine qual dos propulsores está limitando o movimento.

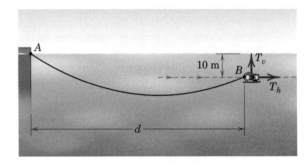

PROBLEMA 5/205

Capítulo 6

* Problemas orientados para solução computacional
▶ Problemas difíceis

Problemas para as Seções 6/1-6/3

Problemas Introdutórios

6/1 A força P de 400 N é aplicada ao caixote de 100 kg, que está estacionário, antes de a força ser aplicada. Determine a intensidade e a direção da força de atrito F exercida pela superfície horizontal sobre o caixote.

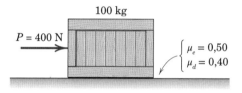

PROBLEMA 6/1

6/2 A força de 700 N é aplicada ao bloco de 100 kg, que está estacionário antes de a força ser aplicada. Determine a intensidade e a direção da força de atrito F exercida pela superfície horizontal sobre o bloco.

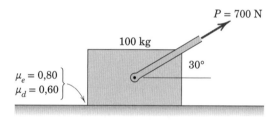

PROBLEMA 6/2

6/3 A força P é aplicada ao bloco de 50 kg quando está estacionário. Determine a intensidade da direção da força de atrito exercida pela superfície sobre o bloco se $(a) P = 0$, $(b) P = 200$ N, e $(c) P = 250$ N. (d) Que valor de P é necessário para iniciar o movimento para cima da rampa? Os coeficientes de atrito estático e dinâmico entre o bloco e a rampa são $\mu_e = 0{,}25$ e $\mu_d = 0{,}20$, respectivamente.

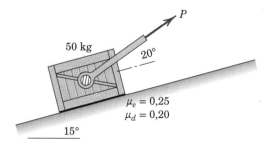

PROBLEMA 6/3

6/4 O projetista de um centro de esqui deseja ter uma parte da pista para iniciantes, na qual a velocidade do esquiador permaneça aproximadamente constante. Testes indicam que os coeficientes médios de atrito entre os esquis e a neve valem $\mu_e = 0{,}10$ e $\mu_d = 0{,}08$. Qual deve ser o ângulo θ de inclinação da seção de velocidade constante?

PROBLEMA 6/4

6/5 O desportista de 80 kg é o mesmo do Probl. 3/21. A força de tração $T = 65$ N é desenvolvida contra uma máquina de exercícios (não representada) enquanto ele se prepara para começar uma rosca de bíceps. Determine o mínimo coeficiente de atrito estático que deve existir entre os tênis do desportista e o piso para que este não escorregue.

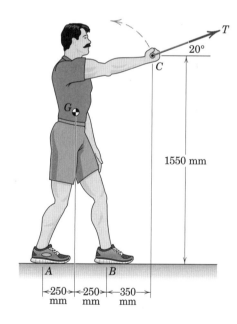

PROBLEMA 6/5

6/6 Determine o coeficiente de atrito estático mínimo μ_e que permitirá ao tambor com cubo interno fixo ser rolado para cima da rampa inclinada com 15°, com velocidade constante e sem deslizamento. Quais são os valores correspondentes da força P e da força de atrito F?

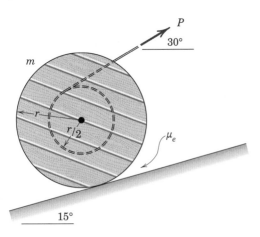

PROBLEMA 6/6

6/7 As tenazes são projetadas para se manusear tubos de aço quentes, que estão sendo tratados termicamente em um banho de óleo. Para uma abertura da mandíbula de 20°, qual é o coeficiente de atrito estático mínimo entre as mandíbulas e o tubo que permitirá às hastes da tenaz reter o tubo sem deslizamento?

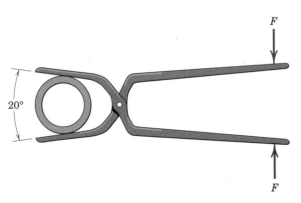

PROBLEMA 6/7

6/8 A força P é aplicada ao bloco A de 200 kg, que está estacionário no topo de um caixote de 100 kg. O sistema está estacionário quando P é, inicialmente, aplicada. Determine o que acontece com cada corpo se (a) $P = 600$ N, (b) $P = 800$ N e (c) $P = 1200$ N.

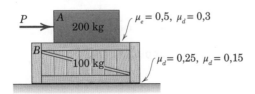

PROBLEMA 6/8

6/9 Determine o coeficiente de atrito dinâmico μ_d que permitirá ao corpo homogêneo mover-se para baixo sobre a rampa com inclinação 30° com velocidade constante. Mostre que este movimento com velocidade constante é improvável de acontecer se o rolete e o pequeno pé ideais tiverem suas posições invertidas.

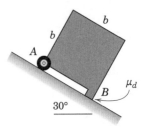

PROBLEMA 6/9

6/10 O poste uniforme de 7 m tem uma massa de 100 kg e está sustentado conforme indicado. Calcule a força P necessária para mover o poste se o coeficiente de atrito estático para cada local de contato é 0,40.

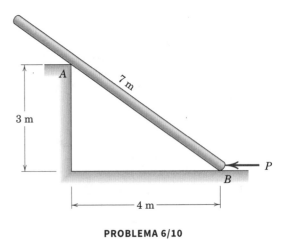

PROBLEMA 6/10

6/11 Determine a intensidade e a direção da força de atrito que a parede vertical exerce sobre o bloco de 45 kg se (a) $\theta = 15°$ e (b) $\theta = 30°$.

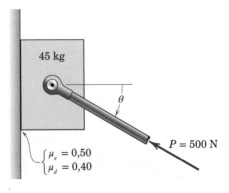

PROBLEMA 6/11

6/12 Calcule a intensidade do momento, atuando em sentido horário, M necessária para girar o cilindro de 50 kg no bloco de sustentação representado. O coeficiente de atrito dinâmico é 0,30.

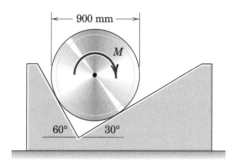

PROBLEMA 6/12

6/13 Determine a faixa de valores de m para os quais o bloco de 100 kg fica em equilíbrio. O atrito em todas as rodas e polias pode ser desprezado.

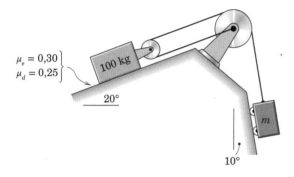

PROBLEMA 6/13

Problemas Representativos

6/14 A roda de 50 kg rola sobre seu cubo para cima, sobre a rampa, sob a ação do cilindro de 12 kg dependurado à corda, passando pela sua borda. Determine o ângulo θ em que a roda alcança o repouso, admitindo que o atrito é suficiente para evitar o deslizamento. Qual é o coeficiente de atrito mínimo que permitirá que tal posição seja alcançada, sem deslizamento?

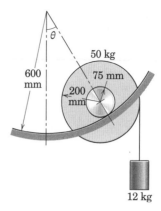

PROBLEMA 6/14

6/15 Uma escada uniforme está posicionada conforme indicado com o propósito de se fazer manutenção na luminária suspensa presa no teto da catedral. Determine o coeficiente de atrito estático mínimo necessário nas extremidades A e B para evitar o deslizamento. Admita que o coeficiente de atrito é o mesmo em A e em B.

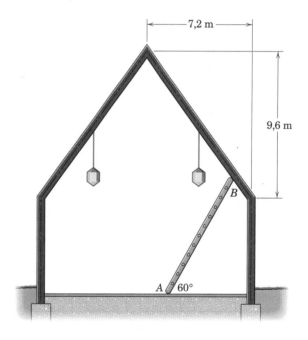

PROBLEMA 6/15

6/16 O bloco retangular homogêneo de massa m está em repouso no plano inclinado, o qual é articulado em relação a um eixo horizontal passando por O. Se o coeficiente de atrito estático entre o bloco e o plano é μ, especifique as condições que determinam se o bloco tomba antes de deslizar ou desliza antes de tombar, à medida que o ângulo θ é gradualmente aumentado.

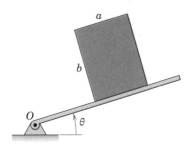

PROBLEMA 6/16

6/17 O homem de 80 kg com centro de massa em G suporta um tambor de 34 kg, conforme indicado. Determine a maior distância x na qual o homem pode se posicionar sem deslizar, se o coeficiente de atrito estático entre seus sapatos e o chão é 0,40.

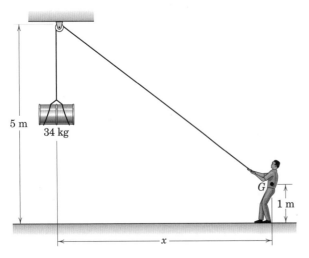

PROBLEMA 6/17

6/18 A barra uniforme e fina tem um rolete ideal em sua extremidade superior A. Determine o valor mínimo do ângulo θ para o qual o equilíbrio é possível para $\mu_e = 0{,}25$ e $\mu_e = 0{,}50$e.

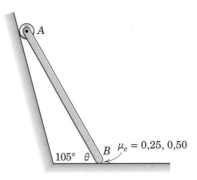

PROBLEMA 6/18

6/19 Determine o intervalo de valores da massa m_2 para os quais o sistema está em equilíbrio. O coeficiente de atrito estático entre o bloco e a rampa é $\mu_e = 0{,}25$. Despreze o atrito associado à polia.

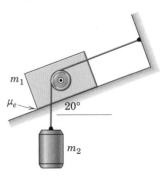

PROBLEMA 6/19

6/20 O corpo fazendo um ângulo reto está sendo retirado do rasgo ajustado por meio da força P. Determine a distância máxima y a partir da linha de centro horizontal na qual P pode ser aplicado sem tombamento. O corpo permanece no plano horizontal e o atrito sob o corpo pode ser desprezado. Considere o coeficiente de atrito estático ao longo dos lados do rasgo como sendo μ_e.

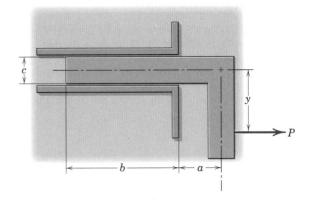

PROBLEMA 6/20

6/21 O trilho invertido T com o cilindro móvel livre C formam um sistema que é projetado para segurar papel ou outros materiais P finos. O coeficiente de atrito estático é μ para todas as interfaces. Qual é o valor mínimo de μ que garante que o dispositivo funcionará independentemente do peso P do material preso?

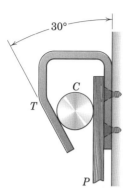

PROBLEMA 6/21

6/22 A vista superior de uma porta de duas folhas está indicada. O projetista está considerando um bloco deslizante B em vez de um rolete tradicional. Determine o valor crítico do coeficiente de atrito estático abaixo do qual a porta irá fechar a partir da posição mostrada sob a ação da força P.

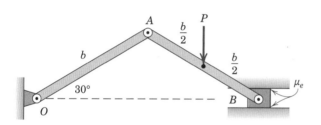

PROBLEMA 6/22

6/23 Um homem de 82 kg puxa um carrinho de 45 kg para cima de uma rampa com velocidade constante. Determine o coeficiente de atrito estático μ_e mínimo para o qual os sapatos dele não deslizarão. Determine, também, a distância s necessária para o equilíbrio do seu corpo.

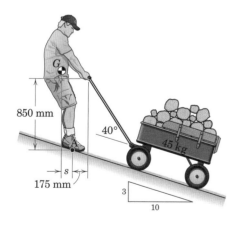

PROBLEMA 6/23

6/24 Determine a força horizontal P necessária para causar o deslizamento. Os coeficientes de atrito para os três pares de superfícies em contato são indicados. O bloco superior está livre para se mover verticalmente.

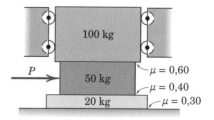

PROBLEMA 6/24

6/25 O centro de massa do painel vertical de 80 kg está em G. O painel está montado sobre rodas que permitem facilmente o deslocamento horizontal ao longo do trilho fixo. Se o mancal da roda em A grimpar, de modo que a roda não possa girar, calcule a força P necessária para fazer o painel deslizar. O coeficiente de atrito cinético entre a roda e o trilho é 0,30.

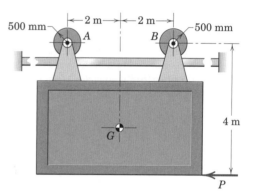

PROBLEMA 6/25

6/26 Que força P os dois homens devem exercer na corda para fazer deslizar a viga uniforme de 6 m sobre trilho sobre suas cabeças? A viga tem uma massa de 100 kg e o coeficiente de atrito dinâmico entre a viga e cada suporte é 0,50.

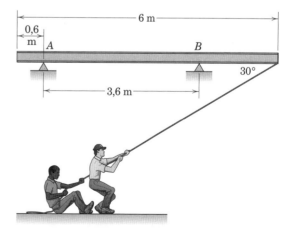

PROBLEMA 6/26

330 Problemas para as Seções 6/1-6/3

6/27 A cremalheira tem uma massa $m = 75$ kg. Que momento M deve ser exercido pela roda dentada para (a) abaixar e (b) elevar a cremalheira a uma velocidade constante e baixa sobre o trilho engraxado a 60°? O coeficiente de atrito estático e o coeficiente de atrito dinâmico são $\mu_e = 0,10$ e $\mu_d = 0,05$. O motor fixo que aciona a engrenagem não está representado.

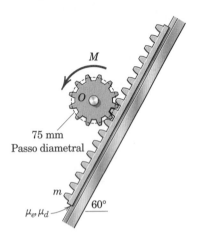

PROBLEMA 6/27

6/28 Determine a intensidade P da força horizontal necessária para iniciar o movimento do bloco de massa m_0 para os casos (a) P é aplicada à direita e (b) P é aplicada à esquerda. Complete a solução geral em cada caso e, então, avalie sua expressão para os valores $\theta = 30°$, $m = m_0 = 3$ kg, $\mu_e = 0,60$ e $\mu_d = 0,50$.

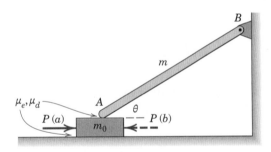

PROBLEMA 6/28

6/29 Um momento M, em sentido horário, é aplicado ao cilindro circular, conforme representado. Determine o valor de M necessário para iniciar o movimento, nas condições $m_B = 3$ kg; $m_C = 6$ kg; $(\mu_e)_B = 0,50$; $(\mu_e)_C = 0,40$ e $r = 0,2$ m. O atrito entre o cilindro C e o bloco B é desprezível.

PROBLEMA 6/29

6/30 A força horizontal $P = 50$ N é aplicada ao bloco superior com o sistema, inicialmente, estacionário. As massas dos blocos são $m_A = 10$ kg e $m_B = 5$ kg. Determine se e onde ocorrerá deslizamento para as seguintes condições dos coeficientes de atrito estático: (a) $\mu_1 = 0,40$, $\mu_2 = 0,50$ e (b) $\mu_1 = 0,30$, $\mu_2 = 0,60$. Admita que valores dos coeficientes de atrito dinâmico são 75 por cento dos estáticos.

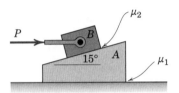

PROBLEMA 6/30

6/31 Determine a distância s para a qual a pintora de 90 kg pode subir na escada de 4 m sem fazer com que a sua extremidade A deslize. No topo da escada de 15 kg, há um pequeno rolete e o coeficiente de atrito estático com o piso é 0,25. O centro de massa da pintora está diretamente acima de seus pés.

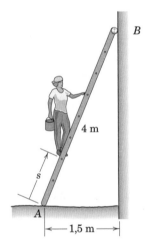

PROBLEMA 6/31

6/32 O carro de 1600 kg está começando a subir a rampa de 16°. Se o carro tem tração traseira, determine o coeficiente de atrito estático mínimo necessário em B.

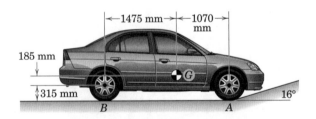

PROBLEMA 6/32

6/33 O corpo quadrado e homogêneo está posicionado conforme indicado. Se o coeficiente de atrito estático em B é 0,40, determine o valor crítico do ângulo θ, abaixo do qual o deslizamento ocorrerá. Despreze o atrito em A.

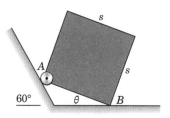

PROBLEMA 6/33

6/34 A haste uniforme, com centro de massa em G, é sustentada pelas cavilhas A e B, que são fixadas na roda. Se o coeficiente de atrito entre a haste e as cavilhas é μ, determine o ângulo θ, com o qual a roda pode ser girada lentamente em torno de seu eixo horizontal por meio de O, começando da posição indicada, antes que a haste comece a deslizar. Despreze o diâmetro da haste, em comparação com as outras dimensões.

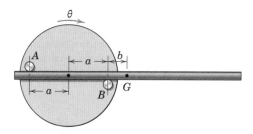

PROBLEMA 6/34

6/35 A haste uniforme e delgada de massa m e comprimento L está, inicialmente, estacionária em uma posição horizontal centralizada sobre uma superfície circular de raio $R = 0,6L$. Se uma força P normal à barra é gradualmente aplicada na sua extremidade até que a barra comece a escorregar para um ângulo $\theta = 20°$, determine o coeficiente de atrito estático μ_e.

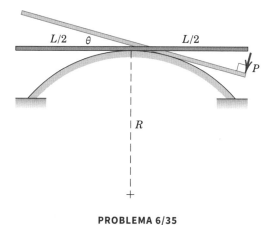

PROBLEMA 6/35

6/36 O corpo é construído com um cilindro de alumínio preso a um meio cilindro de aço. Determine o ângulo θ da rampa, para o qual o corpo permanecerá em equilíbrio quando for liberado na posição indicada, em que a seção de aço está na vertical. Calcule, também, o coeficiente de atrito estático μ_e mínimo necessário.

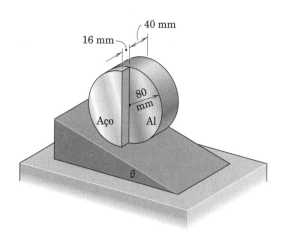

PROBLEMA 6/36

6/37 O mordente móvel esquerdo de um grampo pode deslizar ao longo da estrutura para aumentar a capacidade do grampo. Para evitar o deslizamento do mordente sobre a estrutura quando o grampo está carregado, a dimensão x deve exceder um valor mínimo. Para valores determinados de a e de b e um coeficiente de atrito estático μ_e, especifique o valor mínimo de x, de projeto, para evitar o deslizamento do mordente.

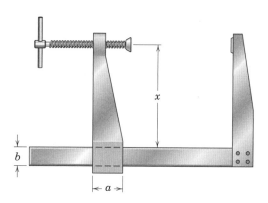

PROBLEMA 6/37

6/38 A casca semicilíndrica de massa m e raio r é rolada até um ângulo θ por uma força horizontal P aplicada à sua borda. Se o coeficiente de atrito é μ_e, determine o ângulo θ no qual a casca desliza sobre a superfície horizontal enquanto P é gradualmente elevada. Qual o valor de μ_e que permitirá θ alcançar 90°?

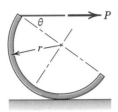

PROBLEMA 6/38

6/39 O sistema é liberado partindo do repouso. Determine a força (intensidade e direção) que o bloco A exerce sobre o bloco B se $m_A = 2$ kg, $m_B = 2$ kg, $P = 50$ N, $\theta = 40°$, $\mu_1 = 0{,}70$ e $\mu_2 = 0{,}50$, em que μ_1 e μ_2 são os coeficientes de atrito estático. Os valores dos coeficientes de atrito dinâmico correspondentes são 75 por cento dos estáticos.

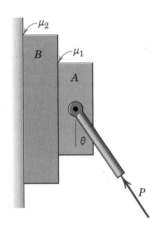

PROBLEMA 6/39

6/40 Determine o valor máximo do ângulo θ para o qual a haste uniforme e delgada permanece em equilíbrio. O coeficiente de atrito estático em A é $\mu_A = 0{,}80$ e o atrito associado como pequeno rolete em B podem ser desprezados.

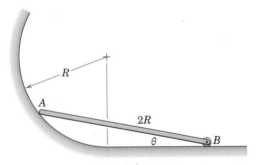

PROBLEMA 6/40

6/41 O freio de sapata com alavanca evita a rotação do volante, sob a ação de um torque M aplicado em sentido anti-horário. Determine a força P necessária para evitar a rotação, se o coeficiente de atrito estático é μ_e. Explique o que aconteceria se a geometria permitisse que b fosse igual a $\mu_e e$.

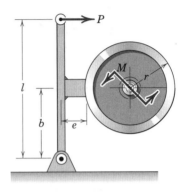

PROBLEMA 6/41

6/42 Uma mulher pedala sua bicicleta à velocidade constante em uma estrada escorregadia com inclinação de 5 %. A mulher e a bicicleta têm massa combinada de 82 kg, com centro de massa em G. Se a roda traseira está na iminência de escorregar, determine o coeficiente de atrito μ_e entre o pneu traseiro e a estrada. Se o coeficiente de atrito fosse duplicado, qual seria a força de atrito F atuando sobre a roda traseira? (Por que podemos desprezar o atrito sob a roda dianteira?)

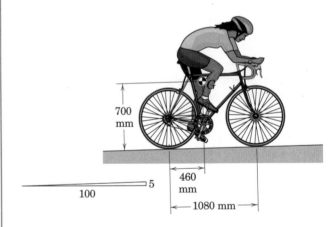

PROBLEMA 6/42

6/43 O freio de sapatas duplas mostrado é aplicado ao volante por meio da ação da mola. Para soltar o freio, uma força P é aplicada na barra de controle. Na posição de operação com $P = 0$, a mola está comprimida em 30 mm. Selecione uma mola com constante k (rigidez) apropriada, que fornecerá força suficiente para frear o volante sob o torque $M = 100$ N · m, se o coeficiente de atrito aplicável para ambas as sapatas do freio vale 0,20. Despreze a dimensão das sapatas.

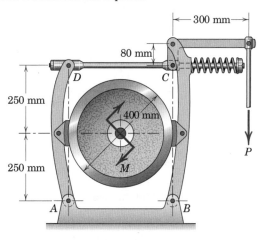

PROBLEMA 6/43

6/44 A barra uniforme e fina de comprimento $L = 1,8$ m tem um rolete ideal em sua extremidade superior A. O coeficiente de atrito estático ao longo da superfície horizontal varia de acordo com $\mu_e = \mu_0(1 - e^{-x})$, em que x está em metros e $\mu_0 = 0,50$. Determine o ângulo θ mínimo para o qual o equilíbrio é possível.

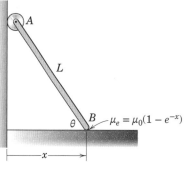

PROBLEMA 6/44

Problemas para as Seções 6/4-6/5

(Admita que o trabalho negativo do atrito é desprezível nos problemas seguintes, exceto se houver indicação em contrário.)

Problemas Introdutórios

6/45 Se o coeficiente de atrito entre a cunha e as fibras úmidas do cepo recém-cortado é 0,20, determine o ângulo α máximo que a cunha pode ter e não pular para fora da madeira depois de ter sido introduzida pela marreta.

PROBLEMA 6/45

6/46 A cunha com 10° é introduzida sob a roda comprimida por uma mola, que está ligada a uma estrutura fixa C. Determine o coeficiente de atrito estático μ_e mínimo para que a cunha permaneça no lugar. Despreze o atrito associado à roda.

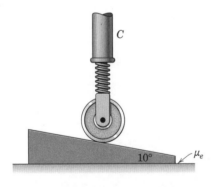

PROBLEMA 6/46

6/47 Na construção de uma estrutura de madeira, dois calços são usados, frequentemente, para preencher o vazio entre a estrutura S e o batente da porta ou janela D. Os componentes S e D estão representados em corte, na figura. Para os calços com 3° indicados, determine o coeficiente de atrito estático mínimo necessário para que os calços permaneçam no lugar.

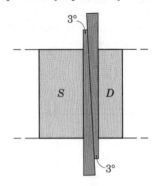

PROBLEMA 6/47

6/48 A porta industrial de 100 kg com centro de massa em G está sendo posicionada para manutenção com uso de uma cunha de 5° sob o canto B. O movimento horizontal é impedido pelo pequeno ressalto no canto A. Se os coeficientes de atrito estático no topo e na base da superfície da cunha são, ambos, 0,60, determine a força P necessária para levantar a porta em B.

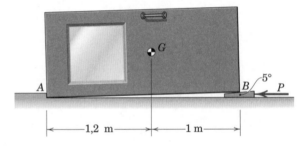

PROBLEMA 6/48

6/49 Calcule a força orientada para a direita P' que removeria a cunha colocada debaixo da porta do Probl. 6/48. Admita que o canto A não deslize para seu cálculo de P', mas então verifique esta hipótese; o coeficiente de atrito estático em A é 0,60.

6/50 Um carro com 1600 kg e tração traseira está subindo a rampa, com uma velocidade constante e baixa. Determine o coeficiente de atrito estático μ_e mínimo para que a rampa portátil não deslize para a frente. Determine também a força de atrito F_A necessária em cada roda traseira de tração.

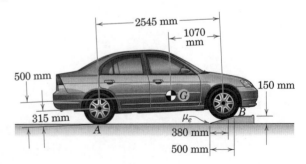

PROBLEMA 6/50

Problemas Representativos

6/51 Determine o torque M que deve ser aplicado à manopla do fuso para começar a mover o bloco de 50 kg para cima da rampa com 15°. O coeficiente de atrito estático entre o bloco e a rampa é 0,50 e a rosca de uma entrada tem filetes quadrados com um diâmetro médio de 25 mm e um avanço de 10 mm por volta completa. O coeficiente de atrito estático para os filetes de rosca é, também, 0,50. Despreze o atrito na pequena junta esférica em A.

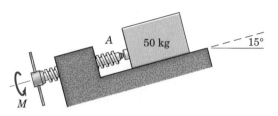

PROBLEMA 6/51

6/52 O esticador grande suporta uma tração de 40 kN no cabo. As hastes roscadas têm um diâmetro médio de 30 mm e filetes de rosca quadrada com avanço de 3,5 mm. O coeficiente de atrito para as roscas engraxadas não excede 0,25. Determine o momento M aplicado ao corpo do esticador (a) para apertá-lo e (b) para afrouxá-lo. Ambas as hastes roscadas têm uma única entrada e estão impedidas de girar.

PROBLEMA 6/52

6/53 Uma força compressiva de 600 N é aplicada a duas placas pelos terminais do grampo em C. A rosca da haste tem um diâmetro médio de 10 mm e avança 2,5 mm por volta. O coeficiente de atrito estático é 0,20. Determine a força F que deve ser aplicada normal à manopla em C para (a) apertar e (b) afrouxar o grampo. Despreze o atrito no ponto A.

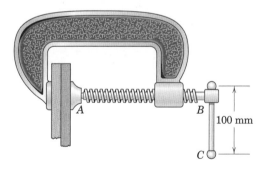

PROBLEMA 6/53

6/54 As duas cunhas com 5° representadas são utilizadas para ajustar a posição da coluna sob uma carga vertical de 5 kN. Determine a intensidade das forças P necessárias para elevar a coluna se o coeficiente de atrito para todas as superfícies é 0,40.

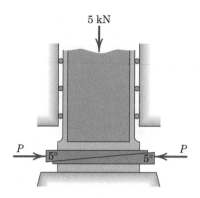

PROBLEMA 6/54

6/55 Se a coluna do Probl. 6/54 deve ser abaixada, calcule as forças P' necessárias para extrair as cunhas.

6/56 Calcule a força P necessária para mover a roda de 20 kg. O coeficiente de atrito em A é 0,25 e para ambos os pares de superfícies da cunha é 0,30. Adicionalmente, a mola S está sob a compressão de 100 N e a haste oferece uma sustentação desprezível para a roda.

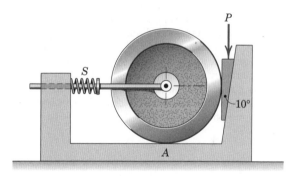

PROBLEMA 6/56

6/57 O coeficiente de atrito estático para as duas superfícies da cunha é 0,40, e o coeficiente entre o bloco de concreto de 27 kg e a rampa com inclinação de 20° é 0,70. Determine o valor mínimo da força P necessária para começar o movimento do bloco para cima da rampa. Despreze o peso da cunha.

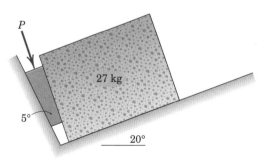

PROBLEMA 6/57

6/58 Repita o Probl. 6/57, mas agora apenas o bloco de concreto com 27 kg começa a se mover para baixo sobre a rampa de 20°, conforme representado. Todas as demais condições permanecem as mesmas do Probl. 6/57.

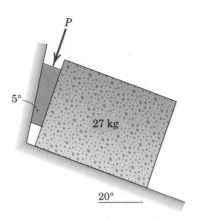

PROBLEMA 6/58

6/59 O grampo de bancada está sendo usado para prender duas chapas juntas enquanto são coladas. Que torque M deve ser aplicado à haste roscada para produzir uma compressão de 900 N entre as chapas? O diâmetro da rosca quadrada de uma entrada é 12 mm e há dois filetes de rosca por centímetro. O coeficiente de atrito nas roscas pode ser considerado 0,20. Despreze qualquer atrito na pequena esfera em contato em A e admita que a força de contato em A está direcionada ao longo do eixo da haste roscada. Que torque M' é necessário para afrouxar o grampo?

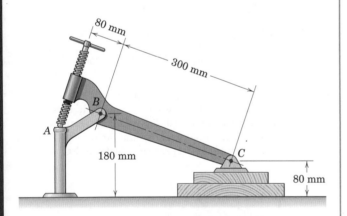

PROBLEMA 6/59

6/60 O coeficiente de atrito estático μ_e entre o corpo de 100 kg e a cunha com ângulo de 15° vale 0,20. Determine o módulo da força P necessária para levantar o corpo de 100 kg se (a) roletes com atrito desprezível estejam colocados sob a cunha como mostrado e (b) os roletes sejam removidos e o coeficiente de atrito estático $\mu_e = 0,20$ seja válido para essa superfície também.

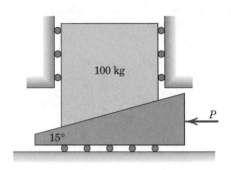

PROBLEMA 6/60

6/61 Para ambas as condições (a) e (b) estabelecidas no Probl. 6/60, determine a intensidade e a direção da força P' necessária para começar a abaixar o corpo de 100 kg.

6/62 O projeto de uma junta para conectar dois eixos usando um contrapino plano e cônico de 5° está representado em duas vistas na figura. Se os eixos estão sobre uma força de tração constante T de 900 N, determine a força P necessária para mover o contrapino e remover qualquer retenção da junta. O coeficiente de atrito entre o contrapino e os lados dos rasgos é 0,20. Despreze o atrito horizontal entre os eixos.

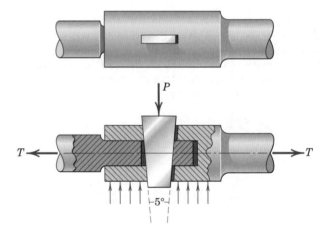

PROBLEMA 6/62

6/63 A posição vertical do bloco de 100 kg é ajustada pela cunha acionada por um fuso. Calcule o momento M que deve ser aplicado à manopla do fuso para levantar o bloco. O fuso de rosca simples tem roscas quadradas, com um diâmetro médio de 30 mm e avança 10 mm para cada volta completa. O coeficiente de atrito para as roscas do parafuso vale 0,25 e o coeficiente de atrito para todas as superfícies em contato do bloco e da cunha vale 0,40. Despreze o atrito na rótula A.

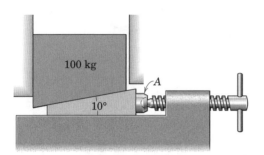

PROBLEMA 6/63

6/64 O macaco é projetado para elevar carros pequenos com chassi inteiriço. A haste é atarraxada no colar, que é pivotado em B, e o eixo gira dentro de um rolamento de esferas em A. A rosca tem um diâmetro médio de 10 mm e um avanço (deslocamento por volta) de 2 mm. O coeficiente de atrito para a rosca é 0,20. Determine a força normal P aplicada à manopla em D necessária (a) para elevar uma massa de 500 kg a partir da posição representada e (b) para abaixar a carga, a partir da mesma posição. Despreze o atrito no pivô e no rolamento em A.

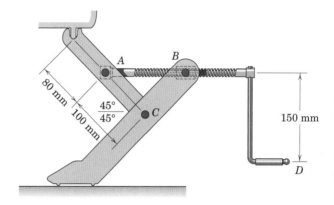

PROBLEMA 6/64

Problemas para as Seções 6/6-6/7

Problemas Introdutórios

6/65 Um torque M de 1510 N · m deve ser aplicado ao eixo de 50 mm de diâmetro do tambor para içamento de uma carga de 500 kg, com velocidade constante. O tambor e o eixo juntos têm uma massa de 100 kg. Calcule o coeficiente de atrito μ para o rolamento.

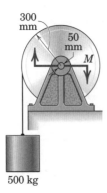

PROBLEMA 6/65

6/66 Os dois volantes estão montados em um mesmo eixo, que está apoiado por um mancal radial entre eles. Cada rotor tem uma massa de 40 kg e o diâmetro do eixo vale 40 mm. Se um momento M de 3 N · m no eixo é necessário para manter a rotação dos rotores e do eixo em uma velocidade constante baixa, calcule (a) o coeficiente de atrito no mancal e (b) o raio r_f do círculo de atrito.

PROBLEMA 6/66

6/67 O disco circular A é colocado sobre o topo do disco B e submetido a uma força compressiva de 400 N. Os diâmetros de A e B valem 225 mm e 300 mm, respectivamente, e a pressão sob cada disco é constante em toda sua superfície. Se o coeficiente de atrito entre A e B vale 0,40, determine o momento M que fará com que A deslize sobre B. Além disso, qual é o coeficiente de atrito μ mínimo entre B e a superfície de apoio C que impedirá que B gire?

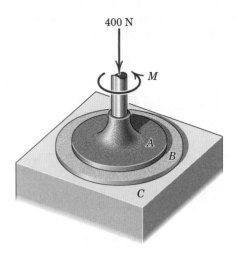

PROBLEMA 6/67

6/68 Determine a força trativa T no cabo para suspender a carga de 800 kg se o coeficiente de atrito para o mancal de 30 mm vale 0,25. Determine, também, a força trativa T_0 na seção estacionária do cabo. As massas do cabo e da polia são pequenas e podem ser desprezadas.

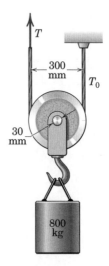

PROBLEMA 6/68

6/69 Calcule a força trativa T necessária para abaixar a carga de 800 kg descrita no Probl. 6/68. Determine também T_0.

Problemas Representativos

6/70 O anel de aço com 20 kg A, com raios interno e externo, 50 mm e 60 mm, respectivamente, repousa sobre um eixo fixo horizontal com 40 mm de raio. Se uma força $P = 150$ N, orientada para baixo e aplicada à periferia do anel, é apenas suficiente para fazer o anel deslizar, calcule o coeficiente de atrito μ e o ângulo θ.

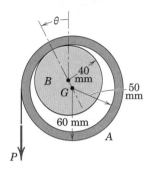

PROBLEMA 6/70

6/71 A massa do tambor D e de seu cabo é de 45 kg e o coeficiente de atrito μ para o mancal vale 0,20. Determine a força P necessária para suspender o cilindro de 40 kg, se o atrito no mancal é (a) desprezível e (b) incluído na análise. O peso do eixo é desprezível.

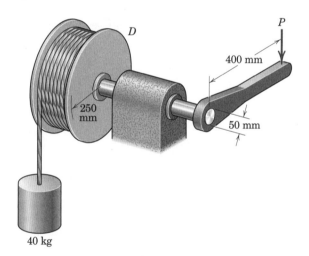

PROBLEMA 6/71

6/72 Determine a força P necessária para abaixar o cilindro de 40 kg do Problema 6/71. Compare sua resposta com os resultados dados para aquele problema. O valor de P, para o caso em que não há atrito, é igual à média das forças necessárias para suspender e abaixar o cilindro?

6/73 O caixote de 10 Mg é abaixado em um armazém subterrâneo por meio de um elevador acionado por duas hastes roscadas projetado conforme indicado. Cada haste roscada tem massa de 0,9 Mg, diâmetro médio de 120 mm e rosca quadrada com uma entrada e avanço de 11 mm. As roscas são giradas sincronizadamente por uma unidade motora na base da instalação. A massa do conjunto caixote, roscas e plataforma do elevador com 3 Mg é sustentada igualmente pelos mancais planos em A, cada um deles com diâmetro externo 250 mm e diâmetro interno 125 mm. Admite-se que a pressão sobre os mancais seja uniforme sobre a superfície dos mancais. Se o coeficiente de atrito para o mancal na forma de colar e as roscas em B é 0,15, calcule o torque M que deve ser aplicado a cada haste roscada (a) para elevar o elevador e (b) para abaixar o elevador.

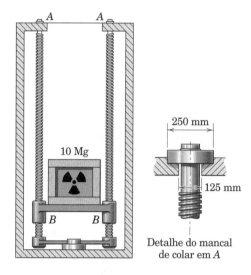

PROBLEMA 6/73

6/74 As duas polias estão presas e são usadas para elevar o cilindro de massa m. O fator k pode variar desde próximo a zero até um. Desenvolva uma expressão para a tensão T necessária para elevar o cilindro a uma velocidade constante, se o coeficiente de atrito para o rolamento de raio r_0 é μ, um valor pequeno o bastante para que possa se substituir μ por sen ϕ, em que ϕ é o ângulo de atrito. A massa do conjunto de polias é m_0. Avalie sua expressão para T, se $m = 50$ kg, $m_0 = 30$ kg, $r = 0,3$ m, $k = 1/2$, $r_0 = 25$ mm e $\mu = 0,15$.

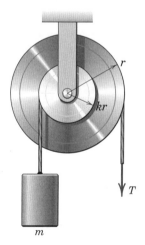

PROBLEMA 6/74

6/75 Repita o Probl. 6/74 para o caso de se abaixar o cilindro de massa m com velocidade constante.

6/76 Uma das extremidades da placa fina está sendo lixada pela lixa rotativa sob a aplicação da força P. Se o coeficiente efetivo de atrito dinâmico é μ e se a pressão é essencialmente constante sobre a extremidade da placa, determine o momento M que deve ser aplicado pelo motor de forma a girar o disco a uma velocidade angular constante. A extremidade da placa está centrada ao longo do raio do disco.

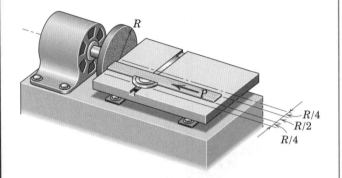

PROBLEMA 6/76

6/77 A seção axial de dois discos circulares que se encaixam está mostrada. Obtenha uma expressão para o torque M necessário para girar o disco superior sobre o disco inferior que está fixo, se a pressão p entre os discos segue a relação $p = k/r^2$, em que k é uma constante a ser determinada. O coeficiente de atrito μ é constante sobre toda a superfície.

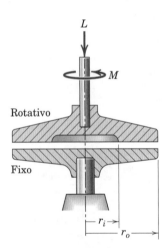

PROBLEMA 6/77

6/78 Um disco de freio de automóvel consiste em um rotor de faces planas e uma pinça que tem uma sapata em cada lado do rotor. Para forças P idênticas atuando atrás de cada sapata, com a pressão uniforme p sobre a sapata, mostre que o momento aplicado ao cubo da roda é independente da faixa angular β das sapatas. A variação da pressão com θ mudaria o momento?

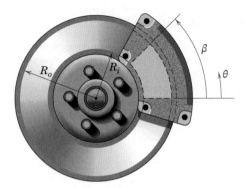

PROBLEMA 6/78

6/79 Para o disco de lixamento plano de raio a, a pressão p desenvolvida entre o disco e a superfície lixada decresce linearmente com r, desde um valor p_0 no centro até $p_0/2$ em $r = a$. Se o coeficiente de atrito é μ, obtenha a expressão para o torque M necessário para girar o eixo sob uma força axial L.

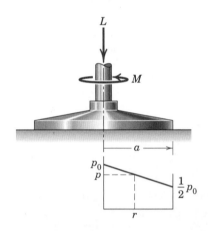

PROBLEMA 6/79

6/80 Cada uma das quatro rodas do veículo tem uma massa de 20 kg e está montada em um eixo de 80 mm de diâmetro. A massa total do veículo é 480 kg, incluindo as rodas, e está distribuída igualmente pelas quatro rodas. Se uma força $P = 80$ N é necessária para manter o veículo rodando sob uma velocidade constante baixa sobre uma superfície horizontal, calcule o coeficiente de atrito que existe nos mancais das rodas. (*Sugestão*: Desenhe um diagrama de corpo livre completo para uma roda.)

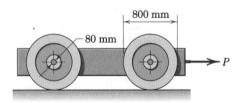

PROBLEMA 6/80

6/81 A figura mostra uma embreagem de vários discos, projetada para uso marítimo. Os discos de potência A são encaixados em uma canaleta no eixo de potência B, de forma que fiquem livres para deslizar ao longo do eixo, mas têm que girar com ele. Os discos C atuam sobre a estrutura D por meio dos parafusos E, ao longo dos quais estão livres para deslizar. Na transmissão mostrada existem cinco pares de superfícies de atrito. Leve em conta que a pressão está uniformemente distribuída sobre a área dos discos e termine o torque máximo M que pode ser transmitido se o coeficiente de atrito vale 0,15 e $P = 500$ N.

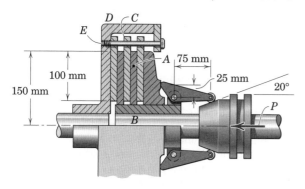

PROBLEMA 6/81

▶**6/82** Determine a expressão para o torque M necessário para girar o eixo, cujo empuxo L é sustentado por um mancal com rolete cônico. O coeficiente de atrito é μ e a pressão no mancal é constante.

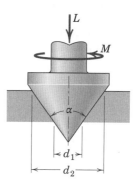

PROBLEMA 6/82

Problemas para as Seções 6/8-6/9

Problemas Introdutórios

6/83 Qual é o coeficiente de atrito μ mínimo entre a corda e o eixo fixo que impedirá os dois cilindros desequilibrados de se moverem?

PROBLEMA 6/83

6/84 Determine a força P necessária para (a) elevar e (b) abaixar o cilindro de 40 kg com uma velocidade baixa e constante. O coeficiente de atrito entre o cordão e sua superfície de sustentação é 0,30.

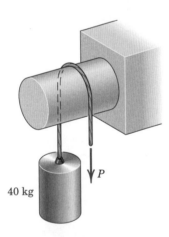

PROBLEMA 6/84

6/85 Um marinheiro ajusta uma corda que impede que um barco se desloque ao longo de uma doca. Se ele puxa com uma força de 200 N a corda que está enrolada 1¼ de volta no mourão, que força T ele conseguirá sustentar? O coeficiente de atrito entre a corda e o mourão de aço fundido vale 0,30.

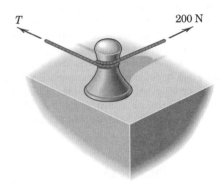

PROBLEMA 6/85

6/86 Um pacote de 50 kg está amarrado a uma corda, que passa sobre um pedregulho com contorno irregular e superfície com textura uniforme. Se uma força $P = 70$ N atuando para baixo é necessária para fazer o pacote descer com uma velocidade constante, (a) determine o coeficiente de atrito μ entre a corda e o pedregulho. (b) Qual a força P' seria necessária para elevar o pacote com velocidade constante?

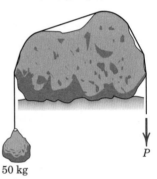

PROBLEMA 6/86

6/87 Para um certo coeficiente de atrito μ e um certo ângulo α, a força P necessária para elevar m é 4 kN e a que é requerida para abaixar m a uma velocidade baixa e constante é 1,6 kN. Calcule a massa m.

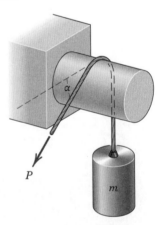

PROBLEMA 6/87

6/88 Determine o valor da força P que causará o movimento do bloco de 40 kg subindo a rampa de 25°. O cilindro está fixado ao bloco e não gira. Os coeficientes de atrito estático são $\mu_1 = 0{,}40$ e $\mu_2 = 0{,}20$.

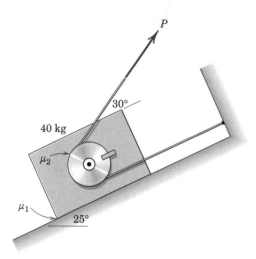

PROBLEMA 6/88

6/89 Determine a intensidade da força P que causará o movimento do bloco do Probl. 6/88 para descer a rampa. Todas as informações dadas naquele problema permanecem as mesmas.

6/90 Em filmes do Velho Oeste, frequentemente se observa que os caubóis prendem seus cavalos simplesmente dando poucas voltas da rédea em torno de uma barra horizontal e deixam a extremidade pendendo livremente como mostrado – sem nós! Se o comprimento pendurado da rédea tem uma massa de 0,060 kg e o número de voltas é como mostrado, que força trativa T o cavalo deve fazer na direção mostrada para se libertar? O coeficiente de atrito entre a rédea e a barra de madeira vale 0,70.

PROBLEMA 6/90

Problemas Representativos

6/91 Calcule a força horizontal P necessária para elevar a carga de 100 kg. O coeficiente de atrito entre a corda e as barras fixas é 0,40.

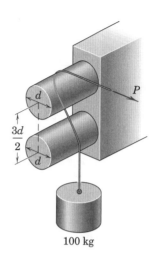

PROBLEMA 6/91

6/92 O alpinista de 80 kg é abaixado sobre a borda da colina por seus dois companheiros, que exercem em conjunto uma força horizontal de tração T de 350 N sobre a corda. Calcule o coeficiente de atrito μ entre a corda e a rocha.

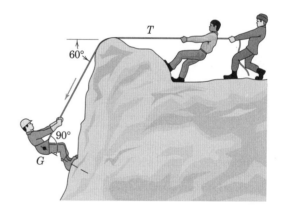

PROBLEMA 6/92

6/93 O lenhador de 80 kg desce com a corda de um galho horizontal da árvore. Se o coeficiente de atrito entre a corda e o galho vale 0,60, calcule a força que o homem deve fazer na corda para descer lentamente.

PROBLEMA 6/93

6/94 Determine o coeficiente de atrito estático mínimo para o qual a barra pode estar em equilíbrio estático na configuração indicada. A barra é uniforme e o pino fixo em C é pequeno. Despreze o atrito em B.

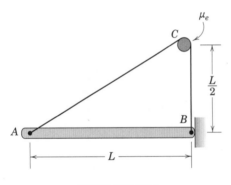

PROBLEMA 6/94

6/95 As posições dos eixos A e C são fixas, enquanto a do eixo B pode variar, através da fenda vertical e do parafuso de travamento. Se o coeficiente de atrito estático é μ em todas as interfaces, determine a dependência de T em relação à coordenada y, quando T é a força de tração necessária para começar a elevar o cilindro de massa m. Todos os eixos estão travados para não haver rotação.

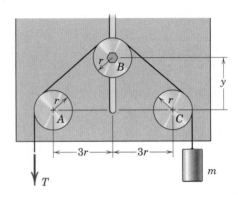

PROBLEMA 6/95

*6/96 Repita o Probl. 6/95, mas agora tenha em conta que os coeficientes de atrito estático são os seguintes: 0,60 em A e C e 0,20 em B. Trace um gráfico de T/mg como uma função de y para $0 \leq y \leq 10r$, em que r é o raio comum aos três eixos. Quais são os valores limites de T/mg para $y = 0$ e para valores grandes de y?

6/97 A viga I uniforme tem massa de 74 kg por metro de comprimento e está sustentada pela corda sobre o tambor fixo de 300 mm. Se o coeficiente de atrito entre a corda e o tambor é 0,50, calcule o valor mínimo da força P que fará a viga embicar de sua posição horizontal.

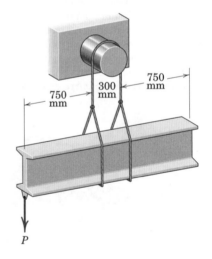

PROBLEMA 6/97

6/98 A correia sem fim de uma escada rolante passa em volta do tambor esticador A e é movimentada por um torque M aplicado ao tambor B. A força trativa na correia é ajustada por um esticador em C, que produz uma força trativa inicial de 4,5 kN em cada lado da correia, quando a escada está sem carga. Para o projeto desse sistema, calcule o coeficiente de atrito mínimo μ entre o tambor B e a correia, para impedir deslizamento, se a escada transporta 30 pessoas, com 70 kg em média cada uma, uniformemente distribuídas ao longo da correia. (*Nota:* Pode-se mostrar que o aumento da força trativa na correia no lado superior do tambor B e a redução da força trativa na correia no tambor inferior A são, cada um, iguais à metade do componente do peso combinado dos passageiros ao longo da escada.)

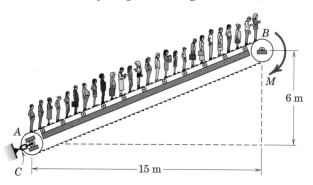

PROBLEMA 6/98

6/99 O bloco de peso W_1 tem uma ranhura circular para acomodar uma corda fina. Determine o menor valor da razão W_2/W_1 para a qual o bloco permanecerá em equilíbrio estático. O coeficiente de atrito estático entre a corda e a ranhura é 0,35. Estabeleça todas as hipóteses.

PROBLEMA 6/99

6/100 Para o projeto de um freio de cinta representado, determine o momento M necessário para girar o tubo na base em V, contra a ação da cinta flexível. Uma força $P = 100$ N é aplicada à alavanca, que está articulada em torno de O. O coeficiente de atrito entre a cinta e o tubo é 0,30, e aquele entre o tubo e o bloco é 0,40. Os pesos dos componentes são desprezíveis.

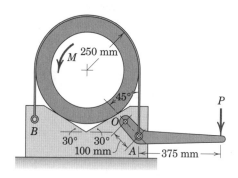

PROBLEMA 6/100

6/101 Determine o intervalo da massa m_2 para a qual o sistema está em equilíbrio. O coeficiente de atrito estático entre o bloco e a rampa é $\mu_1 = 0,25$ e, entre a corda e o disco fixo sobre o bloco, é $\mu_2 = 0,15$.

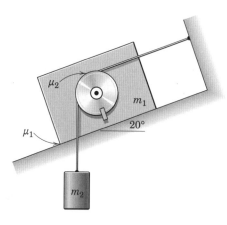

PROBLEMA 6/101

6/102 O projeto de uma chave de correia para soltar filtro de óleo está mostrado na figura. Se o coeficiente de atrito entre a correia e o filtro vale 0,25, determine o valor mínimo de h que assegura que a chave não vai escorregar em torno do filtro, independentemente da intensidade da força P. Despreze a massa da chave e considere que o efeito da pequena peça em A é equivalente àquele de uma volta de correia que começa na posição correspondente a três horas e segue no sentido horário.

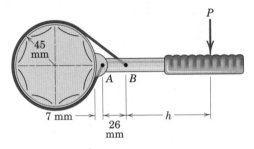

PROBLEMA 6/102

6/103 Substitua a correia plana e a polia da Fig. 6/11 por uma correia e uma polia em V, como indicado na vista da seção transversal que acompanha este problema. Obtenha a relação entre as forças trativas na correia, o ângulo de contato e o coeficiente de atrito para a correia em V quando o movimento é iminente. O projeto de uma correia em V com $\alpha = 35°$ seria equivalente a aumentar o coeficiente de atrito por que fator n em relação a uma correia plana do mesmo material?

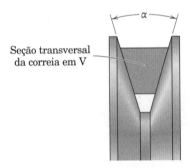

PROBLEMA 6/103

▶**6/104** Um cabo leve é conectado às extremidades da barra uniforme AB e passa sobre um pino fixo C. Começando na posição horizontal indicada na parte a da figura, um comprimento $d = 0,15$ m de cabo move-se do lado direito para o esquerdo do pino, conforme indicado na parte b da figura. Se o cabo primeiro desliza sobre o pino nesta posição, determine o coeficiente de atrito estático entre o pino e o cabo. Despreze os efeitos do diâmetro do pino.

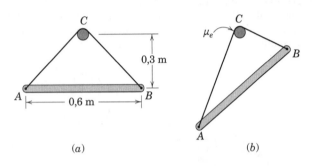

PROBLEMA 6/104

Problemas para a Seção 6/10 Revisão do Capítulo

6/105 O bloco de 40 kg está colocado sobre a rampa com 30° e é liberado, partindo do repouso. O coeficiente de atrito estático entre o bloco e a rampa é 0,30. (*a*) Determine os valores máximo e mínimo da força de tração T inicial na mola, para o bloco não deslizar, quando liberado. (*b*) Calcule a força de atrito F sobre o bloco, se $T = 150$ N.

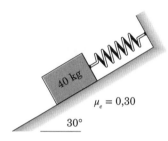

PROBLEMA 6/105

6/106 (*a*) Determine a força de tração T que os estivadores devem desenvolver no cabo para abaixar a caixa de 100 kg a uma velocidade baixa e constante. O coeficiente de atrito efetivo no corrimão é $\mu = 0,20$. (*b*) Qual deveria ser o valor de T para elevar a caixa?

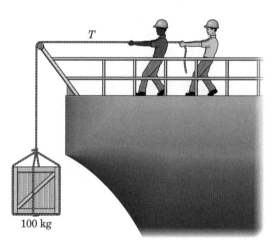

PROBLEMA 6/106

6/107 O torno com 2 Mg e centro de massa em G é posicionado com o auxílio de uma cunha com 5°. Determine a força horizontal P necessária para remover a cunha, se o coeficiente de atrito para todas as superfícies em contato é 0,30. Mostre, também, que o torno não apresenta movimento horizontal.

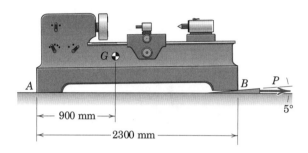

PROBLEMA 6/107

6/108 O disco homogêneo de massa m está em repouso sobre as superfícies de apoio em ângulo reto mostradas. A força trativa P na corda é aumentada bem gradualmente desde zero. Se o atrito, tanto em A quanto em B, é caracterizado por $\mu_e = 0,25$, o que acontece primeiro — o disco homogêneo vai escorregar no lugar em que está ou ele começará a rolar, subindo o plano inclinado? Determine o valor de P para o qual esse primeiro movimento ocorre.

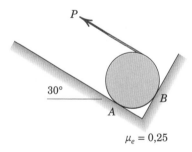

PROBLEMA 6/108

6/109 A cunha com alavanca é um dispositivo efetivo para fechar o vão entre duas pranchas durante a construção de um barco de madeira. Para a combinação indicada, se uma força P de 1,2 kN é necessária para mover a cunha, determine o força de atrito F atuando sobre a extremidade superior A da alavanca. Os coeficientes de atrito estático e dinâmico para todos os pares de superfícies em contato devem ser tomados como 0,40.

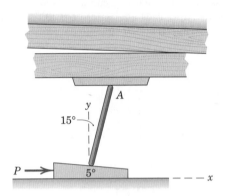

PROBLEMA 6/109

6/110 O coeficiente de atrito estático entre o colar da mesa da furadeira de coluna e a coluna vertical é 0,30. O colar e a mesa deslizarão coluna abaixo sob a ação do empuxo de furação se o operador esquecer de apertar o grampo ou o atrito será suficiente para manter o conjunto no lugar? Despreze o peso da mesa e do colar, em comparação com o empuxo de furação, e admita que o contato acontece nos pontos A e B.

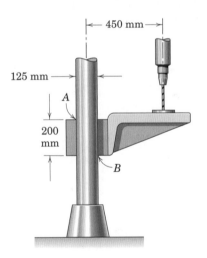

PROBLEMA 6/110

6/111 Mostre que o corpo cujo formato é o de um triângulo equilátero não pode tombar no rasgo vertical se o coeficiente de atrito estático $\mu_e \leq 1$. As folgas em ambos os lados são pequenas e o coeficiente de atrito estático é o mesmo em todos os pontos de contato.

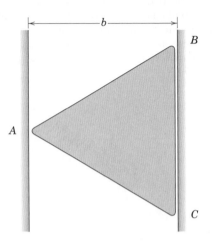

PROBLEMA 6/111

6/112 A haste roscada da pequena prensa tem um diâmetro médio de 25 mm e uma rosca quadrada com uma entrada e avanço de 8 mm. O mancal plano de escora em A é mostrado em detalhe ampliado e tem superfícies que estão bem desgastadas. Se o coeficiente de atrito para ambas as roscas e o mancal em A é 0,25, calcule o torque de projeto M no volante necessário para (a) produzir uma força de compressão de 4 kN e (b) aliviar a compressão de 4 kN na prensa.

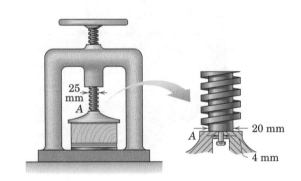

PROBLEMA 6/112

6/113 Uma barra uniforme e fina tem massa $m = 3$ kg e um comprimento $L = 0,8$ m, e pivota em torno de um eixo horizontal por meio do ponto O. Devido ao atrito estático, o mancal pode exercer um momento de até $0,4$ N·m sobre a barra. Determine o maior valor de θ para o qual o equilíbrio da barra é possível na ausência da força horizontal P orientada para a direita. Depois, determine a intensidade da força P que deve ser aplicada na extremidade inferior para mover a barra da sua posição inclinada. Tal atrito de mancal, algumas vezes, é chamado de "esticão".

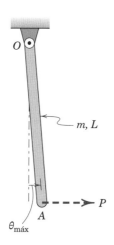

PROBLEMA 6/113

6/114 Determine a faixa de massas m ao longo da qual o sistema está em equilíbrio (a) se o coeficiente de atrito estático é 0,20 em todos os eixos fixos e (b) se o coeficiente de atrito estático associado ao eixo B é aumentado para 0,50.

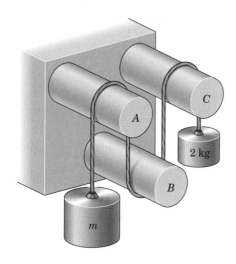

PROBLEMA 6/114

6/115 O grampo de barra está sendo utilizado para prender duas pranchas de madeira enquanto a cola, entre as duas peças, cura. Que torque M deve ser aplicado ao cabo da haste roscada para produzir uma força de compressão de 400 N entre as pranchas? A rosca quadrada de uma entrada tem um diâmetro médio de 10 mm e um avanço (deslocamento por volta) de 1,5 mm. O coeficiente de atrito efetivo é 0,20. Despreze qualquer atrito na articulação de contato em C. Que torque M' é necessário para afrouxar o grampo?

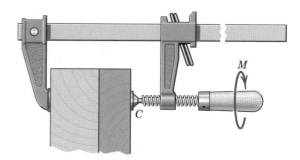

PROBLEMA 6/115

6/116 O cilindro com uma massa uniforme de 36 kg está preso à barra delgada e uniforme que tem uma massa m. O conjunto permanece em equilíbrio estático para valores do ângulo θ variando até 45°, mas desliza se θ excede 45°. Se se sabe que o coeficiente de atrito estático é 0,30, determine m.

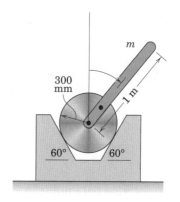

PROBLEMA 6/116

6/117 O projeto de um torno com trava excêntrica ou torno de came oferece uma ação rápida e positiva de retenção com um coeficiente de atrito entre o came e o mordente móvel A de 0,30. (a) Na medida em que o came e a alavanca estão girando no sentido horário, aproximando-se da posição de travamento indicada com $P = 150$ N, determine a força de retenção C. (b) Sendo P removida, determine a força de atrito F na posição de travamento. (c) Determine a força P', oposta à P, necessária para liberar o torno.

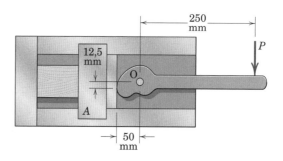

PROBLEMA 6/117

6/118 O bloco de 8 kg está em repouso sobre o plano inclinado com 20° e com coeficiente de atrito estático $\mu_e = 0{,}50$. Determine a força horizontal P mínima que fará com que o bloco deslize.

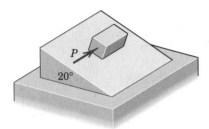

PROBLEMA 6/118

6/119 Calcule o torque M que o motor de um utilitário deve fornecer para que o eixo traseiro empurre as rodas da frente sobre o ressalto, partindo da posição estacionária, sem que haja deslizamento das rodas traseiras. Determine o valor mínimo do coeficiente de atrito efetivo nas rodas traseiras de modo a impedir o deslizamento. A massa do veículo carregado, com centro de massa em G, é 1900 kg.

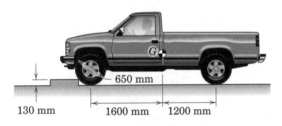

PROBLEMA 6/119

*Problemas Orientados para Solução Computacional

*6/120 Trace um gráfico da força P necessária para começar o movimento para cima da rampa de 15° da caixa com 80 kg, partindo da posição estacionária e para vários valores de x de 1 a 10 m. Observe que o coeficiente de atrito estático aumenta com a distância x medida rampa abaixo de acordo com $\mu_e = \mu_0 x$, em que $\mu_0 = 0{,}10$ e x é medido em metros. Determine o mínimo valor de P e o correspondente valor de x. Despreze os efeitos do comprimento da caixa ao longo da rampa.

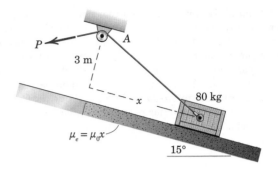

PROBLEMA 6/120

*6/121 Um semicilindro de massa específica uniforme está estacionário sobre uma superfície horizontal e sujeito a uma força P, aplicada conforme indicado. Se P é aumentada lentamente e mantida normal à superfície plana, trace um gráfico do ângulo de basculamento θ como uma função de P até o ponto de deslizamento. Determine o ângulo de basculamento $\theta_{máx}$ e o valor correspondente de $P_{máx}$ para os quais ocorre deslizamento. O coeficiente de atrito estático é 0,35.

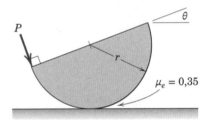

PROBLEMA 6/121

*6/122 A barra delgada e uniforme do Probl. 6/40 é reproduzida aqui, mas agora o rolete ideal em B foi retirado. O coeficiente de atrito estático em A é 0,70 e aquele em B é 0,50. Determine o valor máximo do ângulo θ para o qual o equilíbrio é possível.

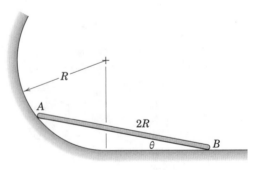

PROBLEMA 6/122

*6/123 O pequeno rolete sobre a extremidade superior da haste uniforme permanece estacionário contra a superfície vertical A, enquanto a extremidade abaulada B se apoia sobre a plataforma, que é lentamente pivotada para baixo, partindo da posição horizontal indicada. Para um coeficiente de atrito estático $\mu_e = 0{,}40$ em B, determine o ângulo θ da plataforma no qual haverá o deslizamento. Despreze a dimensão e o atrito do rolete e a pequena espessura da plataforma.

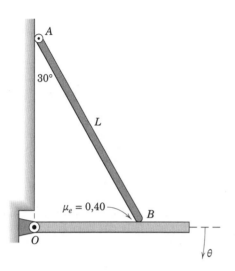

PROBLEMA 6/123

*6/124 Determine o valor da força P necessária para mover o bloco de 50 kg para a direita. Para os valores $\mu_1 = 0{,}60$ e $\mu_2 = 0{,}30$, trace um gráfico para o intervalo $0 \leq x \leq 10$ m e interprete os resultados em $x = 0$. Determine o valor de P para $x = 3$ m. Despreze os efeitos do diâmetro da haste em A.

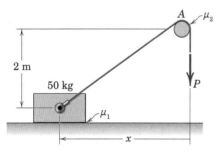

PROBLEMA 6/124

*6/125 Uma carga de 100 kg é elevada por um cabo que desliza sobre um tambor fixo, com um coeficiente de atrito de 0,50. O cabo está preso a um bloco deslizante A que é puxado lentamente, ao longo da superfície lisa da barra-guia horizontal, pela força P. Trace um gráfico de P como uma função de θ, desde $\theta = 90°$ até $\theta = 10°$ e determine seu valor máximo relacionado ao ângulo θ correspondente. Verifique o valor de $P_{máx}$ obtido graficamente por você, analiticamente.

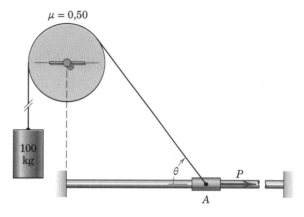

PROBLEMA 6/125

*6/126 A chave de cinta é utilizada para afrouxar e apertar itens como o filtro de água doméstico E representado. Admita que os dentes da chave não deslizam sobre a cinta, no ponto C, e que a cinta é esticada de C até sua extremidade em D. Determine o coeficiente de atrito estático μ mínimo, para o qual a cinta não deslizará em relação ao filtro fixo.

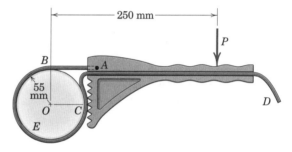

PROBLEMA 6/126

*6/127 A barra uniforme e o cabo preso à barra do Probl. 6/104 estão reapresentados aqui. Se o coeficiente de atrito estático entre o cabo e o pequeno pino fixo é $\mu_2 = 0{,}10$, determine o máximo valor do ângulo θ para o qual o equilíbrio é possível.

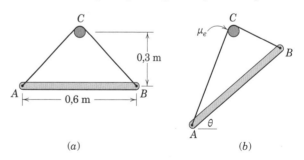

PROBLEMA 6/127

Capítulo 7

* Problemas orientados para solução computacional
▶ Problemas difíceis

Problemas para as Seções 7/1-7/3

(Admita que o trabalho negativo do atrito é desprezível nos problemas seguintes, exceto se houver indicação em contrário.)

Problemas Introdutórios

7/1 Determine o momento M aplicado à barra inferior por meio de seu eixo, que é necessário para suportar a carga P em função do ângulo θ. Despreze os pesos das peças.

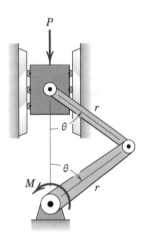

PROBLEMA 7/1

7/2 Cada um dos elementos da estrutura tem uma massa m e um comprimento b. A posição de equilíbrio da estrutura no plano vertical é determinada pela força horizontal P aplicada ao elemento do lado esquerdo. Determine o ângulo de equilíbrio θ.

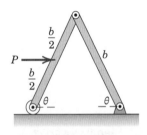

PROBLEMA 7/2

7/3 Para uma dada força P, determine o ângulo θ para o equilíbrio. Despreze a massa das barras.

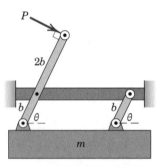

PROBLEMA 7/3

7/4 Determine o momento M necessário para manter o equilíbrio no ângulo θ. Cada uma das duas barras uniformes tem massa m e comprimento l.

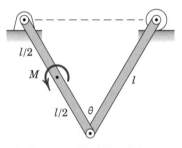

PROBLEMA 7/4

7/5 O elevador acionado pelo pé é utilizado para elevar uma plataforma de massa m. Determine a força P necessária aplicada fazendo um ângulo de 10° para sustentar uma carga de 80 kg.

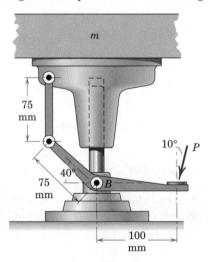

PROBLEMA 7/5

7/6 A prensa trabalha por meio de um mecanismo de cremalheira e pinhão, e é usada para gerar grandes forças, tais como as necessárias para produzir encaixes por pressão. Se o raio médio das engrenagens do pinhão vale r, determine a força R que pode ser gerada pela prensa para uma dada força P na manopla.

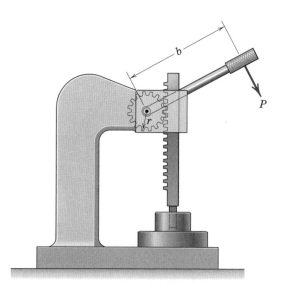

PROBLEMA 7/6

7/7 A garra superior D da prensa desliza sem atrito ao longo da coluna vertical fixa. Determine a força F necessária, sobre a manopla, para produzir uma compressão R sobre o rolete E para qualquer valor dado de θ.

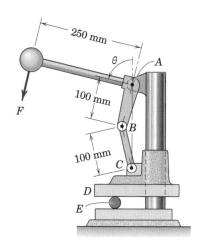

PROBLEMA 7/7

7/8 A plataforma uniforme de massa m_0 é sustentada na posição indicada por n suportes de massa m e comprimento b. Se um momento M mantém a plataforma e os suportes na posição de equilíbrio indicada, determine a inclinação θ.

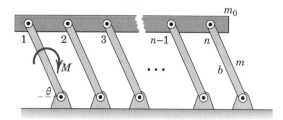

PROBLEMA 7/8

7/9 O cilindro hidráulico é utilizado para afastar as barras e elevar a carga m. Para a posição indicada, determine a força de compressão C no cilindro. Despreze as massas de todas as outras partes, exceto m.

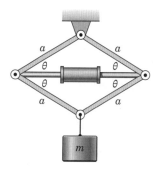

PROBLEMA 7/9

7/10 A mola de constante k não está distendida quando $\theta = 0$. Obtenha uma expressão para a força P necessária para defletir o sistema de um ângulo θ. A massa das barras é desprezível.

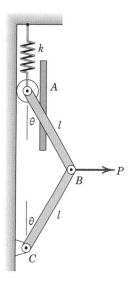

PROBLEMA 7/10

7/11 O trem de engrenagens indicado é utilizado para transmitir movimento para a cremalheira vertical D. Se um torque de entrada M é aplicado à engrenagem A, qual força F é necessária para estabelecer o equilíbrio do sistema? A engrenagem C é chavetada ao mesmo eixo da engrenagem B. As engrenagens A, B e C têm passos diametrais d_A, d_B e d_C, respectivamente. Despreze o peso da cremalheira.

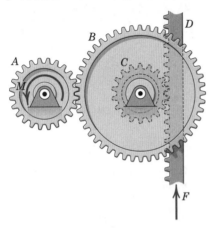

PROBLEMA 7/11

Problemas Representativos

7/12 O redutor de velocidade mostrado está projetado com uma razão de engrenagens de 40:1. Com um torque de entrada $M_1 = 30$ N · m, o torque de saída medido vale $M_2 = 1180$ N · m. Determine a eficiência mecânica e da unidade.

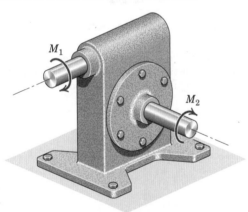

PROBLEMA 7/12

7/13 Determine o momento M necessário para manter o equilíbrio com um ângulo θ. A massa da barra uniforme de comprimento $2l$ é $2m$, enquanto a massa da barra uniforme de comprimento l é m.

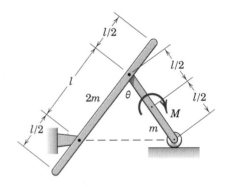

PROBLEMA 7/13

7/14 O mecanismo do Probl. 4/120 é reapresentado aqui. A mola de torção em B está sem deformação quando as barras OB e BD estão, ambas, na posição vertical e sobrepostas. Se uma força F é necessária para posicionar as barras em uma orientação permanente $\theta = 60°$, determine a constante de rigidez k_T da mola de torção. O rasgo em C é liso e o peso das barras é desprezível. Nessa configuração, o pino em C está posicionado no ponto médio da barra com rasgo.

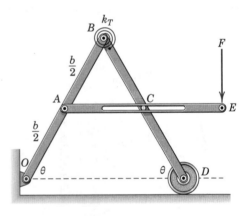

PROBLEMA 7/14

7/15 No projeto da prensa alternativa representada, seriam necessárias n voltas do parafuso sem fim A para produzir uma volta das coroas B, que operam as alavancas BD. O martelo móvel tem uma massa m. Despreze qualquer atrito e determine o torque M sobre o eixo do parafuso sem fim necessário para gerar uma força compressiva C na prensa, para a posição $\theta = 90°$. (Observe que os deslocamentos virtuais do martelo e o ponto D são iguais para a posição $\theta = 90°$.)

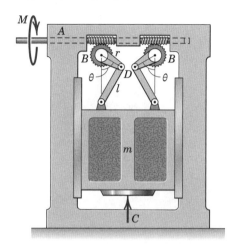

PROBLEMA 7/15

7/16 Determine o momento M necessário para manter a manivela deslizante afastada na posição indicada contra a ação da força P.

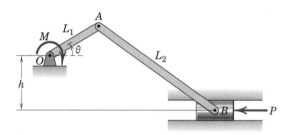

PROBLEMA 7/16

7/17 Determine o momento M que deve ser aplicado em O a fim de sustentar o mecanismo na posição $\theta = 30°$. As massas do disco em C, da barra OA e da barra BC são, respectivamente, m_0, m e $2m$, respectivamente.

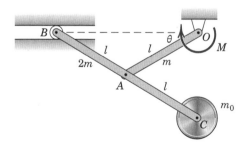

PROBLEMA 7/17

7/18 Ao se testar o projeto mostrado de um macaco guiado por um fuso, 12 voltas na manivela são necessárias para elevar o pedal de 24 mm. Se uma força $F = 50$ N, aplicada normalmente ao eixo da manivela, é necessária para elevar uma massa de 1,5 Mg, determine a eficiência e do fuso ao elevar a carga.

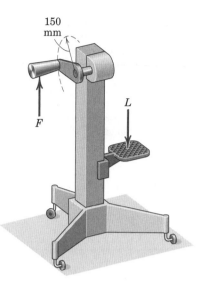

PROBLEMA 7/18

7/19 A mesa basculante do Probl. 4/103 é reapresentada aqui. Uma caixa uniforme de massa m é posicionada conforme indicado. Segundo o método desta seção, determine a força no eixo roscado entre os pinos C e D em função da massa m e do ângulo θ. Avalie sua expressão para $m = 50$ kg, $b = 180$ mm e $\theta = 15°$.

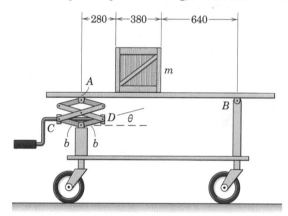

Dimensões em milímetros

PROBLEMA 7/19

7/20 A elevação da plataforma de massa m, sustentada pelos quatro elementos idênticos, é controlada pelos cilindros hidráulicos AB e AC que são pivotados no ponto A. Determine a compressão P em cada um dos cilindros necessária para sustentar a plataforma para um ângulo específico θ.

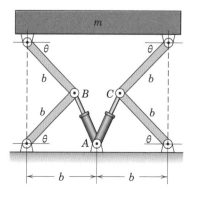

PROBLEMA 7/20

7/21 A caixa de massa m é sustentada pela plataforma leve e barras de sustentação, cujo movimento é controlado pelo cilindro hidráulico CD. Para uma dada configuração θ, qual força P deve ser desenvolvida pelo cilindro hidráulico para manter o equilíbrio?

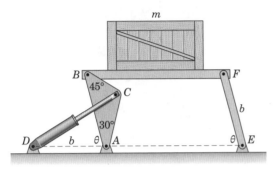

PROBLEMA 7/21

7/22 A plataforma de trabalho portátil é elevada por meio de dois cilindros hidráulicos articulados nos pontos C. Cada cilindro está sob uma pressão hidráulica p e tem um pistão de área A. Determine a pressão p necessária para sustentar a plataforma e mostre que ela não depende de θ. A plataforma, o trabalhador e os suprimentos têm uma massa combinada m e as massas das barras podem ser desprezadas.

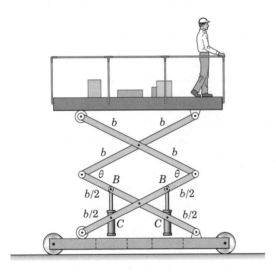

PROBLEMA 7/22

7/23 A balança postal consiste em um setor circular de massa m_0 pivotada em O e com centro de massa em G. A bandeja e a barra vertical AB têm uma massa m_1 e estão pivotadas ao setor circular em B. A extremidade A está pivotada ao elemento AC de massa m_2, que, por sua vez, está pivotado à estrutura fixa. A figura $OBAC$ forma um paralelogramo e o ângulo GOB é reto. Determine a relação entre a massa m a ser medida e o ângulo θ, admitindo-se que $\theta = \theta_0$ quando $m = 0$.

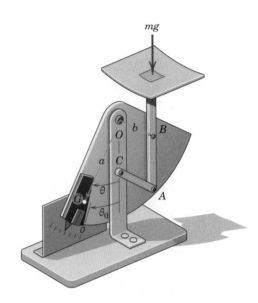

PROBLEMA 7/23

7/24 Determine a força N exercida na tora por cada garra do pegador de lenha mostrado.

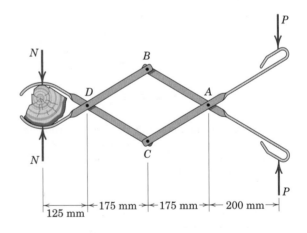

PROBLEMA 7/24

7/25 A força horizontal P é aplicada ao mecanismo de quatro barras indicado. Se o peso das barras é desprezível em comparação à força aplicada P, determine a intensidade do momento M necessária para manter o mecanismo em equilíbrio na orientação mostrada. (*Nota:* Para simplificar, deixe sua resposta em função de θ, ϕ e ψ.)

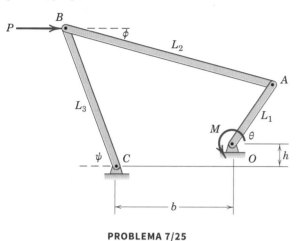

PROBLEMA 7/25

7/26 A elevação da carga de massa m é controlada pela haste roscada de ajuste que conecta as juntas A e B. A mudança na distância entre A e B para cada volta da haste é igual ao avanço L da rosca (avanço por volta). Se um momento M_f é necessário para superar o atrito nas roscas e no mancal de escora da haste, determine a expressão para o momento total M aplicado à haste roscada necessário para elevar a carga.

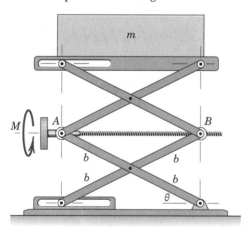

PROBLEMA 7/26

7/27 Expresse a força compressiva C no cilindro hidráulico da plataforma para carros em termos do ângulo θ. A massa da plataforma é desprezível comparada com a massa m do veículo.

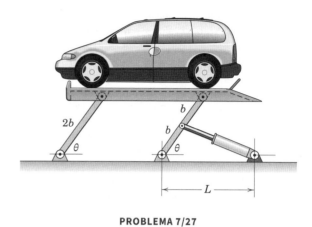

PROBLEMA 7/27

7/28 Determine a força F entre os prendedores do grampo em termos de um torque M exercido na porca do parafuso de ajuste. A rosca tem um avanço (deslocamento por volta) L e deve-se desprezar o atrito.

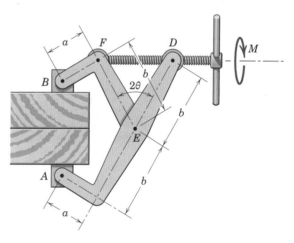

PROBLEMA 7/28

Problemas para a Seção 7/4

(Admita que o trabalho negativo do atrito é desprezível nos problemas seguintes, exceto se houver indicação em contrário.)

Problemas Introdutórios

7/29 A energia potencial de um sistema mecânico é dada por $V = 6x^4 - 3x^2 + 5$, em que x é a coordenada da posição associada com seu único grau de liberdade. Determine a posição ou as posições de equilíbrio do sistema e a condição de estabilidade do sistema em cada posição de equilíbrio.

7/30 A mola de torção em A tem uma rigidez k_T e está sem deformação quando as barras OA e AB estão na posição vertical e sobrepostas. Cada barra uniforme tem massa m. Determine as configurações de equilíbrio para o sistema ao longo do intervalo $0 \leq \theta \leq 90°$ e a estabilidade do sistema em cada posição de equilíbrio para $m = 1{,}25$ kg, $b = 750$ mm e $k_T = 1{,}8$ N·m/rad.

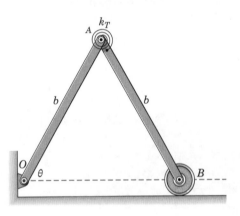

PROBLEMA 7/30

7/31 Para o mecanismo indicado, a mola está descomprimida quando $\theta = 0$. Determine o ângulo θ para a posição de equilíbrio e especifique a rigidez mínima k que limitará θ a 30°. A haste DE passa livremente através do colar pivotado C e o cilindro de massa m desliza livremente sobre o eixo vertical fixo.

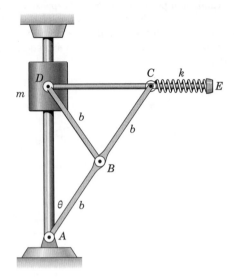

PROBLEMA 7/31

7/32 A barra uniforme de massa m e comprimento L é sustentada no plano vertical por duas molas idênticas com rigidez k e comprimidas de uma distância δ na posição vertical, $\theta = 0$. Determine a rigidez mínima k que garantirá uma posição de equilíbrio estável com $\theta = 0$. Pode-se considerar que as molas atuam na direção horizontal durante um pequeno movimento angular da barra.

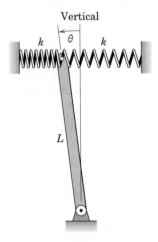

PROBLEMA 7/32

7/33 Duas barras idênticas estão soldadas em um ângulo de 120° e são articuladas em O, como mostrado. A massa do apoio é pequena em comparação à massa das barras. Investigue a estabilidade da posição de equilíbrio mostrada.

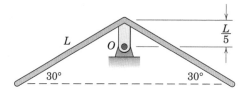

PROBLEMA 7/33

7/34 A barra de massa m e comprimento l está articulada a um eixo horizontal por meio de sua extremidade O e está presa a uma mola de torção que exerce um torque $M = k_T\theta$ sobre a haste, em que k_T é a rigidez à torção da mola em unidades de torque por radiano e θ é a deflexão angular a partir da vertical, em radianos. Determine o valor máximo de l para o qual o equilíbrio na posição $\theta = 0$ é estável.

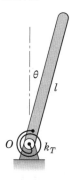

PROBLEMA 7/34

7/35 O cilindro de massa M e raio R rola sem deslizar sobre a superfície circular de raio $3R$. Um pequeno corpo de massa m está preso ao cilindro. Determine a relação necessária entre M e m para que o corpo esteja em equilíbrio, na posição representada.

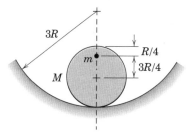

PROBLEMA 7/35

7/36 A figura representa a seção transversal de uma porta de ventilação uniforme com 60 kg pivotada ao longo de sua aresta superior em O. A porta é controlada por um cabo tracionado por uma mola que passa sobre a polia em A. A mola tem uma constante e rigidez de 160 N por metro de tração e está sem deformação quando $\theta = 0$. Determine o ângulo θ para o equilíbrio.

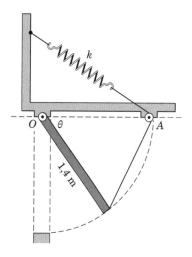

PROBLEMA 7/36

7/37 O corpo consistindo na semiesfera sólida (raio r e massa específica ρ_1) e no cone circular reto concêntrico a ela (raio da base r, altura h e massa específica ρ_2) está em repouso sobre uma superfície horizontal. Determine a altura máxima h que o cone pode ter, sem tornar o corpo instável na posição vertical de pé indicada. Avalie o caso em que (*a*) a semiesfera e o cone são feitos do mesmo material, (*b*) a semiesfera é feita de aço e o cone é feito de alumínio e (*c*) a semiesfera é feita de alumínio e o cone é feito de aço.

PROBLEMA 7/37

Problemas Representativos

7/38 Cada uma das engrenagens carrega uma massa excêntrica m e está livre para girar no plano vertical em torno de seu mancal. Determine os valores de θ para o equilíbrio e identifique o tipo de equilíbrio para cada posição.

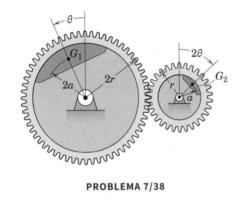

PROBLEMA 7/38

7/39 Um dos requisitos críticos no projeto de uma perna artificial é prevenir que a junta do joelho flambe sob carga quando a perna está esticada. Como uma primeira aproximação, simule a perna artificial como duas barras leves com uma mola de torção em seu ponto de união. A mola realiza um torque $M = k_T \beta$, que é proporcional ao ângulo de inclinação β na junta. Determine o valor mínimo de k_T que garantirá estabilidade da junta do joelho para $\beta = 0$.

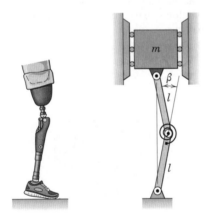

PROBLEMA 7/39

7/40 A alavanca está presa a uma das engrenagens montadas sobre mancais fixos, que estão ligadas por uma mola. A mola de rigidez k liga dois pinos, montados nas faces das engrenagens. Quando a alavanca está na posição vertical, $\theta = 0$ e a força sobre a mola vale zero. Determine a força P necessária para manter o equilíbrio em um ângulo θ.

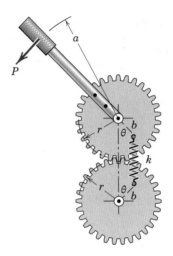

PROBLEMA 7/40

7/41 Determine a máxima altura h da massa m para que o pêndulo invertido fique estável na posição vertical representada. Cada uma das molas tem uma rigidez k e elas foram igualmente pré-comprimidas nesta posição. Despreze a massa do restante do mecanismo.

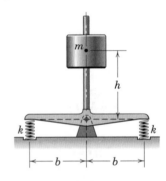

PROBLEMA 7/41

7/42 No mecanismo representado, a haste AC desliza através do colar pivotado em B e comprime a mola, quando o momento M é aplicado ao elemento DE. A mola tem rigidez k e não está comprimida para a posição $\theta = 0$. Determine o ângulo θ para o equilíbrio. As massas das peças são desprezíveis.

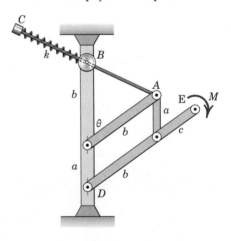

PROBLEMA 7/42

7/43 Uma extremidade da mola de torção está presa ao chão em A e a outra extremidade está presa ao eixo em B. A rigidez à torção k_T da mola elástica é o torque necessário para torcer a mola de um ângulo de 1 radiano. A mola resiste ao momento em torno do eixo, causado pela força de tração mg no cabo enrolado ao redor do tambor de raio r. Determine o valor de equilíbrio de h medido a partir da posição tracejada, na qual a mola não está torcida.

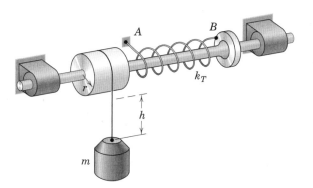

PROBLEMA 7/43

7/44 Um pequeno elevador industrial, acionado a pedal, está mostrado na figura. Existem quatro molas idênticas, duas de cada lado do eixo central. A rigidez de cada par de molas vale $2k$. Ao projetar o elevador, especifique o valor de k, que assegura equilíbrio estável quando o elevador suporta uma carga (peso) L na posição para a qual $\theta = 0$, sem qualquer força P sobre o pedal. Pode-se considerar que as molas atuam sempre na direção horizontal e, inicialmente, estão pré-comprimidas.

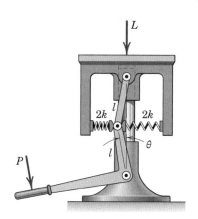

PROBLEMA 7/44

7/45 As duas barras uniformes, cada uma com massa m, estão em um plano vertical e são conectadas e têm restrições de movimento conforme indicado. A haste AB está conectada ao rolete em B e passa através de um colar pivotado em A. Na posição $\theta = \theta_0$, o batente C repousa contra o rolete A e a mola está descomprimida. À medida que a força P é aplicada perpendicularmente à barra AE, o ângulo θ aumenta e a mola, com rigidez k, é comprimida. Determine a força P que produzirá equilíbrio em um ângulo arbitrário $\theta > \theta_0$.

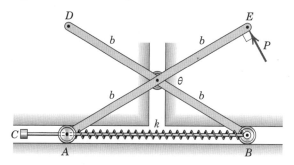

PROBLEMA 7/45

7/46 A barra uniforme AB tem uma massa m e sua extremidade esquerda A se desloca livremente no rasgo horizontal fixo. A extremidade B está fixada ao pistão vertical, que comprime a mola à medida que B desce. A mola estaria descomprimida na posição $\theta = \theta_0$. Determine o ângulo θ para o equilíbrio (que não o da posição impossível correspondente a $\theta = 90°$) e estabeleça a condição que garantirá a estabilidade.

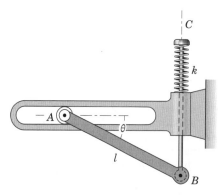

PROBLEMA 7/46

7/47 Com base em cálculos, preveja se o semicilindro e a casca semicilíndrica homogêneos permanecerão nas posições indicadas ou se irão rolar por sobre os cilindros colocados em baixo.

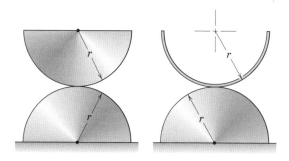

PROBLEMA 7/47

▶7/48 A porta de garagem uniforme AB mostrada em seção tem uma massa m e está equipada com dois mecanismos acionados por mola iguais ao mostrado, um de cada lado da porta. O braço OB tem massa desprezível e o canto superior A da porta é livre para se mover horizontalmente sobre um rolete. O comprimento não esticado da mola é $r - a$, de forma que na posição superior, com $\theta = \pi$, a força da mola vale zero. Para garantir um funcionamento suave da porta quando ela atinge a posição vertical fechada em $\theta = 0$, é desejável que ela seja insensível a movimentos nessa posição. Determine a rigidez k da mola necessária para esse projeto.

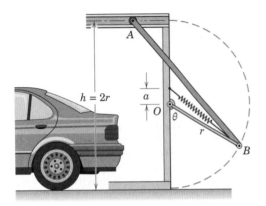

PROBLEMA 7/48

▶7/49 A superfície de trabalho com massa m_0 e centro de massa G é basculada na posição por um mecanismo acionado por rosca. Uma haste com rosca quadrada de duas entradas e passo p (distância axial entre dois filetes de rosca adjacentes) controla o movimento horizontal do colar roscado C à medida que o motor (não indicado) aplica um torque M. A haste roscada é sustentada por dois mancais fixos A e B. A barra de sustentação uniforme CD tem massa m e comprimento b. Determine o torque M necessário para bascular a superfície de trabalho para determinado valor de θ. Simplifique seu resultado para o caso em que $d = b$ e a massa da barra de sustentação é desprezível.

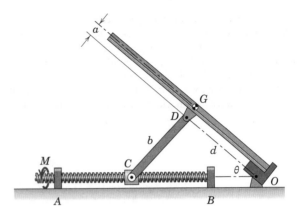

PROBLEMA 7/49

▶7/50 A suspensão dianteira de eixo duplo é usada em caminhões pequenos. Em um teste do comportamento do projeto, o chassi F deve ser levantado com um macaco de forma que $h = 350$ mm, para relaxar a compressão nas molas dos amortecedores. Determine o valor de h quando o macaco é removido. Cada mola tem uma rigidez de 120 kN/m. A carga L vale 12 kN e o chassi central F tem massa de 40 kg. Cada roda e sua conexão associada tem massa de 35 kg com centro de massa a 680 mm da linha de centro vertical.

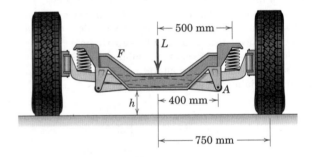

PROBLEMA 7/50

Problemas para a Seção 7/5 Revisão do Capítulo

7/51 Um mecanismo de controle consiste em um eixo de entrada em A que é movimentado pela aplicação de um momento M e uma peça deslizante de saída B que se desloca na direção x contra a ação de uma força P. O mecanismo é projetado para que o movimento linear de B seja proporcional ao movimento angular de A, de modo que x aumente 60 mm para cada volta completa de A. Se $M = 10$ N · m, determine P para o equilíbrio. Despreze o atrito interno e admita que todos os componentes do mecanismo são corpos rígidos idealmente conectados.

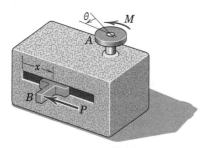

PROBLEMA 7/51

7/52 A barra leve OC está pivotada em O e oscila no plano vertical. Quando $\theta = 0$, a mola de rigidez k não está esticada. Determine o ângulo de equilíbrio correspondendo a determinada força vertical P aplicada à extremidade da barra. Despreze a massa da barra e o diâmetro das pequenas polias.

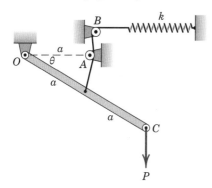

PROBLEMA 7/52

7/53 Um bloco retangular uniforme de altura h e massa m está centrado em uma posição horizontal, sobre a superfície circular fixa de raio r. Determine o valor limite de h para haver estabilidade.

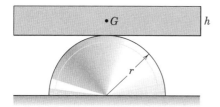

PROBLEMA 7/53

7/54 O esboço apresenta o projeto aproximado da configuração de um dos quatro conjuntos de retenção com movimento alternativo que prendem o flange da base de um veículo movido a foguete ao pedestal de sua plataforma de lançamento. Calcule a força de pré-retenção F em A, se a barra CE está tracionada por efeito da pressão de um fluido de 20 MPa atuando sobre o lado esquerdo do pistão no cilindro hidráulico. O pistão tem área útil de 10^4 mm². O peso do conjunto é considerável, mas é pequeno comparado com a força de retenção produzida e, portanto, será desprezada nesse caso.

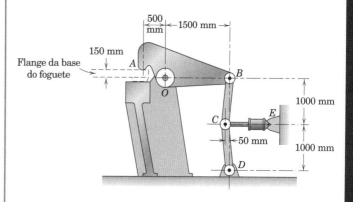

PROBLEMA 7/54

7/55 Duas cascas semicilíndricas com projeções retangulares iguais são formadas a partir de uma folha de metal, sendo uma delas com a configuração (a) e outra com a configuração (b). Ambas estão apoiadas sobre uma superfície horizontal. Para o caso (a), determine o valor máximo de h para o qual a casca permanecerá estável na posição indicada. Para o caso (b), prove que a estabilidade na posição indicada não é afetada pela dimensão h.

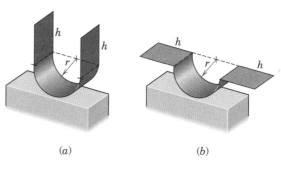

PROBLEMA 7/55

7/56 Use o princípio do trabalho virtual para determinar o coeficiente de atrito mínimo μ_e entre o caixote de 40 kg e as garras das tiras simétricas de atrito, para que o caixote não escorregue. Resolva para o caso em que $\theta = 30°$.

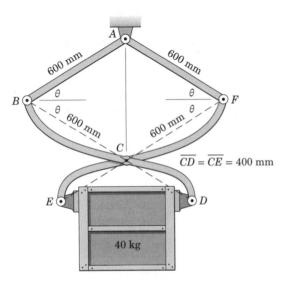

PROBLEMA 7/56

7/57 Determine os valores de equilíbrio de θ e a estabilidade do equilíbrio em cada posição para a roda não balanceada sobre a rampa de 10°. O atrito estático é suficiente para impedir o deslizamento. O centro de massa está em G.

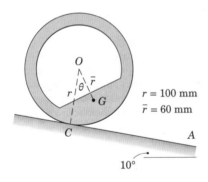

PROBLEMA 7/57

7/58 O painel retangular uniforme de massa m e centro de massa em G é guiado por seus roletes – o par superior nas guias horizontais e o par inferior nas guias verticais. Determine a força P, aplicada na borda inferior, normal ao painel, necessária para manter o equilíbrio em um dado ângulo θ. (*Sugestão:* Para calcular o trabalho realizado pela força P, substitua a força por seus componentes vertical e horizontal.)

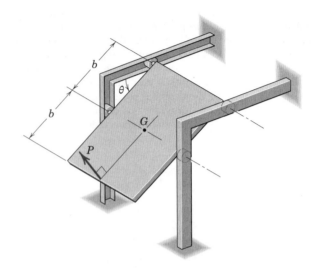

PROBLEMA 7/58

7/59 Considere novamente o mecanismo de quatro barras do Probl. 7/25. Se, agora, as barras têm as massas indicadas e se a força $P = 0$, determine a intensidade do momento M necessária para manter o mecanismo em equilíbrio na posição indicada. Avalie seu resultado para o caso em que $m_1 = 0{,}9$ kg, $m_2 = 3{,}6$ kg, $m_3 = 3$ kg, $L_1 = 250$ mm, $L_2 = 1000$ mm, $L_3 = 800$ mm, $h = 150$ mm, $b = 450$ mm e $\theta = 30°$.

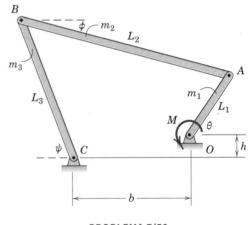

PROBLEMA 7/59

7/60 O cilindro de massa m é mantido na configuração de equilíbrio θ por meio de três barras leves e uma mola não linear próxima de E. A mola está descomprimida quando a barra OA está vertical e a energia potencial na mola é dada por $V_e = k\delta^3$, em que δ representa a quantidade de deformação da mola a partir da posição em que está descomprimida e a constante k é relativa à rigidez da mola. À medida que θ aumenta, a haste que está conectada em A, desliza através do colar pivotado em E e comprime a mola entre o colar e a extremidade da haste. Determine os valores de θ para o equilíbrio do sistema ao longo do intervalo $0 \leq \theta \leq 90°$ e determine se o sistema é estável ou instável naquelas posições para $k = 35$ N/m², $b = 600$ mm e $m = 2$ kg. Admita que nenhuma interferência mecânica atua no curso do movimento.

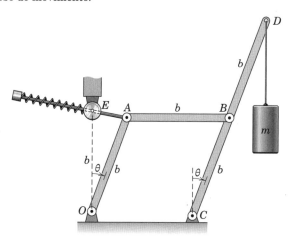

PROBLEMA 7/60

▶**7/61** No mecanismo representado, a mola de rigidez k não está comprimida quando $\theta = 60°$. As massas das peças são pequenas, quando comparadas com a soma m das massas dos dois cilindros. O mecanismo é construído de modo que os braços possam balançar na vertical, conforme está representado na vista lateral direita. Determine os valores de θ para o equilíbrio e avalie a estabilidade do mecanismo em cada posição. Despreze o atrito.

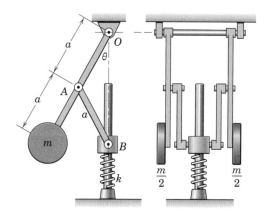

PROBLEMA 7/61

*Problemas Orientados para Solução Computacional

*__7/62__ Determine o valor para o equilíbrio, da coordenada x, para o mecanismo sob a ação de uma força normal de 60 N aplicada à barra delgada. A mola tem uma rigidez de 1,6 kN/m e não está esticada quando $x = 0$. (*Sugestão:* Substitua a força aplicada por um sistema força e momento no ponto B.)

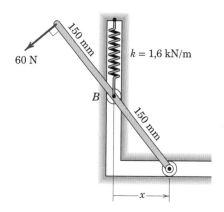

PROBLEMA 7/62

*__7/63__ A porta de alçapão, uniforme e com 25 kg, tem uma extremidade articulada livremente ao longo de sua aresta O—O e está presa a duas molas, cada uma com rigidez $k = 800$ N/m. As molas não estão esticadas quando $\theta = 90°$. Considere $V_g = 0$ no plano horizontal com referência a O-O e construa um gráfico da energia potencial $V = V_g + V_e$ como uma função de θ, de $\theta = 0$ até $\theta = 90°$. Determine, também, o ângulo θ para o equilíbrio e avalie a estabilidade desta posição.

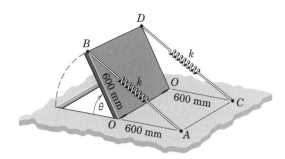

PROBLEMA 7/63

*7/64 A barra OA, que tem uma massa de 25 kg e centro de massa em G, é articulada em torno de sua extremidade O e balança no plano vertical sob a restrição do contrapeso de 10 kg. Escreva a expressão para a energia potencial total do sistema, fazendo $V_g = 0$ quando $\theta = 0$, e calcule V_g em função de θ, de $\theta = 0$ até $\theta = 360°$. A partir do gráfico dos resultados, determine a posição, ou posições, de equilíbrio e a estabilidade do equilíbrio em cada posição.

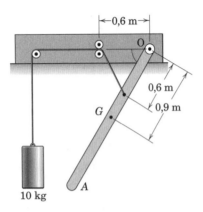

PROBLEMA 7/64

*7/65 Determine o ângulo de equilíbrio θ para o mecanismo mostrado. A mola de rigidez $k = 2$ kN/m tem comprimento de 200 mm quando não está esticada. Cada um dos elementos uniformes AB e CD tem massa de 4,5 kg e o elemento BD, com sua carga, tem massa de 45 kg. Os movimentos ocorrem no plano vertical.

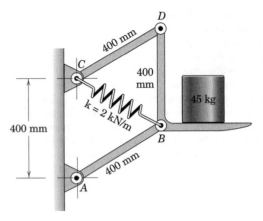

PROBLEMA 7/65

*7/66 O mecanismo alternativo é utilizado para elevar uma massa de 80 kg para uma posição travada quando OB se move para OB' na 3ª posição. Para calcular a ação projetada para o mecanismo, trace um gráfico de P necessário para operar o mecanismo como uma função de θ no intervalo entre $\theta = 20°$ e $\theta = -3°$.

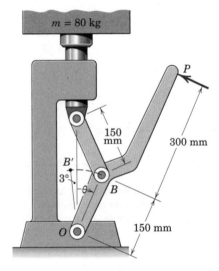

PROBLEMA 7/66

Apêndice A

* Problemas orientados para solução computacional

Problemas para as Seções A/1-A/2

Problemas Introdutórios

A/1 Se o momento de inércia da faixa de área estreita, em relação ao eixo x, é de $2,56(10^6)$ mm^4, determine, por aproximação, a área A da faixa.

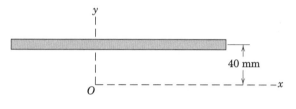

PROBLEMA A/1

A/2 Determine os momentos de inércia da área retangular em torno dos eixos x e y e determine o momento polar de inércia em torno do ponto O.

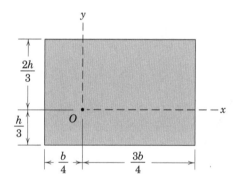

PROBLEMA A/2

A/3 Determine, por integração direta, o momento de inércia da área triangular em relação ao eixo y.

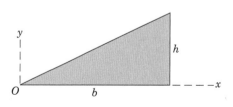

PROBLEMA A/3

A/4 Calcule o momento de inércia da área sombreada em relação ao eixo y.

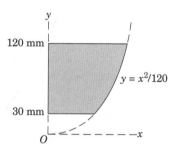

PROBLEMA A/4

A/5 Determine os momentos de inércia polares da área semicircular em relação aos pontos A e B.

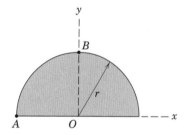

PROBLEMA A/5

A/6 Determine os momentos de inércia da área de um quarto de círculo, em relação aos eixos x e y, e encontre o raio de giração polar em relação ao ponto O.

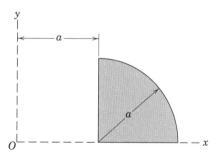

PROBLEMA A/6

A/7 Determine o momento de inércia da tira de um quarto de setor circular em torno do eixo y.

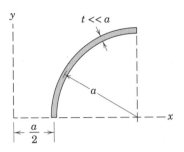

PROBLEMA A/7

Problemas Representativos

A/8 Os momentos de inércia da área A em torno dos eixos paralelos p e p' diferem de $15(10^6)$ mm^4. Calcule a área A, que tem centroide em C.

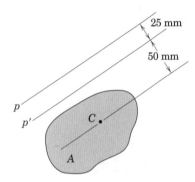

PROBLEMA A/8

A/9 Determine os momentos de inércia I_x e I_y da área do anel semicircular fino em relação aos eixos x e y. Encontre também o momento de inércia polar I_C do anel em relação ao seu centroide C.

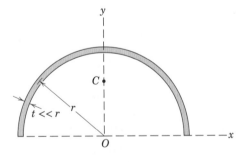

PROBLEMA A/9

A/10 Determine o momento de inércia da área sombreada em torno do eixo y.

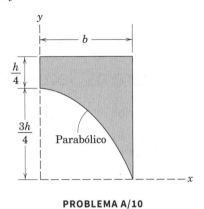

PROBLEMA A/10

A/11 Determine o momento de inércia da área sombreada do problema anterior em torno do eixo x.

A/12 Use as relações desenvolvidas e utilizadas no Exemplo de Problema A/1 para determinar as expressões para os momentos de inércia retangulares e polares I_x, I_y e I_O da faixa retangular de área A, de pequena espessura, em que t é muito pequeno em comparação com b.

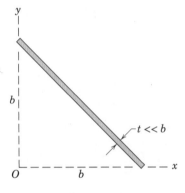

PROBLEMA A/12

A/13 Por meio de integração direta, determine os momentos de inércia da área triangular em torno dos eixos x e x'.

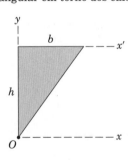

PROBLEMA A/13

A/14 Determine os momentos de inércia da área sombreada do setor circular em torno dos eixos x e y. Use $\beta = 0$ e compare seus resultados com aqueles listados na Tabela D/3.

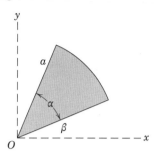

PROBLEMA A/14

A/15 Determine o raio de giração polar da área do triângulo retângulo em relação ao ponto médio da hipotenusa A. (*Sugestão:* Para simplificar os seus cálculos, observe que a área do retângulo é 30×40 mm.)

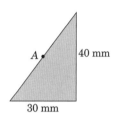

PROBLEMA A/15

A/16 Determine os momentos de inércia da área trapezoidal em relação aos eixos x e y. Encontre o momento de inércia polar em relação ao ponto O.

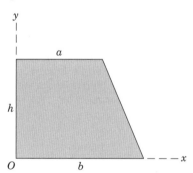

PROBLEMA A/16

A/17 Determine o raio polar de giração da área do triângulo equilátero de lado b em torno de seu centroide C.

PROBLEMA A/17

A/18 Determine o momento de inércia da área sombreada em torno do eixo x.

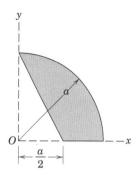

PROBLEMA A/18

A/19 Calcule o momento de inércia da área sombreada em torno do eixo x.

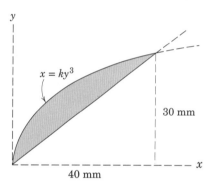

PROBLEMA A/19

A/20 Determine os raios de giração retangulares e polares da área sombreada em relação aos eixos mostrados.

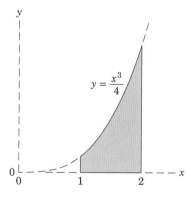

PROBLEMA A/20

A/21 Determine os momentos retangular e polar de inércia da área sombreada em torno dos eixos indicados.

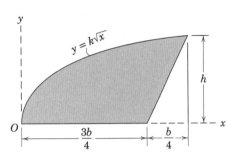

PROBLEMA A/21

A/22 Determine o momento de inércia da área elíptica em relação ao eixo y, e encontre o raio de giração polar em relação à origem O do sistema de coordenadas.

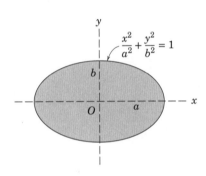

PROBLEMA A/22

A/23 Determine o raio polar de giração da área do triângulo equilátero em torno do ponto médio de sua base M.

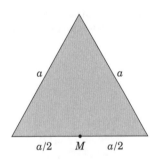

PROBLEMA A/23

A/24 Determine os momentos de inércia da área sombreada em relação ao eixo x.

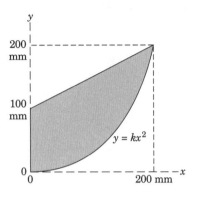

PROBLEMA A/24

A/25 Determine os momentos de inércia da área sombreada em relação aos eixos y e y'.

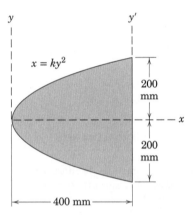

PROBLEMA A/25

A/26 Calcule, por integração direta, o momento de inércia da área sombreada em relação ao eixo x. Resolva, primeiro, usando uma faixa horizontal de área diferencial e, a seguir, usando uma faixa vertical de área diferencial.

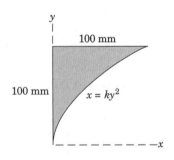

PROBLEMA A/26

A/27 Determine o momento de inércia, em relação ao eixo x, da área sombreada mostrada.

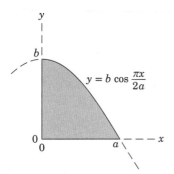

PROBLEMA A/27

A/28 Calcule os momentos de inércia da área sombreada em relação aos eixos x e y, e encontre o momento de inércia polar em relação ao ponto O.

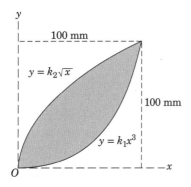

PROBLEMA A/28

A/29 Determine o momento de inércia da área sombreada em relação ao eixo x, usando (a) uma faixa horizontal de área e (b) uma faixa vertical de área.

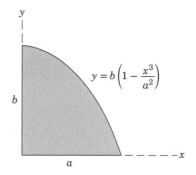

PROBLEMA A/29

A/30 Usando os métodos desta seção, determine os raios de giração retangular e polar da área sombreada em relação aos eixos mostrados.

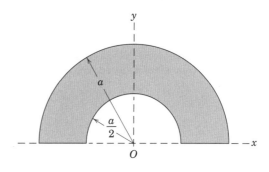

PROBLEMA A/30

Problemas para a Seção A/3

Problemas Introdutórios

A/31 Determine a redução percentual n no momento de inércia polar da placa quadrada devido à introdução do furo circular.

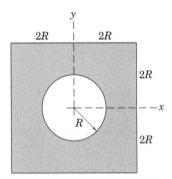

PROBLEMA A/31

A/32 Determine o momento de inércia em relação ao eixo y da área circular sem e com o furo quadrado central.

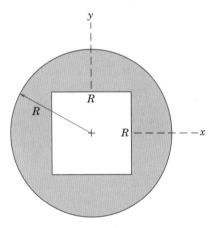

PROBLEMA A/32

A/33 Calcule o raio polar de giração da área da cantoneira em torno do ponto A. Observe que a largura das pernas é pequena em comparação com o comprimento de cada perna.

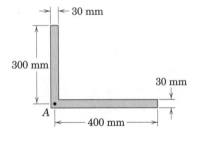

PROBLEMA A/33

A/34 Usando os métodos desta seção, determine os raios de giração retangular e polar da área sombreada, repetida aqui do Probl. A/30, em relação aos eixos mostrados.

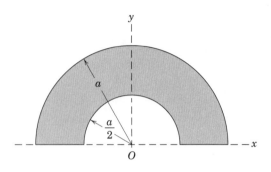

PROBLEMA A/34

A/35 Determine o percentual de redução da área e do momento de inércia, em relação ao eixo y, causado pelo corte retangular realizado na placa retangular de base b e altura h.

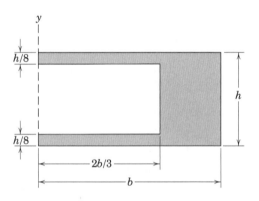

PROBLEMA A/35

A/36 A área da seção transversal de uma viga de perfil I de abas largas tem as dimensões mostradas. Obtenha uma boa aproximação para o valor tabelado de $\bar{I}_x = 385(10^6)$ mm⁴, tratando a seção como composta por três retângulos.

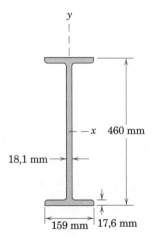

PROBLEMA A/36

A/37 Calcule o momento de inércia da área sombreada em torno do eixo x.

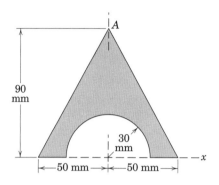

PROBLEMA A/37

A/38 A variável h designa a localização vertical arbitrária da base do retângulo cortado dentro da área retangular. Determine o momento de área de inércia em torno do eixo x para (a) $h = 1000$ mm e (b) $h = 1500$ mm.

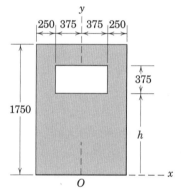

Dimensões em milímetros

PROBLEMA A/38

A/39 A variável h designa a localização vertical arbitrária do centro da circunferência cortada dentro da área semicircular. Determine o momento de área de inércia em torno do eixo x para (a) $h = 0$ e (b) $h = R/2$.

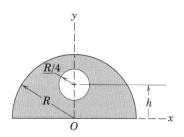

PROBLEMA A/39

A/40 Calcule o momento de inércia da área sombreada em torno do eixo x.

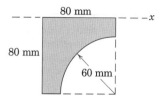

PROBLEMA A/40

A/41 Calcule o momento de inércia da área da seção transversal da viga em torno do eixo x_0 de seu centroide.

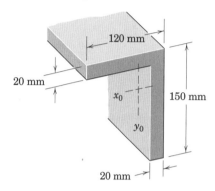

PROBLEMA A/41

Problemas Representativos

A/42 Determine os momentos de inércia da seção em Z, em relação aos eixos x_0 e y_0 do seu centroide.

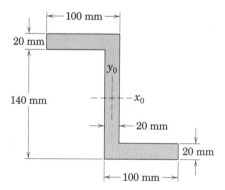

PROBLEMA A/42

A/43 Determine o momento de inércia da área sombreada, em relação ao eixo x, de duas formas diferentes.

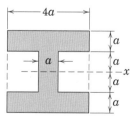

PROBLEMA A/43

A/44 Uma viga de madeira, cuja seção transversal mede 50 mm por 200 mm, apresenta um furo de 25 mm ao longo da sua espessura para a instalação de um tubo de água. Determine a redução percentual n no momento de inércia da área da seção transversal em relação ao eixo x (comparado com o da viga sem furo), para a faixa de localização do furo compreendida em $0 \leq y \leq 87,5$ mm. Avalie sua expressão para $y = 50$ mm.

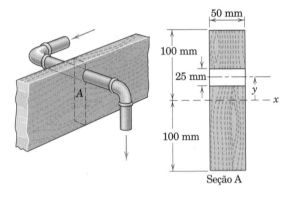

PROBLEMA A/44

A/45 Calcule o momento de inércia da área sombreada em torno do eixo x.

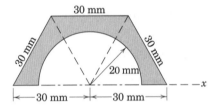

PROBLEMA A/45

A/46 Determine o raio de giração polar, em relação ao ponto O, da área sombreada mostrada. Observe que a espessura dos elementos é muito pequena quando comparada com seu comprimento.

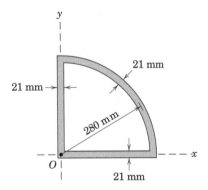

PROBLEMA A/46

A/47 Desenvolva uma equação para o momento de inércia da área hexagonal regular com lado a, em relação a seu eixo central x.

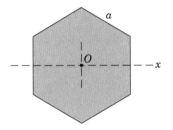

PROBLEMA A/47

A/48 Utilizando a metodologia apresentada nesta seção, determine o momento de inércia da área trapezoidal, em relação aos eixos x e y.

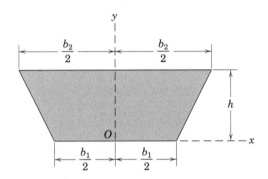

PROBLEMA A/48

A/49 Determine o momento de inércia da área da seção transversal do canal reforçado em torno do eixo x.

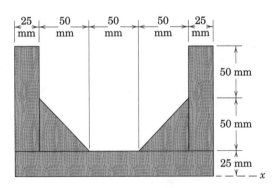

PROBLEMA A/49

A/50 A área retangular mostrada na parte *a* da figura é dividida em três áreas iguais montadas como mostrado na parte *b* da figura. Determine uma expressão para o momento de inércia da área na parte *b* em relação ao eixo *x* que passa pelo centroide. Qual é o aumento percentual *n* sobre o momento de inércia da área *a* se $h = 200$ mm e $b = 60$ mm?

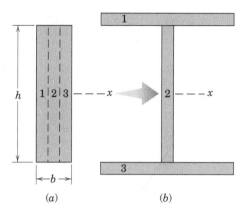

PROBLEMA A/50

A/51 Calcule o momento de inércia de área, em torno do eixo *x*, para a seção do perfil estrutural montado indicado.

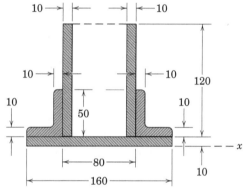

Dimensões em milímetros

PROBLEMA A/51

A/52 A seção transversal de um bloco de mancal está representada na figura por uma área sombreada. Calcule o momento de inércia de área da seção em torno de sua base *a-a*.

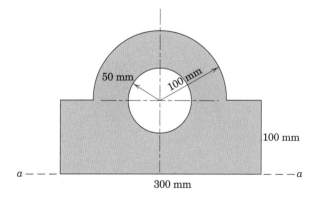

PROBLEMA A/52

A/53 Calcule o raio de giração polar da área sombreada em relação a seu centroide *C*.

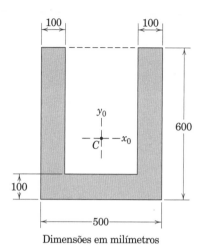

Dimensões em milímetros

PROBLEMA A/53

A/54 Um mastro com seção circular vazada, conforme mostrado, deve ser enrijecido por meio da fixação de duas faixas, de mesmo material e de seção retangular, ao longo de todo o seu comprimento. Determine a dimensão apropriada *h* de cada faixa, capaz de dobrar a rigidez do mastro à flexão no plano *y-z*. (A rigidez no plano *y-z* é proporcional ao momento de inércia da área, em relação ao eixo *x*.) Considere o contorno interno de cada faixa como uma linha reta.

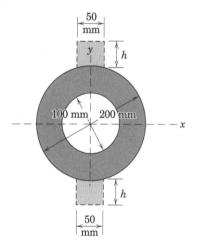

PROBLEMA A/54

Problemas para a Seção A/4

Problemas Introdutórios

A/55 Determine o produto de inércia de cada uma das quatro áreas em relação aos eixos x-y.

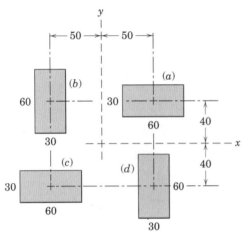

Dimensões em milímetros

PROBLEMA A/55

A/56 Determine I_x, I_y e I_{xy} para a placa retangular com três furos circulares iguais.

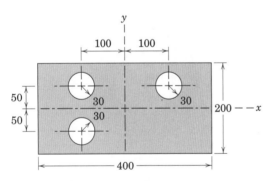

Dimensões em milímetros

PROBLEMA A/56

A/57 Determine o produto de inércia de cada uma das quatro áreas em relação aos eixos x-y.

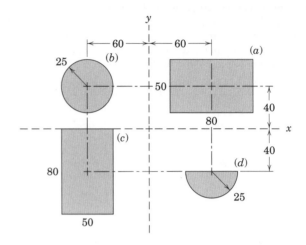

Dimensões em milímetros

PROBLEMA A/57

A/58 Determine o produto de inércia da área sombreada em relação aos eixos x-y.

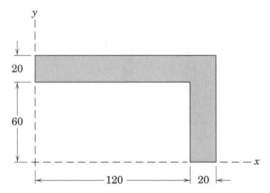

Dimensões em milímetros

PROBLEMA A/58

A/59 Determine o produto de inércia da área retangular em relação aos eixos x-y. Considere neste caso que b é pequeno quando comparado com L.

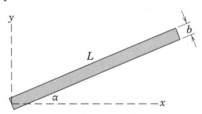

PROBLEMA A/59

A/60 Determine o produto de inércia da área sombreada em torno dos eixos x-y. A largura t das tiras uniformes é 12 mm e as dimensões indicadas estão nas linhas de centro das tiras.

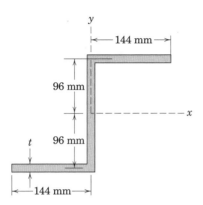

PROBLEMA A/60

A/61 Determine o produto de inércia da área do anel de um quarto de circunferência em torno dos eixos x-y. Trate o caso como b sendo pequeno em comparação com r.

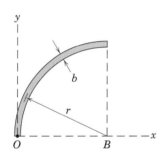

PROBLEMA A/61

Problemas Representativos

A/62 Derive as expressões para o produto de inércia da área do triângulo retângulo em torno dos eixos x-y e em torno dos eixos do centroide x_0-y_0.

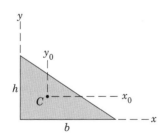

PROBLEMA A/62

A/63 Determine o produto de inércia da área sombreada em torno dos eixos x-y.

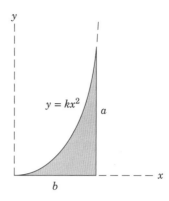

PROBLEMA A/63

A/64 Determine o produto de inércia da área sombreada em torno dos eixos x-y.

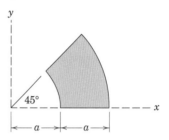

PROBLEMA A/64

A/65 Resolva o produto de inércia da área semicircular em relação aos eixos x-y de duas formas diferentes.

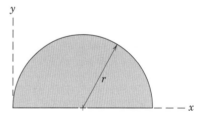

PROBLEMA A/65

A/66 Determine, por integração direta, o produto de inércia I_{xy} da área sombreada indicada. Indique uma abordagem alternativa.

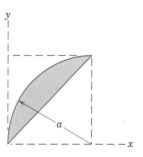

PROBLEMA A/66

A/67 Determine o produto de inércia da área trapezoidal em relação aos eixos x-y.

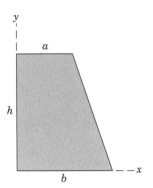

PROBLEMA A/67

A/68 Determine os momentos de inércia e o produto de inércia da área da forma em S feita de tiras em torno dos eixos x-y. A largura t da tira é pequena comparada com o raio a.

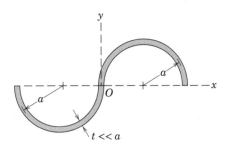

PROBLEMA A/68

A/69 Determine os momentos de inércia e o produto de inércia da área do quadrado em torno dos eixos x'-y'.

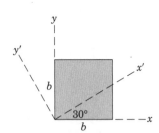

PROBLEMA A/69

A/70 Determine os momentos e o produto de inércia da área do triângulo equilátero em relação aos eixos x'-y'.

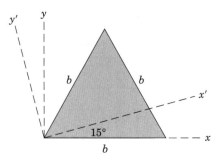

PROBLEMA A/70

A/71 Determine os momentos de inércia máximo e mínimo com respeito aos eixos do centroide passando por C para a composição das quatro áreas quadradas indicadas. Determine o ângulo α medido em sentido anti-horário a partir do eixo x até o eixo do momento de inércia máximo.

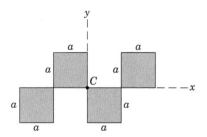

PROBLEMA A/71

A/72 Determine os momentos e o produto de inércia da área do quarto de círculo em relação aos eixos x'-y'.

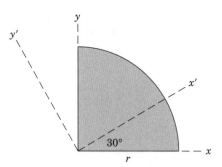

PROBLEMA A/72

A/73 Determine os momentos de inércia máximo e mínimo para a área sombreada em torno dos eixos passando pelo ponto O e identifique o ângulo θ para o eixo do momento de inércia mínimo.

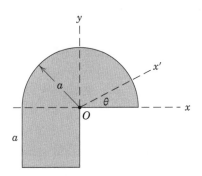

PROBLEMA A/73

A/74 Determine os momentos de inércia máximo e mínimo com respeito aos eixos do centroide passando por C para a composição das duas áreas retangulares indicadas. Determine o ângulo α medido a partir do eixo x até o eixo do momento de inércia máximo.

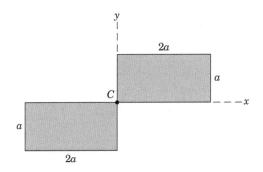

PROBLEMA A/74

A/75 Determine o ângulo α que localiza os eixos principais de inércia que passam por O da área retangular. Construa o círculo de Mohr de inércia e especifique os valores correspondentes de $I_{máx}$ e $I_{mín}$.

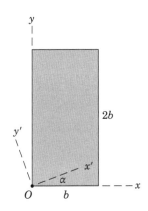

PROBLEMA A/75

A/76 Determine o momento de inércia máximo, em relação a um eixo que passa por O, e o ângulo α até esse eixo para a área triangular mostrada. Construa também o círculo de Mohr de inércia.

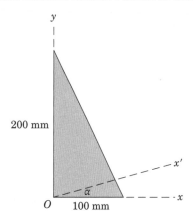

PROBLEMA A/76

A/77 Calcule os momentos de inércia máximo e mínimo da cantoneira em torno dos eixos passando por seu canto A e determine o ângulo α medido em sentido anti-horário a partir do eixo x até o eixo do momento de inércia máximo. Despreze os pequenos arredondamentos e filetes.

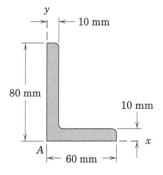

PROBLEMA A/77

*Problemas Orientados para Solução Computacional

*__A/78__ Construa um gráfico do momento de inércia da área sombreada, em relação ao eixo x', em função de θ, desde $\theta = 0$ até $\theta = 90°$ e determine o valor mínimo de $I_{x'}$ e o valor correspondente de θ.

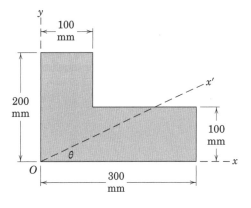

PROBLEMA A/78

*A/79 Trace um gráfico do momento de inércia da área sombreada em torno do eixo x' como uma função de θ, de $\theta = 0$ até $\theta = 180°$. Determine os valores máximo e mínimo de $I_{x'}$ e os correspondentes valores de θ.

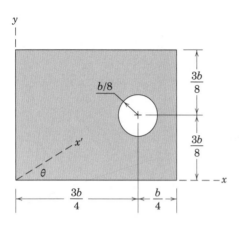

PROBLEMA A/79

*A/80 A figura mostra a seção transversal de uma coluna estrutural de concreto. Determine e construa o gráfico do produto de inércia $I_{x'y'}$ da área da seção, em relação aos eixos x'-y' em função de θ, desde $\theta = 0$ até $\theta = \pi/2$. Determine o ângulo θ para o qual $I_{x'y'} = 0$. Esta informação é crítica no projeto da coluna, por determinar o plano no qual a coluna tem resistência mínima à flexão. Utilize os resultados do Probl. A/62.

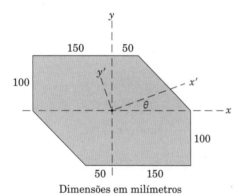

Dimensões em milímetros

PROBLEMA A/80

*A/81 Trace um gráfico do momento de inércia da área sombreada em torno do eixo x' como uma função de θ, de $\theta = 0$ até $\theta = 180°$. Determine os valores máximo e mínimo de $I_{x'}$ e os correspondentes valores de θ a partir do gráfico. Verifique seus resultados aplicando as Eqs. A/10 e A/11.

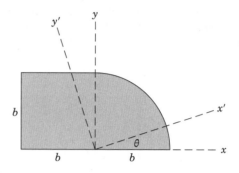

PROBLEMA A/81

*A/82 Construa um gráfico do momento de inércia da área da seção em Z em relação ao eixo x', em função de θ, desde $\theta = 0$ até $\theta = 90°$. Determine, a partir do gráfico, o valor máximo de $I_{x'}$ e o valor correspondente de θ, e então verifique esses resultados usando as Eqs. A/10 e A/11.

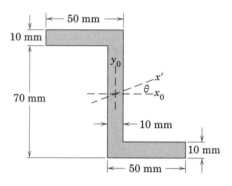

PROBLEMA A/82

*A/83 A área em S do Probl. A/68 é reapresentada aqui. Trace um gráfico do momento de inércia em torno do eixo x' como uma função de θ, de $\theta = 0$ até $\theta = 180°$. Determine os valores máximo e mínimo de $I_{x'}$ e os correspondentes valores de θ.

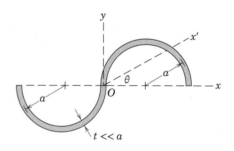

PROBLEMA A/83

Respostas dos Problemas

Quando em um problema pede-se um resultado geral e, também, um resultado específico, apenas o resultado específico deverá estar listado a seguir.

▶ Indica um problema com maior grau de dificuldade.

* Indica um problema cuja melhor solução é numérica.

Capítulo 1

1/1 $\theta_x = 36{,}9°; \theta_y = 126{,}9°; \mathbf{n} = -0{,}8\mathbf{i} - 0{,}6\mathbf{j}$
1/2 $V = 16{,}51$ unidades; $\theta_x = 83{,}0°$
1/3 $V' = 14{,}67$ unidades; $\theta_x = 162{,}6°$
1/4 $\theta_x = 42{,}0°; \theta_y = 68{,}2°; \theta_z = 123{,}9°$
1/5 $m = 93{,}2$ slugs; $m = 1361$ kg
1/6 $W = 773$ N; $W = 173{,}8$ lbm
1/7 $W = 556$ N; $m = 3{,}88$ slugs; $m = 56{,}7$ kg
1/8 $A + B = 10{,}10; A - B = 7{,}24; AB = 12{,}39; A/B = 6{,}07$
1/9 $F = 1{,}984(10^{20})$ N; $4{,}46(10^{19})$ lbf
1/10 $\mathbf{F} = (-2{,}85\mathbf{i} - 1{,}427\mathbf{j})10^{-9}$ N
1/11 Exato: $E = 1{,}275(10^{-4})$;
     Aproximado: $E = 1{,}276(10^{-4})$
1/12 SI: kg·m²/s²; U.S.: lb-ft

Capítulo 2

2/1 $\mathbf{F} = 460\mathbf{i} - 386\mathbf{j}$ N; $F_x = 460$ N; $F_y = -386$ N
2/2 $\mathbf{F} = -346\mathbf{i} + 200\mathbf{j}$ N; $F_x = -346$ N;
     $F_y = 200$ N; $\mathbf{F}_x = -346\mathbf{i}$ N; $\mathbf{F}_y = 200\mathbf{j}$ N
2/3 $\mathbf{F} = -6\mathbf{i} - 2{,}5\mathbf{j}$ kN
2/4 $F_x = 30$ kN; $F_y = 16$ kN
2/5 $F_x = -F\ \mathrm{sen}\ \beta; F_y = -F\cos\beta$;
     $F_n = F\ \mathrm{sen}\ (\alpha + \beta); F_t = F\cos(\alpha + \beta)$
2/6 $\theta = 49{,}9°; R = 1077$ N
2/7 $\mathbf{R} = 675\mathbf{i} + 303\mathbf{j}$ N; $R = 740$ N; $\theta_x = 24{,}2°$
2/8 $F_x = 133{,}3$ N; $F = 347$ N
2/9 $F_x = -27{,}5$ kN; $F_y = -58{,}9$ kN;
     $F_n = -41{,}8$ kN; $F_t = -49{,}8$ kN
2/10 $R = 3{,}61$ kN; $\theta = 206°$
2/11 $T = 5{,}83$ kN; $R = 9{,}25$ kN
2/12 $\mathbf{R} = 600\mathbf{i} + 346\mathbf{j}$ N; $R = 693$ N
2/13 $F_x = -752$ N; $F_y = 274$ N;
     $F_n = -514$ N; $F_t = -613$ N
2/14 $F_1 = 1{,}165$ kN; $\theta = 2{,}11°$; ou $F_1 = 3{,}78$ kN; $\theta = 57{,}9°$
2/15 $T_x = \dfrac{T(1+\cos\theta)}{\sqrt{3+2\cos\theta - 2\ \mathrm{sen}\ \theta}}$;
     $T_y = \dfrac{T(\mathrm{sen}\ \theta - 1)}{\sqrt{3+2\cos\theta - 2\ \mathrm{sen}\ \theta}}$
2/16 $T_n = 66{,}7$ N; $T_t = 74{,}5$ N

2/17 $R = 201$ N; $\theta = 84{,}3°$
2/18 $\mathbf{R} = 88{,}8\mathbf{i} + 245\mathbf{j}$ N
2/19 $F_a = 0{,}567$ kN; $F_b = 2{,}10$ kN;
     $P_a = 1{,}915$ kN; $P_b = 2{,}46$ kN
2/20 $R_a = 1170$ N; $R_b = 622$ N, $P_a = 693$ N
2/21 $F_a = 1{,}935$ kN; $F_b = 2{,}39$ kN;
     $P_a = 3{,}63$ kN; $P_b = 3{,}76$ kN
2/22 $F = 424$ N; $\theta = 17{,}95°$ ou $\theta = -48{,}0°$
2/23 $P = 2{,}15$ kN; $T = 3{,}20$ kN
2/24 $\theta = 51{,}3°; \beta = 18{,}19°$
2/25 $R = 8110$ N
2/26 $AB: P_t = 63{,}6$ N; $P_n = 63{,}6$ N;
     $BC: P_t = -77{,}9$ N; $P_n = 45{,}0$ N
2/27 $M_O = 2{,}68$ kN·m sentido anti-horário;
     $\mathbf{M}_O = 2{,}68\mathbf{k}$ kN·m $(x, y) = (-1{,}3, 0); (0, 0{,}78)$ m
2/28 $M_O = \dfrac{Fbh}{\sqrt{h^2 + b^2}}$ sentido horário
2/29 $M_A = 606$ N·m sentido horário;
     $M_O = 356$ N·m sentido horário
2/30 $M_O = 46{,}4$ N·m sentido horário
2/31 $M_O = 123{,}8$ N·m sentido anti-horário;
     $M_B = 166{,}5$ N·m sentido horário;
     $d = 688$ mm esquerda de O.
2/32 $M_O = 5{,}64$ N·m sentido horário
2/33 $M_O = 84{,}0$ N·m sentido horário
2/34 $M_O = 23{,}7$ N·m sentido horário
2/35 $M_B = 48$ N·m sentido horário;
     $M_A = 81{,}9$ N·m sentido horário;
2/36 $F = 167{,}6$ N
2/37 $M_C = 18{,}75$ N·m sentido horário; $\theta = 51{,}3°$
2/38 $M_O = 128{,}6$ N·m sentido anti-horário
2/39 $M_B = 2200$ N·m sentido horário;
     $M_O = 5680$ N·m sentido horário
2/40 $M_O = 191{,}0$ N·m sentido anti-horário
2/41 $T = 8{,}65$ kN
2/42 $\theta = \tan^{-1}\left(\dfrac{h}{b}\right)$
2/43 $M_O = 39{,}9\mathbf{k}$ kN·m
2/44 $M_O = 14{,}25$ N·m sentido horário; $T = 285$ N

382 Respostas dos Problemas

2/45 $M_A = 74{,}8$ N·m sentido anti-horário

2/46 $M_O = 0{,}902$ kN·m sentido horário

2/47 $M_O = 41{,}5$ N·m sentido horário; $\alpha = 33{,}6°$;
$(M_O)_{máx} = 41{,}6$ N·m sentido horário

2/48 $M_O = 71{,}1$ N·m sentido anti-horário;
$M_C = 259$ N·m sentido anti-horário

2/49 $T_1 = 4{,}21T; P = 5{,}79T$

*2/50 $M_{máx} = 16{,}25$ N·m em $\theta = 62{,}1°$

2/51 $M_O = M_A = 160$ N·m sentido horário

2/52 $M = 14$ N·m sentido horário

2/53 $M_O = M_C = M_D = 10\,610$ N·m sentido anti-horário

2/54 $\mathbf{R} = 6\mathbf{j}$ kN em $x = 66{,}7$ mm

2/55 (a) $F = 12$ kN em 30° acima da horizontal;
$M_O = 24$ kN·m sentido horário;
(b) $F = 12$ kN em 30° acima da horizontal;
$M_B = 76{,}0$ kN·m sentido horário

2/56 $F = 16{,}18$ N

2/57 $F = 3{,}33$ kN

2/58 $F = 8$ kN em 60° sentido horário abaixo da horizontal;
$M_O = 19{,}48$ kN·m sentido horário

2/59 $P = 51{,}4$ kN

2/60 $F = 3500$ N

2/61 (a) $F = 425$ N em 120° sentido horário abaixo da horizontal;
$M_B = 1114$ N·m sentido anti-horário;
(b) $F_C = 2230$ N em 120° sentido horário abaixo da horizontal;
$F_D = 1803$ N em 60° sentido anti-horário acima da horizontal

2/62 (a) $\mathbf{T} = 267\mathbf{i} - 733\mathbf{j}$ N; $\mathbf{M}_B = 178{,}1\mathbf{k}$ N·m;
(b) $\mathbf{T} = 267\mathbf{i} - 733\mathbf{j}$ N; $M_O = 271\mathbf{k}$ N·m

2/63 $M_B = 648$ N·m sentido horário

2/64 $F = 520$ N em 115° sentido anti-horário acima da horizontal;
$M_O = 374$ N·m sentido horário

2/65 $M = 21{,}7$ N·m sentido anti-horário

2/66 $y = -40{,}3$ mm

2/67 $F_A = 5{,}70$ kN para baixo; $F_B = 4{,}70$ kN para baixo

2/68 F em 67,5° sentido anti-horário acima da horizontal;
$M_O = 0{,}462\, FR$ sentido anti-horário

2/69 $R = 12{,}85$ kN; $\theta_x = 38{,}9°$

2/70 $F = 19{,}17$ kN; $\theta = 20{,}1°$

2/71 $\mathbf{R} = 7{,}52\mathbf{i} + 2{,}74\mathbf{j}$ kN; $M_O = 22{,}1$ kN·m sentido anti-horário;
$y = 0{,}364x - 2{,}94$ (m)

2/72 (a) $\mathbf{R} = -2F\mathbf{j}$; $\mathbf{M}_O = \mathbf{0}$;
(b) $\mathbf{R} = \mathbf{0}$; $\mathbf{M}_O = Fd\mathbf{k}$;
(c) $\mathbf{R} = -F\mathbf{i} + F\mathbf{j}$; $\mathbf{M}_O = \mathbf{0}$.

2/73 (a) $\mathbf{R} = 2F\mathbf{i}$; $M_O = Fd$ sentido anti-horário; $y = -d/2$;
(b) $\mathbf{R} = -2F\mathbf{i}$; $M_O = 3Fd/2$ sentido anti-horário; $y = 3d/4$;
(c) $\mathbf{R} = -F\mathbf{i} + \sqrt{3}F\mathbf{j}$, $M_O = \dfrac{Fd}{2}$ sentido anti-horário
$y = \dfrac{d}{2}$

2/74 $h = 0{,}9$ m

2/75 $R = 81$ kN para baixo; $M_O = 170{,}1$ kN·m sentido horário

2/76 $M = 148{,}0$ N·m sentido anti-horário

2/77 $T_2 = 732$ N

2/78 $\mathbf{R} = 200\mathbf{i} + 8\mathbf{j}$ N; $x = 1{,}625$ m (para fora do cano)

2/79 (a) $\mathbf{R} = 878\mathbf{i} + 338\mathbf{j}$ N, $M_O = 177{,}1$ N·m sentido horário;
(b) $x = -524$ mm (esquerda de O);
$y = 202$ mm (acima de O)

2/80 $P = 238$ N, Não

2/81 $\mathbf{R} = 1440\mathbf{i} + 144{,}5\mathbf{j}$ N; $(x, y) = (2{,}62, 0)$ m e $(0, -1{,}052)$ m

2/82 $R = 270$ kN esquerda; $d = 4$ m abaixo de O

2/83 $(x, y) = (1{,}635, 0)$ m e $(0, -0{,}997)$ m

2/84 $\mathbf{R} = 346\mathbf{i} - 2200\mathbf{j}$ N;
$M_A = 11\,000$ N·m sentido horário; $x = 5$ m

2/85 $y = 1{,}103x - 6{,}49$ (m); $(x, y) = (5{,}88, 0)$ m e $(0, -6{,}49)$ m

2/86 $(x, y) = (0, -550)$ mm

2/87 $\mathbf{R} = 412\mathbf{i} - 766\mathbf{j}$ N; $(x, y) = (7{,}83, 0)$ mm e $(0, 14{,}55)$ mm

2/88 $F_C = F_D = 6{,}42$ N; $F_B = 98{,}9$ N

2/89 $\mathbf{F} = 18{,}86\mathbf{i} - 23{,}6\mathbf{j} + 51{,}9\mathbf{k}$ N; $\theta_y = 113{,}1°$

2/90 $\mathbf{F} = -5{,}69\mathbf{i} + 4{,}06\mathbf{j} + 9{,}75\mathbf{k}$ kN

2/91 $\mathbf{F} = -1{,}843\mathbf{i} + 2{,}63\mathbf{j} + 3{,}83\mathbf{k}$ kN;
$F_{OA} = -0{,}280$ kN;
$\mathbf{F}_{OA} = -0{,}243\mathbf{i} - 0{,}1401\mathbf{j}$ kN

2/92 $\mathbf{F} = 900\left(\dfrac{1}{3}\mathbf{i} - \dfrac{2}{3}\mathbf{j} - \dfrac{2}{3}\mathbf{k}\right)$ N; $F_x = 300$ N;
$F_y = -600$ N e $F_z = -600$ N

2/93 $\mathbf{n}_{AB} = 0{,}488\mathbf{i} + 0{,}372\mathbf{j} - 0{,}790\mathbf{k}$;
$T_x = 6{,}83$ kN; $T_y = 5{,}20$ kN; $T_z = -11{,}06$ kN

2/94 $\mathbf{T} = 0{,}876\mathbf{i} + 0438\mathbf{j} - 2{,}19\mathbf{k}$ kN; $T_{AC} = 2{,}06$ kN

2/95 $\theta_x = 79{,}0°; \theta_y = 61{,}5°; \theta_z = 149{,}1°$

2/96 $\mathbf{T}_A = 221\mathbf{i} - 212\mathbf{j} + 294\mathbf{k}$ N;
$\mathbf{T}_B = -221\mathbf{i} + 212\mathbf{j} - 294\mathbf{k}$ N

2/97 $F_{CD} = \dfrac{(b^2 - a^2)F}{\sqrt{a^2 + b^2}\sqrt{a^2 + b^2 + c^2}}$

2/98 $T_{CO} = 2{,}41$ kN

2/99 $T_{CD} = 46{,}0$ N

2/100 $\theta = 54{,}9°$

2/101 $F_{CO} = 184{,}0$ N

2/102 $d = b/2: F_{BD} = -0{,}286F; d = 5b/2: F_{BD} = 0{,}630F$

2/103 $F_{OB} = -1{,}830$ kN

2/104 $T_{BC} = 251$ N

▶2/105 $\mathbf{F} = \dfrac{F}{\sqrt{5 - 4\operatorname{sen}\phi}}[(2\operatorname{sen}\phi - 1)(\cos\theta\mathbf{i} + \operatorname{sen}\theta\mathbf{j}) + 2\cos\phi\mathbf{k}]$

▶2/106 $F_x = \dfrac{2acF}{\sqrt{a^2 + b^2}\sqrt{a^2 + b^2 + 4c^2}}$;
$F_y = \dfrac{2bcF}{\sqrt{a^2 + b^2}\sqrt{a^2 + b^2 + 4c^2}}$;
$F_z = F\sqrt{\dfrac{a^2 + b^2}{a^2 + b^2 + 4c^2}}$

2/107 $\mathbf{M}_1 = -cF_1\mathbf{j}; \mathbf{M}_2 = F_2(c\mathbf{j} - b\mathbf{k}); \mathbf{M}_3 = -bF_3\mathbf{k}$

2/108 $\mathbf{M}_A = F(b\mathbf{i} + a\mathbf{j})$

Respostas dos Problemas **383**

2/109 $M_A = Fa\mathbf{k}$;
$$\mathbf{M}_{OB} = -\frac{Fac}{a^2+b^2}(a\mathbf{i}+b\mathbf{j})$$

2/110 $\mathbf{M}_O = -216\mathbf{i} - 374\mathbf{j} + 748\mathbf{k}$ N · mm

2/111 $\mathbf{M} = (-60\mathbf{i} + 40\mathbf{j})10^3$ N · m

2/112 $\mathbf{M} = 51{,}8\mathbf{j} - 193{,}2\mathbf{k}$ N · m

2/113 $M_O = 2{,}81$ kN · m

2/114 $\mathbf{M}_O = -11{,}21\mathbf{i} - 5{,}61\mathbf{k}$ kN · m

2/115 $\mathbf{M} = 75\mathbf{i} + 22{,}5\mathbf{j}$ N · m

2/116 $\mathbf{R} = 6{,}83\mathbf{i} + 5{,}20\mathbf{j} - 11{,}06\mathbf{k}$ kN;
$\mathbf{M}_O = -237\mathbf{i} + 191{,}9\mathbf{j} - 55{,}9\mathbf{k}$ kN · m

2/117 $M_O = 348$ N · m

2/118 $\mathbf{M}_O = 480\mathbf{i} + 2400\mathbf{k}$ N · m

2/119 $(M_O)_x = 1275$ N · m

2/120 $\mathbf{M}_O = -192{,}6\mathbf{i} - 27{,}5\mathbf{j}$ N · m; $M_O = 194{,}6$ N · m

2/121 $\mathbf{M} = -5\mathbf{i} + 4\mathbf{k}$ N · m

2/122 $F \begin{cases} \mathbf{M}_A = \dfrac{Fb}{\sqrt{5}}(-3\mathbf{j}+6\mathbf{k}) \\ \mathbf{M}_B = \dfrac{Fb}{\sqrt{5}}(2\mathbf{i}-3\mathbf{j}+6\mathbf{k}) \end{cases}$

$2F \begin{cases} \mathbf{M}_A = -4Fb\mathbf{k} \\ \mathbf{M}_B = -2Fb(\mathbf{j}+2\mathbf{k}) \end{cases}$

2/123 $\mathbf{M} = 3400\mathbf{i} - 51\,000\mathbf{j} - 51\,000\mathbf{k}$ N · m

2/124 $\mathbf{M}_O = -48{,}6\mathbf{j} - 9{,}49\mathbf{k}$ N · m; $d = 74{,}5$ mm

2/125 $M_{O_x} = 31{,}1$ N · m; $(M_{O_x})_W = -31{,}1$ N · m; zero

2/126 $F_2 = 282$ N

2/127 $\mathbf{M}_A = -375\mathbf{i} + 325\mathbf{j}$ N · mm;
$\mathbf{M}_{AB} = -281\mathbf{i} - 162{,}4\mathbf{k}$ N · mm

2/128 $\mathbf{M}_O = -260\mathbf{i} + 328\mathbf{j} + 88\mathbf{k}$ N · m

2/129 $\mathbf{F} = \dfrac{F}{\sqrt{5}}(\cos\theta\mathbf{i} + \operatorname{sen}\theta\mathbf{j} - 2\mathbf{k})$;

$\mathbf{M}_O = \dfrac{Fh}{\sqrt{5}}(\cos\theta\mathbf{j} - \operatorname{sen}\theta\mathbf{i})$

*2/130 $\left|(M_O)_x\right|_{\text{máx}} = 0{,}398kR^2$ em $\theta = 277°$;
$\left|(M_O)_y\right|_{\text{máx}} = 1{,}509kR^2$ em $\theta = 348°$;
$\left|(M_O)_z\right|_{\text{máx}} = 2{,}26kR^2$ em $\theta = 348°$;
$\left|(M_O)\right|_{\text{máx}} = 2{,}72kR^2$ em $\theta = 347°$

2/131 $F_3 = 10{,}82$ kN, $\theta = 33{,}7°$; $R = 10{,}49$ kN

2/132 $\mathbf{R} = -600\mathbf{k}$ N, $\mathbf{M}_O = -216\mathbf{i} + 216\mathbf{j}$ N · m, $\mathbf{R} \perp \mathbf{M}_O$

2/133 $\mathbf{R} = F\left[\dfrac{1}{2}\mathbf{j} + \left(\dfrac{\sqrt{3}}{2}-1\right)\mathbf{k}\right]$
$\mathbf{M}_O = Fb\left[\left(1+\dfrac{\sqrt{3}}{2}\right)\mathbf{i} + \left(2-\sqrt{3}\right)\mathbf{j} + \mathbf{k}\right]$, $\mathbf{R} \perp \mathbf{M}_O$

2/134 $\mathbf{R} = -8\mathbf{i}$ kN, $\mathbf{M}_G = 48\mathbf{j} + 820\mathbf{k}$ kN · m

2/135 $(x, y) = (22{,}2, -53{,}3)$ mm

2/136 $\mathbf{R} = 120\mathbf{i} - 180\mathbf{j} - 100\mathbf{k}$ N; $\mathbf{M}_O = 100\mathbf{j} + 50\mathbf{k}$ N · m

2/137 $\mathbf{R} = -266\mathbf{j} + 1085\mathbf{k}$ N; $\mathbf{M}_O = -48{,}9\mathbf{j} - 114{,}5\mathbf{k}$ N · m

2/138 $(x, y, z) = (-1{,}844, 0, 4{,}78)$ m

2/139 $\mathbf{R} = 792\mathbf{i} + 1182\mathbf{j}$ N;
$\mathbf{M}_O = 260\mathbf{i} - 504\mathbf{j} + 28{,}6\mathbf{k}$ N · m

2/140 $y = -4$ m; $z = 2{,}33$ m

2/141 $M = 0{,}873$ N · m (chave positiva);
$(x, y, z) = (50, 61{,}9, 30{,}5)$ mm

2/142 $\mathbf{R} = 175\mathbf{k}$ N; $\mathbf{M}_O = 82{,}4\mathbf{i} - 38{,}9\mathbf{j}$ N · m;
$x = 222$ mm; $y = 471$ mm

2/143 $x = 98{,}7$ mm; $y = 1584$ mm

2/144 $\mathbf{R} = -90\mathbf{j} - 180\mathbf{k}$ N;
$\mathbf{M}_O = -6{,}3\mathbf{i} - 36\mathbf{j}$ N · m;
$(x, y) = (-160, 35)$ mm

2/145 $\mathbf{R} = 100\mathbf{i} - 240\mathbf{j} - 173{,}2\mathbf{k}$ N;
$\mathbf{M}_O = 115{,}3\mathbf{i} - 83{,}0\mathbf{j} + 25\mathbf{k}$ N · m

2/146 $\mathbf{M} = -\dfrac{Ta}{2}(\mathbf{i}+\mathbf{j})$; $y = 0$; $z = \dfrac{7a}{2}$

2/147 $\mathbf{T} = 7{,}72\mathbf{i} + 4{,}63\mathbf{j}$ kN

2/148 $\mathbf{M}_1 = -cF_1\mathbf{i}$; $\mathbf{M}_2 = F_2(c\mathbf{i}-a\mathbf{k})$; $\mathbf{M}_3 = -aF_3\mathbf{k}$

2/149 $F = 1200$ N

2/150 $M_O = 1{,}314$ N · m sentido anti-horário;
$(M_O)_W = 2{,}90$ N · m sentido horário

2/151 $\mathbf{M}_A = -\dfrac{Pb}{5}(-3\mathbf{i}+4\mathbf{j}-7\mathbf{k})$

2/152 $\mathbf{M} = -320\mathbf{i} - 80\mathbf{j}$ N · m, $\cos\theta_x = -0{,}970$

2/153 $x = 266$ mm

2/154 $M_O = 189{,}6$ N · m sentido anti-horário

2/155 $\mathbf{R} = -376\mathbf{i} + 136{,}8\mathbf{j} + 693\mathbf{k}$ N;
$\mathbf{M}_O = 161{,}1\mathbf{i} - 165{,}1\mathbf{j} + 120\mathbf{k}$ N · m

2/156 $\mathbf{M} = 108{,}0\mathbf{i} - 840\mathbf{k}$ N · m

2/157 (a) $\mathbf{T}_{AB} = -2{,}05\mathbf{i} - 1{,}432\mathbf{j} - 1{,}663\mathbf{k}$ kN;
(b) $\mathbf{M}_O = 7{,}63\mathbf{i} - 10{,}90\mathbf{j}$ kN · m;
$(M_O)_x = 7{,}63$ kN · m, $(M_O)_y = -10{,}90$ kN · m;
$(M_O)_z = 0$; (c) $T_{AO} = 2{,}69$ kN

2/158 $R = 10{,}93$ kN, $M = 38{,}9$ kN · m

*2/159 $T = 409$ N, $\theta = 21{,}7°$

*2/160 $n = \dfrac{\sqrt{2}\dfrac{s}{d}+1}{\sqrt{5}\sqrt{\left(\dfrac{s}{d}\right)^2+5-2\sqrt{2}\dfrac{s}{d}}}$

*2/161 $M_O = 1845\cos\theta + 975\cos(60°-\theta)$ N · m;
$(M_O)_{\text{máx}} = 2480$ N · m em $\theta = 19{,}90°$

*2/162 $M_O = \dfrac{1350\operatorname{sen}(\theta+60°)}{\sqrt{45+36\cos(\theta+60°)}}$ kN · m

$(M_O)_{\text{máx}} = 225$ N · m em $\theta = 60°$

*2/163 (a) $R_{\text{máx}} = 181{,}2$ N em $\theta = 211°$;
(b) $R_{\text{mín}} = 150{,}6$ N em $\theta = 31{,}3°$

*2/164 (a) $R_{\text{máx}} = 206$ N em $\theta = 211°$ e $\phi = 17{,}27°$;
(b) $R_{\text{mín}} = 35{,}9$ N em $\theta = 31{,}3°$ e $\phi = -17{,}27°$

*2/165
$$T = \dfrac{12{,}5\left(\theta+\dfrac{\pi}{4}\right)\sqrt{d^2+80d\cos\left(\theta+\dfrac{\pi}{4}\right)-3200\operatorname{sen}\left(\theta+\dfrac{\pi}{4}\right)+3200}}{d\operatorname{sen}\left(\theta+\dfrac{\pi}{4}\right)+40\cos\left(\theta+\dfrac{\pi}{4}\right)}$$

*2/166 $M = \dfrac{90\cos\theta\left(\sqrt{0{,}34+0{,}3\operatorname{sen}\theta}-0{,}65\right)}{\sqrt{0{,}34+0{,}3\operatorname{sen}\theta}}$ N · m

Capítulo 3

- 3/1 $N_A = 566$ N, $N_B = 283$ N
- 3/2 $N_f = 2820$ N, $N_r = 4050$ N
- 3/3 $N_A = 58,9$ N, $N_B = 117,7$ N
- 3/4 $A_y = 2850$ N, $B_y = 3720$ N
- 3/5 $P = 1759$ N
- 3/6 $N_A = N_B = 327$ N
- 3/7 $A_x = -1285$ N, $A_y = 2960$ N, $E_x = 3290$ N; $P_{máx} = 1732$ N
- 3/8 $T = 577$ N
- 3/9 $L = 153,5$ mm
- 3/10 $O_x = 1500$ N, $O_y = 6100$ N; $M_O = 7560$ N · m sentido anti-horário
- 3/11 $W = 648$ N
- 3/12 $N_A = 4,91$ kN para cima, $N_B = 1,962$ kN para baixo
- 3/13 $m_B = 31,7$ kg
- 3/14 $A_x = 32,0$ N direita, $A_y = 24,5$ N para cima; $B_x = 32,0$ N esquerda, $M_C = 2,45$ N · m sentido horário
- 3/15 $T_1 = 245$ N
- 3/16 $T = 850$ N, $N_A = 1472$ N
- 3/17   (a) $P = 5,59$ N, (b) $P = 5,83$ N
- 3/18   (a) $P = 6,00$ N, (b) $P = 6,25$ N
- 3/19 $m = 1509$ kg, $x = 1052$ mm
- 3/20 $P = 44,9$ N
- 3/21 $N_A = 219$ N, $N_B = 544$ N
- 3/22 $O = 313$ N
- 3/23 $M = \dfrac{mgL \operatorname{sen} \theta}{4}$, sentido horário
- 3/24 $T = 160$ N
- 3/25 $\theta = 18,43°$
- 3/26 $M = 47,8$ N · m sentido anti-horário
- 3/27 $B = 0,1615W, O = 0,1774W$
- 3/28 $T = 150,2$ N; $\overline{CD} = 1568$ mm
- 3/29 $N_A = N_B = 12,42$ kN
- 3/30 $D_x = L, D_y = 1,033L, A_y = 1,967L$
- 3/31 $m_L = 244$ kg
- 3/32 $\theta = \operatorname{sen}^{-1}\left[\dfrac{r}{b}\left(1+\dfrac{m}{m_0}\right)\operatorname{sen}\alpha\right]$
- 3/33 $T_{40°} = 0,342\, mg$
- 3/34 $T = 800$ N; $A = 755$ N
- 3/35 $P = 166,7$ N; $T_2 = 1917$ N
- 3/36 $F = 1832$ N
- 3/37 $M = 9,6$ kN · m sentido anti-horário
- 3/38 $F = 753$ N; $E = 644$ N
- 3/39 $P = 45,5$ N; $R = 691$ N
- 3/40 $T = 0,1176kL + 0,366mg$
- 3/41 $M = 55,5$ N · m; $F = 157,5$ N
- 3/42 $C = 2980$ N; $p = 781$ kPa
- *3/43 $\theta = 9,40°$ e $103,7°$
- 3/44 $P = 200$ N; $A = 2870$ N; $B = 3070$ N
- 3/45 $n_A = -32,6\%$; $n_B = 2,28\%$
- 3/46 $O = 3,93$ kN
- 3/47 $P = 26,3$ N
- 3/48 $C = \dfrac{mg}{2}\left(\sqrt{3}+\dfrac{2}{\pi}\right); F_A = 1,550 mg$
- 3/49 $F = 803$ N
- 3/50 $M = 49,9\operatorname{sen}\theta$ N · mm sentido horário
- ▶3/51   (a) $S = 0,669W; C = 0,770W$
  (b) $S = 2,20W; C = 2,53W$
- *3/52 $M\big|_{mín} = 0$ em $\theta = 138,0°$
  $M\big|_{máx} = 14,72$ N · m em $\theta = 74,5°$
- 3/53 $T_A = T_B = 44,1$ N; $T_C = 58,9$ N
- 3/54 $T_1 = 1177$ N; $T_2 = 1974$ N
- 3/55 $T_{AB} = 569$ N; $T_{AC} = 376$ N; $T_{AD} = 467$ N
- 3/56 $P = 60,4$ N; $A_z = 128,9$ N; $B_z = 204$ N
- 3/57 $O = 1472$ N; $M = 12,18$ kN · m
- 3/58 $N_A = 263$ N; $N_B = 75,5$ N; $N_C = 260$ N
- 3/59 $T_1 = 4,90$ kN
- 3/60   Elevação em C: $N_A = 2350$ N; $N_B = 5490$ N; $N_C = 7850$ N; Elevação em D: $N_A = 3140$ N; $N_B = 4710$ N; $N_D = 7850$ N
- 3/61 $T_{AD} = 0,267mg$; $T_{BE} = 0,267mg$; $T_{CF} = mg/2$
- 3/62 $R = \dfrac{mg}{\sqrt{7}}$
- 3/63 $A = 224$ N; $B = 129,6$ N; $C = 259$ N
- 3/64 $P = 1584$ N; $R = 755$ N
- 3/65 $O_x = 1962$ N; $O_y = 0$; $O_z = 6540$ N; $T_{AC} = 4810$ N; $T_{BD} = 2770$ N; $T_{BE} = 654$ N
- 3/66 $B = 190,2$ N
- 3/67 $\theta = 9,49°$; $\overline{X} = 118,0$ mm
- 3/68 $A_x = 102,2$ N; $A_y = -81,8$ N; $A_z = 163,5$ N; $B_y = 327$ N; $B_z = 163,5$ N; $T = 156,0$ N
- 3/69 $O_x = 0$; $O_y = \rho gh(a+b+c)$; $O_z = 0$; $\mathbf{M}_x = \rho gbh(\dfrac{b}{2}+c); M_y = 0; M_z = \dfrac{\rho gh}{2}(ab+ac+c^2)$
- 3/70 $O_x = -1363$ N; $O_y = -913$ N; $O_z = 4710$ N; $M_x = 4380$ N · m; $M_y = -5040$ N · m; $M_z = 0$; $\theta = 41,0°$
- 3/71 $F_{AC} = F_{CB} = 240$ N tração; $F_{CD} = 1046$ N compressão
- 3/72 $R = 1,796$ kN; $M = 0,451$ kN · m
- 3/73 $F = 140,5$ N; $A_n = 80,6$ N; $B_n = 95,4$ N
- 3/74 $F_S = 3950$ N; $F_A = 437$ N; $F_B = 2450$ N
- 3/75 $A = 167,9$ N; $B = 117,1$ N
- 3/76 $\Delta N_A = 1000$ N; $\Delta N_B = \Delta N_C = -500$ N
- 3/77 $A_x = 0; A_y = 613$ N; $A_z = 490$ N; $B_x = -490$ N; $B_y = 613$ N; $B_z = -490$ N; $T = 1645$ N
- 3/78 $O_x = 224$ N; $O_y = 386$ N; $O_z = 1090$ N; $M_x = -310$ N · m; $M_y = -313$ N · m; $M_z = 174,5$ N · m
- 3/79 $P_{mín} = 18$ N; $B = 30,8$ N; $C = 29,7$ N; Se $P = P_{mín}/2$: $D = 13,5$ N
- 3/80 $P = 0,206$ N; $A_y = 0,275$ N; $B_y = -0,0760$ N
- 3/81 $T_1 = 0,347$ kN; $T_2 = 0,431$ kN; $R = 0,0631$ kN; $C = 0,768$ kN
- ▶3/82 $T = 277$ N; $B = 169,9$ N

▶3/83 $O = 144,9$ N; $T = 471$ N
*3/84 $M_{máx} = 2,24$ N·m em $\theta = 108,6°$;
  $C = 19,62$ N em $\theta = 180°$
3/85 $L = 1,676$ kN
3/86 $R = 566$ N
3/87 $N_A = \sqrt{3}g\,(m/2 - m_1/3)$; (a) $m_1 = 0,634m$; (b) $m_1 = 3m/2$
3/88 $N_A = N_B = N_C = 117,7$ N
3/89 $P = 351$ N
3/90 $T = 10,62$ N
3/91 $N_A = 785$ N para baixo; $N_B = 635$ N para cima
3/92 $R = 6330$ N; $M = 38,1$ kN·m
3/93 $\theta = \tan^{-1}(\pi m_1 / 2m_2)$
3/94 $D = 7,60$ kN
3/95 $b = 207$ mm
3/96 $\bar{x} = 199,2$ mm
3/97 $P = \dfrac{mg\sqrt{2rh - h^2}}{r - h}$
3/98 $T_A = 147,2$ N; $T_B = 245$ N; $T_C = 196,2$ N
3/99 $B = 2,36$ kN
3/100 $A = 183,9$ N; $B = 424$ N
3/101 $A = 610$ N; $B = 656$ N
*3/102 $T = \dfrac{mg}{\cos\theta}\left[\dfrac{\sqrt{3}}{2}\cos\theta - \dfrac{\sqrt{2}}{4}\cos(\theta + 15°)\right]$
*3/103 $\alpha = 14,44°$; $\beta = 3,57°$; $\gamma = 18,16°$;
  $T_{AB} = 2600$ N; $T_{BC} = 2520$ N; $T_{CD} = 2640$ N
*3/104 $T_B = 700$ N em $\theta = 90°$
*3/105 $T = 0$ em $\theta = 1,488°$
*3/106 $T_{45°} = 5,23$ kN; $T_{90°} = 8,22$ N
*3/107 $T = 495$ N em $\theta = 15°$
*3/108 $T = \dfrac{51,1\cos\theta - 38,3\,\text{sen}\,\theta}{\cos\theta}\sqrt{425 - 384\,\text{sen}\,\theta}$ N

Capítulo 4

4/1 $AB = 1,2$ kN C; $AC = 1,039$ kN T; $BC = 2,08$ kN C
4/2 $AB = 3400$ N T; $AC = 981$ N T; $BC = 1962$ N C
4/3 $AB = 3000$ N T; $AC = 4240$ N C; $AD = 3000$ N C;
  $BC = 6000$ N T; $CD = 4240$ N T
4/4 $BE = 0$; $BD = 5,66$ kN C
4/5 $AB = 2950$ N C; $AD = 4170$ N T;
  $BC = 7070$ N C; $BD = 3950$ N C;
  $CD = 5000$ N T
4/6 $BE = 2,10$ kN T; $CE = 2,74$ kN C
4/7 $AB = 22,6$ kN T; $AE = DE = 19,20$ kN C;
  $BC = 66,0$ kN T; $BD = 49,8$ kN C;
  $BE = 18$ kN T; $CD = 19,14$ kN T
4/8 $AB = 14,42$ kN T; $AC = 2,07$ kN C;
  $BC = 6,45$ kN T; $BD = 12,89$ kN C
4/9 $AB = DE = 96,0$ kN C; $AH = EF = 75$ kN T;
  $BC = CD = 75$ kN C; $BH = CG = DF = 60$ kN T;
  $CF = CH = 48,0$ kN C; $FG = GH = 112,5$ kN T
4/10 $m = 1030$ kg
4/11 $AB = BC = L/2$ T; $BD = 0$
4/12 $EF = 15,46$ kN C; $DE = 18,43$ kN T;
  $DF = 17,47$ kN C; $CD = 10,90$ kN T;
  $FG = 29,1$ kN C
4/13 $BI = CH = 16,97$ kN T; $BJ = 0$;
  $CI = 12$ kN C; $DG = 25,5$ kN C;
  $DH = EG = 18$ kN T
4/14 $BC = 3,46$ kN C; $BG = 1,528$ kN T
4/15 $AB = BC = 5,66$ kN T; $AE = CD = 11,33$ kN C;
  $BD = BE = 4,53$ kN T; $DE = 7,93$ kN C
4/16 (a) $AB = 0$; $BC = L$ T; $AD = 0$;
  $CD = \dfrac{3L}{4}C$; $AC = \dfrac{5L}{4}T$;
  (b) $AB = AD = BC = 0$; $AC = \dfrac{5L}{4}T$;
  $CD = \dfrac{3L}{4}C$
4/17 $BI = 2,50$ kN T; $CI = 2,12$ kN T;
  $HI = 2,69$ kN T
4/18 $BC = 1,5$ kN T; $BE = 2,80$ kN T
4/19 $AB = DE = \dfrac{7L}{2}C$; $CG = L$ C
4/20 $AB = BC = CD = DE = 3,35$ kN C;
  $AH = EF = 3$ kN T; $BH = DF = 1$ kN C;
  $CF = CH = 1,414$ kN T; $CG = 0$;
  $FG = GH = 2$ kN T
4/21 $AB = DE = 3,35$ kN C;
  $AH = EF = FG = GH = 3$ kN T;
  $BC = CD = 2,24$ kN C; $BG = DG = 1,118$ kN C;
  $BH = DF = 0$; $CG = 1$ kN T
4/22 $AB = 1,782L$ T; $AG = FG = 2,33L$ C;
  $BC = CD = 2,29L$ T; $BF = 1,255L$ C;
  $BG = 0,347L$ C; $CF = DE = 0$;
  $DF = 2,59L$ T; $EF = 4,94L$ C
4/23 $EH = 1,238L$ T; $EI = 1,426L$ C
4/24 $GI = 272$ kN T; $GJ = 78,5$ kN C
4/25 (a) $AB = AD = BD = 0$; $AC = \dfrac{5L}{3}T$; $BC = L$ C;
  $CD = \dfrac{4L}{3}C$;
  (b) $AB = AD = BC = BD = 0$; $AC = \dfrac{5L}{3}T$;
  $CD = \dfrac{4L}{3}C$
▶4/26 $CG = 0$
4/27 $CG = 56,6$ kN T
4/28 $AE = 5,67$ kN T
4/29 $BC = 60$ kN T; $CG = 84,9$ kN T
4/30 $CG = 0$; $GH = L$ T
4/31 $BE = 5,59$ kN T
4/32 $BE = 0,809L$ T
4/33 $DE = 24$ kN T; $DL = 33,9$ kN C
4/34 $BC = 21$ kN T; $BE = 8,41$ kN T; $EF = 29,5$ kN C
4/35 $BC = CG = L/3$ T
4/36 $BC = 600$ N T; $FG = 600$ N C
4/37 $BF = 10,62$ kN C

386 Respostas dos Problemas

4/38 $BC = 3{,}00$ kN C; $CI = 5{,}00$ kN T;
  $CJ = 16{,}22$ kN C; $HI = 10{,}50$ kN T

4/39 $CD = 0{,}562L\ C$; $CJ = 1{,}562L\ T$; $DJ = 1{,}250L\ C$

4/40 $AB = 3{,}78$ kN C

4/41 $FN = GM = 84{,}8$ kN T; $MN = 20$ kN T

4/42 $BE = 0{,}787L\ T$

4/43 $BF = 1{,}255L\ C$

4/44 $CB = 56{,}2$ kN C; $CG = 13{,}87$ kN T; $FG = 19{,}62$ kN T

4/45 $GK = 2{,}13L\ T$

4/46 $DE = 297$ kN C; $EI = 26{,}4$ kN T
  $FI = 205$ kN T; $HI = 75{,}9$ kN T

4/47 $CG = 0$

▶4/48 $DK = 5$ kN T

▶4/49 $EJ = 3{,}61$ kN C; $EK = 22{,}4$ kN C
  $ER = FI = 0$; $FJ = 7{,}81$ kN T

▶4/50 $DG = 0{,}569L\ C$

4/51 $BC = BD = CD = 0{,}278$ kN T

4/52 $AB = 4{,}46$ kN C; $AC = 1{,}521$ kN C; $AD = 1{,}194$ kN T

4/53 $CF = 1{,}936L\ T$

4/54 $CD = 2{,}4L\ T$

4/55 $F = 3{,}72$ kN C

4/56 $AF = \dfrac{\sqrt{13}P}{3\sqrt{2}} T, CB = CD = CF = 0, D_x = -\dfrac{P}{3\sqrt{2}}$

4/57 $AE = BF = 0$; $BE = 1{,}202L\ C$; $CE = 1{,}244L\ T$

4/58 $BD = 2{,}00L\ C$

4/59 $AD = 0{,}625L\ C$; $DG = 2{,}5L\ C$

4/60 $BE = 2{,}36$ kN C

4/61 $BC = \dfrac{\sqrt{2}L}{4} T$; $CD = 0$; $CE = \dfrac{\sqrt{3}L}{2} C$

▶4/62 $EF = \dfrac{P}{\sqrt{3}} C$; $EG = \dfrac{P}{\sqrt{6}} T$

4/63 $B = D = 1013$ N; $A = 512$ N

4/64 $CD = 57{,}7$ N em ∡60°

4/65 $M = 300$ N·m; $A_x = 346$ N

4/66 Elemento AC: $C = 0{,}293P$ esquerda;
  $A_x = 0{,}293P$ direita; $A_y = P$ para cima
  Elemento BC: Simétrico a AC

4/67 $A = 6860$ N

4/68 $A = 26{,}8$ kN; $B = 37{,}7$ kN; $C = 25{,}5$ kN

4/69 $(a)\ A = 6F$; $O = 7F$;
  $(b)\ B = 1{,}2F$; $O = 2{,}2F$

4/70 $B = 202$ N

4/71 $C = 6470$ N

4/72 $D = 58{,}5$ N

4/73 $N = 360$ N; $O = 400$ N

4/74 $BC = 375$ N C; $D = 425$ N

4/75 $C = 0{,}477P$

4/76 $F = 30{,}3$ kN

4/77 $EF = 100$ N T; $F = 300$ N

4/78 $F = 125{,}3P$

4/79 $P = 217$ N

4/80 $N_E = N_F = 166{,}4$ N

4/81 $R = 7{,}00$ kN

4/82 $A = 315$ kN

4/83 $N = 13{,}19P$

4/84 $N = 0{,}629P$

4/85 $A = 0{,}626$ kN

4/86 $G = 1324$ N

4/87 $R = 79{,}4$ kN

4/88 $C = 510$ N; $p = 321$ kPa

4/89 $F_{AB} = 8{,}09$ kN T

4/90 $M = 706$ N·m sentido anti-horário

4/91 $AB = 37$ kN C; $EF = 0$

4/92 $A = 999$ N; $F = 314$ N para cima

4/93 $AB = 15{,}87$ kN C

4/94 $AB = 5310$ N C; $C = 4670$ N

4/95 $P = 2050$ N

4/96 $F_{AB} = 32{,}9$ kN C

4/97 $AB = 142{,}8$ kN C

4/98 $CD = 127{,}8$ kN C

4/99 $E = 2{,}18P$

4/100 $A = 173{,}5$ kN; $D = 87{,}4$ kN

4/101 $A_n = B_n = 3{,}08$ kN; $C = 5{,}46$ kN

4/102 $A = 833$ N; $R = 966$ N

4/103 $CD = 2340$ N T; $E = 2340$ N

4/104 $A = 4550$ N; $B = 4410$ N;
  $C = D = 1898$ N; $E = F = 5920$ N

4/105 $A = 1{,}748$ kN

4/106 $C = 235$ N

4/107 $AB = 84{,}1$ kN C; $O = 81{,}4$ kN

4/108 $CE = 36{,}5$ kN C

4/109 $P = 1351$ N; $E = 300$ N

4/110 $A_x = 0{,}833$ kN; $A_y = 5{,}25$ kN; $A_z = -12{,}50$ kN

4/111 $AB = DE = 67{,}6$ kN C; $AF = EF = 56{,}2$ kN T;
  $BC = CD = 45{,}1$ kN C; $CF = 25$ kN T;
  $BF = DF = 22{,}5$ kN C

4/112 $CF = 26{,}8$ kN T; $CH = 101{,}8$ kN C

4/113 $A_x = B_x = C_x = 0$; $A_y = -M/R$; $B_y = C_y = M/R$

4/114 $L = 105$ kN

4/115 $P = 3170$ N T; $C = 2750$ N

4/116 $BG = 4L/3\sqrt{3}\ T$; $BG = 2L/3\sqrt{3}\ T$

4/117 $M = 153{,}3$ N·m sentido anti-horário

4/118 $AH = 4{,}5$ kN T; $CD = 4{,}74$ kN C; $CH = 0$

4/119 $m = 3710$ kg

4/120 $k_T = 3bF/8\pi$

4/121 $DM = 0{,}785L\ C$; $DN = 0{,}574L\ C$

4/122 $AB = 294$ kN C; $p = 26{,}0$ MPa

▶4/123 $BE = 1{,}275$ kN T

▶4/124 $FJ = 0$; $GJ = 70{,}8$ kN C

▶4/125 $AB = \sqrt{2}L/4\ C$; $AD = \sqrt{2}L/8\ C$

*4/126 $p_{máx} = 3{,}24$ MPa em $\theta = 11{,}10°$

*4/127 $R_{máx} = 94{,}0$ kN em $\theta = 45°$

*4/128 $(DE)_{máx} = 3580$ N em $\theta = 0$
  $(DE)_{mín} = 0$ em $\theta = 65{,}9°$

*4/129 $(BC)_{máx} = 2800$ N em $\theta = 5°$

*4/130 $M = 32,2$ N·m sentido anti-horário em $\theta = 45°$

*4/131 $\theta = 0: R = 75$ kN; $AB = 211$ kN T;
 $C_x = 85,4$ kN;
 $R_{mín} = 49,4$ kN em $\theta = 23,2°$

Capítulo 5

5/1 Coordenada horizontal = 5,67;
 coordenada vertical = 3,67

5/2 $\bar{x} = 0, \bar{y} = 110,3$ mm

5/3 $\bar{x} = \bar{y} = -76,4$ mm; $\bar{z} = -180$ mm

5/4 $\bar{x} = -50,9$ mm; $\bar{y} = 120$ mm; $\bar{z} = 69,1$ mm

5/5 $\bar{x} = \dfrac{a+b}{3}$

5/6 $\bar{y} = \dfrac{\pi a}{8}$

5/7 $\bar{x} = -0,214a; \bar{y} = 0,799a$

5/8 $\bar{x} = \dfrac{a^2 + b^2 + ab}{3(a+b)}; \bar{y} = \dfrac{h(2a+b)}{3(a+b)}$

5/9 $\bar{z} = \dfrac{2h}{3}$

5/10 $\bar{x} = 1,549; \bar{y} = 0,756$

5/11 $\bar{y} = \dfrac{13h}{20}$

5/12 $\bar{x} = \dfrac{3b}{5}; \bar{y} = \dfrac{3a}{8}$

5/13 $\bar{x} = \dfrac{3b}{10}; \bar{y} = \dfrac{3a}{4}$

5/14 $\bar{y} = \dfrac{b}{2}$

5/15 $\bar{x} = 0,505a$

5/16 $\bar{y} = \dfrac{11b}{10}$

5/17 $\bar{z} = \dfrac{3h}{4}$

5/18 $\bar{x} = \bar{y} = \dfrac{b}{4}; \bar{z} = \dfrac{h}{4}$

5/19 $\bar{x} = 0,777a; \bar{y} = 0,223a$

5/20 $\bar{x} = \dfrac{12a}{25}; \bar{y} = \dfrac{3a}{7}$

5/21 $\bar{x} = \dfrac{3b}{5}; \bar{y} = \dfrac{3h}{8}$

5/22 $\bar{x} = \dfrac{57b}{91}; \bar{y} = \dfrac{5h}{13}$

5/23 $\bar{x} = \dfrac{a}{\pi-1}; \bar{y} = \dfrac{7b}{6(\pi-1)}$

5/24 $\bar{x} = 0,223a; \bar{y} = 0,777a$

5/25 $\bar{x} = 0,695r; \bar{y} = 0,1963r$

5/26 $\bar{x} = \dfrac{24}{25}; \bar{y} = \dfrac{6}{7}$

5/27 $\bar{y} = \dfrac{14\sqrt{2}a}{9\pi}$

5/28 $\bar{z} = \dfrac{2a}{3}$

5/29 $h = \dfrac{R}{4}: \bar{x} = \dfrac{25R}{48}; h = 0: \bar{x} = \dfrac{3R}{8}$

5/30 $\bar{z} = \dfrac{3a}{16}$

5/31 $\bar{x} = \bar{y} = \dfrac{8a}{7\pi}; \bar{z} = \dfrac{5b}{16}$

5/32 $\bar{y} = \dfrac{3h}{8}$

▶5/33 $\bar{y} = 81,8$ mm

▶5/34 $\bar{y} = \dfrac{\dfrac{2}{3}(a^2 - h^2)^{\frac{3}{2}}}{a^2\left(\dfrac{\pi}{2} - \text{sen}^{-1}\dfrac{h}{a}\right) - h\sqrt{a^2 - h^2}}$

▶5/35 $\bar{x} = \bar{y} = \left(\dfrac{4}{\pi} - \dfrac{3}{4}\right)a; \bar{z} = \dfrac{a}{4}$

▶5/36 $\bar{x} = \bar{y} = 0,242a$

▶5/37 $\bar{x} = 1,583R$

▶5/38 $\bar{x} = \dfrac{45R}{112}$

5/39 $\bar{X} = 233$ mm; $\bar{Y} = 333$ mm

5/40 $\bar{H} = 44,3$ mm

5/41 $\bar{X} = 132,1$ mm; $\bar{Y} = 75,8$ mm

5/42 $\bar{Y} = 133,9$ mm

5/43 $\bar{X} = 45,6$ mm; $\bar{Y} = 31,4$ mm

5/44 $\bar{X} = \bar{Y} = 103,6$ mm

5/45 $\bar{Y} = 36,2$ mm

5/46 $\bar{X} = \dfrac{3b}{10}; \bar{Y} = \dfrac{4b}{5}; \bar{Z} = \dfrac{3b}{10}$

5/47 $\bar{Y} = \dfrac{4h^3 - 2\sqrt{3}a^3}{6h^2 - \sqrt{3}\pi a^2}$

5/48 $\bar{Y} = 63,9$ mm

5/49 $\bar{X} = 88,7$ mm; $\bar{Y} = 37,5$ mm

5/50 $\bar{X} = 4,02b; \bar{Y} = 1,588b$

5/51 $\theta = 40,6°$

5/52 $\bar{X} = \dfrac{3a}{6+\pi}; \bar{Y} = -\dfrac{2a}{6+\pi}; \bar{Z} = \dfrac{\pi a}{6+\pi}$

5/53 $\bar{Z} = 70$ mm

5/54 $\bar{X} = 63,1$ mm; $\bar{Y} = 211$ mm; $\bar{Z} = 128,5$ mm

5/55 $\bar{X} = -25$ mm; $\bar{Y} = 23,0$ mm; $\bar{Z} = 15$ mm

5/56 $\bar{X} = 44,7$ mm; $\bar{Z} = 38,5$ mm

5/57 $\bar{Z} = 0,642R$

5/58 $h = 0,416r$

5/59 $\bar{X} = 0,1975$ m

5/60 $\bar{X} = \bar{Y} = 0,312b; \bar{Z} = 0$

5/61 $\bar{H} = 42,9$ mm

5/62 $\bar{X} = \bar{Y} = 61,8$ mm; $\bar{Z} = 16,59$ mm

▶5/63 $\bar{X} = -73,2$ mm; $\bar{Y} = 139,3$ mm; $\bar{Z} = 35,9$ mm

▶5/64 $\bar{X} = -0,509L; \bar{Y} = 0,0443R; \bar{Z} = 0,01834R$

5/65 $A = 10\ 300$ mm²; $V = 24\ 700$ mm³

5/66 $S = 2\sqrt{2}\pi a^2$

5/67 $V = \dfrac{\pi a^3}{3}$

Respostas dos Problemas

5/68 $V = 2,83(10^5)$ mm³

5/69 $V = \dfrac{\pi a^3}{12}(3\pi - 2)$

5/70 $V = 4,35(10^6)$ mm³

5/71 $A = 90\,000$ mm²

5/72   25,5 litros

5/73 $A = 1,686(10^4)$ mm²; $V = 13,95(10^4)$ mm³

5/74 $m = 0,293$ kg

5/75 $A = 166,0 b^2$; $V = 102,9 b^3$

5/76 $A = 497(10^3)$ mm²; $V = 14,92(10^6)$ mm³

5/77 $A = \pi a^2(\pi - 2)$

5/78 $A = 4\pi r(R\alpha - r\,\text{sen}\,\alpha)$

5/79 $W = 42,7$ N

5/80 $A = 105\,800$ mm²; $V = 1,775(10^6)$ mm³

5/81 $A = 4,62$ m²

5/82 $V = \dfrac{\pi r^2}{8}\left[(4-\pi)a + \dfrac{10-3\pi}{3}r\right]$

5/83 $m = 1,126(10^6)$ Mg

5/84 $W = 608$ kN

5/85 $R_A = 2,4$ kN para cima; $M_A = 14,4$ kN·m sentido anti-horário

5/86 $R_A = 66,7$ N para cima; $R_B = 1033$ N

5/87 $R_A = 2230$ N para cima; $R_B = 2170$ N para cima

5/88 $A_x = 0$; $A_y = 2,71$ kN; $B_y = 3,41$ kN

5/89 $R_A = 6$ kN para cima; $M_A = 3$ kN·m sentido horário

5/90 $A_x = 0$; $A_y = 8$ kN; $M_A = 21$ kN·m sentido anti-horário

5/91 $R_A = 39,8$ kN para baixo; $R_B = 111,8$ kN para cima

5/92 $R_A = \dfrac{2w_0 l}{\pi}$ para cima; $M_A = \dfrac{w_0 l^2}{\pi}$ sentido anti-horário

5/93 $A_x = 0$; $A_y = \dfrac{2w_0 l}{9}$ para cima; $B_y = \dfrac{5w_0 l}{18}$ para cima

5/94 $R_A = 14,29$ kN para baixo; $R_A = 14,29$ kN para cima

5/95 $R_A = \dfrac{2w_0 b}{3}$ para cima; $M_A = \dfrac{14 w_0 b^2}{15}$ sentido horário

5/96 $R_A = 7,41$ kN para cima; $M_A = 20,8$ kN·m sentido anti-horário

5/97 $F = 10,36$ kN; $A = 18,29$ kN

5/98 $B_x = 4$ kN direita; $B_y = 1,111$ kN para cima; $A_y = 5,56$ kN para cima

5/99 $R_A = 2400$ N para cima; $R_B = 4200$ N para cima

5/100 $R_A = R_B = 7$ kN para cima

5/101 $R_A = 34,8$ kN para cima; $M_A = 192,1$ kN·m sentido anti-horário

5/102 $R_A = 9,22$ kN para cima; $R_B = 18,78$ kN para cima

▶5/103 $C_A = V_A = pr$; $M_A = pr^2$ sentido anti-horário

▶5/104 $R_A = 43,1$ kN para cima; $R_B = 74,4$ kN para cima

5/105 $V = P/3$; $M = Pl/6$

5/106 $M = -Pl/2$ em $x = l/2$

5/107 $M = -120$ N·m

5/108 $|M_B| = M_{\text{máx}} = 2200$ N·m

5/109 $V = -400$ N; $M = 3400$ N·m

5/110 $V = 0,15$ kN; $M = 0,15$ kN·m

5/111 $V = 3,25$ kN; $M = -9,5$ kN·m

5/112 $V = 1,6$ kN; $M = 7,47$ kN·m

5/113 $M_{\text{máx}} = 5Pl/16$ em $x = 3l/4$

5/114 $M_A = -w_0 l^2/3$

5/115 $V_C = -10,67$ kN; $M_C = 33,5$ kN·m

5/116 $V_{\text{máx}} = 32$ kN em A; $M_{\text{máx}} = 78,2$ kN·m 11,66 m à direita de A

5/117 $b = 1,5$ m

5/118 $V_B = 6,86$ kN; $M_B = 22,8$ kN·m; $b = 7,65$ m

5/119 $M_{\text{máx}} = 13,23$ kN·m 11 m à direita de A

5/120 $b = 1,526$ m

5/121 $M_{\text{máx}} = w_0 l^2/12$ da viga

5/122 $M_B = -Fh$

5/123 $M_B = -0,40$ kN·m; $x = 0,2$ m

5/124   Em $x = 2$ m: $V = 5,33$ kN; $M = -7,5$ kN·m; em $x = 4$ m: $V = 1,481$ kN; $M = -0,685$ kN·m

5/125   Em $x = 6$ m: $V = -600$ N; $M = 4800$ N·m; $M_{\text{máx}} = 5620$ N·m em $x = 4,25$ m

5/126   Em $x = 6$ m: $V = -1400$ N; $M = 0$; $M_{\text{máx}} = 2800$ N·m em $x = 7$ m

5/127 $M^{+}_{\text{máx}} = 17,52$ kN·m em $x = 3,85$ m; $M^{-}_{\text{máx}} = -21$ kN·m em $x = 10$ m

5/128 $M_{\text{máx}} = 19,01$ kN·m em $x = 3,18$ m

5/129 $h = 20,4$ mm

5/130 $T_0 = 81$ N em C; $T_{\text{máx}} = 231$ N em A e B

5/131 $h = 101,9$ m

5/132 $C = 549$ kN

5/133 $T_0 = 199,1(10^3)$ kN; $C = 159,3(10^3)$ kN

5/134 $m' = 652$ kg/m

*5/135 $T_A = 4900$ N; $T_B = 6520$ N

5/136 $m = 270$ kg; $\overline{AC} = 79,1$ m

*5/137 $\overline{AC} = 79,6$ m

5/138 $\rho = 61,4$ kg/m; $T_0 = 3630$ N; $s = 9,92$ m

*5/139 $T_A = 6990$ N; $T_B = 6210$ N; $s = 31,2$ m

*5/140 $T_C = 945$ N; $L = 6,90$ m

*5/141 $h = 92,2$ m; $L = 11,77$ N; $D = 1,568$ N

*5/142   Catenária: $T_0 = 1801$ N; Parabólica: $T_0 = 1766$ N

5/143 $l = 13,07$ m

*5/144 $\mu = 19,02$ N/m; $m_1 = 17,06$ kg; $h = 2,90$ m

*5/145 $L = 8,71$ m; $T_A = 1559$ N

*5/146 $h = 18,53$ m

5/147 $H = 89,7$ m

*5/148 $T_h = 3,36$ N; $T_v = 0,756$ N; $h = 3,36$ m

*5/149 $T_A = 27,4$ kN; $T_B = 33,3$ kN; $s = 64,2$ m

*5/150   1210 N

*5/151   Quando $h = 2$ m, $T_0 = 2410$ N; $T_A = 2470$ N; $T_B = 2730$ N

*5/152 $\theta_A = 12,64°$; $L = 13,06$ m; $T_B = 229$ N

*5/153 $\delta = 0,724$ m

*5/154 $\rho = 13,44$ kg/m

5/155 $N = 8,56$ N para baixo; 9,81 N

5/156   Carvalho em água: $r = 0,8$; Aço no mercúrio: $r = 0,577$

Respostas dos Problemas **389**

5/157 $d = 0,919h$

5/158 $V = 5,71 \text{ m}^3$

5/159 $d = 478$ mm

5/160 $w = 9810$ N/m

5/161 $R = 13,46$ MN

5/162 $T = 26,7$ N

5/163   Anti-horário, momento tende a fazer $\theta = 0$; Horário, momento tende a fazer $\theta = 180°$

5/164 $\sigma = 10,74$ kPa; $P = 1,687$ kN

5/165 $\sigma = 26,4$ MPa

5/166 $m = 14\,290$ kg; $R_A = 232$ kN

5/167 $T = 89,9$ kN

5/168 $T = 403$ N; $h = 1,164$ m

5/169 $M = 195,2$ kN · m

5/170 $R = 1377$ N; $x = 323$ mm

5/171 $\rho_s = \rho_l \left(\dfrac{h}{2r}\right)^2 \left(3 - \dfrac{h}{r}\right)$

5/172 $p = 7,49$ MPa

5/173 $h = 24,1$ m

5/174 $Q = \pi r p_0 / 2$

5/175 $R = 9,54$ GN

5/176 $b = 28,1$ m

5/177 $d = 0,300$ m

▶5/178 $F_x = F_y = \dfrac{\rho g r^2}{12}[3\pi h + (3\pi - 4)r];\ F_z = \dfrac{\rho g \pi r^2}{12}(3h + r)$

▶5/179 $R = 1121$ kN; $\bar{h} = 5,11$ m

▶5/180 $\overline{GM} = 0,530$ m

5/181 $\overline{X} = 166,2$ mm; $\overline{Y} = 78,2$ mm

5/182 $\bar{x} = \dfrac{23b}{25};\ \bar{y} = \dfrac{2b}{5}$

5/183 $\bar{y} = 0,339a$

5/184 $\bar{z} = 131,0$ mm

5/185 $\overline{X} = 176,7$ mm; $\overline{Y} = 105$ mm

5/186 $A = \dfrac{\pi a^2}{2}(\pi - 1)$

5/187 $\overline{X} = 38,3$ mm; $\overline{Y} = 64,6$ mm; $\overline{Z} = 208$ mm

5/188 $M = \dfrac{4}{35} p_0 b h^2$

5/189 $P = 348$ kN

5/190 $\overline{H} = 228$ mm

5/191 $M^+_{\text{máx}} = 6,08$ kN · m em $x = 2,67$ m; $M^-_{\text{máx}} = -12,79$ kN · m em $x = 20,7$ m

5/192 $\bar{x} = \bar{y} = \bar{z} = \dfrac{4r}{3\pi}$

5/193 $R_A = 7,20$ MN direita; $M_A = 1296$ MN · m sentido horário

▶5/194 $V = 4,65$ MN, $M = 369$ MN · m

5/195 $\bar{h} = \dfrac{11H}{28}$

5/196 $R_A = 5,70$ kN para cima; $R_B = 16,62$ kN para cima

5/197 $s = 1231$ m

5/198 $h = 5,55$ m

*5/199 $V_{\text{máx}} = 6,84$ kN em $x = 0$; $M_{\text{máx}} = 9,80$ kN · m em $x = 2,89$ m

*5/200 $\theta = 46,8°$

*5/201 $\theta = 33,1°$

*5/202 $\overline{X}_{\text{máx}} = 322$ mm em $x = 322$ mm

*5/203 $h = 39,8$ m

*5/204 $y_B = 3,98$ m em $x = 393$ m; $T_A = 175\,800$ N; $T_B = 169\,900$ N

*5/205 $d = 197,7$ m; empuxo horizontal; $T_h = 10$ N; $T_v = 1,984$ N

Capítulo 6

6/1 $F = 400$ N esquerda

6/2 $F = 379$ N esquerda

6/3   (a) $F = 94,8$ N inclinação acima; (b) $F = 61,0$ N inclinação abaixo; (c) $F = 77,7$ N inclinação abaixo; (d) $P = 239$ N

6/4 $\theta = 4,57°$

6/5 $\mu_e = 0,0801$

6/6 $\mu_e = 0,0959$; $F = 0,0883mg$; $P = 0,1766mg$

6/7 $\mu_e = 0,1763$

6/8   (a) Ambos os blocos permanecem estacionários; (b) Ambos os blocos deslizam para a direita juntos; (c) A desliza em relação ao bloco estacionário B

6/9 $\mu_d = 0,732$

6/10 $P = 775$ N

6/11   (a) $F = 193,2$ N para cima; (b) $F = 191,4$ N para cima

6/12 $M = 76,3$ N · m

6/13 $3,05 \leq m \leq 31,7$ kg

6/14 $\theta = 31,1°$; $\mu_e = 0,603$

6/15 $\mu_e = 0,321$

6/16   Tomba antes se $a < \mu b$

6/17 $x = 3,25$ m

6/18 $\mu_e = 0,25$: $\theta = 61,8°$; $\mu_e = 0,50$: $\theta = 40,9°$

6/19 $0,1199 m_1 \leq m_2 \leq 1,364 m_1$

6/20 $y = b/2\mu_e$

6/21 $\mu = 0,268$

6/22 $\mu_e = 0,577$

6/23 $\mu_e = 0,408$; $s = 126,2$ mm

6/24 $P = 1089$ N

6/25 $P = 932$ N

6/26 $P = 796$ N

6/27   (a) $M = 23,2$ N · m; (b) $M = 24,6$ N · m

6/28   (a) $P = 44,7$ N; (b) $P = 30,8$ N

6/29 $M = 2,94$ N · m

6/30   (a) Deslizamento entre A e B; (b) Deslizamento entre A e o solo

6/31 $s = 2,55$ m

6/32 $\mu_e = 0,365$

6/33 $\theta = 20,7°$

6/34 $\theta = \tan^{-1}\left(\mu \dfrac{a+b}{a}\right)$

6/35 $\mu_e = 0,212$

6/36 $\theta = 8,98°$; $\mu_e = 0,1581$

390 Respostas dos Problemas

6/37 $x = \dfrac{a - b\mu_e}{2\mu_e}$

6/38 $\theta = \text{sen}^{-1}\left(\dfrac{\pi\mu_e}{2 - \pi\mu_e}\right); \mu_{90°} = 0,318$

6/39   37,2 N ⦟149,8°

6/40 $\theta = 6,29°$

6/41 $P = \dfrac{M}{rl}\left(\dfrac{b}{\mu_e} - e\right)$

6/42 $\mu_e = 0,0824; F = 40,2$ N

6/43 $k = 20,8(10^3)$ N/m

6/44 $\theta = 58,7°$

6/45 $\theta = 22,6°$

6/46 $\mu_e = 0,1763$

6/47 $\mu_e = 0,0262$

6/48 $P = 709$ N

6/49 $P' = 582$ N

6/50 $\mu_e = 0,3; F_A = 1294$ N

6/51 $M = 3,05$ N · m

6/52   (a) $M = 348$ N · m; (b) $M = 253$ N · m

6/53   (a) $F = 8,52$ N; (b) $F = 3,56$ N

6/54 $P = 4,53$ kN

6/55 $P' = 3,51$ kN

6/56 $P = 114,7$ N

6/57 $P = 333$ N

6/58 $P = 105,1$ N

6/59 $M = 6,52$ N · m; $M' = 1,253$ N · m

6/60   (a) $P = 485$ N; (b) $P = 681$ N

6/61   (a) $P' = 63,3$ N esquerda; (b) $P' = 132,9$ N direita

6/62 $P = 442$ N

6/63 $M = 7,30$ N · m

6/64   (a) $P = 78,6$ N; (b) $P = 39,6$ N

6/65 $\mu = 0,271$

6/66 $\mu = 0,1947; r_f = 3,82$ mm

6/67 $M = 12$ N · m; $\mu = 0,30$

6/68 $T = 4020$ N; $T_0 = 3830$ N

6/69 $T = 3830$ N; $T_0 = 4020$ N

6/70 $\mu = 0,609$

6/71   (a) $P = 245$ N; (b) $P = 259$ N

6/72 $P = 232$ N; Não

6/73   (a) $M = 1747$ N · m; (b) $M = 1519$ N · m

6/74 $T = 258$ N

6/75 $T = 233$ N

6/76 $M = \dfrac{\mu PR}{2}$

6/77 $M = \mu L \dfrac{r_e - r_i}{\ln(r_e/r_i)}$

6/78 $M = \dfrac{4\mu P}{3}\dfrac{R_e^3 - R_i^3}{R_e^2 - R_i^2}$

6/79 $M = \dfrac{5\mu La}{8}$

6/80 $\mu = 0,208$

6/81 $M = 335$ N · m

▶6/82 $M = \dfrac{\mu L}{3\,\text{sen}\left(\dfrac{\alpha}{2}\right)}\dfrac{d_2^3 - d_1^3}{d_2^2 - d_1^2}$

6/83 $\mu = 0,221$

6/84   (a) $P = 1007$ N; (b) $P = 152,9$ N

6/85 $T = 2,11$ kN

6/86   (a) $\mu = 0,620$; (b) $P' = 3,44$ kN

6/87 $m = 258$ kg

6/88 $P = 185,8$ N

6/89 $P = 10,02$ N

6/90 $T = 8,10$ kN

6/91 $P = 3,30$ kN

6/92 $\mu = 0,634$

6/93 $P = 135,1$ N

6/94 $\mu_e = 0,396$

6/95 $T = mge^{\mu\pi}$

*6/96 $y = 0 : \dfrac{T}{mg} = 6,59; y \to$ aumento $: \dfrac{T}{mg} \to e^{\mu_B \pi}$

6/97 $P = 160,3$ N

6/98 $\mu = 0,800$

6/99 $\dfrac{W_2}{W_1} = 0,1247$

6/100 $M = 183,4$ N · m

6/101 $0,0979 m_1 \leq m_2 \leq 2,26 m_1$

6/102 $h = 27,8$ mm

6/103 $T_2 = T_1 e^{\frac{\mu\beta}{\text{sen}\alpha/2}}; n = 3,33$

▶6/104 $\mu_e = 0,431$

6/105   (a) $T_{\text{mín}} = 94,3$ N; $T_{\text{máx}} = 298$ N; (b) $F = 46,2$ N inclinação acima

6/106   (a) $T = 717$ N; (b) $T = 1343$ N

6/107 $P = 3,89$ kN

6/108   O deslizamento rotacional ocorre primeiro em $P = 0,232 mg$

6/109 $F = 481$ N

6/110   O atrito vai impedir o deslizamento

6/111 $\mu = 1,732$ (impossível)

6/112   (a) $M = 24,1$ N · m; (b) $M = 13,22$ N · m

6/113 $\theta_{\text{máx}} = 1,947°; P = 1,001$ N

6/114   (a) $0,304 \leq m \leq 13,17$ kg; (b) $0,1183 \leq m \leq 33,8$ kg

6/115 $M = 0,500$ N · m; $M' = 0,302$ N · m

6/116 $m = 31,6$ kg

6/117   (a) $C = 1364$ N; (b) $F = 341$ N; (c) $P' = 13,64$ N

6/118 $P = 25,3$ N

6/119 $\mu_{\text{mín}} = 0,787; M = 3,00$ kN · m

*6/120 $P_{\text{mín}} = 468$ N em $x = 2,89$ m

*6/121 $P_{\text{máx}} = 0,857 mg$ em $\theta_{\text{máx}} = 42,0°$

*6/122 $\theta = 21,5°$

*6/123 $\theta = 5,80°$

*6/124 $P = 483$ N

*6/125 $P_{\text{máx}} = 2430$ N em $\theta = 26,6°$

*6/126 $\mu = 0,420$

*6/127 $\theta = 18,00°$

Capítulo 7

7/1 $M = 2Pr \operatorname{sen} \theta$

7/2 $\theta = \tan^{-1}(2mg/3P)$

7/3 $\theta = \cos^{-1}(2P/mg)$

7/4 $M = mgl \operatorname{sen} \theta/2$

7/5 $P = 458$ N

7/6 $R = Pb/r$

7/7 $F = 0{,}8R \cos \theta$

7/8 $\theta = \cos^{-1}[2M/bg(2m_0 + nm)]$

7/9 $C = mg \operatorname{cotg} \theta$

7/10 $P = 4kl(\tan \theta - \operatorname{sen} \theta)$

7/11 $F = (2d_B/d_A d_C)M$

7/12 $e = 0{,}983$

7/13 $M = (3mgl/2) \operatorname{sen} \theta/2$

7/14 $k_T = 3Fb/8\pi$

7/15 $M = \dfrac{r}{n}(C - mg)$

7/16 $M = PL_1(\operatorname{sen} \theta + \tan \phi \cos \theta)$,
em que $\phi = \operatorname{sen}^{-1}((h + L_1 \operatorname{sen} \theta)/L_2)$

7/17 $M = ((5m/4) + m_0)gl\sqrt{3}$

7/18 $e = 0{,}625$

7/19 $CD = 2340$ N T

7/20 $P = mg \dfrac{\cos \theta}{\cos \dfrac{\theta}{2}}$

7/21 $P = (1{,}366mg \cos \theta/\operatorname{sen}(\theta + 30°))$
$(1{,}536 - 1{,}464 \cos(\theta + 30°))^{1/2}$

7/22 $p = 2mg/A$

7/23 $m = (a/b) m_0(\tan \theta - \tan_0)$

7/24 $N = 1{,}6P$

7/25 $M = PL_1 \operatorname{sen} \psi \operatorname{cosec}(\psi - \phi) \operatorname{sen}(\theta + \phi)$

7/26 $M = M_f + (mgL/\pi) \operatorname{cotg} \theta$

7/27 $C = 2mg \sqrt{1 + (b/L)^2 - 2(b/L) \cos \theta} \cot \theta$

7/28 $F = 2\pi M/L(\tan \theta + a/b)$

7/29 $x = 0$: instável; $x = 1/2$: estável; $x = -1/2$: estável

7/30 $\theta = 22{,}3°$: estável; $\theta = 90°$: instável

7/31 $\theta = \cos^{-1}(mg/2kb); k_{min} = mg/(b\sqrt{3})$

7/32 $k_{min} = mg/4L$

7/33 estável

7/34 $l < 2k_T/mg$

7/35 $M > m/2$

7/36 $\theta = 52{,}7°$

7/37 (a) $\rho_1 = \rho_2: h = \sqrt{3}r$
(b) $\rho_1 = \rho_{aço}; \rho_2 = \rho_{alumínio}: h = 2{,}96r$
(c) $\rho_1 = \rho_{alumínio}; \rho_2 = \rho_{aço}: h = 1{,}015r$

7/38 $\theta = 0$ e $180°$: instável; $\theta = 120°$ e $240°$: estável

7/39 $(k_T)_{min} = mgl/2$

7/40 $P = (4kb^2/a) \operatorname{sen} \theta(1 - \cos \theta)$

7/41 $h < 2kb^2/mg$

7/42 $\theta = \operatorname{sen}^{-1} M/kb^2$

7/43 $h = mgr^2/k_T$

7/44 $k > L/2l$

7/45 $P = (4mg \cos \theta/2 + 4kb)$
$(2 \cos \theta_0/2 \operatorname{sen} \theta/2 - \operatorname{sen} \theta)/(3 + \cos \theta)$

7/46 $\theta = \operatorname{sen}^{-1}(mg/2kl); k > mg/2l$

7/47 Semicilíndrica: instável
Casca semicilíndrica: estável

▶7/48 $k = mg(r + a)/8a^2$

▶7/49 Para $m = 0$ e $d = b: M = (m_0 gp(b \operatorname{cotg} \theta - a))/2\pi b$

▶7/50 $h = 265$ mm

7/51 $P = 1047$ N

7/52 $\theta = \tan^{-1}(2P/ka)$

7/53 Estável se $h < 2r$

7/54 $F = 6$ MN

7/55 (a) $h_{máx} = r\sqrt{2}$;
(b) $dV/d\theta = 2\rho r^2 \operatorname{sen} \theta$ (independentemente de h)

7/56 $\mu_e = 0{,}1443$

7/57 $\theta = -6{,}82°$: estável; $\theta = 207°$: instável

7/58 $P = (mg \cos \theta)/(1 + \cos^2 \theta)$

7/59 $M = 2{,}33$ N·m anti-horário

7/60 $\theta = 0$: instável; $\theta = 62{,}5°$: estável

▶7/61 $\theta = 0$: estável se $k < mg/a$
$\theta = \cos^{-1}[1/2(1 + mg/ka)]$: estável se $k > mg/a$

*7/62 $x = 130{,}3$ mm

*7/63 $\theta = 24{,}8°$: instável

*7/64 $\theta = 78{,}0°$: estável; $\theta = 260°$: instável

*7/65 $\theta = 79{,}0°$

*7/66 $P = 523 \operatorname{sen} \theta$ N

Apêndice A

A/1 $A = 1600$ mm²

A/2 $I_x = bh^3/9; I_y = 7b^3h/48; I_O = bh(h^2/9 + 7b^2/48)$

A/3 $I_y = hb^3/4$

A/4 $I_y = 26{,}8(10^6)$ mm⁴

A/5 $I_A = 3\pi r^4/4; I_B = r^4(3\pi/4 - 4/3)$

A/6 $I_x = 0{,}1963a^4; I_y = 1{,}648a^4; k_O = 1{,}533a$

A/7 $I_y = (11\pi/8 - 3) ta^3$

A/8 $A = 4800$ mm²

A/9 $I_x = I_y = \pi r^3 t/2; I_C = (\pi r^3 t)/(1 - 4/\pi^2)$

A/10 $I_y = 7b^3 h/30$

A/11 $I_x = 0{,}269bh^3$

A/12 $I_x = I_y = Ab^2/3; I_O = 2Ab^2/3$

A/13 $I_x = bh^3/4; I_{x'} = bh^3/12$

A/14 $I_x = a^4/8 [\alpha - 1/2 \operatorname{sen} 2(\alpha + \beta) + 1/2 \operatorname{sen} 2\beta]$;
$I_y = a^4/8 [\alpha + 1/2 \operatorname{sen} 2(\alpha + \beta) - 1/2 \operatorname{sen} 2\beta]$

A/15 $k_A = 14{,}43$ mm

A/16 $I_x = h^3(a/4 + b/12); I_y = h/12(a^3 + a^2b + ab^2 + b^3)$;
$I_O = h/12 [h^2(3a + b) + a^3 + a^2b + ab^2 + b^3]$

A/17 $\bar{k} = \dfrac{b}{2\sqrt{3}}$

A/18 $I_x = a^4/8 (\pi/2 - 1/3)$

A/19 $I_x = 9(10^4)$ mm⁴

A/20 $k_x = 0{,}754; k_y = 1{,}673; k_z = 1{,}835$

A/21 $I_x = 0{,}1125bh^3; I_y = 0{,}1802hb^3$;
$I_O = bh(0{,}1125h^2 + 0{,}1802b^2)$

A/22 $I_y = \pi a^3 b/4; k_O = (\sqrt{(a^2+b^2)})/2$

A/23 $k_M = a/\sqrt{6}$

A/24 $I_x = 1{,}738(10^8)$ mm^4

A/25 $I_y = 73{,}1(10^8)$ mm^4; $I_{y'} = 39{,}0(10^8)$ mm^4

A/26 $I_x = 20(10^6)$ mm^4

A/27 $I_x = 4ab^3/9\pi$

A/28 $I_x = 10^7$ mm^4; $I_y = 11{,}90(10^6)$ mm^4; $I_O = 21{,}9(10^6)$ mm^4

A/29 $I_x = 16ab^3/105$

A/30 $k_x = k_y = (\sqrt{5}a)/4; k_O = (\sqrt{10}a)/4$

A/31   3,68 %

A/32   Sem furo: $I_y = 0{,}785R^4$; com furo: $I_y = 0{,}702R^4$

A/33 $k_A = 208$ mm

A/34 $k_x = k_y = \sqrt{5}a/4; k_z = \sqrt{10}a/4$

A/35   Área: 50 %; inércia: 22,2 %

A/36 $\bar{I}_x = 3{,}90(10^8)$ mm^4

A/37 $I_x = 5{,}76(10^6)$ mm^4

A/38   (a) $I_x = 1{,}833$ m^4; (b) $I_x = 1{,}737$ m^4

A/39   (a) $I_x = 0{,}391R^4$; (b) $I_x = 0{,}341R^4$

A/40 $I_x = 4{,}53(10^6)$ mm^4

A/41 $\bar{I}_x = 10{,}76(10^6)$ mm^4

A/42 $\bar{I}_x = 22{,}6(10^6)$ mm^4; $\bar{I}_y = 9{,}81(10^6)$ mm^4

A/43 $I_x = 58a^4/3$

A/44 $n = 0{,}1953 + 0{,}00375y^2$ (%); $y = 50$ mm: $n = 9{,}57$ %

A/45 $I_x = 15{,}64(10^4)$ mm^4

A/46 $k_O = 222$ mm

A/47 $I_x = 5\sqrt{3}a^4/16$

A/48 $I_x = h^3(b_1/12 + b_2/4); I_y = h/48(b_1^3 + b_1^2 b_2 + b_1 b_2^2 + b_2^3)$

A/49 $I_x = 38{,}0(10^6)$ mm^4

A/50 $I_x = bh/9(7h^2/4 + 2b^2/9 + bh); n = 176{,}0$ %

A/51 $I_x = 16{,}27(10^6)$ mm^4

A/52 $I_{a-a} = 346(10^6)$ mm^4

A/53 $k_C = 261$ mm

A/54 $h = 47{,}5$ mm

A/55   (a) $I_{xy} = 360(10^4)$ mm^4; (b) $I_{xy} = -360(10^4)$ mm^4; (c) $I_{xy} = 360(10^4)$ mm^4; (d) $I_{xy} = -360(10^4)$ mm^4

A/56 $I_x = 2{,}44(10^8)$ mm^4; $I_y = 9{,}80(10^8)$ mm^4; $I_{xy} = -14{,}14(10^6)$ mm^4

A/57   (a) $I_{xy} = 9{,}60(10^6)$ mm^4; (b) $I_{xy} = -4{,}71(10^6)$ mm^4; (c) $I_{xy} = 9{,}60(10^6)$ mm^4; (d) $I_{xy} = -2{,}98(10^6)$ mm^4

A/58 $I_{xy} = 18{,}40(10^6)$ mm^4

A/59 $I_{xy} = 1/6 bL^3 \operatorname{sen} 2\alpha$

A/60 $I_{xy} = 23{,}8(10^6)$ mm^4

A/61 $I_{xy} = br^3/2$

A/62 $I_{xy} = b^2 h^2/24; I_{x_0 y_0} = -b^2 h^2/72$

A/63 $I_{xy} = a^2 b^2/12$

A/64 $I_{xy} = 15a^4/16$

A/65 $I_{xy} = 2r^4/3$

A/66 $I_{xy} = a^4/12$

A/67 $I_{xy} = h^2/24(3a^2 + 2ab + b^2)$

A/68 $I_{xy} = 4a^3 t$

A/69 $I_{x'} = 0{,}1168b^4; I_{y'} = 0{,}550b^4; I_{x'y'} = 0{,}1250b^4$

A/70 $I_{x'} = 0{,}0277b^4; I_{y'} = 0{,}1527b^4; I_{x'y'} = 0{,}0361b^4$

A/71 $I_{máx} = 5{,}57a^4; I_{mín} = 1{,}097a^4; \alpha = 103{,}3°$

A/72 $I_{x'} = r^4/16(\pi - \sqrt{3}); I_{y'} = r^4/16(\pi + \sqrt{3}); I_{x'y'} = r^4/16$

A/73 $I_{máx} = 0{,}976a^4; I_{mín} = 0{,}476a^4; \alpha = 45°$

A/74 $I_{máx} = 6{,}16a^4; I_{mín} = 0{,}505a^4; \alpha = 112{,}5°$

A/75 $I_{máx} = 3{,}08b^4; I_{mín} = 0{,}252b^4; \alpha = -22{,}5°$

A/76 $I_{máx} = 71{,}7(10^6)$ mm^4; $\alpha = -16{,}85°$

A/77 $I_{máx} = 1{,}782(10^6)$ mm^4; $I_{mín} = 0{,}684(10^6)$ mm^4; $\alpha = -13{,}40°$

*A/78 $I_{mín} = 2{,}09(10^8)$ mm^4 em $\theta = 22{,}5°$

*A/79 $I_{máx} = 0{,}312b^4$ em $\theta = 125{,}4°$; $I_{mín} = 0{,}0435b^4$ em $\theta = 35{,}4°$

*A/80 $I_{x'y'} = (-0{,}792 \operatorname{sen} 2\theta - 0{,}75 \cos 2\theta)10^8$ mm^4; $I_{x'y'} = 0$ em $\theta = 68{,}3°$

*A/81 $I_{máx} = 0{,}655b^4$ em $\theta = 45°$; $I_{mín} = 0{,}405b^4$ em $\theta = 135°$

*A/82 $I_{máx} = 1{,}820(10^6)$ mm^4 em $\theta = 30{,}1°$

*A/83 $I_{máx} = 11{,}37a^3 t$ em $\theta = 115{,}9°$; $I_{mín} = 1{,}197a^3 t$ em $\theta = 25{,}9°$

Índice Alfabético

A

Adição vetorial, 3
Aerostática, 117
Álgebra vetorial, 24, 25
Ângulo
  de atrito, 128, 129
    estático, 129
    dinâmico, 129
  entre dois vetores, 31
  pequeno
    aproximações para, 8
Área
  centroide, 93
    método de aproximação, 99
  de primeira ordem, momentos de, 93
  distribuição de forças em uma, 90
  método de aproximação, 99
Atração gravitacional, 90
Atrito
  ângulos de, 128, 129
  a seco, 127
    ângulo, 129
    coeficiente, 128
    estático, 128
    mecanismo, 127
  círculo de, 138
  cone de
    dinâmico, 129
    estático, 129
  de Coulomb, 127
  dinâmico, 128
    ângulo, 129
    coeficiente de atrito, 128
    cone, 129
  em discos, 138
  em máquinas, 134-143
  em roscas, 135
  entre fluidos, 127
  estático
    ângulo, 129
    coeficiente de atrito, 128
    cone, 129
    região de atrito, 128
  fatores que afetam o, 129
  força para movimentar a cunha, 134
  ideal, 126
  interno, 127
  problemas que envolvem, 129
  real, 126
  sistema com, 149
  tipos de, 126

B

Barra
  elementos de, 70
Binário, 24
  em três dimensões, 33
  equivalente, 25
  esforço cortante, 106
  momento
    fletor, 106
    torsor, 106
  sistema força-binário, 25, 26
  trabalho de um, 145, 146

C

Cabo
  em catenária, 114
  flexível, 111
    condição de
      contorno, 112
      equilíbrio, 112
    parabólico, 112
Carregamentos distribuídos, 104
Catenária, 114
Centro de massa, 92
  versus centro de gravidade, 92
Centroide, 92
  áreas, 93
  continuidade, 93
  de arco circular, 95
  de área
    de um setor circular, 96
    triangular, 96
  de elemento, coordenadas do, 94
  de volume irregular, 99
  descartando termos de ordem superior, 94
  escolha das coordenadas, 94
  linhas, 92
  momentos de área de primeira ordem, 93
  ordem do elemento, 93
  Teoremas de Pappus, 102
  volumes, 93
    método de aproximação, 99
Círculo de atrito, 138
Coeficiente de atrito estático, 128
Componentes retangulares
  bidimensionais, 17
  tridimensionais, 29
Comprimento, 6
Concentradas, forças, 14
Condição de
  contorno, 112
  equilíbrio, 112
Cone
  de atrito
    dinâmico, 129
    estático, 129
Constante de gravitação, 7
Contato, forças de, 14
Corpo
  atração gravitacional, 90
  completo equilíbrio, 39
  deslocamento do, 144
  em duas dimensões, 45, 46
  energia potencial gravitacional
    de um, 153
  espaço de um, 2
  estaticamente
    determinado, 56
    dimensões
      em duas, 56
      em três, 63
    indeterminado
    dimensões
      em duas, 56
      em três, 63
  fixado de forma
    completa, 56, 63
    incompleta, 57, 63
  força de, 2, 14, 90
  grau de indeterminação
    estática, 56
  isolamento de um, 9
  livre, diagrama de, 9, 46, 48-53, 114
    construção, 48, 49
    da treliça, 50, 51, 71
    de nós, 71
    do bloco, 127
    do eixo, 135
  massa de um, 2, 5
  método do, 9
    princípio da ação e reação, 82
    propósito de um, 61
  partícula de um, 2
  peso de um, 14
    constante de gravitação, 7
    lei da gravitação, 7
  rígido, 2
    equilíbrio de um, 147
    interconectado, 82, 83
    sistemas ideais, 147, 148
  sistema mecânico, 45
  suportes redundantes, 56
Coulomb, atrito de, 127

D

Deslocamento
  do corpo, 144
  virtual, 146
Determinação estática
  dimensões
    em duas 56, 57
    em três, 61, 62
Diagrama
  de corpo livre, 9, 46, 48-53, 114
    construção, 48, 49
    de um elemento da correia, 140
    dimensões
      em duas, 45, 46
      em três, 61
  de esforço cortante, 107
  de forças ativas, 154
  do momento fletor, 107
Dimensões de trabalho, 146
Distribuição
  de forças, 14
  em uma área, 90
  linear, 90
  volumétrica, 90

E

Eficiência mecânica, 149
Elemento
  de barra, 70
  multiforça, 82
Energia potencial
  elástica, 152
  gravitacional, 153

394 Índice Alfabético

Equilíbrio
  definição, 53
  de trabalho virtual, 146
  de um corpo, 26
    rígido, 147
      interconectado, 82
      sistemas ideais, 147, 148
  dimensões
    em duas, 45-60
      categorias de equilíbrio, 54
      determinação estática, 55, 56
        diagrama de corpo livre, 45, 46
        restrições, 56, 57
          adequadas, 57
          impróprias, 57
          parciais, 57
          redundantes, 57
    em três, 60-67
      categorias de equilíbrio, 61
      determinação estática, 61, 62
      diagrama de corpo livre, 61
      restrições, 61-64
        adequadas, 63
        impróprias, 57
        parciais, 63
        redundantes, 57
  equações alternativas, 55
  estaticamente
    determinado, 56
    indeterminado, 56
  estabilidade do, 155
  forças que atuam em cada nó, 71, 80
  sob a ação de forças
    duas, 54
    três, 55
  suportes redundantes, 56
    grau de indeterminação estática, 56
  treliça
    elementos adicionais ou suportes
      redundantes, 70
    estaticamente
      determinada, 68, 72, 80
      indeterminada, 70, 72, 80
    método
      das seções, 76
      dos nós, 80, 81
    redundância
      externa, 72
      interna, 72
Esforço cortante, 106
Estabilidade do equilíbrio, 155

F

Fluidos, 117
  aerostática, 117
  força de empuxo, 121
  hidrostática, 117
  líquidos, 117
  pressão manométrica, 117
  pressão nos, 117
Forças
  ação e reação, 15
    princípio da, 82
  aplicadas, 14
  ativas, 147
    diagrama, 154
  bidimensionais
    componentes
      escalares, 16
        negativos e positivos, 16
      retangulares, 17
      vetoriais, 16
  binário, 24
    em três dimensões, 33
    equivalente, 25
    sistema força-binário, 25, 26
    trabalho de um, 145, 146
  classificação das, 14
  colineares, 4, 15
    equilíbrio de forças, 54
  componentes
    tangenciais, 47
    vetoriais, 15
  concorrentes, 15
  coplanares
    equilíbrio de forças, 55
  de atrito, 126
    a seco, 127
    em rosca, 135
    entre fluidos, 127
    ideal, 126
    real, 126
  de corpo, 90
  de empuxo, 121
  de restrição, 56, 57, 63
  definição, 13, 46
  diagrama de corpo livre
    do eixo, 135
  dimensões do trabalho de, 146
  efeitos externos e internos, 14
  elemento multiforça, 82
  em nós, 71
  equilíbrio de um corpo, 26
  equilíbrio sob a ação de
    duas forças, 54
    três forças, 55
  gravitacional, 7, 48, 90
  internas, 89, 148
  libra (lb), unidade-padrão, 14
  método das seções, 76
  momento **M**, 20, 21
  mútuas, 7
  newton (N), 14
  para movimentar a cunha, 134
  peso específico ρg, 90
  polígono de, 26
  pressão, 90
  reativas, 14, 147
  resultante **R**, 15, 26, 38
    de um sistema, 26
  sistema de, 13
  tensão, 90
  trabalho de, 144
  tridimensionais
    componentes retangulares, 29
Função hiperbólica, 114

G

Gráficos, 9
Grandeza
  diferencial, 8
  vetorial
    força, 13
Grau
  de indeterminação estática, 56
    suportes redundantes, 56
  de liberdade, 148
Gravidade
  atração gravitacional, 90
  centro de massa versus
    centro de, 92
  constante de gravitação, 7
  do corpo, centro de, 91
    princípio dos momentos, 91, 98
  energia
    de um corpo, 153
    potencial gravitacional, 153
  força gravitacional, 7, 48, 90
  lei da gravitação, 7
  peso de um corpo, 14
  sistema gravitacional, 5
Gravitação, lei da, 7
  constante de gravitação, 7
  força gravitacional, 7, 48
  peso de um corpo, 14

H

Hidrostática, 117
Homogeneidade dimensional, 10

I

Isolamento de um corpo, 9

L

Lei
  da gravitação, 7
    constante de gravitação, 7
    força gravitacional, 7, 48
    peso de um corpo, 14
  de Newton, 4, 15
  do paralelogramo, 13, 15, 16
    soma vetorial, 3
Libra (lb), unidade-padrão, 14

M

Mancal
  de escora, 138, 139
  radial, 137
Máquina, 82
  análise de força, 135
  atrito em, 134-143
  com roscas, 135
  correias flexíveis, 140
  cunha, 134
  mancal
    de escora, 138, 139
    radial, 137
  resistência ao rolamento, 140
Massa, 5
  centro de, 91, 92
  versus centro de gravidade, 92
Mecânica
  corpo rígido, 2
  definição, 1
  espaço, 2
  grandezas
    escalares, 2
    vetoriais, 2
  massa, 2, 5
  partícula, 2
  tempo, 2, 6
  tipos de atrito, 126, 127
Método
  das seções, 76
    para treliças espaciais, 81
  de aproximação, 99
Momento
  binário, 24
  em três dimensões, 32, 33
  da soma, 91
  de área de primeira ordem, 93
  fletor, 106
  M, 20, 21
  torsor, 106

N

Newton
  Isaac, 1
  leis de, 4, 15
  unidade-padrão, 14
Nós
  métodos dos, 71
    para treliças espaciais, 80, 81

P

Paralelogramo, lei do, 13, 15, 16
  soma vetorial, 3
Pascal (Pa), 90
Princípio
  da ação e reação, 82
  da flutuabilidade, 121
  da transmissibilidade, 2, 14, 15
  dos momentos, 28, 91, 98
Polígono de forças, 26
Pórtico, 82
Pressão, 90
  centro de, 118
  hidrostática, 118
    em superfícies
      cilíndricas, 119
      planas com uma forma qualquer, 119
      retangulares submersas, 118
  manométrica, 117
  nos fluidos, 117
Produto escalar, 30
  triplo, 33
Produto vetorial, 21
  avaliando o, 33

Q

Quantidade escalar, 144

R

Regra da mão direita, 33
Resistência ao rolamento, 140
Restrições, 56, 57
  adequadas, 56, 63
  impróprias, 57
  parciais, 57, 63
  redundantes, 57
Resultante **R**, 15, 38
  em forças
    concorrentes, 39
      trabalho de forças, 145
    coplanares, 39
    paralelas, 39
    torsor, 39

S

Sistemas
  com atrito, 149
  força-binário, 25, 26
  gravitacional, 5
  ideais, 147, 148
  Internacional de Unidades (SI), 5
  mecânico, 45
  pé-libra-segundo, 5
  reais, 149
  vetorial, 3
Soma
  dos momentos, 91
  momento da, 91
  vetorial, 3
Suportes redundantes, 56
  grau de indeterminação estática, 56

T

Tempo, 6
Tensão, 90
Teorema(s)
  de Pappus, 102
  de Varignon, 21-23
    em três dimensões, 33
Torque, 20
Torsor, resultante, 39
Trabalho
  de força, 144
  de um binário, 145, 146
  definição, 144
  dimensões de, 146
  eficiência mecânica, 149
  energia potencial elástica, 152
  negativo e positivo, 144
  quantidade escalar, 144
  virtual, 146
    equilíbrio, 146, 147
    graus de liberdade, 148
    princípios, 148, 155
Transmissão continuamente variável (CVT), 126
Transmissibilidade, princípio da, 2, 14, 15
Treliça, 68
  elementos adicionais ou suportes redundantes, 70
  espacial, 79
    método dos nós, 80, 81
    simples, 80
  estaticamente
    determinada, 68, 72, 80
    indeterminada, 70, 72, 80
  método das seções, 76
    para treliças espaciais, 81
  plana, 68, 72
  redundância
    externa, 72
    interna, 72
    simples, 72
  simples, 69
  nós, 70

U

Unidades SI, 5

V

Variáveis incógnitas, 56
Velocidade uniforme, 4
Vetores
  adição vetorial, 3
  álgebra vetorial, 24, 25
  ângulo entre dois, 31
  componentes, 3, 15
  deslizantes, 2
  fixos, 2, 14
  livres, 2, 34
  móveis, 14, 34
  produto
    escalar, 30
    triplo, 33
    vetorial, 21
      avaliando o, 33
  retangulares, 3
  subtração vetorial, 3
  unitários, 3
Vigas, 103
  diagrama
    de esforço cortante, 107
    do momento fletor, 107
  esforço cortante, 106
  estaticamente
    determinadas, 104
    indeterminada, 104
  momento
    fletor, 106
    torsor, 106
Virtual
  deslocamento, 146
  equilíbrio
    de trabalho, 146
    de um corpo rígido. 147
  graus de liberdade, 148
  princípios do trabalho, 148, 155
  trabalho, 146